ZigBee/Wi-Fi/Bluetooth無線用
Arduinoプログラム全集

マイコン活用シリーズ

Complete collection of Arduino software programs for ZigBee/Wi-Fi/Bluetooth

国野 亘 著

**定番モジュールXBeeと
RN-42XVPをつないで
今すぐワイヤレス通信**

CQ出版社

はじめに

　本書はパソコンや Arduino マイコンボードを使ってワイヤレス通信（ZigBee，Wi-Fi，Bluetooth）を活用するためのＣ言語によるプログラミング・サンプル集です．

　温度や照度，湿度，AC 消費電力といった一般的なセンサ，放射線量，メタンガス・センサといった少し特殊なセンサの測定値をワイヤレスで収集したり，測定結果に応じて家電をリレーや赤外線リモコンで制御したりするプログラミング方法について説明します．

　研究開発でワイヤレス・センサを作成したい人から趣味で家電の連携制御を行いたい方まで，幅広い用途や方々に役立てていただくために次のような工夫を行いました．

　インターネットなどで調べて通信用プログラムを作ってみたけど，うまく動作しなかったという方も多いでしょう．一般のパソコンやマイコン用のプログラムが書けても，通信プログラムとなると，通信の手続きに多くの手法や手順が存在し，うまく使い分けることが難しいのです．これを自力で経験的に学ぶには多くの時間を費やしてしまい，ワイヤレス通信の活用に至る前に挫折してしまいがちです．そこで本書ではワイヤレス通信を活用するのに適したワイヤレス通信モジュールの紹介と，80 ものサンプル・プログラム（スケッチ）を用意しました．とくにサンプル・プログラムの豊富さは短期間にさまざまな手法を経験するために有用な資料となります．さらに，通信用のプログラムが初めての方やＣ言語を書いたことのない方でも，サンプルを順番に読むことで，通信手続きやＣ言語の命令が登場する都度に学習することができます．

　Arduino を使ったことがない方にも，ハードウェアの説明，開発環境のインストールの方法，Arduino のための練習サンプルを用意しました．本書では，このような幅広い通信用プログラムの開発手法を疑似的に経験する実践演習によって，さまざまなワイヤレス通信プログラムを手早く設計することができるようになることを目指します．

　開発環境は Cygwin と Arduino IDE を使用しました．どちらもシンプルな開発環境なので，プログラミングの基本をしっかりと身に付けられます．本書で通信プログラムに慣れてから，Eclipse のような GUI の開発環境で Cygwin や Arduino IDE を扱う環境を自力で構築してみるのも良いでしょう．

　マイコンには，入門用として普及している Arduino を使用しました．他のマイコンやプラットホームで動かす場合，本書で紹介したサンプル・スケッチ（プログラム）をほぼそのまま流用することが可能と思いますが，ライブラリのドライバ部については自力で書き換える必要があります．通信に関わる大半をＣ言語で記述しているので，他のマイコンへの移植がしやすい上，8 ビットの安価なマイコンでもプログラム領域が 32K バイトほどあれば動作させることができるでしょう．

2014 年 4 月　国野　亘

CONTENTS

はじめに ··· 2
付属 CD-ROM の使い方 ··· 8

[第1章] XBee ZigBee/XBee Wi-Fi/Bluetoothモジュールの概要 ···· 9
第1節　プロトコル・スタック搭載ワイヤレス通信モジュール ···················· 10
第2節　技適や認証取得済みモジュールでしか送信してはならない ············· 10
第3節　XBee ZigBee と XBee Wi-Fi, Bluetooth モジュールの違い ············ 11

[第2章] XBee ZBモジュールの種類とZigBeeネットワーク仕様 ···· 13
第1節　ZigBee の歴史とその特長 ·· 14
第2節　XBee ZB RF モジュールの概要 ··· 15
第3節　XBee ZB モジュールの種類① XBee Series 2 と S2, S2B ············· 15
第4節　XBee ZB モジュールの種類② XBee PRO とは ··························· 16
第5節　XBee ZB モジュールの種類③アンテナ・タイプ ··························· 17
第6節　ZigBee の三つのデバイス・タイプ ··· 18
第7節　XBee ZB の API モードと AT/ Transparent モード ······················ 19
第8節　Coordinator による ZigBee ネットワークの形成方法 ··················· 20
第9節　Router のネットワーク参加方法 ·· 21
第10節　End Device の動作 ·· 22

[第3章] まずはパソコンにXBee ZBを接続してみよう ················ 23
第1節　市販の XBee USB エクスプローラの機能比較 ····························· 24
第2節　FTDI 製 USB 仮想シリアル・ドライバのインストール方法 ············· 27
第3節　シリアル COM ポート番号の確認と設定 ···································· 29
第4節　X-CTU のインストール方法 ·· 31
第5節　X-CTU による XBee の設定方法 ··· 33
第6節　XBee ZB モジュールの通信テスト（AT/ Transparent モード） ······· 35
第7節　X-CTU の RangeTest を使ったループバック・テスト ··················· 38
第8節　XBee ZB の主要な AT コマンドとコミッショニング・ボタンの役割 ··· 39
第9節　ブレッドボードに XBee ZB モジュールを接続する方法 ················· 41
第10節　パソコン用ソフトウェア開発環境のインストール方法 ·················· 44
第11節　XBee ZB 管理ライブラリのインストール方法 ···························· 49
第12節　パソコンを使って XBee ZB の動作確認を行う ··························· 49

[第4章] パソコンを親機にしたXBee ZB練習用サンプル・プログラム集（20例）
··· 53
第1節　Example 1：XBee の LED を点滅させる ··································· 54

第 2 節　Example 2：LED をリモート制御する①リモート AT コマンド ……………… 57
第 3 節　Example 3：LED をリモート制御する②ライブラリ関数使用 ……………… 61
第 4 節　Example 4：LED をリモート制御する③さまざまなポートに出力 ………… 64
第 5 節　Example 5：スイッチ状態をリモート取得する①同期取得 …………………… 67
第 6 節　Example 6：スイッチ状態をリモート取得する②変化通知 …………………… 70
第 7 節　Example 7：スイッチ状態をリモート取得する③取得指示 …………………… 73
第 8 節　Example 8：アナログ電圧をリモート取得する①同期取得 …………………… 76
第 9 節　Example 9：アナログ電圧をリモート取得する②取得指示 …………………… 79
第 10 節　Example 10：子機 XBee のバッテリ電圧をリモートで取得する ……………… 82
第 11 節　Example 11：親機 XBee と子機 XBee とのペアリング ……………………… 84
第 12 節　Example 12：スイッチ状態を取得する④特定子機の変化通知 ……………… 88
第 13 節　Example 13：スイッチ状態を取得する⑤特定子機の取得指示 ……………… 91
第 14 節　Example 14：アナログ電圧を取得する③特定子機の同期取得 ……………… 95
第 15 節　Example 15：アナログ電圧を取得する④特定子機の取得指示 ……………… 97
第 16 節　Example 16：UART を使ってシリアル情報を送信する ……………………… 100
第 17 節　Example 17：UART を使ってシリアル情報を受信する ……………………… 103
第 18 節　Example 18：UART を使ってシリアル情報を送受信する①平文 …………… 106
第 19 節　Example 19：LED をリモート制御する④通信の暗号化 …………………… 111
第 20 節　Example 20：UART を使ってシリアル情報を送受信する②暗号化 ………… 116
Column…**4-1**　H レベル出力時に L レベルが出力される理由と対策方法 …………… 63

[第 5 章] パソコンを親機にした XBee ZB 実験用サンプル・プログラム集(10 例)
…………………………………………………… 121
第 1 節　Example 21：Digi International 社純正 XBee Wall Router で照度と温度を測定する
…………………………………………………… 122
第 2 節　Example 22：Digi International 社純正 XBee Sensor で照度と温度を測定する
…………………………………………………… 127
第 3 節　Example 23：Digi International 社純正 XBee Smart Plug で消費電流を測定する
…………………………………………………… 130
第 4 節　Example 24：自作ブレッドボード・センサで照度測定を行う ……………… 134
第 5 節　Example 25：自作ブレッドボード・センサの測定値を自動送信する ………… 138
第 6 節　Example 26：取得した情報をファイルに保存するロガーの製作 …………… 141
第 7 節　Example 27：暗くなったら Smart Plug の家電の電源を OFF にする ………… 145
第 8 節　Example 28：玄関が明るくなったらリビングの家電を ON にする ………… 148
第 9 節　Example 29：自作ブレッドボードを使ったリモート・ブザーの製作 ………… 152
第 10 節　Example 30：XBee 搭載スイッチと XBee 搭載ブザーで玄関呼鈴を製作 …… 156
Column…**5-1**　X-CTU リモート設定機能による Digi International 社純正機器のファーム
　　　ウェア更新 …………………………………………………… 133

[第 6 章] Arduino で XBee ZB を動かすための準備をしよう ……… 161
第 1 節　Arduino のハードウェアの準備 ………………………………………… 162
第 2 節　Arduino IDE のインストール …………………………………………… 164
第 3 節　Arduino マイコン・ボードの接続 ……………………………………… 168
Column…**6-1**　Arduino Leonardo で使用する場合について ……………………… 165

［第7章］Arduinoの練習用サンプル・プログラム XBeeなし（5例）......171

第1節　Example 31：ArduinoのLEDを点滅させる（XBeeなし）......172
第2節　Example 32：Arduinoの液晶ディスプレイに文字を表示する(XBeeなし)......175
第3節　Example 33：Arduinoのキー・パッドから入力する(XBeeなし)......177
第4節　Example 34：ArduinoでSDメモリ・カードに情報を保存する(XBeeなし)......179
第5節　Example 35：ArduinoでLANに情報を公開する(XBeeなし)......182

［第8章］Arduinoを親機に使ったXBee ZB練習用サンプル・プログラム（5例）......187

第1節　Example 36：XBeeのLEDを点滅させる......188
第2節　Example 37：LEDをリモート制御する......191
第3節　Example 38：子機XBeeのスイッチ変化通知をリモート受信する......194
第4節　Example 39：子機XBeeのスイッチ状態をリモートで取得する......197
第5節　Example 40：子機XBeeのUARTからのシリアル情報を受信する......200

［第9章］Arduinoを親機に使ったXBee ZB実験用サンプル・プログラム（10例）......203

第1節　Example 41：Digi International社純正XBee Wall Routerで照度と温度を測定する......204
第2節　Example 42：Digi International社純正XBee Sensorで照度と温度を測定する......207
第3節　Example 43：Digi International社純正XBee Smart Plugで消費電流を測定する......210
第4節　Example 44：自作ブレッドボード・センサで照度測定を行う......214
第5節　Example 45：自作ブレッドボード・センサの測定値を自動送信する......217
第6節　Example 46：取得した情報をSDメモリ・カードに保存するロガーの製作......220
第7節　Example 47：暗くなったらSmart Plugの家電の電源をOFFにする......224
第8節　Example 48：玄関が明るくなったらリビングの家電をONにする......227
第9節　Example 49：自作ブレッドボードを使ったリモート・ブザーの駆動......231
第10節　Example 50：XBeeスイッチから玄関呼鈴を鳴らす......234
Column…9-1　XBee Smart Plugの安全性を高める可能性について......212

［第10章］XBee ZBのATコマンド仕様......237

第1節　ヘイズATコマンドとXBee ZB用ATコマンド......238
第2節　XBee ZBにおけるATコマンドの使い方......238
第3節　ネットワーク設定のためのATコマンド......239
第4節　IOコマンドの設定および制御方法......240
第5節　XBeeスリープ機能（省電力モード）の設定方法......241
第6節　RF部の設定を変更するためのATコマンド......242
第7節　UARTシリアル設定を変更するためのATコマンド......242
第8節　設定・処理実行用ATコマンド......243

[第11章] 準標準XBee-Arduinoライブラリを試用する ………… 245
- 第1節　Example 51：XBeeのLEDを点滅させる（準標準ライブラリ） ……………… 246
- 第2節　Example 52：LEDをリモート制御する（準標準ライブラリ） ………………… 249
- 第3節　Example 53：スイッチ変化通知をリモート受信する（準標準ライブラリ） …… 251
- 第4節　Example 54：スイッチ状態をリモートで取得する（準標準ライブラリ） ……… 254
- 第5節　Example 55：UARTからのシリアル情報を受信する（準標準ライブラリ） …… 257

[第12章] Arduinoを使ったXBee ZBネットワークの設計 ……… 261
- 第1節　親機と子機の両方にArduinoを使ったシリアル通信 ……………………………… 262
- 第2節　親機のみにArduinoを使ったXBee API通信 ……………………………………… 262
- 第3節　親機と子機の両方にArduinoを使ったXBee API通信 …………………………… 262
- 第4節　子機のみにArduinoを使ったXBee API通信 ……………………………………… 263
- 第5節　Arduinoマイコン・ボードの選び方 ………………………………………………… 264
- 第6節　XBee ZBによるZigBeeネットワークの設計方法 ………………………………… 265

[第13章] ArduinoをXBee ZB子機に用いた実験・実用サンプル・プログラム（5例）
………………………………………… 269
- 第1節　Example 56：子機の実験のためのモニタ端末の製作 …………………………… 270
- 第2節　Example 57：子機の実験のためのリモート・ブザーの製作 …………………… 274
- 第3節　Example 58：ワイヤレス湿度センサ子機の製作 ………………………………… 278
- 第4節　Example 59：ワイヤレス・ガス・センサ＆警報器の製作 ……………………… 282
- 第5節　Example 60：ワイヤレス赤外線リモコン送信機の製作 ………………………… 287

[第14章] Arduinoを使ったXBee ZBネットワークの応用例 …… 291
- 第1節　Example 61：XBee ZB センサ・ネットワーク用ロガー親機 …………………… 292
- 第2節　Example 62：XBee ZB 搭載ガイガー・カウンタによる放射線量の測定 ……… 298
- 第3節　Example 63：XBee ZB 搭載ガイガー用警報ベル親機の製作 …………………… 305
- 第4節　Example 64：XBee ZB 搭載レベル表示機能付き測定データ中継機 …………… 309
- 第5節　Example 65：XBee ZB で収集した情報をIPネットワークへ提供する ………… 317

[第15章] XBee ZB用XBee管理ライブラリ関数リファレンス・マニュアル
………………………………… 323

[第16章] 1台から接続できるXBee Wi-Fiを設定してみよう …… 331
- 第1節　XBee Wi-Fi モジュールの特長 ……………………………………………………… 332
- 第2節　XBee Wi-Fi モジュールの無線LAN設定方法 ……………………………………… 332
- 第3節　XBee Wi-Fi モジュールの通信テスト（UDPによるUART信号） ……………… 334
- 第4節　ブレッドボードにXBee Wi-Fi モジュールを接続する方法 ……………………… 337

[第17章] パソコンを親機にしたXBee Wi-Fi実験用サンプル・プログラム（5例）
.... 339

- 第1節　Example 66：XBee Wi-FiのLEDを制御する①リモートATコマンド ……… 340
- 第2節　Example 67：XBee Wi-FiのLEDを制御する②ライブラリ関数使用 ……… 345
- 第3節　Example 68：XBee Wi-Fiのスイッチ変化通知をリモート受信する ………… 348
- 第4節　Example 69：スイッチ状態を取得指示と変化通知の両方で取得する ……… 351
- 第5節　Example 70：XBee Wi-FiのUARTシリアル情報を送受信する ……………… 354
- Column…17-1　XBee Wi-FiのAPIモード ………………………………………… 350

[第18章] Arduinoを親機にしたXBee Wi-Fi実験用サンプル・プログラム（5例）
.... 357

- 第1節　Example 71：親機ArduinoからXBee Wi-FiのLEDを点滅させる ………… 358
- 第2節　Example 72：ArduinoでXBee Wi-Fiのスイッチ状態を受信する …………… 362
- 第3節　Example 73：スイッチ状態を取得指示と変化通知の両方で取得する ……… 365
- 第4節　Example 74：照度センサのアナログ値をXBee Wi-Fiで取得する ………… 368
- 第5節　Example 75：XBee Wi-FiのUARTシリアル情報を受信する ……………… 372

[第19章] シリアル通信のワイヤレス化にBluetoothを使ってみよう
.... 375

- 第1節　BluetoothモジュールRN-42XVPの特長と入手方法 ……………………… 376
- 第2節　Bluetoothモジュールとパソコンを接続して通信テストを行う …………… 377
- 第3節　Bluetoothモジュールのコマンド・モード ……………………………… 380
- 第4節　BluetoothモジュールのGPIOポートへディジタル値を出力する ………… 381
- 第5節　BluetoothモジュールのGPIOポートからディジタル値を入力する ……… 382
- 第6節　BluetoothモジュールのADCポートからアナログ値を入力する ………… 383
- 第7節　BluetoothピコネットにおけるMaster機器とSlave機器 ………………… 384
- 第8節　複数のBluetoothモジュールを使った通信テスト ……………………… 385
- 第9節　BluetoothモジュールRN-42XVPのコマンド・リファレンス …………… 387
- Column…19-1　Arduino BT ……………………………………………………… 376

[第20章] Arduinoを使ったBluetooth実験用サンプル・プログラム（5例）
.... 389

- 第1節　Example 76：BluetoothモジュールからXBee用LEDを点滅させる ……… 390
- 第2節　Example 77：BluetoothモジュールのペアリングとLEDの制御 ………… 394
- 第3節　Example 78：スイッチ状態をBluetoothでリモート取得する ……………… 402
- 第4節　Example 79：Bluetooth照度センサの測定値をリモート取得する ………… 405
- 第5節　Example 80：Bluetooth HID/SPPプロファイル搭載LCD Keypad子機 ……… 408

- おわりに …………………………………………………………………………… 413
- 参考文献 …………………………………………………………………………… 413
- 索　引 ……………………………………………………………………………… 414
- 著者略歴 …………………………………………………………………………… 416

付属 CD-ROM の使い方

付属 CD-ROM には，xbeeCoord.zip と xbee_arduino.zip が収録されています．

■ xbeeCoord.zip
PC 用 (p.44 〜)

このフォルダ内の「libs」フォルダや「Makefile」など全てを cygwin をインストールした PC の home 以下のフォルダにコピーします．

例えば，ユーザ名が xbee だと，

```
C:¥cygwin¥home¥xbee¥
```

の下にコピーします．

そして，cygwin のターミナルからコンパイルを実行します．

Makefile があるので，cygwin 上で make を実行するとコンパイルできます．

シリアルの COM ポート番号は，実行時の引数(1〜10 の数字)で指定できます．

■ xbee_arduino.zip
Arduino 用 (p.164 〜)

Arduino IDE 1.0.5 または，1.0.6 を使用します．
あまり古いものやメジャー・バージョン違いだと，動かない可能性が高まります．

xbee_arduino フォルダ内の「XBee_Coord」フォルダと「XBee_WiFi」などすべてを arduino の libraries フォルダにコピーします．Arduino IDE を起動していた場合は，一度，Arduino IDE を再起動します．

「ファイル」メニューから「スケッチの例」→「XBee_Coord」→「sample*」を選択すれば，サンプル・プログラムが呼び出せます．

```
サンプルを収納してあるフォルダ
  [cqpub]フォルダ
    example*.c            PC + XBee ZB 用サンプル
  [xbee_arduino/XBee_Coord/examples/cqpub]フォルダ
    example*.ino          Arduino + XBee ZB 及び Bluetooth 用サンプル
  [xbee_arduino/XBee_WiFi/examples/cqpub]フォルダ
    example*.ino          Arduino + XBee Wi-Fi 用サンプル
ライブラリ
  [libs]フォルダ
    xbee.c                PC 用 オリジナル XBee 管理用ライブラリ ZB Coord
    xbee_wifi.c           PC 用 オリジナル XBee Wi-Fi 用ライブラリ XBee IP
    lcd_pc.c              PC 用 表示ドライバ
    kbhit.c               PC 用 キー入力ドライバ
    hex2a.c               16 進数をアスキーに変換するモジュール
  [xbee_arduino/XBee_Coord]フォルダ
    xbee.cpp              Arduino用 オリジナル XBee 管理用ライブラリ ZB Coord
    xbee.h                ヘッダファイル
  [xbee_arduino/XBee_WiFi]フォルダ
    xbee_wifi.cpp         Arduino 専用 オリジナル XBee WiFi 管理用ライブラリ
    xbee_wifi.h           ヘッダファイル
ツール(PC 専用)
  [tools]フォルダ
    xbee_test.c           AT／リモート AT コマンド解析ツール(PC 用)
```

・・・・・・・・・・ ご 注 意 ・・・・・・・・・・

本ソフトウェアおよび掲載情報によっていかなる損害が発生したとしても当方は一切の補償をいたしません．すべて自己責任でご利用ください．

サンプル・ソフトウェア，ライブラリは無料で使用することができます．
すべての著作物に関して著作権表示の改変は禁止します．
サンプル・ソフトウェア(example*)の利用，編集，再配布は自由ですが，著作権表示の改変は禁止します．
開発環境フォルダ内のソフトウェアについては，それぞれの著作権者が定める条件のもとで利用してください．

サポート・ページ

http://www.geocities.jp/bokunimowakaru/cq/

最新版の説明書はウェブで公開していますので，そちらも参照ください．

http://www.geocities.jp/bokunimowakaru/diy/xbee/xbee-download.html#manual

[第1章]

XBee ZigBee/ XBee Wi-Fi/ Bluetoothモジュールの概要

　第1章では，本書で扱う ZigBee，Wi-Fi，Bluetooth のそれぞれの通信方式に対応した通信モジュールの概要について説明します．

第1節　プロトコル・スタック搭載ワイヤレス通信モジュール

ワイヤレス通信の実験やワイヤレス通信を応用したアプリケーションを作る場合，高周波回路の設計や通信プロトコル・スタックの実装が必要です．ワイヤレス通信用ICの中には，これらの機能をワンチップ化してソフトウェアとともにICに搭載しているものがあります．

しかし，アンテナを接続する回路は高周波回路設計が必要ですし，電波を送信する場合は，後述の技術基準適合証明（技適）を受ける必要があります．また，通信プロトコルを扱うにもZigBee等の規格を知らないとアプリケーションを開発することはできません．

そこで本書では，これら必要なすべての要素が含まれた通信モジュール（**図1-1**）を使用して，ワイヤレス通信に必要なプログラムについて説明します．

さらに，より簡単にワイヤレス通信の基礎実験や応用・活用ができるように，必要な技術内容と豊富なサンプル・プログラムを紹介します．

第2節　技適や認証取得済みモジュールでしか送信してはならない

日本国内で電波を送信する場合は，少なくとも，技適，または，工事設計認証などを受け，電波法令で定められている技術基準に適合した機器を使用する必要があります．これらの機器には郵便局を表す〒のシンボルが入った**図1-2**のような技適マークが表示されています．XBee ZBの技適マークを**写真1-1**に示します．

ワイヤレス通信モジュールに技適や認証を受けていない製品は，日本国内で電波を送信することができません．また，通信モジュールのアンテナを交換したり，モジュール内の回路を改変した場合も技適を受け直す必要があります．例えば，XBeeモジュールにはアンテナを交換できるタイプ（RPSMAタイプやU.FLタイプ）がありますが，指定のアンテナ以外を使用する場合は技適の再受検が必要です．

また，2012年8月以前は，はんだ付けを前提としたモジュールの技適や認証が認められていなかったため，通信モジュール単体では認証が得られませんでした．

本書のサンプル・プログラムの章で紹介する通信モジュールは，通信モジュール単体で認証が得られているので，技適の手間や費用をかけずに，すぐに電波を出す実験を行うことができます．

本書で使用する通信モジュールの型番，および認証番号を**表1-1**に示します．

XBee ZB S2（ZigBee）とXBee Wi-Fiは，ほかの回路基板とのコネクタ付きモジュールとして認証が得られており，RN-42XVP（Bluetooth）は，はんだ付けモジュールRN-42として認証が得られたものをコネクタ付きのモジュールに実装しています．ただし，RN-42XVPと似たような形状で出力やアンテナの異なる

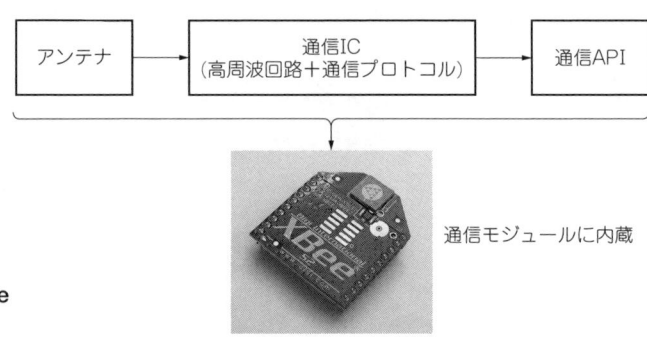

図1-1
プロトコル搭載XBee
モジュールの例

図 1-2 技適マークの例

写真 1-1
XBee ZB の技適マークの位置

表 1-1 本書で使用する通信モジュールの認証番号

メーカー	型番	認証日	認証番号	型式	アンテナ
Digi International 社	XBee ZB(S2)	平成 19 年 9 月 19 日	201WW07215215	XBEE2	7 種類
Digi International 社	XBee PRO ZB(S2)	平成 20 年 5 月 22 日	201WW08215142	XBEEPRO2	7 種類
Digi International 社	XBee PRO ZB(S2B)	平成 22 年 2 月 19 日	201WW10215062	XBEE-PRO S2B	8 種類
Digi International 社	XBee Wi-Fi	平成 23 年 11 月 11 日	210WW1005	XBEE S6	8 種類
Microchip	RN-42XVP	平成 24 年 11 月 2 日	201-125709	RN-42	1 種類

RN-41XVC などは認証を受けていないので，注意が必要です．

ワイヤレス通信モジュールの多くは，はんだ付けして回路基板に接続する形状になっており，これまではモジュール単体で認証を得られているモジュールは多くありませんでした．例えば，Arduino BT には Bluegiga 社の型式 WT11i-A Class 1 Bluetooth モジュールが搭載されています．しかし，認証は評価ボード込みで受けられており，Arduino 等のほかの回路と組み合わせる場合は，再度，認証または技適を受け直さなければ使用することができません．

認証済みの通信モジュールを組み込んだ機器を販売する場合は，技適マークや認証番号を組み込んだ機器の銘板などに記載するなどして，購入者に特定無線設備であることを表示する必要があります．例えば，Digi International 社の XBee Wall Router XBR-001 は，電気用品の安全上の理由で容易に分解できない構造としているため，内蔵されている XBee PRO ZB モジュールに印刷された技適マークや認証番号を購入者が確認できません．したがって，認証済みの XBee PRO ZB が組み込まれているにも関わらず，平成 20 年 8 月 15 日に型番 XBR-001 として改めて認証を受けて販売しています．

一方，Digi International 社の XBee SENSOR は，認証済みの XBee ZB モジュールをユーザが容易に交換できるようになっているので，XBee SENSOR としては認証を受けていないようです．

なお，技適の取得・再取得には，技術的な知識と設計情報が必要です．しかも，認証の場合はすべての量産品が技術基準に適合するように管理・製造されていることを示す必要があります．

技適や認証条件は，法令や規制緩和などで変更される場合があります．実際に技適マークを取得したい場合は，TELEC（財団法人テレコムエンジニアリングセンター）や認証機関に問い合わせてください．

第 3 節　XBee ZigBee と XBee Wi-Fi，Bluetooth モジュールの違い

ここでは，本書で紹介する各ワイヤレス通信モジュールの違いについて説明します．それぞれのモジュールに長所と短所があるので，目的に合わせた通信方式を選択する必要があります（表 1-2）．

表 1-2 XBee ZB，XBee Wi-Fi，Bluetooth モジュールの比較表

方式名	型番	最大出力	リンク・バジェット	伝送速度	省電力	IP	普及	参考価格
ZigBee	XBee ZB	3dBm	99dB	250Kbps	○	×	×	1,700 円
ZigBee	XBee PRO ZB	10dBm	112dB	250Kbps	△	×	×	2,800 円
Wi-Fi	XBee Wi-Fi	16dBm	109dB	72Mbps	×	○	○	3,500 円
Bluetooth	RN-42XVP	4dBm	84dB	3Mbps	△	×	○	$19.95

写真 1-2 左から XBee ZB，XBee Wi-Fi，Bluetooth モジュール

リンク・バジェットとは，最大出力と最小受信感度の差です．通常は大きいほど遠くまで通信ができます．XBee PRO ZB と XBee Wi-Fi は，ほぼ同等の通信可能距離ですが，RN-42XVP は少し劣っていることがわかります．厳密にはアンテナの利得でも左右され，実際の通信可能距離に影響しますが，数 dB の違いにつきここでは省略しています．例えば，6dB の差は，自由空間距離にして 2 倍の違いがあります．20dB で 10 倍になります．XBee PRO ZB と RN-42XVP との差 28dB の違いは，自由空間距離では約 25 倍の違いがあります．

伝送速度は，速いほど同じ情報を短時間で伝えることが可能です．また，音声などのデータによっては，伝送速度が足りないと正しく伝達できない場合もあります．なお，実際の情報の伝送速度は，表記の速度よりも低下します．

どの方式が省電力かどうかは判定が難しく，本表は目安です．乾電池で長期間動作させることが API を含めて容易である XBee ZB に対し，その他の方式は，同等の長期間動作させるためには工夫が必要です（容易ではありません）．

普及状況は，すべての市場を調査したものではありませんが，Wi-Fi および Bluetooth の通信モジュールの販売数の大半が携帯電話やスマートフォン用です．とくに Bluetooth は一人で複数台の機器を保有する可能性もあり，既にとても大きな規模で普及しています．このため圧倒的な生産量があるがゆえに，まとまった数を発注する場合は低価格で入手しやすい一方，少量で使用する場合は，入手や継続的な確保が難しかったり，割りだかになってしまったりします．また，携帯電話やスマートフォンに比べると販売数は少ないものの，ノート・パソコンにはほぼすべての機種で Wi-Fi が搭載されており，Wi-Fi と Bluetooth の両方を搭載したパソコンも売られています．

一方，ZigBee 方式は電力メータなどの特定の用途で広まり始めたばかりです．このため，Wi-Fi や Bluetooth に比べると普及数は少数です．

[第2章]

XBee ZBモジュールの種類とZigBeeネットワーク仕様

　XBee ZBはZigBeeと呼ばれる規格で通信を行う，Digi International社のワイヤレス通信モジュールです．詳細なZigBee規格を知らなくても内蔵のプロトコル・スタックを活用できるように，Digi International社独自のアプリケーション・プログラム・インターフェースが組み込まれています．

　本章では，実験用ネットワークを構築するための準備に必要な知識を習得するために，XBee ZBモジュールの種類別の特長やネットワークの仕様について解説します．

第1節　ZigBeeの歴史とその特長

ZigBeeは，ZigBeeアライアンスが定めた無線通信方式の規格です．1998年に，Intel社やIBM社などが設立したHomeRFワーキング・グループによって策定されたHomeRF Lite規格が基となっています．当時，HomeRFワーキング・グループの設立と同時期にEricsson社などがBluetooth SIGを設立してBluetoothの規格化を進めており，また無線LANについてもCCK方式と呼ばれる11Mbpsの規格化が進められていた時代で，HomeRFとBluetooth，無線LANの3方式の比較が盛んでした．

このような規格のデファクト化争いの中でHomeRF（SWAP-CA）から派生し，ZigBeeの原型であるHomeRF Liteの検討が始まりました．パソコンが中心の無線LANや携帯電話が中心のBluetoothとの競争を避けるように，通信速度を控える一方，乾電池で2年も動作する超省電力と65535台もの多数の端末を接続する特長を持ち，これまで情報機器ではなかったような家電や電池で動作する小型機器といった幅広い機器をワイヤレス接続するアプリケーションを想定していました．

表2-1に，ZigBeeの特長を示します．通信可能距離は約40mで，およそ一戸建ての住宅をカバーすることが可能です．また，ネットワークとして接続可能な最大端末数が65535台と多いこともZigBeeの特長です．さらに，消費電力やコストも低く，おもに家電機器に組み込んでホーム・オートメーション・システムを実現したり，センサや警報器などによるホーム・セキュリティ・システムを構築したりすることが得意な規格です．

ZigBeeとしては2004年12月にZigBee 2004（Ver. 1.0）仕様として策定され，2006年12月にZigBee 2006，そして2007年10月に通信の信頼性や効率性，秘匿性などを向上させたZigBee PRO 2007が策定されました．最近では，エナジー・ハーベスト（環境発電）とよばれる自然エネルギーやドアノブの回転による発電などの極めて小さな消費電力で動作するGreen Power対応のZigBee PRO 2012や，インターネット標準の規格化団体IETFが策定した6LoWPANを用いたZigBee IPも策定されています．

ZigBeeが広がりを見せるようになったのは，ホーム・オートメーション機能を応用した家庭内での用途に注目されてきてからです．2008年6月にZigBee PRO 2007上に，ZigBee Smart Energyプロファイルと呼ばれるアプリケーションが定義され，電力メータを中心にしたZigBeeネットワークの普及が始まりました．

現在は，ZigBee IPに対応したSmart Energy 2への移行中で，ZigBeeアライアンスとWi-FiアライアンスとがWi-Fiアライアンスとが手を組んでSEP2の呼び名で普及を促進しようとしています．一方，Bluetooth SIGもZigBeeと似たようなLow Energyモードを搭載したBluetooth 4.0を規格化しました．Low Energyモードは，従来のBluetoothとの互換性がないものの，最新のBluetoothチップに組み込まれていることからスマートフォンへの搭載実績を積んでいます．

なお，ZigBee規格に準拠した製品を開発・設計し

表2-1　ZigBee方式の概要

仕　様	特　長
通信可能距離	約40m（Digi International社 XBee ZBの屋内通信距離）
最大端末数	65535台
低消費電力	乾電池2本で最大2年間の動作（ZigBee SIG目標値）
低コスト	LSI単価で$2（ZigBee SIG目標値）

写真2-1
Digi International社から発売されたXBee Series 2 Rev A（2007年）の内部

て販売するには，ZigBee アライアンスへの加入と ZigBee 認証を取得する必要があります．前章に記した技適マークと ZigBee 認証の両方を取得しなければ，国内で販売することができません．技適マークや ZigBee 認証取得済みの機器を販売したり，認証取得済みの機器を使ったサービスを実施したりすることは可能です．

本書で使用する XBee ZB がサポートしている ZigBee 方式は，ZigBee PRO 2007 です．従来の ZigBee としてはもっとも広まっている方式で，XBee ZB 同士との通信だけでなく，ZigBee PRO 2007 との相互接続も原理的には可能です．ただし，独自のセキュリティがかけられているなどの理由で，多くは接続が困難となっています．

第 2 節　XBee ZB RF モジュールの概要

ここでは，Digi International 社の ZigBee モジュールである XBee ZB RF モジュールについて説明します．

XBee モジュールは，1999 年に米国で設立された MaxStream 社が開発した電子機器向けのワイヤレス通信モジュールです．同社は，XBee モジュールおよび各種の XBee 製品などで成長している中，2006 年に米国の Digi International 社に買収されました．

XBee ZB モジュールは，2007 年に Digi International 社より XBee Series 2 として発売された通信モジュールです．モジュール内の ZigBee 用チップには Ember 社（2012 年に Silicon Labs により買収）の EM250 を使用し，通信プロトコルスタックに同社の Ember ZNet が搭載されました．モジュールにはさまざまな種類が

あり，XBee ZigBee や XBee Series 2，XBee S2，XBee S2B と表記されています．また XBee に続いて「PRO」の文字が入ることがあります．種類の違いについては，次節以降で説明します．

XBee ZB および XBee PRO ZB は，国内の電波法令で定められている技術基準に適合した認証済みの通信モジュールなので，XBee ZB モジュールの裏側に技適マークと認証番号が表示されています．また，ZigBee アライアンスの ZigBee 認証についても，世界で初めて取得しています．

XBee ZB も XBee PRO ZB のどちらも ZigBee PRO 2007 規格に準拠しており，相互に通信を行うことが可能です．

第 3 節　XBee ZB モジュールの種類 ① XBee Series 2 と S2，S2B

ここでは，市販されている XBee モジュールのうち ZigBee に対応している XBee ZB（Series 2，S2，および S2B）モジュールについて説明します．なお，XBee Series 1 や 802.15.4/DigiMesh と呼ばれる製品は ZigBee

写真 2-2
XBee ZB シリーズ（左から XBee Series 2，XBee S2，XBee PRO S2B）

に対応していません．プロトコルだけでなく内部のハードウェアも異なり，本書で使用するXBee ZBと接続することはできません．

XBeeモジュールのうち，ZigBeeに対応しているのはXBee Series 2，XBee S2，XBee S2Bといった製品です．本書ではZigBee対応のXBee製品をXBee ZBと呼んでいます．

古いXBee Series 2モジュールの中には「ZNet 2.5」と呼ばれる古いファームウェアが書き込まれています．ZNet 2.5もZigBeeに準拠したプロトコル・スタックですが，現在のXBee ZBとは異なります．ただし，モジュールのハードウェアは同じなので，X-CTUを使用して最新のXBee ZBファームウェアに書き換えることで，最新のものと同等にすることができます．

本書で使用するXBee ZBモジュールを購入する際は，XBee ZBや，XBee Series 2，XBee S2，XBee S2Bといった表示があることを確認してください．

XBee S2Bの中には，Programmable XBee S2Bと呼ばれるアプリケーション実行用のマイコン（Freescale製MC9S08）が内蔵されたタイプがあります．アプリケーション・プログラムをProgrammable XBee用に作成することで，外付けマイコンをなくすることができます．ただし，本書ではアプリケーション実行にパソコンやArduinoを使用するので，Programmable XBeeの機能は使用しません．

Programmable XBeeについては，CQ出版「超お手軽無線モジュールXBee」のAppendix 4（P.102〜P.117）に使用方法や小型XBeeゲートウェイの製作例，ソフトウェアCD-ROMなどが収録されているので，そちらをお買い求めください．

第4節　XBee ZBモジュールの種類 ② XBee PROとは

XBee ZBモジュールの中に，無線部の性能が高いXBee PRO ZBモジュールがあります．モジュールの形状は，XBee PRO ZBのほうが，若干，大きめで，10番ピン，11番ピン側（**写真2-3**の手前側）に長めの基板が使用されています．基板に接続するためのコネクタやアンテナ用のコネクタなどの位置は同じです．

XBee PRO ZBとPROでないXBee ZBのどちらもZigBee規格のZigBee PROに対応しています．XBee PROよりもZigBee PROのほうが後で策定されたために，混乱しやすい名称になってしまいました．

XBee PRO ZBは，PROでないXBee ZBに比べてリンク・バジェットで13dB，自由空間の電波伝搬距離で約4.5倍の高性能なモジュールです．しかし，出力の違いから電源電圧や消費電流が異なるので，必ずしもPROが良いというわけではありません．

通常，ACアダプタやUSB給電で動作する親機

写真2-3　PROでないXBee（左）とXBee PRO（右）の表面

写真2-4　PROでないXBee（左）とXBee PRO（右）の裏面

表 2-2　XBee ZB と XBee PRO モジュールの違い

型　番	最大出力	リンク・バジェット	電源電圧	電流 TX	待機電流
XBee ZB	3dBm	99dB	2.1 〜 3.6V	40mA	< 1μA
XBee PRO ZB S2	10dBm	112dB	3.0 〜 3.4V	170mA	3.5μA
XBee PRO ZB S2B	10dBm	112dB	2.7 〜 3.6V	117mA	3.5μA

表 2-3　XBee ZB モジュール用アンテナの違い

型　番	利得 ※	特　長
パターン・アンテナ	−0.5dBi	小型化を優先したタイプ．アンテナ周辺に金属が接近しないように留意する必要がある．
チップ・アンテナ	−1.5dBi	
ワイヤ・アンテナ	1.5dBi	性能と使い勝手のバランスのとれたタイプ．
RPSMA 用アンテナ	2.1dBi	性能重視のタイプ．RMSMA 端子をケースに固定して使用する．
UFL 用アンテナ	2.1dBi	性能重視タイプで，アンテナ本体をケースに固定して使用する．

※ アンテナ単体の利得．アンテナまでの配線損失は考慮されていない．

(Coordinator)や中継器(Router)には XBee PRO ZB を使用します．XBee PRO ZB 用の電源電圧は，3.3V 固定で使用するのが一般的です．5V の AC アダプタや USB 5V などの 3.6V 以上の直流電源に，3.3V の LDO(低ドロップアウト・レギュレータ)を用います．通信距離が足りない場合は，途中に AC アダプタなどで動作する XBee PRO ZB の Router 機能による通信の中継を行います．

一方，電池で駆動する子機(End Device)には，PRO ではない XBee ZB モジュールを用います．消費電流が少ないだけでなく，最低電圧 2.1V から動作する点も乾電池駆動に適しているからです．一般の 1.5V の乾電池(単 1 型，単 2 型，単 3 型電池など)の場合は，直列 2 本でちょうど XBee ZB の電源電圧範囲に収まります．乾電池 1 本の場合は，DC-DC コンバータによる 3.3V 電圧への変換が必要になります．この場合も，DC-DC コンバータ出力の低下が 2.1V まで許容できるので，内部抵抗の高い乾電池による駆動の可能性が高まります．直列 3 本の場合やリチウム・イオン電池の場合は，3.3V の LDO を用います．

第 5 節　XBee ZB モジュールの種類 ③ アンテナ・タイプ

XBee ZB モジュールにはアンテナの種類の違いで，パターン・アンテナ，チップ・アンテナ，ワイヤ・アンテナ，RPSMA コネクタ，UFL コネクタなどがあります．このうち，チップ・アンテナはなくなりつつあり，パターン・アンテナに替ってきています．

技適マークは，これらのアンテナ込みのモジュールとして取得されているので，アンテナを交換したり指定外のアンテナを取り付けたりすることはできません(変更した場合は，技適を受け直す必要がある)．

パターン・アンテナとチップ・アンテナ・タイプは，XBee モジュールの台形部分(**写真 2-6** の境界線より上側)に金属が接近すると特性が劣化しやすくなっています．モジュールを接続する基板側の配線や部品配置に留意が必要です．ほかのアンテナについても，アンテナ周辺に配線や金属が近づかないようにします．

パターン・アンテナとチップ・アンテナ・タイプは，アンテナがプラスチックに接触した場合も性能が低下してしまいます．ケースなどに入れる際は，XBee モジュール上のアンテナから約 3mm 以上の間隔が必要です．なお，アンテナ性能には無関係ですが，XBee モジュールとメイン基板とはコネクタで接続する構造になっているので，落下時などはケース内で XBee モジュールが外れてしまう恐れがあります．ケースに組み込む場合は，アンテナ周辺以外の部分で XBee モ

写真 2-5 アンテナの違い（左からチップ・アンテナ，ワイヤ・アンテナ，RPSMA タイプ）

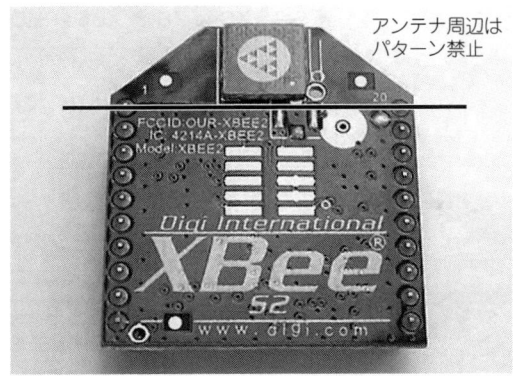

写真 2-6 パターン・アンテナとチップ・アンテナの周辺はパターン禁止

ジュールを固定・保持する必要があります（RPSMA 用アンテナの場合はアンテナの根元を固定）．

第 6 節　ZigBee の三つのデバイス・タイプ

　ここでは XBee ZB を使用するうえで必要な ZigBee 規格で定められている三つのデバイス・タイプ Coordinator, Router, End Device について，それぞれの役割と仕様概要について説明します．

　ZigBee には，表 2-4 に示すような 3 種類のデバイス・タイプがあり，XBee ZB においてもこれらのデバイス・タイプがサポートされています．

　「ZigBee Coordinator」は，ネットワーク親機として動作する ZigBee デバイスです．Coordinator は ZigBee ネットワーク（PAN）を形成することができるデバイスで，一つの ZigBee ネットワークの中に 1 台しか存在することができません．例えば，パソコンのような高性能な管理デバイスがあるような場合は，パソコンに接続する ZigBee モジュールを Coordinator に設定します．センサ・ネットワークの場合は，データを保存するロガー機能を持ったデバイスを Coordinator にしますが，規模が大きい場合は Router に機能を分散します．

　親機となる Coordinator に対し，子機となるデバイスは 2 種類があります．「ZigBee Router」と呼ばれる「フル機能デバイス」による通信の中継機能と，低消費電力で動作可能な「ZigBee End Device」です．どちらも ZigBee の特長機能を実現するうえで欠かせないデバイスです．

　「ZigBee Router」は，Coordinator の電波が届かない子機デバイスとの間に入って通信を中継することができます．通常，AC アダプタや USB 給電で動作するデバイスをこの Router に設定します．Router の数が多いほど，情報を中継しあうことで幅広い範囲の通信が可能になります．また，中継経路は自動的に設定されるので，電波状況の変化やある Router が停止したときなどに迂回して情報を届けることも可能です．

　「ZigBee End Device」は，乾電池などで長期間の動作を行うことができます．おもに，AC アダプタなどを接続しにくいセンサ子機デバイスとして使用します．しかし，Router のような中継機能をもっていません．家中に多くの ZigBee デバイスを設置する場合は，適度な Router デバイスが必要になります．例えば，ガス・センサなどのセンサそのものの消費電力が大きくて乾電池での動作が困難な場合は，AC アダプタを使用し，Router に設定したほうが良いでしょう．

　また，子機 End Device は，親機 Coordinator か親機 Router が近くに存在する必要があります．子機 End Device は，省電力動作のために普段は動作しないス

表 2-4 ZigBee のデバイス・タイプ

デバイス・タイプ	和　名	主な役割	PAN 形成	ルータ	子機管理
ZigBee Coordinator	PAN コーディネータ	ネットワーク親機	○	○	○
ZigBee Router	フル機能デバイス	フル機能子機	×	○	○
ZigBee End Device	サブデバイス	省電力子機	×	×	×

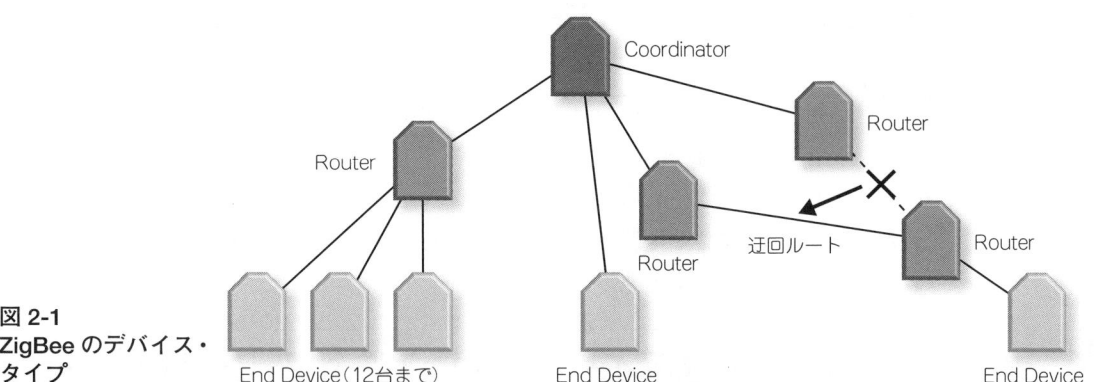

図 2-1
ZigBee のデバイス・タイプ

リープ状態になっています．そして，通信を行うときだけスリープが解除して動作します．親機 Coordinator または親機 Router は，その子機である End Device 宛の情報を中継する際に，一時的に保存します．保存した情報は，子機 End Device が通信可能な状態になってから送信します．

このように，End Device のスリープ期間中に，子機 End Device の代わりに親機 Coordinator または親機 Router が通信を行うことで，End Device の乾電池駆動を実現しています．XBee ZB においては，Coordinator は End Device を 10 台まで管理することができ，Router は 12 台まで管理することができます（管理可能台数は，ファームウェアによって変わる場合がある）．

XBee ZB で ZigBee デバイス・タイプを変更するには，X-CTU というソフトを用いてファームウェアを書き換えます．ファームウェアは ZigBee Coordinator 用，ZigBee Router 用，ZigBee End Device 用の 3 種類が用意されています．書き換え方法は，第 3 章で説明します．

第 7 節　XBee ZB の API モードと AT/ Transparent モード

XBee ZB モジュールのファームウェアには，前述のデバイス・タイプ毎に 2 種類の動作モードがあります．通称，API モードと AT モードと呼んでいますが，AT モードのほうは Transparent モード，もしくは，AT/Transparent モードと呼ぶほうが正しいようです．

表 2-5 に，それぞれの動作モードの違いを示します．API モードは，XBee ZB の ZigBee 通信機能を活用したワイヤレス・ネットワークを行うための動作モードです．XBee ZB とのデータおよびコマンドを API フレームと呼ばれるデータ形式で転送したり実行したりすることができます．Transparent モードは，簡単にシリアル通信をワイヤレス化することが可能な動作モードです．XBee ZB の UART シリアル端子にシリアル・データを入出力するだけで，別の XBee ZB とのデータの送受信が行えます．

AT コマンドは，API モードと Transparent モードのどちらのファームウェアでも実行できますが実行方法が異なります．Transparent モードでは，UART シリアルから「+」を 3 回連続で入力し，1 秒間，シリアルから何のデータも入れない状態にすると，AT コ

表 2-5 XBee ZB の 2 種類の動作モード

項　目	API モード		Transparent モード	
主な用途	ワイヤレス・ネットワーク通信		ワイヤレス・シリアル通信	
データ転送方法	API フレームで転送	△	UART シリアル	○
AT コマンド	API フレームで転送	○	AT コマンド・モードへ切り換え	△
リモート AT コマンド	API フレームで転送	○	サポートしていない	×
複数の機器との通信	API フレームに宛て先指定	○	転送モードを切り換えて設定	△
データの送信元	API フレームで受け取り可能	○	送信元はわからない	×
ZigBee サポート	ZDO サポート	○	サポートしていない	×

マンド・モードに移行します．この状態で，UART シリアルで接続した XBee ZB モジュールとのローカルな AT コマンドを実行することができます．ただし，ワイヤレス経由で他の XBee ZB モジュールに対して AT コマンドを実行するリモート AT コマンドは，API モードでしか実行することができません．これらの違いは Example 2(p.57)でも説明します．

第 8 節　Coordinator による ZigBee ネットワークの形成方法

　ここでは，デバイス・タイプ Coordinator の動作に関して，物理チャンネルの決定，64 ビットの PAN ID と 16 ビット PAN ID の生成，ネットワークへのジョイン（参加）許可について説明します．この節の内容はわからなくても，サンプルにしたがって XBee ZB のプログラムを作成することができます．早く動かしてみたいという方は，次の第 3 章に進んでください．

　ZigBee Coordinator は，ZigBee ネットワークを形成できる唯一のデバイス・タイプです．一つのネットワークに 1 台しか存在できません．Coordinator は，最初に起動したときに動作する周波数（チャンネル）とネットワーク番号(PAN ID)を設定します．もし，複数の Coordinator を設置した場合は，複数の異なる ZigBee ネットワークが構築されます．**表 2-6** に，ZigBee Coordinator の機能表を示します．

　ZigBee が使用する周波数は，2405MHz がチャンネル 11ch に相当し，2410MHz が 12ch と 5MHz ごとに 1ch ずつ増加します．チャンネル数は 2480MHz，すなわち 26ch まであり，Coordinator は 11ch ～ 26ch の全 16 チャンネルの中から自動的に空きチャンネルを探して決定します．使用したくない周波数がある場合はあらかじめ AT コマンド ATSC で設定しておくことも可能です(ATSC の値は，16 ビットで 11ch が

0 ビット目～ 26ch が 16 ビット目で使用したいチャンネルを 1 にセットします)．決定したチャンネルは，ATCH コマンドでチャンネル番号 11ch(0x0B)～ 26ch(0x1A)を得ることができます．ただし，XBee PRO ZB は，11ch ～ 24ch までとなっています．なお，0ch ～ 10ch は，UHF(サブギガ帯)で用いられる周波数です．11ch ～ 26ch で使用する 2.4GHz よりも電波が回り込みやすい特長をもっています．日本では，地上デジタルテレビ放送への移行にともない，周波数を再編成することにより，920MHz 帯が ZigBee で使用することができるようになりました．今後は，920MHz 帯を使用した ZigBee も登場するでしょう．

　Coordinator を起動すると，前述の ATSC の値に応じて空きチャンネルの検索を始めます．検索時に Coordinator はビーコン・リクエストを送信し，それを受信したほかのネットワークの Coordinator や Router は，ZigBee のネットワーク番号である PAN ID を含めたビーコンで応答します．ネットワークを形成しようとしている Coordinator は，ほかのネットワークの ZigBee デバイスのビーコンを見て空きチャンネルを探し，また，PAN ID の重複を避けるようにして新しい ZigBee ネットワークを形成します．

　PAN ID には，64 ビット PAN ID と 16 ビット PAN

表2-6 ZigBee Coordinator の機能

機能	有無	ZigBee Coordinator の機能
PAN 形成	○	動作する周波数(チャンネル)とネットワーク番号(PAN ID)を決めてネットワークを形成する
PAN 参加	○	本 Coordinator が形成したネットワークに本デバイス自身がジョイン(参加)する
Join 許可	○	子機 Router や子機 End Device のネットワークへのジョイン(参加)を許可する
ルート管理	○	ネットワーク上の各デバイスへの経路情報の調整を行う
子機管理	○	スリープ中の子機 End Device 宛の情報を一時保存する
スリープ	×	Coordinator はスリープできない

IDの2種類があります．同じZigBeeネットワークにジョイン(参加)するすべてのデバイスは，これら両方のPAN IDが一致した状態となっています．

普段のZigBee通信には16ビットのPAN IDが用いられ，各ZigBeeデバイスは同じPAN IDのパケットを同じネットワーク内の情報として取り扱います．ところが，16ビットだと偶然にも(約6万5千分の一の確率で)同じPAN IDが存在してしまう可能性があります．そのような場合を想定し，64ビットのPAN IDを前述のビーコンに埋め込み，異なるネットワークであることを検出できるようにしています．また，RouterやEnd Deviceは64ビットPAN IDが合っていれば，ネットワークへジョインすることができます．

64ビットPAN IDは，ATコマンドのATIDでCoordinatorに設定することができます．初期値は0で，この場合はPAN IDは乱数で決められます．乱数で設定されたPAN IDを知るには，ATOPを用います．16ビットPAN IDは，ATOIで得ることができます．

なお，ZigBee通信に暗号化によるセキュリティをかける場合は，セキュリティ設定を行ってからCoordinatorを(再)起動して，新しいZigBeeネットワークを形成します．セキュリティ通信については，サンプル20に具体例を示しているので，そちらを参照してください．

以上のネットワーク形成はCoordinatorにしかできませんが，CoordinatorにはRouterが持つ機能も含まれています．Routerの機能は，次節で説明します．

第9節　Routerのネットワーク参加方法

Routerはジョイン可能なZigBeeネットワークを発見し，ネットワークにジョイン(参加)することで通信を行うことができるようになります．また，ネットワーク参加後は，ほかの子機をネットワークに参加させたり，伝達経路を調整したり，子機End Deviceの管理を行ったりすることができます．表2-7に，ZigBee Routerの機能表を示します．

ネットワークに参加していない新しいRouterの電源を入れると，そのRouterはビーコン・リクエストを送信します．ビーコン・リクエストを受けたCoordinatorやほかのRouterは，PAN IDとジョインの可否情報を含むビーコンで応答し，新Routerはそれを受信することで既存のZigBeeネットワークを発見します．

親機Coordinatorが子機RouterをZigBeeネットワークに参加させるには，親機をジョイン許可状態に設定します．親機にATコマンドのATNJで0xFFを設定すると，常にジョイン許可の状態になります．また，0x01～0xFEまでの値を設定すると，その値の秒数だけジョイン許可になります．

ネットワークに参加していない子機Routerは，親機Coordinatorからのビーコン応答がジョイン許可となっていることを発見すると，ビーコンに含まれるPAN IDのネットワークに参加するためのアソシエート要求を送信し，親機CoordinatorからZigBeeネットワーク内で相互のZigBeeデバイスを識別するための16ビットのショート・アドレスを受け取ります(ショート・アドレスを使用せずに，64ビットのIEEEアドレスを使用することもできる．本書のサン

表2-7 ZigBee Router の機能

機能	有無	ZigBee Router の機能
PAN 形成	×	Router にはネットワーク形成機能はない
PAN 参加	○	Coordinator が形成したネットワークへジョイン(参加)する
Join 許可	○	子機 Router や子機 End Device のネットワークへのジョイン(参加)を許可する
ルート管理	○	ネットワーク上の各デバイスへの経路情報の調整を行う
子機管理	○	スリープ中の子機 End Device 宛の情報を一時保存する(Router はスリープできない)
スリープ	×	Router はスリープできない

表2-8 ZigBee End Device の機能

機能	有無	ZigBee End Device の機能
PAN 形成	×	End Device にはネットワーク形成機能はない
PAN 参加	○	Coordinator が形成したネットワークへジョイン(参加)する
Join 許可	×	End Device には子機をネットワークにジョイン(参加)させる機能はない
ルート管理	×	End Device には経路情報の調整を行う機能はない
子機管理	×	End Device には子機を管理する機能はない
スリープ	○	Coordinator または Router の管理下で乾電池駆動可能な低消費電力動作が可能

プルでは，IEEE アドレスを使用している)．

　ネットワークに参加した子機 Router は，親機と同格になります．つまり，ネットワーク参加後の Router は，ATNJ コマンドを使ってジョイン許可状態に設定することで，ほかの子機をネットワークに参加させることができるようになります．

　ネットワーク参加後は，AT コマンドで PAN ID を確認することができます．64 ビットの PAN ID は，ATOP で 16 ビット PAN ID は ATOI で確認します．同じ ZigBee ネットワークに参加していれば，64 ビット，16 ビットの両方の PAN ID が同じになります．

第10節　End Device の動作

　超低消費電力で動作することが可能な End Device の動作について説明します．ZigBee ネットワークへの参加方法は Router と同じですが，End Device は参加後に低消費電力なスリープ動作を行います．スリープ中の End Device は，情報の送信だけでなく受信も行いません．一定の間隔や割り込み等でスリープが解除されると，通信を行える状態になります．End Device から情報を送信する場合は，スリープ解除後に実行します．

　End Device のスリープ中は，情報パケットを受信することができないので，当該 End Device の親である Coordinator，または Router が情報パケットを一時的に保持します．したがって，子機 End Device が通信可能な範囲内に親機 Coordinator，または Router が動作している必要があります．親機は，管理可能な子機 End Device の数に制限があります．親機に対して ATNC コマンドを使用することで，残りの管理可能な子機 End Device の数を知ることができます．

　以上のように，End Device は Coordinator，または Router が近くにいないと通信を行うことができませんが，その代わりに ZigBee 方式の大きな特長である超低消費電力で動作することができます．

[第3章]

まずはパソコンに XBee ZBを 接続してみよう

　本章では，Digi International社 XBee ZBのパソコンへの接続方法，ソフトのインストール方法や，簡単な試験通信の方法，ATコマンドの一部について説明します．Arduinoで動かしたい場合も，まずはパソコンでXBee ZBの基本的な使い方を学習しましょう．Arduinoよりもプログラムの修正やデバッグが簡単で，XBee用のツールも充実しています．

第1節　市販のXBee USBエクスプローラの機能比較

パソコンでXBee ZBを使用するには，図3-1のようにXBee ZBモジュールをXBee USBエクスプローラ(写真3-1)またはDigi International社純正のXBIB-U-DEVボード(写真3-2)を使用して，パソコンのUSB端子に接続します．ここでは，市販のXBee USBエクスプローラの機能について説明します．

市販のXBee USBエクスプローラの比較表を表3-1に示します．それぞれ機能に違いがあるので，欲しい機能に合わせて購入すると良いでしょう．通常，親機に使用するのであれば，LEDやSWは不要のように思われるかもしれませんが，開発時のデバッグ用と考えるとなるべく多くの機能がついているほうが良いでしょう．

表3-1中の各機能について説明します．

RSSI LEDは，ほかのXBee ZBからのパケットを受信したことを示すLEDです．受信強度が高いほど明るく点灯します．デバッグ時の動作確認などに役立ちます．

アソシエートLEDは，XBee ZBのネットワークのジョイン(参加)状態や動作状態を示します．また，同じZigBeeネットワーク内にあるXBee ZB機器のコミッショニング・ボタンが押されたときに高速に点滅します．パソコンを親機にして使用する場合は，ソフト側で表示することも可能なので必須ではありませんが，うまく動かないときやデバッグ時，運用時に便利なので，筆者はアソシエートLEDのついているものをお奨めします．

リセットSW(ボタン)は，XBee ZBモジュールの異常時などの復旧に便利なボタンです．電源OFF + ONによる再起動でも対応できます．しかし，後述するX-CTUという設定ツールからEnd Deviceの設定を変更する場合は頻繁に使用します．End Deviceを使った実験には，必須の機能と考えても良いでしょう．

コミッショニングSW(ボタン)は，XBee ZBネットワークへの接続開始時にスリープ中のXBee ZBモジュールを起動したり，新しいXBee ZB子機のZigBeeネットワークのジョイン許可やネットワーク情報の初期化を行ったりする際に使用します．ZigBee

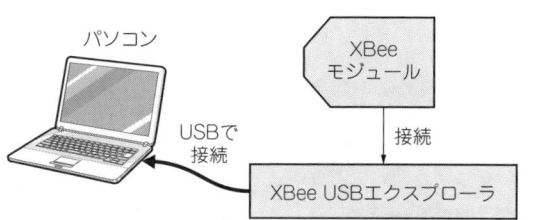

図3-1　XBee USBエクスプローラを使ってパソコンにXBeeモジュールを接続する

写真3-1　市販のXBee USBエクスプローラの一例
(Seeed Studio製 UartSBee)

写真3-2　純正XBIB-U-DEVボードとXBee ZB

ネットワークそのものの実験や複数のZigBeeネットワークを切り換えて使用する際に頻繁に使うことになるでしょう．

XBee USB エクスプローラのメイン機能は，XBee ZB モジュールのシリアル信号をパソコン用のUSB信号に変換する機能です．このシリアルUSB変換用のICには，FTDI製のICを推奨します．他社のICの中には，XBee ZB モジュールとの相性が良くないものもあり，機能に制約が生じたりX-CTUからの設定にエラーが発生しやすくなったりする場合があります．とはいえ，FTDI製のICであっても安定しているとは言えず，例えば，パラメータを設定した直後に読み込むと，全く異なる値が設定されているようなことが稀に発生します．

ブート・ローダ書き換え機能は，XBeeのファームウェアの書き換えに失敗したときなどに，XBee ZB モジュールのソフトウェア修復に必要な機能です．XBee ZB が全く起動できなくなり，ファームウェアの書き換えもできなくなったときにX-CTUからブート・ローダの書き換えを行います．このときにXBee USB エクスプローラからのDTおよびDR信号によって，XBee ZB モジュールをブート・ローダの書き換えモードに設定する必要があります．

電流容量は，USBエクスプローラ基板上の電源レギュレータICの容量です．XBee PRO ZBを使用する場合は，300mA以上の容量が必要です．ある程度までは高いほど電源が安定し，通信状態も安定します．一方，電流容量が高いほど異常時の発熱や事故へのリスクも高まります．常時動作を行うような場合は，ヒューズおよび過電流保護回路と加熱保護回路の

表 3-1 市販のXBee USB エクスプローラ比較表

XBee USB エクスプローラ	参考価格	RSSI LED	アソシエート LED	リセット SW	コミッション SW	FTDI Chip	ブート・ローダ書き換え	電源容量	パターン・アンテナ対応基板	DC入力端子	USB	備考
秋月電子通商 AE-XBEE-USB	1,280 円	○	○	○	○	○	○	1000mA	○	○	micro USB	短絡保護はUSB給電時のみ
SWITCH SCIENCE XBee USB アダプタ	1,890 円	○	×	○	×	○	○	600mA	○	×	micro USB	品番：SSCI-010313
Strawberry Linux XBee エクスプローラ USB	2,205 円	○	×	×	×	○	○	800mA	×	×	mini USB	品番：XBEE-BB
SparkFun WRL-08687 XBee Explorer USB	2,500 円	○	×	×	×	○	○	500mA	×	×	mini USB	旧製品 MIC5205版は150mA
Seeed Studio UartSBee V4	$19.50	○	○	○	×	○	○	500mA	×	×	mini USB	Bit-Bangよる ICSP端子付き．RPSMAタイプXBee非対応
Arduino UNO + Wireless シールド	2,730 円 2,835 円	○	×	×	×	×	×	800mA	×	×	標準 USB	Arduinoとシールドの両方による機能
CQ出版社 XBee書込基板 XU-1	10,500 円	×	○	○	○	×	○	800mA	×	×	mini USB	価格はXBee×2個と解説書を含む

第1節 市販のXBee USB エクスプローラの機能比較

両方が入ったレギュレータを使用します．加熱保護つきのレギュレータは，若干，価格が上がる場合があります．筆者の調査では，スイッチサイエンス社のSSCI-010313，Strawberry Linux 社の XBEE-BB，SparkFun 社の WRL-08687 などに搭載されているようです．

パターン・アンテナ対応は，XBee のアンテナ・タイプがパターン・アンテナやチップ・アンテナの場合であっても感度が低下しないように考慮されているXBee USB エクスプローラです．

なお，これらの機能は，ロットによって仕様が変更される場合があります．最新の情報は，それぞれの販売元の情報をご確認ください．

XBee USB エクスプローラと似たような機能をArduino マイコン・ボード + Wireless シールド（**写真 3-3**）の組み合わせで実現することも可能です．ただし，機能の制約が多いので1台は市販の XBee USB エクスプローラを保有しておいたほうが無難です．一定の知識があれば，配線や外部に接続する回路を駆使して対応させることも可能でしょうが，End device を使用する場合は，市販の XBee USB エクスプローラがないと非効率です．

写真 3-4 は，Arduino 純正 Wireless シールドに実装されているシリアル切り替えスイッチです．スイッチを左にスライドすると，XBee モジュールは Arduino マイコンに接続され，右にスライドすると USB に接

写真 3-3　Arduino UNO と Wireless SD シールド，XBee モジュール

写真 3-4　Arduino 純正 Wireless シールド上のシリアル切り替えスイッチ

写真 3-5　Arduino 純正 Wireless シールド上のリセット・ホールド

続されます．Wireless シールドを XBee USB エクスプローラとして使用するには，シリアル切り替えスイッチを右側にスライドしておきます．また，**写真3-5** のように，Arduino の RESET 信号を GND にホールドしておきます．これにより，パソコンからの信号に Arduino が応答しなくなります．なお，Arduino マイコン・ボードをパソコンに接続する前に，第6章にしたがって Arduino IDE に含まれる Arduino USB Driver をインストールしておく必要があります．

第2節　FTDI 製 USB 仮想シリアル・ドライバのインストール方法

　ここでは，FTDI 製の USB 仮想シリアル（VCP）ドライバのインストール方法について説明します．XBee USB エクスプローラ上のシリアル変換 IC が FTDI 製以外の場合は，製造元の説明書などを参考にしてインストールしてください．

　FTDI 製の仮想シリアル・ドライバは，FTDI のホームページ「http://www.ftdichip.com/」からダウンロードできます．もしくは Arduino をインストールすると，「arduino/drivers/FTDI USB Drivers」に保存される FTDI のドライバを使用します．

　FTDI のホームページからドライバをダウンロードする手順を説明します．まず，パソコンのインターネットエクスプローラなどで，FTDI のホームページにアクセスします．

　次に，「Drivers」をクリックしたときに表示される「VCP Drivers」をクリックします．

　画面を下方へスクロールすると，OS 毎に仮想シリアル・ドライバ（VCP ドライバ）が表示されるので，使用する OS に合ったドライバをダウンロードします．Windows の場合，32bit と 64bit でダウンロード

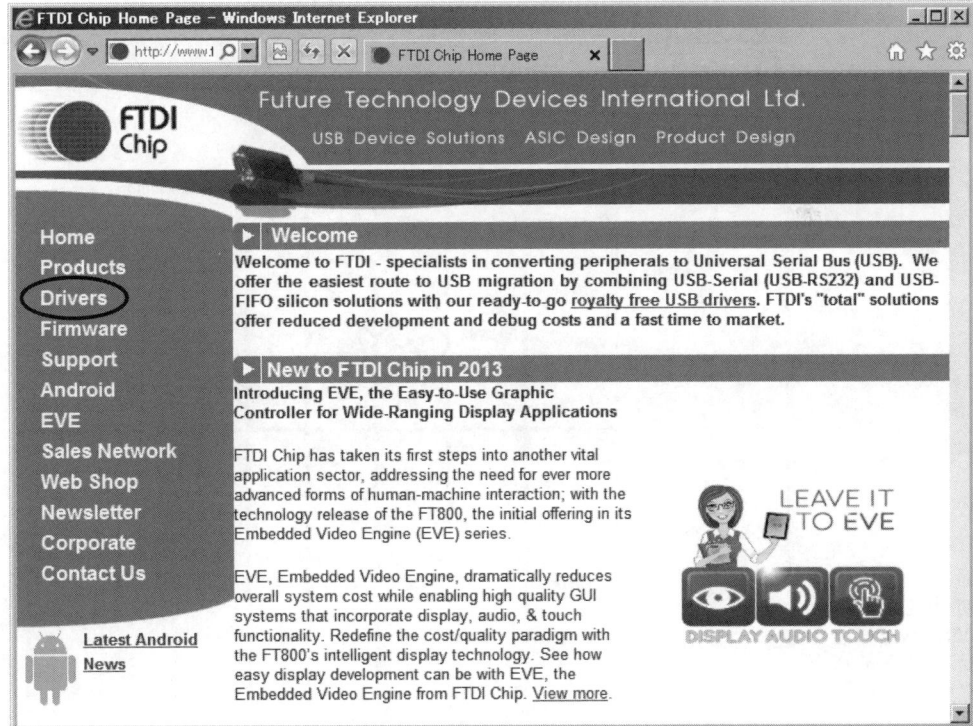

図 3-2
FTDI のホームページ「http://www.ftdichip.com/」

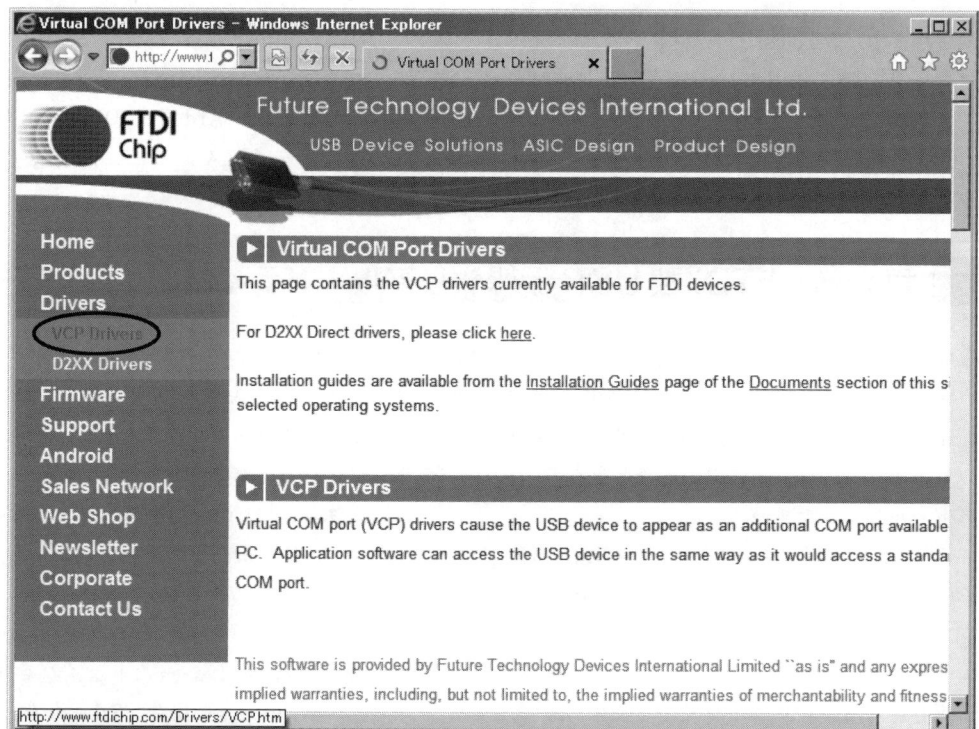

図3-3
「Drivers」をクリックしたときに表示される「VCP Drivers」をクリック

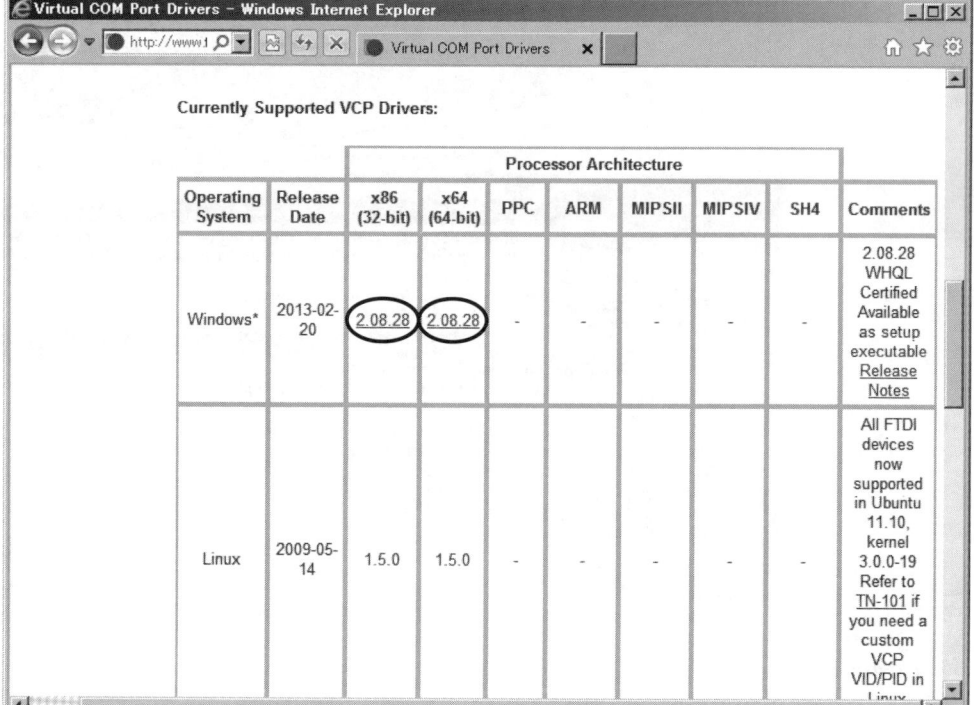

図3-4
使用しているWindowsに合わせたドライバをダウンロードする

28 第3章 まずはパソコンにXBee ZBを接続してみよう

するファイルが異なります．不明な場合は，お使いのパソコンの「コンピュータ」の「プロパティ」の表示ウィンドウ内に「システムの種類」と書かれた欄の「32 ビット」もしくは「64 ビット」を確認します．

ダウンロードした ZIP ファイルをダブル・クリックすればファイル内容が表示されるので，「CDM v2.xx.xx Certified」フォルダをデスクトップなどにコピーします．これで ZIP ファイルを展開して保存できました．

仮想シリアル・ドライバのダウンロード，ZIP 展開後に XBee USB エクスプローラをパソコンの USB 端子に接続します．USB 接続すると，「新しいハードウェアの検索ウィザードの開始」「USB Serial Converter」が開くので「いいえ，今回は接続しません」を選択して「次へ」，「一覧または特定の場所からインストールする」を選択して「次へ」，「次の場所を含める」にチェックを入れて，「参照」から先にダウンロードして ZIP 展開したフォルダを選択します．「USB Serial Converter」がインストールされると，同じような名前の「USB Serial Port」のインストールが始まるので，同じ操作を行います．なお，以前にインストールしていた場合は，自動でインストールされます．

第3節　シリアル COM ポート番号の確認と設定

仮想シリアル・ドライバのインストール後は，XBee USB エクスプローラに接続した XBee モジュールとパソコン上のアプリケーションや後述する X-CTU との間でシリアル情報のやりとりができるようになります．ところが，パソコンには複数の USB ポートがあり，複数のシリアル接続を同時に行えるようにするには，それらを識別する必要があります．

複数のシリアル接続を識別するために付けられた番号をシリアル COM ポート番号と呼び，仮想シリアルドライバのインストール時に自動的に付与されています．

その番号を知るには，「デバイス・マネージャ」を使用します．デバイス・マネージャは，Windows のバージョンや設定によってさまざまな開き方があります．決して開き方が難しいというわけではありませんが，パソコン毎に方法が異なっているので説明が複雑です．

パソコンのデスクトップ上に「マイコンピュータ」がある場合は，そのアイコンを右クリックして「プロパティ」を選択し，「ハードウェア」タブを選択して「デバイス・マネージャ」をクリックします．「マイコンピュータ」は，Windows VISTA 以降は「マイコン

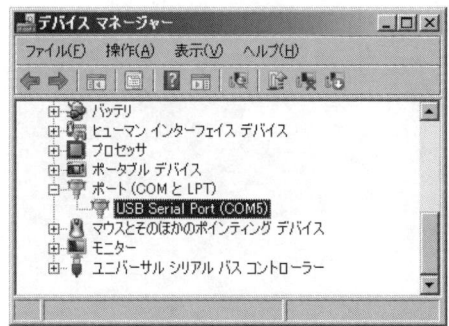

図 3-5　デバイス・マネージャの表示例
（COM ポート番号が COM5 となっている）

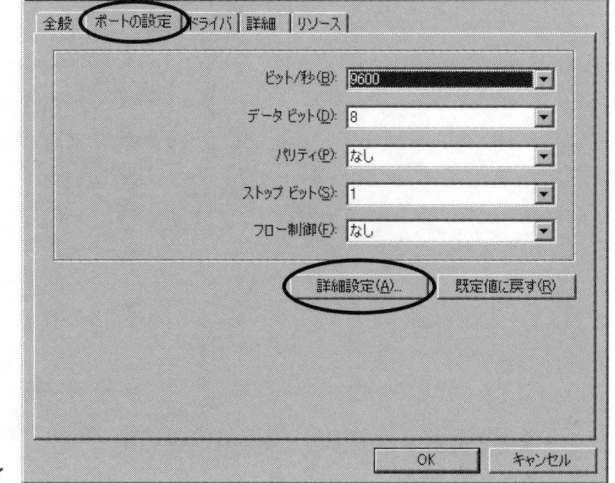

図 3-6
通信ポートのプロパティ

ピュータ」の名称が「コンピュータ」に変わり，「スタート」メニュー内に表示されるようになりました．「スタート」メニュー内の「コンピュータ」を右クリックして「プロパティ」を開きます．Windows 7では，「プロパティ」を開いた画面の左側に「デバイス・マネージャ」が表示されます．「マイコンピュータ」や「コンピュータ」が見つからない場合は，「スタート」メニューの「コントロール・パネル」内の「デバイス・マネージャ」を開きます．コントロール・パネルの表示方法が「カテゴリ」になっている場合は，「ハードウェアとサウンド」の中の「デバイス・マネージャ」を開きます．

デバイス・マネージャが開いたら，一覧の中から「ポート（COMとLPT）」の「＋」をクリックします．図3-5のように，使用している「USB Serial Port」に「COM5」のCOMポート番号が付与されていることがわかります．

XBee USBエクスプローラやArduinoのCOMポート番号を変更するには，「USB Serial Port」の部分を右クリックして「プロパティ」を開き，「ポートの設定」タブの中の「詳細設定」をクリックします．

図3-7のような「詳細設定」ウィンドウが開くので，「COMポート番号」を変更し，「OK」を押してウィンドウを閉じます．「プロパティ」ウィンドウも「OK」を押して閉じます．

もし，希望のCOM番号が使用中の場合は，ほかのシリアル機器のCOM番号をCOM11以上の値に設定して，空きCOM番号を確保してから割り当てます．Bluetoothを内蔵しているパソコンやUSBタイプのBluetoothドングルを接続すると，多くのCOM番号が占有されてしまう場合があるので，XBee USBエクスプローラやArduinoを先にインストールしておくと良いでしょう．

FTDIのチップを搭載した機器は，機器毎とUSBポート毎に異なるCOMポート番号が振られます．同じCOM番号が同時に与えられて不具合が発生しないようにするための回避策となっています．しかし，これだと非常に多くのCOMポート番号を無駄に使用してしまいます．

そこで，USBポート毎に一つのCOM番号を振るようにします．例えば，USBポート1にはCOM1，USBポート2にはCOM2といったルールを決めておき，新たなシリアル機器をインストールする際にあらかじめUSBポート毎に決めたCOMポート番号を重複して登録します．このように，USBポート毎に

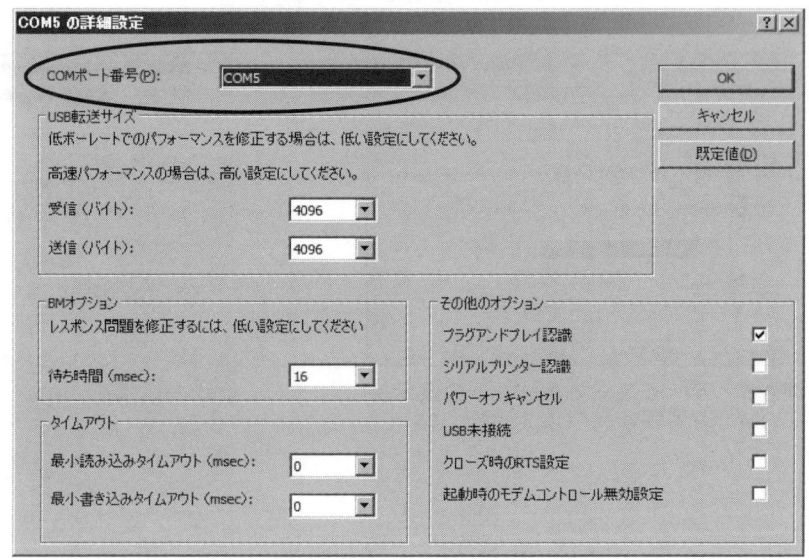

図3-7
ポート番号を変更する（OSによって表示位置が異なる）

COMポート番号を振っておけば，同じ一つのUSBポートに複数の機器を接続することは物理的にできないので，同じCOM番号の機器を同時に使用してしまうようなことがなく，しかもFTDIチップを内蔵した異なる機器が増えてしまっても，COMポート番号を次々に消費しなくて済みます．

さらに，FTDI製のFT_Progというソフトを使えば，チップごとのシリアルナンバーを無効化して，パソコンにこれらのUSB機器の同じ機器として認識させることも可能です．

第4節　X-CTUのインストール方法

ここでは，Digi International社のX-CTUのインストール方法を説明します．まずはX-CTUをダウンロードするために，パソコンのインターネットエクスプローラ等でDigi International社のホームページ（http://www.digi.com/）にアクセスします（図3-8）．

ホームページの右上の「Support」メニュー内の「Diagnostics, Utilities & MIBs」を選択すると，図3-9のような選択画面が表示されます．

選択画面のウィンドウ内のスクロール・バーを下のほうまで下げると，「X-CTU」が表示されます．選択して「Select this product」をクリックすると，図3-10のようなX-CTUのサポート画面が表示されます．

X-CTUのサポート画面に表示されるインストーラ「XCTU 32-bit ver. X.X.X.X installer」をクリックして，デスクトップなどにダウンロードします．ファイル名は，「40003002_C.exe」のようなEXEファイルになっています．

このインストーラをダブル・クリックすると，図3-11のようなセットアップ・ウィザード画面が開くので「Next」をクリックし，ライセンス同意画面で同意する「I Agree」を選択します．以降，「Next」で進めて行くと，図3-12のような「Question」ダイヤログが開きます．

「Question」ダイヤログでは，XBee用の新しいファー

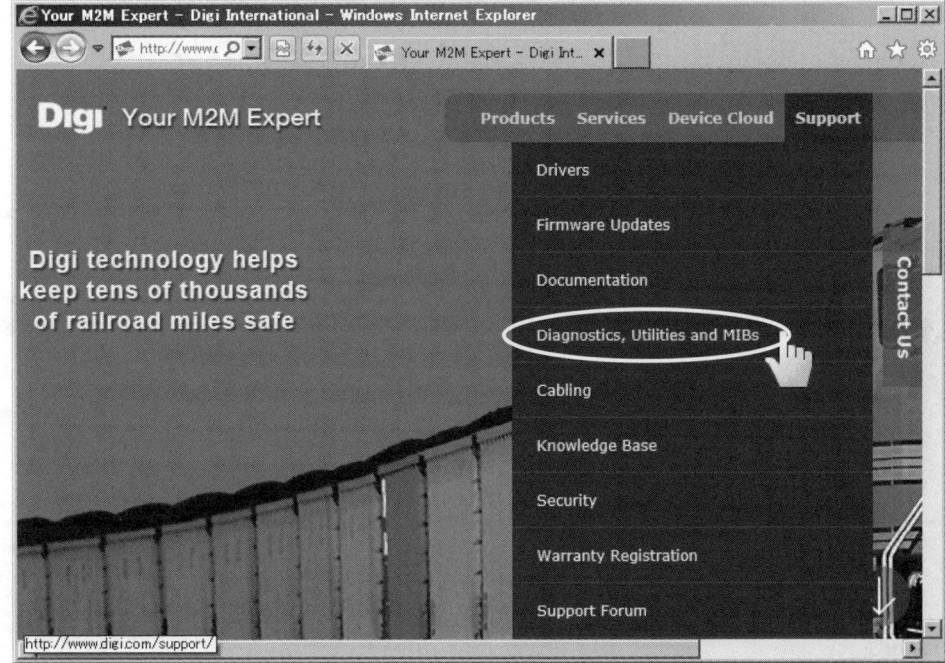

図3-8
米Digi International社のホームページ
（http://www.digi.com/）

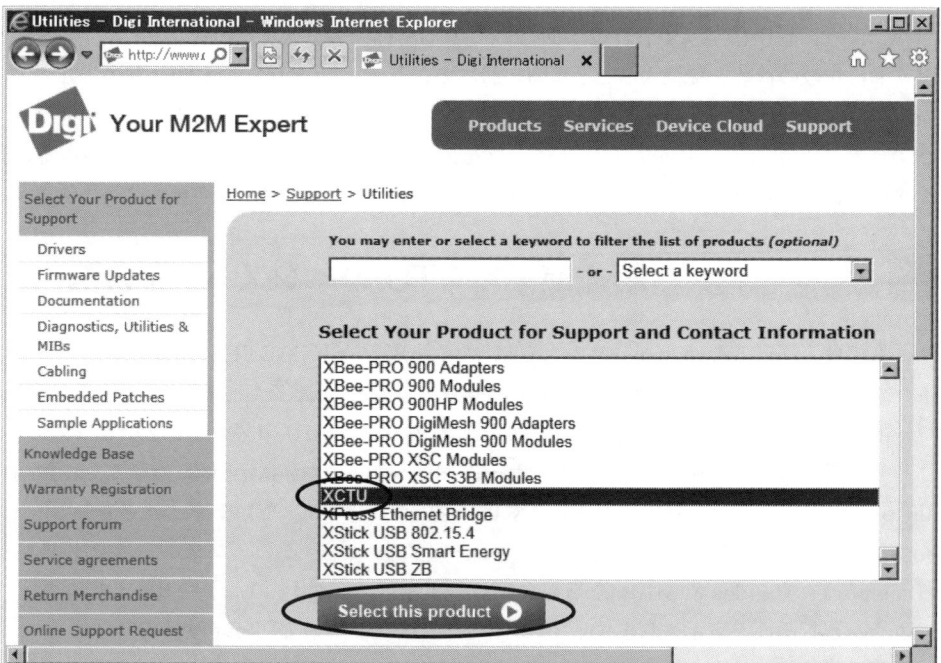

図 3-9
製品選択画面で X-CTU を選択する

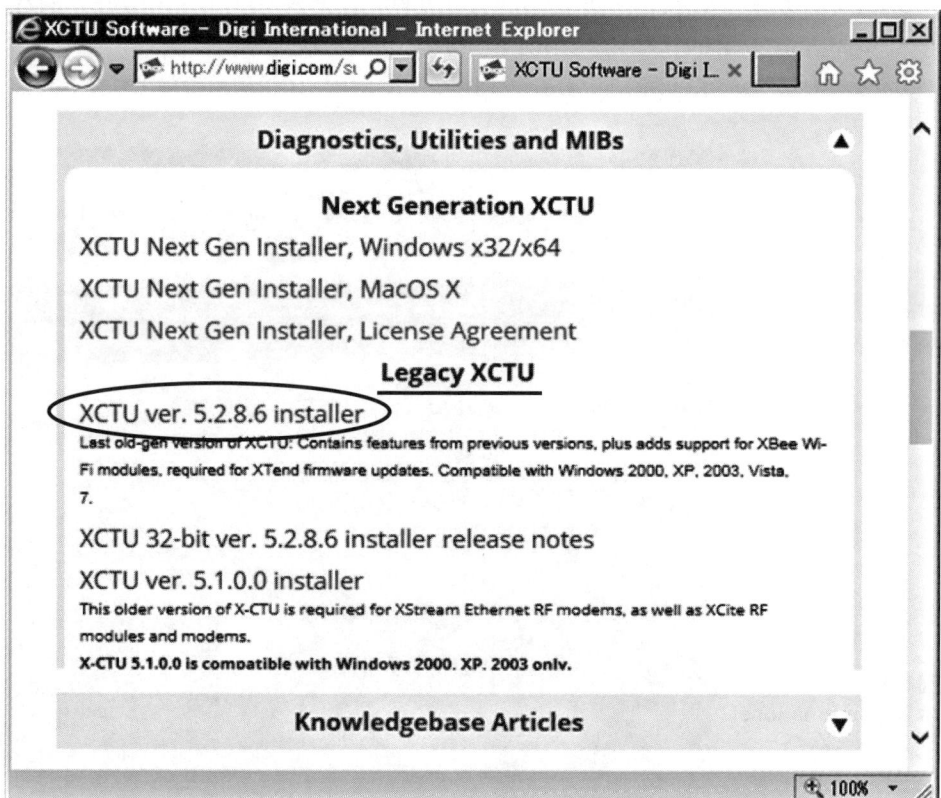

図 3-10 X-CTU のサポート画面（Next Generation XCTU と，Legacy XCTU が表示されるが，本書では Legacy XCTU を使用する）

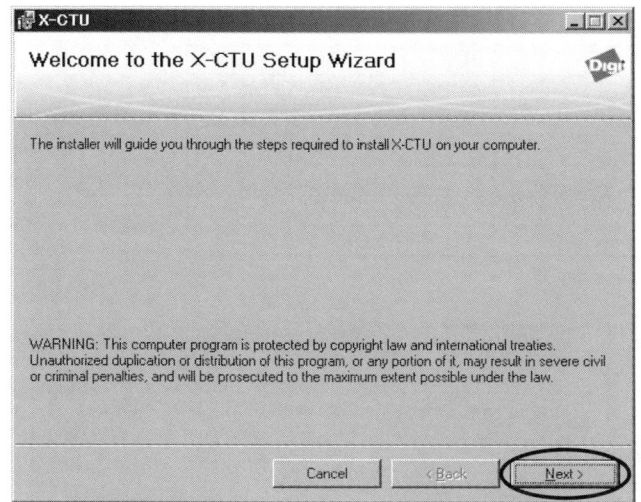

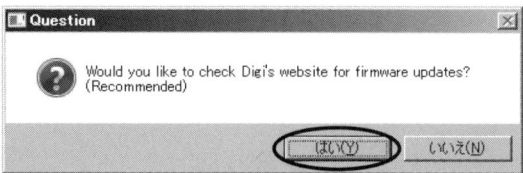

図 3-12　X-CTU インストール中の「Question」ダイヤログで「はい」を選択

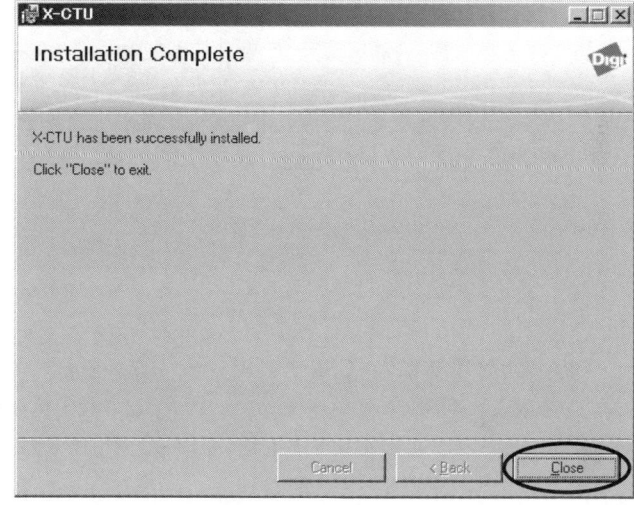

図 3-13
X-CTU のインストール完了画面とショートカット

ムウェアのダウンロードを行うために,「はい」を選択します. ここでセキュリティの警告が表示される場合は,「アクセスを許可する」を選択します.

インストールが完了すると, デスクトップに X-CTU へのショートカットが作成されます. XBee ZB モジュールを取り付けた XBee USB エクスプローラをパソコンに接続した状態で, X-CTU をダブル・クリックして開きます.

第 5 節　X-CTU による XBee の設定方法

ここでは, X-CTU による ZigBee デバイス・タイプと動作モードの変更方法, XBee の設定変更方法について説明します.

第 2 章(6 節〜7 節)で説明した XBee ZB モジュールの ZigBee デバイス・タイプと動作モードを変更するには, ファームウェアの書き換えが必要です. このファームウェアの種類のことを X-CTU では「Function Set」と呼んでおり, 表 3-2 の 6 種類を切り換えて使用

表3-2 X-CTUでZigBeeデバイス・タイプと動作モードを設定する

ZigBeeデバイス・タイプ	動作モード	Function Set（ファームウェア）
Coordinator	APIモード	ZIGBEE COORDINATOR API
Coordinator	AT/Transparentモード	ZIGBEE COORDINATOR AT
Router	APIモード	ZIGBEE ROUTER API
Router	AT/Transparentモード	ZIGBEE ROUTER AT
End Device	APIモード	ZIGBEE END DEVICE API
End Device	AT/Transparentモード	ZIGBEE END DEVICE AT

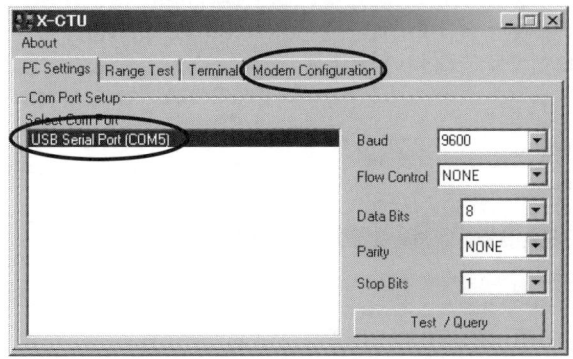

図3-14 X-CTUのシリアルCOMポート選択画面

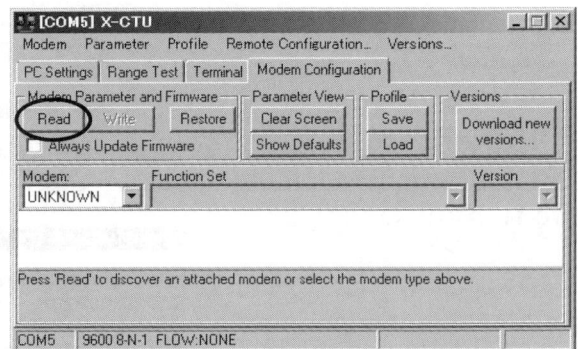

図3-15 X-CTUのXBee設定画面

します．

　デバイス・タイプの変更と設定変更は，どちらもX-CTUのModem Configuration画面で行います．XBee ZBモジュールを取り付けたXBee USBエクスプローラをパソコンに接続した状態で，デスクトップのX-CTUショートカットをダブル・クリックしてX-CTUを起動します．X-CTUを起動すると，図3-14のようなシリアルCOMポートの選択画面が表示されるので，前節で確認したシリアルCOMポートを選択します．なお，本書内のX-CTUの画面は，説明に不要な一部の表示項目を省略しています．

　ウィンドウ内の「Modem Configuration」タブを選択して，XBee設定画面（図3-15）を開きます．

　Xbee設定画面上の「Read」ボタンを押すと，図3-16のようにXBeeモジュールの設定情報を読み込むことができます．

　ここで，X-CTU画面内の「Function Set」をプルダウンすると，表3-2に示したファームウェアの種類を選択することができます（図3-17）．

ファームウェアFunction Setを選択してから「Write」をクリックすると，選択したファームウェアがXBee ZBモジュールに書き込まれます．なお，とくに事情がない限り，ファームウェアの変更後は「Restore」を押して設定値を初期化しておいたほうが良いでしょう．ZigBeeのデバイス・タイプやファームウェアのバージョンによって，設定値に異常をきたす場合があるからです．

　設定画面のエクスプローラ内（背景が白い項目選択エリア）の各項目をクリックすると，設定値の変更が可能です．変更後は，「Write」ボタンをクリックすることでXBeeに書き込むことができます．むやみに変更すると接続できなくなる場合があるので，注意が必要です．各項目は16進数の設定値，2文字のATコマンド名，項目名の順に表示されます．

　例えば，1行目の「[0]ID - PAN ID」は，「PAN ID」が「0」に設定されていて，それを変更するためのATコマンドはATIDであることを示しています．また，項目名に色がつけられており，緑は初期値と同じ，

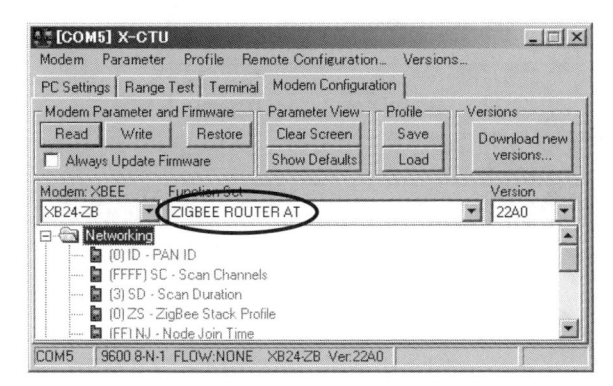

図 3-16　X-CTU の XBee 設定画面の設定例

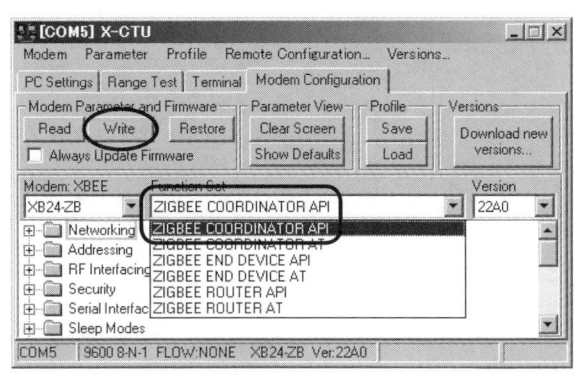

図 3-17　X-CTU の XBee ファームウェア Function Set 選択画面

青は初期値と異なる場合，黒は読み取り専用であることを表しています．

「Write」ボタンによって書き込みを行う内容には，「設定情報」と「ファームウェア」，「ブート・ローダ」の3種類があります．エクスプローラ内の変更を行ったときは，設定情報のみが書き込まれます．「Function Set」「Version」を変更したときは，ファームウェアと設定情報が書き込まれます．

「Always Update Firmware」のチェック・ボックスは，おもに XBee モジュールへの書き込みに失敗して

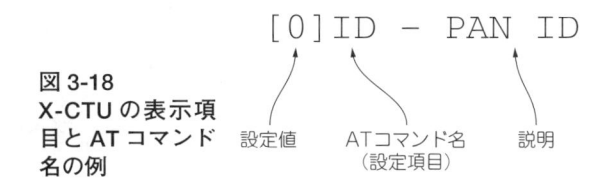

図 3-18
X-CTU の表示項目と AT コマンド名の例

[0]ID - PAN ID
設定値　ATコマンド名（設定項目）　説明

XBee が動作しなくなったときにチェックします．適切な「Modem」を選択して「Write」をクリックすると，ブート・ローダ，ファームウェア，設定情報のすべてが書き込まれます．

第 6 節　XBee ZB モジュールの通信テスト（AT/ Transparent モード）

ここでは，2 台の XBee USB エクスプローラと 2 個の XBee ZB モジュールを使用した通信テストの方法について説明します．XBee USB エクスプローラのうち 1 台は，Arduino UNO と Arduino Wireless シールドとの組み合わせでもかまいません．Arduino 純正 Wireless シールドを使用する場合は，第 3 章 1 節（**写真 3-4**）にしたがってシリアル切り替えスイッチを USB 側に，また Arduino の RESET 信号を GND にホールドしておく必要があります．

2 個の XBee ZB をそれぞれ Arduino と市販 XBee USB エクスプローラに接続し，これらをパソコンの USB に接続した状態で X-CTU を起動すると，**図 3-20** のような COM ポート選択画面が表示されます．

Arduino を選択した状態で「Modem Configuration」タブをクリックすると，Arduino 側の XBee ZB の設定が行えます．「PC Settings」タブに戻って USB Serial Port を選択して「Modem Configuration」タブに移動すると，XBee USB エクスプローラ側になります．この行き来は面倒なので，X-CTU をもう一つ起動して，二つの X-CTU で操作することも可能です．

ここから実際の通信テストを行います．まず，ZigBee ネットワークには必ず 1 台の Coordinator が必要なので，2 個の XBee ZB のうち XBee USB エクスプローラに接続した XBee ZB モジュールを Coordinator に設定します．Coordinator への設定は，X-CTU の「Modem Configuration」タブ内の「Function

第 6 節　XBee ZB モジュールの通信テスト（AT/ Transparent モード）　**35**

表 3-3 XBee ZB モジュールの通信テストに必要な機材の一例

メーカー	品名・型番	数量	入手先(例)	参考価格
Digi International 社	XBee ZB モジュール	2 個	秋月電子通商など	1700 円
各社	XBee USB エクスプローラ※	2 個※	秋月電子通商など	1280 円
各社	Windows パソコン	1〜2 台	—	—

※ パソコンとの接続に USB ケーブルが必要になる場合があります．
※ 2 個のうち 1 個は Arduino と Wireless シールドで代用可能です．

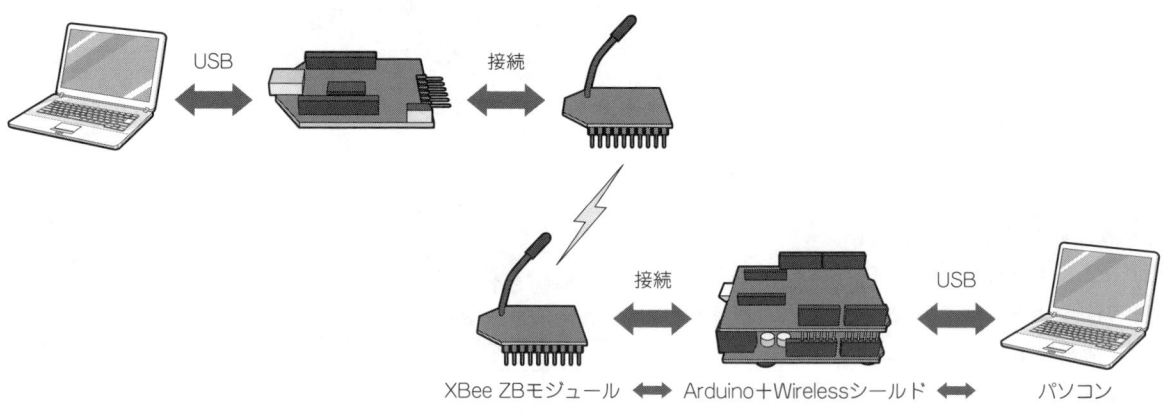

図 3-19 XBee ZB モジュールの通信テストを行う際の接続図

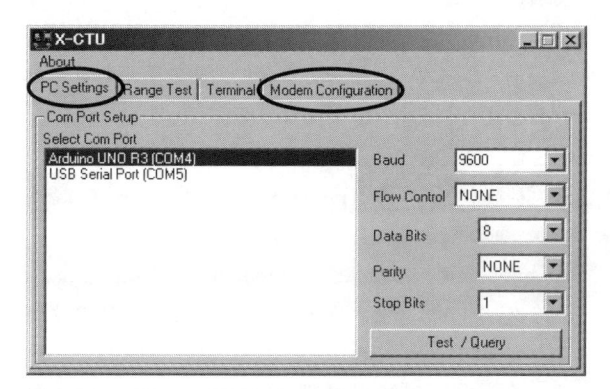

図 3-20 XBee USB エクスプローラと Arduino UNO を接続したときの X-CTU 起動画面

Set」をプルダウンして「ZIGBEE COORDINATOR AT」を選択し，「Write」を押します．ファームウェアの書き換えには，若干の時間(1 分程度)を要します．書き換えが完了したら，「Restore」ボタンを押して設定を初期化しておきます．Arduino に接続した XBee ZB モジュールは，購入時と同じ「ZIGBEE ROUTER AT」にします．こちらも念のために「Restore」ボタンで設定を初期化しておくと良いでしょう．

図 3-21 は，X-CTU を二つ動作させた状態で左側の X-CTU(XBee USB エクスプローラ側)のファームウェアを「ZIGBEE COORDINATOR AT」に書き換えた例です．それぞれの X-CTU で「Read」をクリックし，最新の設定状態を読み込みます．

これら 2 個の XBee ZB モジュールは，同じ ZigBee ネットワークにジョイン(参加)している必要があります．とはいっても，Coordinator は自動で起動し，Router は Coordinator を見つけると自動でネットワークに参加するので，たいていの場合は既に同じネットワークに参加済みです．XBee USB エクスプローラにコミッショニング・ボタンがある場合は，1 回だけ押してみます．Arduino 側の RSSI が数秒ほど点灯すると思います．アソシエート LED があれば，約 1 秒間，高速に点滅します．また，X-CTU の「Read」ボタンで設定値の再読み込みを行うと，二つの XBee ZB モジュールの「OI - Operating PAN ID」に，同じ PAN ID が設定されていることが確認できるでしょう．な

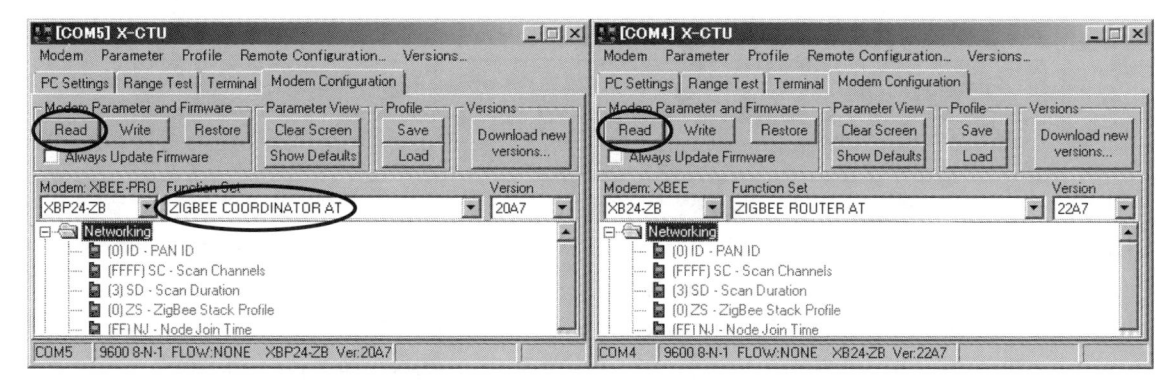

図 3-21 二つの X-CTU を動作(左＝USB エクスプローラ，右＝Arduino)

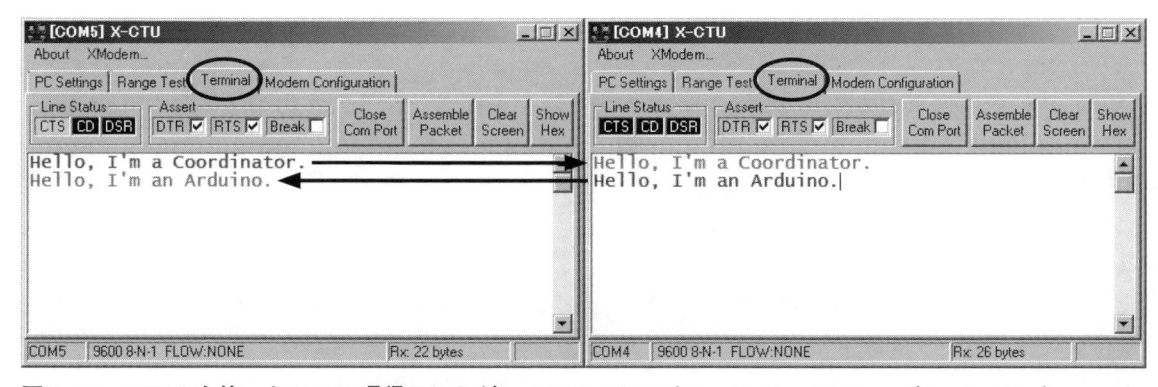

図 3-22 X-CTU を使った UART 通信テスト(左＝USB エクスプローラ - Coordinator，右＝Arduino)

お，XBee ZB の設定値が更新されても，X-CTU に表示されている値は「Read」で再読み込みを行うまで更新されません．

再読み込みを実行しても PAN ID が一致しない場合は，Router 側がほかの ZigBee ネットワークに接続してしまっています．この場合は，Router 側のコミッショニング・ボタンを 4 回連続で押下してネットワーク設定を初期化します．しかし，Arduino にはボタンがないので，AT コマンドで「ATNR」もしくは「ATCB04」を実行します．AT コマンドの実行方法は後述します．

XBee ZB モジュールが ZigBee ネットワークに接続できていれば，いよいよワイヤレスでの通信テストが行えます．二つの X-CTU のタブを「Terminal」に切り替えて，キーボードから文字を入力してみてくださ

い．**図 3-22** では，XBee USB エクスプローラに接続した左側の Coordinator から文字を入力すると，右の Arduino 側の Router の X-CTU に同じ文字が表示されます．反対に，右の Arduino 側に文字を入力しても左の Coordinator に表示されます．ただし，Coordinator → Arduino のほうは文字が遅れたり，文字が表示されなかったりする場合があります．電波環境が悪いと，Arduino → Coordinator でも発生しますが，その頻度は少ないです．

初期状態では Router に入力した文字は Coordinator だけにデータを送信します．しかし，Coordinator に入力した文字は，全 XBee ZB モジュールに届けようとするため，Coordinator からのデータ送信に遅延や損失が起こりやすくなります．Coordinator に送信先の Router のアドレスを宛て先として設定すると改善

表3-4　用途が決められているZigBeeのIEEEアドレス

IEEEアドレス	X-CTUでの表示 DH	X-CTUでの表示 DL	内容
00 00 00 00 00 00 00 00	0	0	ZigBee Coordinatorのアドレスを示す
00 00 00 00 00 00 FF FF	0	FFFF	全ZigBeeへのブロードキャスト・アドレスを示す

できます．

　宛て先アドレスを設定するために，Arduino側のRouterのアドレスを確認します．X-CTUの「Modem Configuration」のエクスプローラ内に「Addressing」という分類があり，この中の項目のSH（Serial Number High）とSL（Serial Number Low）が自己のIEEEアドレスです．2項目に分かれていますが，続けて一つの64ビットIEEEアドレスとなります．自己アドレスは，XBee ZBモジュールの裏側にも書かれています．

　同じ「Addressing」分類の中に，宛て先アドレスの項目DH（Destination Address High）とDL（Destination Address Low）があります．初期状態ではCoordinator側はDLが0，DHがFFFFに設定されており，これは全ZigBee機器を示すブロードキャスト・アドレスを意味します．また，Arduino側のRouterの初期値はDLとDHの両方が0に設定されており，これはCoordinatorのアドレスを示しています．

　Coordinator側にRouterのアドレスを設定するには，RouterのSH値をCoordinatorのDH値に，RouterのSL値をCoordinatorのDL値に設定します．XBeeの場合，SH値は「13A200」となっています．SL値はモジュールによって異なります．CoordinatorのDH値とDL値を変更した後に，「Write」を実行して書き込めば設定完了です．再度，「Terminal」タブに戻して文字を入力してみてください．Coordinator→Arduinoの文字入力がスムーズになっているはずです．

　以上の動作確認では，AT/Transparentモード対応のファームウェアを使用し，このうちのTransparentモードを使いました．Transparentモードでは，複数のXBee ZBモジュールを使ったUARTシリアル通信が簡単に行えます．シリアル通信をワイヤレスに置き換えるときに便利な動作モードです．

　同じAT/Transparentモード対応ファームウェアのATコマンド・モードを使用することもできます．X-CTUのタブを「Terminal」に切り替えて，ウィンドウ内で「+」キーを3回，押下して約1秒，待ちます．ここでは，「改行（Enter）」キーを押してはいけません．「+++」に続いて「OK」が表示されれば，約10秒間の短い間だけATコマンド・モードに入ります．「OK」が表示されてから10秒以内に，

　　　ATCB01（改行）

を入力すると，コミッショニング・ボタンを1回押下したときと同じ動作を行います．同一のZigBeeネットワークに接続されたXBee ZBのアソシエートLEDが，1秒間の高速点滅を行います．

　参加しているネットワークから抜けたい場合は

　　　ATCB04（改行）　または　ATNR（改行）

を入力してネットワークを初期化します．

　X-CTUの「Modem Configuration」の項目は，すべてATコマンドからも扱えます．前述のPAN IDを示すOP値は，

　　　ATOP（改行）

を入力することで得られます．このように，ATコマンド・モードは，おもにATコマンドを手入力する場合に使用するモードです．マイコンでATコマンドを扱いたい場合は，後述するAPIモードを使用します．

第7節　X-CTUのRangeTestを使ったループバック・テスト

　次に，X-CTUのRangeTestを使ったループバック・テストの方法についても説明します．ループバック・

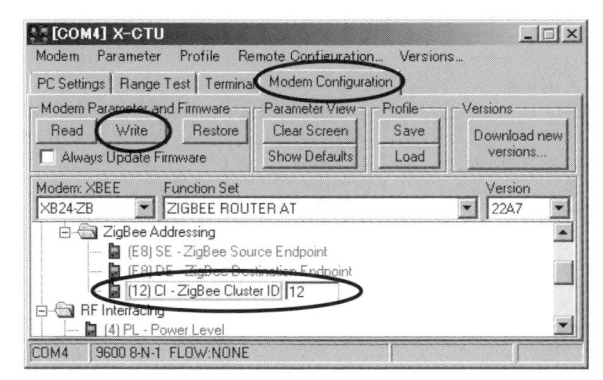

図 3-23　ループバック・テストを行うための X-CTU の設定（ファームウェアは AT の付くものを使用）

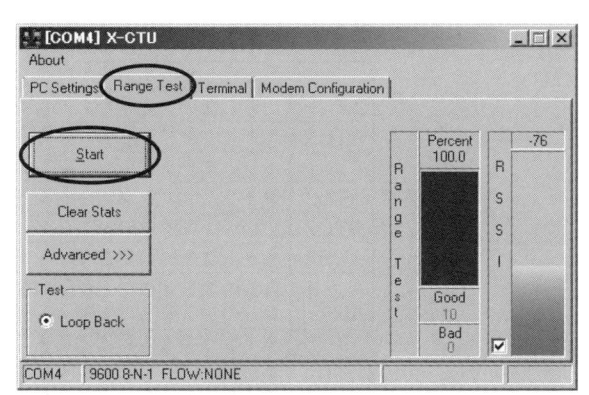

図 3-24　X-CTU を使用したループバック・テストの一例

テストは，Router 側から送信したデータを Coordinator が受信し，Coordinator は受信データと同じデータを Router に応答することで，Router がパケットのエラーや損失を検出できるテスト方法です．通信距離が離れると，エラーやパケット損失が増加します．

Router 側の X-CTU の「Modem Configuration」のエクスプローラ内を確認すると，分類「ZigBee Addressing」がありますが，この分類フォルダはあまり使わないので閉じた状態になっています．分類フォルダをクリックして開いて，「CI - ZigBee Cluster ID」が初期値の 11（16 進数）となっていることを確認します．CI 値は，クラスタ ID と呼ばれる通信パケットの種類を表しています．11 は XBee 用の通常の通信パケットを意味しており，ループバック・テストを行う際は，CI 値を 12（16 進数）に設定して「Write」ボタンで書き込みます（図 3-23）．

ループバック・テストを開始するには，X-CTU のタブを「Range Test」に切り替え，「Start」ボタンを押すと Router はパケットを送信します．Coordinator が正しく応答した場合は X-CTU 画面上の Good 数が増加し，エラーがあると Bad 数が増加します．Range Test の棒グラフは，全パケットに対する Good 数の割合です．

「Stop」ボタンを押すと測定を停止できます．また，RSSI のチェックボックスにチェックを入れると，受信電力を表示することができますが，テスト速度が遅くなります．

なお，Coordinator 側からループバック・テストを行うことも可能ですが，宛て先に Router の IEEE アドレスを設定しておく必要があります．

第 8 節　XBee ZB の主要な AT コマンドとコミッショニング・ボタンの役割

ここでは，XBee ZB の主要な AT コマンドと設定項目について説明します．**表 3-5** は，主要な AT コマンド表です．

「AT」は，何もしない AT コマンドです．正常なら「OK」を返すので，現在が AT コマンド・モードであるかどうかを確認するのに使用します．

「ATCN」は，AT コマンドを抜けて Transparent モードに戻るためのコマンドです．わざわざ使わなくても何も入力しない状態が 10 秒間続くと，Transparent モードに戻るので，すぐに AT コマンド・モードを抜けたいときだけに使用します．

「ATNJ」は，Coordinator および Router が参加中の ZigBee ネットワークに他の XBee ZB モジュールの参加を許可するためのコマンドです．購入した状態のままでは，「ATNJ」は「FF」に設定されており，常にジョイン許可（参加受け入れ）状態になっています．この場

表3-5 主要なATコマンド

AT	内　　容
AT	何もしない．正常ならOKを応答
ATCN	ATコマンド・モードを抜けてTransparentモードに戻る
ATNJ	ネットワークのジョイン許可制限時間[秒]の設定．FFで無制限
ATCB	コミッショニング・ボタンを押下する．引き数は1または2, 4
ATOP	PAN ID表示．Coordinatorと同一のPAN IDが表示される
ATNR	ネットワーク設定をリセットしてネットワークの再構築
ATSH	自分のアドレスの上位4バイト(8桁の16進数)を得る
ATSL	自分のアドレスの下位4バイト(8桁の16進数)を得る
ATND	ネットワーク内の機器検索．表示リストの3～4行目が機器アドレス
ATDH	接続相手のアドレスの上位4バイトを設定する
ATDL	接続相手のアドレスの下位4バイトを設定する
ATWR	現在の設定値を保存する(リセットしても忘れないようにする)

表3-6 コミッショニング・ボタンの役割

押下数	ATコマンド	処理内容
1	ATCB01	同じネットワーク内の機器のアソシエートLEDを高速点滅させる
2	ATCB02	ほかの新しいXBee ZB子機のジョイン(参加)を許可する(押下後1分間)
4	ATCB04	ネットワーク設定情報を初期化する

合，意図しないXBee ZBモジュールやZigBee機器のジョインを受け付けてしまいます．したがって，通常は30秒くらいに設定しておきます．30秒に設定するには，「ATNJ」に続いて30を16進数で表した「1E」を付与し，「ATNJ1E」と入力します．なお，この設定に関わらずコミッショニング・ボタンを2回連続で押下すると，60秒間のジョイン許可が可能です．

ジョイン許可の設定はCoordinatorだけでなく，Routerにも行わなければならないことです．Coordinatorをジョイン非許可にしていても，Routerがジョインを許可していると同じZigBeeネットワークに，ほかのZigBee機器のジョインを受け付けてしまいます．なお，「ATCB04」やコミッショニング・ボタンを4回押してネットワーク設定を初期化すると，NJ値はFFに戻ります．

「ATCB」は，コミッショニング・ボタンを押す処理をATコマンドで実行するコマンドです．コミッショニング・ボタンの押下数とATコマンド，処理内容を表3-6に示します．

コミッショニング・ボタンを1度押してすぐに放すと，同じZigBeeネットワークで動作中のすべてのXBee ZB機器のアソシエートLEDが高速に点滅します．ただし，スリープ中のEnd Deviceは点滅しません．ネットワークに参加していないときは，点滅回数がエラー番号を示します．

CoordinatorもしくはRouterのXBee ZB機器のコミッショニング・ボタンを2度，連続して押すと，1分間，ほかの新しいXBee ZB子機の参加を許可します．簡単に，XBee ZBのネットワークを構築することができる便利な機能です．

コミッショニング・ボタンを4度，連続で押すと，ネットワーク情報を初期化することができます．既にZigBeeネットワークに接続しているXBee ZB機器をほかのZigBeeネットワークに接続させたい場合や，ネットワーク接続に不具合が発生してネットワークを再構築する際に必要な機能です．これらのコミッショニング・ボタンは，ATコマンド「ATCB」で実行することも可能です．ボタンの押下数に応じて「ATCB01」「ATCB02」「ATCB04」のいずれかの引き数を指定します．

第9節　ブレッドボードにXBee ZBモジュールを接続する方法

ここでは，XBeeモジュールをブレッドボードに接続するために必要なXBeeピッチ変換アダプタの製作方法について説明します．

ブレッドボードは，はんだ付けなしに実験回路を製作することができる基板です．電子部品のリードをブレッドボードに差し込み，ブレッドボード・ワイヤで配線を行います（**写真3-6**）．

ブレッドボードの内部配線は，**写真3-7**のようになっています．両サイドの縦線（「+」ラインと「−」ライン）は電源用です．左右に2本ずつ設けられていますが，それらは内部で互いに接続されていませんので，両側を使用する場合はブレッドボード・ワイヤで相互接続する必要があります．

電源ライン以外の部分は，写真の横方向に内部接続されています．電源ラインを除く左半分に関して，1～30行のそれぞれの行でa～e列の5端子が互いに接続されています．また，右半分についてもそれぞれの行でf～j列の5端子が互いに接続されています．

主要な部品は，ブレッドボード中央の縦の溝にまたがって挿入します．この溝は，ICを挿入した後にピンセットや竹棒などを使うことでICを取り外しやすくした工夫です．配線は，ブレッドボード用のジャンパなどを使用して，各端子との相互接続を行います．

より大きな回路を製作する場合は，同じメーカーのブレッドボード同士を連結して使用することも可能です．ただし，連結しても電源ラインの電気的な接続はありません．

ところで，ブレッドボード基板の差し込み穴が一般的なICのピッチと同じ2.54mm間隔なのに対して，XBee ZBモジュールは2mm間隔になっていて，基板のピッチが異なります．

そこで，**写真3-8**のようなXBeeピッチ変換基板を使用します．この変換基板を経由することで，2.54mmピッチのユニバーサル基板にXBee ZBモジュールを接続することができます．ピッチ変換基板を使用するには，ソケットやピン・ヘッダなどのはんだ付けが必要です．はんだ付けする箇所の間隔が2mmや2.54mmと非常に狭くなっているので，これまでにはんだ付け

写真3-6　ブレッドボードを使ったXBeeの接続例

写真3-7　ブレッドボードE-CALL製EIC-801の内部配線

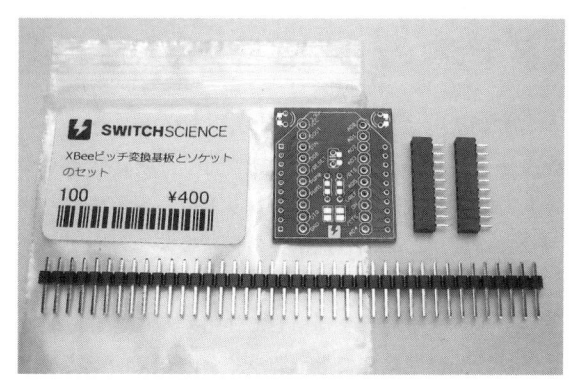

写真 3-8　XBee ピッチ変換基板の一例

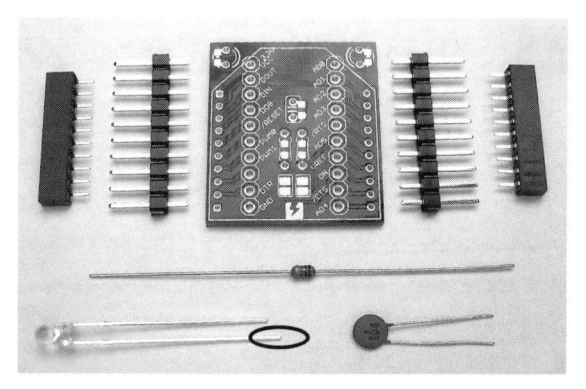

写真 3-9　XBee ピッチ変換基板にはんだ付けする部品

写真 3-10　XBee ピッチ変換基板にソケット以外の部品をはんだ付けしたようす

を行ったことのない方だと練習が必要です．XBee ピッチ変換基板は高価なので，通常の 2.54mm ピッチのユニバーサル基板やピン・ヘッダを購入して，はんだ付けの練習を行ってから進めたほうが良いでしょう．はんだ付けの難易度としては，初級から中級程度です．一般的な細かな手作業が行える方なら，事前練習を行えば，はんだ付けが可能なレベルなので初心者の方も挑戦してみると良いでしょう．

この XBee ピッチ変換基板には，XBee 用のソケットとブレッドボード側に接続するピン・ヘッダが付属しています．そのほかに，XBee 用コンデンサ($0.1\mu F$)，アソシエート LED 用の LED，LED 用抵抗($1k\Omega$)を用意する必要があります(**写真 3-9**)．電源 LED を点灯させたい場合は，LED と LED 用抵抗をそれぞれ 2 個ずつ用意します．これらの LED には，高輝度タイプのものを使用します．一般的に，高輝度タイプのほうが少ない電流で点灯するからです．低輝度の LED を使用する場合は，LED 抵抗を 330Ω くらいにします．

ここからは，はんだ付けの手順の説明です．まずは，XBee 用ソケット以外の部品をはんだ付けします．先に XBee 用ソケットをはんだ付けすると，ソケットが邪魔になってソケットを溶かしてしまう恐れがあるからです．

また，**写真 3-10** のように抵抗のすぐ下にあるパッドは，はんだを盛ってショートしておきます．部品を取り付ける基板面を間違えないように注意しましょう．写真ではこの段階で LED を取り付けていますが，LED の高さが XBee 用ソケットのはんだ付けのときに邪魔になるので，はんだ付けに慣れていない方はLED のはんだ付けは最後にしましょう．LED の方向は，写真の下側がアノード(リードの長いほう)です．

ピン・ヘッダは，基板に対して垂直になるように注

第 3 章　まずはパソコンに XBee ZB を接続してみよう

写真 3-11　XBee ピッチ変換基板に部品をはんだ付けしたようす

表 3-7　市販の XBee ピッチ変換基板の比較表

メーカー 型番	参考 価格	XBee用 コネクタ 付属	電源 LED	RSSI LED	TX/RX LED	アソシ エート LED	電源 コンデ ンサ	電源 電圧 変換	入力電圧	パターン・ アンテナ 対応基板	備 考
SWITCH SCIENCE XBee ピッチ 変換基板	400円	○	△	×	×	△	△	×	−	×	LED，抵抗，コンデ ンサは別売
Strawberry Linux XBee ピッチ変換 基板	315円	○	×	×	×	×	×	×	−	△	BOB-08276 + XBee 用コネクタのセット
SparkFun BOB-08276 Breakout Board	2.95 米ドル	×	×	×	×	×	×	×	−	△	占有面積が最小の小 型基板
秋月ピッチ 変換基板 AE-XBee- REG-DIP	300円	○	○	×	×	×	○	○	4〜9V	×	3.3V LDO タイプの 電源レギュレータ搭 載
SparkFun WRL- 11373 XBee Explorer Regulated	1044円	○	○	○	○	×	○	○	5V	×	シリアル TX/RX 信 号の電圧変換機能付
Strawberry Linux MB-X XBee 変換 モジュール	1260円	○	○	○	○	×	○	○	0.9〜6V	○	3.3V DCDC コンバー タ搭載

意してはんだ付けします．ピン・ヘッダの1番ピンま たは11番ピンの1か所だけをはんだ付けし，この箇 所を少し溶かして角度調整しながら垂直に近づけてい きます．次に，9番ピンまたは20番ピンをはんだ付 けします．10番ピンのGNDは，はんだが溶けにく いので，出力の高めのはんだごてを使うか，パッドを良 く温めてからはんだを流し込みます．はんだ付け初心 者の方は，事前にユニバーサル基板とピン・ヘッダと を練習用に購入して，繰り返し練習しておくと良いで しょう．

最後に，XBee用ソケットのはんだ付けを行います． 先に述べたように，ここではLEDの高さが邪魔にな

ります．LEDのある11～20番ピン側にソケットを2段重ねで実装し，裏側に向ければ基板の重量でソケットを基板に密着させた状態を維持することができます．あるいは，あらかじめ接着剤やホットメルトなどでソケットを接着してからはんだ付けする方法もあります．ただし，接着剤が導電部品に付着しないように注意したり，失敗したときに部品が交換できるように接着剤を少量にしたりといった注意が必要です．なお，瞬間接着剤は，はんだの熱で勢いよく気化して目に入る場合があり危険なので，絶対に使用しないでください．

XBee用ソケットはピン・ピッチが2mmと狭いので，基板とピンをはんだごてで温めてから素早く適量のはんだ量を流し込むコツが必要になりますが，通常のユニバーサル基板とピン・ヘッダで練習しておき，2.54mmピッチで綺麗にはんだ付けができるようになっていれば，2mmピッチでもはんだ付けができるでしょう．

なお，2.54mmピッチのピン・ヘッダのはんだ付け時と同様に，1番ピンまたは11番ピンを先にはんだ付けして，ソケットのリードを奥まで差し込んだ状態が保てるようになってから9番ピンまたは20番ピンをはんだ付けします．また，10番ピンは，基板を長めに温めてからはんだ付けします．

以上は，スイッチサイエンス社のXBeeピッチ変換基板を使用しました．筆者は，同社のXBeeピッチ基板がもっとも使いやすいと感じています．特に，アソシエートLEDとXBeeの電源コンデンサは，ほとんどのXBeeデバイスに必要なので，これらのパターンが変換基板上に配線されているのは便利です．また，同XBeeピッチ変換基板は，他社品に比べて長年の販売実績があります．その間に，細かな改良がほどこされてきたところも推薦理由の一つです．

表3-7に，市販のXBeeピッチ変換基板の比較表を示します．特長的なのは，DC-DCコンバータを搭載したStrawberry Linux製のMB-Xです．乾電池1本から動作させることが可能で，End Deviceのセンサ側XBee子機用として使用したり，XBee PROやXBee Wi-Fi，Bluetoothモジュールで使用することもできます．

第10節　パソコン用ソフトウェア開発環境のインストール方法

ここでは，パソコン上で動作するXBee ZB用のアプリケーション・ソフトウェアの開発環境のインストール方法を説明します．

パソコン用の開発環境には，Cygwinを使用します．Cygwinは，Windows上で動作するテキスト入出力形式のコマンドライン環境です．Cygwinそのものは，Windows標準のコマンド・プロンプトと似たようなものですが，C言語のコンパイラなどの開発環境を一緒にインストールすることができます．製作したソフトウェアは，CygwinのDLLを経由してWindows上で動作します．UNIX環境と似たコマンドが用意されており，シェルにbashが用いられています．

近年のソフトウェア開発環境は，Arduino IDEやEclipseに代表されるようなGUI環境に移行しています．XBee ZBのような情報量の少ないアプリケーションであれば扱う情報もテキストが主体となり，Cygwinのようなコマンドライン環境で十分です．また，初めてソフトを開発する方にとっては，Eclipseのように複雑な設定を使いこなすよりも簡単ですし，Windows標準のコマンド・プロンプトに慣れている方は，MS-DOSから実行を行ってもよいでしょう．

それではCygwinのインストール方法を説明します．インストール先のWindowsパソコンのユーザ名を日本語で登録している場合は，あらかじめ半角英文字のユーザ名を追加登録しておく必要があります．Windowsのスタートボタンからコントロール・パネル内の「ユーザアカウントの追加または削除」，もしくは「ユーザアカウント」を開き，「新しいアカウントの作成」で半角英文字（例えば「xbee」など）のアカウントを作成します．アカウントを作成したら，再起動またはログオフ

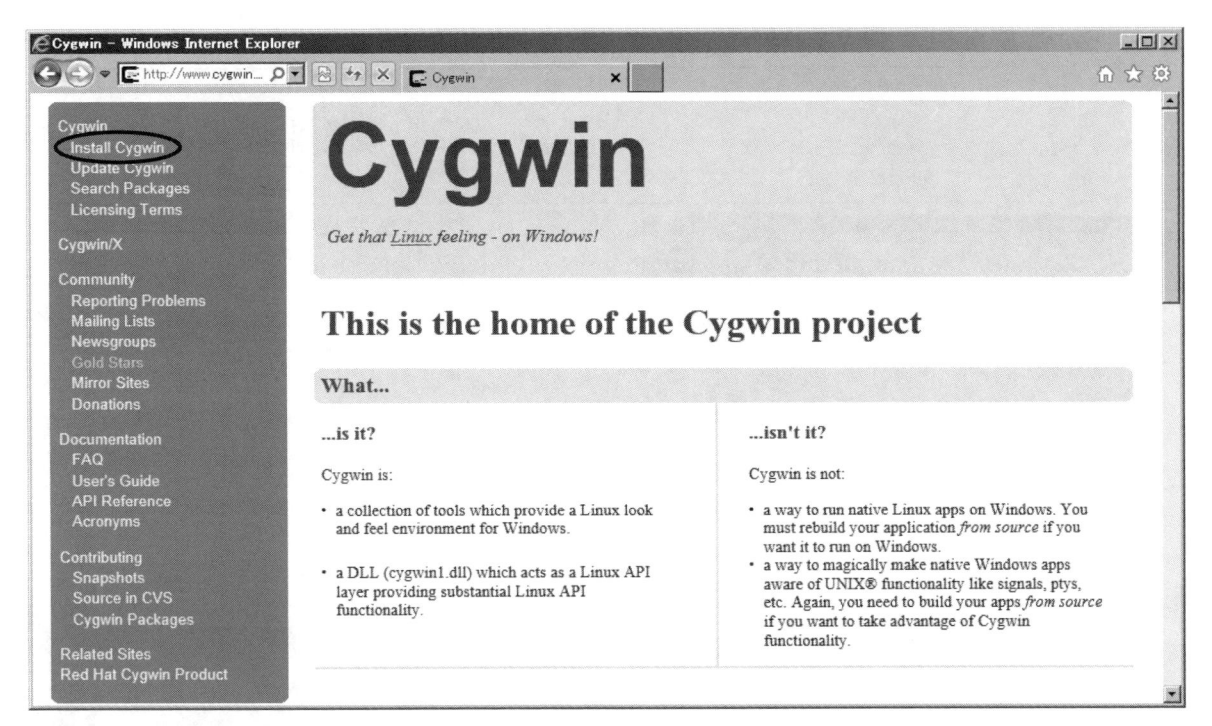

図 3-25　Cygwin ホームページの表示例

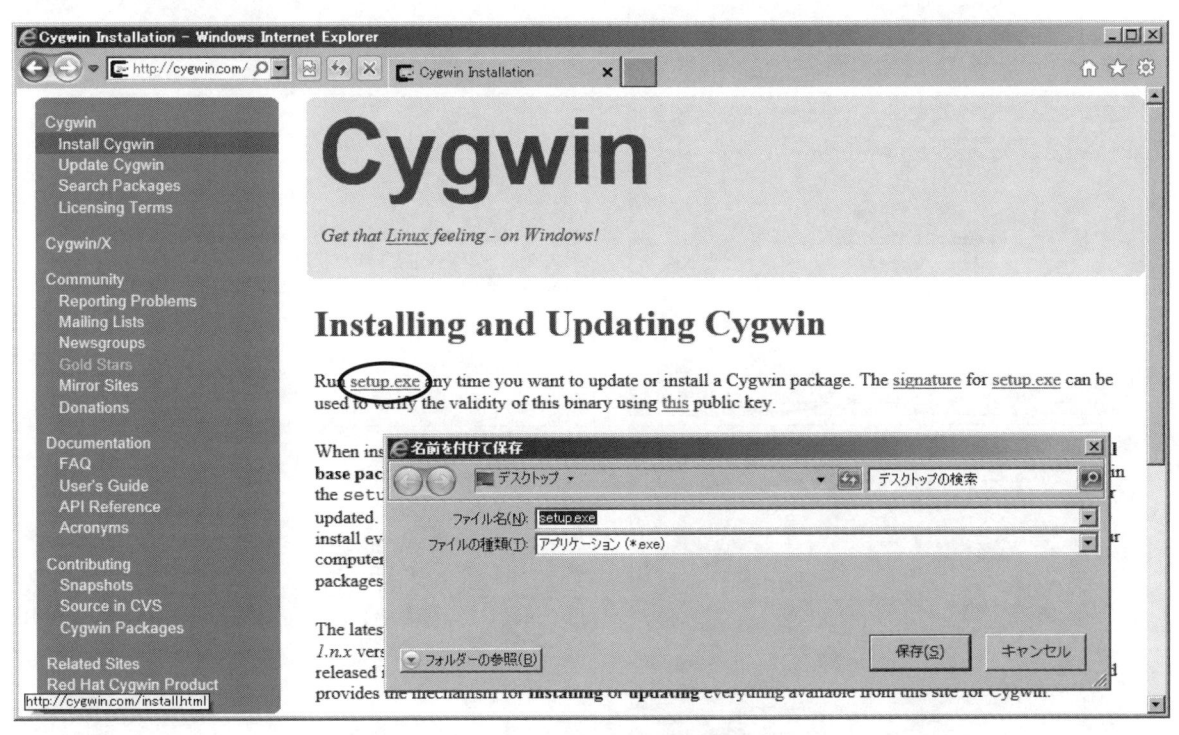

図 3-26　Cygwin サイト内のダウンロード・ページとダウンロード表示の例

表 3-8　Cygwin のインストール手順

 （setup.exe アイコン）	デスクトップに「setup.exe」が保存されます．ダブル・クリックしてインストーラを起動します．
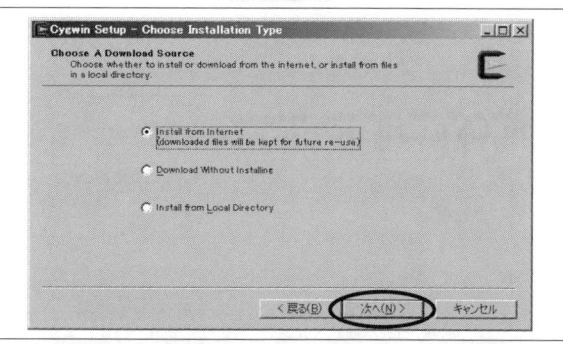 Cygwin Setup – Choose Installation Type Choose A Download Source ・Install from Internet ・Download Without Installing ・Install from Local Directory	「Install from Internet」が選択されているので，そのまま「次へ」を選択します．
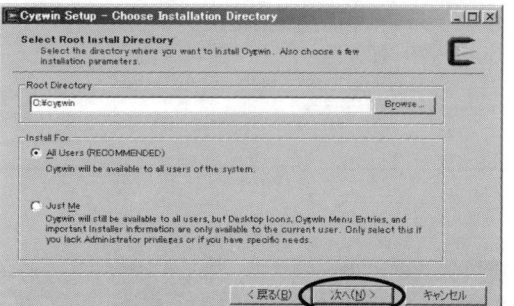 Cygwin Setup – Choose Installation Directory Select Root Install Directory Root Directory: C:\cygwin Install For: All Users (RECOMMENDED) / Just Me	インストール先のフォルダ名と利用ユーザ「All Users」が選択された状態で表示されます． インストールするファイルの大きさは，全部で 210MB 程度です． インストール先の変更の必要がなければ，そのまま「次へ」を選択します．
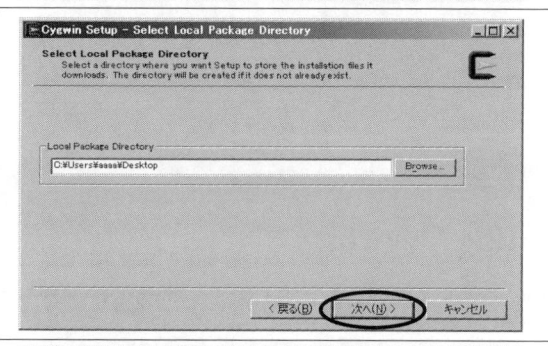 Cygwin Setup – Select Local Package Directory Local Package Directory: C:\Users\asasi\Desktop	ダウンロードするファイルの一時保存先を選択します． デスクトップが選択された状態で表示されます． 通常は，そのまま「次へ」を選択します．
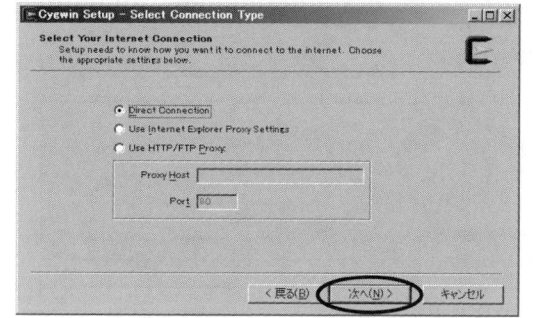 Cygwin Setup – Select Connection Type Select Your Internet Connection ・Direct Connection ・Use Internet Explorer Proxy Settings ・Use HTTP/FTP Proxy Proxy Host: ___　Port: 80	インターネットへの接続方法を選択します．自宅などで直接インターネットに接続されている場合は，そのまま「次へ」を選択します．社内 LAN などに接続されていて Proxy 経由で接続している場合は，「Use IE Proxy Settings」を選択してから「次へ」を選択します．

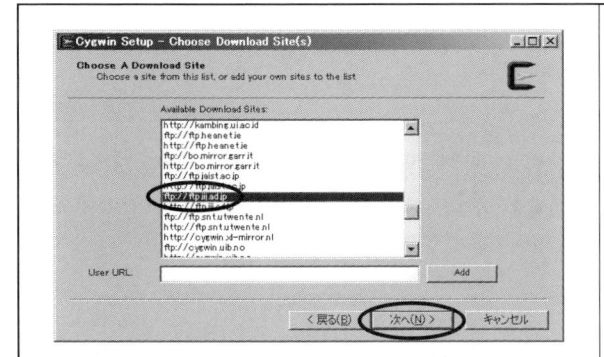

(Cygwin Setup - Choose Download Site(s) screenshot)	ダウンロードするサイトの選択をします． 最後がjpで終わるものを選択してから「次へ」を選択します．
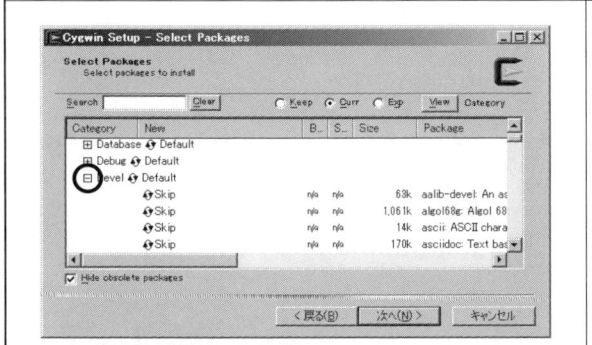 (Cygwin Setup - Select Packages screenshot, Devel category)	ダウンロードするパッケージを選択します． まずは，Categoryの中から「Devel」を探して，「+」マークをクリックします． ※ まだ，「次へ」は押さないでください．
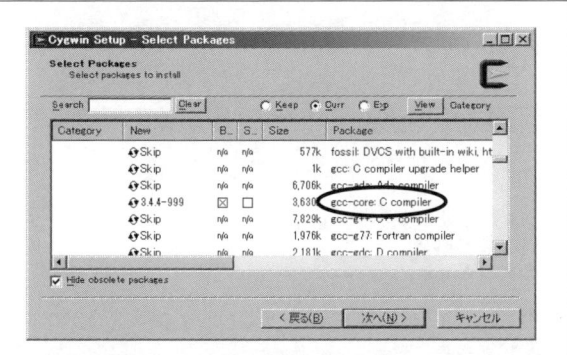 (Cygwin Setup - Select Packages screenshot, gcc-core)	Packageの中から「gcc-core C compiler」を探して，その文字をクリックします． 「Skip」と表示されていた部分がインストールするパッケージのバージョン表示に変わります． ※ まだ，「次へ」は押さないでください．
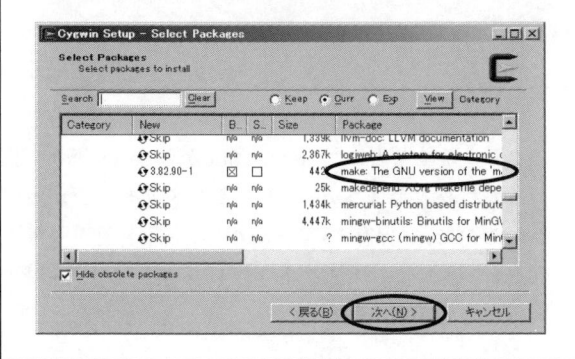 (Cygwin Setup - Select Packages screenshot, make)	同様に，「make」を選択します． 選択後に，「次へ」を押します．

第10節　パソコン用ソフトウェア開発環境のインストール方法

表 3-8 Cygwin のインストール手順（つづき）

画面	説明
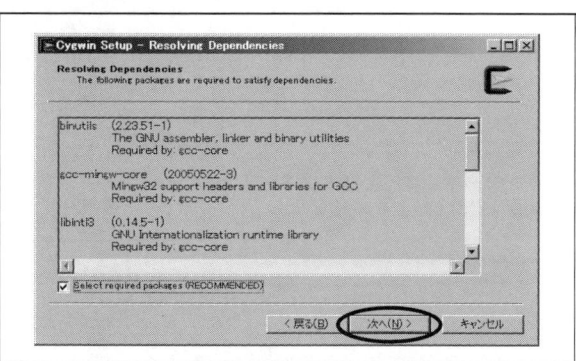 （Cygwin Setup - Resolving Dependencies 画面）	「Select required packages」が選択されていると関連した必要なパッケージが自動で選択されます． そのまま「次へ」を押します．
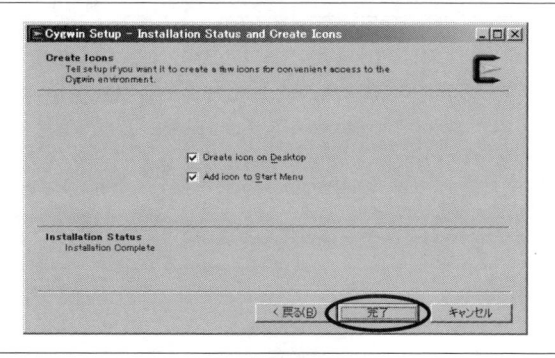 （Cygwin Setup - Installation Status and Create Icons 画面）	デスクトップとスタート・メニューにアイコンを作成します． こだわりがなければ，「完了」をクリックします．
 （Cygwin Terminal アイコン）	デスクトップに作成されたアイコンをダブル・クリックして起動します．
（コンソール画面）	コンソールが開きます． 初回の起動時は，ホームディレクトリ（フォルダ）が作成されます．Windows では， 　　C:¥cygwin¥home の中にログインしているユーザ名のディレクトリが作成されています．

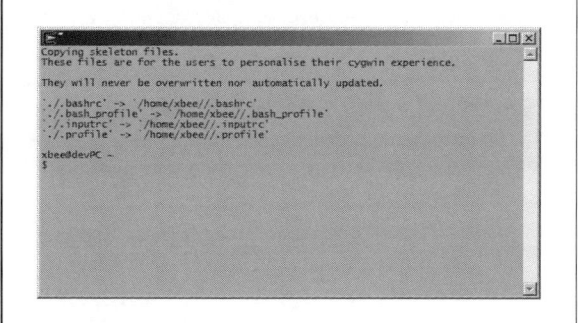

をして作成したアカウントでログオンします．

次に，Cygwin のダウンロードを行うためにインターネットエクスプローラを開き，Cygwin のウェブサイト（http://cygwin.com/install.html）にアクセスし，画面左側の「Install Cygwin」を選択します．

文中の「setup.exe」を選択します．

クリックすると，「cygwin.com から setup.exe を実行または保存しますか？」のようなメッセージが表示されるので，「保存」メニューの中から「名前をつけて保存」を選択し，デスクトップに保存します．直接，実行してもかまいません．

なお，Arduino IDE は Cygwin の共有ライブラリ

「cygwin1.dll」を使用します．Arduino IDE と Cygwin のバージョンが大きく異なると，どちらかが動作しない場合があります．この場合はバージョンの古い方を新しいバージョンの開発環境に入れ替えます．

第11節　XBee ZB 管理ライブラリのインストール方法

　Cygwin のインストールが完了したら，XBee ZB 管理ライブラリのインストールを行います．付属のCD-ROMから，XBee ZigBee 管理ライブラリをコピーします．「ライブラリと Example」フォルダから「xbeeCoord.zip」をコピーする，もしくは下記の筆者のサイトから最新版をダウンロードしてください．

専用サポートページ
　www.geocities.jp/bokunimowakaru/cq

　コピーした ZIP ファイルを開くと，いくつかのフォルダが入っているので，すべてのフォルダを Cygwin のユーザ・フォルダにコピーしてください．例えば，アカウント名が「xbee」であれば，ユーザ・フォルダは「C:¥cygwin¥home¥xbee」です．

　コピー後に Cygwin のコンソール（Cygwin を起動したときに開くウィンドウ）で，「ls」と「改行（Enter）」を入力してコピーしたフォルダがあることを確認します．「ls」はファイルを確認するコマンドで，「dir」と入力しても同じ動作を行います．以上でインストールが完了です．

第12節　パソコンを使って XBee ZB の動作確認を行う

　インストールが完了したら，XBee ZB にアクセスして動作確認を行ってみます．第5節にしたがって，親機 XBee ZB モジュール Coordinator（XBee USB エクスプローラに接続している側）のファームウェアを API モードに書き換えます．ファームウェア Function Set に，「ZIGBEE COORDINATOR API」を選択して，「Write」で書き込んでください．そして，Cygwin のコンソール上で

```
$ gcc tools/xbee_test.c
```

と「改行（Enter）」を入力して C 言語のファイルをコンパイルして実行形式に変換します．実際にすべての文字を入力する必要はありません．まず，「gcc t」と入力して「Tab」を押下すると，「gcc tools/」までが表示されると思います．続けて，「x」を入力して「Tab」，「t」を押して「Tab」を押すと，「gcc tools/xbee_test.c」が表示できます．

　エラーが表示されなければ，コンパイルが成功して「a.exe」という実行ファイルができます．確認したい場合は，

```
$ ls
```

と入力することで，「a.exe」が表示されるでしょう．これを実行するには，

```
$ ./a　もしくは　$ ./a.exe
```

のように入力します．XBee ZB モジュールがうまく見つからない場合は，シリアル COM 番号を指定します．例えば．COM3 であれば，

```
$ ./a 3
```

のように入力します．図 3-27 に，Cygwin コンソールでの入力例を示します．マーカー部がキーボードから入力した文字です．

　正しく起動すると，図 3-27 のように待ち受け状態を示す「AT>」が表示されます．エラーなどで起動しない場合は，XBee ZB モジュールのファームウェアが API になっているかどうかやシリアル COM ポートが正しいかなどを確認します．

　このテスト・ソフトでは，「AT>」の表示に続いて AT コマンドを入力することができます．例えば，PAN ID を得るために，

```
AT> ATOP
```

と入力すると，XBee ZB モジュールからの応答結果

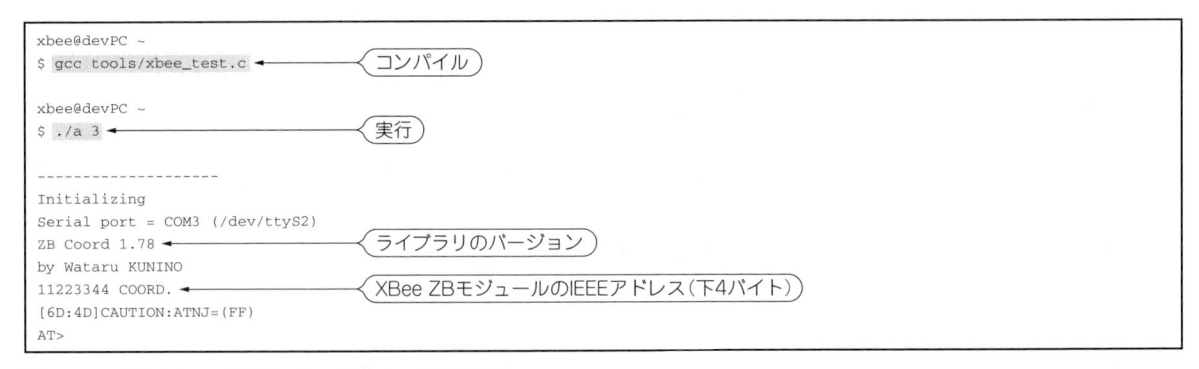

```
xbee@devPC ~
$ gcc tools/xbee_test.c     ←(コンパイル)

xbee@devPC ~
$ ./a 3                     ←(実行)

------------------
Initializing
Serial port = COM3 (/dev/ttyS2)
ZB Coord 1.78               ←(ライブラリのバージョン)
by Wataru KUNINO
11223344 COORD.             ←(XBee ZBモジュールのIEEEアドレス(下4バイト))
[6D:4D]CAUTION:ATNJ=(FF)
AT>
```

図 3-27 テスト・ソフト xbee_test.c の実行例

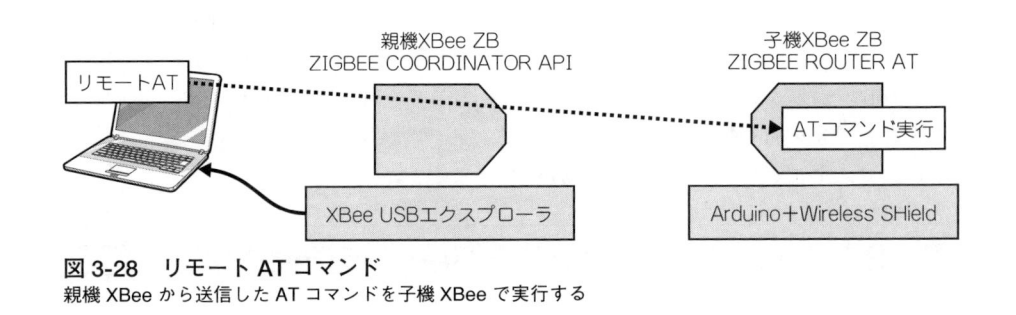

図 3-28 リモート AT コマンド
親機 XBee から送信した AT コマンドを子機 XBee で実行する

が表示されます．

　また，同じ ZigBee ネットワーク内のほかの XBee ZB モジュールへ AT コマンドをリモート送信する「リモート AT コマンド」も使用できます．リモート AT コマンドを使用するには，まず，宛て先となる子機 XBee ZB モジュールのコミッショニング・ボタンを 1 回押下してすぐに離します．子機 XBee ZB モジュールを Arduino Wireless シールドに接続している場合は，Arduino に接続している X-CTU の「Terminal」タブから「+++」を入力後に「OK」が表示されてから，

　　ATCB01 (改行)
　　　※X-CTU の Terminal で実行する

をすばやく入力します．

　パソコンに接続した親機 XBee ZB モジュールは，子機からのコミッショニング・ボタンの信号を受けると，アソシエート LED を 1 秒の間，高速点滅して，テスト・ソフトの画面に「received IDNT」と表示します．表示されない場合は，子機が異なる ZigBee ネットワークに参加している可能性などが考えられます．

子機 XBee 側のコミッショニング・ボタンを 4 回連続で押下してネットワーク情報を初期化するか，Arduino 側の X-CTU の「Terminal」タブから改行なしの「+++」を入力後に「OK」が表示されてから

　　ATNR (改行)

を入力し，10 秒ほど待ってから再度，子機 XBee からコミッショニング・ボタン信号を送信してみます．

　テスト・ソフトに「received IDNT」が表示されてから以降は，子機へ AT コマンドを送信するリモート AT コマンドが使用できるようになります（**図 3-28**）．リモート AT コマンドは，通常の親機自身で実行する AT コマンドと区別するために，「AT」の代わりに「RAT」に置き換えて入力します．例えば，親機から，

　　AT> RATCB01 (改行)

と入力すると，子機に AT コマンドが送られて子機側で「ATCB01」を実行します．

　なお，テスト・ソフトではバックスペースなどのキーを受け付けません．打ち間違いは，「Delete」キーでバックスペースと同じ働きをします．

- **AT コマンド**
　XBee ZB の通信制御や設定を行うためのコマンド
- **リモート AT コマンド**
　親機から子機に AT コマンドを送信して子機で実行するコマンド
　※AT コマンドの仕様や内容は同じもの

　この xbee_test のプログラムを終了するには，キーボードの「Ctrl」キーを押しながら「C」キーを押します．tools フォルダには，xbee_test のほかにもいくつかのツールが入っています．すべてのプログラムをコンパイルするには，tools フォルダ（ディレクトリ）内で make を実行します．tools フォルダに移動するには，Cygwin のコンソール上で，

```
$ cd ~/tools
```

を実行します．すると，「xbee@devPC ~/tools」のように tools フォルダに移動したことが表示されます．そして，

```
$ make
```

を実行します．Make でコンパイルしたプログラムを実行するには，プログラム名を指定する必要があります．xbee_test であれば，

```
$ ./xbee_test 3
```

のようになります．「./」は，現在のフォルダ（ディレクトリ）を指しています．ほかのフォルダに移動した場合は，tools フォルダを指定する必要があります．例えば，

```
$ cd
```

でホーム・フォルダに戻った場合は，

```
$ tools/xbee_test 3
```

のように実行します．そのほかのフォルダでは，

```
$ ~/tools/xbee_test 3
```

のようにチルドマーク「~」をつけます．

　以上で，パソコン用ソフトウェア開発環境のインストールと簡単な動作確認が完了しました．

[第4章]

パソコンを親機にしたXBee ZB練習用サンプル・プログラム集（20例）

　XBeeの基本動作を学習するために，パソコンを親機に使ったソフトウェアを製作する練習をしてみましょう．パソコンを使うことでサンプル・プログラムの改造と実行が手軽に行えるので，XBeeの使い方の理解が深まります．

　本章では，Cygwin上で動作するパソコン用の簡単なXBeeの基本となるプログラムを紹介します．それぞれのサンプル・プログラムについて，ハードウェアの準備方法，XBeeモジュールへのコマンド・シーケンス，サンプル・コードについて説明します．

第1節　Example 1：XBee の LED を点滅させる

Example 1 親機 XBee の RSSI 表示用 LED を点滅させる

練習用サンプル		通信方式：XBee ZB	開発環境：Cygwin

パソコンに接続した親機 XBee の LED を点滅させるサンプルです．市販されている多くの XBee 用 USB エクスプローラに搭載されている RSSI 表示用 LED を点滅させてみます（ワイヤレス通信は行わない）．

親機：パソコン ⇔ USB ⇔ XBee USB エクスプローラ ⇔ 接続 ⇔ XBee PRO ZBモジュール

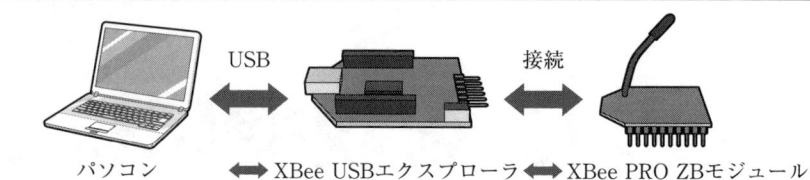

通信ファームウェア：ZIGBEE COORDINATOR API		Coordinator	API モード
電源：USB 5V → 3.3V	シリアル：パソコン（USB）	スリープ（9）：接続なし	RSSI（6）：LED
DIO1（19）：接続なし	DIO2（18）：接続なし	DIO3（17）：接続なし	Commissioning（20）：（SW）
DIO4（11）：接続なし	DIO11（7）：接続なし	DIO12（4）：接続なし	Associate（15）：（LED）
その他：パソコンに接続した親機 XBee ZB のみ（子機 XBee なし）の構成です．			

必要なハードウェア
- Windows が動作するパソコン（USB ポートを搭載したもの）　1台
- 各社 XBee USB エクスプローラ　1個
- Digi International 社 XBee（PRO）ZB モジュール　1個
- USB ケーブルなど

　この Example 1 は，多くの市販 USB エクスプローラに実装されている RSSI 表示用の LED を点滅させるプログラムです．

　RSSI 表示機能は，電波の受信強度を LED の明るさで表す目的で実装されています．したがって，通常は制御する対象ではありません．しかも，PC につないだ XBee のポートや LED を制御するような用途も，通常は考えにくいと思います（普通は離れたところにある XBee のポートを制御する）．

　しかし，ワイヤレス通信では有線通信と異なり，通信を行う機器同士がケーブルなどで接続されていませんので，うまく通信ができないことが有線通信よりも頻繁に起こります．このプログラムは，ワイヤレス以外の部分に問題がないかどうかを確認するのに有効です．パソコンの Cygwin 環境や XBee USB エクスプローラ，XBee ZB モジュールに問題がなければ，RSSI 表示の LED が正しく点滅します．

　まず，第3章第5節の方法で，ファームウェアを「ZIGBEE COORDINATOR API」に設定した XBee PRO ZB モジュールを市販の XBee USB エクスプローラ経由でパソコンに接続します（XBee モジュールは PRO でない XBee ZB でもかまわないし，ファームウェアは「ZIGBEE ROUTER API」でもかまわない）．

　そして，パソコン上の Cygwin のコンソールから，以下のコマンドを入力してフォルダ（ディレクトリ）を移動します（コマンド・プロンプト「$」に続いて，「cd cqpub」「改行」を入力する）．

```
$ cd cqpub
```

次に，フォルダ内のファイルを表示します．

```
$ ls
```

ファイルが下記のように表示されたら，その中に「example01_rssi.c」があることを確認します．

```
example01_rssi.c
example02_led_at.c
…
```

確認ができたら，

```
$ gcc example01_rssi.c
```

と入力してコンパイルを行います．エラーが表示されなければ，コンパイルが成功して実行ファイル「a.exe」が作成されます．実行するには，

ソースコード：サンプル1　example01_rssi.c

```
/*****************************************************************************
XBeeのLEDを点滅させてみる：パソコンに接続した親機XBeeのRSSI LEDを点滅
*****************************************************************************/

#include "../libs/xbee.c"          ① // XBeeライブラリのインポート

int main(int argc,char **argv){    ②

    byte com=0;                              // シリアルCOMポート番号

    if(argc==2) com=(byte)atoi(argv[1]);//    引数があれば変数comに代入する
    xbee_init( com );              ③         // XBee用COMポートの初期化(引数はポート番号)

    while(1){          ④                     // 繰り返し処理
        xbee_at("ATP005");   ⑤               // ローカルATコマンドATP0(DIO10設定)=05(出力'H')
        delay( 1000 );       ⑥               // 約1000ms(1秒間)の待ち
        xbee_at("ATP004");                   // ローカルATコマンドATP0(DIO10設定)=04(出力'L')
        delay( 1000 );                       // 約1000ms(1秒間)の待ち
    }
}
```

`$ ./a` もしくは `$ ./a.exe`

を入力します．「./」は，「このフォルダにある」を意味し，「a」は「a.exe」の「.exe」を省略したものです．これらの場合は，オープン可能なシリアルCOMポートを検索して開きます．ほかの用途でシリアル・ポートを使用している場合は，シリアルCOMポートを指定する必要があります．COM3に指定する場合は，

`$ ./a 3` もしくは `$ ./a.exe 3`

と入力します．a.exeが動作し始めると，親機XBee ZBモジュールのRSSI表示LEDが約1秒ごとに点滅します．

プログラムを終了するには，キーボードの「Ctrl」キーを押しながら「C」を押します．

図4-1に，Cygwinのコンソールの表示例を示します．マーカー部が入力した文字です(実際の画面にマーカー表示はない)．

サンプルが正しく動作したら，ソースコード(C言語で書かれたプログラム)をメモ帳などで開いてみます．Windowsのエクスプローラで「C:¥cygwin¥home¥xxxxxx¥cqpub」のフォルダを開き，「example01_rssi.c」の部分で右クリックを行い，「プログラムから開く」「メモ帳」を選択すると，ソースコードを編集することができます．

メモ帳以外にも，さまざまなテキスト・エディタがあります．筆者は，「秀丸エディタ」というプログラム作成にとても適したシェアウェアを愛用しています．4200円と高めではありますが，試用は無料なので試してみるとよいでしょう．

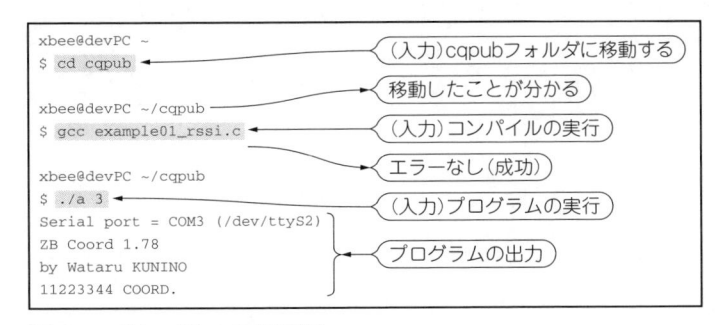

```
xbee@devPC ~
$ cd cqpub                    ←(入力)cqpubフォルダに移動する

xbee@devPC ~/cqpub            ←移動したことが分かる
$ gcc example01_rssi.c        ←(入力)コンパイルの実行
                              ←エラーなし(成功)
xbee@devPC ~/cqpub
$ ./a 3                       ←(入力)プログラムの実行
Serial port = COM3 (/dev/ttyS2)
ZB Coord 1.78                 ←プログラムの出力
by Wataru KUNINO
11223344 COORD.
```

図4-1　サンプル1の実行例

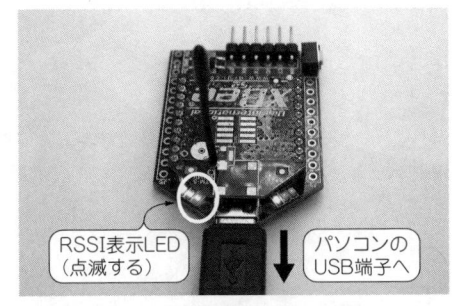

写真4-1　親機XBeeのRSSI表示用LEDを点滅

RSSI表示LED（点滅する）　パソコンのUSB端子へ

このサンプルのポイントとなる部分を説明します．

① 「#include」で，XBee 管理ライブラリ「xbee.c」の読み込みを行います．

② 「int main」の中がプログラム本体です．

③ 「xbee_init」は，XBee ZB に接続しているシリアル COM ポートを初期化して XBee ZB への接続を行う命令です．引き数（xbee_init に続く括弧内）の変数 com は，シリアル COM ポート番号です．

④ 「while(1)」は，永久に繰り返す命令です．「{」「}」で区切られた区間の 4 行を繰り返し実行します．

⑤ 「xbee_at」は，AT コマンドを XBee ZB に指示する命令です．「"」で区切られた AT コマンドをパソコンとシリアルで接続された親機 XBee ZB モジュール上で実行します（ローカル AT コマンド）．AT コマンドの「ATP0」に続く引き数が「05」の場合に RSSI 表示 LED が点灯し，「04」だと消灯します．AT コマンドを使った GPIO ポート制御については次のサンプル 2 で説明します．

⑥ 「delay」は，待ち時間を与える命令です．括弧内にミリ秒単位で数字を入れます．この例では，約 1000 ミリ秒，すなわち 1 秒の待ち時間が発生します．Arduino でも，同じ関数で待ち時間を設定することができます．

第2節　Example 2：LEDをリモート制御する①リモートATコマンド

Example 2

LEDをリモート制御する①リモートATコマンド		
練習用サンプル	通信方式：XBee ZB	開発環境：Cygwin

パソコンに接続した親機XBeeから子機XBeeモジュールのGPIO（DIO）ポートをリモートATコマンドで制御するサンプルです．

親機

パソコン ⇔ USB ⇔ XBee USBエクスプローラ ⇔ XBee PRO ZBモジュール

通信ファームウェア：ZIGBEE COORDINATOR API		Coordinator	APIモード
電源：USB 5V → 3.3V	シリアル：パソコン（USB）	スリープ（9）：接続なし	RSSI（6）：（LED）
DIO1（19）：接続なし	DIO2（18）：接続なし	DIO3（17）：接続なし	Commissioning（20）：（SW）
DIO4（11）：接続なし	DIO11（7）：接続なし	DIO12（4）：接続なし	Associate（15）：（LED）
その他：XBee PRO ZBモジュールはXBee ZBモジュールでも動作します（ただし，通信可能範囲が狭くなる）．			

子機

XBee ZBモジュール ⇔ ピッチ変換 ⇔ ブレッドボード ⇔ LED，抵抗

通信ファームウェア：ZIGBEE ROUTER AT		Router	Transparentモード
電源：乾電池2本 3V	シリアル：接続なし	スリープ（9）：接続なし	RSSI（6）：（LED）
DIO1（19）：接続なし	DIO2（18）：接続なし	DIO3（17）：接続なし	Commissioning（20）：（SW）
DIO4（11）：LED	DIO11（7）：接続なし	DIO12（4）：接続なし	Associate（15）：LED
その他：Digi International社純正の開発ボードXBIB-U-DEVでも動作します．			

必要なハードウェア
- Windowsが動作するパソコン（USBポートを搭載したもの）　1台
- 各社 XBee USB エクスプローラ　1個
- Digi International社 XBee PRO ZB モジュール　1個
- Digi International社 XBee ZB モジュール　1個
- XBee ピッチ変換基板　1式
- ブレッドボード　1個
- 高輝度LED 2個，抵抗1kΩ 2個，セラミック・コンデンサ 0.1μF 1個，プッシュ・スイッチ1個，単3×2直列電池ボックス1個，単3電池2個，ブレッドボード・ワイヤ適量，USBケーブルなど

　ここでは，親機と子機とのワイヤレス通信を行うもっとも簡単な例を紹介します．前節の命令「xbee_at」は，パソコンに接続した親機XBee ZBモジュール上でATコマンドを実行する命令でした（ローカルATコマンド）．今回は，ワイヤレスを経由した子機XBee ZB上にリモートATコマンドを送信する命令「xbee_rat」を使用したサンプルについて説明します．

- ローカルATコマンド xbee_at

　…シリアル接続したモジュール上で実行
- リモートATコマンド xbee_rat

　…ワイヤレス経由の他モジュール上で実行

　親機のXBee ZBモジュールには，ファームウェア「ZIGBEE COORDINATOR API」を書き込んで，XBee USBエクスプローラでパソコンに接続します．子機は，ブレッドボードを使って製作します．

　写真4-2は，子機の製作例です．子機のファームウェ

ソースコード：サンプル2　example02_led_at.c

```
/***********************************************************************
LEDをリモート制御する①リモートATコマンド：リモート子機のDIO4(XBee pin 11)のLEDを点滅．
***********************************************************************/

#include "../libs/xbee.c"

// お手持ちのXBeeモジュール子機のIEEEアドレスに変更する↓
byte dev[] = {0x00,0x13,0xA2,0x00,0x40,0x30,0xC1,0x6F};     ←①

int main(int argc,char **argv){

    byte com=0;                         // シリアルCOMポート番号

    if(argc==2) com=(byte)atoi(argv[1]);// 引き数があれば変数comに代入する
    xbee_init( com );                   // XBee用COMポートの初期化
    xbee_atnj( 0xFF );        ←②      // 親機XBeeを常にジョイン許可状態にする

    while(1){                           // 繰り返し処理
        xbee_rat(dev,"ATD405");   ←③  // リモートATコマンドATD4(DIO4設定)=05(出力'H')
        delay( 1000 );                  // 1000ms(1秒間)の待ち
        xbee_rat(dev,"ATD404");   ←④  // リモートATコマンドATD4(DIO4設定)=04(出力'L')
        delay( 1000 );                  // 1000ms(1秒間)の待ち
    }
}
```

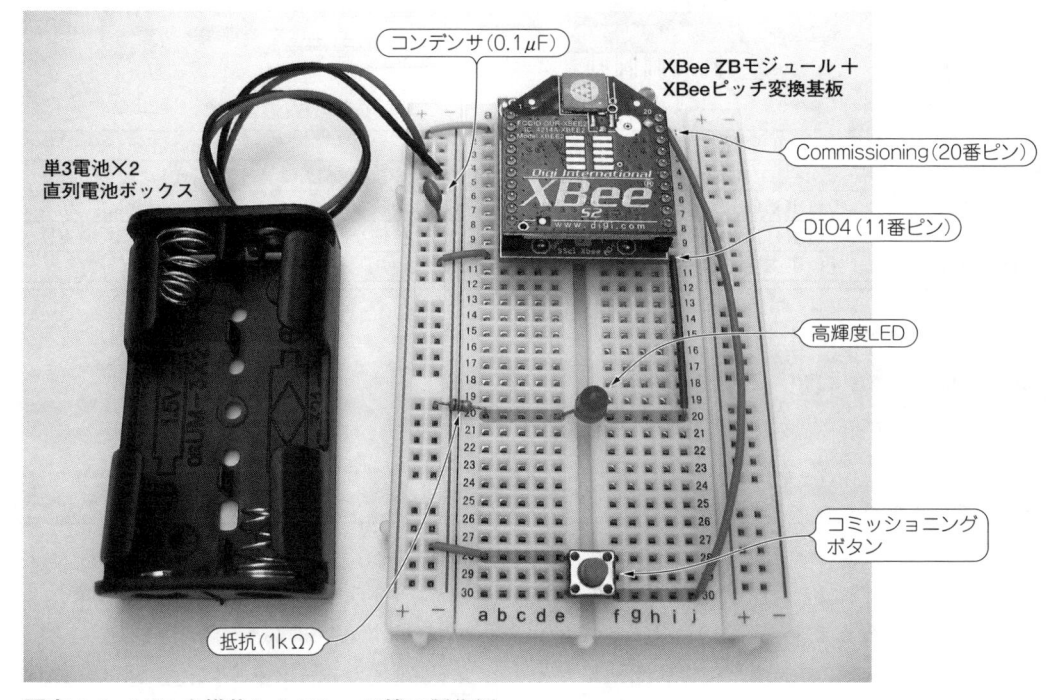

写真4-2　LEDを搭載したXBee子機の製作例

アは，「ZIGBEE ROUTER API」を使用します．XBee ZBモジュールは，XBeeピッチ変換基板を経由してブレッドボードの1番列の中央に接続します．XBee ZBモジュールの電源は，XBeeモジュールの1番ピンと10番ピンです．写真の左側列の一番上の1番ピンをブレッドボード上の赤の縦線(電源「＋」ライン)に

表4-1 各GPIO(DIO)ポートにディジタル信号を出力するATコマンド

XBee ZBのポート(ピン番号)	ディジタル出力	ATコマンド
DIO1(19番ピン)	Lレベル	ATD104
	Hレベル	ATD105
DIO2(18番ピン)	Lレベル	ATD204
	Hレベル	ATD205
DIO3(17番ピン)	Lレベル	ATD304
	Hレベル	ATD305
DIO4(11番ピン)	Lレベル	ATD404
	Hレベル	ATD405
DIO11(7番ピン)	Lレベル	ATP104
	Hレベル	ATP105
DIO12(4番ピン)	Lレベル	ATP204
	Hレベル	ATP205
RSSI(6番ピン)	RSSI出力	ATP001
	Lレベル	ATP004
	Hレベル	ATP005

接続します．また，左側列の一番下の10番ピンは，青の縦線(電源「－」ライン)に接続します．電源は，乾電池2本の直列で約3Vの電源となります．ブレッドボードの赤の縦線は電池の「＋」側に接続し，青の縦線は電池の「－」側に接続します．コンデンサ0.1μFは，電池の「＋」と「－」に跨って接続します．XBeeピッチ変換基板に搭載されている場合は不要です．

ブレッドボードの中央付近に高輝度LEDを実装し，XBee ZBモジュールの右側列の一番下のDIO4(11番ピン)に接続します．このピンは，ディジタル出力が可能なGPIOポートで，ほぼ電源電圧のHレベルとほぼ0VのLレベルを出力することができます．DIO4の出力は，ブレッドボード・ワイヤを使用してLEDと抵抗を経由してブレッドボード上の青の縦線(「－」ライン)に接続します．LEDは，リード線の長いほうが写真の右側になるように接続します．

スイッチサイエンス社のXBeeピッチ変換基板の場合は，第3章第9節の写真3-11のようにピッチ変換基板の右上にアソシエートLEDを搭載しました．他社品などで，XBeeピッチ変換基板にアソシエートLEDがない場合は，XBee ZBの15番ピンの出力をLEDと抵抗を経由して「－」ラインへ接続します．

ブレッドボードの一番下にあるプッシュ・スイッチは，「コミッショニング・ボタン」です．スイッチの片側をXBee ZBモジュールの20番ピンに，反対側をブレッドボードの青の縦線(「－」ライン)に接続します．プッシュ・スイッチは4端子のものが多いのですが，それぞれ2端子が内部で接続されているので，写真のように対角の端子を使用するようにします．

なお，電源に電池を使用しています．動作の確認用や実験用としては手軽に利用することができますが，電池を入れっぱなしで何日も長期間にわたって動作させることはできません．長期間の動作が必要な場合はサンプル24のように，XBee ZBモジュールを省電力なEnd Deviceとして動作させる必要があります．

次に，ソースコード「example02_led_at.c」の説明を行います(前節と重複する部分は省略)．

① 変数devに子機XBee ZBモジュールのIEEEアドレスを代入します．
② 「xbee_atnj」は，パソコンに接続した親機XBee ZBが子機のネットワークへのジョインを許可(参加可能に)する命令です．0xFFを設定することで，常に参加可能な常時ジョイン許可状態にします．
③ 「xbee_rat」は，リモートATコマンドを子機へ送信する命令です．「"」で区切られたATコマンドを変数devの子機XBee ZBに送信して，子機側

でATコマンドを実行します．「ATD4」は，ポートDIO4(11番ピン)に対する制御です．「ATD4」に続く引き数が「05」の場合にHレベルを出力します．
④ATコマンド「ATD4」に続く引き数が「04」の場合は，Lレベルを出力します．

ソースコード中の①のIEEEアドレスは，お手持ちの子機XBee ZBモジュールに合わせて変更する必要があります．IEEEアドレスは，子機の裏側に2行にまたがって16桁の16進数で書かれています．2桁ずつに区切って数字の前に「0x」を付与し，カンマ「,」区切りの8バイトを代入します．書き換え後は，必ずメモ帳の「ファイル」メニューから「保存」を実行します．

XBee ZBの各GPIO(DIO)ポートにディジタル出力する場合のATコマンドを**表4-1**に示します．この表のとおり，「ATD」に3桁の数字が続き，1桁目がポート番号，2桁目は0，3桁目が「4」のときにLレベルで，「5」のときにHレベルを出力します．ポート11と12は「ATP」となり，1桁目はポート11が1に，ポート12が2になります．RSSI用の出力(XBeeの6番ピン)はGPIO(DIO)ポート10なので1桁目は0になり，デフォルトは「ATP001」のRSSI出力になっています．

それではプログラムを動かしてみます．ブレッドボードの回路の製作後に，配線やソースコード中の①のIEEEアドレスに誤りがないことを確認してから，Cygwinのコンソールで，

```
$ cd ~/cqpub
```

と入力して，cqpubフォルダに移動してから，

```
$ gcc example02_led_at.c
```

と入力してプログラム「example02_led_at.c」のコンパイルを行い，

```
$ ./a
```

で実行します(プログラムを終了する場合は，キーボードの「Ctrl」キーを押しながら「C」を押す)．

子機XBee ZBのLEDが約1秒ごとに点滅すれば正しく動作しています．しかし，子機XBee ZBが親機XBee ZBと接続されていない場合や，子機のIEEEアドレスが誤っている場合などに，以下のようなエラーが表示されます．

```
[5E:CD]ERR:tx_rx at xbee_rat(01)
```

このような場合は，アソシエートLEDを確認します．LEDが点灯したままの状態の場合は，親機XBeeが見つからない状態を示しています．

親機XBee ZBモジュールのファームウェアが，「ZIGBEE COORDINATOR API」になっているかどうかや，子機がRouterになっているかどうか，プログラムに記入した子機のIEEEアドレスが正しいかなどを確認します．詳しくは第3章第5節を参照し，X-CTUを使用してパソコンに接続されている親機XBeeのファームウェアや設定を確認します．

アソシエートLEDが点滅している場合は，ソースコードの①の部分でdevに代入している子機XBeeのIEEEアドレスが正しいかどうかを再確認します．間違って親機のアドレスを入力している場合などが考えられます．アドレスが正しい場合は，子機がほかのZigBeeネットワークに接続されていることが考えられます．子機のコミッショニング・ボタンを4回連続で押下して，子機のネットワーク設定を初期化します．

なお，親機XBeeにアソシエートLEDが搭載されている場合は，子機XBeeのコミッショニング・ボタンを1回だけ押してみてください．親機XBeeのアソシエートが高速に点滅すれば，子機がZigBeeネットワークに参加していることを確認することができます．

第3節　Example 3：LEDをリモート制御する②ライブラリ関数使用

Example 3	LEDをリモート制御する②ライブラリ関数使用		
	練習用サンプル	通信方式：XBee ZB	開発環境：Cygwin
パソコンに接続した親機XBeeから子機XBeeモジュールのGPIO（DIO）ポートをライブラリ関数xbee_gpoで制御するサンプルです．			

親機：パソコン ⇔ XBee USBエクスプローラ ⇔ XBee PRO ZBモジュール

通信ファームウェア：ZIGBEE COORDINATOR API		Coordinator	APIモード
電源：USB 5V → 3.3V	シリアル：パソコン（USB）	スリープ（9）：接続なし	RSSI（6）：（LED）
DIO1（19）：接続なし	DIO2（18）：接続なし	DIO3（17）：接続なし	Commissioning（20）：（SW）
DIO4（11）：接続なし	DIO11（7）：接続なし	DIO12（4）：接続なし	Associate（15）：（LED）
その他：XBee PRO ZBモジュールはXBee ZBモジュールでも動作します（ただし，通信可能範囲が狭くなる）．			

子機：XBee ZBモジュール ⇔ ピッチ変換 ⇔ ブレッドボード ⇔ LED，抵抗

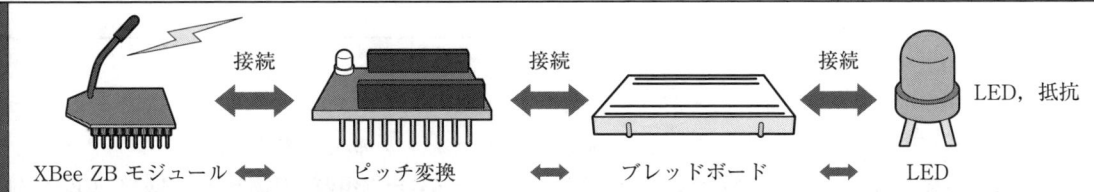

通信ファームウェア：ZIGBEE ROUTER AT		Router	Transparentモード
電源：乾電池2本 3V	シリアル：接続なし	スリープ（9）：接続なし	RSSI（6）：（LED）
DIO1（19）：接続なし	DIO2（18）：接続なし	DIO3（17）：接続なし	Commissioning（20）：SW
DIO4（11）：LED	DIO11（7）：接続なし	DIO12（4）：接続なし	Associate（15）：LED
その他：Digi International社純正の開発ボードXBIB-U-DEVでも動作します（LEDの論理は反転する）．			

必要なハードウェア
- Windowsが動作するパソコン（USBポートを搭載したもの）　1台
- 各社 XBee USBエクスプローラ　1個
- Digi International社 XBee PRO ZB モジュール　1個
- Digi International社 XBee ZB モジュール　1個
- XBee ピッチ変換基板　1式
- ブレッドボード　1個
- 高輝度LED 2個，抵抗1kΩ 2個，セラミック・コンデンサ0.1μF 1個，プッシュ・スイッチ1個，単3×2直列電池ボックス1個，単3電池2個，ブレッドボード・ワイヤ適量，USBケーブルなど

　前節と同じく，パソコンに接続した親機XBeeから子機XBeeモジュールのGPIO（DIO）ポートをリモート制御するサンプルです．本節では，ATコマンドではなく，XBee管理ライブラリの関数xbee_gpoを使用します．

　ハードウェアの構成はサンプル2と同じですが，Cygwin上で実行するプログラムだけが異なります．それでは，ここで使用するソースコード「example03_led_gpo.c」の説明を行います（前節と重複する部分は省略）．

①「xbee_ gpo」は，変数devの子機XBee ZBのGPIOポートに出力値を設定する命令です．第2引き数の4はポート4を，第3引き数の1はHレベル出力を示しています．

②第3引き数の0は，Lレベル出力を示しています．

　このxbee_gpo命令を使用すれば，**表4-1**を参照

ソースコード：サンプル3　example03_led_gpo.c

```c
/*******************************************************************************
LEDをリモート制御する②ライブラリ関数xbee_gpoで簡単制御
*******************************************************************************/

#include "../libs/xbee.c"

// お手持ちのXBeeモジュール子機のIEEEアドレスに変更する↓
byte dev[] = {0x00,0x13,0xA2,0x00,0x40,0x30,0xC1,0x6F};

int main(int argc,char **argv){

    byte com=0;                         // シリアルCOMポート番号

    if(argc==2) com=(byte)atoi(argv[1]);// 引き数があれば変数comに代入する
    xbee_init( com );                   // XBee用COMポートの初期化
    xbee_atnj( 0xFF );                  // 親機XBeeを常にジョイン許可状態にする

    while(1){                           // 繰り返し処理
        xbee_gpo(dev, 4, 1);    ← ①    // リモートXBeeのポート4を出力'H'に設定する
        delay( 1000 );                  // 1000ms(1秒間)の待ち
        xbee_gpo(dev, 4, 0);    ← ②    // リモートXBeeのポート4を出力'L'に設定する
        delay( 1000 );                  // 1000ms(1秒間)の待ち
    }
}
```

することなくプログラムを作成することができます．GPIO出力については，ATコマンドを使ってもxbee_gpo関数を使っても大差はありませんが，XBee ZBのすべてのATコマンドを駆使してプログラムを作成するのはとても非効率です．

したがって，本節以降はXBee管理ライブラリの命令をおもに使用し，ライブラリで用意していないコマンドは親機上のATコマンド(xbee_at)や子機へのリモートATコマンド(xbee_rat)を使用します．

サンプルの実行方法は，サンプル2と同様です．ソースコード中の子機XBee ZBのIEEEアドレスを変更し，Cygwinのコンソールを起動し，cqpubフォルダでコンパイルしてから実行します．プログラムを終了するには，キーボードの「Ctrl」キーを押しながら「C」を押します．

Column…4-1　H レベル出力時に L レベルが出力される理由と対策方法

　サンプル 3 は，1 秒ごとに GPIO（DIO）ディジタル出力を H レベルと L レベルを繰り返して LED を点滅させています．ところが，実際の動作タイミングは，xbee_gpo(dev, 4, 1) ; で H レベルを設定したときに LED が消灯し，xbee_gpo(dev, 4, 0) ; で L レベルを設定したときに LED が点灯しています．もちろん，論理が反転するようなバグが存在しているわけではありません．

　まずは，サンプル 3 を動作させて親機 XBee の TX もしくは RX の LED と子機 XBee の DIO4 に接続した LED を見比べてください．親機 TX/RX の LED の点滅と同時に，子機 LED が点灯もしくは消灯しているように見えるはずです．ところが，while の中を下記のように書き換えて点滅間隔を 3 秒にします．

```
xbee_gpo(dev, 4, 1);
delay( 3000 );
xbee_gpo(dev, 4, 0);
delay( 3000 );
```

　すると，親機 TX/RX の LED の点滅と子機 LED の点灯または消灯までに約 1 秒のずれが生じていることがわかります．つまり，プログラムで xbee_gpo を実行してから XBee ZB の子機が DIO を変更するまでに約 1 秒間の時間を要していたのです．また，元のサンプル 3 で親機 TX/RX と子機 LED とが一致していたように見えたのは，たまたま点滅間隔が 1 秒であったからということもわかります．

　この現象は，トランジスタ技術 2012 年 12 月号の p.112 ～ 113 にも説明されており，対策方法として ATCN コマンドを発行することが書かれています．ただし，この記事には少し補足説明が必要です．

　まず，ATCN コマンドは親機からリモート AT コマンドで子機へ送信する必要があります（記事には親機へのローカル AT コマンドなのか，子機へのリモート AT コマンドなのかが明記されていません）．また，本来の ATCN は Transparent モードに切り替える命令です．設定した内容をすぐに実行するための命令として，ATAC コマンドが準備されているので，通常は ATAC コマンドを使用します．とはいえ，XBee Wi-Fi の仕様書には ATAC と ATCN のどちらもが即実行する命令であると書かれているので，現在，ATCN を使っている方はそのまま ATCN を使用してもよいでしょう．

　それでは，while の中を下記のように書き換えてみてください．親機 TX/RX の LED の点滅とほぼ同時に子機 LED が点滅するようになります．

```
xbee_gpo(dev, 4, 1);
xbee_rat(dev,"ATAC");
delay( 3000 );
xbee_gpo(dev, 4, 0);
xbee_rat(dev,"ATAC");
delay( 3000 );
```

　より良い方法は，意外かもしれませんが同じ xbee_gpo コマンドを 2 度，送る方法です．通信パケットは消失したり順番が入れ替わったりするので，同じ処理を 2 度行うのは下手そうに見えて効果的な方法です．

```
xbee_gpo(dev, 4, 1);
xbee_gpo(dev, 4, 1);
delay( 3000 );
xbee_gpo(dev, 4, 0);
xbee_gpo(dev, 4, 0);
delay( 3000 );
```

参考文献：トランジスタ技術　2012 年 12 月号
　　　　　（CQ 出版社）

第4節　Example 4：LEDをリモート制御する③さまざまなポートに出力

Example 4

LEDをリモート制御する③さまざまなポートに出力		
練習用サンプル	通信方式：XBee ZB	開発環境：Cygwin

パソコンのキーボードから入力した数字に応じた子機XBeeモジュールのGPIO(DIO)ポートを制御するサンプルです．xbee_gpo(dev,port,value)のようにポートと制御値を変数で指定します．

親機

パソコン ⇔[USB]⇔ XBee USBエクスプローラ ⇔[接続]⇔ XBee PRO ZBモジュール

通信ファームウェア：ZIGBEE COORDINATOR API			Coordinator	APIモード
電源：USB 5V → 3.3V		シリアル：パソコン(USB)	スリープ(9)：接続なし	RSSI(6)：(LED)
DIO1(19)：接続なし		DIO2(18)：接続なし	DIO3(17)：接続なし	Commissioning(20)：(SW)
DIO4(11)：接続なし		DIO11(7)：接続なし	DIO12(4)：接続なし	Associate(15)：(LED)
その他：XBee PRO ZBモジュールはXBee ZBモジュールでも動作します(ただし，通信可能範囲が狭くなる)．				

子機

XBee ZBモジュール ⇔[接続]⇔ ピッチ変換 ⇔[接続]⇔ ブレッドボード ⇔[接続]⇔ LED，抵抗

通信ファームウェア：ZIGBEE ROUTER AT			Router	Transparentモード
電源：乾電池2本 3V		シリアル：接続なし	スリープ(9)：接続なし	RSSI(6)：(LED)
DIO1(19)：接続なし		DIO2(18)：接続なし	DIO3(17)：接続なし	Commissioning(20)：SW
DIO4(11)：LED		DIO11(7)：接続なし	DIO12(4)：接続なし	Associate(15)：LED
その他：Digi International社純正の開発ボードXBIB-U-DEVでも動作します(LEDの論理は反転する)．				

必要なハードウェア
- Windowsが動作するパソコン(USBポートを搭載したもの)　1台
- 各社XBee USBエクスプローラ　1個
- Digi International社 XBee PRO ZBモジュール　1個
- Digi International社 XBee ZBモジュール　1個
- XBeeピッチ変換基板　1式
- ブレッドボード　1個
- 高輝度LED 2～5個，抵抗1kΩ 2～5個，セラミック・コンデンサ0.1μF 1個，プッシュ・スイッチ1個，単3×2直列電池ボックス1個，単3電池2個，ブレッドボード・ワイヤ適量，USBケーブルなど

　XBeeには，複数のGPIO(DIO)ポートがあります．本サンプルでは，パソコンに接続した親機XBeeから子機XBeeモジュールのGPIO(DIO)ポート番号を選択して出力します．GPIO(DIO)ポート番号は，パソコンのキーボードから入力した数字に応じます．

　使用しているXBee用の命令はサンプル3と同じなので，C言語のプログラム経験のある方は次節に進んでいただいてかまいません．また，ハードウェアの構成も同じです．

　Cygwin上で実行するプログラムは，「example04_led_px.c」となります．

①キーボードから文字列を入力するときに，入力文字を保存するための変数を定義します．C言語では，各関数の先頭に使用する変数をまとめて列挙する必要があります．「char」は文字変数の定義を示し，sは変数名，[3]の3は文字列(複数の文字を扱う

ソースコード：サンプル4　example04_led_px.c

```
/********************************************************************
LEDをリモート制御する③さまざまなポートに出力
********************************************************************/

#include "../libs/xbee.c"

// お手持ちのXBeeモジュール子機のIEEEアドレスに変更する↓
byte dev[] = {0x00,0x13,0xA2,0x00,0x40,0x30,0xC1,0x6F};

int main(int argc,char **argv){
    byte com=0;                          // シリアルCOMポート番号
    char s[3];           ←①              // 入力用(2文字まで)
    byte port;           ←②              // リモート子機のポート番号
    byte value;          ←③              // リモート子機への設定値

    if(argc==2) com=(byte)atoi(argv[1]); // 引数があれば変数comに代入する
    xbee_init( com );                    // XBee用COMポートの初期化
    xbee_atnj( 0xFF );                   // 親機XBeeを常にジョイン許可状態にする

    while(1){                            // 繰り返し処理
        /* 子機のポート番号と制御値の入力 */
        printf("Port =");    ←④          // ポート番号入力のための表示
        gets( s );           ←⑤          // キーボードからの入力
        port = atoi( s );    ←⑥          // 入力文字を数字に変換してportに代入
        printf("Value =");                // 値の入力のための表示
        gets( s );           ⑦            // キーボードからの入力
        value = atoi( s );                // 入力文字を数字に変換してvalueに代入

        /* XBee通信 */
        xbee_gpo(dev,port,value); ←       // リモート子機ポート(port)に制御値(value)を設定
                                  ⑧
    }
}
```

変数)を指定します．この変数sは，最大2文字までを代入でき，s[0]に1文字目，s[1]に2文字目が代入されます．また，文字数をnとするとs[n]に'¥0'(0値)が代入されます．

② XBee子機GPIOのDIOポート番号を代入する変数を定義します．「byte」は1バイトの数値変数を示し，portは変数名です．

③ GPIO(DIO)ポート番号の設定値を代入する変数です．

④「printf」は，文字をコンソールに表示する命令です．"で囲まれた文字を表示します．

⑤「gets」は，文字列をコンソールから入力する命令です．キーボードから改行(Enter)が押されるまでの入力文字がsに代入されます．なお，ここでは2文字までの入力を想定しています．2文字以上の文字を入力してしまうと，ほかの用途で使用しているメモリに書き込んでしまい，致命的な不具合が発生する場合があります．

⑥「atoi」は，文字列を数値に変換する命令です．変数には文字列変数，数値変数など，用途によって異なる型が存在します．charで定義した文字列変数sに代入された「文字」としての数値情報をbyteで定義した数値変数portに代入しています．

⑦ 前記④~⑥は，キーボードからXBee子機GPIOのDIOポート番号を入力する部分です．同じ命令を用いてGPIOポートに設定する値valueを入力します．

⑧ 子機XBee ZBのGPIO(DIO)ポート番号を変数portとして，設定値を変数valueとして子機XBee ZBに送信します．

サンプル・プログラムを起動する方法は，サンプル2や3と同様です．ソースコード中の子機XBee ZBのIEEEアドレスを変更し，Cygwinのコンソールを起動し，cqpubフォルダでコンパイルしてから実行し

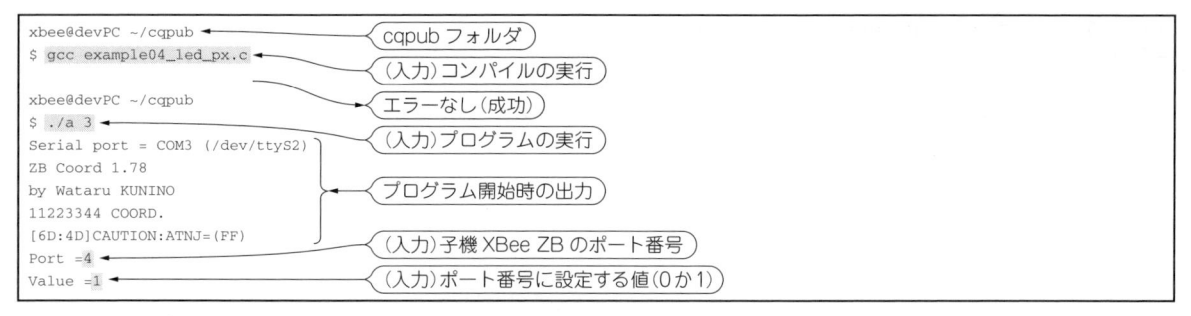

```
xbee@devPC ~/cqpub          ← (cqpub フォルダ)
$ gcc example04_led_px.c    ← ((入力)コンパイルの実行)
xbee@devPC ~/cqpub          ← (エラーなし(成功))
$ ./a 3                     ← ((入力)プログラムの実行)
Serial port = COM3 (/dev/ttyS2)
ZB Coord 1.78
by Wataru KUNINO            ← (プログラム開始時の出力)
11223344 COORD.
[6D:4D]CAUTION:ATNJ=(FF)
Port =4                     ← ((入力)子機 XBee ZB のポート番号)
Value =1                    ← ((入力)ポート番号に設定する値(0か1))
```

図 4-2 サンプル 4 の実行例

表 4-2 Digi International 社純正 XBIB-U-DEV（Rev 3, Rev 3A, SP）の LED 接続

XBIB-U-DEV リビジョン			XBee ZB の GPIO ポート（ピン番号）	ディジタル出力（value 値）	LED 状態
Rev 3	Rev 3A	SP			
LED1	LED3	DS2	DIO12（4 番ピン）	L レベル（0）	○点灯
				H レベル（1）	×消灯
LED2	LED4	DS3	DIO11（7 番ピン）	L レベル（0）	○点灯
				H レベル（1）	×消灯
LED3	LED5	DS4	DIO4（11 番ピン）	L レベル（0）	○点灯
				H レベル（1）	×消灯

ます．

　起動すると「Port =」の表示が出るので，GPIO（DIO）ポート番号 4 の「4」を以下のように入力して改行（Enter）キーを押下します．

　　Port =4

続いてディジタル出力値「Value =」の表示が出ます．子機 XBee ZB の LED を点灯させたい場合は「1」を，消灯させたい場合は「0」を入力して，改行キーを押下します．

　　Value =1

これらの実行例を図 4-2 に示します．

　指定可能な GPIO（DIO）ポートは，1 〜 4 と 11 〜 12 です．ディジタル出力値は，0 か 1 のどちらかを入力します．複数の LED と抵抗を準備して複数の GPIO ポートに接続して試すと理解が深まると思います．

あるいは Digi International 社純正の開発ボード XBIB-U-DEV であれば，三つの LED を制御することができます．ただし，LED の論理は反転し，ディジタル出力値 0 のときに点灯し，1 で消灯します．**表 4-2** に，開発ボード XBIB-U-DEV に搭載されている LED とポートの関係を示します．開発ボードのリビジョンによって LED 名が異なるので，注意が必要です．最新の SP 版の LED には，DS2 〜 4 と名付けられて基板に刻印されています．プログラム実行時は，GPIO（DIO）ポート番号入力の「Port =」に対して 12，11，4 のいずれかを入力し，出力値入力の「Value =」に対しては 0 または 1 を入力します．

　なお，プログラムを終了するには，キーボードの「Ctrl」キーを押しながら「C」を押します．

第5節　Example 5：スイッチ状態をリモート取得する①同期取得

Example 5	スイッチ状態をリモート取得する①同期取得		
	練習用サンプル	通信方式：XBee ZB	開発環境：Cygwin

パソコンに接続した親機 XBee から子機 XBee モジュールの GPIO（DIO）ポートの状態をリモート取得するサンプルです．ここではもっとも簡単な同期取得方法について説明します．

親機

パソコン ⇔ XBee USBエクスプローラ ⇔ XBee PRO ZBモジュール

通信ファームウェア：ZIGBEE COORDINATOR API		Coordinator	APIモード
電源：USB 5V → 3.3V	シリアル：パソコン（USB）	スリープ（9）：接続なし	RSSI（6）：（LED）
DIO1（19）：接続なし	DIO2（18）：接続なし	DIO3（17）：接続なし	Commissioning（20）：（SW）
DIO4（11）：接続なし	DIO11（7）：接続なし	DIO12（4）：接続なし	Associate（15）：（LED）
その他：XBee PRO ZB モジュールは XBee ZB モジュールでも動作します（ただし，通信可能範囲が狭くなる）．			

子機

XBee ZB モジュール ⇔ ピッチ変換 ⇔ ブレッドボード ⇔ プッシュ・スイッチ

通信ファームウェア：ZIGBEE ROUTER AT		Router	Transparent モード
電源：乾電池2本 3V	シリアル：接続なし	スリープ（9）：接続なし	RSSI（6）：（LED）
DIO1（19）：プッシュ・スイッチSW	DIO2（18）：接続なし	DIO3（17）：接続なし	Commissioning（20）：SW
DIO4（11）：接続なし	DIO11（7）：接続なし	DIO12（4）：接続なし	Associate（15）：LED
その他：Digi International 社純正の開発ボード XBIB-U-DEV でも動作します．			

必要なハードウェア
- Windows が動作するパソコン（USB ポートを搭載したもの）　1台
- 各社 XBee USB エクスプローラ　1個
- Digi International 社 XBee PRO ZB モジュール　1個
- Digi International 社 XBee ZB モジュール　1個
- XBee ピッチ変換基板　1式
- ブレッドボード　1個
- プッシュ・スイッチSW 2個，高輝度LED 1個，抵抗1kΩ 1個，セラミック・コンデンサ0.1μF 1個，単3×2直列電池ボックス 1個，単3電池2個，ブレッドボード・ワイヤ適量，USB ケーブルなど

　サンプル2～4では，GPIO（DIO）ポートへのディジタル出力の練習を行いました．これからのサンプル5～7では，GPIO からのディジタル入力の練習を行います．

　まず，もっとも簡単なディジタル入力方法である同期取得方法について説明します．同期取得では，パソコンに接続した親機 XBee ZB でディジタル入力用の命令 xbee_gpi を実行して，子機 XBee ZB の GPIO 入力のディジタル状態を取得します．xbee_gpi 命令は取得指示を子機に送信し，応答を受信するまでプログラムを止めて待ち続けます．しかし，一定の時間が経過すると受信を断念します（タイムアウト）．

　ハードウェアは，**写真4-3**のようになります．これまで LED が実装されていた部分にプッシュ・スイッチを実装し，プッシュ・スイッチの右側は XBee ZB の DIO1（19番ピン）に接続します．また，プッシュ・

ソースコード：サンプル5　example05_sw_gpi.c

```c
/******************************************************************************
スイッチ状態をリモート取得する①同期取得
******************************************************************************/

#include "../libs/xbee.c"

// お手持ちのXBeeモジュール子機のIEEEアドレスに変更する↓
byte dev[] = {0x00,0x13,0xA2,0x00,0x40,0x30,0xC1,0x6F};

int main(int argc,char **argv){
    byte com=0;                          // シリアルCOMポート番号
    byte value;                          // リモート子機からの入力値

    if(argc==2) com=(byte)atoi(argv[1]); // 引数があれば変数comに代入する
    xbee_init( com );                    // XBee用COMポートの初期化

    while(1){                            // 繰り返し処理
        /* XBee通信 */                                    ①
        value = xbee_gpi(dev,1);         // リモート子機のポート1からディジタル値を入力
        printf("Value =%d¥n",value);     // 変数valueの値を表示する
        delay( 1000 );                   // 1000ms(1秒間)の待ち
    }                                                     ②
}
```

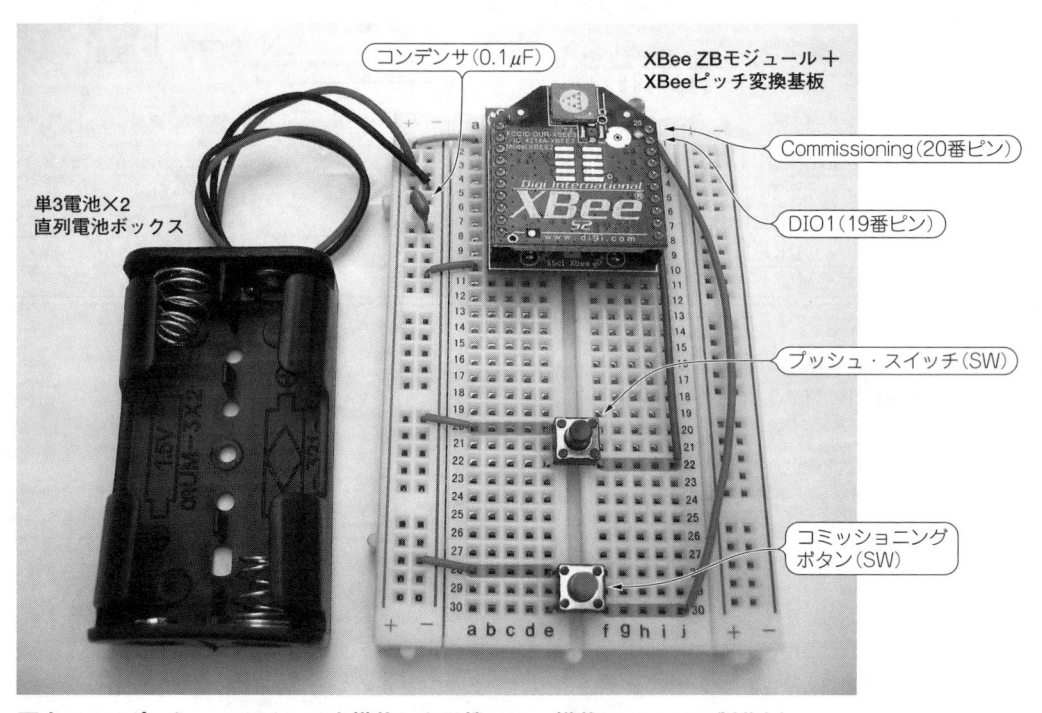

写真4-3　プッシュ・スイッチを搭載した子機XBee搭載スイッチの製作例

スイッチの左側は電源「−」ラインに接続します．

Digi International社純正のXBee開発ボードXBIB-U-DEVを使用することもできますが，開発ボードのリビジョンによってプッシュ・スイッチ番号が異なります．**表4-3**の対応表のDIO1(19番ピン)に接続されているプッシュ・スイッチを使用します．

表 4-3 Digi International 社純正 XBIB-U-DEV(Rev 3, Rev 3A, SP)の
スイッチ接続

XBIB-U-DEV リビジョン			XBee ZB のポート （ピン番号）	ディジタル出力 （value 値）	SW 状態
Rev 3	Rev 3A	SP			
SW2	S4	SW3	DIO1(19 番ピン)	L レベル(0)	○押下
				H レベル(1)	×開放
SW3	S7	SW4	DIO2(18 番ピン)	L レベル(0)	○押下
				H レベル(1)	×開放
SW4	S5	SW5	DIO3(17 番ピン)	L レベル(0)	○押下
				H レベル(1)	×開放

```
xbee@devPC ~/cqpub          ← (cqpub フォルダ)
$ gcc example05_sw_gpi.c    ← (入力)コンパイルの実行
xbee@devPC ~/cqpub          ← エラーなし(成功)
$ ./a 3                     ← (入力)プログラムの実行
Serial port = COM3 (/dev/ttyS2)
ZB Coord 1.78
by Wataru KUNINO            ← プログラム開始時の出力
11223344 COORD.
[6D:4D]CAUTION:ATNJ=(FF)
Value =1                    ← プッシュ・スイッチが押されていない状態
Value =1
Value =0                    ← プッシュ・スイッチが押されている状態
Value =0
```

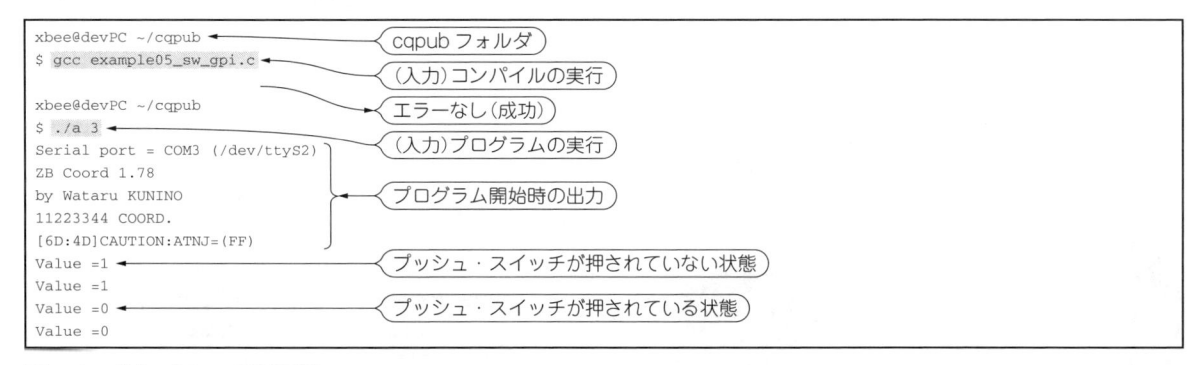

図 4-3 サンプル 5 の実行例

次に，ソースコード「example05_sw_gpi.c」の説明を行います．

① 「xbee_gpi」は，子機 XBee ZB の GPIO(DIO)のディジタル状態を取得する命令です．引き数の dev は子機 XBee ZB の IEEE アドレス，その次の 1 は子機 XBee ZB の GPIO(DIO)ポート番号 1 を表しています．

② 「printf」は，「"」で囲まれた文字を表示する命令でした．ここでは，文字「Value =」に続いて，変数 value の値を表示しています．「%d」は整数を表示することを示しており，「"」の後のカンマ「,」に続く変数 value の値を整数表示します．「¥n」は改行を示します．

サンプルの実行方法は，これまでと同様です．ソースコード中の子機 XBee ZB の IEEE アドレスを変更し，Cygwin のコンソールを起動し，cqpub フォルダでコンパイルしてから実行します．図 4-3 に実行例を示します．「Value =」の値が約 1 秒ごとに表示されます．取得間隔が約 1 秒毎なので，「Value=0」を得るにはプッシュ・スイッチを 1 秒以上，押し続けます．

第 5 節　Example 5：スイッチ状態をリモート取得する①同期取得

第6節　Example 6：スイッチ状態をリモート取得する②変化通知

Example 6
スイッチ状態をリモート取得する②変化通知
練習用サンプル　　　　　通信方式：XBee ZB　　　　開発環境：Cygwin

パソコンに接続した親機 XBee から子機 XBee モジュールの GPIO（DIO）ポートの状態をリモート受信するサンプルです．ここではスイッチが押されたときに XBee 子機が状態を自動送信する変化通知を使用します．

親機

パソコン ⇔ XBee USBエクスプローラ ⇔ XBee PRO ZBモジュール

通信ファームウェア：ZIGBEE COORDINATOR API		Coordinator	APIモード
電源：USB 5V → 3.3V	シリアル：パソコン（USB）	スリープ（9）：接続なし	RSSI（6）：（LED）
DIO1（19）：接続なし	DIO2（18）：接続なし	DIO3（17）：接続なし	Commissioning（20）：（SW）
DIO4（11）：接続なし	DIO11（7）：接続なし	DIO12（4）：接続なし	Associate（15）：（LED）
その他：XBee PRO ZB モジュールは XBee ZB モジュールでも動作します（ただし，通信可能範囲が狭くなる）．			

子機

XBee ZB モジュール ⇔ ピッチ変換 ⇔ ブレッドボード ⇔ プッシュ・スイッチ

通信ファームウェア：ZIGBEE ROUTER AT		Router	Transparent モード
電源：乾電池2本 3V	シリアル：接続なし	スリープ（9）：接続なし	RSSI（6）：（LED）
DIO1（19）：プッシュ・スイッチSW	DIO2（18）：（プッシュ・スイッチSW）	DIO3（17）：（プッシュ・スイッチSW）	Commissioning（20）：SW
DIO4（11）：接続なし	DIO11（7）：接続なし	DIO12（4）：接続なし	Associate（15）：LED
その他：Digi International 社純正の開発ボード XBIB-U-DEV でも動作します．			

必要なハードウェア
- Windows が動作するパソコン（USB ポートを搭載したもの）　1台
- 各社 XBee USB エクスプローラ　1個
- Digi International 社 XBee PRO ZB モジュール　1個
- Digi International 社 XBee ZB モジュール　1個
- XBee ピッチ変換基板　1式
- ブレッドボード　1個
- プッシュ・スイッチ SW 2〜4個，高輝度 LED 1個，抵抗1kΩ 1個，セラミック・コンデンサ0.1μF 1個，単3×2直列電池ボックス1個，単3電池2個，ブレッドボード・ワイヤ適量，USB ケーブルなど

サンプル5では，約1秒ごとに親機 XBee ZB が子機 XBee ZB にデータを取得するためのコマンド送信を行っていました．このため，子機 XBee ZB のプッシュ・スイッチを押してから親機が受信するまでに，最大1秒の遅延が発生します．

今回のサンプル6では，子機 XBee モジュールの GPIO（DIO）ポートの状態が変化したときに，親機 XBee に子機 XBee モジュールの GPIO ポートの入力状態（IO データ）を自動で通知します．このため，玄関の呼鈴などのように，ボタンを頻繁に押さないような場合に通信の頻度を下げることができます．また，ボタンを押したり離したりする瞬間にデータを送信するので，ボタンが押されたことを即座に親機 XBee ZB に伝えることができます．

ハードウェアはサンプル5と同じです．サンプルの実行方法も，これまでと同様です．ソースコード

ソースコード：サンプル6　example06_sw_r.c

```
/****************************************************************
スイッチ状態をリモート取得する②変化通知
****************************************************************/

#include "../libs/xbee.c"

// お手持ちのXBeeモジュール子機のIEEEアドレスに変更する↓
byte dev[] = {0x00,0x13,0xA2,0x00,0x40,0x30,0xC1,0x6F};

int main(int argc,char **argv){

    byte com=0;                                    // シリアルCOMポート番号
    byte value;                                    // 受信値
    XBEE_RESULT xbee_result;           ①          // 受信データ(詳細)

    if(argc==2) com=(byte)atoi(argv[1]);           // 引き数があれば変数comに代入する
    xbee_init( com );                              // XBee用COMポートの初期化
    xbee_atnj( 0xFF );                             // 親機XBeeを常にジョイン許可状態にする
    xbee_gpio_init( dev );             ②          // 子機のDIOにIO設定を行う(送信)

    while(1){                          ③
        /* データ受信(待ち受けて受信する) */   ④
        xbee_rx_call( &xbee_result );              // データを受信
        if( xbee_result.MODE == MODE_GPIN){        // 子機XBeeからのDIO入力のとき(条件文)
            value = xbee_result.GPI.PORT.D1;       // D1ポートの値を変数valueに代入
            printf("Value =%d¥n",value);           // 変数valueの値を表示
        }                              ⑤
    }
}
```

「example06_sw_r.c」中の子機 XBee ZB の IEEE アドレスを変更し，Cygwin のコンソールを起動し，cqpub フォルダでコンパイルしてから実行します．**図4-4**に実行例を示します．

今回のソースコードには，これまでになかったコードが5か所に出てきます．そのうちの4か所は，構造体変数と呼ばれるデータの集合体を使って受信結果を得るためのコードです．XBee ZB の受信結果は，xbee_result と定義した構造体変数に集約されます．例えば，受信パケットの種類や送信者の IEEE アドレス，IO データ（DIO の取得データ）等です．

本書では，構造体が苦手な方にも XBee の受信結果を使いこなせるように，xbee_result の使い方を詳しく説明します．

それでは，ソースコード「example06_sw_r.c」の説明を行います．

①「XBEE_RESULT xbee_result」は，子機 XBee 等からの受信データを保存する構造体変数 xbee_result を定義しています．大文字の XBEE_RESULT は，XBee 受信データ専用の型です．このように書けば，構造体変数 xbee_result を定義できるということがわかれば十分です．XBee ZB の1回の通信で受信したさまざまなデータを，一つの変数 xbee_result に集約することができます．

②「xbee_gpio_init」は，子機 XBee ZB の GPIO（DIO）ポートの初期化を行いつつ，GPIO（DIO）ポート1～3をディジタル入力に設定し，これらのポートに自動変化通知を設定します．以降，子機 XBee ZB のポート1～3の状態に変化があると，子機 XBee ZB から親機 XBee ZB へ自動で変化通知を送信するようになります．

③「xbee_rx_call」は，親機 XBee ZB モジュールが受信した結果を構造体変数に代入する命令です．この命令を実行すると，受信データを確認し，受信データがあった場合は構造体変数 xbee_result に1回の受信に含まれるさまざまなデータが格納されます．受信したデータの種別は，xbee_result.MODE に代入されます．また，GPIO（DIO）ポート

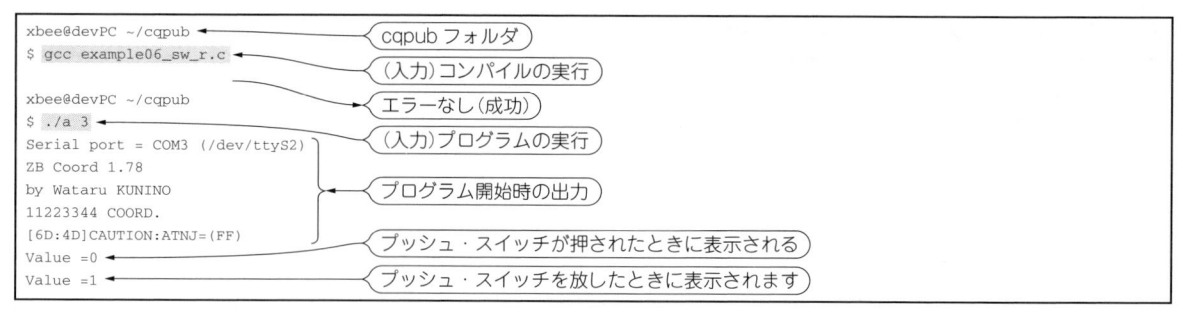

```
xbee@devPC ~/cqpub        ← cqpubフォルダ
$ gcc example06_sw_r.c    ← （入力）コンパイルの実行

xbee@devPC ~/cqpub        ← エラーなし（成功）
$ ./a 3                   ← （入力）プログラムの実行
Serial port = COM3 (/dev/ttyS2)  ┐
ZB Coord 1.78                    │
by Wataru KUNINO                 ├ プログラム開始時の出力
11223344 COORD.                  │
[6D:4D]CAUTION:ATNJ=(FF)         ┘
Value =0                  ← プッシュ・スイッチが押されたときに表示される
Value =1                  ← プッシュ・スイッチを放したときに表示されます
```

図 4-4 サンプル 6 の実行例

の変化通知を受けた場合は，`xbee_result.GPI.PORT.D1`～`D3` に GPIO(DIO) ポートの値が代入されます．

④ 条件文「`if`」によって，GPIO(DIO) ポート入力の変化通知を `xbee_rx_call` で受信したときに，続く「`{`」と「`}`」で囲まれた処理を行います．変化通知を受けると，`xbee_rx_call` の処理部で `xbee_result.MODE` に「`MODE_GPIN`」が代入されます．「`if`」は，MODE_GPIN が代入されているかどうかを確認します．

⑤ `xbee_rx_call` で受信した子機 XBee ZB のポート1の受信結果「`xbee_result.GPI.PORT.D1`」を value に代入します．

ここで，このサンプルコードでの構造体変数 `xbee_result` の使い方について，補足説明します．①と③は，構造体変数の定義と受信結果の呼び出しなので，`xbee_rx_call` を使用するときは，いつも同じ内容を書けば問題ありません．受信結果は複数の情報が複合しており，それらすべてが構造体変数 `xbee_result` に代入されています．その要素（メンバ）を参照するには，変数名 `xbee_result` にピリオド「`.`」と MODE のような要素名を続けて，「`xbee_result.MODE`」のように記述することで，この「`xbee_result.MODE`」を一つの変数のように扱うことができるようになります．同様に，ポート1の入力値は「`xbee_result.GPI.PORT.D1`」，またポート2だと「`xbee_result.GPI.PORT.D2`」なるのだろうと想像がつくと思います．ほかにも，送信元のアドレスを「`xbee_result.FROM`」で得るなど，さまざまな受信情報が一つの構造体変数に集約されています．

今回のサンプル6は，GPIO(DIO) ポート1に接続した一つだけのプッシュ・スイッチによるサンプルでした．ここで練習のために，プッシュ・スイッチ2個を GPIO(DIO) ポート2(18番ピン) と GPIO(DIO) ポート3(17番ピン) に追加して，それぞれの値を得るプログラムに改造してみましょう．追加するプッシュ・スイッチの片側を XBee モジュールの18番ピン，または17番ピンへ，スイッチの反対側は，電源の「－」ライン(GND)へ接続します．

`xbee_result.GPI.PORT.D2` と `xbee_result.GPI.PORT.D3` を使えば，ポート2と3の値が得られます．また，少し難しくなりますが `xbee_result.GPI.PORT.BYTE[0]` にはポート0～7の値が1バイトのデータとして代入されています．ビット演算に慣れている方は，`xbee_result.GPI.PORT.BYTE[0]` を使うことでプログラムを短く記述できる場合があります．

（練習の解答例）
```
value = xbee_result.GPI.PORT.D1;
printf("Value(1) =%d¥n",value);
value = xbee_result.GPI.PORT.D2;
printf("Value(2) =%d¥n",value);
value = xbee_result.GPI.PORT.D3;
printf("Value(3) =%d¥n",value);
```

第7節　Example 7：スイッチ状態をリモート取得する③取得指示

Example 7

スイッチ状態をリモート取得する③取得指示

練習用サンプル	通信方式：XBee ZB	開発環境：Cygwin

パソコンに接続した親機 XBee から子機 XBee モジュールの GPIO（DIO）ポートの状態をリモート取得するサンプルです．スイッチ状態を取得する指示を一定の周期で送信し，その応答を待ち受けます．

親機

パソコン ⇔ XBee USBエクスプローラ ⇔ XBee PRO ZBモジュール

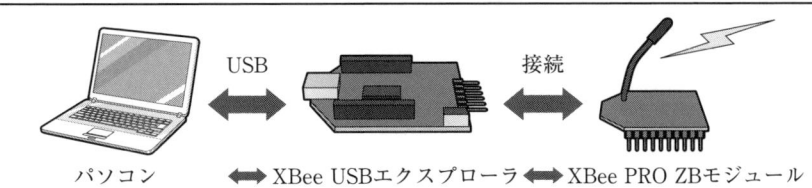

通信ファームウェア：ZIGBEE COORDINATOR API		Coordinator	APIモード
電源：USB 5V → 3.3V	シリアル：パソコン（USB）	スリープ（9）：接続なし	RSSI（6）：（LED）
DIO1（19）：接続なし	DIO2（18）：接続なし	DIO3（17）：接続なし	Commissioning（20）：（SW）
DIO4（11）：接続なし	DIO11（7）：接続なし	DIO12（4）：接続なし	Associate（15）：（LED）
その他：XBee PRO ZB モジュールは XBee ZB モジュールでも動作します（ただし，通信可能範囲が狭くなる）．			

子機

XBee ZB モジュール ⇔ ピッチ変換 ⇔ ブレッドボード ⇔ プッシュ・スイッチ

通信ファームウェア：ZIGBEE ROUTER AT		Router	Transparent モード
電源：乾電池2本 3V	シリアル：接続なし	スリープ（9）：接続なし	RSSI（6）：（LED）
DIO1（19）：プッシュ・スイッチ SW	DIO2（18）：（プッシュ・スイッチ SW）	DIO3（17）：（プッシュ・スイッチ SW）	Commissioning（20）：SW
DIO4（11）：接続なし	DIO11（7）：接続なし	DIO12（4）：接続なし	Associate（15）：LED
その他：Digi International 社純正の開発ボード XBIB-U-DEV でも動作します．			

必要なハードウェア
- Windows が動作するパソコン（USB ポートを搭載したもの）　　1台
- 各社 XBee USB エクスプローラ　　1個
- Digi International 社 XBee PRO ZB モジュール　　1個
- Digi International 社 XBee ZB モジュール　　1個
- XBee ピッチ変換基板　　1式
- ブレッドボード　　1個
- プッシュ・スイッチ SW 2〜4個，高輝度 LED 1個，抵抗 1kΩ 1個，セラミック・コンデンサ 0.1μF 1個，単3×2直列電池ボックス1個，単3電池2個，ブレッドボード・ワイヤ適量，USB ケーブルなど

　サンプル6では，子機 XBee ZB プッシュ・スイッチを押したときに子機から送信を行いました．呼鈴ボタンや防犯センサのようなアプリケーションには有効ですが，ロガーのように一定間隔でデータを収集し続けるような場合には不向きです．一定間隔でデータを収集するには，サンプル5のように取得指示と取得動作を一つの xbee_gpi コマンドで同期取得する方法があります．しかし，子機 XBee ZB がスリープ状態であったり，複数の ZigBee Router を経由したりしている場合は，応答に時間がかかったり，タイムアウトしてしまう場合があります．

　サンプル7では一定の周期で取得指示を送信し，その応答を常に待ち受ける方法について説明します．センサ・ネットワークなどでスイッチ状態の取得を一定間隔で行う際は，本サンプルの方法を使うのが良いでしょう．

ソースコード：サンプル7　example07_sw_f.c

```c
/**************************************************************
スイッチ状態をリモート取得する③取得指示
**************************************************************/

#include "../libs/xbee.c"
#define FORCE_INTERVAL   250    ←①              // データ要求間隔（およそ20msの倍数）

// お手持ちのXBeeモジュール子機のIEEEアドレスに変更する↓
byte dev[] = {0x00,0x13,0xA2,0x00,0x40,0x30,0xC1,0x6F};

int main(int argc,char **argv){

    byte com=0;                                  // シリアルCOMポート番号
    byte value;                                  // 受信値
    byte trig=0;                                 // 子機へデータ要求するタイミング調整用
    XBEE_RESULT xbee_result;                     // 受信データ(詳細)

    if(argc==2) com=(byte)atoi(argv[1]);         // 引き数があれば変数comに代入する
    xbee_init( com );                            // XBee用COMポートの初期化
    xbee_atnj( 0xFF );               ←②         // 親機XBeeを常にジョイン許可状態にする
    xbee_gpio_config(dev,1,DIN);                 // 子機XBeeのポート1をディジタル入力に

    while(1){
        /* データ送信 */           ③
        if( trig == 0 ){
            xbee_force( dev );       ←④         // 子機へデータ要求を送信
            trig = FORCE_INTERVAL;   ←⑤
        }
        trig--;                      ←⑥

        /* データ受信(待ち受けて受信する) */   ⑦
        xbee_rx_call( &xbee_result );    ←⑧
        if( xbee_result.MODE == MODE_RESP ){     // xbee_forceに対する応答のとき
            value = xbee_result.GPI.PORT.D1;     // D1ポートの値を変数valueに代入
            printf("Value =%d¥n",value);         // 変数valueの値を表示
        }
    }
}
```

　ハードウェアはサンプル5と同じです．サンプルの実行方法も，これまでと同様です．ソースコード「example07_sw_f.c」中の子機 XBee ZB の IEEE アドレスを変更し，Cygwin のコンソールを起動し，cqpub フォルダでコンパイルしてから実行します．図4-5 に実行例を示します．「Value =」が，約1秒ごとに表示されます．

　それでは，ソースコード「example07_sw_f.c」の説明を行います．

① 子機 XBee ZB に取得指示を送信する間隔を指定します．250は，約5秒に相当します．

② 「xbee_gpio_config」は，子機 XBee の GPIO（DIO）ポートの設定を行う命令です．引き数の dev は子機 XBee の IEEE アドレス，1はポート番号，DIN はディジタル入力を示しています．

③ 変数 trig が0のときに，「{」「}」で囲まれた部分を実行します．この trig は，後述する処理で5秒ごとに0になるようにしています．

④ 「xbee_force」は，子機 XBee ZB に取得指示を送信する命令です．

⑤ 取得指示を送信した後に，変数 trig に250（約5秒）をセットします．

⑥ 「trig--」は，変数 trig の値を1だけ減算する処理を行います．取得指示送信後に trig は250にセットされているので，250回の「trig--」の処理で trig の値が0になります．0のときに，②の「if」の条件に合致し，取得指示送信と trig 値を再び250にセットします．

表 4-4 スイッチ状態を取得する 3 種類のサンプルの違い

サンプル	コマンド		特 長
	取得指示	データ受信	
Example 5 同期取得	xbee_gpi		一つのコマンドでスイッチ状態を取得．簡易ロガー用
Example 6 変化通知	なし	xbee_rx_call	スイッチの変化を子機が自発的に送信．リアルタイム通知用
Example 7 取得指示	xbee_force	xbee_rx_call	取得指示と受信を異なる命令で実施．本格的なロガー用

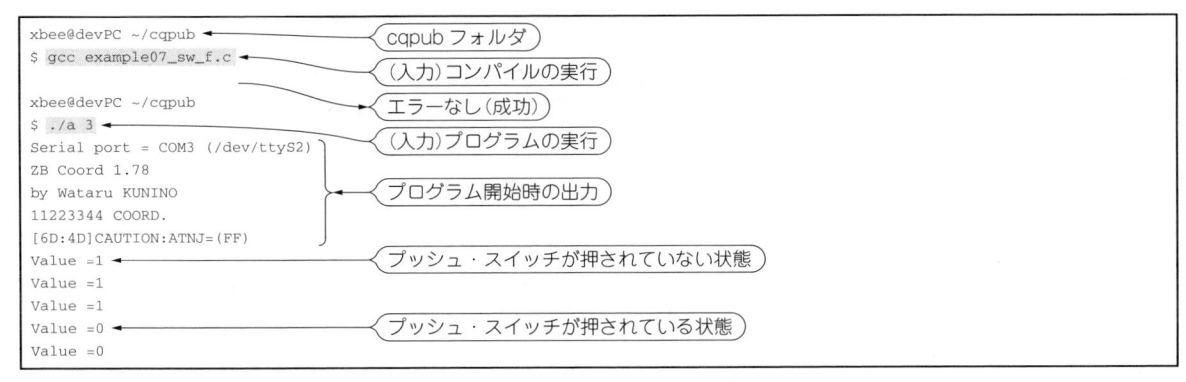

```
xbee@devPC ~/cqpub          ← cqpub フォルダ
$ gcc example07_sw_f.c      ← (入力)コンパイルの実行

xbee@devPC ~/cqpub          ← エラーなし(成功)
$ ./a 3                     ← (入力)プログラムの実行
Serial port = COM3 (/dev/ttyS2)
ZB Coord 1.78
by Wataru KUNINO            ← プログラム開始時の出力
11223344 COORD.
[6D:4D]CAUTION:ATNJ=(FF)
Value =1                    ← プッシュ・スイッチが押されていない状態
Value =1
Value =1
Value =0                    ← プッシュ・スイッチが押されている状態
Value =0
```

図 4-5 サンプル 7 の実行例

⑦ xbee_force からの応答を「xbee_rx_call」で待ち受けるための受信処理です．受信データは，構造体変数 xbee_result に代入されます．

⑧ 全項⑦の xbee_rx_call で xbee_force からの応答(IO データ)を受信すると，xbee_result.MODE に「MODE_RESP」が代入されます．この条件に一致したときに，続く「{」と「}」で囲まれた処理を行います．

第8節　Example 8：アナログ電圧をリモート取得する①同期取得

Example 8

アナログ電圧をリモート取得する①同期取得		
練習用サンプル	通信方式：XBee ZB	開発環境：Cygwin

パソコンに接続した親機 XBee から子機 XBee モジュールのアナログ入力ポート（AD ポート）の状態をリモート取得します．アナログのセンサの値を読み取るもっとも基本的なサンプルです．

親機

パソコン ⇔ USB ⇔ XBee USBエクスプローラ ⇔ 接続 ⇔ XBee PRO ZBモジュール

通信ファームウェア：ZIGBEE COORDINATOR API		Coordinator	APIモード
電源：USB 5V → 3.3V	シリアル：パソコン（USB）	スリープ(9)：接続なし	RSSI(6)：(LED)
DIO1(19)：接続なし	DIO2(18)：接続なし	DIO3(17)：接続なし	Commissioning(20)：(SW)
DIO4(11)：接続なし	DIO11(7)：接続なし	DIO12(4)：接続なし	Associate(15)：(LED)
その他：XBee PRO ZB モジュールは XBee ZB モジュールでも動作します（ただし，通信可能範囲が狭くなる）．			

子機

XBee ZB モジュール ⇔ 接続 ⇔ ピッチ変換 ⇔ 接続 ⇔ ブレッドボード ⇔ 接続 ⇔ 可変抵抗

通信ファームウェア：ZIGBEE ROUTER AT		Router	Transparent モード
電源：乾電池2本 3V	シリアル：接続なし	スリープ(9)：接続なし	RSSI(6)：(LED)
AD1(19)：可変抵抗器	DIO2(18)：接続なし	DIO3(17)：接続なし	Commissioning(20)：SW
DIO4(11)：接続なし	DIO11(7)：接続なし	DIO12(4)：接続なし	Associate(15)：LED
その他：可変抵抗の出力は 0 〜 1.2V の範囲で設定します．			

必要なハードウェア
- Windows が動作するパソコン（USB ポートを搭載したもの）　1台
- 各社 XBee USB エクスプローラ　1個
- Digi International 社 XBee PRO ZB モジュール　1個
- Digi International 社 XBee ZB モジュール　1個
- XBee ピッチ変換基板　1式
- ブレッドボード　1個
- 可変抵抗器 10kΩ 1個，抵抗 22kΩ 1個，高輝度 LED 1個，抵抗 1kΩ 1個，コンデンサ 0.1μF 1個，プッシュ・スイッチ 1個，単3×2 直列電池ボックス 1個，単3電池 2個，ブレッドボード・ワイヤ適量，USB ケーブルなど

　パソコンに接続した親機 XBee から，子機 XBee モジュールの AIN ポートのアナログ値をリモート取得するサンプルです．ここでは，もっとも簡単なアナログ値の同期取得方法について説明します．

　同期取得では，一つのディジタル入力用の命令 `xbee_adc` で取得指示と応答の待ち受けを行います．パソコンに接続した親機 XBee ZB で `xbee_adc` を実行すると，親機は子機 XBee ZB の AD ポートのアナ ログ電圧値を取得することができます．

　ハードウェアは，**写真4-4**のようになります．ブレッドボードの中心付近に可変抵抗器を実装しています．この可変抵抗器は，半固定ボリュームという名称で安価に売られているものです．端子は三端子あり，左側の2端子に一定の電圧をかけると右側の端子の電圧が可変できます．電圧は，左側の電源「＋」ラインと「－」ラインから取りますが，XBee ZB のアナログ入

ソースコード：サンプル8　example08_adc.c

```
/****************************************************************
アナログ電圧をリモート取得する①同期取得
****************************************************************/

#include "../libs/xbee.c"

// お手持ちのXBeeモジュール子機のIEEEアドレスに変更する↓
byte dev[] = {0x00,0x13,0xA2,0x00,0x40,0x30,0xC1,0x6F};

int main(int argc,char **argv){
    byte com=0;                          // シリアルCOMポート番号
    unsigned int   value;    ①          // リモート子機からの入力値

    if(argc==2) com=(byte)atoi(argv[1]);// 引き数があれば変数comに代入する
    xbee_init( com );                    // XBee用COMポートの初期化
    xbee_atnj( 0xFF );                   // 親機XBeeを常にジョイン許可状態にする

    while(1){                            // 繰り返し処理
        /* XBee通信 */          ②
        value = xbee_adc(dev,1);         // リモート子機のポート1からアナログ値を入力
        printf("Value =%d\n",value);     // 変数valueの値を表示する
        delay( 1000 );                   // 1000ms(1秒間)の待ち
    }                         ③
}
```

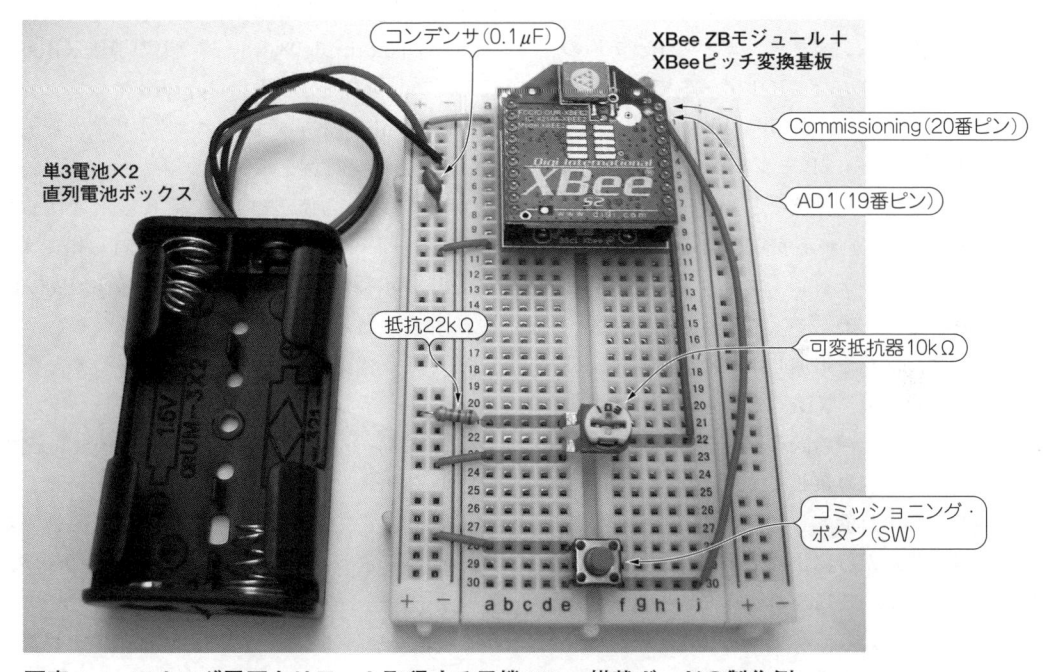

写真 4-4　アナログ電圧をリモート取得する子機 XBee 搭載ボードの製作例

力は 0 〜 1.2V の範囲にする必要があるので，電圧を分圧するための 22kΩ の抵抗を電源「＋」ラインと可変抵抗器との間に挿入します．電池電圧が 3V のとき，0V 〜最大 1V 程度までを可変することができます．

1.5V の乾電池の電圧は購入したばかりの状態だと 1.6V 以上あり，直列 2 個で 3.3V 〜 3.6V くらいになります．使用していると徐々に電圧が下がっていき，XBee ZB モジュールは 2.1V くらいで動作が停止しま

第 8 節　Example 8：アナログ電圧をリモート取得する①同期取得　77

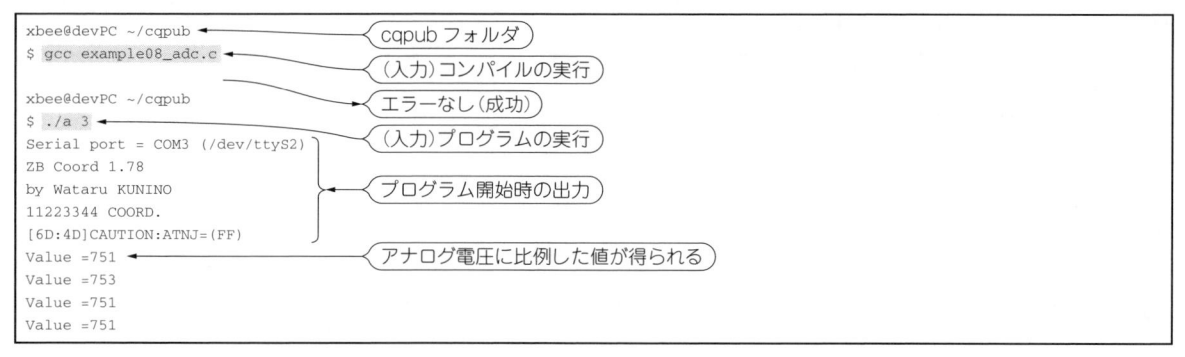

```
xbee@devPC ~/cqpub       ←――――(cqpub フォルダ)
$ gcc example08_adc.c    ←――――((入力)コンパイルの実行)
xbee@devPC ~/cqpub       ←――――(エラーなし(成功))
$ ./a 3                  ←――――((入力)プログラムの実行)
Serial port = COM3 (/dev/ttyS2)
ZB Coord 1.78            ┐
by Wataru KUNINO         ├―――(プログラム開始時の出力)
11223344 COORD.          │
[6D:4D]CAUTION:ATNJ=(FF) ┘
Value =751               ←――――(アナログ電圧に比例した値が得られる)
Value =753
Value =751
Value =751
```

図 4-6　サンプル 8 の実行例

す．したがって，アナログを扱う回路を製作する場合は，電源電圧が 2.1V〜3.6V の間で変動することを認識しておく必要があります．

可変抵抗器の右側の電圧出力は，XBee ZB モジュールの 19 番ピンの AD1 ポートに接続しています．このポートは，サンプル 5〜7 でプッシュ・スイッチ用のディジタル入力に用いていた DIO1 ポートですが，アナログ入力の AD1 ポートと端子が共用されています．

アナログ入力は，XBee ZB モジュール内の A-D 変換器で実現していますが，抵抗などで分圧した電圧を A-D 変換すると，入力値が不安定になることがあります．したがって，ボルテージ・フォロアと呼ばれる OP アンプを使ったインピーダンス変換回路を挿入するのが一般的です．回路を追加したくない場合は，分圧する抵抗値を下げたり，XBee の入力端子にコンデンサを追加したり，複数回の読み取りを行って異常値を排除するなどの方法で対策します．

本サンプルは実験を目的としているので，動作する程度の抵抗を使用するだけに止めています．実際に実験していて，動作が不安定になるようなことは一度もありませんでした．しかし，さまざまな電圧や温度などの環境下で，確実な安定動作が必要な場合や製品向けなどの場合は，十分に留意する必要があります．一般的に，アナログ回路の設計には多くのノウハウを必要とします．とはいっても，ほとんどのアナログ回路は XBee ZB モジュールや本モジュール内の ZigBee SOC（システム・オン・チップ）EM250 のように集積化されており，アナログ回路を設計する部分は僅かに残る程度です．

ハードウェアの作成が完了したら，配線に誤りがないかどうかをよく確認します．問題がなければ，ソースコード「example08_adc.c」の中の子機 XBee ZB の IEEE アドレスを変更し，Cygwin のコンソールを起動し，cqpub フォルダでコンパイルしてから実行します．**図 4-6** に実行例を示します．「Value =」に続いて，AD ポートの入力値が約 1 秒ごとに表示されます．

AD ポートの値は，0〜1023 の 1024 段階です．1023 が 1.2V を示しているので，得られた値に 1200/1023 を乗算すると電圧[mV]が得られます．また，1023 が 1.2V という基準は，電池電圧が下がっても変わりません．

それでは，ソースコード「example08_adc.c」の説明を行います．

① 子機 XBee ZB から取得したデータを格納するための変数を定義します．アナログ・ポートの場合は，「unsigned int」型になります．

② 「xbee_adc」は，子機 XBee ZB のアナログ・ポートからアナログ値を取得するための命令です．引き数の dev は子機 ZBee ZB の IEEE アドレス，1 はポート番号です．また，得られた値を変数 value に代入します．

③ 変数 value の値を表示します．

第9節　Example 9：アナログ電圧をリモート取得する②取得指示

Example 9

アナログ電圧をリモート取得する②取得指示		
練習用サンプル	通信方式：XBee ZB	開発環境：Cygwin

パソコンに接続した親機 XBee から子機 XBee モジュールのアナログ入力ポート（AD ポート）の状態をリモート取得します．取得する指示を一定の周期で送信し，その応答を待ち受けます．

親機

パソコン ⇔ USB ⇔ XBee USBエクスプローラ ⇔ 接続 ⇔ XBee PRO ZBモジュール

通信ファームウェア：ZIGBEE COORDINATOR API		Coordinator	APIモード
電源：USB 5V → 3.3V	シリアル：パソコン（USB）	スリープ（9）：接続なし	RSSI（6）：（LED）
DIO1（19）：接続なし	DIO2（18）：接続なし	DIO3（17）：接続なし	Commissioning（20）：（SW）
DIO4（11）：接続なし	DIO11（7）：接続なし	DIO12（4）：接続なし	Associate（15）：（LED）
その他：XBee PRO ZB モジュールは XBee ZB モジュールでも動作します（ただし，通信可能範囲が狭くなる）．			

子機

XBee ZB モジュール ⇔ 接続 ⇔ ピッチ変換 ⇔ 接続 ⇔ ブレッドボード ⇔ 接続 ⇔ 可変抵抗

通信ファームウェア：ZIGBEE ROUTER AT		Router	Transparent モード
電源：乾電池2本 3V	シリアル：接続なし	スリープ（9）：接続なし	RSSI（6）：（LED）
AD1（19）：可変抵抗器	DIO2（18）：接続なし	DIO3（17）：接続なし	Commissioning（20）：SW
DIO4（11）：接続なし	DIO11（7）：接続なし	DIO12（4）：接続なし	Associate（15）：LED
その他：可変抵抗の出力は 0～1.2V の範囲で設定します．			

必要なハードウェア
- Windows が動作するパソコン（USB ポートを搭載したもの）　1台
- 各社 XBee USB エクスプローラ　1個
- Digi International 社 XBee PRO ZB モジュール　1個
- Digi International 社 XBee ZB モジュール　1個
- XBee ピッチ変換基板　1式
- ブレッドボード　1個
- 可変抵抗器 10kΩ 1個，抵抗 22kΩ 1個，高輝度 LED 1個，抵抗 1kΩ 1個，コンデンサ 0.1μF 1個，プッシュ・スイッチ 1個，単3×2直列電池ボックス 1個，単3電池 2個，ブレッドボード・ワイヤ適量，USB ケーブルなど

　サンプル 8 では，取得指示と取得動作を一つのコマンドで行っていましたが，子機 XBee がスリープ状態であったり，複数の ZigBee Router を経由したりしている場合は，応答に時間がかかったり，タイムアウトしてしまう場合もあります．

　このサンプル 9 は，取得指示と取得動作を別々のコマンドで行う例です．一般的なアナログ値のデータ取得には，本節の方法を使うのが望ましいでしょう．

　ハードウェアは，サンプル 8 と同じです．サンプルの実行方法もこれまでと同様です．ソースコード「example09_adc_f.c」中の子機 XBee ZB の IEEE アドレスを変更し，Cygwin のコンソールを起動し，cqpub フォルダでコンパイルしてから実行します．図 4-7 に実行例を示します．約 5～6 秒おきにアナログ電圧に比例した値が得られます．

　動作はサンプル 8 とほとんど同じですが，プログラ

ソースコード：サンプル9　example09_adc_f.c

```c
/********************************************************************
アナログ電圧をリモート取得する①同期取得
********************************************************************/

#include "../libs/xbee.c"
#define FORCE_INTERVAL   250                    // データ要求間隔(およそ20msの倍数)

// お手持ちのXBeeモジュール子機のIEEEアドレスに変更する↓
byte dev[] = {0x00,0x13,0xA2,0x00,0x40,0x30,0xC1,0x6F};

int main(int argc,char **argv){
    byte com=0;                                 // シリアルCOMポート番号
    unsigned int    value;                      // リモート子機からの入力値
    byte trig=0;                                // 子機へデータ要求するタイミング調整用
    XBEE_RESULT xbee_result;                    // 受信データ(詳細)

    if(argc==2) com=(byte)atoi(argv[1]);        // 引き数があれば変数comに代入する
    xbee_init( com );                           // XBee用COMポートの初期化
    xbee_atnj( 0xFF );                          // 親機XBeeを常にジョイン許可状態にする
    xbee_gpio_config(dev,1,AIN);    ①          // 子機XBeeのポート1をアナログ入力に

    while(1){                                   // 繰り返し処理
        /* データ送信 */
        if( trig == 0){
            xbee_force( dev );       ②         // 子機へデータ要求を送信
            trig = FORCE_INTERVAL;
        }
        trig--;

        /* データ受信(待ち受けて受信する) */   ③
        xbee_rx_call( &xbee_result );           // データを受信
        if( xbee_result.MODE == MODE_RESP){     // xbee_forceに対する応答のとき
            value = xbee_result.ADCIN[1];       // AD1ポートの値を変数valueに代入
            printf("Value =%d\n",value);        // 変数valueの値を表示
        }                                    ④
    }
}
```

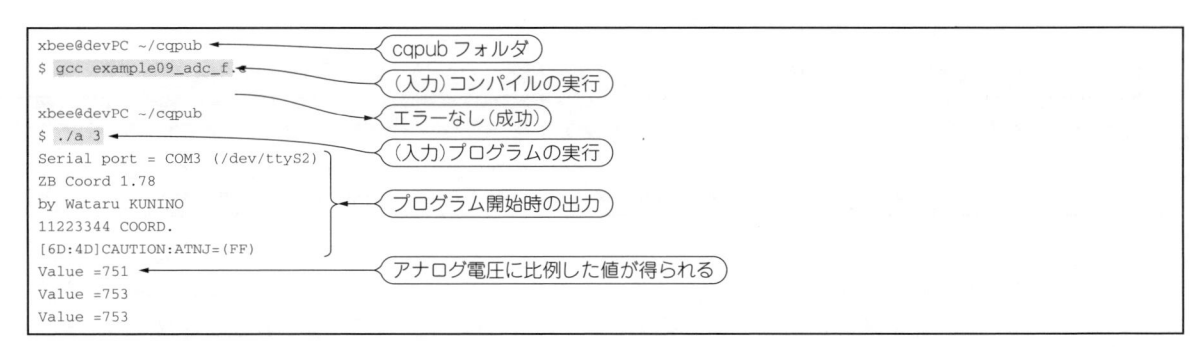

```
xbee@devPC ~/cqpub          ←（cqpubフォルダ）
$ gcc example09_adc_f.       ←（(入力)コンパイルの実行）

xbee@devPC ~/cqpub           ←（エラーなし(成功)）
$ ./a 3                      ←（(入力)プログラムの実行）
Serial port = COM3 (/dev/ttyS2)
ZB Coord 1.78
by Wataru KUNINO             ←（プログラム開始時の出力）
11223344 COORD.
[6D:4D]CAUTION:ATNJ=(FF)
Value =751                   ←（アナログ電圧に比例した値が得られる）
Value =753
Value =753
```

図 4-7　サンプル9の実行例

ムはサンプル7に近く，xbee_force命令を使用して子機 XBee ZB に取得指示を送信し，別のxbee_rx_call命令で結果を受信します．以下は，ソースコード「example09_adc_f.c」の主要部の説明です．

①「xbee_gpio_config」を使用して，子機 XBee の AD ポートの設定を行います．引き数の dev は子機 XBee の IEEE アドレス，1 はポート番号，AIN はアナログ入力を示します．

表 4-5 構造体変数 xbee_result で取り出せる子機ディジタル・アナログ・ポートの状態

変数名	種別	XBee ポート	
xbee_result.GPI.PORT.D1	ディジタル	DIO1（19番ピン）	XBee の各ディジタル入力ポートのディジタル値（0～1）が代入されます．
xbee_result.GPI.PORT.D2	ディジタル	DIO2（18番ピン）	
xbee_result.GPI.PORT.D3	ディジタル	DIO3（17番ピン）	
xbee_result.GPI.PORT.D4	ディジタル	DIO4（11番ピン）	
xbee_result.GPI.PORT.D11	ディジタル	DIO11（7番ピン）	
xbee_result.GPI.PORT.D12	ディジタル	DIO12（4番ピン）	
xbee_result.GPI.BYTE[0]	ディジタル	DIO7～DIO0	複数のポートの値がバイト単位で代入されます．
xbee_result.GPI.BYTE[1]	ディジタル	DIO15～DIO8	
xbee_result.ADCIN[1]	アナログ	AD1（19番ピン）	各アナログ入力ポートの電圧に応じた数値（0～1023）が代入されます．
xbee_result.ADCIN[2]	アナログ	AD2（18番ピン）	
xbee_result.ADCIN[3]	アナログ	AD3（17番ピン）	

② 「xbee_force」を使用して，子機 XBee ZB に取得指示を送信します．

③ 「xbee_rx_call」を使用して，子機からのデータを受信した IO データを構造体変数 xbee_result に代入します．

④ 「xbee_result.ADCIN[1]」は，構造体変数 xbee_result 中のアナログ値が代入されている要素（メンバ）です．ここでは，変数 result に受信したアナログ値を代入しています．

　構造体変数 xbee_result の ADCIN の括弧内の数字は，AD ポート番号です．AD1 ポートは xbee_result.ADCIN[1]，AD2 ポートは xbee_result.ADCIN[2]，AD3 ポートは xbee_result.ADCIN[3] に代入されます．xbee_gpio_config でアナログ入力に設定していないポートには 65535 が代入されます．

　ところで，取得指示「xbee_force」にはディジタルやアナログの指定がないことに気付くと思います．xbee_force は，親機 XBee ZB から子機 XBee ZB にリモート AT コマンドの「ATIS」を送信します．受け取った子機は，XBee ZB の各ポート状態を取得して有効なすべてのポートの情報を親機に応答します．したがって，xbee_gpio_config を使って各ポートに対して，ディジタル入力であれば DIN，アナログ入力であれば AIN を設定しておけば，取得指示「xbee_force」で子機はディジタルとアナログ入力のすべての情報を同時に親機へ送信します．親機のプログラムにおいても，一つの構造体変数 xbee_result に格納され，それぞれを取り出すにはディジタルであれば「xbee_result.GPI」を，アナログであれば「xbee_result.ADCIN」を使用して取り出します．

第10節　Example 10：子機 XBee のバッテリ電圧をリモートで取得する

Example 10	子機 XBee のバッテリ電圧をリモートで取得する		
	練習用サンプル	通信方式：XBee ZB	開発環境：Cygwin

パソコンに接続した親機 XBee から子機 XBee モジュールのバッテリ電圧をリモートで取得します．バッテリ電圧の取得指示を一定の周期で送信し，その応答を待ち受けます．

親機　パソコン ⇔ USB ⇔ XBee USBエクスプローラ ⇔ 接続 ⇔ XBee PRO ZBモジュール

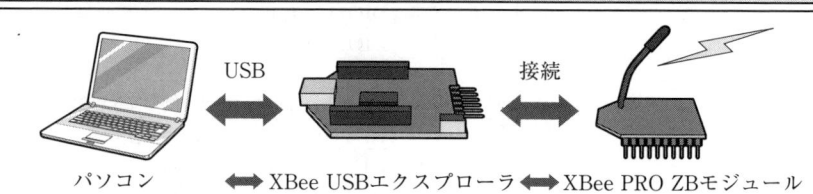

通信ファームウェア：ZIGBEE COORDINATOR API		Coordinator	APIモード
電源：USB 5V → 3.3V	シリアル：パソコン(USB)	スリープ(9)：接続なし	RSSI(6)：(LED)
DIO1(19)：接続なし	DIO2(18)：接続なし	DIO3(17)：接続なし	Commissioning(20)：(SW)
DIO4(11)：接続なし	DIO11(7)：接続なし	DIO12(4)：接続なし	Associate(15)：(LED)
その他：XBee PRO ZB モジュールは XBee ZB モジュールでも動作します（ただし，通信可能範囲が狭くなる）．				

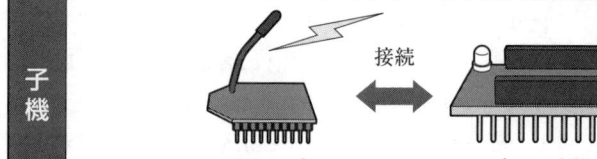

子機　XBee ZB モジュール ⇔ 接続 ⇔ ピッチ変換 ⇔ 接続 ⇔ ブレッドボード ⇔ 乾電池×2

通信ファームウェア：ZIGBEE ROUTER AT		Router	Transparent モード
電源：乾電池2本 3V	シリアル：接続なし	スリープ(9)：接続なし	RSSI(6)：(LED)
DIO1(19)：接続なし	DIO2(18)：接続なし	DIO3(17)：接続なし	Commissioning(20)：SW
DIO4(11)：接続なし	DIO11(7)：接続なし	DIO12(4)：接続なし	Associate(15)：LED
その他：XBee ZB モジュールの電源に電池（直列 1.5V×2）を接続します．				

必要なハードウェア
・Windows が動作するパソコン（USB ポートを搭載したもの）　1台
・各社 XBee USB エクスプローラ　1個
・Digi International 社 XBee PRO ZB モジュール　1個
・Digi International 社 XBee ZB モジュール　1個
・XBee ピッチ変換基板　1式
・ブレッドボード　1個
・プッシュ・スイッチ1個，高輝度 LED 1個，抵抗1kΩ 1個，セラミック・コンデンサ 0.1μF 1個，単3×2直列電池ボックス1個，単3電池2個，ブレッドボード・ワイヤ適量，USB ケーブルなど

　子機 XBee モジュールのバッテリ電圧を，パソコン側の親機 XBee からリモート取得するサンプルです．ハードウェアは，サンプル2～9のいずれであってもかまいません．このサンプルは，XBee ZB モジュールの電源に単3電池2本の直列で接続されていれば，動作します．

　ソースコード「example10_batt.c」中の子機 XBee ZB の IEEE アドレスを変更し，Cygwin のコンソールを起動し，cqpub フォルダでコンパイルしてから実行します．図4-8 に実行例を示します．約5～6秒おきに，電源電圧がミリボルト[mV]の単位で表示されます．例えば，3181 が得られた場合は，電源電圧が3.181V であることを示しています．

　プログラムは，サンプル9に似ています．サンプル9では，xbee_force を使用して子機 XBee ZB の AD ポートに取得指示を送信しているのに対し，サン

ソースコード：サンプル 10　example10_batt.c

```c
/************************************************************************
子機XBeeのバッテリ電圧をリモートで取得する
************************************************************************/
#include "../libs/xbee.c"
#define FORCE_INTERVAL   250                    // データ要求間隔(およそ20msの倍数)

// お手持ちのXBeeモジュール子機のIEEEアドレスに変更する↓
byte dev[] = {0x00,0x13,0xA2,0x00,0x40,0x30,0xC1,0x6F};

int main(int argc,char **argv){
    byte com=0;                                 // シリアルCOMポート番号
    unsigned int value;                         // リモート子機からの入力値
    byte trig=FORCE_INTERVAL;                   // 子機へデータ要求するタイミング調整用
    XBEE_RESULT xbee_result;                    // 受信データ(詳細)

    if(argc==2) com=(byte)atoi(argv[1]);        // 引き数があれば変数comに代入する
    xbee_init( com );                           // XBee用COMポートの初期化
    xbee_atnj( 0xFF );                          // 親機XBeeを常にジョイン許可状態にする

    while(1){
        /* データ送信 */
        if( trig == 0 ){                        // ①
            xbee_batt_force( dev );             // 子機へ電池電圧測定要求を送信
            trig = FORCE_INTERVAL;
        }
        trig--;

        /* データ受信(待ち受けて受信する) */      // ②
        xbee_rx_call( &xbee_result );           // XBee子機からのデータを受信
        if( xbee_result.MODE == MODE_BATT ){    // バッテリ電圧の受信
            value = xbee_result.ADCIN[0];       // 電源電圧値を変数valueに代入
            printf("Value =%d\n", value );      // 受信結果(電圧)を表示
        }                                       // ③
    }
}
```

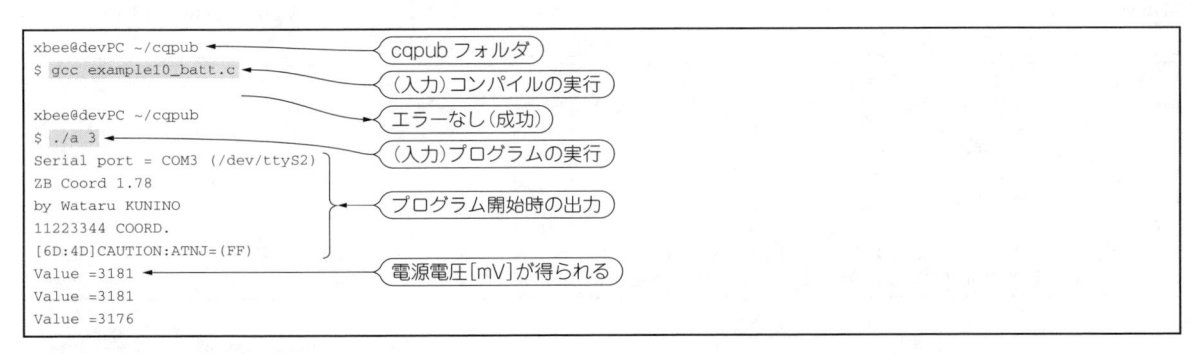

```
xbee@devPC ~/cqpub              ← cqpub フォルダ
$ gcc example10_batt.c          ← (入力)コンパイルの実行
                                ← エラーなし(成功)
xbee@devPC ~/cqpub
$ ./a 3                         ← (入力)プログラムの実行
Serial port = COM3 (/dev/ttyS2)
ZB Coord 1.78
by Wataru KUNINO               ← プログラム開始時の出力
11223344 COORD.
[6D:4D]CAUTION:ATNJ=(FF)
Value =3181                    ← 電源電圧[mV]が得られる
Value =3181
Value =3176
```

図 4-8　サンプル 10 の実行例

プル 10 では `xbee_batt_force` 命令を使用して電池電圧の取得指示を送信しています．受信は別の `xbee_rx_call` 命令で受信を行います．以下は，ソースコード「example10_batt.c」の主要部の説明です．

① 「`xbee_batt_force`」を使用して子機 XBee ZB に電源電圧の取得指示を送信します．

② 「`xbee_rx_call`」を使用して子機からのデータを受信した結果を構造体変数 `xbee_result` に代入します．

③ 「`xbee_result.ADCIN[0]`」は，構造体変数 `xbee_result` 中の電源電圧が代入されている要素(メンバ)です．値の単位は，ミリボルト[mV]です．

第 11 節　Example 11：親機 XBee と子機 XBee とのペアリング

Example 11
親機 XBee と子機 XBee とのペアリング
練習用サンプル｜通信方式：XBee ZB｜開発環境：Cygwin

親機 XBee ZB を一時的にジョイン許可状態に設定し，規定時間後はジョイン非許可に設定することでほかの XBee ZB が勝手にネットワークへジョイン（参加）するのを防止するサンプルです．

親機

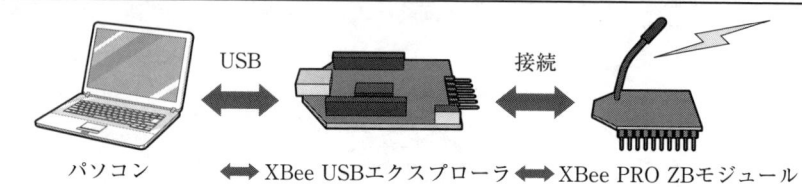

パソコン ⇔ XBee USB エクスプローラ ⇔ XBee PRO ZB モジュール

通信ファームウェア：ZIGBEE COORDINATOR API		Coordinator	API モード
電源：USB 5V → 3.3V	シリアル：パソコン（USB）	スリープ（9）：接続なし	RSSI（6）：（LED）
DIO1（19）：接続なし	DIO2（18）：接続なし	DIO3（17）：接続なし	Commissioning（20）：（SW）
DIO4（11）：接続なし	DIO11（7）：接続なし	DIO12（4）：接続なし	Associate（15）：（LED）
その他：XBee PRO ZB モジュールは XBee ZB モジュールでも動作します（ただし，通信可能範囲が狭くなる）．			

子機

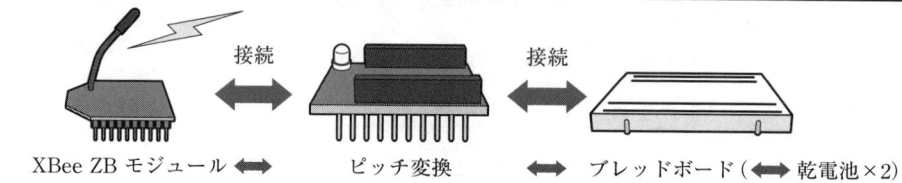

XBee ZB モジュール ⇔ ピッチ変換 ⇔ ブレッドボード（⇔ 乾電池×2）

通信ファームウェア：ZIGBEE ROUTER AT		Router	Transparent モード
電源：乾電池 2 本 3V	シリアル：接続なし	スリープ（9）：接続なし	RSSI（6）：（LED）
DIO1（19）：接続なし	DIO2（18）：接続なし	DIO3（17）：接続なし	Commissioning（20）：SW
DIO4（11）：接続なし	DIO11（7）：接続なし	DIO12（4）：接続なし	Associate（15）：LED
その他：コミッショニング・ボタンとアソシエート LED がある XBee ZB であれば何でも良いです．			

必要なハードウェア
- Windows が動作するパソコン（USB ポートを搭載したもの）　1 台
- 各社 XBee USB エクスプローラ　1 個
- Digi International 社 XBee PRO ZB モジュール　1 個
- Digi International 社 XBee ZB モジュール　1 個
- XBee ピッチ変換基板　1 式
- ブレッドボード　1 個
- プッシュ・スイッチ 1 個，高輝度 LED 1 個，抵抗 1kΩ 1 個，セラミック・コンデンサ 0.1μF 1 個，単 3×2 直列電池ボックス 1 個，単 3 電池 2 個，ブレッドボード・ワイヤ適量，USB ケーブルなど

　パソコンに接続した親機 XBee と子機 XBee モジュールとのペアリングを行うためのサンプルです．購入したばかりの XBee モジュールは常にペアリングが許可されています．この場合，近隣のほかの ZigBee 機器が誤ってペアリングされてしまう恐れがあります．

　パソコンでサンプルを実行すると XBee 親機が XBee 子機のペアリングを許可しますが，一定時間後にペアリング不可に設定変更します．ペアリング許可中に XBee 子機のコミッション・ボタン DIO0（xbee_pin 20）を押下する（信号レベルが H → L → H に推移する）と，親機と子機とのペアリングが実行されます．もう一度コミッション・ボタンを押すと，親機のアソシエート LED が高速に点滅するとともに当該子機 XBee との通信を開始します．あらかじめ XBee 親機と XBee 子機のペアリングが完了している場合など，

ソースコード：サンプル 11　example11_pair.c

```c
/***************************************************************
親機XBeeと子機XBeeとのペアリングと状態取得
***************************************************************/
#include "../libs/xbee.c"

int main(int argc,char **argv){
    byte i;                                 // 繰り返し(ループ)回数保持用
    byte com=0;                             // シリアルCOMポート番号
    byte value;                             // リモート子機からの入力値
    byte dev[8];                            // XBee子機デバイスのアドレス

    if(argc==2) com=(byte)atoi(argv[1]);    // 引き数があれば変数comに代入する
    xbee_init( com );                       // XBee用COMポートの初期化(引き数はポート番号)
    printf("XBee in Commissioning¥n");   ① // 待ち受け中の表示
    if(xbee_atnj(30) == 0){              ② // デバイスの参加受け入れを開始(最大30秒間)
        printf("No Devices¥n");          ③ // エラー時の表示
        exit(-1);                           // 異常終了
    }else{                               ④
        printf("Found a Device¥n");         // XBee子機デバイスの発見表示
        xbee_from( dev );                ⑤ // 見つけたデバイスのアドレスを変数devに取込む
        xbee_ratnj(dev,0);               ⑥ // 子機に対して孫機の受け入れ拒否を設定
        for(i=0;i<8;i++){
            printf("%02X ",dev[i]);      ⑦ // アドレスの表示
        }
        printf("¥n");
    }
    //処理の一例(XBee子機のポート1～3の状態を取得して表示する)
    while(1){
        for(i=1;i<=3;i++){
            value=xbee_gpi(dev,i);          // XBee子機のポートiのディジタル値を取得
            printf("D%d:%d ",i,value);      // 表示
        }
        printf("¥n");
        delay(1000);
    }
}
```

1回のコミッション・ボタンの操作で完了する場合もあります．

ペアリングは，アプリケーションに応じてさまざまな方法がありますが，ここでは，図4-9のようなプログラムの開始と同時にジョイン許可に設定する場合のサンプルを紹介します．

① はじめに，親機は子機からのZigBeeネットワークへの参加が可能なジョイン許可状態に設定します．

② 子機のコミッショニング・ボタンを使った通知を待ち受けます．

③ 親機が②の通知を受け取った場合は速やかに④へ，30秒間，受け取らなかった場合はプログラム終了処理を行います．

④ ここでは子機の各種の設定をリモート・コマンドの送信によって行います．特に子機がEnd Deviceの場合は，スリープ状態に移行してしまう場合があるので，速やかに設定処理を行う必要があります．

⑤ ペアリングの処理を行ってから，以降のメイン処理に移ります．

それでは，サンプルを動作させてみます．ハードウェアは，サンプル1～10のどの状態でもかまいません．ただし，子機XBee ZBにコミッショニング・ボタンとアソシエートLEDが必要です．

ソースコード「example11_pair.c」を確認すると，子機XBee ZBのIEEEアドレスの定義がありません．ペアリングを行うということは，IEEEアドレスもペアリング時に取得できるからです．このまま何も書き換えずにコンパイルして実行すると動作します(図4-10)．これまでのサンプルでは，起動時に「CAUTION:

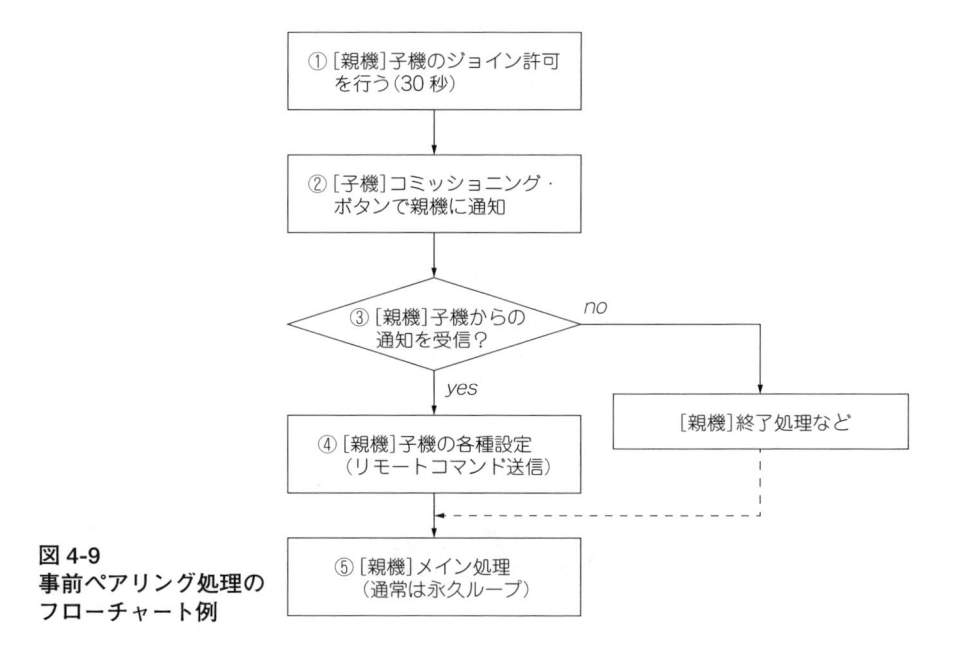

```
①[親機]子機のジョイン許可
   を行う(30秒)
         ↓
②[子機]コミッショニング・
   ボタンで親機に通知
         ↓
③[親機]子機からの    no
   通知を受信？    ────→ [親機]終了処理など
         ↓yes                    ┊
④[親機]子機の各種設定              ┊
   (リモートコマンド送信)          ┊
         ↓                        ┊
⑤[親機]メイン処理 ←┈┈┈┈┈┈┈┈┘
   （通常は永久ループ）
```

図 4-9
事前ペアリング処理のフローチャート例

ATNJ=(FF)」と表示されていました．これは，常にジョイン許可の設定になっていることに対する警告でした．今回は，このメッセージが表示されずに起動し，「XBee in Commissioning」のメッセージが表示されます．

ここで，子機 XBee ZB のコミッショニング・ボタンを 1 回だけ押下してすぐに離します．既に親機にジョインしていれば，「Found a Device」と表示されます．すぐに表示されない場合は，もう一度，子機 XBee ZB のコミッショニング・ボタンを 1 回だけ押下してすぐに放すとペアリングが完了します．

もし，ペアリングが成功しない場合は，子機 XBee ZB がほかの ZigBee ネットワークに参加している可能性があります．子機 XBee ZB のコミッショニング・ボタンを 4 回連続で押下して子機 XBee ZB のネットワーク情報を初期化してから，再度，試してみてください．

ペアリング完了後は，DIO1～3 のディジタル入力状態を取得して表示します．プッシュ・スイッチを押下中は 0 が，スイッチを開放している場合やプッシュ・スイッチがない場合は 1 が得られます．

今回のプログラム「example11_pair.c」のペアリング部のコードについて説明します．

① 「XBee in Commissioning」の表示を行います．

② 「xbee_atnj」は，親機 XBee ZB をジョイン許可に設定する命令です．括弧内の 30 は，許可する最大の秒数です．30 秒以内に子機のコミッショニング・ボタンによる通知が得られなければ戻り値が 0 となり，「if」の条件に合致します．この処理が完了すると，親機はジョイン不許可に設定されます．

③ 前項の if の条件に合致するとき，つまり 30 秒以内に子機からの通知がなかった場合に実行する処理です．ここでは，「No Devices」と表示し，プログラムを終了します．

④ 「else」は，「if」の条件に合致しなかったときに，「{」から「}」までの処理を行うための命令です．子機から通知を受け取った場合に，「}」までの処理を実行します．

⑤ 「xbee_from」は，子機 XBee ZB の IEEE アドレスを取得するための命令です．アドレスは，引数である 8 バイトの配列変数 dev に代入されます．この命令は，xbee_atnj や xbee_gpi などの同期取得を行った場合のみ有効です（非同期取得 xbee_rx_call の場合，xbee_result.FROM を

```
xbee@devPC ~/cqpub          ← (cqpub フォルダ)
$ gcc example11_pair.c      ← ((入力)コンパイルの実行)

xbee@devPC ~/cqpub          ← (エラーなし(成功))
$ ./a 3                     ← ((入力)プログラムの実行)
Serial port = COM3 (/dev/ttyS2)
ZB Coord 1.78               ← (プログラム開始時の出力)
by Wataru KUNINO
11223344 COORD.
XBee in Commissioning       ← (ジョイン許可状態を表示)
Found a Device              ← (子機からの通知を受信)
00 13 A2 00 40 30 C1 6F     ← (子機のアドレス)
D1:0 D2:1 D3:1
D1:0 D2:1 D3:1
D1:0 D2:1 D3:1              ← (プログラム開始時の出力)
D1:0 D2:1 D3:1
```

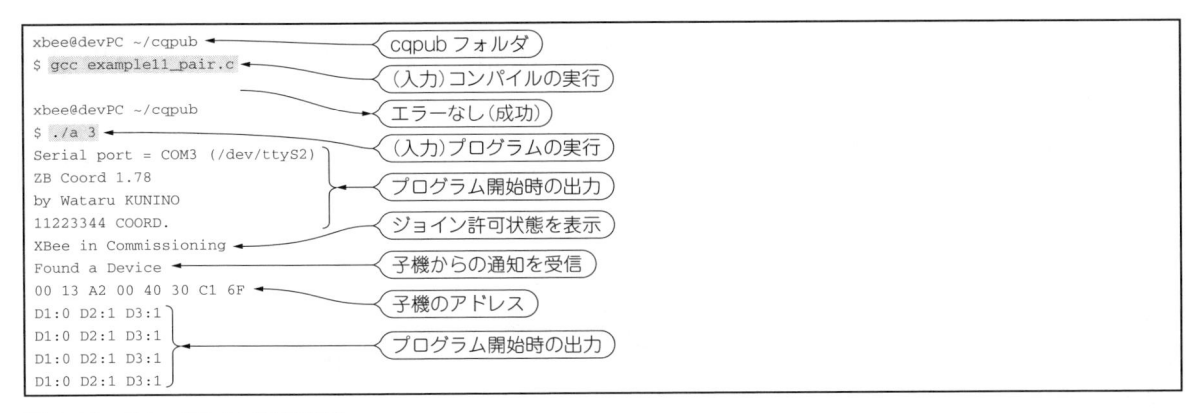

図 4-10　サンプル 11 の実行例

使用する）．

⑥「xbee_ratnj」は，子機 XBee ZB のジョイン許可の設定です．例え，親機がジョイン不許可になっていても，子機 Router がジョイン許可になっていると，ほかの ZigBee 機器が同じ ZigBee ネットワークに参加できます．これを避けるには，子機 XBee ZB をジョイン不許可に設定する必要があります．引き数の dev は子機の IEEE アドレス，0 はジョイン不許可を示します．

⑦ 発見した子機の IEEE アドレスを表示します．「for」は，「{」と「}」で囲まれた区間を繰り返し実行する命令です．ここでは，変数 i に 0 を代入し，変数 i が 8 未満の間に繰り返し実行します．繰り返すたびに，変数 i に 1 を加算します．つまり，変数 i が 0 から 7 までの 8 回の繰り返し処理を行います．処理は，「printf」を使用して子機の IEEE アドレスが代入された変数 dev を 1 バイトずつ表示します．ここでは，IEEE アドレスの全 8 バイトを表示します．

以上のとおり，ペアリングの中心となる命令は，親機 XBee ZB（ZigBee Coordinator）にジョイン許可を設定する「xbee_atnj」と子機 XBee ZB（ZigBee Router）に設定する「xbee_ratnj」です．

「xbee_atnj」は，親機をジョイン許可状態に設定するだけでなく，子機からのコミッショニング・ボタンによる通知を待ち受けます．通知を受けると，すぐに親機はジョイン不許可になります．つまり，「xbee_atnj」を抜けた後は，ジョイン不許可になっています．

ただし，一部の例外として，xbee_atnj(0xFF) と設定したときは，常時ジョイン許可状態，xbee_atnj(0) の場合は，常時ジョイン拒否の状態，さらに 10 秒未満に設定すると，子機からの通知を待つことなく xbee_atnj の処理を完了します．

子機 XBee ZB（ZigBee Router）のジョイン許可状態を設定する「xbee_ratnj」は，親機から子機にリモートで設定のみを行い，待ち受けは行いません．

第12節　Example 12：スイッチ状態を取得する④特定子機の変化通知

Example 12	スイッチ状態を取得する④特定子機の変化通知		
	練習用サンプル	通信方式：XBee ZB	開発環境：Cygwin
パソコンに接続した親機 XBee から子機 XBee モジュールの GPIO(DIO) ポートの状態をリモート取得するサンプルです．ここではペアリングした特定の子機の変化通知を受け取ります．			

親機

パソコン ⇔ USB ⇔ XBee USBエクスプローラ ⇔ 接続 ⇔ XBee PRO ZBモジュール

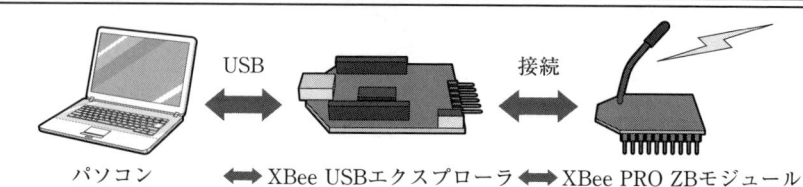

通信ファームウェア：ZIGBEE COORDINATOR API		Coordinator	APIモード
電源：USB 5V → 3.3V	シリアル：パソコン(USB)	スリープ(9)：接続なし	RSSI(6)：(LED)
DIO1(19)：接続なし	DIO2(18)：接続なし	DIO3(17)：接続なし	Commissioning(20)：(SW)
DIO4(11)：接続なし	DIO11(7)：接続なし	DIO12(4)：接続なし	Associate(15)：(LED)
その他：XBee PRO ZB モジュールは XBee ZB モジュールでも動作します（ただし，通信可能範囲が狭くなる）．			

子機

XBee ZB モジュール ⇔ 接続 ⇔ ピッチ変換 ⇔ 接続 ⇔ ブレッドボード ⇔ 接続 ⇔ プッシュ・スイッチ

通信ファームウェア：ZIGBEE ROUTER AT		Router	Transparent モード
電源：乾電池2本 3V	シリアル：接続なし	スリープ(9)：接続なし	RSSI(6)：(LED)
DIO1(19)：プッシュ・スイッチSW	DIO2(18)：接続なし	DIO3(17)：接続なし	Commissioning(20)：SW
DIO4(11)：接続なし	DIO11(7)：接続なし	DIO12(4)：接続なし	Associate(15)：LED
その他：Digi International 社純正の開発ボード XBIB-U-DEV でも動作します．			

必要なハードウェア
- Windows が動作するパソコン(USB ポートを搭載したもの)　　1台
- 各社 XBee USB エクスプローラ　　1個
- Digi International 社 XBee PRO ZB モジュール　　1個
- Digi International 社 XBee ZB モジュール　　1個
- XBee ピッチ変換基板　　1式
- ブレッドボード　　1個
- プッシュ・スイッチ SW 2個，高輝度 LED 1個，抵抗1kΩ 1個，セラミック・コンデンサ0.1μF 1個，単3×2直列電池ボックス1個，単3電池2個，ブレッドボード・ワイヤ適量，USB ケーブルなど

　このサンプル12は，サンプル11のペアリングとサンプル6の状態変化通知を受ける機能を組み合わせたサンプルです．**表4-6**に，サンプル5～7とこのサンプル12，次節のサンプル13の関係を示します．

　このサンプルでは，ペアリング後に子機 XBee ZB モジュールの GPIO(DIO) ポートの設定を行います．GPIO の状態が変化したときに，親機 XBee ZB へ状態変化を通知するための設定です．

　子機 XBee ZB の状態が変化すると，子機は自発的に親機 XBee に GPIO の状態を通知し，それを受けた親機側で表示を実行します．

　ハードウェアは，サンプル6と同じです．サンプル6では DIO1 のプッシュ・スイッチを使用しましたが，このサンプル12ではプッシュ・スイッチを DIO1～3の三つのプッシュ・スイッチに対応しています．実験は，DIO1だけでもできます．プッシュ・スイッチ

ソースコード：サンプル12　example12_sw_r.c

```c
/****************************************************************
子機XBeeのスイッチ変化通知を受信する
****************************************************************/

#include "../libs/xbee.c"

int main(int argc,char **argv){

    byte com=0;                              // シリアルCOMポート番号
    byte value;                              // 受信値
    byte dev[8];                             // XBee子機デバイスのアドレス
    XBEE_RESULT xbee_result;                 // 受信データ(詳細)

    if(argc==2) com=(byte)atoi(argv[1]);     // 引き数があれば変数comに代入する
    xbee_init( com );                        // XBee用COMポートの初期化
    printf("Waiting for XBee Commissioning\n"); // 待ち受け中の表示
    if(xbee_atnj(30) != 0){                  // デバイスの参加受け入れを開始     ①
        printf("Found a Device\n");          // XBee子機デバイスの発見表示
        xbee_from( dev );                    // 見つけた子機のアドレスを変数devへ ②
        xbee_ratnj(dev,0);                   // 子機に対して孫機の受け入れ拒否を設定 ③
        xbee_gpio_init( dev );               // 子機のDIOにIO設定を行う(送信)    ④
    }else printf("no Devices\n");            // 子機が見つからなかった          ⑤

    while(1){
        /* データ受信(待ち受けて受信する) */                                    ⑥
        xbee_rx_call( &xbee_result );        // データを受信                   ⑦
        if( xbee_result.MODE == MODE_GPIN){  // 子機XBeeのDIO入力
            value = xbee_result.GPI.PORT.D1; // D1ポートの値を変数valueに代入
            printf("Value =%d ",value);      // 変数valueの値を表示
            value = xbee_result.GPI.BYTE[0]; // D7～D0ポートの値を変数valueに代入
            lcd_disp_bin( value );           // valueに入った値をバイナリで表示
            printf("\n");                    // 改行
        }                                                                    ⑧
    }                                                                        ⑨
}
```

表 4-6　スイッチ状態を取得する 5 種類のサンプルの違い

常時ジョイン許可	ペアリング機能付	特　長
Example 5 同期取得	－	一つのコマンドでスイッチ状態を取得．簡易ロガー用
Example 6 変化通知	Example 12 変化通知	スイッチの変化を子機が自発的に送信．リアルタイム通知用
Example 7 取得指示	Example 13 取得指示	取得指示と受信を異なる命令で実施．本格的なロガー用

に予備があれば，DIO2 と DIO3 にもプッシュ・スイッチを接続します．また，Digi International 社純正の XBee 開発ボードのスイッチも利用できます．

　それでは，サンプルを動作させてみます．ソースコード「example12_sw_r.c」をそのままの状態でコンパイルし，実行します(**図 4-11**，**図 4-10**)．

　実行すると，「Waiting for XBee Commissoning」のメッセージが表示されるので，子機 XBee ZB のコミッショニング・ボタンを 1 回だけ押下してすぐに離します．既に親機にジョインしていれば，「Found a Device」と表示されます．すぐに表示されない場合は，もう一度，子機 XBee ZB のコミッショニング・ボタンを 1 回だけ押下して，すぐに放すとペアリングが完了します．

　ペアリング完了後は，DIO1 ～ 3 のプッシュ・スイッチを押下したり開放したりすると，子機 XBee ZB が状態変化通知を送信し，それを受けた親機 XBee のパソコンにスイッチ状態が表示されます．プッシュ・スイッチを押下すると 0 が，開放すると 1 が得られます．

　今回のプログラム「example12_sw_r.c」のペアリング部のコードについて説明します．

①「xbee_atnj」を用いて親機 XBee ZB をジョイン許可に設定し，30 秒間，子機のコミッショニング・ボタンによる通知を待ち受けます．「if」の条件内の

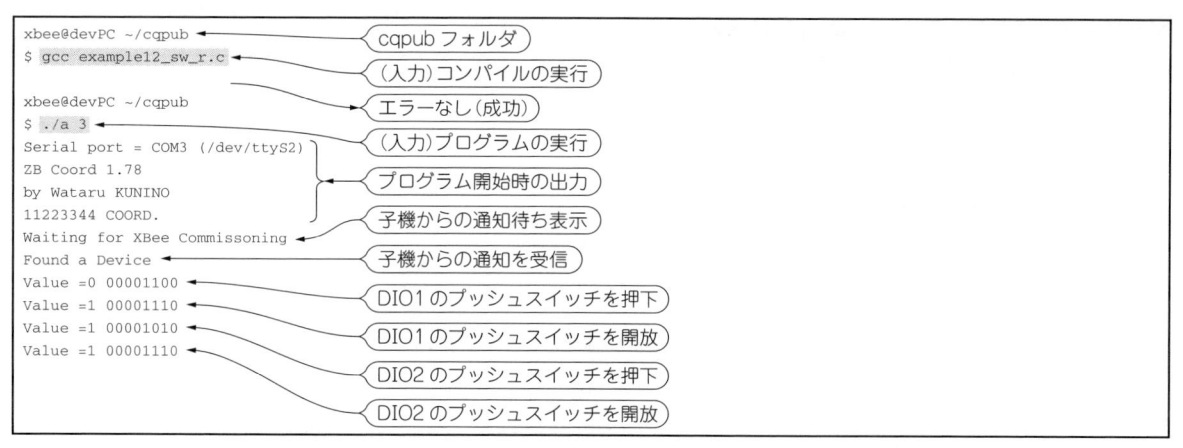

```
xbee@devPC ~/cqpub          ← （cqpub フォルダ）
$ gcc example12_sw_r.c      ← （（入力）コンパイルの実行）
xbee@devPC ~/cqpub          ← （エラーなし（成功））
$ ./a 3                     ← （（入力）プログラムの実行）
Serial port = COM3 (/dev/ttyS2)
ZB Coord 1.78
by Wataru KUNINO
11223344 COORD.             ← （プログラム開始時の出力）
Waiting for XBee Commissoning  ← （子機からの通知待ち表示）
Found a Device              ← （子機からの通知を受信）
Value =0 00001100
Value =1 00001110           ← （DIO1 のプッシュスイッチを押下）
Value =1 00001010           ← （DIO1 のプッシュスイッチを開放）
Value =1 00001110           ← （DIO2 のプッシュスイッチを押下）
                            ← （DIO2 のプッシュスイッチを開放）
```

図 4-11　サンプル 12 の実行例

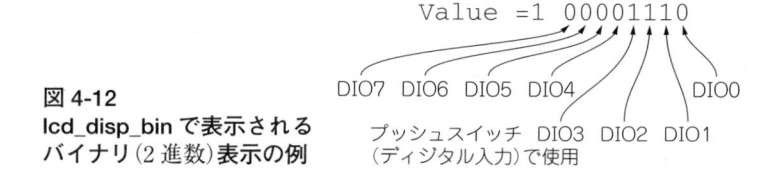

```
Value =1 00001110
        DIO7 DIO6 DIO5 DIO4        DIO0
             プッシュスイッチ DIO3 DIO2 DIO1
             （ディジタル入力）で使用
```

図 4-12　lcd_disp_bin で表示されるバイナリ（2 進数）表示の例

「!=」は不一致を示しており，子機からの通知が得られたときに「{」と「}」で囲まれた処理を行います．

② 「xbee_from」を使用して，子機 XBee ZB の IEEE アドレスを取得します．

③ 「xbee_ratnj」を使用して，子機 XBee ZB にジョイン許可時間を設定します．ここでは不許可に設定します．

④ 「xbee_gpio_init」を使用して，子機 XBee ZB の DIO1 ポート〜 DIO3 ポートを変化通知つきのディジタル入力に設定します．以降，子機 XBee ZB から親機 XBee ZB へ自動で変化通知を送信するようになります．

⑤ 「else」は，「if」命令の条件を満たさなかったときの処理です．ここでは，「{」「}」を省略しています．「{」「}」のない場合は，処理命令を一つだけ記述することができます．この場合は，1 行に「else」命令と「printf」命令の 2 命令を記述します．行を分けてしまうと，「printf」に続く次の命令が「else」外になっていることが見た目でわかりにくくなるからです．なお，「if」や「for」命令で使用する「{」「}」についても，「{」「}」内が 1 命令の場合に限って「{」「}」を省略することができます．

⑥ 「xbee_rx_call」を使用して，子機 XBee ZB からの GPIO（DIO）ポートの変化通知の受信を行います．

⑦ 受信があれば xbee_result.MODE の値が MODE_GPIN となります．

⑧ 構造体変数 xbee_result の要素（メンバ）GPI 内の BYTE[0] には，D7 〜 D0 ポートの 1 バイトの受信データ値が代入されています．その受信データを「xbee_result.GPI.BYTE[0]」で参照して，変数 value に代入します．

⑨ 「lcd_disp_bin」は，1 バイトのデータをバイナリ（2 進数）で表示する命令です．当初の XBee 管理ライブラリは，H8 Tiny マイコン用に開発していました．そのときのデバッグ用に実装した機能でした．**図 4-12** のように，左の桁から順に DIO7，6，5 … 0 のそれぞれの状態を 0 または 1 で示しています．ディジタル入力になっていないポートは，0 が代入されています．

第13節　Example 13：スイッチ状態を取得する⑤特定子機の取得指示

Example 13
スイッチ状態を取得する⑤特定子機の取得指示
| 練習用サンプル | 通信方式：XBee ZB | 開発環境：Cygwin |

パソコンに接続した親機 XBee から子機 XBee モジュールの GPIO ポートの状態をリモート取得するサンプルです．ここではペアリングした特定の子機に一定の周期で取得指示を送信し，その応答を待ち受けます．

親機

パソコン ⇔ XBee USBエクスプローラ ⇔ XBee PRO ZBモジュール

通信ファームウェア：ZIGBEE COORDINATOR API		Coordinator	APIモード
電源：USB 5V → 3.3V	シリアル：パソコン（USB）	スリープ（9）：接続なし	RSSI（6）：（LED）
DIO1（19）：接続なし	DIO2（18）：接続なし	DIO3（17）：接続なし	Commissioning（20）：（SW）
DIO4（11）：接続なし	DIO11（7）：接続なし	DIO12（4）：接続なし	Associate（15）：（LED）
その他：XBee PRO ZB モジュールは XBee ZB モジュールでも動作します（ただし，通信可能範囲が狭くなる）．			

子機

XBee ZB モジュール ⇔ ピッチ変換 ⇔ ブレッドボード ⇔ プッシュ・スイッチ

通信ファームウェア：ZIGBEE ROUTER AT		Router	Transparent モード
電源：乾電池2本 3V	シリアル：接続なし	スリープ（9）：接続なし	RSSI（6）：（LED）
DIO1（19）：プッシュ・スイッチ SW	DIO2（18）：接続なし	DIO3（17）：接続なし	Commissioning（20）：SW
DIO4（11）：接続なし	DIO11（7）：接続なし	DIO12（4）：接続なし	Associate（15）：LED
その他：Digi International 社純正の開発ボード XBIB-U-DEV でも動作します．			

必要なハードウェア
- Windows が動作するパソコン（USB ポートを搭載したもの）　1台
- 各社 XBee USB エクスプローラ　1個
- Digi International 社 XBee PRO ZB モジュール　1個
- Digi International 社 XBee ZB モジュール　1個
- XBee ピッチ変換基板　1式
- ブレッドボード　1個
- プッシュ・スイッチ SW 2個，高輝度 LED 1個，抵抗 1kΩ 1個，セラミック・コンデンサ 0.1μF 1個，単3×2直列電池ボックス1個，単3電池2個，ブレッドボード・ワイヤ適量，USB ケーブルなど

　サンプル 11 および 12 では，事前にペアリング処理を完了するペアリング方式を使用しました．このサンプル 13 では初めに常時ジョイン許可に設定し，メインループ処理中にペアリング処理を行います．

　図 4-13 に，ペアリング処理のフローチャートを示します．少し複雑な動きになりますが，稼働中に子機の設定に異常をきたした場合であっても，子機のコミッショニング・ボタンで子機に再設定することが可能です．このフローチャートでは，以下のような手順でペアリング処理を行います．

① 初めに親機を常時ジョイン許可に設定し，そのまま通常のメイン処理に入ります．
② 子機のコミッショニング・ボタンを押します．
③ 親機は，子機からの受信データを確認します（子機からの通知に関係なく）．
④ ③の受信が子機からのコミッショニング・ボタン

ソースコード：サンプル13　example13_sw_f.c

```c
/*******************************************************************
 子機XBeeのスイッチ状態をリモートで取得する
*******************************************************************/
#include "../libs/xbee.c"
#define FORCE_INTERVAL  250                      // データ要求間隔(およそ20msの倍数)

int main(int argc,char **argv){
    byte com=0;                                   // シリアルCOMポート番号
    byte value;                                   // 受信値
    byte dev[8];                                  // XBee子機デバイスのアドレス
    byte trig=0xFF;          ←①                  // 子機へデータ要求するタイミング調整用
    XBEE_RESULT xbee_result;                      // 受信データ(詳細)

    if(argc==2) com=(byte)atoi(argv[1]);          // 引き数があれば変数comに代入する
    xbee_init( com );                             // XBee用COMポートの初期化
    xbee_atnj( 0xFF );       ←②                  // 子機XBeeデバイスを常に参加受け入れ
    printf("Waiting for XBee Commissoning\n");    // 待ち受け中の表示

    while(1){
        /* データ送信 */
        if( trig == 0 ){
            xbee_force( dev );   ←⑨              // 子機へデータ要求を送信
            trig = FORCE_INTERVAL;
        }
        if( trig != 0xFF ) trig--;   ←⑩          // 変数trigが0xFF以外のときに値を1減算
        /* データ受信(待ち受けて受信する) */
        xbee_rx_call( &xbee_result );  ←③        // データを受信
        switch( xbee_result.MODE ){    ←④        // 受信したデータの内容に応じて
            case MODE_RESP:                       // xbee_forceに対する応答のとき
                value = xbee_result.GPI.PORT.D1;  // D1ポートの値を変数valueに代入
                printf("Value =%d ",value);       // 変数valueの値を表示
                value = xbee_result.GPI.BYTE[0];  ← // D7～D0ポートの値を変数valueに代入
                lcd_disp_bin( value );  ←         // valueに入った値をバイナリで表示
                printf("\n");           ⑫ ⑪      // 改行
                break;
            case MODE_IDNT:  ←⑤                   // 新しいデバイスを発見
                printf("Found a New Device\n");   ⑥
                bytecpy(dev, xbee_result.FROM, 8);// 発見したアドレスをdevにコピー
                xbee_atnj(0);                     // 親機XBeeに子機の受け入れ拒否を設定
                xbee_ratnj(dev,0);                // 子機に対して孫機の受け入れ拒否を設定
                xbee_gpio_config(dev,1,DIN);  ⎫   // 子機XBeeのポート1をディジタル入力に
                xbee_gpio_config(dev,2,DIN);  ⎬⑦ // 子機XBeeのポート2をディジタル入力に
                xbee_gpio_config(dev,3,DIN);  ⎭   // 子機XBeeのポート3をディジタル入力に
                trig = 0;  ←⑧                     // 子機へデータ要求を開始
                break;
        }
    }
}
```

による通知かどうかを判断します．

⑤コミッショニング・ボタンの通知の場合は，子機に各種の設定を行います．

⑥そして，親機をジョイン非許可に設定します．

⑦③の受信が子機からのデータかどうかの判断をします．

⑧データの場合は，データ処理を行います．

⑨これらの処理を繰り返します．

サンプル13のペアリング以外の処理は，サンプル7と同じです．子機XBeeモジュールのGPIO(DIO)ポートの状態をパソコン側の親機XBeeからリモート取得します．親機のパソコンから子機XBeeにリモート取得コマンドを送信すると，子機が親機にGPIO(DIO)ポートの状態を応答します．

表示結果はサンプル12とほぼ同じですが，動作は異なります．サンプル12では，プッシュ・スイッチを押下したりボタンを開放したりしたときに表示されていましたが，サンプル13は約5秒ごとに表示されます．

ハードウェアは，サンプル12などと同一です．そ

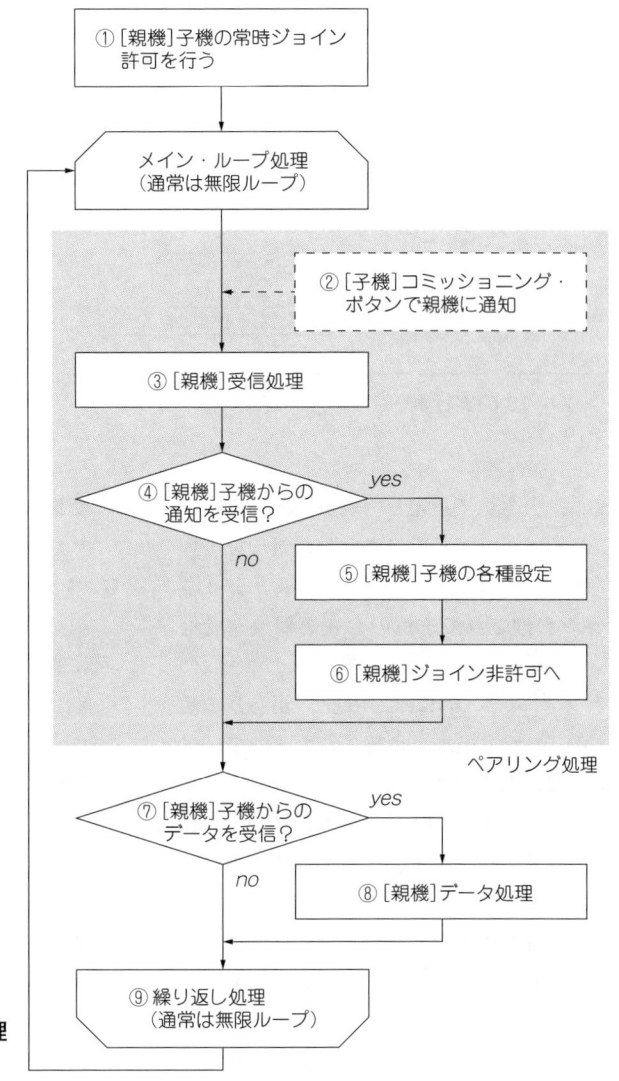

```
         ┌─────────────────┐
         │ ①[親機]子機の常時ジョイン │
         │   許可を行う     │
         └─────────────────┘
                 ↓
    ┌───→┌─────────────────┐
    │    │ メイン・ループ処理  │
    │    │（通常は無限ループ） │
    │    └─────────────────┘
    │            ↓
    │      ┌ ─ ─ ─ ─ ─ ─ ─ ─ ┐
    │      ┆ ②[子機]コミッショニング・┆
    │      ┆ ボタンで親機に通知 ┆
    │      └ ─ ─ ─ ─ ─ ─ ─ ─ ┘
    │            ↓
    │      ┌─────────────┐
    │      │ ③[親機]受信処理 │
    │      └─────────────┘
    │            ↓
    │          ◇ ④[親機]子機からの ◇ ─yes─┐
    │          ◇   通知を受信？   ◇      │
    │            │ no                   ↓
    │            │         ┌──────────────┐
    │            │         │ ⑤[親機]子機の各種設定 │
    │            │         └──────────────┘
    │            │                ↓
    │            │         ┌──────────────┐
    │            │         │ ⑥[親機]ジョイン非許可へ │
    │            │         └──────────────┘
    │            │←───────────────┘
    │            ↓                    ペアリング処理
    │          ◇ ⑦[親機]子機からの ◇ ─yes─┐
    │          ◇  データを受信？   ◇      │
    │            │ no                   ↓
    │            │              ┌──────────┐
    │            │              │ ⑧[親機]データ処理 │
    │            │              └──────────┘
    │            ↓←──────────────────┘
    │      ┌─────────────────┐
    └──────│ ⑨繰り返し処理       │
           │（通常は無限ループ） │
           └─────────────────┘
```

図 4-13
ループ処理中のペアリング処理のフローチャート例

れではサンプルを動作させてみます．ソースコード「example13_sw_f.c」をコンパイルして実行してみましょう．

実行すると，「Waiting for XBee Commissoning」のメッセージが表示されるので，子機のコミッショニング・ボタンを押下してすぐに離します．ペアリングが完了すると，約5秒ごとにDIO1の状態とDIO7～0の状態を表示します．

今回のプログラム「example13_sw_f.c」のペアリング部のコードについて説明します．ただし，このサンプルの説明は，主要動作の順番に行います．ソースコードの先頭からではないので，コード上の番号が不規則になっています．

①変数 trig に 0xFF を設定します．
②「xbee_atnj」を用いて親機 XBee ZB を常時ジョイン許可に設定します．
③「xbee_rx_call」を使用して受信データを xbee_result に代入します．受信するのは，プッシュ・スイッチのデータかもしれないし，コミッショニング・ボタンによる子機の存在通知かもしれません．

第13節 Example 13：スイッチ状態を取得する⑤特定子機の取得指示 | 93

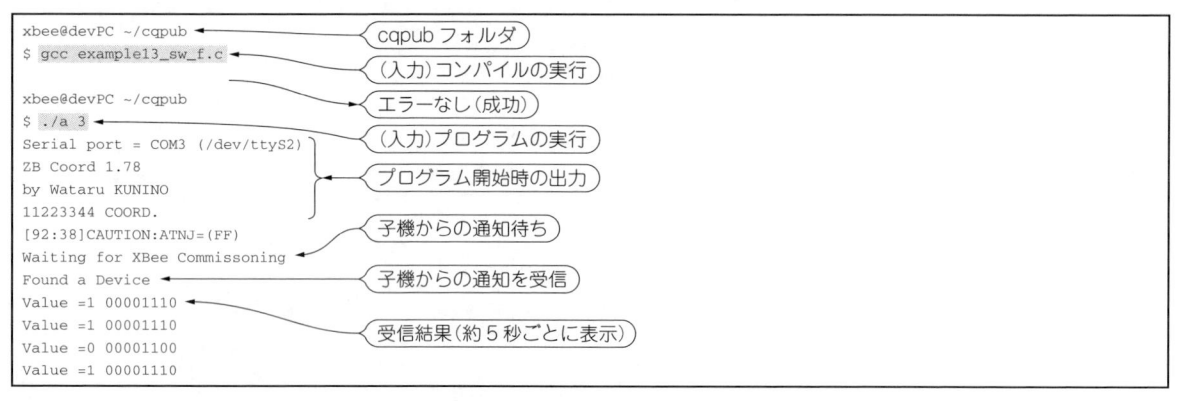

```
xbee@devPC ~/cqpub              ← cqpub フォルダ
$ gcc example13_sw_f.c          ← （入力）コンパイルの実行

xbee@devPC ~/cqpub              ← エラーなし（成功）
$ ./a 3                         ← （入力）プログラムの実行
Serial port = COM3 (/dev/ttyS2)
ZB Coord 1.78                   ← プログラム開始時の出力
by Wataru KUNINO
11223344 COORD.
[92:38]CAUTION:ATNJ=(FF)
Waiting for XBee Commissioning  ← 子機からの通知待ち
Found a Device                  ← 子機からの通知を受信
Value =1 00001110
Value =1 00001110               ← 受信結果（約5秒ごとに表示）
Value =0 00001100
Value =1 00001110
```

図 4-14　サンプル 13 の実行例

④ 「switch」は，引き数で指定した変数の内容に応じて「case」から「break」までに書かれた処理を実行する条件命令です．子機 XBee ZB のコミッショニング・ボタンが押されて子機の存在を親機が受信すると xbee_result.MODE の値に MODE_IDNT が代入されます．「case」には，「{」「}」がありません．「break」命令が「case」の終了になるので，記述を忘れないようにします．

⑤ xbee_result.MODE の値が MODE_IDNT であれば，「switch」命令によって，この部分の処理を開始します．

⑥ 「bytecpy」は，指定したバイト数のデータをコピーする関数です．引き数の dev はコピー先，xbee_result.FROM はコピー元，8 はコピーするバイト数を表します．xbee_result.FROM には MODE_IDNT を送信した子機の IEEE アドレスが代入されています．なお，ここでは「xbee_from」を使用することはできません．xbee_from には，受信処理を行った最終の送信元のアドレスが代入される一方，xbee_rx_call は未だプログラムから呼び出していない過去に受信したデータが入る場合があるからです．xbee_from は，コマンドの送信と応答の受信を一つの関数で行う同期取得のときに使用し，xbee_result.FROM は xbee_rx_call で受信する非同期取得のときに使用するようにしてください．

⑦ ペアリング完了後の設定を行います．「xbee_atnj」および「xbee_ratnj」でジョインを不許可に設定し，「xbee_gpio_config」を使用して子機 XBee ZB の DIO1～3 をディジタル入力に設定します．

⑧ 次回のループ以降でデータ取得指示を送信できるように，変数 trig に 0 を設定します．

⑨ 変数 trig が 0 のときに，「xbee_force」を使用して子機 XBee ZB に IO データの取得指示を行い，変数 trig に約 5 秒に相当するループ回数 250 を代入します．

⑩ 変数 trig が 0xFF(255) 以外のときに，trig を 1 だけ減算します．ペアリングが完了するまでは，trig が 0xFF なので減算しません．0 になると，⑨で取得指示を送信した後に，trig が 250 に再設定されます．

⑪ 受信データを「xbee_result.GPI.BYTE[0]」で参照して，変数 value に代入します．データはサンプル 12 の場合と同じです．

⑫ 「lcd_disp_bin」を使用して 1 バイトのデータをバイナリ（2 進数）で表示します．

第14節　Example 14：アナログ電圧を取得する③特定子機の同期取得

Example 14

アナログ電圧を取得する③特定子機の同期取得

練習用サンプル	通信方式：XBee ZB	開発環境：Cygwin

パソコンに接続した親機 XBee から子機 XBee モジュールのアナログ入力ポート（AD ポート）の状態をリモート取得します．ペアリングした特定の子機からアナログ値を同期取得するサンプルです．

親機

パソコン ⇔ XBee USBエクスプローラ ⇔ XBee PRO ZB モジュール

通信ファームウェア：ZIGBEE COORDINATOR API		Coordinator	API モード
電源：USB 5V → 3.3V	シリアル：パソコン（USB）	スリープ(9)：接続なし	RSSI(6)：(LED)
DIO1(19)：接続なし	DIO2(18)：接続なし	DIO3(17)：接続なし	Commissioning(20)：(SW)
DIO4(11)：接続なし	DIO11(7)：接続なし	DIO12(4)：接続なし	Associate(15)：(LED)
その他：XBee PRO ZB モジュールは XBee ZB モジュールでも動作します（ただし，通信可能範囲が狭くなる）．			

子機

XBee ZB モジュール ⇔ ピッチ変換 ⇔ ブレッドボード ⇔ 可変抵抗

通信ファームウェア：ZIGBEE ROUTER AT		Router	Transparent モード
電源：乾電池 2 本 3V	シリアル：接続なし	スリープ(9)：接続なし	RSSI(6)：(LED)
AD1(19)：可変抵抗器	DIO2(18)：接続なし	DIO3(17)：接続なし	Commissioning(20)：SW
DIO4(11)：接続なし	DIO11(7)：接続なし	DIO12(4)：接続なし	Associate(15)：LED
その他：可変抵抗の出力は 0 〜 1.2V の範囲で設定します．			

必要なハードウェア

- Windows が動作するパソコン（USB ポートを搭載したもの）　1 台
- 各社 XBee USB エクスプローラ　1 個
- Digi International 社 XBee PRO ZB モジュール　1 個
- Digi International 社 XBee ZB モジュール　1 個
- XBee ピッチ変換基板　1 式
- ブレッドボード　1 個
- 可変抵抗器 10kΩ 1 個，抵抗 22kΩ 1 個，高輝度 LED 1 個，抵抗 1kΩ 1 個，コンデンサ 0.1μF 1 個，プッシュ・スイッチ 1 個，単 3×2 直列電池ボックス 1 個，単 3 電池 2 個，ブレッドボード・ワイヤ適量，USB ケーブルなど

　このサンプル 14 は，サンプル 11 のペアリングとサンプル 8 のアナログ値の取得機能を組み合わせたサンプルです．子機 XBee モジュールの AD ポートのアナログ値をパソコン側の親機 XBee からリモート取得します．アナログ電圧を取得する 4 種類のサンプルの違いを**表 4-7** に示します．

　ハードウェアは，サンプル 8 や 9 と同じです．それでは，サンプルを動作させてみます．ソースコード「example14_adc.c」をコンパイルして実行してみましょう．

　実行すると，「Waiting for XBee Commissoning」のメッセージが表示されるので，子機 XBee ZB のコミッショニング・ボタンを使用してペアリングを行います．

　ペアリング完了後は，約 1 秒ごとに「Value =」に続いて AD ポートの入力値を表示し続けます．

ソースコード：サンプル14　example14_adc.c

```c
/******************************************************************
アナログ電圧をリモート取得する③特定子機の同期取得
******************************************************************/
#include "../libs/xbee.c"

int main(int argc,char **argv){

    byte com=0;                                  // シリアルCOMポート番号
    unsigned int   value;                        // リモート子機からの入力値
    byte dev[8];                                 // XBee子機デバイスのアドレス

    if(argc==2) com=(byte)atoi(argv[1]);         // 引数があれば変数comに代入する
    xbee_init( com );                            // XBee用COMポートの初期化
    printf("Waiting for XBee Commissoning¥n");   // 待ち受け中の表示
    if(xbee_atnj(30) == 0){                      // ①  デバイスの参加受け入れを開始
        printf("no Devices¥n");                  //     子機が見つからなかった
        exit(-1);                                // ②  異常終了
    }
    printf("Found a Device¥n");                  //     XBee子機デバイスの発見表示
    xbee_from( dev );                            // ③  見つけた子機のアドレスを変数devへ
    xbee_ratnj(dev,0);                           // ④  子機に対して孫機の受け入れ拒否を設定

    while(1){                                    // 繰り返し処理
        /* XBee通信 */
        value = xbee_adc(dev,1);                 // ⑤  子機のポート1からアナログ値を取得
        printf("Value =%d¥n",value);             //     変数valueの値を表示する
        delay( 1000 );                           //     1000ms(1秒間)の待ち
    }
}
```

表 4-7　アナログ電圧をリモート取得する4種類のサンプルの違い

常時ジョイン許可	ペアリング機能付	特　長
Example 8 同期取得	Example 14 同期取得	一つのコマンドでアナログ電圧を取得．簡易ロガー用
Example 9 取得指示	Example 15 取得指示	取得指示と受信を異なる命令で実施．本格的なロガー用

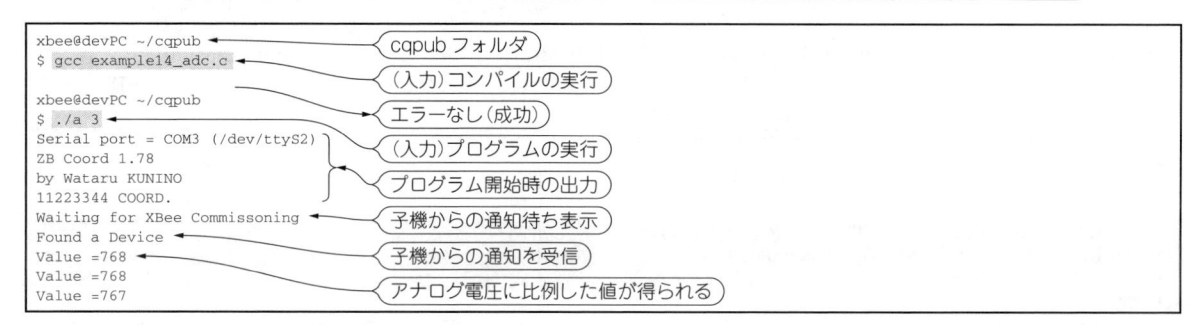

```
xbee@devPC ~/cqpub              ← (cqpubフォルダ)
$ gcc example14_adc.c           ← ((入力)コンパイルの実行)

xbee@devPC ~/cqpub              ← (エラーなし(成功))
$ ./a 3                         ← ((入力)プログラムの実行)
Serial port = COM3 (/dev/ttyS2)
ZB Coord 1.78
by Wataru KUNINO               ← (プログラム開始時の出力)
11223344 COORD.
Waiting for XBee Commissoning  ← (子機からの通知待ち表示)
Found a Device
Value =768                     ← (子機からの通知を受信)
Value =768
Value =767                     ← (アナログ電圧に比例した値が得られる)
```

図 4-15　サンプル14の実行例

　今回のプログラム「example14_adc.c」について説明します．このプログラムは，サンプル11と8に記載した内容から理解することができると思いますが，センサなどのアナログ値を収集する際の基本となるプログラムなので復習しておきましょう．

① 「xbee_atnj」を用いて，親機 XBee ZB をジョイン許可に設定し，30秒間，子機のコミッショニング・ボタンによる通知を待ち受けます．

② 30秒が経過しても，子機 XBee ZB のコミッショニング・ボタンからの通知が受けられなかった場合はプログラムを終了します．

③ 「xbee_from」を使用して，子機 XBee ZB の IEEE アドレスを変数 dev に代入します．

④ 「xbee_ratnj」を使用して，子機 XBee ZB にジョインを不許可に設定します．

⑤ 「xbee_adc」を使用して，子機 XBee ZB の AD1 ポートの電圧に比例した 0～1023 までの値を取得し，変数 value に代入します．

第15節　Example 15：アナログ電圧を取得する④特定子機の取得指示

Example 15	アナログ電圧を取得する④特定子機の取得指示		
	練習用サンプル	通信方式：XBee ZB	開発環境：Cygwin

パソコンに接続した親機 XBee から子機 XBee モジュールのアナログ入力ポート（AD ポート）の状態をリモート取得します．ペアリングした特定の子機に一定の周期で取得指示を送信し，その応答を待ち受けます．

親機

パソコン ⇔ XBee USBエクスプローラ ⇔ XBee PRO ZBモジュール

通信ファームウェア：ZIGBEE COORDINATOR API		Coordinator	APIモード
電源：USB 5V → 3.3V	シリアル：パソコン(USB)	スリープ(9)：接続なし	RSSI(6)：(LED)
DIO1(19)：接続なし	DIO2(18)：接続なし	DIO3(17)：接続なし	Commissioning(20)：(SW)
DIO4(11)：接続なし	DIO11(7)：接続なし	DIO12(4)：接続なし	Associate(15)：(LED)
その他：XBee PRO ZB モジュールは XBee ZB モジュールでも動作します（ただし，通信可能範囲が狭くなる）．			

子機

XBee ZB モジュール ⇔ ピッチ変換 ⇔ ブレッドボード ⇔ 可変抵抗

通信ファームウェア：ZIGBEE ROUTER AT		Router	Transparent モード
電源：乾電池 2 本 3V	シリアル：接続なし	スリープ(9)：接続なし	RSSI(6)：(LED)
AD1(19)：可変抵抗器	DIO2(18)：接続なし	DIO3(17)：接続なし	Commissioning(20)：SW
DIO4(11)：接続なし	DIO11(7)：接続なし	DIO12(4)：接続なし	Associate(15)：LED
その他：可変抵抗の出力は 0 〜 1.2V の範囲で設定します．			

必要なハードウェア
- Windows が動作するパソコン(USB ポートを搭載したもの)　　1 台
- 各社 XBee USB エクスプローラ　　1 個
- Digi International 社 XBee PRO ZB モジュール　　1 個
- Digi International 社 XBee ZB モジュール　　1 個
- XBee ピッチ変換基板　　1 式
- ブレッドボード　　1 個
- 可変抵抗器 10kΩ 1 個，抵抗 22kΩ 1 個，高輝度 LED 1 個，抵抗 1kΩ 1 個，コンデンサ 0.1μF 1 個，プッシュ・スイッチ 1 個，単3×2 直列電池ボックス 1 個，単3 電池 2 個，ブレッドボード・ワイヤ適量，USB ケーブルなど

　このサンプル 15 は，サンプル 13 のペアリングとサンプル 9 の取得指示によるアナログ値の取得を組み合わせたサンプルです．子機 XBee モジュールの AD ポートのアナログ値をパソコン側の親機 XBee からリモート取得します．動作はサンプル 14 と同じですが，メイン処理内でペアリング処理を行っている点と取得指示と取得動作を別々のコマンドで行っている点が異なります．プログラムは複雑になりますが，一般的なアナログ値のデータ取得には本節の方法を用います．

　ハードウェアは，サンプル 8 や 9, 14 と同じです．それでは，サンプルを動作させてみます．ソースコード「example15_adc_f.c」をそのままコンパイルして実行します．

　実行すると「Waiting for XBee Commissoning」のメッセージが表示されるので，子機 XBee ZB のコミッショニング・ボタンを使用してペアリングを行い

ソースコード：サンプル15　example15_adc_f.c

```c
/***************************************************************
アナログ電圧をリモート取得する④特定子機の同期取得
***************************************************************/

#include "../libs/xbee.c"
#define FORCE_INTERVAL  250                     // データ要求間隔（およそ20msの倍数）

int main(int argc,char **argv){

    byte com=0;                                 // シリアルCOMポート番号
    unsigned int    value;                      // リモート子機からの入力値
    byte dev[8];                                // XBee子機デバイスのアドレス
    byte trig=0xFF;           ①                 // 子機へデータ要求するタイミング調整用
    XBEE_RESULT xbee_result;                    // 受信データ(詳細)

    if(argc==2) com=(byte)atoi(argv[1]);        // 引き数があれば変数comに代入する
    xbee_init( com );                           // XBee用COMポートの初期化
    xbee_atnj( 0xFF );        ②                 // 子機XBeeデバイスを常に参加受け入れ
    printf("Waiting for XBee Commissoning¥n");  // 待ち受け中の表示

    while(1){
        /* データ送信 */
        if( trig == 0 ){
            xbee_force( dev );     ⑩           // 子機へデータ要求を送信
            trig = FORCE_INTERVAL; ⑪
        }
        if( trig != 0xFF ) trig--;  ⑫          // 変数trigが0xFF以外のときに値を1減算

        /* データ受信(待ち受けて受信する) */
        xbee_rx_call( &xbee_result );   ③      // データを受信
        switch( xbee_result.MODE ){     ④      // 受信したデータの内容に応じて
            case MODE_RESP:             ⑬      // xbee_forceに対する応答のとき
                value = xbee_result.ADCIN[1];   // AD1ポートのアナログ値をvalueに代入
                printf("Value =%d¥n",value);    // 変数valueの値を表示
                             ⑭
                break;
            case MODE_IDNT:     ⑤              // 新しいデバイスを発見
                printf("Found a New Device¥n");
                bytecpy(dev, xbee_result.FROM, 8); ⑥ // 発見したアドレスをdevにコピー
                xbee_atnj(0);          ⑦       // 親機XBeeに子機の受け入れ拒否を設定
                xbee_ratnj(dev,0);              // 子機に対して孫機の受け入れ拒否を設定
                xbee_gpio_config(dev,1,AIN);    // 子機XBeeのポート1をアナログ入力に
                trig = 0;        ⑨      ⑧      // 子機へデータ要求を開始
                break;
        }
    }
}
```

ます．

ペアリング完了後は，約5～6秒ごとに「Value =」に続いてADポートの入力値を表示し続けます．

今回のプログラム「example15_adc_f.c」について説明します．このプログラムは，サンプル13と9に記載した内容から理解することができると思いますが，プログラムが少し複雑になっているので復習しておきます．

① 変数trigに0xFFを設定します．

② 「xbee_atnj」を用いて親機XBee ZBを常時ジョイン許可に設定します．

③ 「xbee_rx_call」を使用して受信データをxbee_resultに代入します．

④ 「switch」を使用してxbee_result.MODEの値に応じた処理を行います．

⑤ 子機のコミッショニング・ボタンが押された場合は，xbee_result.MODEの値がMODE_IDNTになり，この部分の処理を開始します．

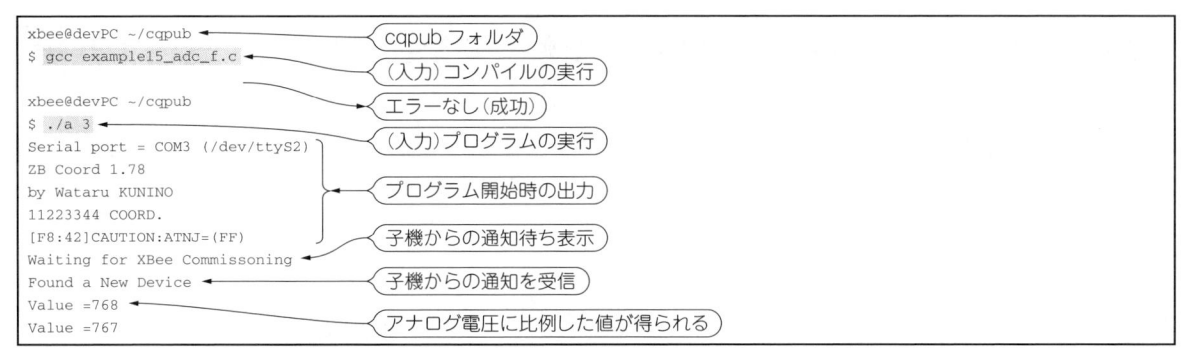

```
xbee@devPC ~/cqpub          ← （cqpub フォルダ）
$ gcc example15_adc_f.c     ← （（入力）コンパイルの実行）
                            ← （エラーなし（成功））
xbee@devPC ~/cqpub
$ ./a 3                     ← （（入力）プログラムの実行）
Serial port = COM3 (/dev/ttyS2)
ZB Coord 1.78
by Wataru KUNINO            ← （プログラム開始時の出力）
11223344 COORD.
[F8:42]CAUTION:ATNJ=(FF)
Waiting for XBee Commissoning  ← （子機からの通知待ち表示）
Found a New Device          ← （子機からの通知を受信）
Value =768
Value =767                  ← （アナログ電圧に比例した値が得られる）
```

図 4-16　サンプル 15 の実行例

⑥「bytecpy」を使用して，子機 XBee ZB の 8 バイトの IEEE アドレス xbee_result.FROM を dev にコピーします．

⑦「xbee_atnj」および「xbee_ratnj」で親機および子機をジョイン不許可に設定します．

⑧「xbee_gpio_config」を使用して，子機 XBee ZB の AD1 ポートをアナログ入力に設定します．

⑨次回のループ以降にデータ取得指示を送信できるように，変数 trig に 0 を設定します．

⑩変数 trig が 0 のときに，子機 XBee ZB にデータ取得指示を行います．

⑪変数 trig が 0 のときに，変数 trig に 250（約 5 〜 6 秒に相当）を代入します．

⑫変数 trig が 0xFF(255) 以外のときに，trig を 1 だけ減算します．

⑬ループ処理中に受信データが得られると，xbee_result.MODE に MODE_RESP が代入されるので，この「case」以降を実行します．

⑭ AD1 ポートのアナログ値 xbee_result.ADCIN[1] を変数 value に代入します．

　既に述べたとおり，親機がセンサ子機から温度や照度といったアナログ値を取得して親機に表示したり保存したりといった実用的なアプリケーションに近いプログラムです．複雑な動きがわかりにくいかもしれませんが，慣れるとプログラムの拡張も容易になります．どうしても理解が難しい場合は，サンプル 14 を応用しても良いでしょう．

　サンプル 2 から 15 まで親機 XBee ZB から子機 XBee ZB の汎用ポート（GPIO）の入出力やアナログ入力について練習しました．ここまでで，XBee を使ったワイヤレス通信の基礎を習得できたと思います．

第16節　Example 16：UART を使ってシリアル情報を送信する

Example 16

UART を使ってシリアル情報を送信する
練習用サンプル　　　　通信方式：XBee ZB　　　開発環境：Cygwin

パソコンに接続した親機 XBee ZB から子機 XBee ZB モジュールの UART にシリアル情報を送信します．シリアル情報はパソコンのキーボードから入力します．

親機

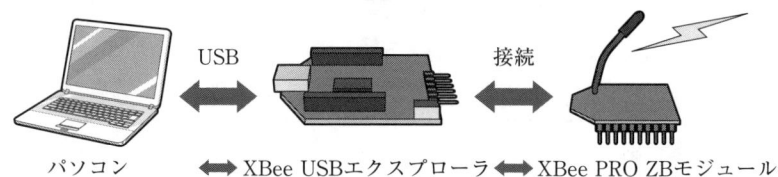

パソコン ⇔ XBee USB エクスプローラ ⇔ XBee PRO ZB モジュール（USB接続、無線接続）

通信ファームウェア：ZIGBEE COORDINATOR API		Coordinator	API モード
電源：USB 5V → 3.3V	シリアル：パソコン(USB)	スリープ(9)：接続なし	RSSI(6)：(LED)
DIO1(19)：接続なし	DIO2(18)：接続なし	DIO3(17)：接続なし	Commissioning(20)：(SW)
DIO4(11)：接続なし	DIO11(7)：接続なし	DIO12(4)：接続なし	Associate(15)：(LED)
その他：XBee PRO ZB モジュールは XBee ZB モジュールでも動作します(ただし，通信可能範囲が狭くなる)．			

子機

XBee ZB モジュール ⇔ Arduino + Wireless シールド ⇔ パソコン（X-CTU）

通信ファームウェア：ZIGBEE ROUTER AT		Router	Transparent モード
電源：USB 5V → 3.3V	シリアル：パソコン(USB)	スリープ(9)：接続なし	RSSI(6)：(LED)
AD1(19)：接続なし	DIO2(18)：接続なし	DIO3(17)：接続なし	Commissioning(20)：(SW)
DIO4(11)：接続なし	DIO11(7)：接続なし	DIO12(4)：接続なし	Associate(15)：(LED)
その他：Arduino + Wireless シールドの部分は XBee USB エクスプローラの代わりです．			

必要なハードウェア

- Windows が動作するパソコン(USB ポートを搭載したもの)　1〜2台
- 各社 XBee USB エクスプローラ　2個
  (2個中の1個は Arduino + Wireless シールドで代用する)
- Digi International 社 XBee PRO ZB モジュール　1個
- Digi International 社 XBee ZB モジュール　1個
- USB ケーブルなど

　パソコンの親機 XBee ZB からシリアル・データを送信し，子機 XBee ZB の UART に出力するサンプルです．第3章第6節で行ったテストに似ていますが，親機 XBee ZB をプログラムで制御している点が異なります．

　親機 XBee ZB 側のハードウェアは，これまでと同様です．親機のファームウェアも，これまでと同様の「ZIGBEE COORDINATOR API」を使用します．親機 XBee ZB だけでなく，子機 XBee ZB 側もパソコンに接続します．子機 XBee ZB のファームウェアは，「ZIGBEE ROUTER AT」です．子機 XBee ZB 側はプログラムで制御するのではなく，子機の UART 入出力をパソコンに接続して X-CTU のタブ「Terminal」を使って通信のようすを確認します．1台のパソコンに親機と子機の両方を接続した場合は，必ず X-CTU のタブ「PC Setting」で子機 XBee ZB が接続された COM ポートを選択します．子機 XBee ZB を X-CTU に接続する方法は，第3章第6節を参照してください．

ソースコード：サンプル16　example16_uart_tx.c

```
/****************************************************************
子機XBeeのUARTからシリアル情報を送信する
****************************************************************/
#include "../libs/xbee.c"

int main(int argc,char **argv){

    char s[32];                                    // 文字入力用
    byte com=0;                                    // シリアルCOMポート番号          ①
    byte dev[]={0x00,0x00,0x00,0x00,0x00,0x00,0xFF,0xFF};
                                                   // 宛て先XBeeアドレス(ブロードキャスト)

    if(argc==2) com=(byte)atoi(argv[1]);           // 引数があれば変数comに代入する
    xbee_init( com );                              // XBee用COMポートの初期化
    printf("Waiting for XBee Commissoning\n");     // 待ち受け中の表示
    if(xbee_atnj(30) != 0){                    ②  // デバイスの参加受け入れを開始
        printf("Found a Device\n");                // XBee子機デバイスの発見表示
        xbee_from( dev );                      ③  // 見つけた子機のアドレスを変数devへ
        xbee_ratnj(dev,0);                         // 子機に対して孫機の受け入れ拒否を設定
    }else{                                         // 子機が見つからなかった場合
        printf("no Devices\n");                    // 見つからなかったことを表示
        exit(-1);                                  // 異常終了
    }

    while(1){
        /* データ送信 */
        printf("TX-> ");                       ④  // 文字入力欄の表示
        gets( s );                                 // 入力文字を変数sに代入
        xbee_uart( dev , s );                  ⑤  // 変数sの文字を送信
    }
}
```

さて，パソコンが1台で通信を行ってもテストでしかありません．パソコンが2台あればワイヤレスでチャットができるようになりますが，そのためにXBee ZBを使うこともないでしょう．しかし，子機XBee ZB側は，Arduinoなどのマイコンに接続してデータを送受信するためのものだと考えると応用が広がって見えてきます．例えば，センサによっては測定コマンドをシリアルで送信するものもあります．そのような場合，Arduinoからシリアル・コマンドを送信するといったアプリケーションを考えることができるようになります．

それではサンプルを動作させてみましょう．ソースコード「example16_uart_tx.c」をそのままコンパイルして実行します．子機XBee ZBを同じパソコンに繋げている場合は，親機XBee ZBが接続されているシリアルCOMポート番号を指定する必要があります．親機をCOM3に接続している場合は，

　　`$ ./a 3` もしくは `$ ./a.exe 3`

のように，番号の3を引数として入力します．

実行すると，「Waiting for XBee Commissoning」のメッセージが表示されるので，子機XBee ZBのコミッショニング・ボタンを使用してペアリングを行います．しかし，Arduino Wirelessシールドにはコミッショニング・ボタンがないので，X-CTUのTerminalウィンドウ内で「+」キーを3回，押下して改行せずに約1秒を待ちます．「+++」に続いて「OK」が表示されてから10秒以内に，

　　ATCB01（改行）

を入力すると，コミッショニング・ボタンを1回押下したときと同じ動作を行います．

ペアリング完了後にCygwinのコンソールに「Found a Device」が表示され，続けて「TX->」が表示されます．ここで子機のATコマンド・モードからTransparentモードに移行するために，10秒ほど待つ，もしくはATCNを入力します．

この状態で，親機XBee ZBを接続したCygwinのコンソールにテキスト文字を入力して改行ボタンを押します．例えば，文字「Hello!」と「改行」を

```
xbee@devPC ~/cqpub        ←――――(cqpubフォルダ)
$ gcc example16_uart_tx.c ←――――((入力)コンパイルの実行)
xbee@devPC ~/cqpub
$ ./a 3   ←――――(エラーなし(成功))
Serial port = COM3 (/dev/ttyS2)   ←―((入力)プログラムの実行 数字は親機XBee ZBのシリアルCOMポート番号)
ZB Coord 1.78
by Wataru KUNINO
11223344 COORD.                ←――(プログラム開始時の出力)
[F8:42]CAUTION:ATNJ=(FF)
Waiting for XBee Commissioning ←――(子機からの通知待ち表示)
Found a New Device   ←――(子機からの通知を受信)
TX-> Hello!          ←――(子機に送信する文字を入力する)
TX->
```

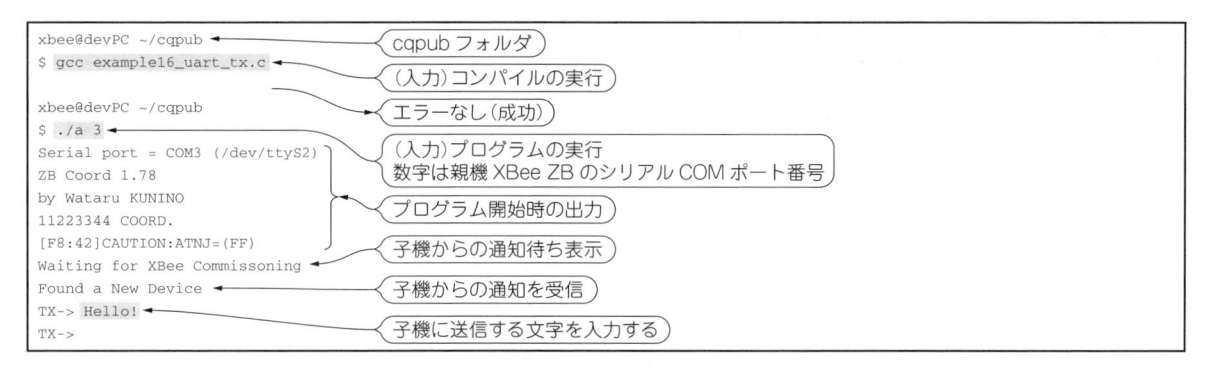

図4-17 サンプル16の親機側の実行例(Cygwinコンソール)

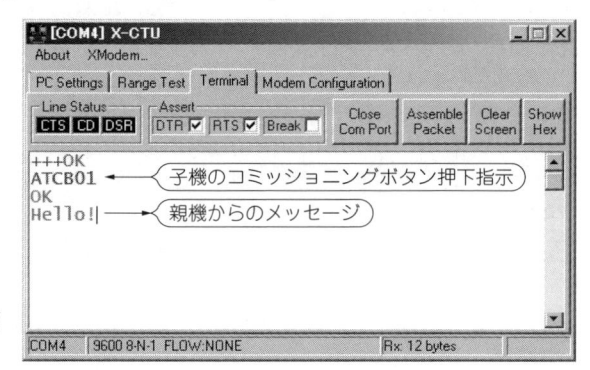

**図4-18
サンプル16の子機側の実行例**
(X-CTUのTerminal)

　　　TX-> Hello!

のように入力すると，親機XBee ZBから子機XBee ZBへメッセージが伝えられ，子機XBeeが接続されたX-CTUのTerminalウィンドウ側に入力した文字列が表示されます．

図4-17に親機XBee ZBのCygwinコンソール上の実行例を，**図4-18**に子機XBeeのX-CTU Terminal上の実行例を示します．

今回のサンプル・プログラムのソースコード「example16_uart_tx.c」の説明に移ります．

① 送信先の子機XBee ZBのアドレス用の変数に「00000000 0000FFFF」を代入して定義しています．このアドレスは上位4バイトが0，下位4バイトがFFFFとなっており，第3章第6節で説明した「DLが0，DHがFFFF」のブロードキャストのアドレスです．

②「xbee_atnj」を用いて親機XBee ZBを30秒間ジョイン許可に設定します．

③「xbee_from」を使用してコミッショニング・ボタンが押された子機のIEEEアドレスを変数devに代入します．

④「gets」を使用してキーボードから入力した文字を文字列変数sに代入します．

⑤「xbee_uart」は，子機XBee ZBのUARTにテキストを送信する命令です．引き数devは子機のIEEEアドレス，sは送信するテキストの文字列です．

このサンプルには，ペアリングを行わなかった場合であっても子機XBee ZBへシリアル情報を送信することができます．①の部分で送信先のIEEEアドレスとなる変数devにブロードキャストのアドレスを代入しているからです．起動後，30秒間，ペアリングを行わずに待ってみてください．そして，「no Devices」が表示されてからCygwinコンソールから文字を入力して「改行」を押すと，親機は同じZigBeeネットワーク内の全機器に入力したテキスト文字を送信するので，受信した子機Xbee ZBのUARTからも入力したテキストが出力されます．

第17節 Example 17：UART を使ってシリアル情報を受信する

Example 17	UART を使ってシリアル情報を受信する			
	練習用サンプル	通信方式：XBee ZB	開発環境：Cygwin

子機 XBee ZB モジュールの UART から親機 XBee ZB にシリアル情報を送信します．親機が受信したテキスト文字を Cygwin コンソールに表示します．

親機

パソコン ⇔USB⇔ XBee USB エクスプローラ ⇔接続⇔ XBee PRO ZB モジュール

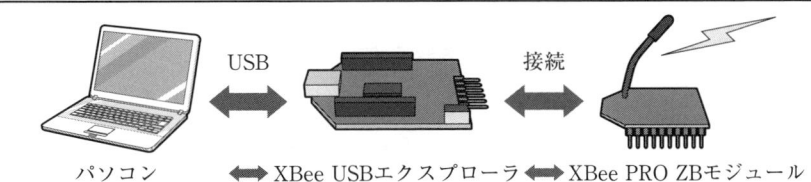

通信ファームウェア：ZIGBEE COORDINATOR API		Coordinator	API モード
電源：USB 5V → 3.3V	シリアル：パソコン (USB)	スリープ (9)：接続なし	RSSI (6)：(LED)
DIO1 (19)：接続なし	DIO2 (18)：接続なし	DIO3 (17)：接続なし	Commissioning (20)：(SW)
DIO4 (11)：接続なし	DIO11 (7)：接続なし	DIO12 (4)：接続なし	Associate (15)：(LED)
その他：XBee PRO ZB モジュールは XBee ZB モジュールでも動作します（ただし，通信可能範囲が狭くなる）.			

子機

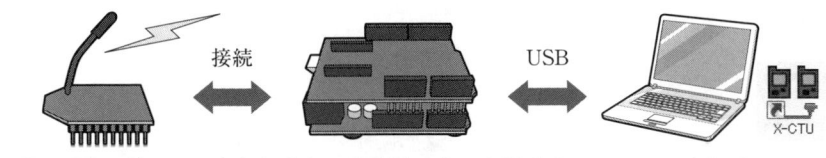

XBee ZB モジュール ⇔接続⇔ Arduino + Wireless シールド ⇔USB⇔ パソコン（X-CTU）

通信ファームウェア：ZIGBEE ROUTER AT		Router	Transparent モード
電源：USB 5V → 3.3V	シリアル：パソコン (USB)	スリープ (9)：接続なし	RSSI (6)：(LED)
AD1 (19)：接続なし	DIO2 (18)：接続なし	DIO3 (17)：接続なし	Commissioning (20)：(SW)
DIO4 (11)：接続なし	DIO11 (7)：接続なし	DIO12 (4)：接続なし	Associate (15)：(LED)
その他：Arduino + Wireless シールドの部分は XBee USB エクスプローラの代わりです．			

必要なハードウェア
- Windows が動作するパソコン（USB ポートを搭載したもの）　1～2台
- 各社 XBee USB エクスプローラ　2個
 （2個中の1個は Arduino + Wireless シールドで代用する）
- Digi International 社 XBee PRO ZB モジュール　1個
- Digi International 社 XBee ZB モジュール　1個
- USB ケーブルなど

　子機 XBee の UART に入力したシリアル・データを親機のパソコンで受信して表示するサンプルです．

　ハードウェアや子機 XBee ZB を X-CTU の Terminal に接続する構成は，サンプル16 と同じです．サンプルを動作させるには，ソースコード「example17_uart_rx.c」をコンパイルして親機 XBee ZB のシリアル COM ポートに対して実行します．

　実行すると，「Waiting for XBee Commissioning」のメッセージが表示されるので，子機 XBee ZB の X-CTU の Terminal から「+++」と「ATCB01（改行）」を入力してペアリングを行います．

　Cygwin のコンソールに「Found a Device」が表示されたら受信の準備ができているので，子機から送信を行って動作を確認します．子機 XBee ZB から送信を行うには，子機に接続した X-CTU の Terminal の「Assemble Packet」ボタンをクリックすると開く図 **4-19** のような Send Packet ウィンドウを使用します．ウィンドウ内にテキスト文字を入力して，「Send

ソースコード：サンプル17　example17_uart_rx.c

```c
/***************************************************************************
子機XBeeのUARTからのシリアル情報を受信する
***************************************************************************/

#include "../libs/xbee.c"

int main(int argc,char **argv){

    byte com=0;                               // シリアルCOMポート番号
    byte dev[8];                              // XBee子機デバイスのアドレス
    XBEE_RESULT xbee_result;                  // 受信データ(詳細)

    if(argc==2) com=(byte)atoi(argv[1]);      // 引き数があれば変数comに代入する
    xbee_init( com );                         // XBee用COMポートの初期化           ①
    xbee_atnj( 0xFF );                        // 子機XBeeデバイスを常に参加受け入れ
    printf("Waiting for XBee Commissoning\n"); // 待ち受け中の表示

    while(1){
        /* データ受信(待ち受けて受信する) */
        xbee_rx_call( &xbee_result );         // XBee子機からのデータを受信        ②

        switch( xbee_result.MODE ){           // 受信したデータの内容に応じて       ⑥
            case MODE_UART:                   // 子機XBeeからのテキスト受信
                printf("RX<- ");              // 受信を識別するための表示
                printf("%s\n", xbee_result.DATA ); // 受信結果(テキスト)を表示    ⑦
                break;
            case MODE_IDNT:                   // 新しいデバイスを発見             ③
                printf("Found a New Device\n");
                bytecpy(dev, xbee_result.FROM, 8); // 発見したアドレスをdevにコピー ④
                xbee_atnj(0);                 // 子機XBeeの受け入れ拒否を設定
                xbee_ratnj(dev,0);            // 子機に対して孫機の受け入れ拒否    ⑤
                xbee_ratd_myaddress( dev );   // 子機に本機のアドレス設定を行う
                break;                                                          ⑥
        }
    }
}
```

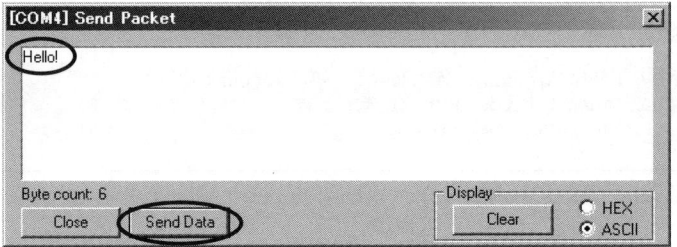

図 4-19
サンプル17の子機側の実行例
（X-CTU の Terminal）

Data」ボタンをクリックすると，子機からテキスト文字が送信されます．これを親機 XBee ZB が受信すると，親機側の Cygwin コンソールに受信したテキスト文字が表示されます．

それでは，今回のサンプル・プログラムのソースコード「example17_uart_rx.c」の説明に移ります．

① 「xbee_atnj」を用いて，親機 XBee ZB を常時ジョイン許可に設定します．

② 「xbee_rx_call」を使用して，子機 XBee ZB からのデータもしくはコミッショニング・ボタン通知を受信します．

③ 受信した内容がコミッショニング・ボタン通知の場合に，ここにジャンプします．

④ 「bytecpy」を使用して，xbee_rx_call で受信し

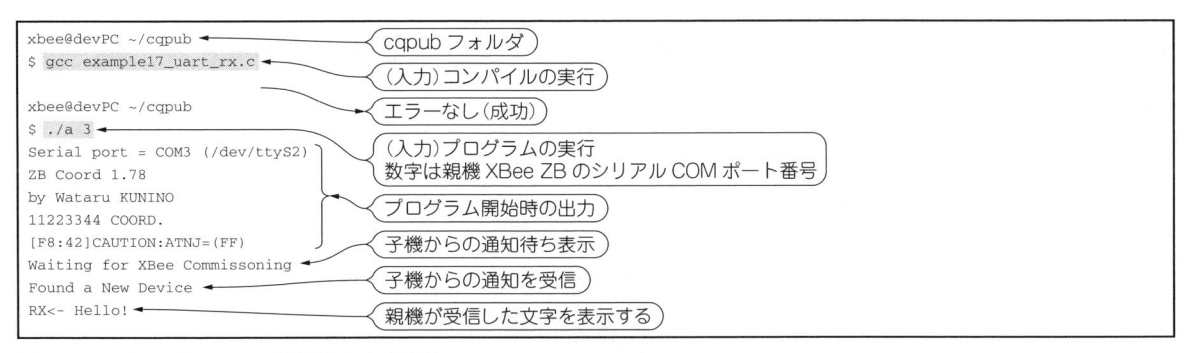

```
xbee@devPC ~/cqpub         ← （cqpub フォルダ）
$ gcc example17_uart_rx.c  ← （(入力)コンパイルの実行）

xbee@devPC ~/cqpub         ← （エラーなし(成功)）
$ ./a 3                    ← （(入力)プログラムの実行
Serial port = COM3 (/dev/ttyS2)   数字は親機 XBee ZB のシリアル COM ポート番号）
ZB Coord 1.78
by Wataru KUNINO           ← （プログラム開始時の出力）
11223344 COORD.
[F8:42]CAUTION:ATNJ=(FF)
Waiting for XBee Commissoning  ← （子機からの通知待ち表示）
Found a New Device         ← （子機からの通知を受信）
RX<- Hello!                ← （親機が受信した文字を表示する）
```

図 4-20　サンプル 17 の親機側の実行例（Cygwin コンソール）

た子機の IEEE アドレスを変数 dev に代入します．
⑤ 親機と子機 XBee ZB をジョイン不許可に設定し，ほかの ZigBee 機器がペアリングできないようにします．
⑥「xbee_ratd_myaddress」は，子機 XBee ZB が UART シリアル情報などの送信を実行するときの宛て先に本親機の IEEE アドレスを設定する命令です．親機から子機に対してリモート AT コマンドの「ATDL」と「ATDH」を用いて設定するのと同じ働きをします．「ratd」はリモートの「r」，AT コマンドの「at」，宛て先（Destination）の「d」を続けた略語です．引き数の dev は，子機の IEEE アドレスです．このコマンドの実行後は，子機 XBee ZB は親機にシリアル情報を送信するようになります．ほかにも宛て先を設定する命令「xbee_ratd」があり，xbee_ratd の第 2 引き数に本機の IEEE アドレスを入力すると xbee_ratd_myaddress と同じ働きをします．

第18節　Example 18：UARTを使ってシリアル情報を送受信する①平文

Example 18	UARTを使ってシリアル情報を送受信する①平文		
	練習用サンプル	通信方式：XBee ZB	開発環境：Cygwin

親機 XBee ZBと子機 XBee ZBとの UARTシリアルの送受信を行うサンプルです．親機の Cygwinコンソールからテキストの送信と受信したテキストの表示を行います．

親機

パソコン ⇔ (USB) ⇔ XBee USBエクスプローラ ⇔ (接続) ⇔ XBee PRO ZBモジュール

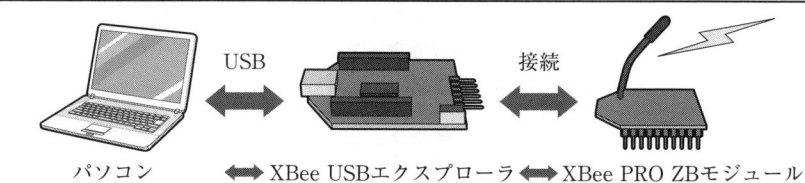

通信ファームウェア：ZIGBEE COORDINATOR API		Coordinator	APIモード
電源：USB 5V → 3.3V	シリアル：パソコン(USB)	スリープ(9)：接続なし	RSSI(6)：(LED)
DIO1(19)：接続なし	DIO2(18)：接続なし	DIO3(17)：接続なし	Commissioning(20)：(SW)
DIO4(11)：接続なし	DIO11(7)：接続なし	DIO12(4)：接続なし	Associate(15)：(LED)
その他：XBee PRO ZBモジュールは XBee ZBモジュールでも動作します(ただし，通信可能範囲が狭くなる)．			

子機

XBee ZBモジュール ⇔ (接続) ⇔ Arduino + Wirelessシールド ⇔ (USB) ⇔ パソコン (X-CTU)

通信ファームウェア：ZIGBEE ROUTER AT		Router	Transparentモード
電源：USB 5V → 3.3V	シリアル：パソコン(USB)	スリープ(9)：接続なし	RSSI(6)：(LED)
AD1(19)：接続なし	DIO2(18)：接続なし	DIO3(17)：接続なし	Commissioning(20)：(SW)
DIO4(11)：接続なし	DIO11(7)：接続なし	DIO12(4)：接続なし	Associate(15)：(LED)
その他：Arduino + Wirelessシールドの部分は XBee USBエクスプローラの代わりです．			

必要なハードウェア	
・Windowsが動作するパソコン(USBポートを搭載したもの)	1～2台
・各社 XBee USBエクスプローラ 　(2個中の1個は Arduino + Wirelessシールドで代用する)	2個
・Digi International社 XBee PRO ZBモジュール	1個
・Digi International社 XBee ZBモジュール	1個
・USBケーブルなど	

　このサンプル18は，サンプル16と17を組み合わせて，親機XBeeと子機XBeeとの間でシリアル・データの送受信を行うサンプルです．データは暗号化しない平文で送られます．

　ハードウェアや子機XBee ZBをX-CTUのTerminalに接続する構成は，サンプル16と同じです．サンプルを動作させるには，ソースコード「example18_uart_trx.c」をコンパイルして親機XBee ZBのシリアルCOMポートに対して実行します．

　実行すると，「Waiting for XBee Commissoning」のメッセージが表示されるので，子機XBee ZBのX-CTUのTerminalから「+++」と「ATCB01(改行)」を入力します．これは，コミッショニング・ボタンを1回押下したときと同じ動作です．ペアリングの完了後に，Cygwinのコンソール「Found a Device」が表示されます．

　ここで，親機のCygwinのコンソールにテキスト文字を入力して改行ボタンを押します．

ソースコード：サンプル 18　example18_uart_trx.c

```
/***************************************************************************
親機と子機とのUARTをつかったシリアル送受信
***************************************************************************/

#include <ctype.h>
#include "../libs/xbee.c"
#include "../libs/kbhit.c"                          ①

int main(int argc,char **argv){

    char c;                                          // 文字入力用
    char s[32];                         ②           // 送信データ用
    byte len=0;                                      // 文字長
    byte com=0;                                      // シリアルCOMポート番号
    byte dev[]={0x00,0x00,0x00,0x00,0x00,0x00,0xFF,0xFF};
                                                     // 宛て先XBeeアドレス
    XBEE_RESULT xbee_result;                         // 受信データ(詳細)

    if(argc==2) com=(byte)atoi(argv[1]);             // 引き数があれば変数comに代入する
    xbee_init( com );                                // XBee用COMポートの初期化
    xbee_atnj( 0xFF );                  ③           // 子機XBeeデバイスを常に参加許可
    printf("Waiting for XBee Commissioning\n"); ④   // コミッショニング待ち受け中の表示
    s[0]='\0';                          ⑤           // 文字列の初期化

    while(1){

        /* データ送信 */                    ⑥
        if( kbhit() ){
            c=getchar();                 ⑦          // キーボードからの文字入力
            if( isprint( (int)c ) ){     ⑧          // 表示可能な文字が入力されたとき
                s[len]=c;                            // 文字列変数sに入力文字を代入する
                len++;              ⑨               // 文字長を一つ増やす
                s[len]='\0';                ⑩       // 文字列の終了を表す\0を代入する
            }
            if( c == '\n' || len >= 31 ){  ⑪        // 改行もしくは文字長が31文字のとき
                xbee_uart( dev , s );       ⑫       // 変数sの文字を送信
                xbee_uart( dev,"\r");       ⑬       // 子機に改行を送信
                len=0;                               // 文字長を0にリセットする
                s[0]='\0';              ⑭           // 文字列の初期化
                printf("TX-> ");                     // 待ち受け中の表示
            }
        }

        /* データ受信(待ち受けて受信する) */
        xbee_rx_call( &xbee_result );   ⑮           // XBee子機からのデータを受信
        switch( xbee_result.MODE ){                  // 受信したデータの内容に応じて
            case MODE_UART:             ⑯           // 子機XBeeからのテキスト受信
                printf("\n");                        // 待ち受け中文字「TX」の行を改行
                printf("RX<- ");                     // 受信を識別するための表示
                printf("%s\n", xbee_result.DATA );   // 受信結果(テキスト)を表示
                printf("TX-> %s",s );                // 文字入力欄と入力中の文字の表示
                break;                      ⑰
            case MODE_IDNT:             ⑱           // 新しいデバイスを発見
                printf("\n");               ⑲       // 待ち受け中文字「TX」の行を改行
                printf("Found a New Device\n");      // XBee子機デバイスの発見表示
                bytecpy(dev, xbee_result.FROM, 8);   // 発見したアドレスをdevにコピー
                xbee_atnj(0);                        // 子機XBeeの受け入れ拒否を設定
                xbee_ratnj(dev,0);          ⑳       // 子機に対して孫機の受け入れ拒否
                xbee_ratd_myaddress( dev );          // 子機に親機のアドレス設定を行う
                printf("TX-> %s",s );                // 文字入力欄と入力中の文字の表示
                break;
        }
    }
}
```

```
xbee@devPC ~/cqpub        ←――――――――(cqpub フォルダ)
$ gcc example18_uart_trx.c ←―――――――((入力)コンパイルの実行)

xbee@devPC ~/cqpub                   (エラーなし(成功))
$ ./a 3  ←――――――――――――――――
Serial port = COM3 (/dev/ttyS2)       ((入力)プログラムの実行)
ZB Coord 1.78                         (数字は親機 XBee ZB のシリアル COM ポート番号)
by Wataru KUNINO
11223344 COORD.            ←―――――(プログラム開始時の出力)
[F8:42]CAUTION:ATNJ=(FF)
Waiting for XBee Commissoning ←――(子機からの通知待ち表示)
Found a New Device         ←―――――(子機からの通知を受信)
TX-> Hello, I'm a Coordinator. ←――((入力)子機に送信)
TX->
RX<- Hello, I'm an Arduino. ←―――――(子機から受信)
TX->
```

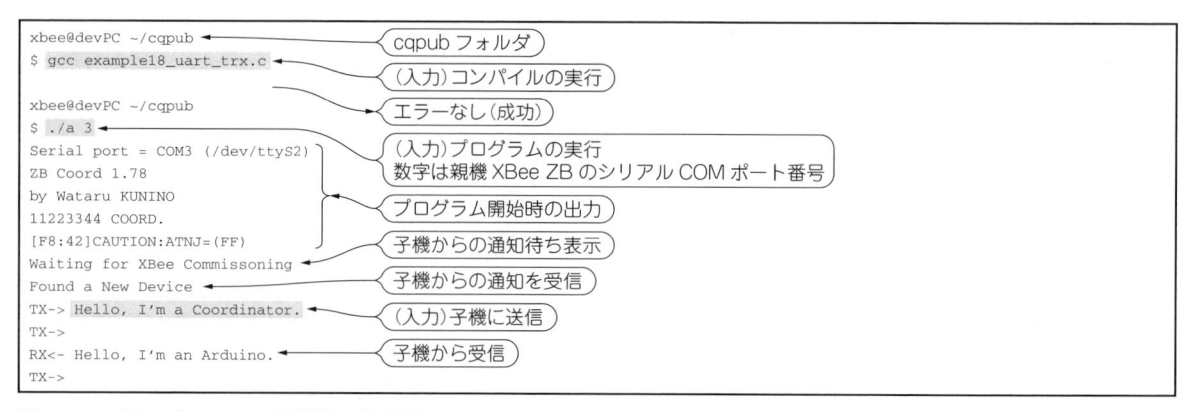

図 4-21　サンプル 18 の親機側の実行例（Cygwin コンソール）

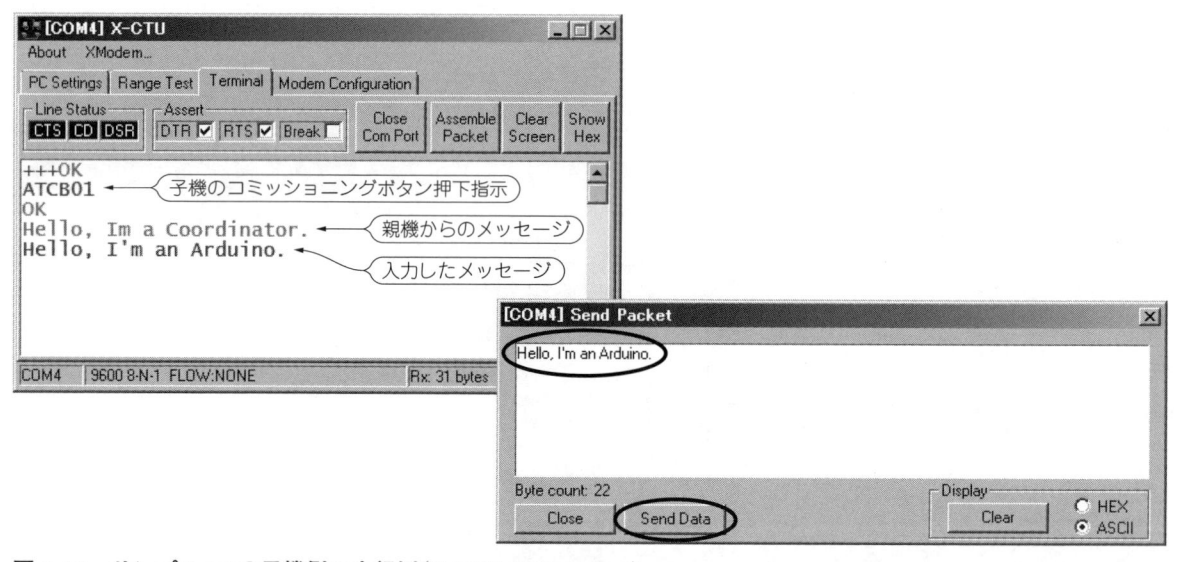

図 4-22　サンプル 17 の子機側の実行例（X-CTU の Terminal）

　　TX-> Hello, I'm a Coordinator.

　入力を行うと親機から子機へメッセージが伝えられ，子機 XBee ZB が接続された X-CTU の Terminal にメッセージが表示されます．

　また，子機から親機にメッセージを送信することも可能です．子機 XBee ZB が接続された X-CTU の Terminal の「Assemble Packet」ボタンをクリックします．そして，**図 4-19** のような Send Packet ウィンドウ内にテキスト文字を入力して，「Send Data」ボタンをクリックします．すると，子機から親機にメッセージが送られ，親機 XBee ZB 側の Cygwin コンソールにメッセージが表示されます．

　ここからは，サンプル・プログラムのソースコード「example18_uart_trx.c」についての説明です．このサンプルは，これまでのソースコードに比べて長くなっています．とはいっても，長くなっている主要因は文字入力や表示の部分です．こういったユーザ・インタフェース部分は，意外にプログラムの多くを占有してし，GUI（グラフィカル・ユーザ・インターフェース）になると，さらに増大します．

　XBee に関する部分は，サンプル 16 と 17 の説明をご覧いただければ理解できると思います．

① キーボードから文字が押されたかどうかを判定するkbhit関数を使用するために,「kbhit.c」をインポートします.
② 文字列変数sを32文字分,定義します.文字列変数については後述します.
③ 「xbee_atnj」を用いて,親機XBee ZBを常時ジョイン許可に設定します.
④ ジョイン許可状態であることを表示します.
⑤ 文字列変数sを初期化します.
⑥ 「kbhit」は,キーボードが押されているかどうかを確認する関数です.「if」条件文によってキーボードが押されていた場合は,「{」と「}」で囲まれた範囲を実行します.
⑦ 「getchar」は,キーボードから1文字だけを入力する関数です.戻り値(押された文字)を変数cに代入します.
⑧ キーボードから入力された1文字cが表示可能な文字のときに⑨の処理を行います.
⑨ キーボードから入力された1文字cを文字列変数sのs[len]に代入します.変数lenの値が0のときは,s[0]に文字cが代入されます.また,変数lenの値に1を加算します.次回,この部分の処理を行うときは,s[1]に文字が代入されます.
⑩ 文字列変数sの終端を示す「¥0」を文字列の最後尾に代入します.
⑪ キーボードから入力された1文字が改行を示す「¥n」もしくは文字列変数に代入する文字長が31のときに,「{」と「}」で囲まれた範囲の送信処理を実行します.
⑫ 「xbee_uart」を使用して文字列変数sの内容を子機XBee ZBに送信します.文字列は,子機XBee ZBのUARTから出力されます.
⑬ 子機XBee ZBに,改行文字「¥r」を送信します.改行文字にはシステムによって,「¥n」「¥r」「¥r¥n」の3種類があります.詳しくは後述します.
⑭ 文字列変数の初期化を行います.文字長lenを0にして,文字列の先頭文字s[0]に終端を示す「¥0」を代入します.また,「TX->」を表示して,ユーザに文字入力を待ち受け中であることを伝えます.
⑮ 「xbee_rx_call」を使用して,XBee ZB子機からの受信を確認します.
⑯ UARTシリアルからの受信のときに実行する処理です.
⑰ 受信したUARTシリアル情報「xbee_result.DATA」を表示します.
⑱ 子機XBee ZBのコミッショニング・ボタンが押された通知を受信したときに実行する処理です.
⑲ 受信したアドレス「xbee_result.FROM」を変数devに代入します.
⑳ 親機とコミッショニング・ボタンが押された子機に,ジョイン非許可を設定します.また,子機から送信する場合の宛て先を親機に設定します.さらに,「TX->」を表示してユーザに文字入力を待ち受け中であることを伝えます.

　文字列変数sについて詳しく説明します.プログラムでは,文字変数と文字列変数は異なる意味を表しています.文字変数とは,char c;のcように1文字だけを代入することが可能な変数です.一方,文字列変数とは,複数の文字を代入することができる複数の文字変数の配列で表される変数です.
　文字列変数sを定義しているソースコードの②には,char s[32];のように,s[0]から順番にs[31]までの32個の文字変数をsの配列変数として定義しています.このs[0]～s[31]の32個の文字変数には,それぞれ1文字(半角1バイト)を代入することができます.また,文字列の終端には「¥0」を代入する必要があります.したがって,ここでは31文字までの文字列を扱うことが可能です.
　例えば,文字列変数sに3文字の「abc」を代入するには,

```
s[0]='a';   s[1]='b';   s[2]='c';
s[3]='¥0';
```

のように代入します.このとき,s[4]～s[31]には何が入っていてもかまいません.しかし,s[32]以降を指定してしまうと,ほかの用途で使用しているメモリにアクセスしてしまい,致命的な不具合が発生

表 4-8 改行コードの違い

改行を示す文字	文字コード	使用しているシステム
¥n	LF (0x0A)	UNIX 系システム(Cygwin, Linux, Mac OS X)
¥r	CR (0x0D)	Mac OS (Max OS X を除く)
¥r¥n	LR+CR (0x0D,0x0A)	Windows

します．例えば，変数 i に対して s[i] ='a';と記述しておいて，i の値が 32 以上になるようなバグには十分に注意する必要があります．

このサンプルでは，文字列変数 s に代入した 31 文字以下の文字列を⑫の「xbee_uart」を用いて XBee ZB 子機に送信しています．xbee_uart の引き数は，送信先の XBee ZB のアドレスと文字列変数です．

ソースコードの⑬では，二つほど妙な記述に気が付くかもしれません．一つ目は，改行を示す「¥r」をダブルコート「"」で囲っていることです．④の部分では，s[0] に文字を代入するのにシングルコート「'」で囲っていました．これは，文字にはシングルコート「'」を用いるのに対して，文字列にはダブルコート「"」を用いるためです．例え，文字列変数に 1 文字しか入っていなくても，ダブルコート「"」を用います．xbee_uart の 2 番目の引き数は文字列なので，ダブルコート「"」を使用しているのです．

もう一つの妙な記述は，改行コードが「¥r」となっていることです．改行文字には，システムによって「¥n」「¥r」「¥r¥n」の 3 種類があり，これらが混在することがしばしばあります．X-CTU の Terminal では改行コードに「¥r」が用いられているので，親機から子機に送信するときは「¥r」を使用します．しかし，UNIX 系の Cygwin では，改行コードに「¥n」を使用します．さらに，Windows では「¥r¥n」を使用します．

改行コードだけでなく，文字コードにも違いがあります．本書では，改行コードのような特殊文字(¥n など)に「¥」マークを使用しています．しかし，これは日本語システムでの表記で，本来は逆スラッシュの「\」を用います．さらに，文字コードもさまざまな形式があります．Windows のメモ帳で何も気にせずに保存した場合は，「シフト JIS」形式となります．保存時に Arduino で使用している「UTF-8」形式を選択することも可能です．また，秀丸エディタであれば，ファイルメニューの「エンコードの種類」から文字コードと改行コードを変更することが可能です．

第19節　Example 19：LEDをリモート制御する④通信の暗号化

Example 19	LEDをリモート制御する④通信の暗号化		
	練習用サンプル	通信方式：XBee ZB	開発環境：Cygwin

パソコンに接続した親機XBeeから子機XBeeモジュールのGPIO(DIO)ポートをライブラリ関数 xbee_gpo で制御するサンプルです．あらかじめ設定したパスワードを使ってXBee間の通信パケットを暗号化します．

親機

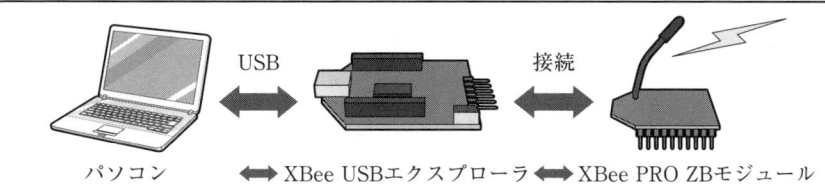

パソコン ⇔ XBee USBエクスプローラ ⇔ XBee PRO ZBモジュール

通信ファームウェア：ZIGBEE COORDINATOR API		Coordinator	APIモード
電源：USB 5V → 3.3V	シリアル：パソコン(USB)	スリープ(9)：接続なし	RSSI(6)：(LED)
DIO1(19)：接続なし	DIO2(18)：接続なし	DIO3(17)：接続なし	Commissioning(20)：(SW)
DIO4(11)：接続なし	DIO11(7)：接続なし	DIO12(4)：接続なし	Associate(15)：(LED)
その他：XBee PRO ZBモジュールはXBee ZBモジュールでも動作します(ただし，通信可能範囲が狭くなる)．			

子機

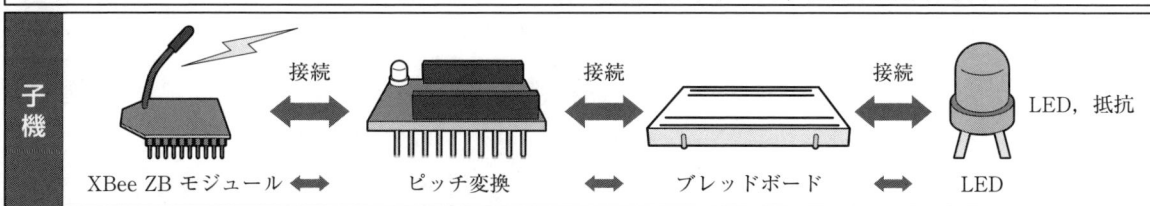

XBee ZBモジュール ⇔ ピッチ変換 ⇔ ブレッドボード ⇔ LED

通信ファームウェア：ZIGBEE ROUTER AT		Router	Transparentモード
電源：乾電池2本 3V	シリアル：接続なし	スリープ(9)：接続なし	RSSI(6)：(LED)
DIO1(19)：接続なし	DIO2(18)：接続なし	DIO3(17)：接続なし	Commissioning(20)：SW
DIO4(11)：LED	DIO11(7)：接続なし	DIO12(4)：接続なし	Associate(15)：LED
その他：あらかじめ暗号化とパスワードを設定した子機XBee ZBモジュールを使用します．			

必要なハードウェア
- Windowsが動作するパソコン(USBポートを搭載したもの)　1台
- 各社 XBee USBエクスプローラ　1個
- Digi International社 XBee PRO ZBモジュール　1個
- Digi International社 XBee ZBモジュール　1個
- XBee ピッチ変換基板　1式
- ブレッドボード　1個
- 高輝度LED 2～5個，抵抗1kΩ 2～5個，セラミック・コンデンサ0.1μF 1個，プッシュ・スイッチ1個，単3×2直列電池ボックス1個，単3電池2個，ブレッドボード・ワイヤ適量，USBケーブルなど

　これまでのサンプルは通信が暗号化されておらず，ZigBeeやIEEE 802.15.4のプロトコルに準拠した受信機で傍受すると，データの中身を見ることが可能でした．また，XBee ZBがジョイン許可になっていれば，第3者がZigBeeネットワークにジョイン(参加)することも可能でした．

　このサンプル19では，パスワードによる暗号化を行うことで，あらかじめパスワードを設定した子機XBee ZBのみとの通信を行います．サンプルの内容は，LEDをリモート制御するもっとも簡単なものです．

　まず，子機に使用するXBee ZBモジュールに暗号化の設定をX-CTUを使って行います．サンプル18の続きで，このサンプル19を試そうとされている場合は，既に子機XBee ZBはX-CTUに接続されていると思うので，そのままで設定可能です．しかし，子機XBee ZBモジュールがパソコンとつながっていな

ソースコード：サンプル 19　example19_led.c

```
/****************************************************************************
LEDをリモート制御する④通信の暗号化
****************************************************************************/

#include "../libs/xbee.c"

int main(int argc,char **argv){

    byte com=0;                         // シリアルCOMポート番号
    byte dev[8];                        // XBee子機デバイスのアドレス

    /* 初期化 */
    if(argc==2) com=(byte)atoi(argv[1]);// 引き数があれば変数comに代入する
    xbee_init( com );                   // XBee用COMポートの初期化
    /* 暗号化有効 */
    if( xbee_atee_on("password") <= 1){ ①
        printf("Encryption On¥n");      // 暗号化ON設定．passwordは16文字まで
                                        ②  // "password" -> 70617373776F7264
    }else{
        printf("Encryption Error¥n");   // 暗号化エラー表示
        exit(-1);                       ③
    }
    /* ペアリング */                     ④
    printf("XBee in Commissioning¥n");  // 待ち受け中の表示
    if(xbee_atnj(30)){                  // デバイスの参加受け入れを開始(最大30秒間)
        printf("Found a Device¥n");     // XBee子機デバイスの発見表示
        xbee_from( dev );               // 見つけたデバイスのアドレスを変数devに取込む
        xbee_ratnj(dev,0);              // 子機に対して孫機の受け入れ拒否を設定
    }else{
        printf("No Devices¥n");         // エラー時の表示
        exit(-1);                       // 異常終了
    }
    /* LEDの点滅(暗号化) */              ⑤
    while(1){                           // 5回の繰り返し処理
        xbee_gpo(dev, 4, 1);            // リモートXBeeのポート4を出力'H'に設定する
        delay( 1000 );                  // 1000ms(1秒間)の待ち
        xbee_gpo(dev, 4, 0);            // リモートXBeeのポート4を出力'L'に設定する
        delay( 1000 );                  // 1000ms(1秒間)の待ち
    }
}
```

い場合は，XBee USB エクスプローラもしくは Arduino と Arduino Wireless シールドを使用して，子機 XBee ZB モジュールをパソコンに接続し，X-CTU を起動して COM ポートを選択する必要があります．

X-CTU を使って，子機 XBee ZB モジュールに暗号化の設定を行うには，**図 4-23** のように「PC Setting」タブで COM ポートを選択してから「Modem Configuration」タブをクリックします．

「Modem Configuration」タブの画面で「READ」ボタンを押すと，**図 4-24** のような画面が表示されるので，「Security」ファルダ内の「EE」を「1」に，「KY」を「70617373776F7264」に設定します．「KY」欄は選択すると「Set」ボタンが現れます．その「Set」ボタンを押下すると入力することができます．

「KY」は，16 進数の 16 バイト以下の暗号キーです．今回は，「password」という 8 バイトのパスワード文字列を 16 進数に変換して設定しています．このパスワードは，親機と子機で同じパスワード（暗号キー）である必要があります．

「EE」と「KY」の変更が終わったら，「Write」ボタンを押して子機 XBee ZB モジュールに書き込みます．

はじめは，練習のためにパスワード「password」「70617373776F7264」に設定してください．

設定が終わったら，子機 XBee ZB モジュールをパソコンから切り離して LED を実装したブレッドボードに接続します．ハードウェアの構成は，パスワード

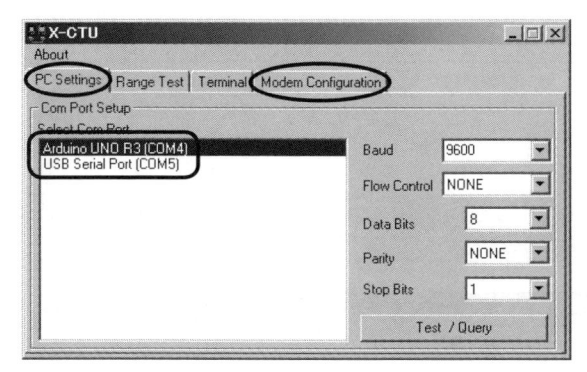

図 4-23　XBee USB エクスプローラと Arduino UNO を接続したときの X-CTU 起動画面

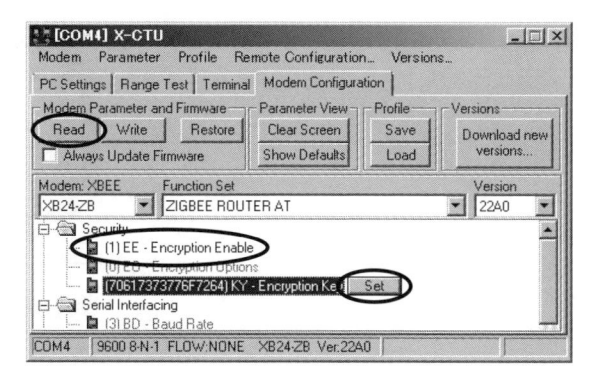

図 4-24　X-CTU の XBee 設定画面

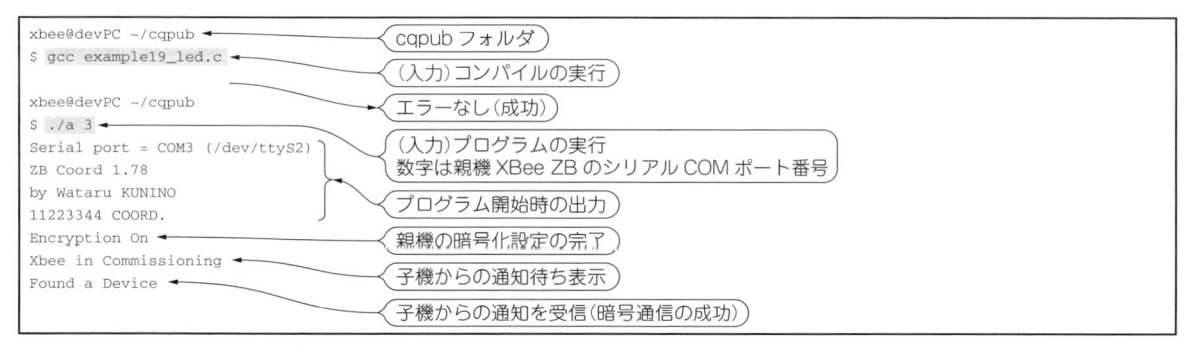

図 4-25　サンプル 19 の実行例

設定済みの子機 XBee ZB モジュールを使用する以外，サンプル 2〜4 と同じです．

サンプル・プログラムは，「example19_led.c」をコンパイルして，親機 XBee ZB モジュールの COM ポート番号を指定して実行します（図 4-25）．

起動には，これまでのサンプルよりも時間がかかります．親機 XBee ZB に暗号化ための設定を行い，親機 XBee ZB モジュールを再起動する時間が必要だからです．しばらくすると，「Encryption On」と「XBee in Commissioning」のメッセージが表示されるので，子機 XBee ZB モジュールのコミッショニング・ボタンを 1 回だけ押下してすぐに離します．すぐに「Found a Device」が出ない場合は，1 秒以上あけて，再度，コミッショニング・ボタンを押下してすぐに離します．

コミッショニング・ボタンの通知も暗号化されているので，暗号化に失敗していると「Found a Device」が表示されません．うまく ZigBee ネットワークにジョイン（参加）できない場合は，子機 XBee ZB のコミッショニング・ボタンを 4 回，連続押下してネットワーク設定を初期化し，X-CTU を使って「EE」を「1」に，「KY」を「70617373776F7264」に再設定します．

なお，親機 XBee ZB モジュールのネットワーク設定を初期化すると，子機 XBee ZB のネットワーク設定も初期化して，パスワードを再設定する必要があります．

暗号化通信が可能になると，子機の LED が 1 秒ごとに点滅します．プログラムを終了するには，キーボードの「Ctrl」キーを押しながら「C」を押します．このプログラムを実行すると，親機 XBee ZB モジュールは暗号化 ON の状態となり，このサンプル 19 と次のサンプル 20 以外のサンプルは動作しなくなります．この実験が終わったら，必ず tools フォルダ内の「xbee_

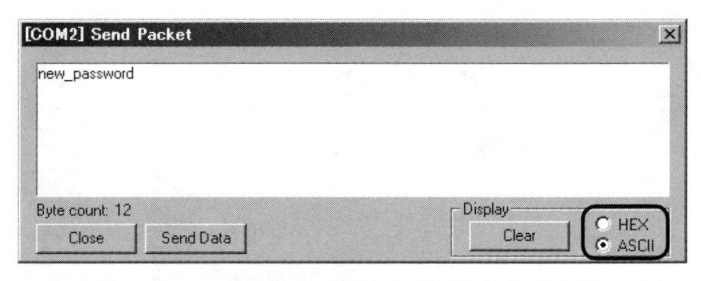

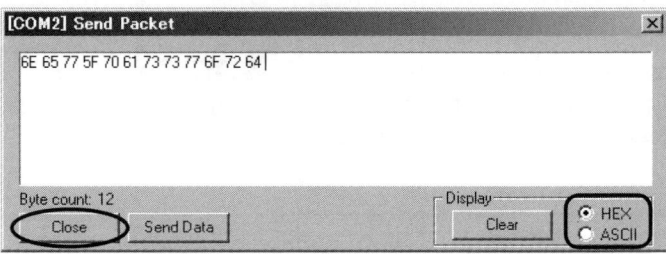

図4-26
X-CTUを使った文字列の16進数変換機能

図4-27
X-CTUの「Modem Configuration」タブの「KY」値の入力例

atee_off」を実行して暗号化を解除します.

　toolsフォルダ内のツールを実行する方法は，第3章第12節に記載しているmakeによるコンパイルが必要です．xbee_atee_offをcqpubフォルダ（ディレクトリ）から実行する場合は，

　　$ ../tools/xbee_atee_off 3

のように実行します．最後の数字は，初期化する親機のCOMポート番号です．

　ただし，引き続き，サンプル20を実行する場合は，このまま暗号化ONの状態で実験を行ってください．暗号化をOFFにするとZigBeeネットワークが初期化され，新しいPAN IDでネットワークを構築してしまい，子機XBee ZBモジュールの再設定が必要になります．

　ここからは，このサンプルのソースコード「example19_led.c」についての説明に移ります．

①「xbee_atee_on」は，親機XBee ZBの暗号化設定をONにする命令です．引き数は，16文字までのパスワードの文字列です．ここでは，「password」をパスワードにしています．xbee_atee_onの戻り値が0のときは設定完了です．以前に暗号化が設定されていた場合は，再設定を行わずに戻り値が1となります．「if」では，0もしくは1の戻り値があった場合に②を実行します．

②Cygwinのコンソールに「Encryption On」を表示します．

③暗号化の設定に失敗したときに終了します．

④ペアリングの処理を行います．子機のコミッショニング・ボタンからの通知を受けた場合は，変数devにIEEEアドレスを代入します．

⑤「xbee_gpo」を用いて，子機XBee ZBのLEDを点滅する命令を送信します．

　ここで，暗号化のためのパスワードを自分で決めて設定する方法について説明します．まず，パスワードを16文字以内で決めます．そして，決めたパスワード文字列をソースコードの①の「password」の部分に

上書きします．また，子機に同じパスワードを設定するために，パスワードの文字列を16進数に変換する必要があります．

アスキー文字コード表などを使用して変換しても良いのですが，X-CTUの「Terminal」タブの「Assemble Packet」に文字列を16進数に変換する機能があるので，そちらを使用すると簡単です（図4-26）．Send Packetウィンドウ内にパスワード（改行なし）を入力した後に，右下のラジオ・ボタンを「HEX」に切り替えると16進数が表示されます．16進数の暗号キーを覚えたら，「Close」でウィンドウを閉じます．「Send Data」は，文字列を送信してしまうので押してはいけません．

確認した16進数の暗号キーは，X-CTUの「Modem Configuration」タブ（図4-24）の「Security」フォルダ内「KY」欄に入力します．Send Packetウィンドウは，1バイト毎にスペースで区切られていますが，「KY」欄に入力する場合はスペース文字が入らないように0～9，A～Fの16進数のみを入力して「OK」をクリックします（図4-27）．

今回のようなLEDだけが接続された単純な子機の機器の場合は，子機XBee ZBモジュールをパソコンに接続し直さなければならないのでとても不便です．本書では紹介していない親機からパスワードを送って設定する方法もありますが，パスワードが暗号化されずに交信されてしまう問題があります．めったにネットワーク設定を変更しないので，パスワードを送信しても安全であるという考え方から実装されていると思いますが，めったに変更しないのなら手間を惜しまずに設定の都度に子機XBee ZBモジュールをパソコンに接続すれば良いと思います．もちろん，頻繁に設定変更を行うのなら，頻繁に暗号化されずにパスワードが取り交わされてしまうような危険な方法は避けるべきです．

残念ながら，安全かつ簡単に頻繁に設定変更を行う方法はありません．一方で，下手な暗号化を行うくらいなら暗号化しないという選択肢も考えられます．例えば，暗号化の要否で二つのZigBeeネットワークに分割する方法です．センサからの情報収集は暗号化しないZigBeeネットワークを使用し，警報器の駆動や家電の制御には暗号化した別のZigBeeネットワークを使用するなどの使い分けが考えられます．

なお，暗号化の使用・非使用に関わらず，いかなる損害が発生した場合であっても，出版社および筆者は一切の責任を負いません．重要な情報を取り扱う際は十分な調査と検証を行ったうえ，自己責任でご使用ください．

第20節 Example 20：UART を使ってシリアル情報を送受信する②暗号化

Example 20

UART を使ってシリアル情報を送受信する②暗号化		
練習用サンプル	通信方式：XBee ZB	開発環境：Cygwin

親機 XBee ZB と子機 XBee ZB との UART シリアルの送受信を行うサンプルです．あらかじめ設定したパスワードを使って XBee 間の通信パケットを暗号化します．

親機

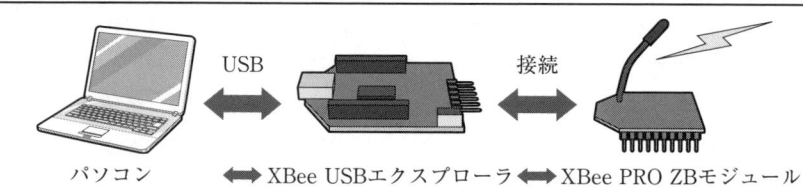

パソコン ⇔ XBee USB エクスプローラ ⇔ XBee PRO ZB モジュール

通信ファームウェア：ZIGBEE COORDINATOR API		Coordinator	API モード
電源：USB 5V → 3.3V	シリアル：パソコン（USB）	スリープ（9）：接続なし	RSSI（6）：（LED）
DIO1（19）：接続なし	DIO2（18）：接続なし	DIO3（17）：接続なし	Commissioning（20）：（SW）
DIO4（11）：接続なし	DIO11（7）：接続なし	DIO12（4）：接続なし	Associate（15）：（LED）
その他：XBee PRO ZB モジュールは XBee ZB モジュールでも動作します（ただし，通信可能範囲が狭くなる）．			

子機

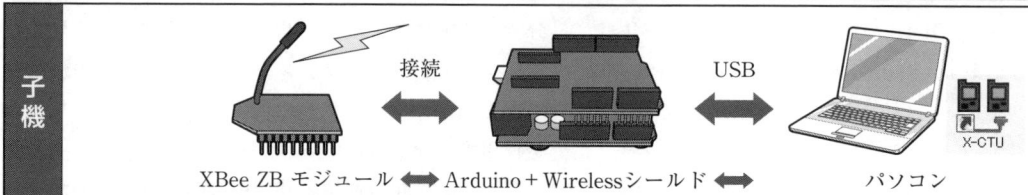

XBee ZB モジュール ⇔ Arduino + Wireless シールド ⇔ パソコン

通信ファームウェア：ZIGBEE ROUTER AT		Router	Transparent モード
電源：USB 5V → 3.3V	シリアル：パソコン（USB）	スリープ（9）：接続なし	RSSI（6）：（LED）
AD1（19）：接続なし	DIO2（18）：接続なし	DIO3（17）：接続なし	Commissioning（20）：（SW）
DIO4（11）：接続なし	DIO11（7）：接続なし	DIO12（4）：接続なし	Associate（15）：（LED）
その他：Arduino + Wireless シールドの部分は XBee USB エクスプローラの代わりです．			

必要なハードウェア
- Windows が動作するパソコン（USB ポートを搭載したもの）　1～2台
- 各社 XBee USB エクスプローラ　2個
  （2個中の1個は Arduino + Wireless シールドで代用する）
- Digi International 社 XBee PRO ZB モジュール　1個
- Digi International 社 XBee ZB モジュール　1個
- USB ケーブルなど

練習用の最後のサンプル20は，親機 XBee と子機 XBee との間で暗号化したデータのシリアル送受信を行うサンプルです．

サンプル18のシリアル送受信に暗号化の設定を追加しています．パソコンを使用したシリアル通信の基本となるサンプルです．

ハードウェアは，サンプル16～18と同じです．パソコン側の設定も，サンプル18と同じようにセットアップします．

サンプルを実行するにはソースコード「example20_enc.c」をコンパイルして，親機のシリアル COM ポート番号で実行します．子機は X-CTU の Terminal 機能を使用します．パスワードを変更している場合は，コンパイル前にソースコード内のパスワードを変更しておきます．

使い方はサンプル19と同じなので，説明は省略します．図4-28に実行例を示します．違いは，「Encryption On」の表示です．

ソースコード：サンプル 20　example20_enc.c

```c
/***************************************************************
  親機と子機との暗号化データの送受信
***************************************************************/
#include <ctype.h>
#include "../libs/xbee.c"
#include "../libs/kbhit.c"

int main(int argc,char **argv){
    char c;                                                     // 文字入力用
    char s[32];                                                 // 文字入力用
    byte len=0;                                                 // 文字長
    byte com=0;                                                 // シリアルCOMポート番号
    byte dev[]={0x00,0x00,0x00,0x00,0x00,0x00,0xFF,0xFF};       // 相手先XBeeアドレス
    XBEE_RESULT xbee_result;                                    // 受信データ(詳細)

    /* 初期化 */
    if(argc==2) com=(byte)atoi(argv[1]);                        // 引き数があれば変数comに代入する
    xbee_init( com );                                           // XBee用COMポートの初期化
    /* 暗号化有効 */
    if( xbee_atee_on("password") <= 1){   ←──①              // 暗号化ON. passwordは16文字まで
        printf("Encryption On\n");                              // "password" -> 70617373776F7264
    }else{
        printf("Encryption Error\n");                           // 暗号化エラー表示
        exit(-1);
    }
    /* ペアリング */
    if( xbee_atvr() == ZB_TYPE_COORD ){   ←──②              // 本機がCoordinator(親機)のとき
        printf("Xbee in Commissioning\n");                      // 待ち受け中の表示
        xbee_atnj( 0xFF );                                      // 子機XBeeデバイスを常に参加許可
    }else{                                                      // 本機がRouter(子機)のとき
        do{                                                     // 繰り返しの開始
            wait_millisec( 1000 );                              // 1秒待ち
            printf("Commissioning\n");                          // XBee親機の検索
            xbee_atcb( 1 );   ←──③                          // コミッション・ボタンの押下
        }while( xbee_atai() > 0 );   ←──④                   // 参加完了するまで繰り返す
        printf("Joined\nTX-> ");                                // 参加完了
    }
    s[0]='\0';                                                  // 文字列の初期化

    /* 暗号化通信処理 */   ←──⑤
    while(1){
        /* データ送信 */
        if( kbhit() ){
            c=getchar();                                        // キーボードからの文字入力
            if( isprint( (int)c ) ){                            // 表示可能な文字が入力されたとき
                s[len]=c;                                       // 文字列変数sに入力文字を代入する
                len++;                                          // 文字長を一つ増やす
                s[len]='\0';                                    // 文字列の終了を表す\0を代入する
            }
            if( c == '\n' || len >= 31 ){                       // 改行もしくは文字長が31文字のとき
                xbee_uart( dev , s );                           // 変数sの文字を送信
                xbee_uart( dev,"\r");                           // 子機に改行を送信
                len=0;                                          // 文字長を0にリセットする
                s[0]='\0';                                      // 文字列の初期化
                printf("TX-> ");                                // 待ち受け中の表示
            }
        }
        /* データ受信 */
        xbee_rx_call( &xbee_result );                           // XBee子機からのデータを受信
        switch( xbee_result.MODE ){                             // 受信したデータの内容に応じて
            case MODE_UART:                                     // 子機XBeeからのテキスト受信
                printf("\n");                                   // 待ち受け中文字「TX」の行を改行
                printf("RX<- ");                                // 受信を識別するための表示
```

ソースコード：サンプル20 example20_enc.c（つづき）

```
                    printf("%s¥n", xbee_result.DATA );       // 受信結果(テキスト)を表示
                    printf("TX-> %s",s );                    // 文字入力欄と入力中の文字の表示
                    break;
                case MODE_IDNT:                              // 新しいデバイスを発見
                    printf("¥n");                            // 待ち受け中文字「TX」の行を改行
                    printf("Found a New Device¥n");          // XBee子機デバイスの発見表示
                    bytecpy(dev, xbee_result.FROM, 8);       // 発見したアドレスをdevにコピー
                    xbee_atnj(0);           ◄──────┐         // 子機XBeeの受け入れ拒否を設定
                    xbee_ratnj(dev,0);             ⑥         // 子機に対して孫機の受け入れ拒否
                    xbee_ratd_myaddress( dev );              // 子機に親機のアドレス設定を行う
                    printf("TX-> %s",s );                    // 文字入力欄と入力中の文字の表示
                    break;
            }
        }
}
```

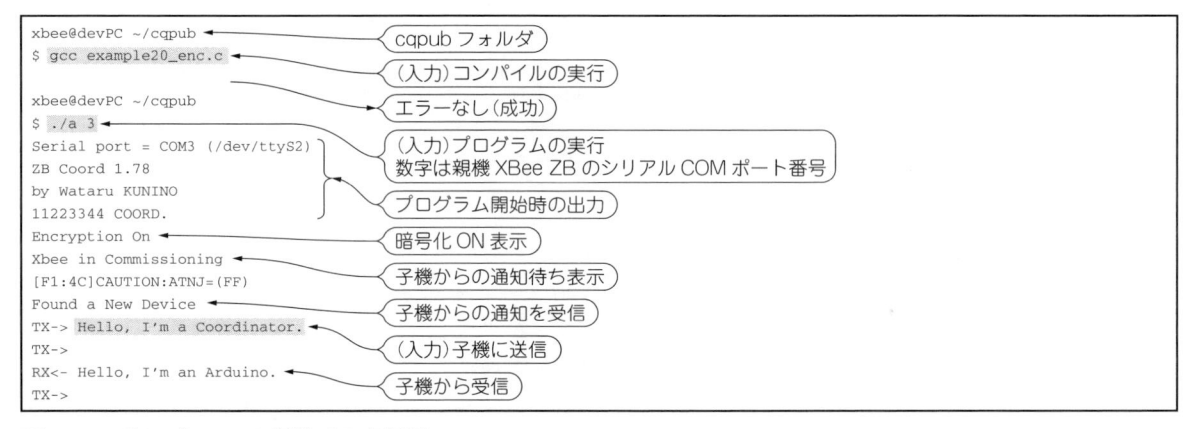

```
xbee@devPC ~/cqpub    ◄──── ( cqpub フォルダ )
$ gcc example20_enc.c ◄──── ( (入力)コンパイルの実行 )

xbee@devPC ~/cqpub
$ ./a 3               ◄──── ( エラーなし(成功) )
Serial port = COM3 (/dev/ttyS2)  ◄── ( (入力)プログラムの実行
ZB Coord 1.78                          数字は親機 XBee ZB のシリアル COM ポート番号 )
by Wataru KUNINO
11223344 COORD.      ◄──── ( プログラム開始時の出力 )
Encryption On        ◄──── ( 暗号化 ON 表示 )
Xbee in Commissioning ◄─── ( 子機からの通知待ち表示 )
[F1:4C]CAUTION:ATNJ=(FF)
Found a New Device   ◄──── ( 子機からの通知を受信 )
TX-> Hello, I'm a Coordinator. ◄── ( (入力)子機に送信 )
TX->
RX<- Hello, I'm an Arduino.    ◄── ( 子機から受信 )
TX->
```

図 4-28　サンプル 20 の親機での実行例

今回のサンプル 20 では，親機 XBee ZB だけでなく子機 XBee ZB でも動作するように考慮しました．子機 XBee ZB で動かすには，子機 XBee ZB のファームウェア「ZIGBEE ROUTER AT」を「ZIGBEE ROUTER API」に変更する必要があります．変更の方法は，第 3 章第 5 節「X-CTU による XBee の設定方法」に記載ように，X-CTU の「Modem Configureation」タブ内の「Function Set」を「ZIGBEE ROUTER API」に変更して「Write」をクリックしてファームウェアを書き込みます．

子機用の Cygwin のコンソールを新たにもう一つ開き，cqpub フォルダ内で，子機の COM ポート番号を指定して，

```
$ ./a 4
```

のように実行します．この例では，子機 XBee ZB のポートが COM4 ですが，COM6 であれば，「./a 6」のように実行します．

もし，「/dev/ttyS3: Permission denied」のようなエラーが表示された場合は，親機の COM ポートを指定している場合や，X-CTU のタブが「Terminal」になっている場合が考えられます．子機 XBee ZB を接続しているシリアル COM ポートを設定し，X-CTU は「Modem Configuration」などのタブに変更します．

「EXIT:NO RESPONCE FROM XBEE」のエラーが出た場合は，子機 XBee ZB のファームウェアに「ZIGBEE ROUTER API」を書き込みます．

親機が子機のコミッショニング・ボタンからの通知が受けられない場合は，子機 XBee ZB が暗号化ネッ

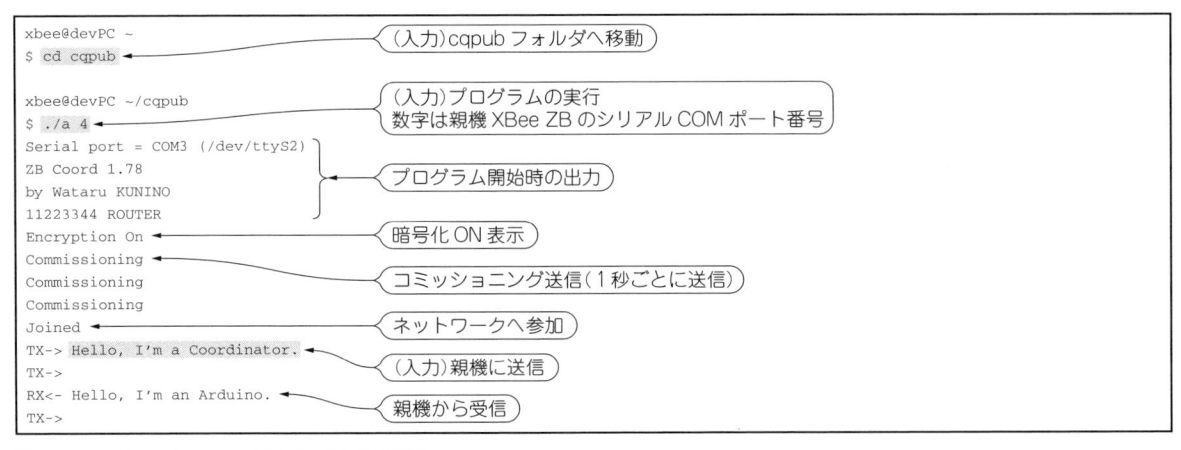

```
xbee@devPC ~
$ cd cqpub          ←（入力）cqpub フォルダへ移動

xbee@devPC ~/cqpub  ←（入力）プログラムの実行
$ ./a 4                数字は親機 XBee ZB のシリアル COM ポート番号
Serial port = COM3 (/dev/ttyS2)
ZB Coord 1.78        ←プログラム開始時の出力
by Wataru KUNINO
11223344 ROUTER
Encryption On       ←暗号化 ON 表示
Commissioning
Commissioning      ←コミッショニング送信（1秒ごとに送信）
Commissioning
Joined             ←ネットワークへ参加
TX-> Hello, I'm a Coordinator. ←（入力）親機に送信
TX->
RX<- Hello, I'm an Arduino.   ←親機から受信
TX->
```

図 4-29　サンプル 20 の子機での実行例

トワークに参加できていない場合が多いです．そのような場合は，一度，プログラムを終了して，親機と子機のそれぞれのネットワーク設定をリセットしてから，再度，プログラムを起動します．ネットワーク設定をリセットするには，tools フォルダ内の「xbee_atcb04」を実行する，もしくは，親機と子機 XBee ZB のコミッショニング・ボタンを 4 回，連続押下します．

それでは，練習用の最後のサンプル 20 のソースコード「example20_enc.c」の説明です．UART シリアル通信の部分は，サンプル 18 と同じなので省略します．

① 「xbee_atee_on」を使用して親機 XBee ZB に暗号化設定を行います．サンプルでは，パスワードを「password」としています．

② 「xbee_atvr」は，ファームウェアの種類を確認する命令です．ZigBee Coordinator の場合は，戻り値が「ZB_TYPE_COORD」となります．

③ XBee ZB モジュールが ZigBee Coordinator ではない，すなわち子機 XBee ZB であった場合に，「xbee_atcb」を使ってコミッショニング・ボタンを押下します．引き数 1 は，押下数です．

④ 「xbee_atai」は，ZigBee ネットワークへの参加状態を確認する命令です．参加すると戻り値が 0 となります．「do」と「while」のコミッショニング・ボタン押下処理をネットワーク参加するまで繰り返します．

⑤ UART シリアル通信を開始します．

このプログラムは，親機 XBee ZB と子機 XBee ZB で同じソースコードを使用できるように，②の xbee_atvr で親機と子機を判断し，それぞれで異なるペアリング動作を行います．親機の場合は常時ジョイン許可に設定し，子機の場合はコミッショニング・ボタンを 1 秒ごとに押下して親機との接続を確認します．タイミングにもよりますが，7～8 回で「Joined」が表示されます．親機は子機からのコミッショニング通知を受けると，⑥の「xbee_atnj」を使用して以降のジョインを非許可に設定します．

[第5章]

パソコンを親機にした XBee ZB実験用 サンプル・プログラム集 （10例）

　今度は，もう少し実用的なアプリケーションでXBee ZBの実験してみましょう．サンプル・プログラムを応用すれば，実際に運用可能なシステムの構築も可能になるでしょう．

　今回も親機にパソコンを使用して，XBee ZBの使い方を学びながら実験を行います．パソコンのほうがプログラムの変更が容易でXBee ZBの動きもつかみやすいからです．なお，似たような動作のArduino用のサンプル・プログラムは第9章で紹介します．

第1節 Example 21：Digi International社純正 XBee Wall Routerで照度と温度を測定する

Example 21 | Digi International社純正 XBee Wall Routerで照度と温度を測定する
実験用サンプル | 通信方式：XBee ZB | 開発環境：Cygwin

Digi International社純正のXBee Wall RouterもしくはXBee Sensorの照度と温度をパソコンに接続した親機XBeeから読み取る実験用サンプルです．

親機

パソコン ⇔ XBee USBエクスプローラ ⇔ XBee PRO ZBモジュール

通信ファームウェア：ZIGBEE COORDINATOR API		Coordinator	APIモード
電源：USB 5V → 3.3V	シリアル：パソコン(USB)	スリープ(9)：接続なし	RSSI(6)：(LED)
DIO1(19)：接続なし	DIO2(18)：接続なし	DIO3(17)：接続なし	Commissioning(20)：(SW)
DIO4(11)：接続なし	DIO11(7)：接続なし	DIO12(4)：接続なし	Associate(15)：(LED)
その他：XBee PRO ZBモジュールはXBee ZBモジュールでも動作します(ただし，通信可能範囲が狭くなる)．			

子機

Digi International社純正 XBee Wall Router

通信ファームウェア：ZIGBEE ROUTER AT		Router	Transparentモード
電源：ACコンセント	シリアル：接続なし	スリープ(9)：接続なし	RSSI(6)：接続なし
AD1(19)：照度センサ	AD2(18)：温度センサ	DIO3(17)：接続なし	Commissioning(20)：SW
DIO4(11)：接続なし	DIO11(7)：接続なし	DIO12(4)：接続なし	Associate(15)：LED
その他：照度センサ，温度センサの値は目安です．大きな誤差が生じます．			

必要なハードウェア
- Windowsが動作するパソコン(USBポートを搭載したもの) 　1台
- 各社 XBee USBエクスプローラ 　2個
- Digi International社 XBee PRO ZBモジュール 　1個
- Digi International社 XBeeWall Router または Digi International社 XBee Sensor 　1個
- USBケーブルなど

　このサンプル21は，子機となるDigi International社純正のXBee Wall RouterもしくはXBee Sensorの照度と温度をパソコン側の親機XBeeで読み取る実験用サンプルです．

　XBee Wall Router(ウォール・ルータ)は，コンセントに差し込んでXBee ZBの中継を行うための製品です．国内では，ストロベリー・リナックス社がZigBeeレンジエクステンダーという名称で販売しています．XBee Wall Routerには，ファームウェア「ZIGBEE ROUTER AT」を書き込んだXBee PRO ZBモジュールと，照度センサ，温度センサ，そして電源回路が内蔵されています．XBee PRO ZBモジュールは特殊なものではなく，単体で市販されているXBee PRO ZBモジュールと同一のようですが，リモートATコマンドでATDDを実行した場合に，XBee Wall Routerを示す00 03 00 08を応答します．

　照度センサは，XBee PRO ZBモジュールのアナログ入力(ADポート)1に接続されており，温度センサはアナログ入力(ADポート)2に接続されています．

　まずは，パソコンに接続した親機からXBee Wall

ソースコード：サンプル 21　example21_wall.c

```c
/****************************************************************************
Digi純正XBee Wall Routerで照度と温度を測定する
****************************************************************************/

#include "../libs/xbee.c"
#define FORCE_INTERVAL  250                     // データ要求間隔(およそ20msの倍数)
#define TEMP_OFFSET     3.8     ←――――――①      // XBee Wall Router内部温度上昇

void set_ports(byte *dev){   ←――――――②
    xbee_gpio_config( dev, 1 , AIN );           // XBee子機のポート1をアナログ入力へ
    xbee_gpio_config( dev, 2 , AIN );           // XBee子機のポート2をアナログ入力へ
}

int main(int argc,char **argv){

    byte com=0;                                 // シリアルCOMポート番号
    byte dev[8];                                // XBee子機デバイスのアドレス
    byte id=0;                                  // パケット送信番号
    byte trig=0xFF;                             // データ要求するタイミング調整用
    float value;   ←――――――③                    // 受信データの代入用
    XBEE_RESULT xbee_result;                    // 受信データ(詳細)

    if(argc==2) com=(byte)atoi(argv[1]);        // 引き数があれば変数comに代入する
    xbee_init( com );                           // XBee用COMポートの初期化
    xbee_atnj( 0xFF );                          // 親機に子機のジョイン許可を設定
    printf("Waiting for XBee Commissoning\n");  // 待ち受け中の表示

    while(1){
        /* データ送信 */
        if( trig == 0){
            id = xbee_force( dev );             // 子機へデータ要求を送信
            trig = FORCE_INTERVAL;
        }
        if( trig != 0xFF ) trig--;              // 変数trigが0xFF以外のときに値を減算

        /* データ受信(待ち受けて受信する) */
        xbee_rx_call( &xbee_result );           // データを受信
        switch( xbee_result.MODE ){             // 受信したデータの内容に応じて
            case MODE_RESP:                     // xbee_forceに対する応答のとき
                if( id == xbee_result.ID ){     // 送信パケットIDが一致
                    // 照度測定結果をvalueに代入してprintfで表示する
                    value = xbee_sensor_result( &xbee_result, LIGHT );  ←――――――④
                    printf("%.1f Lux, " , value );
                    // 温度測定結果をvalueに代入してprintfで表示する
                    value = xbee_sensor_result( &xbee_result, TEMP );   ←――――――⑤
                    value -= TEMP_OFFSET;   ←――――――⑥
                    printf("%.1f degC\n" , value );
                }
                break;
            case MODE_IDNT:                     // 新しいデバイスを発見
                printf("Found a New Device\n");
                bytecpy(dev, xbee_result.FROM, 8);  // 発見したアドレスをdevにコピーする
                xbee_atnj(0);                       // 親機XBeeに子機の受け入れ拒否
                xbee_ratnj(dev,0);                  // 子機に対して孫機の受け入れを拒否
                set_ports( dev );   ←――――――⑦      // 子機のGPIOポートの設定
                trig = 0;                           // 子機へデータ要求を開始
                break;
        }
    }
}
```

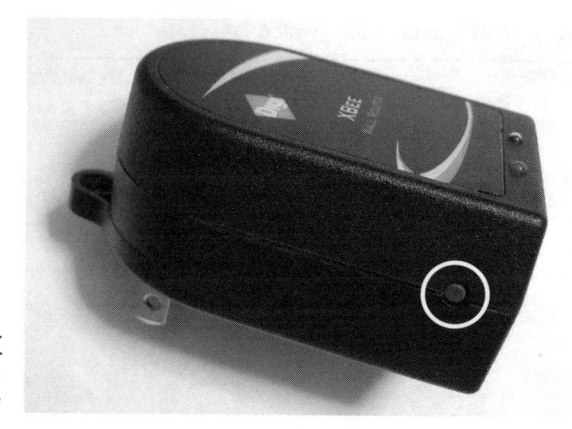

写真 5-1
Digi International 社純正 XBee Wall Router のコミッショニング・ボタン

Router の動作を確認してみましょう．第 3 章第 12 節に示した xbee_test ツールを実行します．全ツールを make でコンパイル済みの場合は，Cygwin コンソールから

```
$ ~/tools/xbee_test
```

を入力して xbee_test ツールを起動します．複数のシリアル・ポートを使用している場合は，XBee ZB 親機を接続したシリアル・ポートの指定が必要です．COM2 の場合は，

```
$ ~/tools/xbee_test 2
```

のように入力します．そして，XBee Wall Router をコンセントに接続して，アソシエート LED が点滅に変わるまで 10 秒ほど待ってから，XBee Wall Router のコミッショニング・ボタン（**写真 5-1**）を 1 度だけ押します．XBee Wall Router には，ボタンは一つしかないので迷うことはないと思いますが，少し奥まっているので押しにくくなっています．

ボタンを押下してすぐに放すと，コンソールに「received IDNT」が表示されます．表示されない場合は再度，コミッショニング・ボタンを押します．それでも反応がない場合は，XBee Wall Router のコミッショニング・ボタンを 4 回連続押下して，初期化してからやり直します．「received IDNT」が表示されれば，Cygwin コンソールの「AT>」に続いて，

```
AT> RATDD
```

を入力すると，図 5-1 の data[18] ～ data[21] のように 00 03 00 08 の応答を得ることが確認でき

ます．

それでは，サンプル 21 を動作させてみます．パソコンのキーボードの「Ctrl」キーを押しながら「C」を押下して，xbee_test ツールを終了させてから，

```
$ cd ~/cqpub
```

と入力してサンプルの収納されているフォルダ（ディレクトリ）に移動します．

サンプル 20 までは，一つずつコンパイルを行って実行しましたが，ここでは全サンプルを一括でコンパイルします．Cygwin コンソールから

```
$ make
```

と入力してください．「make」は，現在のフォルダにある「Makefile」に記載された内容に従ってコンパイルを行います．この Makefile には，全サンプルをコンパイルすることが記述されています．また，ソース・コードを変更してから再度「make」を実行すると，変更したソース・コードのみを再コンパイルします．

コンパイル後のファイル名は，ソースコードのファイル名と同じ名前で，拡張子が「exe」に変更されます．例えば「example21_wall.c」であれば「example21_wall.exe」になります．したがって，パソコンの COM3 に親機を接続し，サンプル 21 を実行する場合は，

```
$ ./example21_wall 3    または
$ ./example21_wall.exe 3
```

のように入力します．終了は，「Crtl」キーを押しながら「C」を押します．また，再実行する場合は，

```
$ !.
```

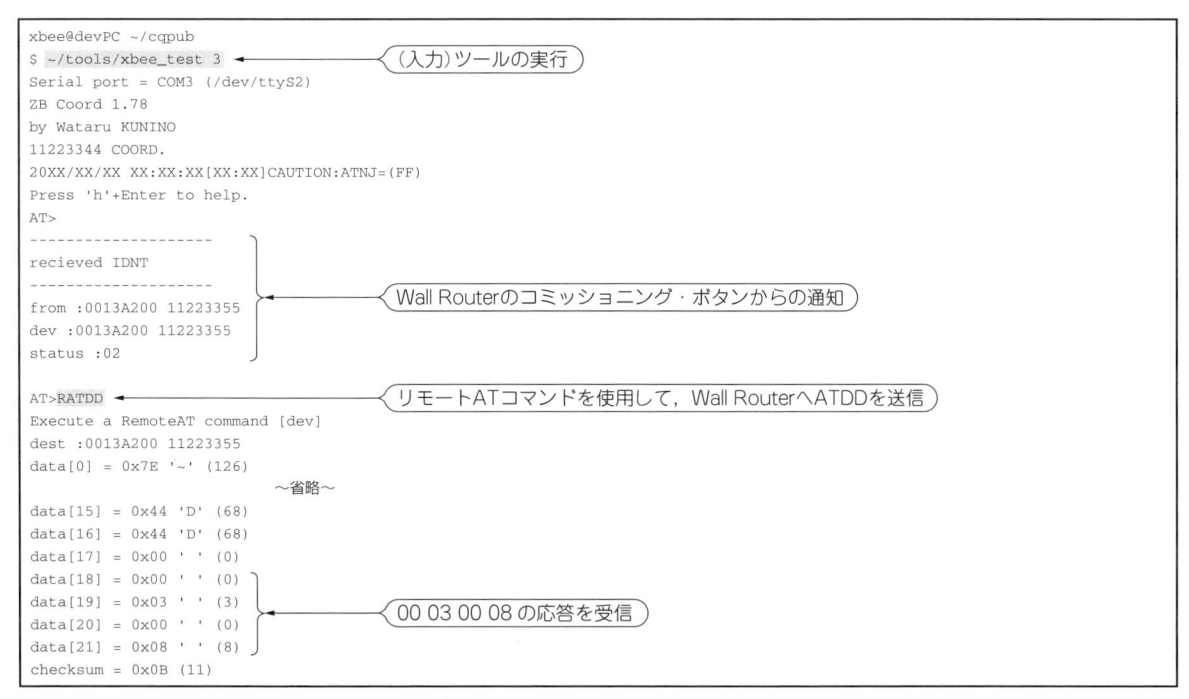

```
xbee@devPC ~/cqpub
$ ~/tools/xbee_test 3      ←──（入力）ツールの実行
Serial port = COM3 (/dev/ttyS2)
ZB Coord 1.78
by Wataru KUNINO
11223344 COORD.
20XX/XX/XX XX:XX:XX[XX:XX]CAUTION:ATNJ=(FF)
Press 'h'+Enter to help.
AT>
-------------------
recieved IDNT
-------------------     ←──（Wall Routerのコミッショニング・ボタンからの通知）
from :0013A200 11223355
dev :0013A200 11223355
status :02

AT>RATDD               ←──（リモートATコマンドを使用して，Wall RouterへATDDを送信）
Execute a RemoteAT command [dev]
dest :0013A200 11223355
data[0] = 0x7E '~' (126)
                    〜省略〜
data[15] = 0x44 'D' (68)
data[16] = 0x44 'D' (68)
data[17] = 0x00 ' ' (0)
data[18] = 0x00 ' ' (0)
data[19] = 0x03 ' ' (3)     ←──（00 03 00 08 の応答を受信）
data[20] = 0x00 ' ' (0)
data[21] = 0x08 ' ' (8)
checksum = 0x0B (11)
```

図 5-1 xbee_test ツールの実行例

のように，エクスクラメーション「!」とピリオド「.」を入力します．この場合のエクスクラメーション・マークは，過去に入力した履歴の中からピリオド「.」で始まるもっとも新しいコマンドを再実行するときに使用します．

```
$ !m
```

であれば，先に実行した「make」が実行されます．

サンプルを実行してしばらくすると，「Waiting for XBee Commissoning」の表示が現れます．この状態で，XBee Wall Routerのコミッショニング・ボタンを1回だけ押下してすぐ放すと，「Found a New Device」が表示され，およそ5秒間隔でXBee Wall Routerの照度センサと温度センサの値を取得して表示します．

実行例を図5-2に記します．この例では，照度センサの値が720〜730程度，温度センサの値が29.4度であることがわかります．しかし，どちらの測定結果も正しい値ではありません．XBee Wall Routerのセンサ回路は，部品や電圧の偏差を考慮していません．しかも，XBee Wall Router自身の発熱によって4度くらいの内部温度上昇があったり，照度測定値1200を超えると温度の測定値も上昇したりとさまざまな制約があります．

部品や電圧の偏差による問題は，正しい測定器との違いを係数の乗算や差分の加算や補正します．照度の場合は，例えば，120Luxの環境で100Luxのセンサ値が得られる場合は，

```
value *= 1.2;
```

のように，センサ値を1.2倍に乗算します．10Luxや1000Lux付近など，測定領域によって異なる乗数を乗算したほうが良い場合も多いです．温度の場合は，例えば，28℃の環境で32℃のセンサ値が得られた場合は，

```
value -= 4.0;
```

センサ値から4度の減算を行うようにします．

内部温度上昇の問題は，どのようなセンサでも生じます．内部の温度上昇を控えるために，XBee ZBをEnd Deviceで使用したり，乾電池で駆動させたり，

```
xbee@devPC ~
$ cd ~/cqpub           ◀──────── (入力)cqpub フォルダへ移動

xbee@devPC ~/cqpub
$ make                  ◀──────── (入力)コンパイルの実行
gcc -Wall example01_rssi.c -o example01_rssi
gcc -Wall example02_led_at.c -o example02_led_at
           ～省略～
gcc -Wall example21_wall.c -o example21_wall      ◀──── コンパイル内容
           ～省略～
gcc -Wall example60_uart.c -o example60_uart

xbee@devPC ~/cqpub
$ ./example21_wall 3    ◀──────── (入力)サンプルの実行
Serial port = COM3 (/dev/ttyS2)
ZB Coord 1.78
by Wataru KUNINO
11223344 COORD.
[05:6C]CAUTION:ATNJ=(FF)
Waiting for XBee Commissoning
Found a New Device
720.2 Lux, 29.4 degC
724.9 Lux, 29.4 degC
729.6 Lux, 29.4 degC     ◀──── Wall Routerの照度と温度の値が表示される
864.5 Lux, 29.4 degC
1200.0 Lux, 29.4 degC
1200.0 Lux, 46.8 degC    ◀──── 照度を上げると温度が異常値となる
1200.0 Lux, 74.5 degC
```

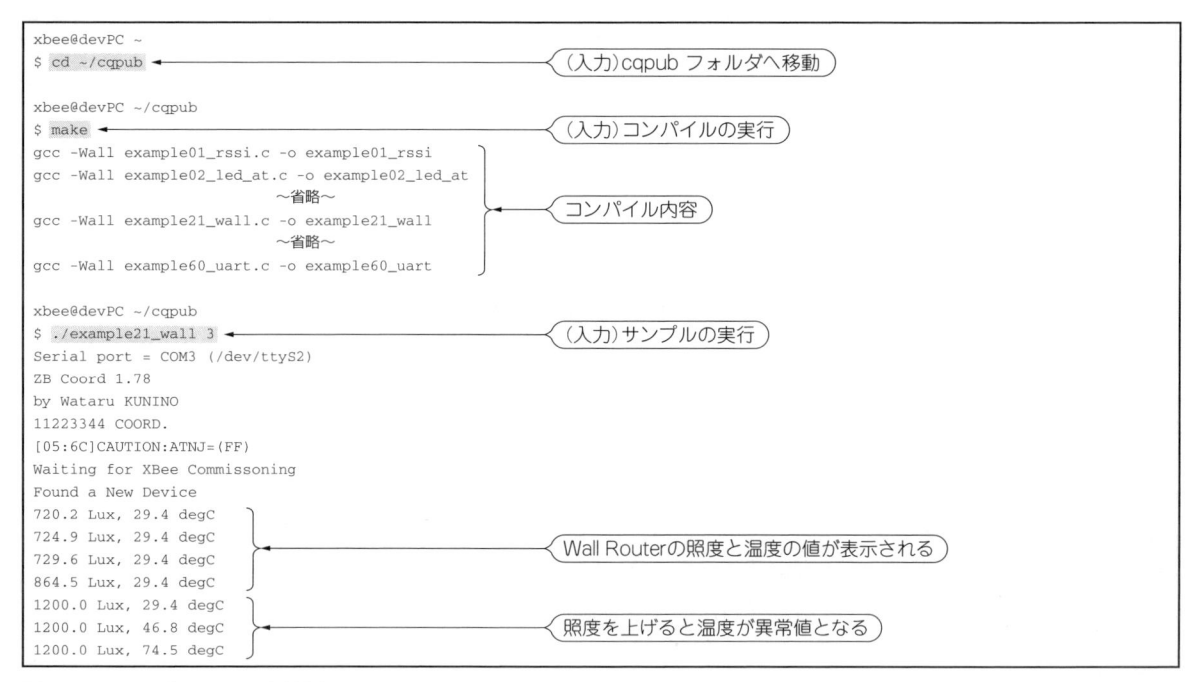

図 5-2　サンプル 21 の実行例

センサ部を分離するなどの工夫が必要です．XBee Wall Router の場合は，筐体が開けられない構造になっているので，1 時間ほど通電した状態で測定を実行し続けて内部温度の変化がなくなってから，測定値と実際の温度との差を減算する方法で補正します．

　照度測定値 1200Lux を超えたときの問題は，A-D 変換器の最大入力電圧を超過して，A-D 変換を行う際の基準電圧が異常変動してしまうことによる問題です．XBee ZB モジュールの A-D 変換器に 1.2V 以上の電圧が加わると，同様の症状が発生します．XBee Wall Router の設置場所を直射日光が当たらない場所など，測定値が 1200Lux 以下になる環境に移設して使用してください．

　サンプル 21 のソースコード「example21_wall.c」は，サンプル 15 とほぼ同じです．ここでは，異なる部分のみを説明します．

① 定数「TEMP_OFFSET」を定義します．この TEMP_OFFSET は，温度センサの測定値を補正するための定数です．⑥の部分で，温度センサの測定結果から減算を行います．

② 「set_ports」は，このプログラム内で使用する命令です．XBee 子機のポート 1 とポート 2 をアナログ入力に設定します．

③ センサによる測定結果を代入する変数 value を，小数の取り扱いが可能な「float 型」で定義します．

④ 「xbee_sensor_result」は，測定結果を照度に変換する演算関数です．引き数 xbee_result は受信結果が代入された構造体変数，2 番目の引き数の LIGHT は照度への変換処理を指定する値です．結果は，value に代入されます．

⑤ 「xbee_sensor_result」を使用し，2 番目の引き数に温度への変換処理を示す TEMP を指定します．温度センサの測定結果が value に上書きで代入されます．

⑥ 温度の補正を行うために測定値から TEMP_OFFSET を減算します．

⑦ XBee Wall Router のコミッショニング・ボタンが押されたときに，②のプログラム内関数 set_ports を呼び出し，XBee Wall Router 内の XBee PRO ZB モジュールの設定を行います．

第 2 節　Example 22：Digi International 社純正 XBee Sensor で照度と温度を測定する

Example 22	Digi International 社純正 XBee Sensor で照度と温度を測定する		
	実験用サンプル	通信方式：XBee ZB	開発環境：Cygwin

Digi International 社純正の XBee XBee Sensor の照度と温度をパソコンに接続した親機 XBee から読み取る実験用サンプルです．子機は省電力な ZigBee End Device として動作します．

親機

パソコン ⇔ XBee USB エクスプローラ ⇔ XBee PRO ZB モジュール

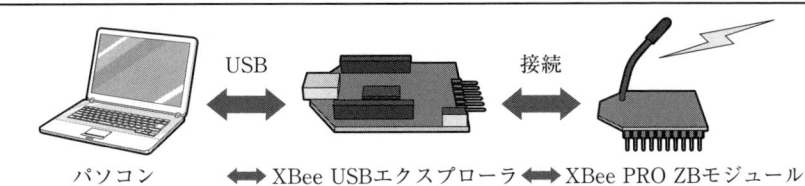

通信ファームウェア：ZIGBEE COORDINATOR API		Coordinator	API モード
電源：USB 5V → 3.3V	シリアル：パソコン（USB）	スリープ（9）：接続なし	RSSI（6）：（LED）
DIO1（19）：接続なし	DIO2（18）：接続なし	DIO3（17）：接続なし	Commissioning（20）：（SW）
DIO4（11）：接続なし	DIO11（7）：接続なし	DIO12（4）：接続なし	Associate（15）：（LED）
その他：XBee PRO ZB モジュールは XBee ZB モジュールでも動作します（ただし，通信可能範囲が狭くなる）．			

子機

Digi 純正 XBee Sensor

通信ファームウェア：ZIGBEE END DEVICE AT		End Device	Transparent モード
電源：乾電池 3 本 4.5V	シリアル：接続なし	スリープ（9）：接続なし	RSSI（6）：接続なし
AD1（19）：照度センサ	AD2（18）：温度センサ	AD3（17）：接続なし	Commissioning（20）：SW
DIO4（11）：接続なし	DIO11（7）：接続なし	DIO12（4）：接続なし	Associate（15）：LED
その他：照度センサ，温度センサの値は目安です．			

必要なハードウェア
- Windows が動作するパソコン（USB ポートを搭載したもの）　　1 台
- 各社 XBee USB エクスプローラ　　1 個
- Digi International 社 XBee PRO ZB モジュール　　1 個
- Digi International 社 XBee Sensor　　1 個
- USB ケーブルなど

　サンプル 22 は，子機となる Digi International 社純正の XBee Sensor（写真 5-2）の照度と温度をパソコン側の親機 XBee で読み取る実験用サンプルです．

　Digi International 社の XBee Sensor には，照度と温度を測定できる XBee Sensor/L/T と，照度と温度と湿度を測定できる XBee Sensor/L/T/H の 2 種類が販売されています．どちらも乾電池駆動が可能な省電力の ZigBee End Device として動作します．

　また，XBee Sensor と似た名前の XBee（1-wire）Sensor Adapter というセンサ部と本体が分離した製品がありますが，XBee ZB 上での通信データの形式が異なるので，このサンプルでは動作しません．

　XBee Sensor には，ファームウェア「ZIGBEE END DEVICE AT」を書き込んだ XBee ZB モジュールと，照度センサ，温度センサが内蔵されています．電源は，単 3 乾電池 3 本を使用します．

　XBee ZB モジュールは，市販の XBee ZB モジュールと同一ですが，リモート AT コマンドで ATDD を実行した場合に，表 5-1 に示す XBee Sensor の種類に応じた値を応答します．

ソースコード：サンプル22　example22_sens.c

```c
/*******************************************************************
Digi純正XBee Sensorで照度と温度を測定する
*******************************************************************/

#include "../libs/xbee.c"

void set_ports(byte *dev){
    /* XBee子機のGPIOを設定 */
    xbee_gpio_config( dev, 1 , AIN );           // XBee子機ポート1をアナログ入力へ
    xbee_gpio_config( dev, 2 , AIN );           // XBee子機ポート2をアナログ入力へ
    /* XBee子機をスリープに設定 */
    xbee_end_device(dev, 3, 3, 0);  ←――――①    // 起動間隔3秒,測定間隔3秒
}                                                // SLEEP端子無効

int main(int argc,char **argv){

    byte com=0;                                  // シリアルCOMポート番号
    byte dev[8];                                 // XBee子機デバイスのアドレス
    float value;                                 // 受信データの代入用
    XBEE_RESULT xbee_result;                     // 受信データ(詳細)

    if(argc==2) com=(byte)atoi(argv[1]);         // 引き数があれば変数comに代入する
    xbee_init( com );                            // XBee用COMポートの初期化
    xbee_atnj( 0xFF );                           // 親機に子機のジョイン許可を設定
    printf("Waiting for XBee Commissoning\n");   // 待ち受け中の表示

    while(1){
        /* データ受信(待ち受けて受信する) */
        xbee_rx_call( &xbee_result );            // データを受信
        switch( xbee_result.MODE ){              // 受信したデータの内容に応じて
            case MODE_GPIN:                      // 子機XBeeの自動送信の受信
                // 照度測定結果をvalueに代入してprintfで表示する
                value = xbee_sensor_result( &xbee_result, LIGHT );  ←―――②
                printf("%.1f Lux, " , value );
                // 温度測定結果をvalueに代入してprintfで表示する
                value = xbee_sensor_result( &xbee_result, TEMP );   ←―――③
                printf("%.1f degC\n" , value );
                break;
            case MODE_IDNT:                      // 新しいデバイスを発見
                printf("Found a New Device\n");
                bytecpy(dev, xbee_result.FROM, 8);   // 発見したアドレスをdevにコピー
                xbee_atnj(0);                    // 子機XBeeデバイスの参加拒否設定
                set_ports( dev );  ←――――④     // 子機のGPIOポートの設定
                break;
        }
    }
}
```

写真 5-2
Digi International 社
純正 XBee Sensor

写真 5-3
Digi International 社
純正 XBee Sensor の
内部(DC ジャックは
筆者が実装)

表 5-1 Digi International 社純正 XBee Sensor の比較

型　名	サンプル動作	照度センサ	温度センサ	湿度センサ	ATDD 応答値	xbee_ping 応答値
XBee Sensor/L/T	○	○	○	×	00 03 00 0E	0E
XBee Sensor/L/T/H	○	○	○	○	00 03 00 0D	0D
XBee Sensor Adapter	×	Watchport Sensors			00 03 00 07	07

　本機のボタンは，コミッショニング・ボタンのみです．かなり奥まっているので，押下用のピンが必要です．基板の取り付け方によってボタンの位置がずれている場合もあるので，金属製の工具ではなく，ホーザン製 P-806 のような竹串などで押下するのが良いでしょう．

　乾電池は本体の上下にある 2 本のビスを外し，裏カバーも外してから装着します．装着時は端子だけで電池が固定されているので，正しい位置に装着するのに少しだけ留意が必要です．裏カバーを装着すると保持できるような構造になっているので，使用中は電池が外れることはないと思います．

　また，XBee Sensor の基板には，DC ジャックや電源回路を実装するための基板パターンが準備されています．筆者は乾電池だけではなく，AC アダプタからも使用できるように改造を行っていますが，改造した場合は，Digi International 社からの保証が受けられなくなるので，通常は乾電池で動かしたほうが良いでしょう．

　なお，XBee Wall Router よりは実環境に近い測定結果が得られますが，実用に使用するには十分な検証が必要です．また，照度について Digi International 社は lux（ルクス）単位への変換方法を開示していません．明るさに応じた参考値であると考えたほうが良いでしょう．

　このサンプル 22 の動かし方は，サンプル 21 と同じです．ただし，XBee Sensor のファームウェアは，購入したときと同じ「ZIGBEE END DEVICE AT」である必要があります．サンプル 21 と同様に，「make」コマンドでコンパイルした「example22_sens.c」を実行してみましょう．Cygwin コンソールから

```
$ ./example22_sens 3
```

のように入力します（パソコンに接続した親機，XBee が COM3 の場合の例）．

　初めて接続するときは，XBee Sensor の電源を入れてから 10 秒くらい待って（アソシエート LED が点滅に変わって）から XBee Sensor のコミッショニング・ボタンを 1 回だけ押してすぐに離します．反応がない場合は，もう一度，コミッショニング・ボタンを 1 回だけ押してすぐに離します．それでも接続できない場合は，コミッショニング・ボタンを連続で 4 回連続押下して，XBee Sensor のネットワーク設定を初期化します．

　見た目の振る舞いもサンプル 21 と同じです．しかし，実際の動作はサンプル 21 とは異なります．サンプル 21 では，「xbee_force」命令を使用して定期的に取得指示を行っていました．しかし，このサンプル 21 のソースコード「example22_sens.c」には，取得指示がありません．つまり，XBee Sensor から定期的にデータが自動で送られてきて，それを受信していることがわかります．

　それでは，サンプル 22 のソースコードの説明です．

① 「xbee_end_device」は，ZigBee End Device に設定された XBee ZB モジュールを低消費電力に設定するための命令です．この命令は，XBee Sensor からのコミッショニング・ボタンによる通知を受け取ったときに，④の「set_ports」から呼び出されます．引き数の dev は，設定先の子機すなわち XBee Sensor 内の XBee ZB モジュールの IEEE アドレスです．続いて，XBee Sensor の起動間隔を 3 秒に，測定間隔を 3 秒に設定します．長いほど電池が長持ちしますが，起動間隔の最大値は 28 秒です．最後の 0 は，SLEEP_RQ 端子からの入力を無効に設定します．

② 「xbee_sensor_result」を使用して，受信結果を照度へ変換して value に代入します．

③ 「xbee_sensor_result」を使用して，温度の測定結果を value に代入します．

④ 本プログラムの前半で定義した「set_ports」関数を呼び出して，XBee Sensor の設定を実行します．

第3節 Example 23：Digi International 社純正 XBee Smart Plug で消費電流を測定する

Example 23

Digi International 社純正 XBee Smart Plug で消費電流を測定する
| 実験用サンプル | 通信方式：XBee ZB | 開発環境：Cygwin |

Digi International 社純正の XBee Smart Plug に接続した家電の消費電流をパソコンに接続した親機 XBee から読み取る実験用サンプルです．

親機

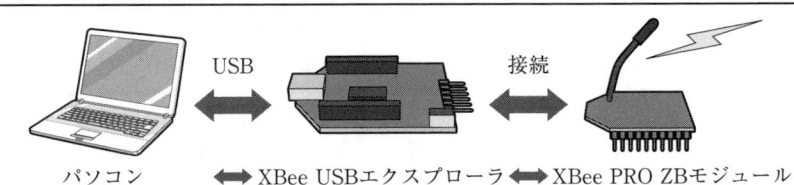

パソコン ⇔ XBee USBエクスプローラ ⇔ XBee PRO ZBモジュール

通信ファームウェア：ZIGBEE COORDINATOR API		Coordinator	APIモード
電源：USB 5V → 3.3V	シリアル：パソコン(USB)	スリープ(9)：接続なし	RSSI(6)：(LED)
DIO1(19)：接続なし	DIO2(18)：接続なし	DIO3(17)：接続なし	Commissioning(20)：(SW)
DIO4(11)：接続なし	DIO11(7)：接続なし	DIO12(4)：接続なし	Associate(15)：(LED)
その他：XBee PRO ZB モジュールは XBee ZB モジュールでも動作します(ただし，通信可能範囲が狭くなる)．			

子機

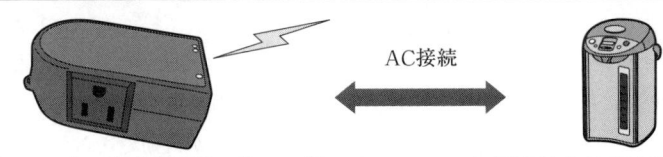

Digi International社純正 XBee Smart Plug ⇔ 家電(AC 100V ※600W以下)

通信ファームウェア：ZIGBEE ROUTER AT		Router	Transparent モード
電源：AC コンセント	シリアル：接続なし	スリープ(9)：接続なし	RSSI(6)：接続なし
AD1(19)：照度センサ	AD2(18)：温度センサ	AD3(17)：電流センサ	Commissioning(20)：SW
DIO4(11)：接続なし	DIO11(7)：接続なし	DIO12(4)：接続なし	Associate(15)：LED
その他：照度センサ，温度センサの値は目安です．家電の消費電力は 600W 以下のものに限ります．			

必要なハードウェア	
・Windows が動作するパソコン(USB ポートを搭載したもの)	1台
・各社 XBee USB エクスプローラ	1個
・Digi International 社 XBee PRO ZB モジュール	1個
・Digi International 社 XBee XBee Smart Plug	1台
・家電(AC100V，600W 以下，使用中に AC 断が可能なもの)	1台
・USB ケーブルなど	

　Digi International 社純正の XBee Smart Plug に接続した AC100V の家電の消費電流を，パソコン側の親機 XBee ZB で読み取る実験用サンプルです．

　XBee Smart Plug は，Digi International 社が販売する AC アウトレット(コンセント)つきの AC アダプタです．AC100V のコンセントに接続して実験を行うことが可能です．ただし，コンセント側がアース付きの 3P コンセントである必要があります．1口の延長コードや 3P-2P 変換プラグなどを使用して実験することも可能ですが，漏電などのリスクを伴うので十分な注意が必要です．

　また，XBee Smart Plug は，現在のところ国内の電気用品安全法による規制に適合しておらず，PSE マークが貼られていません．したがって，一般の消費者向けには市販されておらず，評価用・研究用の位置付けでストロベリー・リナックス社から販売されています．コンセントに接続したまま長期に使用することはできませんので，ご注意ください．

ソースコード：サンプル 23　example23_plug.c

```c
/***************************************************************
Digi純正XBee Smart Plugで消費電流を測定する
***************************************************************/

#include "../libs/xbee.c"
#define FORCE_INTERVAL  250                 // データ要求間隔(およそ20msの倍数)
#define TEMP_OFFSET     7.12                // XBee Smart Plug内部温度上昇

void set_ports(byte *dev){
    xbee_gpio_config( dev , 1 , AIN );      // XBee子機のポート1をアナログ入力AINへ
    xbee_gpio_config( dev , 2 , AIN );      // XBee子機のポート2をアナログ入力AINへ
    xbee_gpio_config( dev , 3 , AIN );      // XBee子機のポート3をアナログ入力AINへ
    xbee_gpio_config( dev , 4 , DOUT_H );   // XBee子機のポート3をディジタル出力へ
}

int main(int argc,char **argv){

    byte com=0;                             // シリアルCOMポート番号
    byte dev[8];                            // XBee子機デバイスのアドレス
    byte trig=0xFF;                         // データ要求するタイミング調整用
    float value;                            // 受信データの代入用
    XBEE_RESULT xbee_result;                // 受信データ(詳細)

    if(argc==2) com=(byte)atoi(argv[1]);    // 引き数があれば変数comに代入する
    xbee_init( com );                       // XBee用COMポートの初期化
    xbee_atnj( 0xFF );                      // 親機に子機のジョイン許可を設定
    printf("Waiting for XBee Commissoning\n");  // 待ち受け中の表示

    while(1){
        /* データ送信 */
        if( trig == 0 ){
            xbee_force( dev );              // 子機へデータ要求を送信
            trig = FORCE_INTERVAL;
        }
        if( trig != 0xFF ) trig--;          // 変数trigが0xFF以外のときに値を減算

        /* データ受信(待ち受けて受信する) */
        xbee_rx_call( &xbee_result );       // データを受信
        switch( xbee_result.MODE ){         // 受信したデータの内容に応じて
            case MODE_RESP:                 // xbee_forceに対する応答のとき
                // 照度測定結果をvalueに代入してprintfで表示する
                value = xbee_sensor_result( &xbee_result, LIGHT);
                printf("%.1f Lux, " , value );
                // 温度測定結果をvalueに代入してprintfで表示する
                value = xbee_sensor_result( &xbee_result, TEMP);
                value -= TEMP_OFFSET;
                printf("%.1f degC, " , value );
                // 電力測定結果をvalueに代入してprintfで表示する
                value = xbee_sensor_result( &xbee_result,WATT);
                printf("%.1f Watts\n" , value );
                break;
            case MODE_IDNT:                 // 新しいデバイスを発見
                printf("Found a New Device\n");
                bytecpy(dev, xbee_result.FROM, 8);  // 発見したアドレスをdevにコピーする
                xbee_atnj(0);               // 親機XBeeに子機の受け入れ拒否
                xbee_ratnj(dev,0);          // 子機に対して孫機の受け入れを拒否
                set_ports( dev );           // 子機のGPIOポートの設定
                trig = 0;                   // 子機へデータ要求を開始
                break;
        }
    }
    while(1){
        /* データ受信(待ち受けて受信する) */
```

ソースコード：サンプル 23　example23_plug.c（つづき）

```
            xbee_rx_call( &xbee_result );              // データを受信
            switch( xbee_result.MODE ){                // 受信したデータの内容に応じて
                case MODE_GPIN:                        // 子機XBeeの自動送信の受信
                    // 照度測定結果をvalueに代入してprintfで表示する
                    value = xbee_sensor_result( &xbee_result, LIGHT);
                    printf("%.1f Lux, " , value );
                    // 温度測定結果をvalueに代入してprintfで表示する
                    value = xbee_sensor_result( &xbee_result, TEMP);    ←──③
                    printf("%.1f degC\n" , value );
                    break;
                case MODE_IDNT:                        // 新しいデバイスを発見
                    printf("Found a New Device\n");
                    bytecpy(dev, xbee_result.FROM, 8); // 発見したアドレスをdevにコピー
                    xbee_atnj(0);                      // 子機XBeeデバイスの参加拒否設定
                    xbee_ratnj(dev,0);                 // 子機に対して孫機の受け入れ拒否
                    set_ports( dev );     ←──④        // 子機のGPIOポートの設定
                    break;
            }
        }
}
```

写真 5-4
Digi International 社純正
XBee Smart Plug

　本製品は，ビスを外せば分解することが可能ですが，分解した状態で使用すると命に係わる事故が発生する恐れがあります．

　出版社および筆者は，いかなる被害に対しても一切の保証は致しません．使用する場合は，すべて使用者の責任となります．

　一方，XBee Smart Plug の機能は豊富です．ちょうど，XBee Wall Router に AC 電流センサとリレー・ユニットを内蔵したような製品です．とはいっても，照度センサと温度センサ，電流センサのすべてが正しい値を示しません．温度センサにいたっては，XBee Wall Router よりも内部温度の上昇が大きく，私が保有しているものは 7 度くらいの温度上昇がありました．

　照度センサと温度センサの AD ポートは，XBee Wall Router と同じです．消費電流センサは，AC100V の交流を DC1.2V 未満に変換して XBee のアナログ入力（AD ポート 3）に接続されています．家電の消費電力を測定するには，電流センサと電圧センサの二つの瞬間的な値を乗算する必要がありますが，XBee Smart Plug は電流センサしか内蔵していませんので，正しい消費電力は測れません．白熱電球などの電熱機器については，電圧と同じ位相で電流が流れるため，AC100V であれば電流値に 100 を乗算するだけで消費電力に近い値が得られます．

　このサンプル 23 では，交流電流のみを検出して全

波整流した電流値に固定の電圧値100Vを乗算して消費電力を求めます(モータを使用した機器や，力率の悪いスイッチング電源を内蔵した機器では，正しい消費電力が得られない)．

　XBee Smart Plugに内蔵されているXBee PRO ZBモジュールは，市販のXBee PRO ZBモジュールと同一ですが，リモートATコマンドでATDDを実行した場合に00 03 00 0Fを応答します．

　ソースコード「example23_plug.c」のコンパイル方法，実行方法はこれまでと同じで，消費電力「Watts」の表示が追加になります．XBee Smart Plugの側面のACアウトレットに，電気スタンドなどの家電のACプラグを接続してからサンプルを実行します．このサンプルでは起動時に接続された家電の電源をONしますので，そういった場合に危険や故障を伴わない家電を使用します．

　ソースコードの内容もサンプル21との大きな違いはないので，主な違いだけを説明します．

① 「xbee_gpio_config」を使用して，XBee Smart Plug内のXBee PRO ZBモジュールのADポート1～3をアナログ入力に設定します．消費電力はADポート3に入力されます．

② 「xbee_gpio_config」を使用して，DIOポート4の出力をHighレベルに設定します．XBee Smart Plug内のXBee PRO ZBモジュールのポート4にはリレー・ユニットが接続されており，Highに設定することで側面のACアウトレットに100Vが給電されます．

③ 「xbee_sensor_result」を使用し，2番目の引数に「WATT」を指定することで，受信結果を消費電力へ変換することができます．結果は value に代入されます．

Column…5・1　X-CTUリモート設定機能によるDigi International社純正機器のファームウェア更新

　Digi International社純正XBee Wall Routerや，XBee Smart Plugの購入時は，ファームウェアが古いバージョンのままな場合があります．こういった場合にX-CTUのリモート設定機能を用いることで，リモートで更新することが可能です．

　まず，リモート通信を行うための親機となるXBee ZBモジュールを，USBエクスプローラ経由でパソコンに接続します．親機のファームウェアは「ZIGBEE COORDINATOR API」などのAPIファームウェアを用います．そして，X-CTUの「PC Settings」タブ内の「API」欄の「Enable API」にチェックを入れてから，「Modem Configuration」タブに移り，ウィンドウ上部の「Remote Configration」をクリックすると，「Network」ウィンドウが開きます．このウィンドウ上部右の，「Network Setting」ボタンをクリックして，「Remote firmware updates」欄のチェックを「Enable」にしてから「OK」ボタンを押します．

　次に，同じ「Network」ウィンドウの上部左側の「OpenCom Port」ボタン，「Discover」ボタンの順にクリックすると，ZigBee Networkに接続されているXBee ZB機器のリストが表示されるので，目的の機器を選択します．

　選択した状態でX-CTUのウィンドウに戻って「Read」を押すと，X-CTUはリモート先のXBee ZBの設定が行える状態となります．ファームの変更は，p.33と同じ方法で行います．ただし，ZigBee通信を使うので，通常のシリアル接続よりも時間がかかります．完了後に「Network」ウィンドウを閉じると，通常のシリアル接続のXBee ZBに対するX-CTU動作に戻ります．

　なお，通信エラーで異常をきたすことがあるので，容易に分解できない場合などに限定して使用したほうが良いでしょう．

第4節　Example 24：自作ブレッドボード・センサで照度測定を行う

Example 24
自作ブレッドボード・センサで照度測定を行う
実験用サンプル　　通信方式：XBee ZB　　開発環境：Cygwin

子機 XBee 搭載照度センサを製作し，パソコンに接続した親機 XBee から照度センサの値をリモート取得します．

親機

パソコン ⇔ XBee USBエクスプローラ ⇔ XBee PRO ZBモジュール

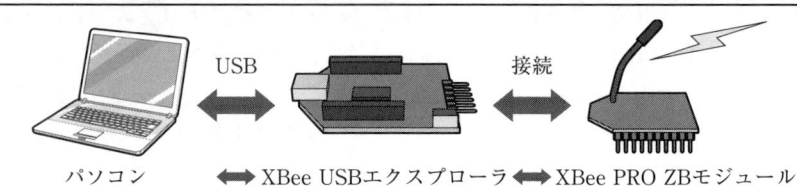

通信ファームウェア：ZIGBEE COORDINATOR API		Coordinator	APIモード
電源：USB 5V → 3.3V	シリアル：パソコン(USB)	スリープ(9)：接続なし	RSSI(6)：(LED)
DIO1(19)：接続なし	DIO2(18)：接続なし	DIO3(17)：接続なし	Commissioning(20)：(SW)
DIO4(11)：接続なし	DIO11(7)：接続なし	DIO12(4)：接続なし	Associate(15)：(LED)
その他：XBee PRO ZB モジュールは XBee ZB モジュールでも動作します(ただし，通信可能範囲が狭くなる)．			

子機

XBee ZB モジュール ⇔ ピッチ変換 ⇔ ブレッドボード ⇔ 照度センサ

通信ファームウェア：ZIGBEE END DEVICE AT		End Device	Transparent モード
電源：乾電池2本 3V	シリアル：接続なし	スリープ(9)：接続なし	RSSI(6)：(LED)
AD1(19)：照度センサ	DIO2(18)：接続なし	DIO3(17)：接続なし	Commissioning(20)：SW
DIO4(11)：接続なし	DIO11(7)：接続なし	DIO12(4)：接続なし	Associate(15)：LED
その他：照度センサの電源に ON/SLEEP(13)を使用します．			

必要なハードウェア
- Windows が動作するパソコン(USBポートを搭載したもの)　1台
- 各社 XBee USB エクスプローラ　1個
- Digi International 社 XBee PRO ZB モジュール　1個
- Digi International 社 XBee ZB モジュール　1個
- XBee ピッチ変換基板　1式
- ブレッドボード　1個
- 照度センサ NJL7502L 1個，抵抗 1kΩ 2個，高輝度 LED 1個，コンデンサ 0.1μF 1個，スイッチ 1個，単3×2直列電池ボックス 1個，単3電池 2個，ブレッドボード・ワイヤ適量，USB ケーブルなど

　ブレッドボードを使って，自作の子機 XBee 搭載センサを製作します．パソコン側の親機 XBee は，子機 XBee の AD ポートに接続した照度センサの値を取得します．また，子機 XBee を END DEVICE に設定することで，乾電池による長期間の駆動が可能になります．

　照度センサは，秋月電子通商で売られている新日本無線の NJL7502L(**写真 5-5**)を使用します．照度センサのコレクタ(C)側を XBee ZB モジュールの ON/SLEEP 端子(13番ピン)に接続して照度センサに電源を供給します．また，エミッタ(E)出力側を AD ポート 1(19番ピン)と抵抗(1kΩ)に接続し，抵抗の反対側はブレッドボードの縦ラインのマイナス(-)側に接続します(**写真 5-6**)．

　XBee ZB モジュールの ON/SLEEP 端子は，XBee ZB モジュール内のマイコンが動作しているときだけ High レベルを出力する端子です．電圧は XBee ZB モジュールの電源電圧とほぼ同じで，電流は 4mA まで

ソースコード：サンプル 24　example24_mysns_f.c

```c
/******************************************************************************
自作ブレッドボードセンサで照度測定を行う
*******************************************************************************/
#include "../libs/xbee.c"
#define FORCE_INTERVAL  250                     // データ要求間隔(およそ20msの倍数)

void set_ports(byte *dev){
    xbee_gpio_config( dev, 1 , AIN );           // XBee子機のポート1をアナログ入力へ
    xbee_end_device( dev, 1, 0, 0);    ← ①      // 起動間隔1秒，自動測定無効
}

int main(int argc,char **argv){
    byte com=0;                                 // シリアルCOMポート番号
    byte dev[8];                                // XBee子機デバイスのアドレス
    byte id=0;                                  // パケット送信番号
    byte trig=0xFF;                             // データ要求するタイミング調整用
    float value;                                // 受信データの代入用
    XBEE_RESULT xbee_result;                    // 受信データ(詳細)

    if(argc==2) com=(byte)atoi(argv[1]);        // 引き数があれば変数comに代入する
    xbee_init( com );                           // XBee用COMポートの初期化
    xbee_atnj( 0xFF );                          // 親機に子機のジョイン許可を設定
    printf("Waiting for XBee Commissioning\n"); // 待ち受け中の表示

    while(1){
        /* データ送信 */
        if( trig == 0){
            id = xbee_force( dev );    ← ②     // 子機へデータ要求を送信
            trig = FORCE_INTERVAL;
        }
        if( trig != 0xFF ) trig--;              // 変数trigが0xFF以外のときに値を減算

        /* データ受信(待ち受けて受信する) */
                                       ③
        xbee_rx_call( &xbee_result );           // データを受信
        switch( xbee_result.MODE ){             // 受信したデータの内容に応じて
            case MODE_RESP:                     // xbee_forceに対する応答のとき
                if( id == xbee_result.ID ){     // 送信パケットIDが一致
                    // 照度測定結果をvalueに代入してprintfで表示する
                    value = (float)xbee_result.ADCIN[1] * 3.55;    ← ④
                    printf("%.1f Lux\n" , value );
                }
                break;
            case MODE_IDNT:                     // 新しいデバイスを発見
                printf("Found a New Device\n");
                bytecpy(dev, xbee_result.FROM, 8);  // 発見したアドレスをdevにコピーする
                xbee_atnj(0);                   // 親機XBeeに子機の受け入れ拒否
                set_ports( dev );               // 子機のGPIOポートの設定
                trig = 0;                       // 子機へデータ要求を開始
                break;
        }
    }
}
```

出力することができます．照度センサの電源に接続することで，XBee ZB モジュールの動作中だけ照度センサを動作させます．

この子機 XBee 搭載センサは電池で駆動しますが，電池を入れっぱなしで何日もの長期間にわたって動作させることができます．ただし，子機 XBee ZB モジュールのファームウェアを「ZIGBEE END DEVICE AT」に書き換えて省電力な End Device として動作させる必要があります．親機 XBee ZB モジュールは，これまでどおり「ZIGBEE COORDINATOR API」を使用します．ファームウェアの書き換え方法については，第 3 章第 5 節(46 ページ)を参照してください．

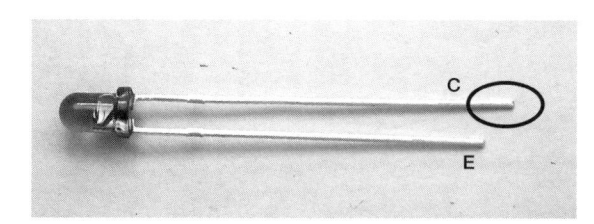

写真 5-5　照度センサ NJL7502L

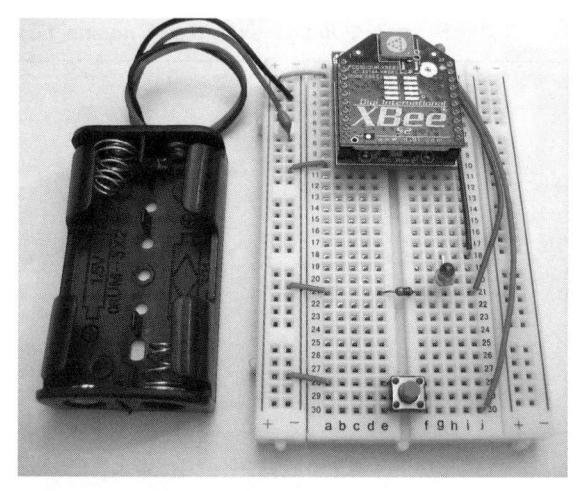

写真 5-7　子機 XBee 搭載センサ完成例

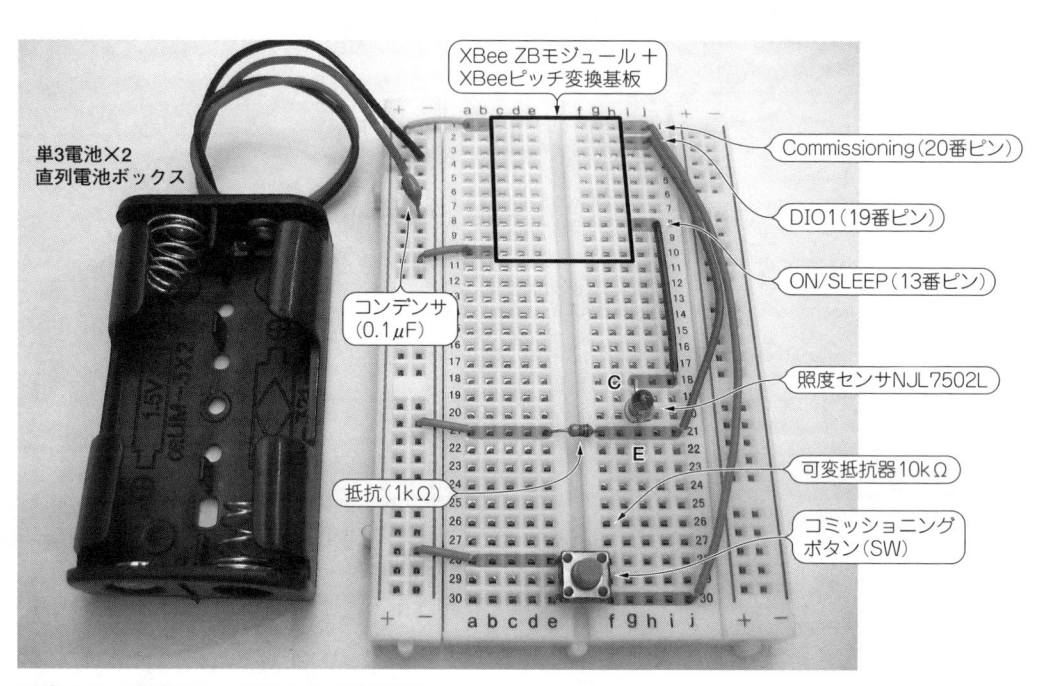

写真 5-6　子機 XBee 搭載センサ配線例

　XBee ZB モジュールと XBee ピッチ変換基板を装着した完成例を**写真 5-7** に示します．

　なお，製作した照度センサで得られた値は，Digi International 社純正の照度センサ搭載機器と同様に，条件によって値が異なったったり，補正が必要だったり，強い照度を受けると誤作動したりする場合があります．部品点数の少ない簡単な回路で構成しているので，XBee ZB を使ったワイヤレス実験用の回路であると割り切って使用してください．

　このサンプル 24 のソースコード「example24_mysns_f.c」のコンパイル方法，実行方法，実行後の操作などは，これまでと同じです．前述のとおり，子機

XBee搭載センサ側のXBee ZBモジュールのファームウェアは，「ZIGBEE END DEVICE AT」を使います．

　Cygwinコンソールからサンプルを実行し，ペアリングを実施します．ペアリング完了後，「23.1 Lux」のように，現在の照度を短い間隔で表示するようにしてみます．

　子機XBee搭載センサは，ZigBeeネットワークへの参加完了後30秒を過ぎてから省電力モードに移行します．子機XBee搭載センサのコミッショニング・ボタンによるペアリング処理が完了してから約30秒が経過すると，子機XBee搭載センサのアソシエートLEDは，1秒ごとに一瞬だけ点滅するようになります．このわずかな点灯中以外は，XBee ZBはスリープ状態となっていて，ほとんど電流を消費しません．

　また，省電力モードになると，それまで一定時間の間隔で測定結果がCygwinコンソールに表示さていたのに，間隔が一定しなくなります．これは，子機XBee搭載センサが1秒毎にしか動作しないためです．子機XBee搭載センサのスリープ中に，子機への取得指示を行っても指示が届けられずに，親機で送信が保留されています．そして，子機XBee搭載センサのスリープ期間（1秒）が終了して，動作してから親機から子機に取得指示が届けられ，子機が応答します．このように，子機XBee搭載センサの僅かな動作中に取得指示を行えばすぐに応答が得られますが，子機XBee搭載センサがスリープに入ってすぐに取得指示を行うと，少なくとも1秒は待たされることになります．

　ソースコードは，サンプル21や23と似ています．このサンプル24では，End Device用に省電力設定を行っている部分と，`xbee_force`で取得指示を送信したパケットIDと同じパケットIDのときだけ受信結果を表示するようにしているところに違いがあります．

　パケットIDは，送信が発生するたびに一つずつカウントアップする1〜255までの番号です．ZigBeeネットワークでは，Routerによる中継などが行われて，パケットが必ずしも送信順に届けられるとは限りません．また，子機のスリープ中に2個以上の取得指示を受けた場合に，子機は取得指示の数だけ値を応答します．

　そこで，このサンプルでは取得指示を要求したときのパケットIDだけを受信することで，最新の取得指示のパケットだけを表示するようにしました．

① 「`xbee_end_device`」を使用して，ZigBee End Deviceに設定された子機XBee搭載センサを低消費電力に設定します．ここでは起動間隔を1秒に，自動測定とSLEEP_RQ端子からの入力を無効に設定します．

② 「`xbee_force`」を使用して，子機XBee搭載センサにデータの取得指示を送信します．このとき，送信パケットIDを変数`id`に代入します．

③ 取得指示の送信パケットIDと受信したパケットIDが一致していることを確認します．受信結果が親機からの送信に対する応答であった場合（MODE_RESPのとき），構造体変数`xbee_result`の要素（メンバ）であるIDに親機の送信パケットIDが代入されます．

④ `xbee_result`の要素`ADCIN[1]`に，子機XBee ZBモジュールのADポート1の電圧に応じた0〜1023までの値が代入されます．照度Lux（ルクス）に変換するための定数3.55を乗算して照度を`value`に代入します．

　このサンプル24では数秒間隔で取得指示を行い，子機は1秒間隔でスリープと起動を繰り返します．それでは，もしもスリープ間隔を10秒にしたら，どうなるでしょうか．この場合は，子機からの応答が10秒遅れる可能性があります．取得間隔よりも長い時間遅れた場合は，例え応答を受信しても既に次の取得指示が行われており，送信パケットIDが合わなくて結果を表示しなくなります．

　したがって，取得指示間隔よりもスリープ間隔を短く設定しておかなければなりません．また，取得指示間隔は，例えば，今後のXBee管理ライブラリのバージョンアップで高速化が図られて短くなる可能性もあります．実用目的で使用する場合は，取得指示間隔をタイマなどで正確に刻むのが良いでしょう．

第5節 Example 25：自作ブレッドボード・センサの測定値を自動送信する

Example 25

自作ブレッドボード・センサの測定値を自動送信する
実験用サンプル｜通信方式：XBee ZB｜開発環境：Cygwin

子機 XBee 搭載照度センサの測定値を一定間隔で自動的に親機 XBee に送信し，受け取った結果をパソコンに表示します．

親機

パソコン ⇔ USB ⇔ XBee USBエクスプローラ ⇔ 接続 ⇔ XBee PRO ZBモジュール

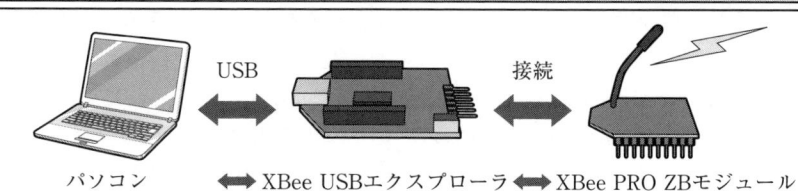

通信ファームウェア：ZIGBEE COORDINATOR API		Coordinator	APIモード
電源：USB 5V → 3.3V	シリアル：パソコン(USB)	スリープ(9)：接続なし	RSSI(6)：(LED)
DIO1(19)：接続なし	DIO2(18)：接続なし	DIO3(17)：接続なし	Commissioning(20)：(SW)
DIO4(11)：接続なし	DIO11(7)：接続なし	DIO12(4)：接続なし	Associate(15)：(LED)
その他：XBee PRO ZB モジュールは XBee ZB モジュールでも動作します（ただし，通信可能範囲が狭くなる）．			

子機

XBee ZB モジュール ⇔ 接続 ⇔ ピッチ変換 ⇔ 接続 ⇔ ブレッドボード ⇔ 接続 ⇔ 照度センサ

通信ファームウェア：ZIGBEE END DEVICE AT		End Device	Transparent モード
電源：乾電池2本 3V	シリアル：接続なし	スリープ(9)：接続なし	RSSI(6)：(LED)
AD1(19)：照度センサ	DIO2(18)：接続なし	DIO3(17)：接続なし	Commissioning(20)：SW
DIO4(11)：接続なし	DIO11(7)：接続なし	DIO12(4)：接続なし	Associate(15)：LED
その他：照度センサの電源に ON/SLEEP(13) を使用します．			

必要なハードウェア
- Windows が動作するパソコン(USB ポートを搭載したもの)　1台
- 各社 XBee USB エクスプローラ　1個
- Digi International 社 XBee PRO ZB モジュール　1個
- Digi International 社 XBee ZB モジュール　1個
- XBee ピッチ変換基板　1式
- ブレッドボード　1個
- 照度センサ NJL7502L 1個，抵抗1kΩ 2個，高輝度 LED 1個，コンデンサ 0.1μF 1個，スイッチ1個，単3×2直列電池ボックス1個，単3電池2個，ブレッドボード・ワイヤ適量，USB ケーブルなど

　このサンプル25は，前のサンプル24で製作した子機 XBee 搭載センサを用いて，子機から自動的に一定間隔で照度値を親機 XBee に送信し，結果をパソコンに表示します．

　ハードウェアは，サンプル24と同じ子機 XBee 搭載センサを用います．子機 XBee 搭載センサ側の XBee ZB モジュールのファームウェアは，「ZIGBEE END DEVICE AT」である必要があります(親機は「ZIGBEE COORDINATOR API」である必要がある)．

　このサンプル25のソースコード「example25_mysns_r.c」のコンパイル方法，実行方法，実行後の操作などは，これまでと同じです．Cygwin コンソールからサンプルを実行し，ペアリングを実施すると，およそ3秒間隔で「23.1 Lux」のように現在の照度を表示し続けます．

　ソースコードの内容は，サンプル22のDigi International 社純正 XBee Sensor と似ています．違いは，温度の測定がないのと照度値の換算方法が異なるだけです．

ソースコード：サンプル 25　example25_mysns_r.c

```c
/***************************************************************************
自作ブレッドボードセンサの測定値を自動送信する
***************************************************************************/

#include "../libs/xbee.c"

void set_ports(byte *dev){
    xbee_gpio_config( dev, 1 , AIN );        // XBee子機のポート1をアナログ入力へ
    xbee_end_device( dev, 3, 3, 0);   ←①    // 起動間隔3秒，自動測定3秒，S端子無効
}

int main(int argc,char **argv){

    byte com=0;                              // シリアルCOMポート番号
    byte dev[8];                             // XBee子機デバイスのアドレス
    float value;                             // 受信データの代入用
    XBEE_RESULT xbee_result;                 // 受信データ(詳細)

    if(argc==2) com=(byte)atoi(argv[1]);     // 引き数があれば変数comに代入する
    xbee_init( com );                        // XBee用COMポートの初期化
    xbee_atnj( 0xFF );                       // 子機XBeeデバイスを常に参加受け入れ
    printf("Waiting for XBee Commissoning\n"); // 待ち受け中の表示

    while(1){
        /* データ受信(待ち受けて受信する) */
        xbee_rx_call( &xbee_result );        // データを受信
        switch( xbee_result.MODE ){          // 受信したデータの内容に応じて
            case MODE_GPIN:                  // 子機XBeeの自動送信の受信
                // 照度測定結果をvalueに代入してprintfで表示する
                value = (float)xbee_result.ADCIN[1] * 3.55;   ←②
                printf("%.1f Lux\n" , value );
                break;
            case MODE_IDNT:                  // 新しいデバイスを発見
                printf("Found a New Device\n");
                xbee_atnj(0);                // 子機XBeeデバイスの参加を不許可へ
                bytecpy(dev, xbee_result.FROM, 8);  // 発見したアドレスをdevにコピーする
                set_ports( dev );            // 子機のGPIOポートの設定
                break;
        }
    }
}
```

① 「xbee_end_device」を使用して，ZigBee End Device に設定された子機 XBee 搭載センサを低消費電力に設定します．ここでは起動間隔を3秒に，自動測定の間隔を3秒に，SLEEP_RQ 端子からの入力を無効に設定します．

② xbee_result.ADCIN[1] に子機 XBee ZB モジュールの AD ポート1の電圧に応じた 0〜1023 までの値が代入されます．照度 Lux (ルクス) に変換するための定数 3.55 を乗算して，照度を value に代入します．

ここで，新日本無線の照度センサ NJL7502L を使用したときの照度 Lux への換算方法について説明します．本照度センサは，白色 LED 光源 100Lux につき約 33μA の電流を出力します．出力された電流は 1kΩ の抵抗によって電圧に変換され，100Lux につき 33mV の電圧が XBee ZB モジュールのアナログ入力 AD1 端子に入力されます．

XBee ZB モジュールのアナログ入力部には，基準電圧 1.2V の 10 ビット A-D 変換器が内蔵されており，1200mV のときに 1023 の値が得られます．したがって，照度 value は，

$$\text{value} = \text{xbee\_result.ADCIN}[1] \div 1023 \\ \times 1200[\text{mV}] \div 33[\text{mV}] \times 100[\text{Lux}] \\ = \text{xbee\_result.ADCIN}[1] \times 3.55[\text{Lux}]$$

となります．ソースコードでは，掛け算はアスタリスク「*」で表し，割り算はスラッシュ「/」で表します．

この式だけを見ると，正確な照度が得られそうに見受けられますが，照度センサそのものが光源や温度，電圧，個体差，非線形性などで偏差が生じます．また抵抗にも誤差があります．得られた値を照度に換算するには，必要な条件に合わせて十分に検証する必要があります．

このサンプルでは，変化がすぐにわかる照度センサを使用しましたが，温度センサを接続することも可能です．例えば，アナログ入力 AD ポート 2(DIO ポート 2, 18 番ピン)に，NS 社の温度センサ LM61 を接続しても良いでしょう．温度センサ LM61 には V_s, V_o, GND の三つの端子があり，V_s を XBee ZB モジュールの ON/SLEEP 端子(13 番ピン)に接続して電源を供給します．また，温度センサ出力の V_o を XBee ZB モジュールの AD ポート 2 に接続し，GND をブレッドボードの縦ラインのマイナス(−)側に接続します．

温度センサ LM61 は，0℃のときに 600mV を V_o に出力し，1 度の上昇につき 10mV が加算した出力となります．したがって，ADCIN を温度に換算するには，

$$\begin{aligned}\text{value} &= \text{xbee\_result.ADCIN}[2] \div 1023 \\ &\quad \times 1200[\text{mV}] \div 10[\text{mV}/°] - 60[℃] \\ &= \text{xbee\_result.ADCIN}[2] \times 0.117 - 60[℃]\end{aligned}$$

のような計算を行います．

第6節 Example 26：取得した情報をファイルに保存するロガーの製作

Example 26
取得した情報をファイルに保存するロガーの製作

実験用サンプル	通信方式：XBee ZB	開発環境：Cygwin

子機 XBee 搭載照度センサの測定値を一定間隔で自動的に親機 XBee に送信し，受け取った結果を時刻情報とともにパソコンのファイルに保存します．データ・ロガーのもっとも基本的なサンプルです．

親機

パソコン ⇔ XBee USBエクスプローラ ⇔ XBee PRO ZBモジュール

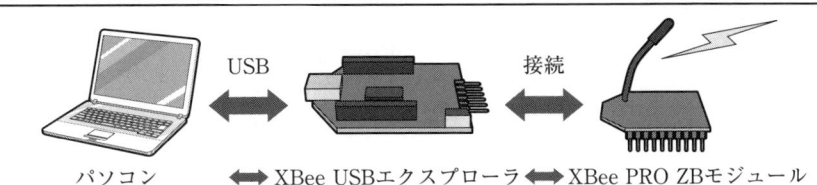

通信ファームウェア：ZIGBEE COORDINATOR API		Coordinator	APIモード
電源：USB 5V → 3.3V	シリアル：パソコン(USB)	スリープ(9)：接続なし	RSSI(6)：(LED)
DIO1(19)：接続なし	DIO2(18)：接続なし	DIO3(17)：接続なし	Commissioning(20)：(SW)
DIO4(11)：接続なし	DIO11(7)：接続なし	DIO12(4)：接続なし	Associate(15)：(LED)
その他：XBee PRO ZB モジュールは XBee ZB モジュールでも動作します(ただし，通信可能範囲が狭くなる).			

子機

XBee ZB モジュール ⇔ ピッチ変換 ⇔ ブレッドボード ⇔ 照度センサ

通信ファームウェア：ZIGBEE END DEVICE AT		End Device	Transparent モード
電源：乾電池2本 3V	シリアル：接続なし	スリープ(9)：接続なし	RSSI(6)：(LED)
AD1(19)：照度センサ	DIO2(18)：接続なし	DIO3(17)：接続なし	Commissioning(20)：SW
DIO4(11)：接続なし	DIO11(7)：接続なし	DIO12(4)：接続なし	Associate(15)：LED
その他：照度センサの電源に ON/SLEEP(13) を使用します．			

必要なハードウェア
- Windows が動作するパソコン(USB ポートを搭載したもの)　1台
- 各社 XBee USB エクスプローラ　1個
- Digi International 社 XBee PRO ZB モジュール　1個
- Digi International 社 XBee ZB モジュール　1個
- XBee ピッチ変換基板　1式
- ブレッドボード　1個
- 照度センサ NJL7502L 1個，抵抗1kΩ 2個，高輝度 LED 1個，コンデンサ 0.1μF 1個，スイッチ1個，単3×2直列電池ボックス1個，単3電池2本，ブレッドボード・ワイヤ適量，USB ケーブルなど

　子機 XBee 搭載照度センサから読み取ったデータを，パソコンに接続した親機 XBee で受信し，ファイルに保存する実験用サンプルです．

　ハードウェアは，サンプル24～25と同じです．XBee ZB 用のファームウェアも同様です．このサンプル26のソースコード「example26_log.c」のコンパイル方法，実行方法，実行後の操作などもこれまでと同じです．

　Cygwin コンソールからサンプルを実行し，ペアリングを実施すると，およそ3秒間隔で現在の時刻と照度を表示し続けます(**図 5-3**)．このとき，実行したフォルダに「data.csv」というファイルが作成され，データを取得した時刻と照度が記録されます．

　拡張子 csv ファイルは，データ列をカンマ「,」区切りで，データ行を改行で表記したテキスト形式のファイルです．メモ帳や秀丸エディタなどでテキスト形式と

ソースコード：サンプル26　example26_log.c

```
/***************************************************************************
取得した情報をファイルに保存するロガーの製作
***************************************************************************/

#include "../libs/xbee.c"
#define S_MAX    255                                // 文字列変数sの最大容量(文字数－1)を定義

int main(int argc,char **argv){

    byte com=0;                                     // シリアルCOMポート番号
    byte dev[8];                                    // XBee子機デバイスのアドレス
    float value;                                    // 受信データの代入用
    XBEE_RESULT xbee_result;                        // 受信データ(詳細)

    FILE *fp;                              ①       // 出力ファイル用のポインタ変数fpを定義
    char filename[] = "data.csv";          ②       // ファイル名
    time_t timer;                          ③       // タイマ変数の定義
    struct tm *time_st;                    ④       // タイマによる時刻格納用の構造体定義
    char s[S_MAX];                                  // 文字列用の変数

    if(argc==2) com=(byte)atoi(argv[1]);            // 引き数があれば変数comに代入する
    xbee_init( com );                               // XBee用COMポートの初期化
    xbee_atnj( 0xFF );                              // 子機XBeeデバイスを常に参加受け入れ
    printf("Waiting for XBee Commissoning\n");      // 待ち受け中の表示

    while(1){

        time(&timer);                      ⑤       // 現在の時刻を変数timerに取得する
        time_st = localtime(&timer);       ⑥       // timer値を時刻に変換してtime_stへ

        xbee_rx_call( &xbee_result );               // データを受信
        switch( xbee_result.MODE ){                 // 受信したデータの内容に応じて
            case MODE_GPIN:                         // 子機XBeeの自動送信の受信
                value = (float)xbee_result.ADCIN[1] * 3.55;
                strftime(s,S_MAX,"%Y/%m/%d, %H:%M:%S", time_st);  ⑦  // 時刻→文字列変換
                sprintf(s,"%s, %.1f", s , value );  ⑧       // 測定結果をsに追加
                printf("%s Lux\n" , s );                    // 文字列sを表示
                if( (fp = fopen(filename, "a")) ) {  ⑨      // ファイルオープン
                    fprintf(fp,"%s\n" , s );         ⑩      // 文字列sを書き込み
                    fclose(fp);                      ⑪      // ファイルクローズ
                }else printf("fopen Failed\n");
                break;
            case MODE_IDNT:                         // 新しいデバイスを発見
                printf("Found a New Device\n");
                xbee_atnj(0);                       // 子機XBeeデバイスの参加を拒否する
                bytecpy(dev, xbee_result.FROM, 8);  // 発見したアドレスをdevにコピーする
                xbee_ratnj(dev,0);                  // 子機に対して孫機の受け入れを拒否
                xbee_gpio_config( dev, 1 , AIN );   // XBee子機のポート1をアナログ入力へ
                xbee_end_device( dev, 3, 3, 0);     // 起動間隔3秒，自動測定3秒，S端子無効
                break;
        }
    }
}
```

して開くことができるほか，図 5-4 のように Microsoft Excel で開くこともできます．

このサンプル 26 のソースコードは，サンプル 25 のソースコードに時刻を扱うための処理とファイルを扱うための処理を追加して作成しました．

それでは，ソースコード「example26_log.c」の説明に移ります．

① 「FILE *fp」はファイル・ポインタと呼ばれるポインタ変数 fp を定義しています．プログラム中でファイルを開いたり閉じたりアクセスしたりする

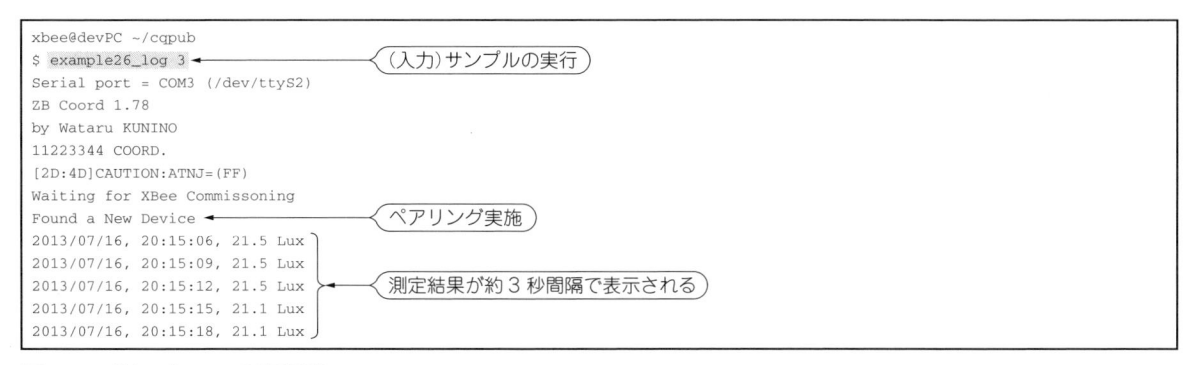

```
xbee@devPC ~/cqpub
$ example26_log 3     ←──(入力)サンプルの実行
Serial port = COM3 (/dev/ttyS2)
ZB Coord 1.78
by Wataru KUNINO
11223344 COORD.
[2D:4D]CAUTION:ATNJ=(FF)
Waiting for XBee Commissoning
Found a New Device   ←──ペアリング実施
2013/07/16, 20:15:06, 21.5 Lux
2013/07/16, 20:15:09, 21.5 Lux
2013/07/16, 20:15:12, 21.5 Lux  ←──測定結果が約3秒間隔で表示される
2013/07/16, 20:15:15, 21.1 Lux
2013/07/16, 20:15:18, 21.1 Lux
```

図5-3 サンプル26の実行例

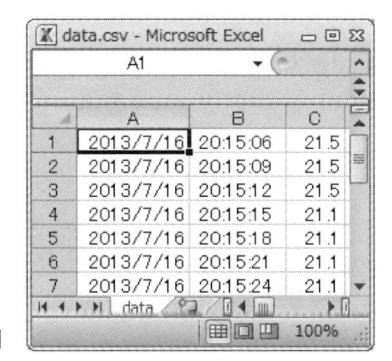

図5-4 サンプル26のCSV出力例

ときに使用します．ファイル・ポインタfpの内部に直接アクセスすることはないので，複数のファイルを取り扱うときに区別するための目印と考えると良いでしょう．

② 文字列変数filenameを定義します．ここでは，「data.csv」というファイル名を代入します．

③「time_t」は，1970年1月1日の0時0分0秒を0として，毎秒1を追加して表す時刻用の変数のデータ型です．ここでは，変数timerを時刻データ型として定義します．わかりにくい場合は，時刻の元データを格納する変数と解釈すれば良いでしょう．

④ 時刻をtime_t型の変数timerに代入したとしても，それが何年の何月，何日，何時，何分，何秒かを計算するのはとても手間がかかり，扱いにくいという課題があります．「struct tm」は，これら年，月，日，時，分，秒などの要素（メンバ）をもつ時刻構造体です．ここでは，時刻構造体のポインタ変数time_stを定義しています．わかりに

くい場合は，構造体変数time_stは，年，月，日，時，分，秒などの時刻そのもののデータを格納する変数の集合体（のポインタ）であると解釈すれば良いでしょう．

⑤「time」は，現在時刻を取得する命令です．取得した現在時刻を時刻データ型変数timerに代入します．代入される数字は，1970年1月1日の0時0分0秒から現在時刻までの秒数です．この値が，時刻の元データとなります．

⑥「localtime」は，時刻データ型の値を現在地（日本）の時刻に変換する関数です．ここでは，時刻の元データtimerを時刻構造体に変換してtime_st代入します．構造体tmの要素（メンバ）には，年，月，日，時，分，秒の順にtm_year, tm_mon, tm_mday, tm_hour, tm_min, tm_secがあり，localtime関数による代入後は，「time_st->tm_year」や「time_st->tm_sec」のように記述することで，現在の「年」や現在時刻の「秒」(0～59の値)

を参照することができます．

⑦「`strftime`」は，時刻構造体`tm`の内容を文字列に変換して代入する関数です．引き数`s`は文字列変数，`S_MAX`は文字列変数`s`の最大長，その次に文字列に変換するフォーマット，最後の引き数は時刻構造体（のポインタ変数）`time_st`です．変換後は，図5-3や図5-4のような表示形式になります．

⑧「`sprintf`」は，指定したフォーマットの内容を文字列に代入する関数です．第1引き数の`s`は，代入先（出力先）の文字列変数，次に変換フォーマット，続いて変換に使用する入力変数です．ここでは，入力と出力の両方に文字列変数`s`を使用し，文字列変数`s`に受信結果の数値変数`value`を付け足して，文字列変数`s`に代入します．

⑨「`fopen`」は，ファイルを開く命令です．引き数`filename`は開くファイル名，第2引き数に"a"を指定すると，`filename`で指定したファイル名のファイルがなければ新しいファイルを作成し，ファイルがあればそのファイルに追記します．戻り値は，必ずファイル・ポインタに代入します．オープンしたファイルにアクセスするには，このファイル・ポインタを使用します．

⑩「`fprintf`」は，ファイルにデータを書き込む命令です．引き数の`fp`はファイル・ポインタ，次に出力フォーマット，そして出力フォーマット内で使用する変数です．ここでは，文字列変数`s`に改行を付与してファイルに出力します．

⑪「`fclose`」は，オープンしたファイルを閉じる命令です．`fopen`でファイルを開き，そのファイルへの処理が完了した後に，必ず閉じなければなりません．なお，`fopen`の結果が`NULL`のときはファイルを開くのに失敗しているので，閉じる必要はありません．⑨の`if`文から`fclose`までを一つのファイル処理の定型記述として使用すると良いでしょう．

第 7 節　Example 27：暗くなったら Smart Plug の家電の電源を OFF にする

Example 27　暗くなったら Smart Plug の家電の電源を OFF にする

| 実験用サンプル | | 通信方式：XBee ZB | 開発環境：Cygwin |

Digi International 社純正の XBee Smart Plug に接続した家電の電源をパソコンに接続した親機 XBee から制御する実験用サンプルです．

親機

パソコン ⇔ XBee USBエクスプローラ ⇔ XBee PRO ZBモジュール

通信ファームウェア：ZIGBEE COORDINATOR API		Coordinator	API モード
電源：USB 5V → 3.3V	シリアル：パソコン（USB）	スリープ（9）：接続なし	RSSI（6）：（LED）
DIO1（19）：接続なし	DIO2（18）：接続なし	DIO3（17）：接続なし	Commissioning（20）：（SW）
DIO4（11）：接続なし	DIO11（7）：接続なし	DIO12（4）：接続なし	Associate（15）：（LED）
その他：XBee PRO ZB モジュールは XBee ZB モジュールでも動作します（ただし，通信可能範囲が狭くなる）．			

子機

Digi純正 XBee Smart Plug ⇔ 家電（AC 100V ※600W以下）

通信ファームウェア：ZIGBEE ROUTER AT		Router	Transparent モード
電源：AC コンセント	シリアル：接続なし	スリープ（9）：接続なし	RSSI（6）：接続なし
AD1（19）：照度センサ	AD2（18）：温度センサ	AD3（17）：電流センサ	Commissioning（20）：SW
DIO4（11）：接続なし	DIO11（7）：接続なし	DIO12（4）：接続なし	Associate（15）：LED
その他：接続可能な家電は，使用中に AC プラグを抜いたり挿したりしても問題のないものに限ります．			

必要なハードウェア
- Windows が動作するパソコン（USB ポートを搭載したもの）　1 台
- 各社 XBee USB エクスプローラ　1 個
- Digi International 社 XBee PRO ZB モジュール　1 個
- Digi International 社 XBee XBee Smart Plug　1 台
- 家電（AC100V，600W 以下，使用中に AC 断が可能なもの）　1 台
- USB ケーブルなど

　Digi International 社純正の XBee Smart Plug の照度センサの値を読み取り，部屋が暗くなると XBee Smart Plug に接続された家電の電源を OFF にします．部屋の電気を消したときに，オーディオを自動で OFF にするといった実験が可能です．

　XBee Smart Plug の AC アウトレットに接続可能な家電は，AC100V で 600W 以下のものに限ります．また，家電の使用中に AC プラグを抜き差ししても，異常が起こらない家電を使用します．ファンヒータなどの暖房機器や発熱機器は，使用中に AC プラグを抜くと本体の温度が上昇して故障したり火傷したり，あるいは故障によって，その次に AC プラグを通電したときに火災が発生する恐れがあるので，絶対に XBee Smart Plug に接続しないでください．ハードディスクなどが入っている機器は，使用中に AC プラグを抜くと故障する懸念があります．

　ここでは一例として，オーディオ機器などを想定しています．「部屋で音楽を聴いていたけど，別の部屋に移動するときに部屋の電気を消すだけでオーディオの電源も切れてくれる」といった利用シーンを想定しました．

ソースコード：サンプル27　example27_plg_ctrl.c

```c
/************************************************************************
暗くなったらSmart Plugの家電の電源をOFFにする
************************************************************************/
#include "../libs/xbee.c"
#define FORCE_INTERVAL  250                     // データ要求間隔(およそ20msの倍数)

void set_ports(byte *dev){
    xbee_gpio_config( dev, 1 , AIN );           // XBee子機のポート1をアナログ入力AINへ
    xbee_gpio_config( dev, 2 , AIN );           // XBee子機のポート2をアナログ入力AINへ
    xbee_gpio_config( dev, 3 , AIN );           // XBee子機のポート3をアナログ入力AINへ
    xbee_gpio_config( dev, 4 , DOUT_H );        // XBee子機のポート3をディジタル出力へ
}

int main(int argc,char **argv){
    byte com=0;                                 // シリアルCOMポート番号
    byte dev[8];                                // XBee子機デバイスのアドレス
    byte trig=0xFF;                             // データ要求するタイミング調整用
    byte id=0;                                  // パケット送信番号
    float value;                                // 受信データの代入用
    XBEE_RESULT xbee_result;                    // 受信データ(詳細)
    
    if(argc==2) com=(byte)atoi(argv[1]);        // 引き数があれば変数comに代入する
    xbee_init( com );                           // XBee用COMポートの初期化
    xbee_atnj( 0xFF );                          // 親機に子機のジョイン許可を設定
    printf("Waiting for XBee Commissoning\n");  // 待ち受け中の表示
    
    while(1){
        if( trig == 0 ){
            id = xbee_force( dev );             // 子機へデータ要求を送信
            trig = FORCE_INTERVAL;
        }
        if( trig != 0xFF ) trig--;              // 変数trigが0xFF以外のときに値を減算
        
        xbee_rx_call( &xbee_result );           // データを受信
        switch( xbee_result.MODE ){             // 受信したデータの内容に応じて
            case MODE_RESP:                     // xbee_forceに対する応答のとき
                if( id == xbee_result.ID ){     // 送信パケットIDが一致
                    value = xbee_sensor_result( &xbee_result, LIGHT );   ← ①
                    printf("%.1f Lux, " , value );     ②
                    if( value < 10 ){                   // 照度が10Lux以下のとき
                        xbee_gpo(dev , 4 , 0);          // 子機XBeeのポート4をLに設定
                    }                                   ③
                    value = xbee_sensor_result( &xbee_result,WATT );
                    printf("%.1f Watts, " , value );                     ④
                    if( xbee_gpi( dev , 4 ) == 0 ){ // ポート4の状態を読みとり,
                        printf("OFF\n");            // 0のときはOFFと表示する
                    }else{
                                              ⑤
                        printf("ON\n");             // 1のときはONと表示する
                    }
                }
                break;
            case MODE_IDNT:                         // 新しいデバイスを発見
                printf("Found a New Device\n");
                bytecpy(dev, xbee_result.FROM, 8);  // 発見したアドレスをdevにコピーする
                xbee_atnj(0);                       // 親機XBeeに子機の受け入れ拒否
                xbee_ratnj(dev,0);                  // 子機に対して孫機の受け入れ拒否
                set_ports( dev );                   // 子機のGPIOポートの設定
                trig = 0;                           // 子機へデータ要求を開始
                break;
        }
    }
}
```

少し実用的なサンプルではありますが，これだけの機能であれば，親機と子機をワイヤレスで接続する必要性が少ないかもしれません．後述する子機 XBee スイッチを組み合わせるなど，ワイヤレス・ネットワークを応用するための基本機能の実験と考えてください．

ハードウェアは，サンプル 22 と同じです．コンパイル方法，実行方法，実行後の操作などもこれまでと同じです．

このサンプル 27 のソースコード「example27_plg_ctrl.c」をコンパイルし，Cygwin コンソールからサンプルを実行し，ペアリングを実施すると，AC アウトレットが ON になり家電に電源が供給されます．また，およそ 5 秒間隔で照度の測定結果を繰り返し表示します．そして，部屋が暗くなると，AC アウトレットが OFF になって家電の電源が切れます．再び ON に戻すには，コミッショニング・ボタンを 1 回押下してすぐに離します．

このサンプル 27 のソースコードは，サンプル 22 のソースコードに AC アウトレットの制御処理を追加しました．また，サンプル 24 で説明した送信パケット ID の一致も確認するようにしました．一方，今回のアプリケーションに不要な温度や消費電流の測定処理は省略しました．それでは，ソースコード「example27_plg_ctrl.c」の説明に移ります．

① 「xbee_call」で受信したデータの中から照度の値を「xbee_sensor_result」を使用して抽出し，変数 value に代入します．
② 変数 value の値が 10 未満のとき，すなわち周囲が暗いときに，「{」と「}」で囲まれた処理を行います．
③ 「xbee_gpo」を使用して，XBee Smart Plug のアウトレット出力を OFF にします．ここでは，XBee Smart Plug 内の XBee ZB モジュールの GPIO (DIO) ポート 4 を Low レベルに設定します．
④ 「xbee_gpi」を使用して，XBee ZB モジュールの GPIO (DIO) ポート 4 の設定値を読み取ります．「xbee_gpi」は，指定ポートが出力の場合は出力値を得ます．GPIO (DIO) ポート 4 は，ペアリング後に High レベルに設定するので 1 が得られ，暗くな

写真 5-8　自作スマート・リレーの製作例

ると③で Low に設定するので 0 が得られます．
⑤ AC アウトレット出力の状態を表示します．④の xbee_gpi で，GPIO (DIO) ポート 4 が 0 のときに OFF，1 のときに ON と表示します．

この実験は，前述のとおりワイヤレスである必要もパソコンを使う必要もないレベルの実験です．しかし，実際に行ってみると意外に興奮してしまうと思います．理屈でできるとわかっている物事であっても，普段の生活に溶け込んでいる家電が，普段はできなかった動きをすることに面白さがあるのです．一方，XBee Smart Plug は，実験でしか使用しない製品としてはかなり高価です．筆者のサイトでは，AC 用リレー回路と XBee ZB モジュールを組み合わせたスマート・リレーの製作方法を紹介しています．

自作スマート・リレーのリレー部には，秋月電子通商で販売されている大電流大型リレー・モジュール・キット (K-06095) を使用します．本品は，最大 20A に対応した大電流のリレーです．また，トランジスタが実装されており，XBee ZB モジュールの制御信号から直接制御が可能です．リレーの電源には，12V の AC アダプタを使用します．また，XBee ZB モジュールを動作させるためには，スーパー 3 端子レギュレータ (RECOM 製 R-78E3.3-0.5) を使用します．アナログ AIN ポート 1 には，サンプル 24 で製作した照度センサを装備すれば，このサンプル 27 を動かすことができます．

なお，Digi International 社純正 XBee Smart Plug と同様に，自作スマート・リレーも実験でしか使用することができません．

第8節　Example 28：玄関が明るくなったらリビングの家電を ON にする

Example 28
玄関が明るくなったらリビングの家電を ON にする

実験用サンプル	通信方式：XBee ZB	開発環境：Cygwin

XBee Smart Plug と子機 XBee 搭載センサを親機 XBee ZB で管理します．子機 XBee 搭載センサで照度を測定し，明るくなったら XBee Smart Plug に接続された家電の電源を ON にします．

親機

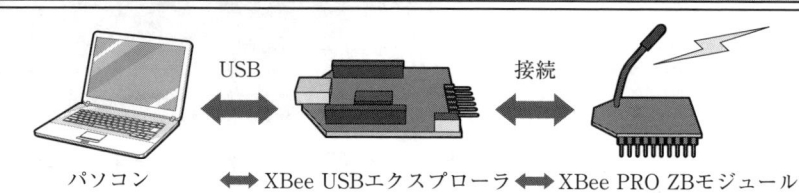

パソコン ⇔ XBee USB エクスプローラ ⇔ XBee PRO ZB モジュール

通信ファームウェア：ZIGBEE COORDINATOR API		Coordinator	API モード
電源：USB 5V → 3.3V	シリアル：パソコン(USB)	スリープ(9)：接続なし	RSSI(6)：(LED)
DIO1(19)：接続なし	DIO2(18)：接続なし	DIO3(17)：接続なし	Commissioning(20)：(SW)
DIO4(11)：接続なし	DIO11(7)：接続なし	DIO12(4)：接続なし	Associate(15)：(LED)

その他：XBee PRO ZB モジュールは XBee ZB モジュールでも動作します（ただし，通信可能範囲が狭くなる）．

子機 1

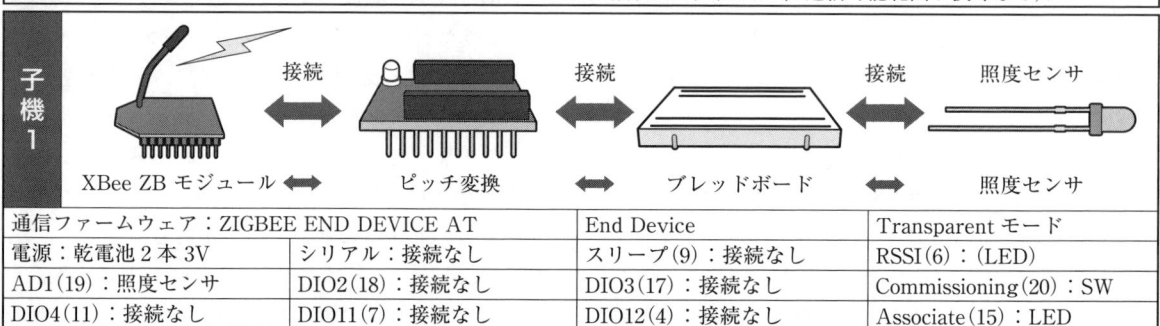

XBee ZB モジュール ⇔ ピッチ変換 ⇔ ブレッドボード ⇔ 照度センサ

通信ファームウェア：ZIGBEE END DEVICE AT		End Device	Transparent モード
電源：乾電池2本 3V	シリアル：接続なし	スリープ(9)：接続なし	RSSI(6)：(LED)
AD1(19)：照度センサ	DIO2(18)：接続なし	DIO3(17)：接続なし	Commissioning(20)：SW
DIO4(11)：接続なし	DIO11(7)：接続なし	DIO12(4)：接続なし	Associate(15)：LED

その他：照度センサの電源に ON/SLEEP(13) を使用します．Digi International 社純正 XBee Sensor でも動作します．

子機 2

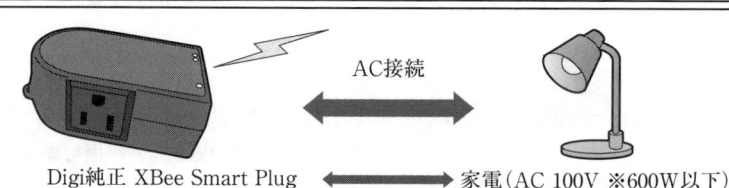

Digi純正 XBee Smart Plug ⇔ 家電(AC 100V ※600W以下)

通信ファームウェア：ZIGBEE ROUTER AT	Router	Transparent モード

その他：接続可能な家電は，使用中に AC プラグを抜いたり挿したりしても問題のないものに限ります．

必要なハードウェア
- Windows が動作するパソコン(USB ポートを搭載したもの)　1台
- Digi International 社 XBee XBee Smart Plug　1台
- 各社 XBee USB エクスプローラ　1個
- Digi International 社 XBee PRO ZB モジュール　1個
- Digi International 社 XBee ZB モジュール　1個
- XBee ピッチ変換基板　1式
- ブレッドボード　1個
- 家電(AC100V，600W 以下，使用中に AC 断が可能なもの)　1台
- 照度センサ NJL7502L 1個，抵抗 1kΩ 2個，高輝度 LED 1個，コンデンサ 0.1μF 1個，スイッチ 1個，単 3×2 直列電池ボックス 1個，単 3 電池 2個，ブレッドボード・ワイヤ適量，USB ケーブルなど

ソースコード：サンプル28　example28_plg_sns.c

```c
/************************************************************
玄関が明るくなったらリビングの家電をONにする
*************************************************************/

#include "../libs/xbee.c"
#define FORCE_INTERVAL   250                            // データ要求間隔(およそ20msの倍数)

int main(int argc,char **argv){

    byte com=0;                                         // シリアルCOMポート番号
    byte dev_sens[8];          ┐                        // 子機XBee(自作センサ)のアドレス
    byte dev_plug[8];          ┘─①                     // 子機XBee(Smart Plug)のアドレス
    byte dev_sens_en=0;        ┐                        // 子機XBee(自作センサ)の状態
    byte dev_plug_en=0;        ┘─②                     // 子機XBee(Smart Plug)の状態
    float value;                                        // 受信データの代入用
    XBEE_RESULT xbee_result;                            // 受信データ(詳細)

    if(argc==2) com=(byte)atoi(argv[1]);                // 引き数があれば変数comに代入する
    xbee_init( com );                                   // XBee用COMポートの初期化
    xbee_atnj(0xFF);                                    // 常にジョイン許可に設定
    printf("Waiting for XBee Commissoning\n");          // 待ち受け中の表示

    while(1){
        xbee_rx_call( &xbee_result );                   // データを受信
        switch( xbee_result.MODE ){
            case MODE_GPIN:                             // 照度センサ自動送信から
                if(bytecmp(xbee_result.FROM,dev_sens,8)==0){  // IEEEアドレスの確認
                    value=(float)xbee_result.ADCIN[1]*3.55;
                    printf("Entrance %.1f Lux\n" , value );  ─③
                    if( dev_plug_en ){
                        if( value > 10 ){                // 照度が10Lux以下のとき
                            xbee_gpo(dev_plug,4,1);      // Smart Plugのポート4をHに
                        }else{                      ─④
                            xbee_gpo(dev_plug,4,0);      // Smart Plugのポート4をLに
                        }
                        xbee_force( dev_plug );     ─⑤  // Smart Plugの照度取得指示
                    }
                }
                break;                              ⑥
            case MODE_RESP:                             // xbee_forceに対する応答時
                if(bytecmp(xbee_result.FROM,dev_plug,8)==0){  // IEEEアドレスの確認
                    value=xbee_sensor_result(&xbee_result,WATT);
                    printf("LivingRoom %.1f Watts, ",value);
                    if( xbee_gpi(dev_plug ,4)==0 ){      // ポート4の状態を読みとり，
                        printf("OFF\n");                 // 0のときはOFFと表示する
                    }else{
                        printf("ON\n");                  // 1のときはONと表示する
                    }
                }
                break;
            case MODE_IDNT:                             // 新しいデバイスを発見
                if( xbee_ping( xbee_result.FROM ) != DEV_TYPE_PLUG){  ─⑦
                    printf("Found a Sensor\n");         // 照度センサのときの処理
                    bytecpy(dev_sens,xbee_result.FROM,8);  // アドレスをdev_sensに代入
                    xbee_gpio_config(dev_sens,1,AIN);   // ポート1をアナログ入力へ
                    xbee_end_device(dev_sens,3,3,0);    // スリープ設定
                    dev_sens_en=1;              ─⑧     // 照度センサの状態に1を代入
                }else{                                  // Smart Plugのときの処理
                    printf("Found a Smart Plug\n");     // 発見表示
                    bytecpy(dev_plug,xbee_result.FROM,8);  // アドレスをdev_sensに代入
                    xbee_ratnj(dev_plug,0);             // ジョイン不許可に設定
                    xbee_gpio_config(dev_plug, 1 , AIN );  // ポート1をアナログ入力へ
                    xbee_gpio_config(dev_plug, 2 , AIN );  // ポート2をアナログ入力へ
                    xbee_gpio_config(dev_plug, 3 , AIN );  // ポート3をアナログ入力へ
```

ソースコード：サンプル 28　example28_plg_sns.c（つづき）

```
                xbee_gpio_config(dev_plug, 4 , DOUT_H);   // ポート4をディジタル出力へ
                dev_plug_en=1;                             // Smart Plugの状態に1を代入
            }                          ⑨
            if( dev_sens_en * dev_plug_en > 0 ){
                xbee_atnj(0);          ⑩        // 親機XBeeに受け入れ拒否
            }
            break;
        }
    }
}
```

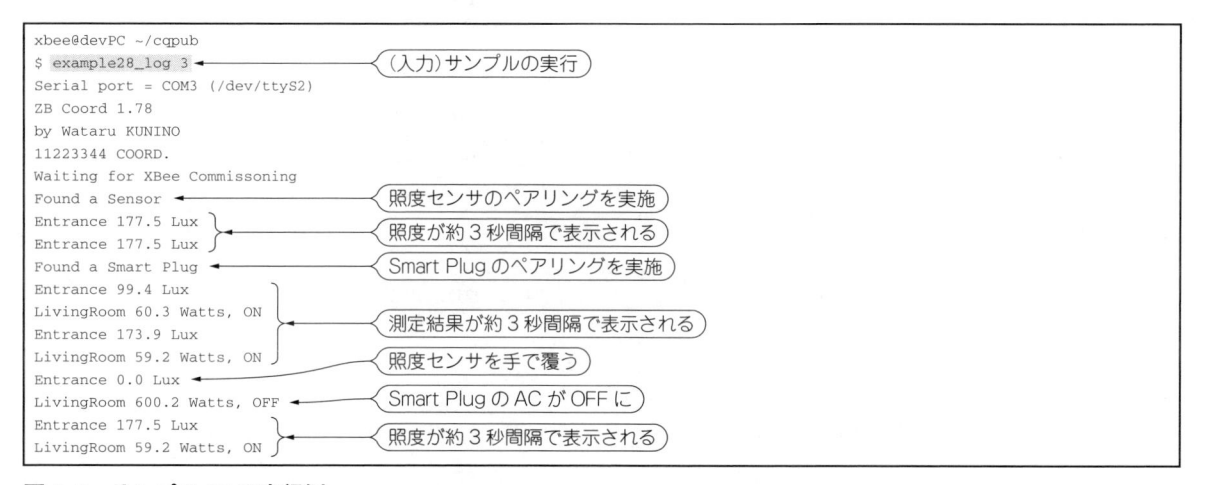

```
xbee@devPC ~/cqpub
$ example28_log 3        ←（入力）サンプルの実行
Serial port = COM3 (/dev/ttyS2)
ZB Coord 1.78
by Wataru KUNINO
11223344 COORD.
Waiting for XBee Commissoning
Found a Sensor                    ← 照度センサのペアリングを実施
Entrance 177.5 Lux    }           ← 照度が約3秒間隔で表示される
Entrance 177.5 Lux    
Found a Smart Plug                ← Smart Plug のペアリングを実施
Entrance 99.4 Lux     
LivingRoom 60.3 Watts, ON
Entrance 173.9 Lux                ← 測定結果が約3秒間隔で表示される
LivingRoom 59.2 Watts, ON
Entrance 0.0 Lux                  ← 照度センサを手で覆う
LivingRoom 600.2 Watts, OFF       ← Smart Plug の AC が OFF に
Entrance 177.5 Lux
LivingRoom 59.2 Watts, ON         ← 照度が約3秒間隔で表示される
```

図 5-5　サンプル 28 の実行例

　これまで XBee ZB を使ったワイヤレス通信の実験を行ってきましたが，親子1対1の通信でした．ここでは2台の子機を使用して，もっとも基本的なネットワークを構成する実験を行います．

　パソコンに接続した親機 XBee ZB が，子機1のXBee 搭載照度センサ（もしくは Digi International 社純正 XBee Sensor）で照度を測定し，明るくなったら子機2の XBee Smart Plug（もしくは写真 5-8 の自作スマート・リレー）に接続された家電の電源を ON にします．帰宅時に玄関の電気をつけると，自動でリビングの照明を点灯するといった実験が可能です．

　サンプル example28_plg_sns のコンパイル方法，実行方法は，これまでと同じです．しかし，複数の子機が存在するので，実行後に2個の XBee ZB とのペアリングを行う必要があります．ここでは，XBee 搭載照度センサと XBee Smart Plug の計二つの XBee 機器をペアリングします．これら両方の XBee 機器のペアリングが完了すると，XBee 搭載照度センサの検出照度に連動して XBee Smart Plug の AC アウトレットは，ON もしくは OFF に制御されます．

　このサンプル 28 のソースコードは，サンプル 25 とサンプル 27 のソースコードの両方を取り込みました．また，複数の機器のペアリング対応と，より多くの XBee 機器に対応することを考慮して，受信データの IEEE アドレスで XBee 機器を確認してから，受信後の処理を行うようにもしました．それでは，ソースコード「example28_plg_sns.c」を見て行きましょう．

① IEEE アドレス格納用の変数を，照度センサ用と XBee Smart Plug 用の二つ確保します．
② それぞれの子機 XBee ZB のペアリング状態を示す変数を定義します．
③ 子機 XBee ZB の受信が自動送信によるものであっ

表 5-2　XBee ZB の機器名，コード，定義名

XBee 製品	ATDD 応答値	xbee_ping 応答値（定義名）
XBee モジュール	00 03 00 00	00 DEV_TYPE_XBEE
XBee Wall Router	00 03 00 08	08 DEV_TYPE_WALL
XBee Sensor/L/T	00 03 00 0E	0E DEV_TYPE_SEN_LT
XBee Smart/L/T/H	00 03 00 0D	0D DEV_TYPE_SEN_LTH
XBee Smart Plug	00 03 00 0F	0F DEV_TYPE_PLUG

た場合（このプログラムでは照度センサしかありませんが）に，IEEE アドレスが照度センサであることを確認します．

④ XBee Smart Plug の状態を示す変数 `dev_plug_en` の初期値は 0 ですが，XBee Smart Plug のペアリングが完了すると⑩の処理で 1 になります．XBee Smart Plug のペアリングが完了しているときに，照度に応じて AC アウトレットの状態を変更します．照度が 10 lux を超えていれば AC アウトレットを ON に，10 lux 以下であれば OFF にします．

⑤ XBee Smart Plug から AC の消費電流の測定結果を取得するための指示を送信します．

⑥ 子機 XBee ZB からの応答受信があった場合に，IEEE アドレスが XBee Smart Plug であることを確認します．Smart Plug であれば，消費電流の表示を行います．また，AC アウトレットの状態も表示します．

⑦ 「`xbee_ping`」は，子機 XBee ZB の機器名（コード）を取得する命令です．XBee Smart Plug の機器名コードが 00 03 00 0F です．xbee_ping 関数では，下 2 ケタの 0F を得ることができます．コミッショニング・ボタンが押された XBee ZB が XBee Smart Plug ではない場合（照度センサの場合）に，照度センサ用の設定を行います．機器名，コード，定義名の対応を表 5-2 に示します．

⑧ XBee Smart Plug ではない場合（照度センサの場合）に，照度センサのペアリング状態を示す変数 `dev_sens_en` に 1（ペアリング完了）を代入します．

⑨ コミッショニング・ボタンが押された XBee ZB が XBee Smart Plug の場合に，XBee Smart Plug のペアリング状態を示す変数 `dev_plug_en` に 1（ペアリング完了）を代入します．

⑩ 両方の子機 XBee ZB のペアリングが完了したときに，親機のジョイン許可設定を非許可に設定します．

XBee Smart Plug の DD 値は，購入時と同じ 00 03 00 0F にしておく必要があります．プログラム中の⑦の xbee_ping の部分で DD 値を参照するからです．購入後に変更してしまった場合は，プログラムの `set_ports` 関数内に

```
xbee_rat( dev, "ATDD0003000F" );
```

を追加するか xbee_test ツールを起動し，XBee Smart Plug のコミッショニング・ボタンを押してから「RATDD0003000F」を入力することで XBee Smart Plug の DD 値を正しい値に戻すことができます．

第9節　Example 29：自作ブレッドボードを使ったリモート・ブザーの製作

Example 29

自作ブレッドボードを使ったリモート・ブザーの製作
| 実験用サンプル | 通信方式：XBee ZB | 開発環境：Cygwin |

子機 XBee 搭載照度リモート・ブザーを製作し，パソコンに接続した親機 XBee からブザーを鳴らす実験を行います．

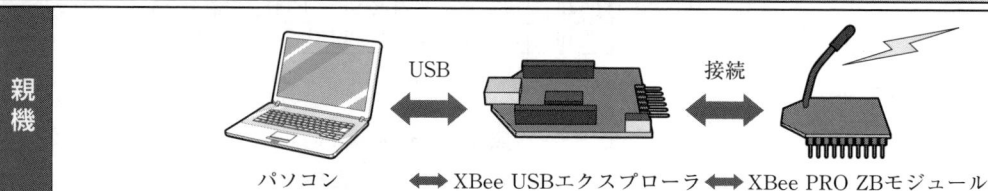

親機

パソコン ⟺ XBee USBエクスプローラ ⟺ XBee PRO ZBモジュール

通信ファームウェア：ZIGBEE COORDINATOR API		Coordinator	APIモード
電源：USB 5V → 3.3V	シリアル：パソコン（USB）	スリープ（9）：接続なし	RSSI（6）：（LED）
DIO1（19）：接続なし	DIO2（18）：接続なし	DIO3（17）：接続なし	Commissioning（20）：（SW）
DIO4（11）：接続なし	DIO11（7）：接続なし	DIO12（4）：接続なし	Associate（15）：（LED）
その他：XBee PRO ZB モジュールは XBee ZB モジュールでも動作します（ただし，通信可能範囲が狭くなる）．			

子機

XBee ZB モジュール ⟺ ピッチ変換 ⟺ ブレッドボード ⟺ 電子ブザー

通信ファームウェア：ZIGBEE ROUTER AT / END DEVICE AT		Router / End Device	Transparent モード
電源：乾電池2本 3V	シリアル：接続なし	スリープ（9）：接続なし	RSSI（6）：（LED）
AD1（19）：接続なし	DIO2（18）：接続なし	DIO3（17）：接続なし	Commissioning（20）：SW
DIO4（11）：電子ブザー	DIO11（7）：接続なし	DIO12（4）：接続なし	Associate（15）：LED
その他：End Device 時はブザー音が鳴らない / 止まらない場合があります．			

必要なハードウェア
- Windows が動作するパソコン（USBポートを搭載したもの）　　1台
- 各社 XBee USB エクスプローラ　　1個
- Digi International 社 XBee PRO ZB モジュール　　1個
- Digi International 社 XBee ZB モジュール　　1個
- XBee ピッチ変換基板　　1式
- ブレッドボード　　1個
- 電子ブザー PKB24SPCH3601 1個，抵抗 1kΩ 1個，LED 1個，コンデンサ 0.1μF 1個，スイッチ1個，単3×2直列電池ボックス1個，単3電池2個，ブレッドボード・ワイヤ適量，USB ケーブルなど

　ブレッドボードを使って，自作の子機 XBee 搭載リモート・ブザーを製作します．パソコン側の親機 XBee から，リモートで電子ブザーを鳴らしてみましょう．

　電子ブザーには，おもに圧電素子（ピエゾ素子）を使用したピエゾ方式ものと，電磁石によるメカニカル式があります．ピエゾ方式の電子ブザーは，発振回路を内蔵しています．少ない消費電力で大音量が得られますが，数kHz 以上の高い「ピー」音が出ます．一方，メカニカル式は，モータと同様に機械的に振動を繰り返すので消費電力が大きくなります．音色は，低い基音に高調波が加わり「ブー」音になります．

　聴き心地が良いのはメカニカル式で，ピエゾ式は耳障りです．また，室内で鳴っていると音源の方向が特定しにくいという課題もあります．そこで，ピエゾ式ブザーを短い間隔で断続的に駆動することで，耳障りさと方向の特定のしにくさを和らげることができます．

ソースコード：サンプル29　example29_bell.c

```c
/****************************************************************
自作ブレッドボードを使ったリモート・ブザーの製作
                               Copyright (c) 2013 Wataru KUNINO
****************************************************************/
#include "../libs/xbee.c"
#include "../libs/kbhit.c"

void bell(byte *dev, byte c){          ← ①
    byte i;
    for(i=0;i<c;i++){                  ← ②
        xbee_gpo( dev , 4 , 1 );       ← ③   // 子機 devのポート4を1に設定(送信)
        xbee_gpo( dev , 4 , 0 );       ← ④   // 子機 devのポート4を0に設定(送信)
    }
    xbee_gpo( dev , 4 , 0 );           ← ⑤   // 子機 devのポート4を0に設定(送信)
}

int main(int argc,char **argv){

    byte com=0;                                // シリアルCOMポート番号
    byte dev[8];                               // XBee子機デバイスのアドレス
    char c;                                    // 入力用

    if(argc==2) com=(byte)atoi(argv[1]);       // 引き数があれば変数comに代入する
    xbee_init( com );                          // XBee用COMポートの初期化
    printf("Waiting for XBee Commissoning\n"); // 待ち受け中の表示
    if(xbee_atnj(30) != 0){                    // デバイスの参加受け入れを開始
        printf("Found a Device\n");            // XBee子機デバイスの発見表示
        xbee_from( dev );                      // 子機のアドレスを変数devへ
        bell( dev, 3);                         // ブザーを3回鳴らす
    }else{                                     // 子機が見つからなかった場合
        printf("no Devices\n");                // 見つからなかったことを表示
        exit(-1);                              // 異常終了
    }
    printf("Hit any key >");

    while(1){                                  // 繰り返し処理
        if ( kbhit() ) {                       // キーボード入力の有無判定
            c = getchar();                     // 入力文字を変数sに代入
            c -= '0';                          // 入力文字を数字に変換
            if( c < 0 || c > 10 ) c = 10;      // 数字以外のときはcに10を代入
            bell(dev,c);                       // ブザーをc回鳴らす
        }
    }
}
```

ここでは，秋月電子通商で売られている村田製作所製の電子ブザー PKB24SPCH3601 を使用しました．一見すると圧電スピーカのような形状ですが，電源電圧を加えるだけで音が出るところが圧電スピーカと異なります．

PKB24SPCH3601 はピエゾ式の電子ブザーで，電源電圧 2V 以上で動作します．3.3V の電圧で約 80dB 程度の音圧が得られ，消費電力も約 3mA と XBee ZB の汎用 IO ポートから直接駆動することができます．

**写真 5-9
電子ブザーの一例**
（村田製作所製
PKB24SPCH3601）

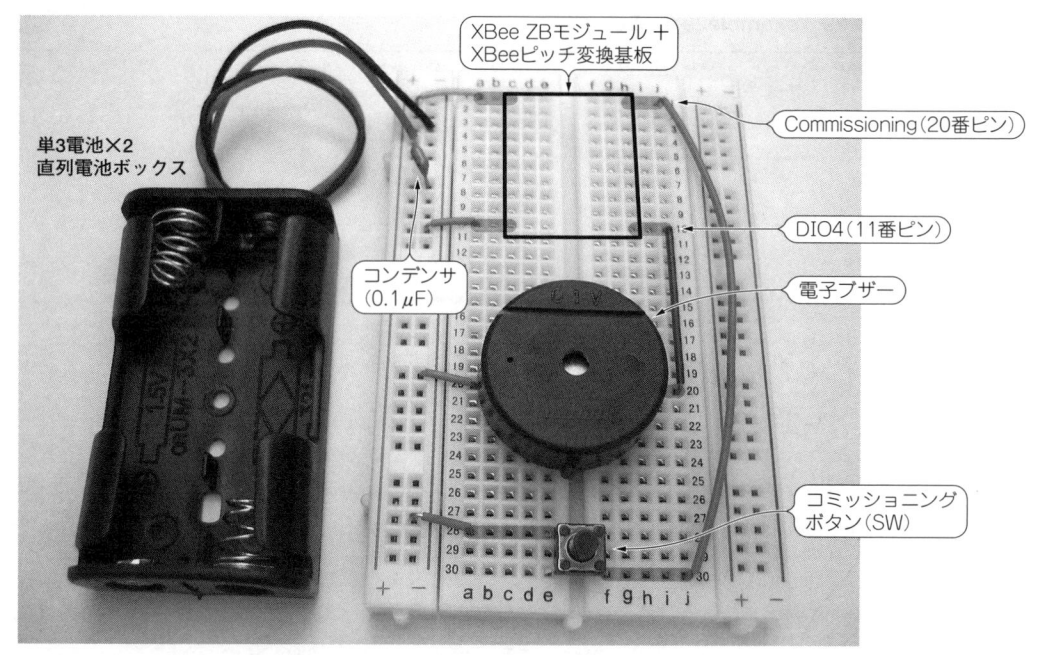

写真 5-10　子機 XBee 搭載電子ブザーの配線例

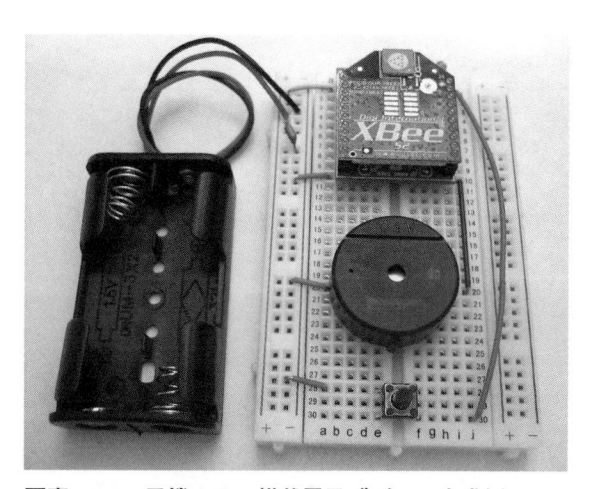

写真 5-11　子機 XBee 搭載電子ブザーの完成例

　それでは，ハードウェアの製作方法を説明します．電子ブザーの「＋」側を XBee ZB モジュールの GPIO（DIO）ポート 4（11 番ピン）に接続し，電子ブザーの「－」側をブレッドボード左側の縦の「－」電源ラインに接続します．電子ブザーには極性があるので，間違えないようにしてください．そのほかの配線は，ほかの製作例と同じです．

　サンプル example29_bell のコンパイル方法，実行方法，ペアリング方法はこれまでと同じです．子機 XBee 搭載電子ブザーの電池を入れると，電子ブザーが小さな音で鳴る場合があります．これは XBee ZB モジュールのプルアップ抵抗から流れてくる電流によるものです．サンプルを実行して，子機 XBee 搭載電子ブザーのコミッショニング・ボタンを 1 回押下してすぐに放すと，ブザーが鳴り，Cygwin コンソールに「Found a Device」が表示されます．この状態で，パソコンのキーボードから数字キーを押すと，数字の回数だけブザーが鳴ります．

　次にサンプル 29 のソースコード「example29_bell.c」の説明を行います．

① ブザーを駆動するための関数 bell を定義します．引き数は，Xbee 搭載ブザーの IEEE アドレスを代入する変数 dev，駆動回数を代入する変数 c です．
② 関数 bell を呼び出すときに渡された引き数 c の回数だけ，繰り返し処理を行います．
③ 電子ブザーの電源を入れて音を鳴らします．「xbee_

gpo」を使用して，Xbee 搭載ブザーの ZigBee ZB モジュールのポート 4 を H レベルに設定します．

④ 電子ブザーの電源を切って音を止めます．③と④を繰り返すことで，断続音を鳴らすことができます．また，③と④の後に「`delay(100);`」のように待ち時間を設定すると，腕時計のアラーム音のように断続周期を長くすることができます．

⑤ 最後の音を止める信号をすぐに送信するために④を再実行します．

ZigBee ZB モジュールのファームウェアは「ZIGBEE ROUTER AT」または「ZIGBEE END DEVICE AT」のどちらでも動作しますが，「ZIGBEE END DEVICE AT」に設定した場合は，ブザーの最後の音が長くなったり，音が止まらなくなったりすることがあります．

ZigBee End Device として動作している XBee ZB は，省電力動作のためにスリープしている期間があり，その間にパケットの送信が保留され，パケットが損失したり，パケットの順番が入れ替わったりします．パソコンに接続した親機 XBee ZB からの送信は，「xbee_gpo」を使用して電子ブザーの ON と OFF を交互に指定しています．なお，このプログラムを中断したときは，ブザーが必ず OFF とは限りません．

今回のサンプルでは音が止まらなくなった場合は，Cygwin のコンソールで「0」を入力することでブザー OFF を送信して止めることができます．周期的に動作するプログラムでは，周期的にブザー OFF を送信することで，鳴りっぱなしを防止することができます．

第10節　Example 30：XBee搭載スイッチとXBee搭載ブザーで玄関呼鈴を製作

Example 30

XBee搭載スイッチとXBee搭載ブザーで玄関呼鈴を製作		
実験用サンプル	通信方式：XBee ZB	開発環境：Cygwin

子機XBee搭載照度リモート・ブザーを製作し，パソコンに接続した親機XBeeからブザーを鳴らす実験を行います．子機XBee ZBは乾電池で長期間の動作が可能なZigBee End Deviceとして動作させます．

親機

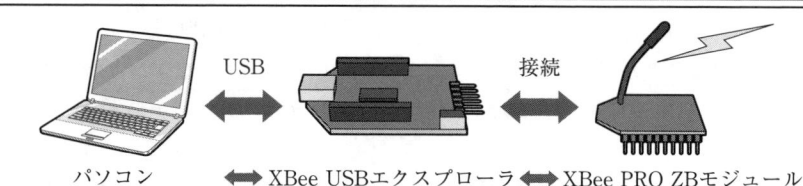

パソコン ⇔ XBee USBエクスプローラ ⇔ XBee PRO ZBモジュール

通信ファームウェア：ZIGBEE COORDINATOR API		Coordinator	APIモード
電源：USB 5V → 3.3V	シリアル：パソコン(USB)	スリープ(9)：接続なし	RSSI(6)：(LED)
DIO1(19)：接続なし	DIO2(18)：接続なし	DIO3(17)：接続なし	Commissioning(20)：(SW)
DIO4(11)：接続なし	DIO11(7)：接続なし	DIO12(4)：接続なし	Associate(15)：(LED)
その他：XBee PRO ZBモジュールはXBee ZBモジュールでも動作します(ただし，通信可能範囲が狭くなる)．			

子機1

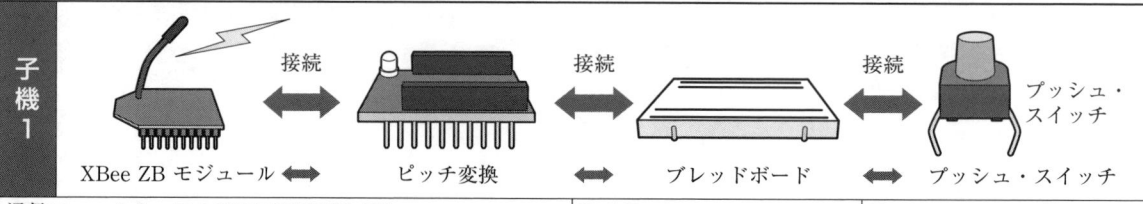

XBee ZBモジュール ⇔ ピッチ変換 ⇔ ブレッドボード ⇔ プッシュ・スイッチ

通信ファームウェア：END DEVICE AT		End Device	Transparentモード
電源：乾電池2本 3V	シリアル：接続なし	スリープ(9)：プッシュ・スイッチSW	RSSI(6)：(LED)
DIO1(19)：プッシュ・スイッチSW	DIO2(18)：接続なし	DIO3(17)：接続なし	Commissioning(20)：SW
DIO4(11)：接続なし	DIO11(7)：接続なし	DIO12(4)：接続なし	Associate(15)：LED

子機2

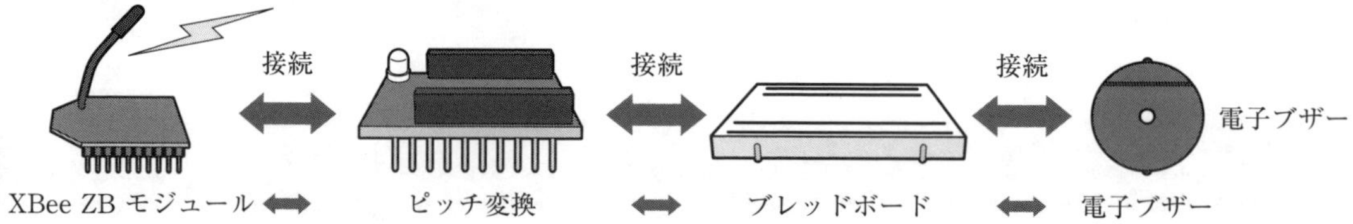

XBee ZBモジュール ⇔ ピッチ変換 ⇔ ブレッドボード ⇔ 電子ブザー

通信ファームウェア：END DEVICE AT		End Device	Transparentモード
電源：乾電池2本 3V	シリアル：接続なし	スリープ(9)：接続なし	RSSI(6)：(LED)
AD1(19)：接続なし	DIO2(18)：接続なし	DIO3(17)：接続なし	Commissioning(20)：SW
DIO4(11)：電子ブザー	DIO11(7)：接続なし	DIO12(4)：接続なし	Associate(15)：LED

必要なハードウェア
- Windowsが動作するパソコン(USBポートを搭載したもの)　1台
- 各社XBee USBエクスプローラ　1個
- Digi International社XBee PRO ZBモジュール　1個
- Digi International社XBee ZBモジュール　2個
- XBeeピッチ変換基板　2式
- ブレッドボード　2個
- 電子ブザー PKB24SPCH3601 1個，プッシュ・スイッチSW 3個，抵抗1kΩ 2個，高輝度LED 2個，セラミック・コンデンサ0.1μF 2個，単3×2直列電池ボックス2個，単3電池4個，ブレッドボード・ワイヤ適量，USBケーブルなど

ソースコード：サンプル 30　example30_bell_sw.c

```c
/****************************************************************
XBeeスイッチとXBeeブザーで玄関呼鈴を製作する
****************************************************************/

#include "../libs/xbee.c"
#define FORCE_INTERVAL   250                    // データ要求間隔(およそ20msの倍数)

void bell(byte *dev, byte c){
    byte i;
    for(i=0;i<c;i++){
        xbee_gpo( dev , 4 , 1 );                // 子機 devのポート4を1に設定(送信)
        xbee_gpo( dev , 4 , 0 );                // 子機 devのポート4を0に設定(送信)
    }
    xbee_gpo( dev , 4 , 0 );                    // 子機 devのポート4を0に設定(送信)
}

int main(int argc,char **argv){

    byte com=0;                                 // シリアルCOMポート番号
    byte dev_bell[8];                           // XBee子機(ブザー)デバイスのアドレス
    byte dev_sw[8];                             // XBee子機(スイッチ)デバイスのアドレス
    byte trig=0;                                // 子機へデータ要求するタイミング調整用
    XBEE_RESULT xbee_result;                    // 受信データ(詳細)

    if(argc==2) com=(byte)atoi(argv[1]);        // 引き数があれば変数comに代入する
    xbee_init( com );                           // XBee用COMポートの初期化
    printf("Waiting for XBee Bell¥n");
    xbee_atnj(60);                              // デバイスの参加受け入れ
    xbee_from( dev_bell );              ← ①    // 見つけた子機のアドレスを変数devへ
    bell(dev_bell,3);                           // ブザーを3回鳴らす
    xbee_end_device(dev_bell, 1, 0, 0);         // 起動間隔1秒，自動測定OFF，SLEEP端子無効
    printf("Waiting for XBee Switch¥n");
    xbee_atnj(60);                              // デバイスの参加受け入れ
    xbee_from( dev_sw );                ← ②    // 見つけた子機のアドレスを変数devへ
    bell(dev_bell,3);                           // ベルを3回鳴らす
    xbee_gpio_init( dev_sw );                   // 子機のDIOにIO設定を行う
    xbee_end_device(dev_sw, 3, 0, 1);           // 起動間隔3秒，自動送信OFF，SLEEP端子有効
    printf("done¥n");

    while(1){
        if( trig == 0 ){
            xbee_force( dev_sw );       ← ③    // 子機へデータ取得指示を送信
            trig = FORCE_INTERVAL;
        }
        trig--;
        xbee_rx_call( &xbee_result );           // データを受信
        switch( xbee_result.MODE ){             // 受信したデータの内容に応じて
            case MODE_RESP:
            case MODE_GPIN:             ← ④    // データ取得指示に対する応答
                                                // 子機XBeeの自動送信の受信
                if(xbee_result.GPI.PORT.D1 == 0){   // DIOポート1がLレベルのとき
                    printf("D1=0 Ring¥n");      // 表示
                    bell(dev_bell,3);   ← ⑤    // ブザーを3回鳴らす
                }else printf("D1=1¥n");         // 表示
                bell(dev_bell,0);       ← ⑥    // ブザー音を消す
                break;
        }
    }
}
```

　実験用サンプルの最後は，呼鈴です．乾電池で駆動可能な XBee 搭載スイッチが押されたときに XBee 搭載ブザーを鳴らします．

　パソコンに接続した親機 XBee ZB モジュールのほ

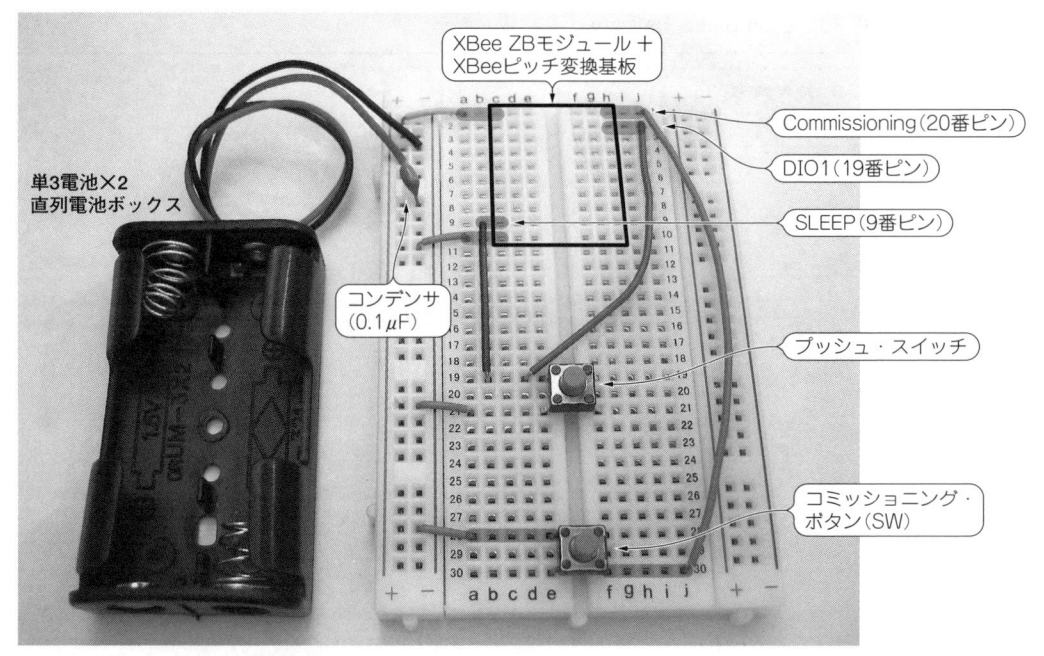

写真 5-12　子機 XBee 搭載スイッチの配線例

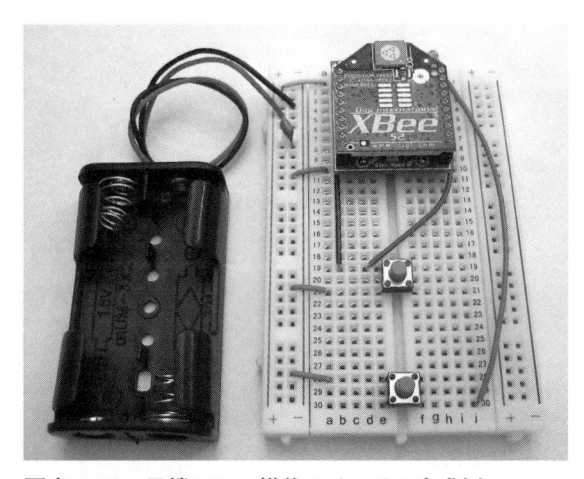

写真 5-13　子機 XBee 搭載スイッチの完成例

かに，今回製作する XBee 搭載スイッチ，サンプル 29 で使用した XBee 搭載ブザーを使用します．XBee 搭載スイッチと XBee 搭載ブザーは，乾電池で長期間動作が可能な ZigBee End Device として動作します．

XBee 搭載スイッチは，サンプル 5 で製作した XBee 子機とは少し異なり，省電力動作に対応しています．

プッシュ・スイッチの片側を XBee ZB モジュールの GPIO（DIO）ポート 1（XBee 19番ピン）と，SLEEP 端子（XBee9 番ピン）の 2 か所に接続します．これにより，プッシュ・スイッチが押されたときにスリープ中の XBee ZB を起動することが可能です．配線例を**写真 5-12** に示します．プッシュ・スイッチ以外の回路は，従来どおりです．

サンプル example30_bell_sw のコンパイル方法，実行方法は，これまでと同じです．ペアリングは初めに子機 XBee 搭載ブザー，次に子機 XBee 搭載スイッチの順番に行います．ペアリングが成功するたびにブザーが鳴ります．ただし，プログラムを簡単にするために，それぞれ 60 秒以内に順番にペアリングを行う手順としました．

ペアリングが完了したら，XBee 搭載スイッチのプッシュ・スイッチを押してみてください．XBee 搭載ブザーから音が出れば，通信の実験の成功です．また，ペアリングが完了してから 30 秒を経過すると，XBee 搭載スイッチと XBee 搭載ブザーは省電力動作を開始します．XBee 搭載スイッチは 3 秒間隔で動作

し，XBee搭載ブザーは1秒間隔です．

　XBee搭載スイッチは，プッシュ・スイッチを押すと即座に起動してボタンが押されたことを送信しますが，XBee搭載ブザーは1秒おきにしか起動しません．このため，プッシュ・スイッチを押してから最大1秒遅れでブザーが鳴る場合があります．

　ここでサンプル30のソースコード「example30_bell_sw.c」の説明を行います．

① XBee搭載ブザーのペアリングを行います．60秒以内にコミッショニング・ボタンからの通知があるものとし，通知を受けたらブザーを鳴らし，「xbee_end_device」を使用してZigBee End Device用の省電力設定を行います．

② XBee搭載スイッチのペアリングを行います．通知を受けたらXBee搭載ブザーを鳴らします．また，「xbee_gpio_init」を使用してXBee搭載スイッチの状態変化を自動送信するIO設定を行い，さらに「xbee_end_device」を使用して省電力設定を行います．「xbee_end_device」の最後の引き数1は，SLEEP端子(XBee 9番ピン)の入力を有効にする設定です．有効にしておくと，SLEEP端子にLレベルが入力されたときにXBee ZBモジュールがスリープから復帰します．

③ 一定の間隔(約5秒)でスイッチの状態の取得指示を送信します．この処理の必要性は後述します．

④ 前項③の取得指示による応答，もしくはXBee搭載スイッチからのGPIO(DIO)ポートの状態変化通知のどちらかを受信したときに，④〜break文まで

を実行します．

⑤ XBee搭載スイッチのプッシュ・スイッチが押されて，GPIO(DIO)ポート1がLレベルになっているときに，ブザーを鳴らす関数「bell」を呼び出します．

⑥ 何らかの受信を受けるたびに，ブザーを止めるコマンドを送信します．詳しくは後述します．

　XBee ZBモジュールは，スイッチを押しこんだときと離したときに自動で変化通知を送信します．この変化の検出方法は，XBee ZBモジュール動作中に記憶している状態から異なる状態になった場合に変化したとみなします．ところが，スイッチを押した状態でスリープに入ってしまうと，スリープ中にスイッチを離しても変化を検出することができません．次にスイッチを押したときにスリープが解除されますが，XBee ZBモジュールはスリープ前のスイッチが押された状態を記憶しているので，変化はなかったものと認識してしまいます．そこで，プログラム中の③の部分で定期的に取得指示を行って，GPIO(DIO)ポートの状態を確定しています．

　また，XBee搭載ブザーのスリープ期間中にパケットが損失するなどによって，ブザーのOFF信号を受け取れずに，音が止まらなくなる場合があります．この対策として，周期的にブザーOFFを送信することで鳴りっぱなしを防止します．今回のサンプルでは，定期的(約5秒毎)にXBee搭載スイッチの状態を確認し，その応答を受けるたびに⑥でブザーを止めるコマンドを送信します．

[第6章]

Arduinoで XBee ZBを動かすための 準備をしよう

　本章では，Arduino を含めたハードウェアの準備，XBee 用ライブラリのインストール方法，スケッチの描き方や動作の確認方法について説明します．

　前章で説明した XBee の基本アプリケーションは親機側にパソコンが必要でした．しかし，センサ・ネットワークでは 1 年 365 日の間，ずっと動作し続けるデータ・ロガーのような用途を考えると，XBee 親機を Arduino で動作させるほうが実用的です．また，システムを商品化するような場合に，パソコン上でしか動作しないシステムは対象ユーザが限定されてしまいます．さらに，Arduino を子機 XBee に接続してセンサ値を計算するといった役割を担うこともあります．

　ただし，処理速度や機能の観点から考えればパソコンのほうが勝っており，これらを考慮して親機 XBee のプラットフォームを考える必要もあります．

第1節　Arduinoのハードウェアの準備

まず，Arduinoのハードウェアについて説明します．ここではもっとも普及しているArduino UNOと，XBeeを接続することが可能な，Arduino Wireless SDシールド拡張基板，XBee PRO ZBモジュール（RPSMAタイプ），キャラクタ液晶ディスプレイ・シールド拡張基板について説明します．

本書の執筆時点において，もっとも普及している純正のArduinoマイコン・ボードは，2010年に発売されたArduino UNOです．Arduino UNOの最新版は，リセット・スイッチの位置の変更やシールドと呼ばれる拡張基板との接続端子を増やしたArduino UNO R3です．2012年1月に発売されました．本書では，おもにArduino UNO R3を使用して説明しますが，サンプル・プログラムは初代Arduino UNOやR2，Arduino Duemilanove（ATmega328P）でも動作します．ただし，LANに接続するサンプルについては，Arduino Ethernetマイコン・ボードを使用して説明します．Arduino UNOマイコン・ボードとArduino Ethernetシールドの組み合わせでも同じですが，Arduino Wireless SDシールドとキャラクタ液晶ディスプレイ・シールドを重ねると4段重ねになってしまうので，Arduino Ethernetマイコン・ボードを使用して3段に止めることにします．

XBee ZBを接続するために必要なのは，Arduino Wirelessシールド，もしくはArduino Wireless SDシールドです．これらシールドと呼ばれるArduino用の拡張基板は，Arduinoマイコン・ボードの上部にコネクタで接続することが可能です．Arduino Wirelessシールドのうち，「SD」の文字を付与されているほうはmicro SDメモリ・カード・スロットが搭載されています．ロガーとして使用する際に，micro SDメモリ・カードはかかせないので，Arduino Wireless SDシールドがお奨めです．

Arduino Wirelessシールドに接続するXBee ZBモ

表 6-1　Arduino 親機 XBee ZB のハードウェア構成

品　名	参考価格	備　考
Arduino UNO R3	2,940 円	Arduinoマイコン・ボード．廉価版のArduino UNO SMD R3
Arduino Wireless SD SHIELD	2,500 円	XBee ZBモジュール用のArduinoシールド（拡張ボード）
XBee PRO ZB Module RPSMA タイプ	2,900 円	アンテナ部がRPSMAコネクタのタイプを推奨
XBee 専用アンテナ	550 円	XBee RPSMAタイプ専用のアンテナ
DF ROBOT LCD Keypad Shield	1,450 円	キャラクタ液晶ディスプレイ・シールド

写真 6-1　Arduino UNO R3 マイコン・ボードの例

写真 6-2　ArduinoWireless SD シールドの例

ジュールには，XBee PRO ZB の RPSMA タイプ(**写真 6-3**)がお奨めです．パターン・アンテナやチップ・アンテナ・タイプを用いると，各シールドの影響で通信可能な距離が狭くなってしまいます．また，ワイヤ・アンテナ・タイプだと，液晶ディスプレイ・シールドの装着時にアンテナを折り曲げないと装着できない場合があります．

Arduino マイコン・ボードにキャラクタ液晶ディスプレイ・シールドを接続することで，プログラムの動作状態などを表示することができます．本書では，液晶ディスプレイ・シールドに，DF ROBOT 製 LCD Keypad シールドもしくは Adafluit 製 LCD Shield Kit を使用します．それぞれの特長およびライブラリの使用方法を，**表 6-2** に示します．

Adafruit 社は，若手女性エンジニア Ladyada さんが起業したホビー向け電子工作部品メーカーです．同社の Adafruit LCD Shield Kit は，I^2C で接続可能な液晶ディスプレイ＋キー・パッド・シールドです．一般的なキャラクタ液晶ディスプレイは，最低でも 6 本の Arduino ポートを占有してしまうのに対し，Adafruit LCD Shield Kit はI^2C接続により 2 本のポートで液晶ディスプレイとキー・パッドの接続を実現することができます．さらに，RGB バック・ライトによってバック・ライト色を変えることも可能です．また，Arduino と接続するピン・ヘッダを Arduino シールド用ピン・ソケット(ピンの長いタイプ)に交換することで，液晶ディスプレイを取り付けた状態で Arduino の各信号ポートを使用することも可能です．

上部側の DIGITAL ポート用ソケットと液晶ディスプレイ基板との距離が不十分なので，液晶ディスプレイ・ユニットを手前側(可変抵抗器に接触するまで)にスライドして液晶ディスプレイ・ユニットのはんだ付

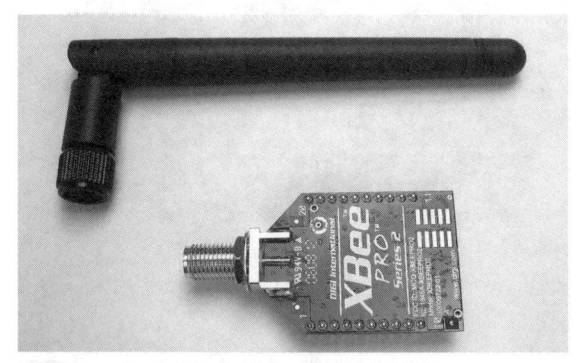

写真 6-3　Arduino 親機には XBee PRO ZB RPSMA タイプを使用する

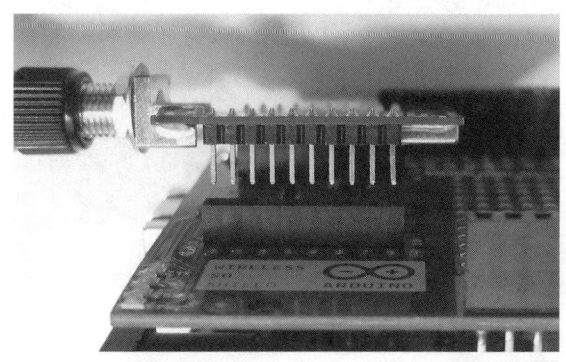

写真 6-4　XBee PRO ZB モジュールを接続するときのようす(ずれないように装着する)

表 6-2　Arduino 用キャラクタ液晶ディスプレイ・シールド

品名	DF ROBOT 製 LCD Keypad シールド	Adafluit 製 LCD Shield Kit
長所	はんだ付けが不要で安価	液晶ディスプレイの品質，I^2C 接続など全体的に品質・性能が高い
短所	XBee 専用アンテナの一部が接触する．Wireless SD シールドの SD 機能が使えない	はんだ付けが必要．価格が若干高い(参考 =2,790 円)
販売	秋月電子通商，Amazon など	スイッチサイエンス等

ライブラリ	`#include <LiquidCrystal.h>`
	または
	`#include <LiquidCrystalDFR.h>`
		`#include <Wire.h>`
		`#include <Adafruit_MCP23017.h>`
		`#include <Adafruit_RGBLCDShield.h>`

定義	`LiquidCrystal lcd(8, 9, 4, 5, 6, 7);`	`Adafruit_RGBLCDShield lcd` `  = Adafruit_RGBLCDShield();`

第 1 節　Arduino のハードウェアの準備

けを行えば，**写真6-5**のようにピン・ソケットを取り付けることができます．

どちらかといえばAdafruit製をお奨めしますが，はんだ付けが必要ので，はんだ付けが苦手な方は，DF ROBOT製を使用したほうがよいでしょう．ただし，DF ROBOT製LCD Keypadシールドは，XBee専用アンテナの一部と接触するので，シールドの接続部を1.5mmほど浮かせる必要があったり，Arduino Wireless SDシールドのmicro SDメモリ・カードが使えなかったりといった欠点があります．

なお，サンプル・スケッチ(プログラム・ソースコード)の多くは，DF ROBOT用として記述しています．Adafruit製の液晶ディスプレイを使用する場合は，**表6-2**の「ライブラリ」と「定義」の行に記載されているようにスケッチを修正する必要があります．

写真6-5 Adafruit製LCD Shield Kitの製作例

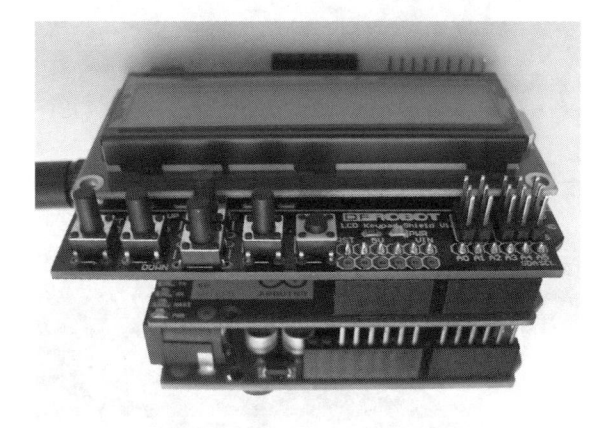

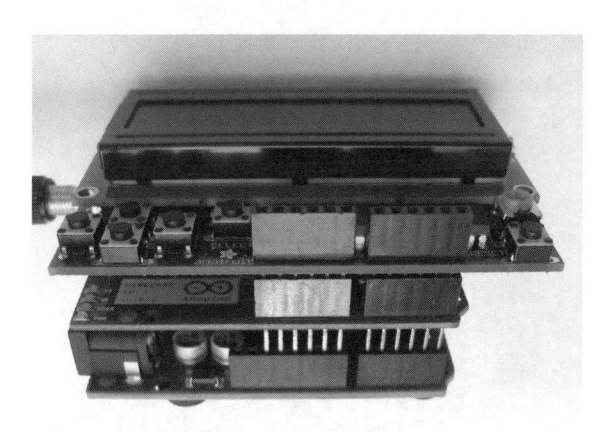

写真6-6 液晶ディスプレイ・シールドを接続したようす(左 DF ROBOT製，右 Adafruit製)

第2節　Arduino IDEのインストール

ここでは，Arduino上で動作するXBee ZB用のアプリケーション・ソフトウェアの開発環境のインストール方法を説明します．

Arduino IDEは，マイコン・ボード上で動作するプログラムの統合開発環境(IDE)です．スケッチと呼ばれるプログラム(ソースコード)の入力，編集，コンパイル，Arduinoへの書き込みなどを行うことができます．

Cygwinのようなテキスト入出力形式のコマンドライン環境ではなく，GUI環境ではありますが，一般的な統合開発環境よりもシンプルな機能に絞られています．テキスト・エディタの機能も限られていますが，設定により秀丸などの外部エディタを使用することも可能です．

それでは，Arduino IDEのインストール方法を説明します．執筆時点における最新版であるVer 1.0.5からWindowsインストーラに対応し，インストール方法がわかりやすくなりました．

Arduino IDEのダウンロードを行うために，インターネット エクスプローラを開き，Arduinoのウェ

Column…6-1　Arduino Leonardoで使用する場合について

　2012年6月より発売されたArduino Leonardoは，USB機能やIOポート数，アナログ入力ポート数，実行用メモリ（SRAM）が増えています．これらは，使用するマイコンを従来のATmega328からATmega32u4に変更したことによる効果です．また，従来はパソコンとの接続用のUSBシリアル変換ICが実装されていたのに対し，USB内蔵のATmega32u4を使用することで，USBシリアル変換ICなしに接続できるようになり，低価格化も実現されています．

　しかし，Arduino Leonardoのマイコンをリセットすると，パソコンとのUSB接続が切断される煩わしさがあり，Arduino UNOの廉価版（低価格版）と位置付ける人も多くいるようです．頻繁にリセットが必要な場合は，パソコンとのUSB接続を切り離し，ACアダプタで電源を供給するとよいでしょう．

　インターネット上で配布されているスケッチ（プログラム）もArduino UNO用が圧倒的に多く，Arduino純正のスタータ・キットに含まれるArduinoマイコン・ボードも，Arduino UNOのままです．執筆時点では，従来の標準マイコン・ボードとしてはArduino UNOが継続し，Leonardoの展開はゲーム・コントローラ風のArduino Esploraや，Linuxを搭載したArduino YUNのような従来のArduinoとは少し違った方向を目指しているように感じられます．

　Arduino Leonardoは，リセットが煩わしい一方，シリアルのXBee側とパソコン側との切り替えが不要になるメリットやスケッチの書き込みが高速であるなどのメリットもあります．

　Arduino UNOの場合は，スケッチを書き込むときにArduino UNOとXBee ZBモジュールとのシリアル接続を一時的に切り換えたり切断する必要がありました．しかし，Arduino Leonardoの場合は，スケッチの書き込み時にマイコン内蔵のUSBインターフェースを使うので，シリアル接続の切り替えや切断が不要です．したがって，通信モジュールのようなシリアル接続を用いる場合は，Arduino Leonardoの方が便利な点もあります．ただし，筆者が過去に配布していた古いXBeeライブラリは，Arduino Leonardoに対応していませんので，最新のものを使用してください．

　また，Adafruit LCD Shield KitをArduino Leonardoに接続すると，Analog 4（A4）とAnalog 5（A5）が使用できなくなります．

図 6-1
Arduino ホームページの表示例
（2013年7月現在）

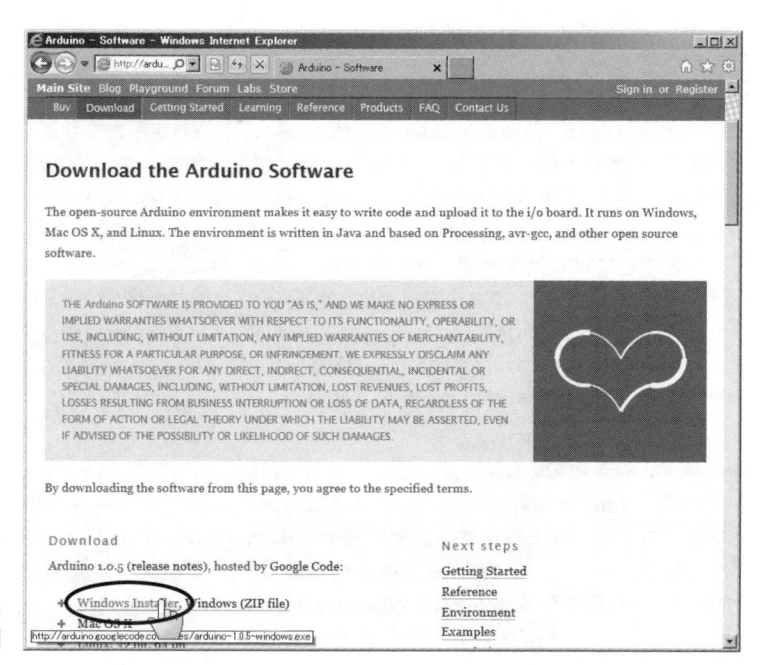

図 6-2
Arduino ウェブサイト内の
「Download」ページの表示例

表 6-3　Arduino IDE のインストール手順

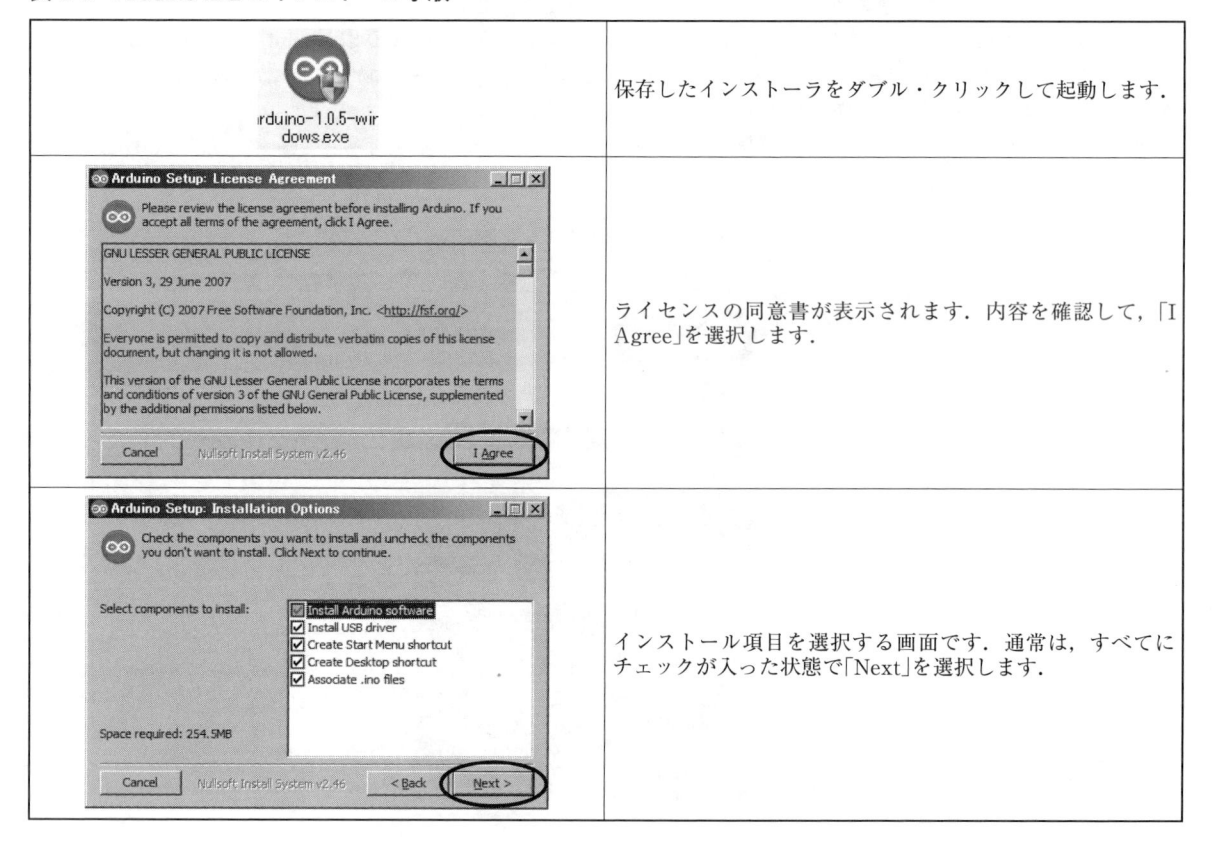

（arduino-1.0.5-windows.exe アイコン）	保存したインストーラをダブル・クリックして起動します．
（Arduino Setup: License Agreement 画面，「I Agree」ボタン）	ライセンスの同意書が表示されます．内容を確認して，「I Agree」を選択します．
（Arduino Setup: Installation Options 画面，「Next >」ボタン）	インストール項目を選択する画面です．通常は，すべてにチェックが入った状態で「Next」を選択します．

166　第 6 章　Arduino で XBee ZB を動かすための準備をしよう

ブサイト(http://www.arduino.cc)にアクセスし，画面の左側にある「Download」を選択します．

見出し「Download」内の「Windows Installer」を選択し，「名前をつけて保存」でデスクトップなどに保存します．直接，実行してもかまいません．

ダウンロードした「Windows Installer」のインストール手順を表6-3に示します．

次に，付属のCD-ROMからXBee ZigBee管理ライブラリのコピーを行います．「ライブラリとExample」フォルダから「xbee_arduino.zip」をコピーする，もしくは下記の筆者のサイトから最新版をダウンロードしてください．

※本書では，Arduino1.0.5とArduino1.0.6で動作の確認をしています．

専用サポートページ

www.geocities.jp/bokunimowakaru/cq

コピーしたZIPファイルを開く(ダブルクリック)と，いくつかのフォルダが入っているので，すべてのフォルダまたは少なくともXBee_Coordフォルダをマイドキュメント・フォルダ内の「Arduino」フォルダ内にある「libraries」フォルダへコピーします．例えば，アカウント名が「xbee」であれば，

C:￥Users￥xbee￥Documents￥Arduino￥libraries

に保存します．同フォルダをWindowsエクスプローラで見ると，

▼xbee▼マイドキュメント▼Arduino▼libraries▼

と表示されます．コピー先のフォルダの場所がわから

画面	説明
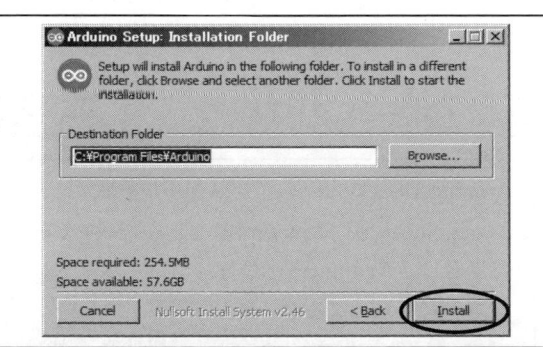 Arduino Setup: Installation Folder	インストール先のフォルダ名を入力する画面です．通常は変更せずに，「Install」を選択します．
 Windows セキュリティ（Arduino USB Driver）	インストールを開始してからしばらくすると，「Arduino USB Driver」のインストール要否を問うWindowsセキュリティ画面が表示されます．発行元が「Arduino LCC」であることを確認してから「インストール」を選択します．このウィンドウだけ，ボタンの位置が少し異なるので注意が必要です．
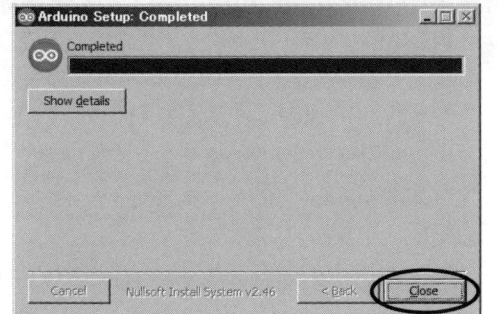 Arduino Setup: Completed	インストールの完了画面です．「Close」をクリックしてインストーラを終了します．

表6-4 ダウンロードした xbee_arduino.zip に含まれるソフトウェア

フォルダ名	ソフトウェア名	備考
XBee_Coord	XBee 管理ライブラリ ZB Coord API	XBee ZB を管理・制御するためのライブラリ
XBee_WiFi	XBee Wi-Fi 用ライブラリ	XBee Wi-Fi を管理・制御するためのライブラリ
LiquidCrystalDFR	DF ROBOT LCD Keypad 用ドライバ	液晶ディスプレイ表示とキー・パッド用のコマンド集
Adafruit_RGBLCDShield	Adafruit LCD 用ドライバ	同上（Adafruit 用）のコマンド集
DS3231	Seeeduino Stalker 用 RTC ドライバ	スリーブ機能や時計機能用のライブラリ
XBee_AndrewRapp	準標準 XBee ライブラリ	Arduino 標準を目指している XBee ライブラリ

ない場合は，ダウンロードした ZIP ファイルをデスクトップなどに展開し，Arduino IDE のメニュー「スケッチ」から「ライブラリを使用」→「Add Library」を選択し，コピー元の XBee_Coord フォルダなどを選択すると，Arduino IDE が適切なフォルダにライブラリをコピーします．

なお，Windows エクスプローラを使ったコピーの際に Arduino IDE を起動していた場合は，コピー後に一度 Arduino IDE を終了し，再度，起動すればインストールが完了します．

本書用の Arduino 向けライブラリには，**表6-4** のようなソフトウェアが含まれています．とくにこだわりがなければ全ライブラリをコピーしてください．すべてフリー・ソフトウェアですが，ライセンスについては各フォルダ内のドキュメント，もしくはソースコードの記載に従ってください．なお，予告なく内容を変更する場合があるので，その場合はご容赦ください．

第3節 Arduino マイコン・ボードの接続

次に，パソコンと Arduino マイコン・ボードとを接続するのに必要な Arduino USB Driver（Arduino 用シリアルドライバ）のインストール方法について説明します．第2節（前節）に示した Windows インストーラを使用して，Arduino IDE と Arduino USB Driver をインストールした場合は，Arduino マイコン・ボードをパソコンに USB ケーブルを使って接続すると，自動でドライバのインストールが完了します．

インストールが完了すると，「Arduino Uno（COM4）使用する準備ができました」といったメッセージが表示されます．この括弧内の COM に続く番号が，Arduino マイコン・ボードのシリアル COM ポート番号なので，覚えておく必要があります．COM ポート番号がわからなくなった場合は，Arduino マイコン・ボードを接続した状態で，デバイス・マネージャを開き，「ポート（COM と LPT）」内の「Arduino Uno」と書かれた場所に COM ポート番号を確認することができます．

Arduino USB Driver のインストール方法

Arduino USB Driver が未インストールであった場合は，Arduino UNO マイコン・ボードをパソコンに接続してしばらくすると，「新しいハードウェアの検出ウィザード」が開始されます．ウィザードが開いた場合は，次の手順でインストールを行います．

① Windows Update に接続しますか？→「いいえ」を選択して「次へ」をクリック

② インストール方法を選んでください．→「一覧または特定の場所からインストールする」を選択して「次へ」をクリック

③ 検索とインストールのオプションを選んでください．→「次の場所で最適のドライバを検索する」を選択し，「次の場所を含める」の欄に，

 C:¥Program Files¥Arduino¥drivers

を入力し，「次へ」をクリック

 ドライバが未インストールにも関わらず，

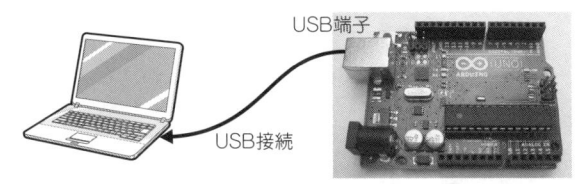

図6-3 Arduino UNOをパソコンのUSB端子へ接続する

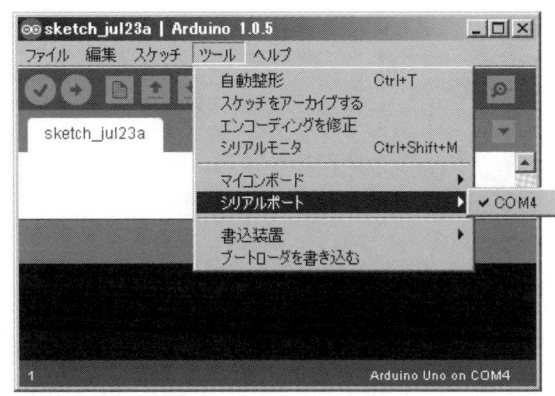

図6-4 Arduinoのシリアル・ポート選択

Arduino UNOマイコン・ボードを接続しても新しいハードウェアの検出ウィザードが開かなかった場合は，Windowsの「コントロール・パネル」内の「システムとセキュリティ」の「システム」内の「デバイス・マネージャ」を開き，「ポート（COMとLPT）」内の「Arduino Uno」を右クリックして「ドライバ・ソフトウェアの更新」を選択し，「コンピュータを参照してドライバ・ソフトウェアを検索します」を選択，参照ボタンを押して

C:¥Program Files¥Arduino¥drivers¥ArduinoUNO.inf

のドライバを選択します．

ドライバのインストールが完了したら，Arduino IDEを起動し，図6-4のように「ツール」メニュー内の「シリアル・ポート」からArduinoマイコン・ボードを接続したCOMポート番号を選択します．また，同じ「ツール」メニュー内の「マイコン・ボード」で「Arduino UNO」をしておきます．

なお，Arduino UNOの電源はパソコンのUSBから供給されるので，通常はACアダプタが不要です．しかし，消費電力の多いシールドを複数台使用してArduino UNOの電源電圧が低下してしまう場合は，ACアダプタを使用することで動作が安定する場合があります．

以上でArduinoハードウェアの準備，Arduino IDEのインストール，Arduinoマイコン・ボードとパソコンとの接続を完了しました．次章ではArduino UNOを動かしてみます．

[第7章]

Arduinoの練習用サンプル・プログラム XBeeなし(5例)

　Arduinoを初めて使う方もいると思います．ここではXBeeは使わずに，Arduinoのスケッチの描き方，実行方法の練習をします．既にArduinoの使い方をご存知の方は，次章に進んでください．

第1節　Example 31：ArduinoのLEDを点滅させる（XBeeなし）

Example 31

ArduinoのLEDを点滅させる（XBeeなし）		
練習用サンプル	通信方式：なし	開発環境：Arduino IDE

サンプル・スケッチをArduinoマイコン・ボードに書き込む練習を行います．サンプルはArduino UNO上のLEDを点滅させます．

Arduinoのみ

パソコン ⇔ USB ⇔ Arduino UNO

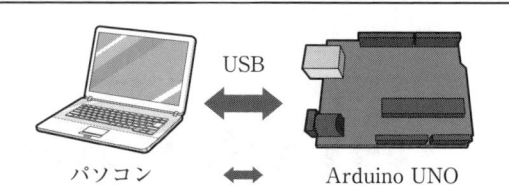

必要なハードウェア
- Windowsが動作するパソコン（USBポートを搭載したもの）　　1台
- Arduino UNOマイコン・ボード　　1台
- USBケーブルなど

①コンパイルの実行とArduinoへの書き込みを実行するボタン
⑤サンプルや保存したスケッチを開くためのボタン
②スケッチ（ソースコード）の入力を行う編集ウィンドウ
③コンパイル結果などを表示するメッセージウィンドウ
④Arduino接続に関する設定表示

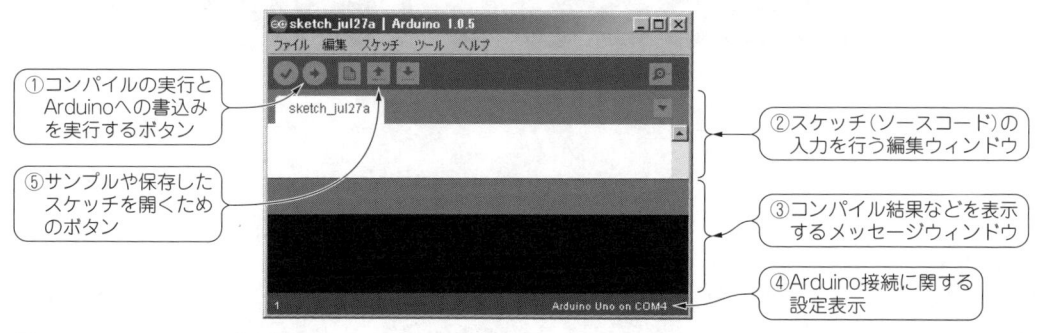

図7-1　Arduino IDEを起動したときの画面とメニュー

サンプル・プログラムのスケッチ（ソースコード）をArduino IDEに読み込んでコンパイルし，Arduino UNOに書き込む手順を説明します．

ArduinoをパソコンにUSBケーブルで接続した状態でArduino IDEを起動します．起動すると，**図7-1**のような画面が表示されます．

Arduino IDE上でよく使う機能について説明します．

① スケッチ（ソースコード）のコンパイルとArduino UNOへの書き込みを実行するためのボタンです．②のスケッチ入力ウィンドウに記述したスケッチをコンパイルし，コンパイルが成功するとArduino UNOにプログラムを書き込みます．

② スケッチの入力を行う編集ウィンドウです．ここにサンプル31のスケッチを読み込みます．読み込み方法は後述します．

③ Arduino IDEからのメッセージを表示するウィンドウです．コンパイル結果や書き込み結果などを表示します．

④ 接続するArduinoのハードウェア名とシリアルCOMポート番号の設定表示です．Arduino UNOをシリアルCOMポート4に接続していた場合は，Arduino IDE画面の右下に「Arduino Uno on COM4」と設定表示されていることを確認します．ハードウェア名やシリアルCOMポート番号が異なっている場合は，第6章第3節「Arduinoマイコン・ボードの接続」を参照して，適切な設定表示になるように変更します．

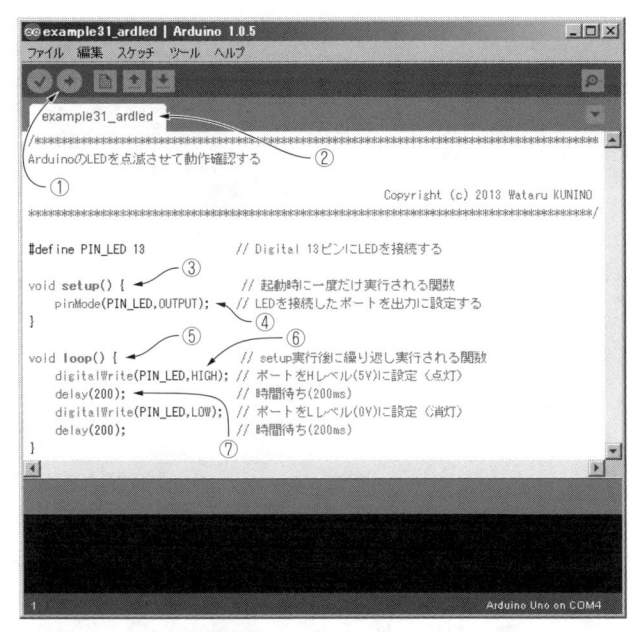

図7-2 サンプル31のスケッチを開いたときのようす

⑤サンプルや保存したスケッチを開くボタンです．
それでは，サンプル31を②のスケッチ入力ウィンドウに読み込んでみましょう．⑤のスケッチを開くボタンを押すと，さまざまなサンプルの分類が表示されます．マウス・カーソルを「XBee_Coord」に移動すると，XBee管理ライブラリのサンプルが表示されるので，「cqpub」→「example31_ardled」を選択します．

> 「開く」→「XBee_Coord」→「cqpub」→「example31_ardled」

サンプル31のスケッチの読み込みが成功すると，**図7-2**のような画面になります．スケッチが読みにくい場合は，ウィンドウのサイズを変更します．

このサンプル31のスケッチ「example31_ardled.ino」の内容を**図7-2**を用いて説明します．
①コンパイルとArduinoへの書き込みを行うボタンです．スケッチ（ソースコード）の内容が理解できたらボタンを押してArduinoで実行してみましょう．
②スケッチのファイルごとのタブです．一つのプログラムに複数のスケッチを記述することが可能です．サンプル31のスケッチは，「example31_ardled.ino」の一つだけです．
③「setup」関数は，Arduinoを起動したときに一度だけ実行される関数です．おもにハードウェアの設定を行います．
④「pinMode」は，Arduinoの各入出力ポートの設定を行うための命令です．ここでは，PIN_LED（ディジタル13番ポート）を出力に設定します．
⑤「loop」関数は，setup関数を実行後に繰り返し実行を行う関数です．プログラム本体は，ここに記述します．Arduinoのスケッチには，setup関数とloop関数の二つが必ず必要です．
⑥「digitalWrite」は，ディジタル出力に設定したポートの出力電圧をHIGHレベル（およそ電源電圧）またはLOWレベル（およそ0[V]）に設定する命令です．引き数は，ポート番号と，HIGHもしくはLOWの出力レベルです．ここでは，PIN_LED（ディジタル13番ピン）をHIGHレベルに設定します．
⑦「delay」は，時間待ちを行う命令です．引き数の200は，待ち時間[ms]です．ここでは，約200msの時間待ちを行います．

それでは，①のコンパイルと書き込みのボタンを実

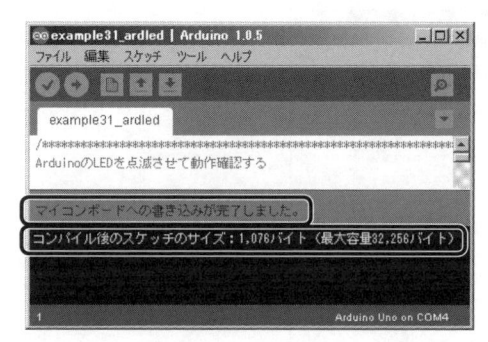

図7-3 サンプル31のスケッチの書き込みが完了したときのようす

写真7-1 Arduino UNOのディジタル13番ピンに接続されているLEDの位置

行してみましょう．しばらくすると，コンパイルが完了して「コンパイル後のスケッチ・サイズ」が表示され，続いてArduino UNOへの書き込みが完了すると，「マイコン・ボードへの書き込みが完了しました.」のメッセージが表示されます（図7-3）．

また，Arduino UNOの「Arduino」マークの左上付近のLED「L」（写真7-1）が点滅します．

第2節　Example 32：Arduinoの液晶ディスプレイに文字を表示する（XBeeなし）

Example 32	Arduinoの液晶ディスプレイに文字を表示する（XBeeなし）		
	練習用サンプル	通信方式：なし	開発環境：Arduino IDE
Arduino用キャラクタ液晶ディスプレイ・シールドに文字「Hello, World!」を表示します．			

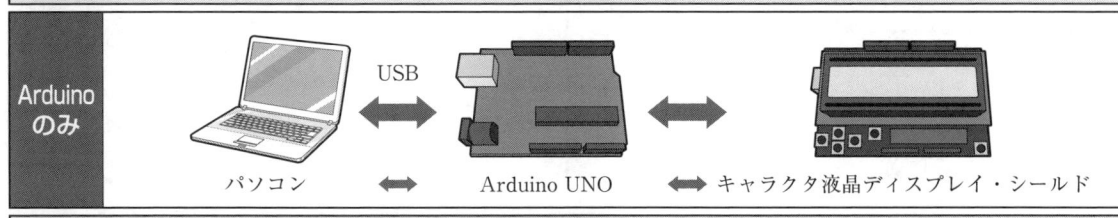

Arduinoのみ

パソコン ⇔ Arduino UNO ⇔ キャラクタ液晶ディスプレイ・シールド

必要なハードウェア
- Windowsが動作するパソコン（USBポートを搭載したもの）　　　1台
- Arduino UNO マイコン・ボード　　　1台
- キャラクタ液晶ディスプレイ・シールド（DF ROBOT または Adafruit 製）　1台
- USBケーブルなど

　このサンプル32は，Arduino UNOとキャラクタ液晶ディスプレイ・シールドを使用し，液晶ディスプレイに文字を表示するサンプル・スケッチです．液晶ディスプレイ・シールドには，DF ROBOT製LCD Keypadシールドもしくは Adafruit 製 LCD Kit を使用します．DF ROBOT用のサンプル・スケッチは「example32_ardlcd_dfr」，Adafruit用は「example32_ardlcd_ada」です．使用する液晶ディスプレイに合わせて，どちらかをArduino IDEから開きます．

　液晶ディスプレイ・シールドをArduino UNOマイコン・ボードに取り付けるときは，必ずパソコンとのUSB接続を外して（電源を切った状態で）取り付けます．Arduino UNOマイコン・ボードとシールドの接続ピンの数は異なり，Arduino UNOのほうが多くなっていますが，Arduino UNOマイコン・ボードの右側のピンがすべて埋まるように取り付けます．誤ったピンに取り付けようとしても，Arduino UNOマイコン・ボードの上辺側のDIGITALピンのディジタル7番ポートと8番ポートの間隔がほかのピッチとは異なるので取り付けることができない構造になっています（無理に取り付けようとするとピンが曲がる場合がある）．

　Arduino UNOマイコン・ボードに液晶ディスプレイを取り付けたら，再びパソコンとUSBケーブルで

写真7-2　サンプル32の実行例

接続し，前のサンプルと同様にコンパイルを行い，Arduino UNOにプログラムを書き込みます．書き込みが完了すると，液晶ディスプレイに「Hello, World!」と表示されます．

　それではサンプル32のスケッチ「example32_ardlcd_dfr」（DF ROBOT用）および「example32_ardlcd_ada」（Adafruit用）について説明します．なお，Arduinoでは，オブジェクト指向型のクラス・ライブラリを使用します．組み込みプログラムでは馴染みのない表現が出てきますが，あまり気にせずに読み進めてください．

① 一般的なキャラクタ液晶ディスプレイ・シールド（日立HD44780互換品）を使用するための準備とし

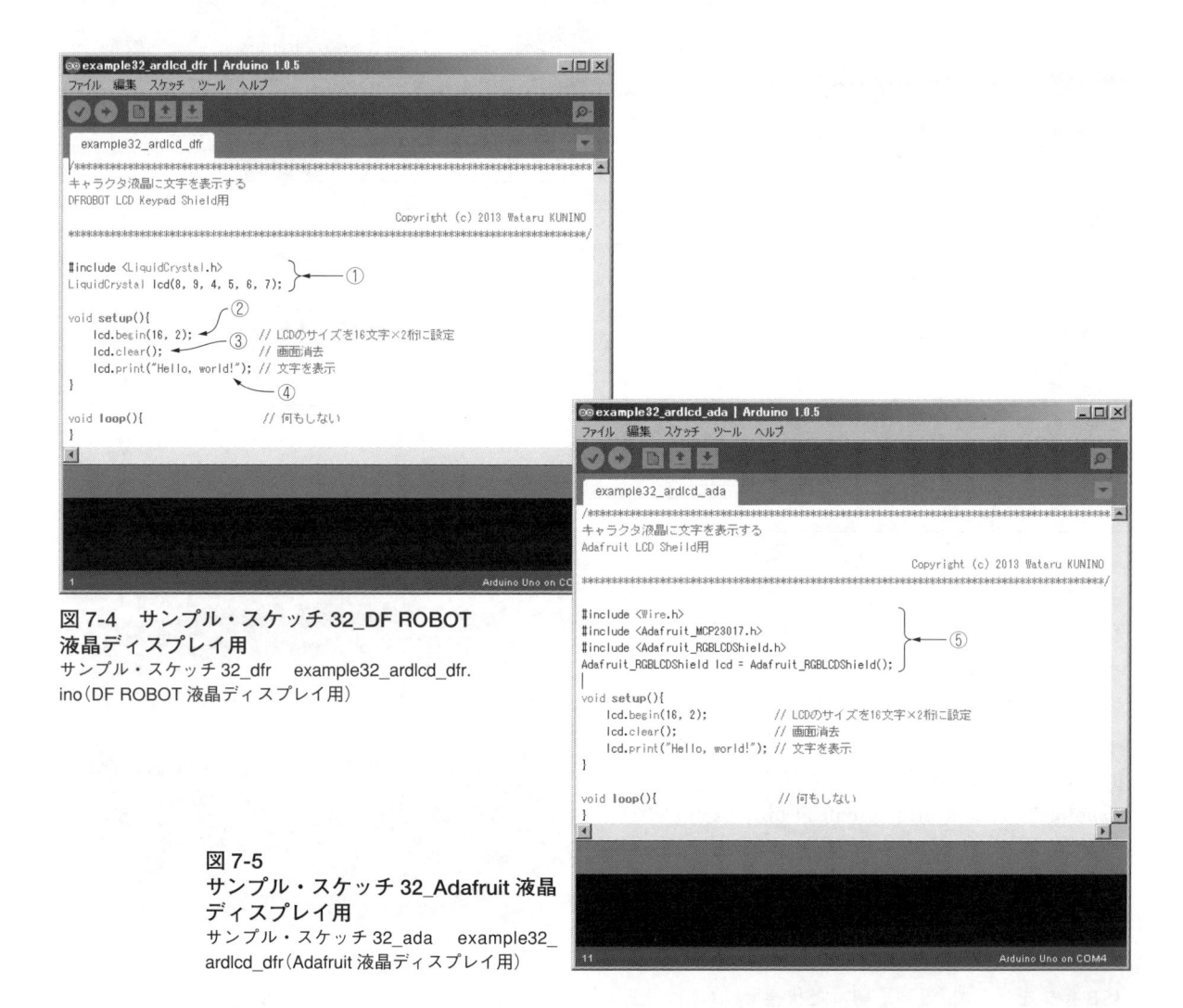

図 7-4 サンプル・スケッチ 32_DF ROBOT 液晶ディスプレイ用
サンプル・スケッチ 32_dfr　example32_ardlcd_dfr.ino(DF ROBOT 液晶ディスプレイ用)

図 7-5 サンプル・スケッチ 32_Adafruit 液晶ディスプレイ用
サンプル・スケッチ 32_ada　example32_ardlcd_dfr(Adafruit 液晶ディスプレイ用)

て，ライブラリのインクルードと液晶ディスプレイドライバ LiquidCrystal クラスのオブジェクトの実体化を行います．ここでは，DF ROBOT 製のシールドの結線情報を引き数とした変数(インスタンス) lcd を定義します．液晶ディスプレイを使うための定型文と考えればよいでしょう．

② 「lcd.begin」も液晶ディスプレイを使うときに設定する定型文です．「setup」関数内で，液晶ディスプレイの文字領域の大きさを設定します．引き数の 16 は 16 桁を，2 は 2 行を示しています．①で定義した変数 lcd のメンバ関数 begin を使用して，液晶ディスプレイの大きさを 16 桁 2 行に設定します．

③ 「lcd.clear」は，液晶ディスプレイの文字を消去する命令です．

④ 「lcd.print」は，液晶ディスプレイに文字を表示する命令です．「"」で囲まれた文字を表示します．文字以外に数値を表示することも可能ですが，printf のように一文で混在した形式を指定することはできません．

⑤ Adafruit 用の液晶ディスプレイドライバのオブジェクト定義です．DF ROBOT 用と同じ名前の変数(インスタンス) lcd を定義します．したがって，以降は DF ROBOT 用の②〜④と同じ記述で動作します．

第3節　Example 33：Arduinoのキー・パッドから入力する（XBeeなし）

Example 33	Arduinoのキー・パッドから入力する（XBeeなし）		
	練習用サンプル	通信方式：なし	開発環境：Arduino IDE

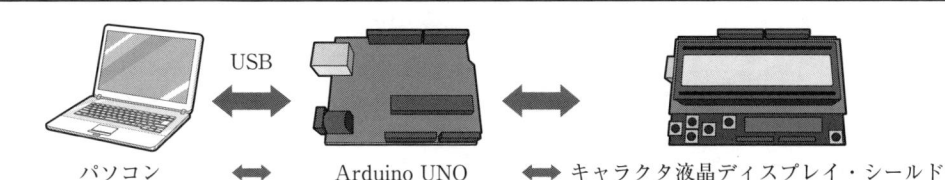

Arduino用キャラクタ液晶ディスプレイ・シールド上のキー・パッド（プッシュ・スイッチ）からボタン入力を行い，入力ボタン名を液晶ディスプレイに表示します．

Arduinoのみ：パソコン ⇔ USB ⇔ Arduino UNO ⇔ キャラクタ液晶ディスプレイ・シールド

必要なハードウェア
- Windowsが動作するパソコン（USBポートを搭載したもの）　1台
- Arduino UNO マイコン・ボード　1台
- キャラクタ液晶ディスプレイ・シールド（DF ROBOTまたはAdafruit製）　1台
- USBケーブルなど

　このサンプル33は，Arduino UNOとキャラクタ液晶ディスプレイ・シールド上のキー・パッド（プッシュ・スイッチ）を使用し，ボタン入力に応じた文字を液晶ディスプレイに表示するサンプル・スケッチです．サンプル32と同様に，液晶ディスプレイ・シールドにはDF ROBOT製LCD Keypad ShieldもしくはAdafruit製LCD Shield Kitを使用します．

　DF ROBOT用のサンプル・スケッチは「example33_ardkey_dfr」，Adafluit用は「example33_ardkey_ada」です．使用する液晶ディスプレイに合わせて，どちらかをArduino IDEから開きます．

　サンプル・スケッチをコンパイルしてArduino UNOにプログラムを書き込むと，液晶ディスプレイに「Hello, World!」と表示されます．ここまでは前のサンプル32と同じです．この状態で液晶ディスプレイ・シールド上のキー・パッドを押下すると，ボタン名が液晶ディスプレイに表示されます．

　それでは，サンプル33のスケッチについて説明します．

① DF ROBOT製のキー・パッドおよび液晶ディスプレイドライバのライブラリをインクルードし，シールドの結線に合った液晶ディスプレイ変数（インスタンス）lcdを定義します．

写真7-3　サンプル33の実行例（SELECTボタンを押下）

② 「lcd.setCursor」は，①で定義した液晶ディスプレイlcdの表示位置を指定する命令です．第1引き数の0は，横座標（桁方向）です．0はもっとも左の桁を示します．第2引き数の1は，縦座標（行方向）です．2行の液晶ディスプレイの下行を示します．上行にはsetup関数内で「Hello, World!」を表示しているので，キー状態は下行に表示します．

③ 「lcd.readButtons」は，キー・パッドで押下されているボタン名を取得する命令です．戻り値にBUTTON_UP, BUTTON_DOWN, BUTTON_LEFT,

サンプル・スケッチ 33_dfr　example33_ardkey_dfr.ino（DF ROBOT 液晶ディスプレイ用）

```
/*****************************************************************
キー・パッドから入力する
*****************************************************************/

#include <LiquidCrystalDFR.h>                    ┐
LiquidCrystal lcd(8, 9, 4, 5, 6, 7);             ┘ ─① 

void setup(){
    lcd.begin(16, 2);              // LCDのサイズを16文字×2桁に設定
    lcd.clear();                   // 画面消去
    lcd.print("Hello, world!");    // 文字を表示
}
                              ─②
void loop(){                ─③
    lcd.setCursor(0, 1);
    switch( lcd.readButtons() ){   // 押されたボタンに対して
        case BUTTON_UP:
            lcd.print("UP    ");   // 上ボタンのときにUPと表示
            break;              ─④
        case BUTTON_DOWN:
            lcd.print("DOWN  ");   // 下ボタンのときにDOWNと表示
            break;
        case BUTTON_LEFT:
            lcd.print("LEFT  ");   // 左ボタンのときにLEFTと表示
            break;
        case BUTTON_RIGHT:
            lcd.print("RIGHT ");   // 右ボタンのときにRIGHTと表示
            break;
        case BUTTON_SELECT:
            lcd.print("SELECT");   // SELECTボタンのときにSELECTと表示
            break;
    }
}
```

サンプル・スケッチ 33_ada　example33_ardkey_ada.ino（Adafruit 液晶ディスプレイ用）

```
/*****************************************************************
キー・パッドから入力する
Adafruit LCD Sheild用
                                        Copyright  (c)  2013 Wataru KUNINO
*****************************************************************/
#include <Wire.h>                                        ┐
#include <Adafruit_MCP23017.h>                           │ ─⑤
#include <Adafruit_RGBLCDShield.h>                       │
Adafruit_RGBLCDShield lcd = Adafruit_RGBLCDShield ();    ┘
                  ～ 以下はDF ROBOT用と同じ ～
```

BUTTON_RIGHT, BUTTON_SELECT, 0 のいずれかを得ます．どのキーも押されていない場合は，0になります．

④ 前記の lcd.readButtons 命令で得られたキー・パッドの入力値に応じてボタン名を表示します．BUTTON_UP が得られた場合は，液晶ディスプレイに「UP」と表示します．「UP」の後ろにスペースを表示するのは，例えば前回に「DOWN」が表示された場合に「DOWN」の後ろ2文字の「WN」が残らないように消去するためです．

⑤ Adafluit 用の液晶ディスプレイ・ドライバ adafruit_RGBLCDShield クラスの変数（インスタンス）lcd を定義します．

第4節 Example 34：ArduinoでSDメモリ・カードに情報を保存する（XBeeなし）

Example 34

ArduinoでSDメモリ・カードに情報を保存する（XBeeなし）		
練習用サンプル	通信方式：なし	開発環境：Arduino IDE

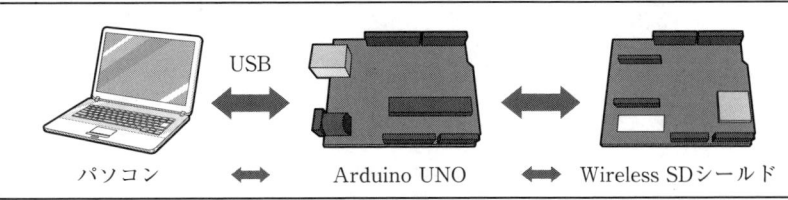

Arduino Wireless SDシールドのmicro SDメモリ・カードにAdruinoが起動してからの時間（タイマ）情報を保存します。

Arduinoのみ

パソコン ⇔ Arduino UNO ⇔ Wireless SDシールド（USB接続）

必要なハードウェア
- Windowsが動作するパソコン（USBポートを搭載したもの）　1台
- Arduino UNOマイコン・ボード　1台
- キャラクタ液晶ディスプレイ・シールド（DF ROBOTまたはAdafruit製）　1台
- micro SDメモリ・カード　1枚
- USBケーブルなど

　ここでは，Arduino純正Wireless SDシールド上のmicro SDメモリ・カードに情報を保存するサンプルについて説明します．今回のサンプルにもXBeeがありません．XBee ZBによるセンサ・ネットワークで集めた情報をmicro SDに保存し続けるロガーを作成するにあたり，ArduinoのSDライブラリの使用方法を学習します．

　SDメモリ・カードには，ファイル・システムの違いでいくつかの規格や種類があります．Arduinoの標準ライブラリで使用できるのは，FAT16およびFAT32と呼ばれるファイル・システムに限られており，使用できるSDメモリ・カードは，SDメモリ・カードおよびSDHCメモリ・カードです（SDXCメモリ・カードは使用できない）．

　また，Arduino純正Wireless SDシールドやArduino Ethernetマイコン・ボードには，micro SDメモリ・カード用のスロットが搭載されているので，micro SDメモリ・カードを使用します．

　ArduinoでSDメモリ・カードを読み書きする際は，SPIインターフェースを使用します．SPIインターフェースは，**表7-1**のような4本の信号でデータの入出力を行うことができます．ただし，SDメモリ・カード用の電源や信号レベルは3.3Vです．Arduinoマイコン・ボードは5Vなので，電圧の変換が必要です．

　SPI信号の4本のうちの1本は，CS（Chip Select）またはSS（Slave Select）と呼ばれる機器（SDメモリ・カード）を選択する信号です．Arduinoマイコン・ボードは普段Hレベルを出力し，データ転送を行う期間だけLレベルにします．複数のSPIインターフェース機器がある場合は，それぞれの複数のCS出力ピンを機器のCS入力に接続することで，データ転送を行う機器を選択することが可能です．そして，MOSI，SCK，MISOの3本の信号を，すべてのSPIインターフェース機器で共用します．なお，Arduino純正Wireless SDシールドやArduino Ethernetマイコン・ボードのmicro SDメモリ・カード用CS端子（SDCS）は，Digital 4番ピンに接続されています．

　SPI信号のMOSIとMISOは，データ送受信号です．MOSIは，Master = Output，Slave = Inputを意味しており，MasterとなるArduino側が出力でSlaveとなる機器（SDメモリ・カード）側が入力となります．MISOは，その反対です．

　SCK信号は，Master側から出力するデータ用のクロック信号です．MasterとSlaveのどちらがデータを送信する場合も，このクロックに同期してデータを出力します．また，クロック信号SCKはDigital 13

サンプル・スケッチ34　example34_ardlog.ino

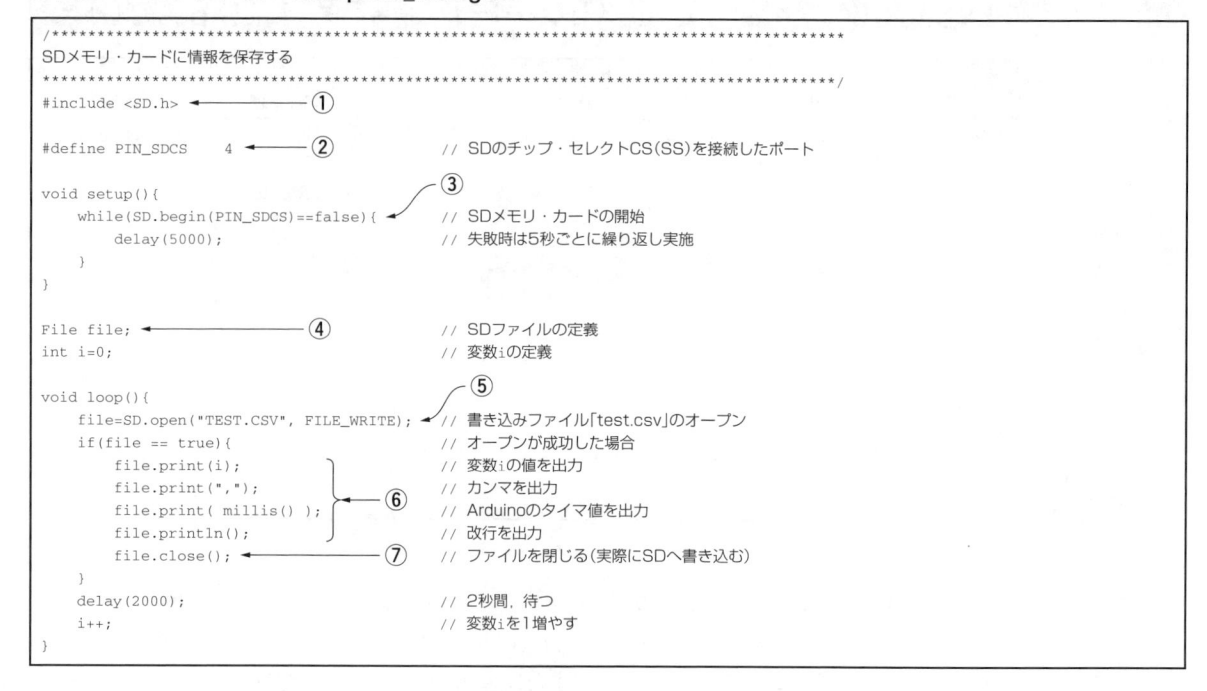

```
/****************************************************************
SDメモリ・カードに情報を保存する
****************************************************************/
#include <SD.h>   ←―――――――①

#define PIN_SDCS    4  ←―――②           // SDのチップ・セレクトCS(SS)を接続したポート
                              ③
void setup(){
    while(SD.begin(PIN_SDCS)==false){    // SDメモリ・カードの開始
        delay(5000);                     // 失敗時は5秒ごとに繰り返し実施
    }
}

File file;  ←――――――――④             // SDファイルの定義
int i=0;                                 // 変数iの定義

void loop(){                   ⑤
    file=SD.open("TEST.CSV", FILE_WRITE);  // 書き込みファイル「test.csv」のオープン
    if(file == true){                    // オープンが成功した場合
        file.print(i);                   // 変数iの値を出力
        file.print(",");                 // カンマを出力
        file.print( millis() );   ⑥     // Arduinoのタイマ値を出力
        file.println();                  // 改行を出力
        file.close();  ←――――――⑦    // ファイルを閉じる(実際にSDへ書き込む)
    }
    delay(2000);                         // 2秒間,待つ
    i++;                                 // 変数iを1増やす
}
```

表7-1　SDメモリ・カード用SPIインターフェースの接続例

SD側の信号名	Arduinoへの接続例	備　考
CS　　(SD 1番ピン)	SDCS　(Digital 4)	転送先の選択ピン.Arduino EthernetではDigital 10
DI　　(SD 2番ピン)	MOSI　(Digital 11)	SPIデータ転送のMaster(Arduino)側出力データ信号
CLK　(SD 5番ピン)	SCK　　(Digital 13)	SPIデータ転送用クロック信号
DO　　(SD 7番ピン)	MISO　(Digital 12)	SPIデータ転送のMaster(Arduino)側入力データ信号

番ピンに接続されており,Arduino UNOの基板上のLED(L)も同じDigital 13番ピンに接続されています.したがって,micro SDへのアクセスがあるとLEDが点滅します(ごく短いアクセスの場合は,点滅しない).

使用するmicro SDメモリ・カードは,あらかじめFAT16もしくはFAT32形式でフォーマットしておく必要があります.多くの場合,2GB以下のmicro SDメモリ・カードはFAT16で,2GBを超えるSDHC対応のmicro SDメモリ・カードはFAT32でフォーマットされているので,購入したままの状態であれば,そのまま使用できる場合が多いと思います.Windowsでフォーマットする場合,SDメモリ・カードのアイコンを右クリックして「フォーマット」を選択し,図7-6のようにファイル・システムをFATまたはFAT32に設定します(数字のないFATはFAT16のことです).

サンプル・スケッチ「example34_ardlog」をArduino IDEで開いて,Arduino UNOに書き込み,電源を切った状態でWireless SDシールドとmicro SDを接続します.

電源を入れると,Arduino UNOのLED(L)が点灯し,すぐに消灯します.5秒が経過してもLEDが点滅しなければ,正しく動作しています.5秒後に再びLEDが点灯する場合は,micro SDを認識していません.この場合は,micro SDがしっかりと奥まで入っ

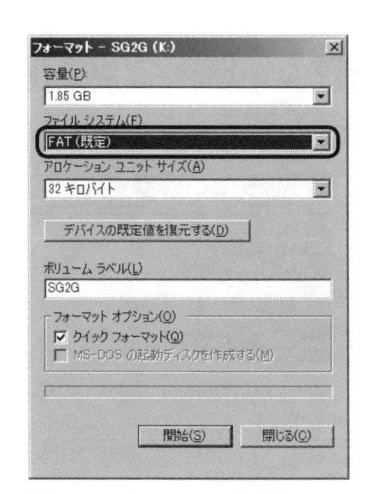

図7-6 フォーマット時にファイル・システムを選択する

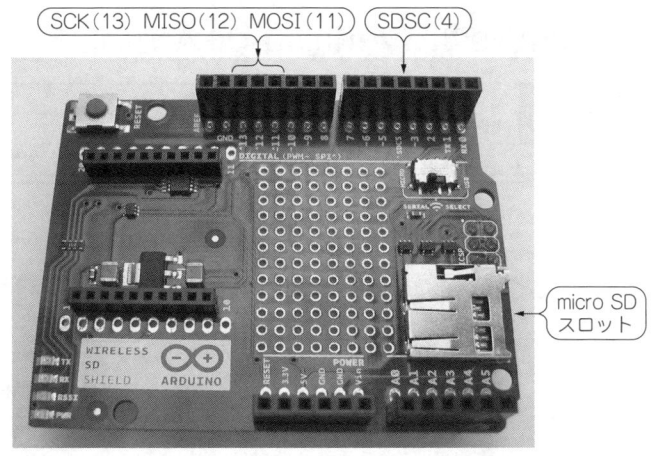

写真7-4 micro SDメモリ・カード・スロットを装備したArduino純正 Wireless SDシールド

```
0,15
1,2031
2,4045
3,6063
4,8077
5,10093
```

図7-7 サンプル34を実行後のTEST.CSV

ているかなどを確認します．相性で動作しない場合も考えられます．

しばらく動かしてから，micro SDメモリ・カード内のファイル「TEST.CSV」をメモ帳や秀丸エディタなどで開いた一例を図7-7に示します．最初の「0,15」はArduinoが起動してから15ms後に書き込みが実行され，次の「1,2031」は2秒の待ち時間によりタイマが2031msになったときに書き込みが実行されたことを示しています．

それでは，サンプル34のスケッチ「example34_ardlog.ino」について説明します．

① SDメモリ・カードを扱うためのライブラリをインクルードします．

② これは，SPIインターフェースのCS信号を接続したポート番号です．Wireless SDシールドの場合は，4を定義します．

③ 「SD.begin」は，SDメモリ・カードの使用を開始する命令です．応答値が「false」の場合は，micro SDが入っていないなどの要因で開始できない場合です．このサンプルでは，失敗した場合は5秒後に再トライを行い続けます．

④ SDメモリ・カード内のファイルFileクラスの変数（インスタンス）fileを定義します．

⑤ 「SD.open」は③で開始したSDに対して，micro SD内の一つのファイルを開く命令です．第1引数の「TEST.CSV」は，ファイル名です．第2引数のFILE_WRITEは，ファイルへの書き込みを指定しています．読み込みの場合は，FILE_READを指定します．ファイルを開けなかった場合はfalseを応答し，開けた場合はFileクラスのオブジェクトを変数fileに代入します．

⑥ 「file.print」は，前記のSD.openで開いた変数fileのオブジェクトにデータ書き込みを実施する命令です．file.printの引数が数値変数の場合は数値を，文字列の場合は文字列データを書き込むことができます．しかし，printfのように一文で混在した形式を指定することはできません．「file.println」とすれば，文末に改行を入れることができます．

⑦ 「file.close」は，ファイルを閉じる命令です．SD.openで開いたファイルは，必ず閉じる必要があります．ただし，ファイルが開けなかった場合はfileにfalseが代入され，file.closeを実行することができません．SD.open命令，if文によるファイルオープンの確認，file.closeまでの書き方を統一するなど，ファイルの閉じ忘れに注意します．

第5節　Example 35：Arduino で LAN に情報を公開する(XBee なし)

Example 35	Arduino で LAN に情報を公開する(XBee なし)		
	練習用サンプル	通信方式：なし	開発環境：Arduino IDE

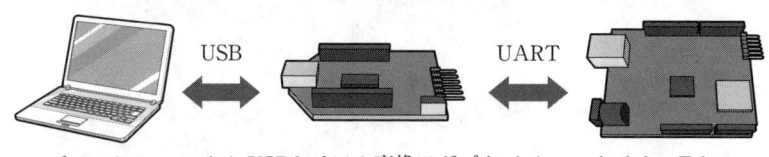

Arduino Ethernet を使用して，Arduino 内のタイマ情報をパソコンの Web ブラウザに表示するサンプルです．

Arduinoのみ

パソコン ⇔ USB ⇔ USBシリアル変換アダプタ ⇔ UART ⇔ Arduino Ethernet

※ 両者が USB だけでなく LAN でも接続されている必要があります．

必要なハードウェア
- Windows が動作するパソコン(USB ポートを搭載したもの)　　　　　　1台
- Arduino UNO マイコン・ボード　　　　　　　　　　　　　　　　　1台
- Arduino 用 USB シリアル変換アダプタ　　　　　　　　　　　　　　1台
- USB ケーブルなど

　XBee ZB によるセンサ・ネットワークなどで集めた情報をパソコンやタブレット端末などに表示するには，XBee ZB を LAN に接続する必要があります．ここでは，Arduino Ethernet マイコン・ボードを使って Arduino から LAN に情報を提供する方法について説明します．

　開発のためのパソコンと Arduino Ethernet との接続は，シリアルで行います．しかし，Arduino Ethernet マイコン・ボードは USB シリアル変換の機能が省かれているので，USB シリアル変換アダプタで USB 信号を UART シリアル信号へ変換する必要があります．USB シリアル変換アダプタは，純正の「USB Serial Light Adapter」や，各社の Arduino 用 USB シリアル変換アダプタを使用します．純正以外で普及しているのは，SparkFun 社製の FTDI USB シリアル変換アダプタです．また，Seeed Studio 社製の UartSBee も SparkFun と同じ UART シリアル信号に変換することができます．

　Arduino Ethernet マイコン・ボードの LAN 端子を使用するには，いくつかのネットワーク情報を入力する必要があり，少なくとも Arduino Ethernet マイコン・ボードの IP アドレスを決める必要があります．IP アドレスは，同じネットワーク内で重複してはなりません．したがって，まずはパソコンの IP アドレスを確認します．Windows のコマンド・プロンプトを開き，

　　C:¥Users¥xbee> ipconfig

を実行すると，ネットワーク情報が表示されます．この中にある「IPv4 アドレス」の表示がパソコンの IP アドレスです．例えば，

　　IPv4 アドレス . . . . : 192.168.0.2

のような場合は，「192.168.0.2」がパソコンの IP アドレスです．IP アドレスは，0 ～ 255 までの数字が四つで一組です．一般的に初めの三つの数字は，同じネットワーク内で共通で使用します(ネットマスクが 255.255.255.0 の場合)．

　したがって，この例の場合は Arduino 用に「192.168.0.101」などが使用できる可能性があります．LAN 内にパソコン以外の機器が接続されている場合は，それらの IP アドレスも確認して同じアドレスが重複しないようにします．どのようなアドレスが使われているのかがわからない場合は，ping 命令を使って調べます．例えば，

　　C:¥Users¥xbee> ping 192.168.0.101

と入力し，「要求がタイムアウトしました．」と表示される IP アドレスが未使用です．あるいは，

サンプル・スケッチ 35　example35_ardhttp.ino

```
/*****************************************************************
LANに情報を公開する
Arduino ETHERNET用
*****************************************************************/
#include <SPI.h>                                    ①
#include <Ethernet.h>
                                                    ②
byte mac[]={0x90,0xA2,0xDA,0x00,0x00,0x00};         // Arduino EthernetのMACアドレスを記述する
IPAddress ip(192,168,0,101);            ③           // ArduinoのIPアドレスをカンマ区切りで記述
EthernetServer server(80);                          // IPのポート番号を設定します(HTTPは80)
EthernetClient client;                  ④           // クライアントの変数(インスタンス)を定義

void setup(){
    Ethernet.begin(mac, ip);            ⑤           // Ethernetを開始する
    server.begin();                     ⑥           // サーバ機能を開始する
}

void loop(){
    client = server.available();        ⑦           // サーバへのアクセスを確認する
    if(client.available()){             ⑧
        if(client.connected()){                     // 送信が可能であれば以下の処理を実行する
            client.println("HTTP/1.1 200 OK");
            client.println("Content-Type: text/html");
            client.println("Connnection: close");
            client.println();
            client.println("<!DOCTYPE HTML>");
            client.println("<html><head>");
            client.println("<meta charset=\"UTF-8\"");
            client.println("<meta http-equiv=\"refresh\" content=\"1\">");   ⑨
            client.println("</head><body>");
            client.println("<h1>Hello, world!</h1>");
            client.print("Arduino timer : ");
            client.print( millis() );
            client.println(" [ms]");
            client.println("</body></html>");
        }
        client.stop();                  ⑩           // 接続終了
    }
}
```

表 7-2　Arduino 用 USB シリアル変換アダプタの UART シリアル信号

USB シリアル		Arduino Ethernet		備　考
ピン	UART 信号	ピン	UART 信号	
1	GND	1	GND	
2	CTS	2	−	純正 Arduino では使用しない
3	VCC	3	+5V	3.3V 品は使用できない
4	TX	4	PD0(RX)	PC(USB)→ Arduino UART 信号
5	RX	5	PD1(TX)	Arduino → PC(USB) UART 信号
6	DTR	6	RESET	Arduino のリセット駆動用

C:¥Users¥xbee> for /l %i in (1,1,254) do ping -n 1 192.168.0.%i

のように，i=1 ～ 254 までの ping を連続で実行することも可能です．なお，IP アドレスの 4 番目の数字に 0 と 255 は，使用することができません．

　Arduino Ethernet 用の IP アドレスが決まったら，スケッチの「IPAddress ip」の部分に IP アドレスを入力します．ここでは，「．(ピリオド)」区切りではなく「，(カンマ)」区切りとなります．また，必須ではありませんが，Arduino Ethernet マイコン・ボードの裏面

写真 7-5　Arduino Ethernet マイコン・ボード

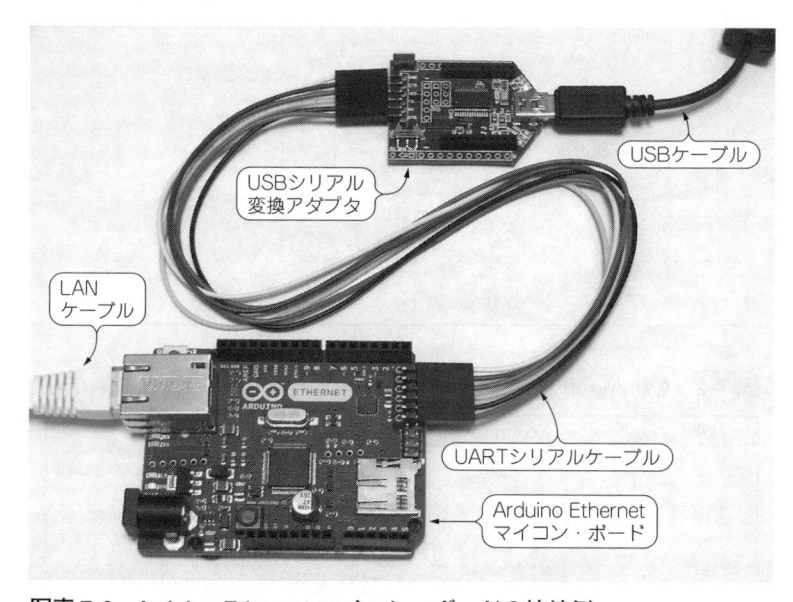

写真 7-6　Arduino Ethernet マイコン・ボードの接続例

にMACアドレスが記載されているので，そちらも設定します．

それでは，サンプル35のスケッチ「example35_ardhttp」を開き，MACアドレスとIPアドレスを設定し，Arduino Ethernetに書き込んでください．これまでは，Arduino UNOマイコン・ボードを使用していたので，Arduino Ethernetをパソコンへ接続し，USBシリアル変換アダプタのドライバのインストールと，Arduino IDEの接続設定を変更が必要になります．

USBシリアル変換アダプタのドライバは，多くの場合，FTDI製のUSBシリアル変換ICを使用してい

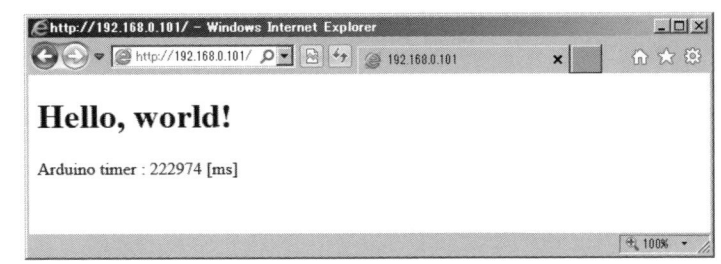

図 7-8
インターネットエクスプローラを使って
Arduino から情報を取得したようす

るので，

> C:¥Program Files¥Arduino¥drivers¥FTDI USB Drivers

にインストールされているドライバで動作します．

　Arduino IDE の接続先の変更は，「ツール」メニュー内の「マイコン・ボード」から「Arduino UNO」を，「シリアル・ポート」から Arduino UNO のポート番号を選択します．

　Arduino Ethernet マイコン・ボードにプログラムを書き込んだら，パソコンのインターネットエクスプローラのアドレス入力欄に，「http://」につづけてArduino Ethernet の IP アドレスを入力します．例えば，

> http://192.168.0.101/

のように入力し，「Enter」を押すと，Arduino Ethernet から情報を取得して，**図7-8** のような結果が表示されます．

　このサンプル35のスケッチ「example35_ardhttp.ino」について説明します．

① 「Ethernet」ライブラリと「SPI」ライブラリをインクルードします．

② Arduino Ehternet マイコン・ボードの背面に記載している MAC アドレスを変数 mac に定義します．

③ Arduino Ethernet マイコン・ボードの IP アドレスを設定します．アドレスは，「,(カンマ)」区切りにします．

④ 「EthernetServer」と「EthernetClient」クラスの変数(インスタンス)server と client を定義します．EthernetServer は，TCP/IP の受信機能です．パソコンやタブレット端末のウェブブラウザ(インターネットエクスプローラ等)からの HTTP リクエストを待ち受けます．引き数は，Ethernet 上で使用する TCP/IP の待ち受けを行うポート番号です．一般的に，HTTP サーバの受信にはポート番号 80 を用います．「EthernetClient」は，TCP/IPの送信機能です．EthernetServer で受信したパソコンなどからの HTTP リクエストに対して応答を送信するために使用します．

⑤ 「Ethernet.begin」は，イーサネットの IP 通信の開始を行う命令です．引き数の mac は，本機のMAC アドレス，ip は IP アドレスです．

⑥ 「server.begin」は，④で設定した TCP/IP ポート 80 にサーバ機能の動作を開始します．

⑦ 「server.available」は，待ち受けポートへの受信を確認する命令です．受信があった場合は，送信者(パソコンなど)側の情報を変数(インスタンス)client に代入すます．

⑧ 上記⑦の変数 client が true(すなわち，HTTPリクエストの送信者(パソコンなど)を TCP/IP による応答値の送信先として設定が完了しており)，かつ，送信が可能な状態であれば⑨の情報の応答を実行します．

⑨ 「client.println」は，TCP/IP による送信を実行する命令です．ここでは，HTTP リクエストの送信者に応答を行います．応答内容は HTML 形式で記述します．応答文字列中の「¥"」は，文字「"」を文字列に代入するための表記です．「"」だけだとコンパイラは文字列の終了と解釈するので，正しく動作しません．

⑩ TCP/IP の送信用の接続を終了します．

[第8章]

Arduinoを親機に使った XBee ZB練習用 サンプル・プログラム（5例）

Arduino を使った XBee のプログラミングの練習をしてみましょう．パソコンの練習用サンプル・プログラム 20 個の中から，主要な 5 個を Arduino で動かしてみます．

第1節　Example 36；XBeeのLEDを点滅させる

Example 36

XBeeのLEDを点滅させる			
練習用サンプル		通信方式：XBee ZB	開発環境：Arduino IDE

ArduinoマイコンボードにA接続した親機XBeeのLEDを点滅させるサンプルです．Arduino Wireless SDシールドに搭載されているRSSI表示用LEDを点滅させてみます（ワイヤレス通信は行わない）．

親機　パソコン ⇔ USB ⇔ Arduino UNO ⇔ 接続 ⇔ Wireless SDシールド ⇔ 接続 ⇔ XBee PRO ZBモジュール

通信ファームウェア：ZIGBEE COORDINATOR API		Coordinator	APIモード
電源：USB 5V → 3.3V	シリアル：Arduino	スリープ(9)：接続なし	RSSI(6)：LED
DIO1(19)：接続なし	DIO2(18)：接続なし	DIO3(17)：接続なし	Commissioning(20)：接続なし
DIO4(11)：接続なし	DIO11(7)：接続なし	DIO12(4)：接続なし	Associate(15)：接続なし
その他：Arduinoマイコン・ボードに接続した親機XBee ZBのみ（子機XBeeなし）の構成です．			

必要なハードウェア
- Windowsが動作するパソコン（USBポートを搭載したもの）　1台
- Arduino UNOマイコン・ボード　1台
- Arduino Wireless SDシールド　1台
- Digi International社 XBee(PRO)ZBモジュール　1個
- USBケーブルなど

　このサンプルは，Arduino UNOマイコン・ボードとXBee ZBとのUARTシリアル通信の動作を確認するためのものです．初めてArduino UNOとXBee ZBモジュールとを接続した場合は，実施しておいたほうが良いでしょう．

　まず，サンプル・スケッチをArduino UNOマイコン・ボードに書き込む方法から説明します．スケッチの書き込みは，Arduino UNOマイコン・ボードにArduino Wireless SDシールドを接続する前に書き込みます．既にArduino Wireless SDシールドを接続している場合は，一度取り外します．

　Arduino UNOにサンプル36のスケッチを書き込む方法そのものは，これまでどおりです．パソコンとArduino UNOマイコン・ボードはUSBケーブルで接続し，パソコン上でArduino IDEを起動し，「ツール」メニュー内の「マイコン・ボード」から「Arduino UNO」を，「シリアル・ポート」からArduino UNOのCOMポート番号を選択します．次に，スケッチを開くボタン（**図7-1**の②）を押し，マウス・カーソルを

「XBee_Coord」に移動し，「cqpub」→「example36_rssi」を選択します．

　「開く」→「XBee_Coord」→「cqpub」→「example36_rssi」

　また，開いたスケッチをArduino UNOマイコン・ボードに書き込むために，Arduino IDEの書き込みボタン（**図7-1**の①）を押します．

　サンプルを書き込んだら，パソコンからUSBケーブルを外し，電源を切った状態でArduino UNOマイコン・ボードの上にArduino Wireless SDシールドを接続します．このとき，Arduino Wireless SDシールド上のシリアル切り替えスイッチは，「MICRO」のほうにしておきます．さらに，XBee PRO ZBモジュール（ファームウェアは「ZIGBEE COORDINATOR API」）を接続すれば完成です．

　Arduino UNOがXBee PRO ZBモジュールを管理・制御するので，サンプルを動かすときにパソコンは不要です．Arduino UNOのDCジャックにACアダプタを接続する，またはUSB端子にUSB用の電源を

サンプル・スケッチ 36　example36_rssi.ino

```
/*******************************************************************
XBeeのLEDを点滅させてみる：Arduinoに接続した親機XBeeのRSSI LEDを点滅
*******************************************************************/
#include <xbee.h>

void setup() {          ← ①
    xbee_init( 0 );     ← ②     // XBee用COMポートの初期化
}

void loop() {           ← ③
    xbee_at("ATP005");           // ローカルATコマンドATP0(DIO10設定)=05(出力'H')
    delay( 1000 );               // 1000ms(1秒間)の待ち      ┐
    xbee_at("ATP004");           // ローカルATコマンドATP0(DIO10設定)=04(出力'L') ④
    delay( 1000 );               // 1000ms(1秒間)の待ち      ┘
}
```

写真 8-1 ArduinoWireless SD シールドの例

使って電源を供給します．もちろん，これまでどおりUSB 端子をパソコンに接続して電源を供給しても構いません．

　Arduino UNO の電源を入れると，Arduino 上でプログラムが動作し始めます．しばらくすると，Arduino Wireless SD シールド上の RSSI の LED の点滅が始まります．

　Arduino Wireless SD シールドと XBee ZB PRO モジュールを Arduino UNO マイコン・ボードに接続したままスケッチを書き込もうとすると，**図 8-1** のよう

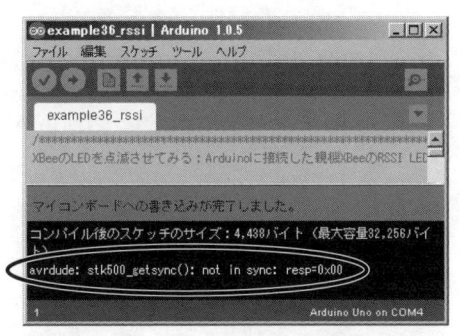

図 8-1 Arduino にスケッチを書くときに通信エラーが発生したときの例

なエラーが発生します．エラーが発生しても「書き込みが完了しました」のメッセージが表示され，少しわかりにくいので注意して確認する必要があります．

このような場合は，Arduino Wireless SD シールドまたは XBee ZB PRO モジュールを取り外してから書き込みを行います．しかし，それでは少し不便なので，シリアル切り替えスイッチを「USB」に切り替えておくことで，書き込みが成功しやすくなります．それでも書き込めないときだけ，Arduino Wireless SD シールドを外せばよいでしょう．

シリアル切り替えスイッチは，XBee PRO ZB モジュールの UART シリアル接続を Arduino マイコン・ボード側の「MICRO」またはパソコン側の「USB」に切り換えるスイッチです．スケッチを書き込むときに「MICRO」になっていると，Arduino にパソコンと XBee PRO ZB の両方が接続されてしまい，スケッチの転送中に XBee → Arduino の信号がかぶってしまい，正しく書き込むことができません．「USB」に切り替えておくと，XBee → PC に不要な信号が発生する懸念はあるものの，PC → Arduino のデータ転送には影響を及ぼしにくくなります（XBee PRO ZB モジュールがセンサなどからデータを受信し続けていると書き込みができないので，Arduino Wireless SD シールドを外してスケッチの書き込みを行う）．

シリアル切り替えスイッチを切り換えて，スケッチの書き込みを行った場合は，スケッチの書き込みが完了してから，Arduino Wireless SD シールド上のシリアル切り替えスイッチを「MICRO」に戻して，リセット・ボタンを押します．

最後に，サンプル 36 のスケッチ「example36_rssi.ino」の内容について説明します．

① 「`setup`」関数は，Arduino を起動したときに一度だけ実行される関数です．おもに Arduino や XBee ZB のハードウェアの設定を行います．

② 「`xbee_init`」は，XBee ZB に接続しているシリアル COM ポートを初期化して XBee ZB への接続を行う命令です．括弧内の引き数は，PC 用の `xbee_init` ではシリアル COM 番号を入力しましたが，Arduino ではシリアル・ポートが決まっているので固定値 0 を入れます．

③ 「`loop`」関数は，`setup` 関数を実行後に繰り返し実行を行う関数です．PC 用のサンプルで，「`while(1)`」内に書いていたプログラム本体を記述します．

④ 「`xbee_at`」は，AT コマンドを XBee ZB に指示する命令です．AT コマンドの「`ATP0`」に「`05`」を続けると RSSI 表示 LED が点灯し，「`04`」だと消灯します．

第2節　Example 37：LEDをリモート制御する

Example 37

LEDをリモート制御する		
練習用サンプル	通信方式：XBee ZB	開発環境：Arduino IDE

Arduinoマイコン・ボードに接続した親機XBeeから子機XBeeモジュールのGPIO(DIO)ポートをライブラリ関数xbee_gpoで制御するサンプルです．

親機

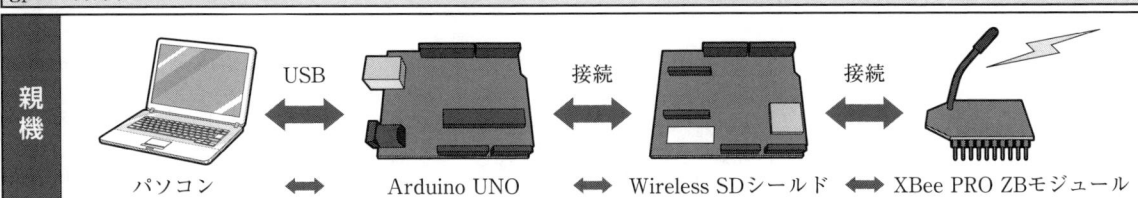

パソコン ⇔ USB ⇔ Arduino UNO ⇔ 接続 ⇔ Wireless SDシールド ⇔ 接続 ⇔ XBee PRO ZBモジュール

通信ファームウェア：ZIGBEE COORDINATOR API		Coordinator	APIモード
電源：USB 5V → 3.3V	シリアル：Arduino	スリープ(9)：接続なし	RSSI(6)：(LED)
DIO1(19)：接続なし	DIO2(18)：接続なし	DIO3(17)：接続なし	Commissioning(20)：接続なし
DIO4(11)：接続なし	DIO11(7)：接続なし	DIO12(4)：接続なし	Associate(15)：接続なし
その他：XBee PRO ZBモジュールはXBee ZBモジュールでも動作します(ただし，通信可能範囲が狭くなる)．			

子機

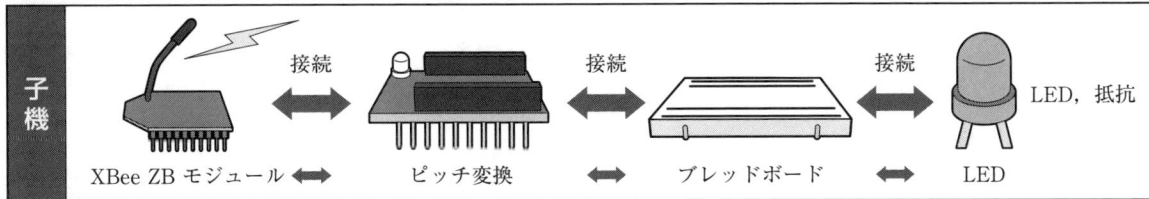

XBee ZBモジュール ⇔ 接続 ⇔ ピッチ変換 ⇔ 接続 ⇔ ブレッドボード ⇔ 接続 ⇔ LED（LED，抵抗）

通信ファームウェア：ZIGBEE ROUTER AT		Router	Transparentモード
電源：乾電池2本 3V	シリアル：接続なし	スリープ(9)：接続なし	RSSI(6)：(LED)
DIO1(19)：接続なし	DIO2(18)：接続なし	DIO3(17)：接続なし	Commissioning(20)：SW
DIO4(11)：LED	DIO11(7)：接続なし	DIO12(4)：接続なし	Associate(15)：LED
その他：Digi International社純正の開発ボードXBIB-U-DEVでも動作します(LEDの論理は反転する)．			

必要なハードウェア
- Windowsが動作するパソコン(USBポートを搭載したもの)　　1台
- Arduino UNOマイコン・ボード　　1台
- Arduino Wireless SDシールド　　1台
- Digi International社 XBee PRO ZBモジュール　　1個
- Digi International社 XBee ZBモジュール　　1個
- XBeeピッチ変換基板　　1式
- ブレッドボード　　1個
- 高輝度LED 2個，抵抗1kΩ 2個，セラミック・コンデンサ0.1μF 1個，プッシュ・スイッチ1個，単3×2直列電池ボックス1個，単3電池2個，ブレッドボード・ワイヤ適量，USBケーブルなど

　サンプル37は，サンプル2やサンプル3と同じ動作を行うArduino版サンプルです．親機のハードウェア(**写真8-2**)は，サンプル36と同じです．ブレッドボード上にLEDを搭載した子機のハードウェアは，サンプル2の**写真4-2**と同じです．また，子機XBee ZBモジュールのファームウェアは，「ZIGBEE ROUTER AT」を使用します．

　ソフトウェアは，「example37_led」を使用します．

サンプル2やサンプル3と同様に，スケッチ内に記述されている子機XBee ZBモジュールのIEEEアドレスを変更する必要があります．スケッチの書き込みは，サンプル36のときと同様にArduino Wireless SDシールドを外す，またはシリアル切り替えスイッチを「USB」にするなどを行って，書き込みボタンで実行します．

　書き込み後は，電源を切ってからArduino Wireless

サンプル・スケッチ 37　example37_led.ino（ライブラリ関数使用）

```
/*****************************************************************
LEDをリモート制御する：リモート子機のDIO4(XBee pin 11)のLEDを点滅.
******************************************************************/
#include <xbee.h>

// お手持ちのXBeeモジュール子機のIEEEアドレスに変更する↓
byte dev[] = {0x00,0x13,0xA2,0x00,0x40,0x30,0xC1,0x6F};    ← ①

void setup() {
    xbee_init( 0 );    ← ②        // XBee用COMポートの初期化
}

void loop() {
    xbee_gpo(dev, 4, 1);           // リモートXBeeのポート4を出力'H'に設定する
    delay( 1000 );                 // 1000ms(1秒間)の待ち
    xbee_gpo(dev, 4, 0);    ③     // リモートXBeeのポート4を出力'L'に設定する
    delay( 1000 );                 // 1000ms(1秒間)の待ち
}
```

サンプル・スケッチ 37'　example37_led.ino をリモート AT コマンド指定に変更

```
/*****************************************************************
LEDをリモート制御する：リモート子機のDIO4(XBee pin 11)のLEDを点滅.

                                        Copyright (c) 2013 Wataru KUNINO
******************************************************************/
#include <xbee.h>

// お手持ちのXBeeモジュール子機のIEEEアドレスに変更する↓
byte dev[] = {0x00,0x13,0xA2,0x00,0x40,0x30,0xC1,0x6F};    ← ①

void setup() {
    xbee_init( 0 );    ← ②        // XBee用COMポートの初期化
}

void loop() {
    xbee_rat(dev,"ATD405");        // リモートATコマンドATD4(DIO4設定)=05(出力'H')
    delay( 1000 );                 // 1000ms(1秒間)の待ち
    xbee_rat(dev,"ATD404");    ④  // リモートATコマンドATD4(DIO4設定)=04(出力'L')
    delay( 1000 );                 // 1000ms(1秒間)の待ち
}
```

　SD シールドを接続して電源を入れ直す，またはシリアル切り替えスイッチを「MICRO」に戻してからリセット・ボタンを押すなどを行ってプログラムを動かします．

　さて，正しく動作しなかった場合は，どうすればよいでしょうか．今回のような簡単なサンプルであれば，原因はいくつかに絞れます．

　まず，ブレッドボード側の回路に問題がないかどうかや，XBee モジュールに適切なファームウェアが書き込まれているかどうかを確認します．

　次に，スケッチに記述した子機の IEEE アドレスとブレッドボード上の XBee ZB のアドレスが同じであることを確認します．さらに，ネットワーク設定の可能性もあります．子機の XBee ZB モジュールが Arduino の親機 XBee PRO ZB モジュールの ZigBee ネットワークにジョインしているかどうか（ペアリングされているかどうか）などを確認します．

　プログラムが複雑になると，親機を Arduino ではなくパソコンを使って確認しなければならないことも出てくるでしょう．二度手間のようにも感じるかもしれませんが，Arduino にしかない機能を除いて，ソフトの規模が大きくなるほどパソコン用と Arduino 用

写真8-2　Arduino UNO 上に Wireless SD シールドと XBee モジュールを搭載した例

の両方を作成することでデバッグ（ソフトのバグ修正）の効率が高くなる可能性が増す傾向があります．

サンプル 37「example37_led.ino」のスケッチは，ほぼサンプル 2 やサンプル 3 と同じです．

① 配列変数 dev に，子機 XBee ZB モジュールの IEEE アドレスを設定します．
② 「xbee_init」を使用して，XBee PRO ZB とのシリアル接続の初期化などを行います．
③ 子機 XBee ZB モジュールのポート 4（XBee 11 番ピン）の出力レベルを 1 秒ごとに H や L に変更し，LED の点滅制御を行います．
④ なお，リモート AT コマンドで記述した場合のサンプル・スケッチも紹介しておきます．「xbee_gpo(dev, 4, 1)」の部分が「xbee_rat(dev, "ATD405")」になっていることがわかります．ディジタル出力用のリモート AT コマンドについては，サンプル 2 の説明を参照してください．

第3節　Example 38：子機 XBee のスイッチ変化通知をリモート受信する

Example 38

子機 XBee のスイッチ変化通知をリモート受信する		
練習用サンプル	通信方式：XBee ZB	開発環境：Arduino IDE

Arduino マイコン・ボードに接続した親機 XBee から子機 XBee モジュールの GPIO ポートの状態をリモート受信するサンプルです．スイッチが押されたときに XBee 子機が状態を自動送信する変化通知を使用します．

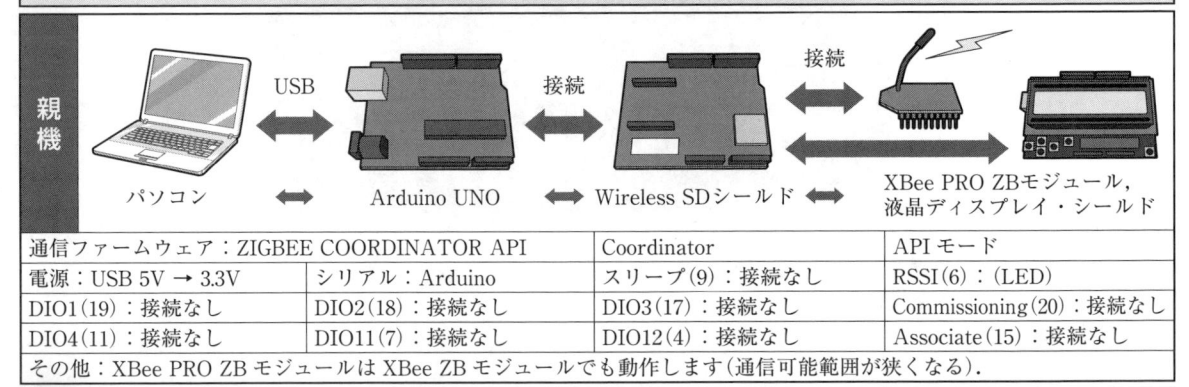

親機： パソコン ⇔ USB ⇔ Arduino UNO ⇔ 接続 ⇔ Wireless SD シールド ⇔ 接続 ⇔ XBee PRO ZB モジュール，液晶ディスプレイ・シールド

通信ファームウェア：ZIGBEE COORDINATOR API		Coordinator	API モード
電源：USB 5V → 3.3V	シリアル：Arduino	スリープ(9)：接続なし	RSSI(6)：(LED)
DIO1(19)：接続なし	DIO2(18)：接続なし	DIO3(17)：接続なし	Commissioning(20)：接続なし
DIO4(11)：接続なし	DIO11(7)：接続なし	DIO12(4)：接続なし	Associate(15)：接続なし
その他：XBee PRO ZB モジュールは XBee ZB モジュールでも動作します（通信可能範囲が狭くなる）．			

子機： XBee ZB モジュール ⇔ 接続 ⇔ ピッチ変換 ⇔ 接続 ⇔ ブレッドボード ⇔ 接続 ⇔ プッシュ・スイッチ

通信ファームウェア：ZIGBEE ROUTER AT		Router	Transparent モード
電源：乾電池2本 3V	シリアル：接続なし	スリープ(9)：接続なし	RSSI(6)：(LED)
DIO1(19)：プッシュ・スイッチ SW	DIO2(18)：接続なし	DIO3(17)：接続なし	Commissioning(20)：SW
DIO4(11)：接続なし	DIO11(7)：接続なし	DIO12(4)：接続なし	Associate(15)：LED
その他：Digi International 社純正の開発ボード XBIB-U-DEV でも動作します．			

必要なハードウェア
- Windows が動作するパソコン（USB ポートを搭載したもの）　1台
- Arduino UNO マイコン・ボード　1台
- Arduino Wireless SD シールド　1台
- キャラクタ液晶ディスプレイ・シールド（DF ROBOT または Adafruit 製）　1台
- Digi International 社 XBee PRO ZB モジュール　1個
- Digi International 社 XBee ZB モジュール　1個
- XBee ピッチ変換基板　1式
- ブレッドボード　1個
- プッシュ・スイッチ SW 2個，高輝度 LED 1個，抵抗 1kΩ 1個，セラミック・コンデンサ 0.1μF 1個，単3×2直列電池ボックス1個，単3電池2個，ブレッドボード・ワイヤ適量，USB ケーブルなど

　このサンプル 38 は，サンプル 12 の Arduino 版です．子機となるブレッドボードで作成するハードウェアは，サンプル 5 の**写真 4-3** と同じです．親機のハードウェアはサンプル 36，サンプル 37 にキャラクタ液晶ディスプレイ・モジュールを実装した3段重ね（**写真 6-6**）です．

　スケッチは，「example38_sw_r」を Arduino UNO に書き込んで使用します．ただし，液晶ディスプレイは DF ROBOT 用で作成しましたので，Adafruit の液晶ディスプレイ・シールドを使用する場合は，**表 6-2** やサンプル 32 などを参考にして，スケッチを書き換える必要があります．

サンプル・スケッチ 38　example38_sw_r.ino

```
/****************************************************************
子機XBeeのスイッチ変化通知を受信する
****************************************************************/
#include <xbee.h>
#include <LiquidCrystal.h>
LiquidCrystal lcd(8, 9, 4, 5, 6, 7);                    ①
byte dev[8];                                // XBee子機のアドレス保存用

void setup() {                              ②
    lcd.begin(16, 2);                       // LCDのサイズを16文字×2桁に設定
    lcd.clear();                            // 画面消去
    lcd.print("Example 38 SW_R ");          // 文字を表示
    xbee_init( 0 );                         // XBee用COMポートの初期化
    lcd.setCursor(0, 1);                    // LCDのカーソル位置を2行目の先頭に
    lcd.print("Waiting for XBee");          // 待ち受け中の表示
    lcd.setCursor(0, 1);                    // LCDのカーソル位置を2行目の先頭に
    if(xbee_atnj(30) != 0){                 // デバイスの参加受け入れを開始
        lcd.print("Found a Device ");       // XBee子機デバイスの発見表示
        xbee_from( dev );                   // 見つけた子機のアドレスを変数devへ
        xbee_ratnj(dev,0);                  // 子機に対して孫機の受け入れ拒否を設定
        xbee_gpio_init( dev );              // 子機のDIOにIO設定を行う(送信)
    }else lcd.print("no Devices     ");     // 子機が見つからなかった
}

void loop() {                               ③
    XBEE_RESULT xbee_result;                // 受信データ(詳細)

    xbee_rx_call( &xbee_result );           // データを受信
    if( xbee_result.MODE == MODE_GPIN){     // 子機XBeeのDIO入力
        lcd.clear();                        // 画面消去
        lcd.print("D1:");
        lcd.print(xbee_result.GPI.PORT.D1); // 子機XBeeのポート1の状態を表示する
        lcd.print(" D2:");
        lcd.print(xbee_result.GPI.PORT.D2); // 子機XBeeのポート2の状態を表示する
        lcd.print(" D3:");
        lcd.print(xbee_result.GPI.PORT.D3); // 子機XBeeのポート3の状態を表示する
    }
}
```

　プログラムを起動すると, キャラクタ液晶ディスプレイにタイトル「Example 38 SW_R」が表示され, 初期化が完了すると「Waiting for XBee」が表示されます. 初期化が終わらない場合は, Wireless SD シールド上のシリアル切り替えスイッチが MICRO になっているかどうかを確認して, リセットを押します.

　ペアリングを行うために, 「Waiting for XBee」が表示されてから30秒以内に, 子機のコミッショニング・ボタンを1回だけ押下してすぐに離します.

　既に, 親機の ZigBee ネットワークにジョイン(参加)した状態であれば, この操作で「Found a Device」が表示されます. 「Found a Device」が表示されなかった場合は, 再度, コミッショニング・ボタンを1回だけ押下してすぐに離すと, 「Found a Device」が表示

写真 8-3　サンプル 38 の起動画面

写真 8-4　サンプル 38 のペアリング完了画面

写真 8-5　サンプル 38 の実行例

されます．30秒を超えてしまった場合は，Arduino UNO のリセット・ボタンを押してやり直します．リセット・ボタンは Arduino UNO，Wireless シールド，液晶ディスプレイ・シールドのすべてについていますが，どれも共通です．

　親機と子機とのペアリングが完了し，子機のプッシュ・スイッチを押下するたびに，写真 8-5 のような画面が表示されます．D1～D3 は，子機 XBee ZB モジュールの GPIO（DIO）ポート 1～3 の状態を示しており，押下されている間は「0」がスイッチを放すと「1」の表示に戻ります．

　スケッチ「example38_sw_r.ino」の内容のうち，液晶ディスプレイ表示に関する記述は，サンプル 32 とサンプル 33 で説明済みです．また，XBee ZB に関する部分はサンプル 12 と同じですが，Arduino 用に main 関数を setup 関数と loop 関数とに分割しています．

① キャラクタ液晶ディスプレイを使用するための include 処理と液晶ディスプレイ lcd の定義を行います．adafruit 製の LCD Shield Kit を使用する場合は，表 6-2 の「ライブラリ」と「定義」の行にしたがってスケッチを変更してください．
② XBee PRO ZB モジュールの初期化とペアリングの処理を行います．「xbee_atnj(30)」で，子機からのコミッショニング・ボタンによる通知を 30 秒間，待ち受けます．通知を受けると，「xbee_gpio_init」を実行して子機の XBee モジュールの GPIO（DIO）ポート 1～3 に変化通知設定を行います．
③ 子機 XBee ZB モジュールからの変化通知の待ち受けと受信時の繰り返し処理を行います．変化通知を受けると，液晶ディスプレイに GPIO（DIO）ポート 1～3 の状態を表示します．

第4節　Example 39：子機XBeeのスイッチ状態をリモートで取得する

Example 39　子機XBeeのスイッチ状態をリモートで取得する

練習用サンプル	通信方式：XBee ZB	開発環境：Arduino IDE

ArduinoマイコンボードにーボードにI接続した親機XBeeから子機XBeeモジュールのGPIOポートの状態をリモート取得するサンプルです．スイッチ状態を取得する指示を一定の周期で送信し，その応答を待ち受けます．

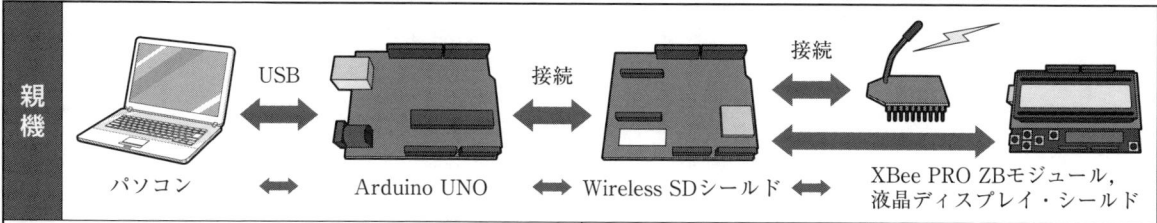

親機

パソコン ⇔ (USB) ⇔ Arduino UNO ⇔ (接続) ⇔ Wireless SDシールド ⇔ (接続) ⇔ XBee PRO ZBモジュール，液晶ディスプレイ・シールド

通信ファームウェア：ZIGBEE COORDINATOR API		Coordinator	APIモード
電源：USB 5V → 3.3V	シリアル：Arduino	スリープ(9)：接続なし	RSSI(6)：(LED)
DIO1(19)：接続なし	DIO2(18)：接続なし	DIO3(17)：接続なし	Commissioning(20)：接続なし
DIO4(11)：接続なし	DIO11(7)：接続なし	DIO12(4)：接続なし	Associate(15)：接続なし
その他：XBee PRO ZBモジュールはXBee ZBモジュールでも動作します（通信可能範囲が狭くなる）．			

子機

XBee ZBモジュール ⇔ (接続) ⇔ ピッチ変換 ⇔ (接続) ⇔ ブレッドボード ⇔ (接続) ⇔ プッシュ・スイッチ

通信ファームウェア：ZIGBEE ROUTER AT		Router	Transparentモード
電源：乾電池2本 3V	シリアル：接続なし	スリープ(9)：接続なし	RSSI(6)：(LED)
DIO1(19)：プッシュ・スイッチSW	DIO2(18)：接続なし	DIO3(17)：接続なし	Commissioning(20)：SW
DIO4(11)：接続なし	DIO11(7)：接続なし	DIO12(4)：接続なし	Associate(15)：LED
その他：Digi International社純正の開発ボードXBIB-U-DEVでも動作します．			

必要なハードウェア
- Windowsが動作するパソコン（USBポートを搭載したもの）　1台
- Arduino UNOマイコン・ボード　1台
- Arduino Wireless SDシールド　1台
- キャラクタ液晶ディスプレイ・シールド（DF ROBOTまたはAdafruit製）　1台
- Digi International社 XBee PRO ZBモジュール　1個
- Digi International社 XBee ZBモジュール　1個
- XBeeピッチ変換基板　1式
- ブレッドボード　1個
- プッシュ・スイッチSW 2個，高輝度LED 1個，抵抗1kΩ 1個，セラミック・コンデンサ0.1μF 1個，単3×2直列電池ボックス1個，単3電池2個，ブレッドボード・ワイヤ適量，USBケーブルなど

　このサンプル39は，前のサンプル38と同じように子機XBeeのプッシュ・スイッチの状態を取得するサンプルです．
　違いは，前のサンプル38は子機から状態の変化通知を受け取りましたが，今回のサンプルは一定の時間間隔（およそ2～3秒）で親機から子機へ取得指示を送信し，子機が応答することによって状態を取得します．
　したがって，子機のボタンを押し続けないとボタンが押された状態を取得することができません．例えば，ドアや窓の開閉スイッチに応用した場合を考えてみます．防犯目的でドアや窓の開け閉めを行ったときに即座にチャイムや警報ベルを鳴らすのであれば，前

サンプル・スケッチ 39　example39_sw_f.ino

```
/***************************************************************************
子機XBeeのスイッチ状態をリモートで取得する
***************************************************************************/
#include <xbee.h>
#include <LiquidCrystal.h>
#define FORCE_INTERVAL  250                 // データ要求間隔（およそ10msの倍数）

LiquidCrystal lcd(8, 9, 4, 5, 6, 7);
byte dev[8];                                // XBee子機のアドレス保存用
byte trig=0xFF;   ←─────────── ①           // 子機へデータ要求するタイミング調整用

void setup() {   ←─────── ②
    lcd.begin(16, 2);                       // LCDのサイズを16文字×2桁に設定
    lcd.clear();                            // 画面消去
    lcd.print("Example 29 SW_F ");          // 文字を表示
    xbee_init( 0 );                         // XBee用COMポートの初期化
    xbee_atnj( 0xFF );                      // 子機XBeeデバイスを常に参加受け入れ
    lcd.setCursor(0, 1);                    // LCDのカーソル位置を2行目の先頭に
    lcd.print("Waiting for XBee");          // 待ち受け中の表示
}
void loop() {   ←─────── ③
    XBEE_RESULT xbee_result;                // 受信データ（詳細）

    if( trig == 0){
        xbee_force( dev );                  // 子機へデータ要求を送信
        trig = FORCE_INTERVAL;
    }
    if( trig != 0xFF ) trig--;              // 変数trigが0xFF以外のときに値を1減算

    xbee_rx_call( &xbee_result );           // データを受信
    switch( xbee_result.MODE ){             // 受信したデータの内容に応じて
        case MODE_RESP:   ←─────── ④       // xbee_forceに対する応答のとき
            lcd.setCursor(0, 0);
            lcd.print("D1:");
            lcd.print(xbee_result.GPI.PORT.D1);  // 子機XBeeのポート1の状態を表示する
            lcd.print(" D2:");
            lcd.print(xbee_result.GPI.PORT.D2);  // 子機XBeeのポート2の状態を表示する
            lcd.print(" D3:");
            lcd.print(xbee_result.GPI.PORT.D3);  // 子機XBeeのポート3の状態を表示する
            lcd.print("   ");
            break;
        case MODE_IDNT:   ←─────── ⑤       // 新しいデバイスを発見
            lcd.setCursor(0, 1);
            lcd.print("Found a Device  ");
            for(byte i=0;i<8;i++)dev[i]=xbee_result.FROM[i];  // アドレスをdevにコピー
            xbee_atnj(0);                   // 親機XBeeに子機の受け入れ拒否を設定
            xbee_ratnj(dev,0);              // 子機に対して孫機の受け入れ拒否を設定
            xbee_gpio_config(dev,1,DIN);    // 子機XBeeのポート1をディジタル入力に
            xbee_gpio_config(dev,2,DIN);    // 子機XBeeのポート2をディジタル入力に
            xbee_gpio_config(dev,3,DIN);    // 子機XBeeのポート3をディジタル入力に
            trig = 0;                       // 子機へデータ要求を開始
            break;
    }
}
```

のサンプル38のほうが向いています．しかし，生活ロガーのような目的でドアや窓の開いている時間帯を記録したいのであれば，このサンプル39のほうが向いています．

また，温度センサや照度センサのようにアナログ値を扱う場合は，このサンプルをサンプル15のように変更することで，アナログ入力ADポートから電圧を取得することも可能です．このほかにパソコン用の

写真 8-6　サンプル 39 の起動画面

写真 8-7　サンプル 39 のスイッチ状態受信画面

　サンプルではプログラムが簡単なサンプル 5 やサンプル 14 のような同期取得も紹介しました．もちろん，Arduino でも同様のサンプルを作成することが可能です．

　このサンプル 39 のペアリングの方法は，前のサンプル 38 と少し異なります．初めに，親機 Arduino 側の XBee PRO ZB モジュールを常にジョイン許可に設定しておき，ペアリングが完了するとジョインを非許可に設定します．また，ペアリングが完了するまでは子機への取得指示を送信しないようにしています．詳しくは，サンプル 13 の説明を参照してください．

　サンプル・スケッチの書き込み方法や実行方法，実行後のペアリング方法は，前のサンプル 38 と同様です．実行結果もプッシュ・スイッチを押し続けないと押下が検出できないほかは，（見た目は）サンプル 38 とほとんど同じです．

① 変数 trig は，loop のたびに値を保存しておく必要があるので，setup や loop 関数の外で定義します．

② 「setup」関数内で XBee PRO ZB モジュールの初期化とペアリングの処理を行います．「xbee_atnj(0xFF)」で，常にジョイン許可に設定します．

③ 「loop」関数内で，子機 XBee ZB モジュールへの状態取得指示の送信と，子機からの応答を待ち受ける繰り返し処理を行います．

④ 親機 Arduino が子機 XBee ZB へ状態取得指示を送信し，その応答を受け取ります．受信結果の構造体変数 xbee_result の要素である xbee_result.MODE には「MODE_RESP」が，xbee_result.GPI.PORT.D1 〜 D3 に子機 XBee ZB の GPIO（DIO）ポート 1 〜 3 の状態が含まれているので，それらを取り出して表示します．

⑤ コミッショニング・ボタンによる通知を受けた場合に，「xbee_gpio_config」を用いて子機 XBee ZB の GPIO（DIO）ポート 1 〜 3 をディジタル入力に設定します．また，ほかの子機のジョインを非許可に設定します．

第 5 節　Example 40：子機 XBee の UART からのシリアル情報を受信する

Example 40

子機 XBee の UART からのシリアル情報を受信する

| 練習用サンプル | 通信方式：XBee ZB | 開発環境：Arduino IDE |

子機 XBee ZB モジュールの UART から親機 XBee ZB にシリアル情報を送信します．親機が受信したテキスト文字をキャラクタ液晶ディスプレイに表示します．

親機

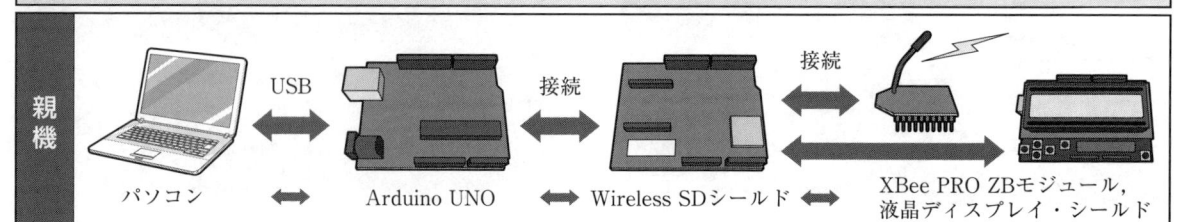

パソコン ⇔ USB ⇔ Arduino UNO ⇔ 接続 ⇔ Wireless SDシールド ⇔ 接続 ⇔ XBee PRO ZBモジュール，液晶ディスプレイ・シールド

通信ファームウェア：ZIGBEE COORDINATOR API		Coordinator	API モード
電源：USB 5V → 3.3V	シリアル：Arduino	スリープ(9)：接続なし	RSSI(6)：(LED)
DIO1(19)：接続なし	DIO2(18)：接続なし	DIO3(17)：接続なし	Commissioning(20)：接続なし
DIO4(11)：接続なし	DIO11(7)：接続なし	DIO12(4)：接続なし	Associate(15)：接続なし
その他：XBee PRO ZB モジュールは XBee ZB モジュールでも動作します（ただし，通信可能範囲が狭くなる）．			

子機

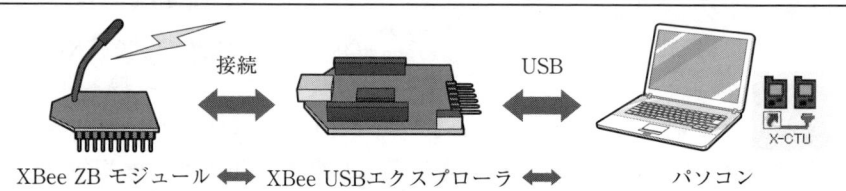

XBee ZB モジュール ⇔ 接続 ⇔ XBee USBエクスプローラ ⇔ USB ⇔ パソコン (X-CTU)

通信ファームウェア：ZIGBEE ROUTER AT		Router	Transparent モード
電源：USB 5V → 3.3V	シリアル：パソコン(USB)	スリープ(9)：接続なし	RSSI(6)：(LED)
AD1(19)：接続なし	DIO2(18)：接続なし	DIO3(17)：接続なし	Commissioning(20)：(SW)
DIO4(11)：接続なし	DIO11(7)：接続なし	DIO12(4)：接続なし	Associate(15)：(LED)
その他：			

必要なハードウェア
- Windows が動作するパソコン(USB ポートを搭載したもの)　　　　　1 台
- Arduino UNO マイコン・ボード　　　　　1 台
- Arduino Wireless SD シールド　　　　　1 台
- キャラクタ液晶ディスプレイ・シールド(DF ROBOT または Adafruit 製)　1 台
- 各社 XBee USB エクスプローラ　　　　　1 個
- Digi International 社 XBee PRO ZB モジュール　　　　　1 個
- Digi International 社 XBee ZB モジュール　　　　　1 個
- USB ケーブルなど

　最後の練習用サンプルは，シリアル情報の受信です．子機 XBee ZB モジュールの UART シリアル・ポートに入力したテキスト文字を，Arduino 親機が受信してキャラクタ液晶ディスプレイに表示します．
　このサンプル 40 は，パソコン用サンプル 17 の Arduino 版です．ペアリング時や，受信したテキスト文字の表示方法に違いがありますが，XBee ZB に関する部分はほとんど同じです．
　ハードウェアは，サンプル 17 の親機と子機を入れ替えたような構成になります．親機となる Arduino の構成は，サンプル 38 やサンプル 39 と同じです．
　子機 XBee ZB モジュールは，XBee USB エクスプローラを使用して(XBee ZB モジュールの UART シリアル・ポートを)パソコンに接続します．今回は練

サンプル・スケッチ 40　example40_uart

```
/****************************************************************
子機XBeeのUARTからのシリアル情報を受信する
****************************************************************/
#include <xbee.h>
#include <LiquidCrystal.h>

LiquidCrystal lcd(8, 9, 4, 5, 6, 7);
byte dev[8];                                        // XBee子機のアドレス保存用

void setup() {   ←────────────①
    lcd.begin(16, 2);                               // LCDのサイズを16文字×2桁に設定
    lcd.clear();                                    // 画面消去
    lcd.print("Example 40 UART ");                  // 文字を表示
    xbee_init( 0 );                                 // XBee用COMポートの初期化
    xbee_atnj( 0xFF );                              // 子機XBeeデバイスを常に参加受け入れ
    lcd.setCursor(0, 1);                            // LCDのカーソル位置を2行目の先頭に
    lcd.print("Waiting for XBee");                  // 待ち受け中の表示
}

void loop() {   ←────────────②
    byte i;
    XBEE_RESULT xbee_result;                        // 受信データ(詳細)

    xbee_rx_call( &xbee_result );                   // データを受信
    switch( xbee_result.MODE ){                     // 受信したデータの内容に応じて
        case MODE_UART:  ←──────────③              // 子機XBeeから文字データを受信したとき
            lcd.clear();                            // 画面消去
            for(i=0;i<16;i++){  ←──④
                if(xbee_result.DATA[i]==0x00) break;
                lcd.print( (char)xbee_result.DATA[i] );  ←── // 受信結果(ﾃｷｽﾄ)を表示
            }                                       ⑤
            break;
        case MODE_IDNT:  ←──────────⑥              // 子機がコミッション・ボタンを押したとき
            lcd.clear();                            // 画面消去
            lcd.print("Found a New Dev.");
            xbee_atnj(0);                           // 子機の受け入れ拒否を設定
            for(i=0;i<8;i++) dev[i]=xbee_result.FROM[i];  // アドレスをdevにコピー
            xbee_ratnj(dev,0);                      // 子機に対して孫の受け入れ拒否を設定
            xbee_ratd_myaddress( dev );             // 子機に本機のアドレス設定を行う
            xbee_uart(dev,"Hello!\r");  ←────⑦     // 子機に文字を送信
            break;
    }
}
```

習用なので子機にパソコンを接続しますが，実用向けとしては，シリアル出力をもったセンサ・デバイスや，別のArduinoマイコン・ボードを子機として使用することを想定しています．

子機XBee ZBモジュールのファームウェアは「ZIGBEE ROUTER AT」を，子機XBee用のパソコン上のソフトウェアはX-CTUのTerminalを使用します．X-CTUのシリアルCOMポートは，XBee USBエクスプローラのシリアルCOMポート番号を選択します．間違えて，Arduino UNOのシリアルCOMポートを使用しないように注意します．

親機Arduino UNOに，サンプル40のスケッチ「example40_uart」を書き込んで，実行します．しばらくすると，液晶ディスプレイに「Waiting for XBee」のメッセージが表示されるので，子機XBee ZBのX-CTUのTerminalから「+++」と「ATCB01(改行)」を入力してペアリングを行います．

親機の液晶ディスプレイに「Found a Device」が表示されたら，子機からテキスト文字の送信を行います．子機を接続したパソコン上で動作するX-CTUのTerminalの「Assemble Packet」機能を使用し，テキスト文字を入力して「Send Data」ボタンを押下する

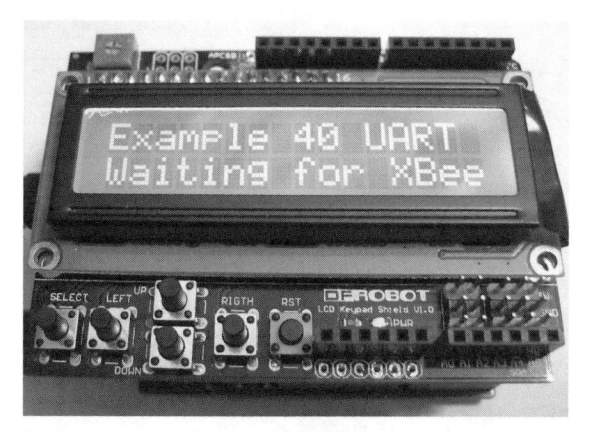

写真 8-8 サンプル 40 の起動表示

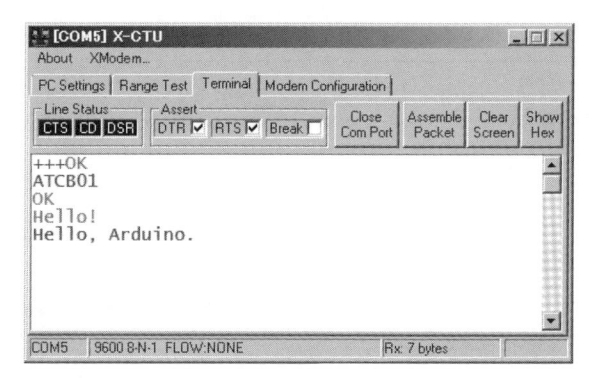

図 8-2 サンプル 40 の実行例（X-CTU Terminal 画面）

写真 8-9 サンプル 40 の実行例（Arduino 液晶ディスプレイ表示）

と，親機 XBee PRO ZB モジュールが受信し，親機 Arduino の液晶ディスプレイに同じテキスト文字が表示されます．

スケッチ「example40_uart」とサンプル 17 の違いは，Arduino の液晶ディスプレイ表示の処理部分です．また，子機のコミッショニング・ボタンからの通知「MODE_IDNT」を受け取ったときに，子機へ「Hello!」のテキスト文字を送信する機能を追加しました．

① 「setup」関数内で XBee PRO ZB モジュールの初期化とペアリングの処理を行います．「xbee_atnj(0xFF)」で，常にジョイン許可に設定します．

② 「loop」関数内で，子機 XBee ZB モジュールからのテキスト文字の待ち受けの繰り返し処理を行います．

③ 子機 XBee ZB モジュールからのテキスト文字の UART 入力「MODE_UART」を受信したときの処理です．

④ 受信したテキスト文字を 1 文字ずつ表示するための繰り返し処理です．16 回（16 文字分）の繰り返しを行います．受信文字数が 16 文字よりも短い場合を考慮し，次の if 文で終端文字 '¥0' を見つけると繰り返し処理を抜けます．

⑤ 受信したテキスト文字を Arduino の液晶ディスプレイに表示します．

⑥ 子機のコミッショニング・ボタンからの通知「MODE_IDNT」を受け取ったときの処理です．

⑦ サンプル 16 で使用した「xbee_uart」関数を用いて子機へ「Hello!」のテキスト文字を送信します．

[第9章]

Arduinoを親機に使ったXBee ZB実験用サンプル・プログラム（10例）

　いよいよArduinoでXBeeシステムの実験を行います．ここで紹介するサンプル41〜サンプル50までのサンプル・プログラム(スケッチ)は，パソコンを親機に使った実験用サンプル21〜サンプル30とほぼ同機能です．

　Arduinoの特徴である消費電力が少ないことを利用して，電源を十分に確保できない環境で常時動作させる実用的なアプリケーションとして使うことができます．

第1節 Example 41：Digi International 社純正 XBee Wall Router で照度と温度を測定する

Example 41

Digi International 社純正 XBee Wall Router で照度と温度を測定する		
実験用サンプル	通信方式：XBee ZB	開発環境：Arduino IDE

Digi International 社純正の XBee Wall Router もしくは XBee Sensor の照度と温度を親機 Arduino から読み取る実験用サンプルです．

親機

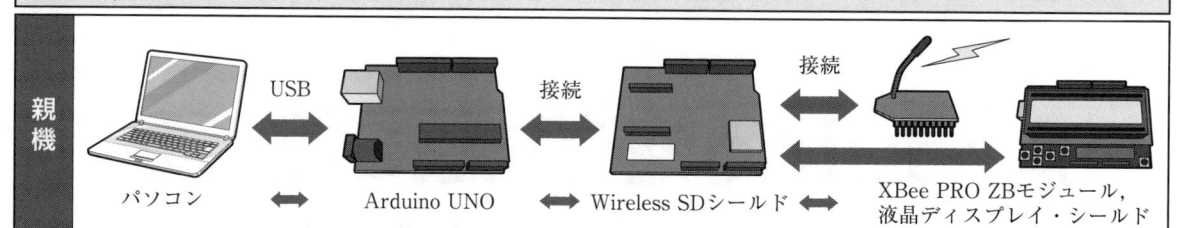

パソコン ⇔ USB ⇔ Arduino UNO ⇔ 接続 ⇔ Wireless SD シールド ⇔ 接続 ⇔ XBee PRO ZB モジュール，液晶ディスプレイ・シールド

通信ファームウェア：ZIGBEE COORDINATOR API		Coordinator	API モード
電源：USB 5V → 3.3V	シリアル：Arduino	スリープ(9)：接続なし	RSSI(6)：(LED)
DIO1(19)：接続なし	DIO2(18)：接続なし	DIO3(17)：接続なし	Commissioning(20)：接続なし
DIO4(11)：接続なし	DIO11(7)：接続なし	DIO12(4)：接続なし	Associate(15)：接続なし
その他：XBee PRO ZB モジュールは XBee ZB モジュールでも動作します(ただし，通信可能範囲が狭くなる)．			

子機

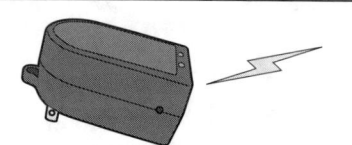

Digi 純正 XBee Wall Router

通信ファームウェア：ZIGBEE ROUTER AT		Router	Transparent モード
電源：AC コンセント	シリアル：接続なし	スリープ(9)：接続なし	RSSI(6)：接続なし
AD1(19)：照度センサ	AD2(18)：温度センサ	AD3(17)：接続なし	Commissioning(20)：SW
DIO4(11)：接続なし	DIO11(7)：接続なし	DIO12(4)：接続なし	Associate(15)：LED
その他：照度センサ，温度センサの値は目安です．大きな誤差が生じます．			

必要なハードウェア
- Windows が動作するパソコン(USB ポートを搭載したもの)　1台
- Arduino UNO マイコン・ボード　1台
- Arduino Wireless SD シールド　1台
- キャラクタ液晶ディスプレイ・シールド(DF ROBOT または Adafruit 製)　1台
- Digi International 社 XBee PRO ZB モジュール　1個
- Digi International 社 XBeeWall Router または Digi International 社 XBee Sensor　1台
- USB ケーブルなど

　ここでは，子機となる Digi International 社純正の XBee Wall Router，もしくは XBee Sensor の照度と温度を Arduino 側の親機 XBee で読み取る実験用サンプル・スケッチについて説明します．

　親機のハードウェアは，第8章と同じです．XBee PRO ZB のファームウェアも，第8章と同様に「ZIGBEE COORDINATOR API」を使用します．スケッチを書き込む前に，Arduino Wireless SD シールドを取り外すか，Arduino Wireless SD シールド上のシリアル切り替えスイッチを「USB」にした状態にします．それから，パソコンと Arduino UNO を USB ケーブルで接続し，サンプル・スケッチ 41「example41_wall」を Arduino IDE で，

「開く」→「XBee_Coord」→「cqpub」→「example41_wall」

のように開いてから書き込みます．スケッチの書き込

サンプル・スケッチ 41　example41_wall.ino

```
/****************************************************************************
Digi純正XBee Wall Routerで照度と温度を測定する
****************************************************************************/
#include <xbee.h>
#include <LiquidCrystal.h>
#define FORCE_INTERVAL   250                    // データ要求間隔（およそ10msの倍数）
#define TEMP_OFFSET      3.8                    // XBee Wall Router内部温度上昇

LiquidCrystal lcd(8, 9, 4, 5, 6, 7);
byte dev[8];                                    // XBee子機のアドレス保存用
byte trig=0xFF;                                 // loop回数

void set_ports(byte *dev){
    xbee_gpio_config( dev, 1 , AIN );           // XBee子機のポート1をアナログ入力へ     ①
    xbee_gpio_config( dev, 2 , AIN );           // XBee子機のポート2をアナログ入力へ
}
void setup() {   ②
    lcd.begin(16, 2);                           // LCDのサイズを16文字×2桁に設定
    lcd.clear();                                // 画面消去
    lcd.print("Example 41 Wall ");              // 文字を表示
    xbee_init( 0 );                             // XBee用COMポートの初期化
    xbee_atnj( 0xFF );                          // 親機に子機のジョイン許可を設定
    lcd.setCursor(0, 1);                        // LCDのカーソル位置を2行目の先頭に
    lcd.print("Waiting for XBee");              // 待ち受け中の表示
}

void loop() {   ③
    byte i;
    float value;                                // 受信データの代入用
    XBEE_RESULT xbee_result;                    // 受信データ(詳細)

    /* データ送信 */
    if( trig == 0 ){
        xbee_force( dev );                      // 子機へデータ要求を送信
        trig = FORCE_INTERVAL;
    }
    if( trig != 0xFF ) trig--;                  // 変数trigが0xFF以外のときに値を1減算

    /* データ受信(待ち受けて受信する) */
    xbee_rx_call( &xbee_result );               // データを受信
    switch( xbee_result.MODE ){                 // 受信したデータの内容に応じて
        case MODE_RESP:                         // xbee_forceに対する応答のとき
            // 照度測定結果をvalueに代入して表示する
            value = xbee_sensor_result( &xbee_result, LIGHT );
            lcd.clear();                                                     ④
            lcd.print(value, 1);   ⑤
            lcd.print(" Lux");

            // 温度測定結果をvalueに代入して表示する
            value = xbee_sensor_result( &xbee_result, TEMP );
            value -= TEMP_OFFSET;
            lcd.setCursor(0, 1);                                             ⑥
            lcd.print(value, 1);
            lcd.print(" degC");
            break;
        case MODE_IDNT:   ⑦                     // 新しいデバイスを発見
            lcd.clear();
            lcd.print("Found New Device");
            for(i=0;i<8;i++) dev[i]=xbee_result.FROM[i];    // アドレスをdevにコピー
            xbee_atnj(0);                       // 親機XBeeに子機の受け入れ拒否
            xbee_ratnj(dev,0);                  // 子機に対して孫機の受け入れを拒否
            set_ports( dev );                   // 子機のGPIOポートの設定
            trig = 0;                           // 子機へデータ要求を開始
            break;
    }
}
```

写真 9-1　サンプル 41 の起動表示

写真 9-2　サンプル 41 の実行例

みが完了したら，Arduino Wireless SD シールド上のシリアル切り替えスイッチを「MICRO」に戻して，リセット・ボタンを押します．

正しく起動すると，写真 9-1 のように「Waiting for XBee」のメッセージが表示されます．このメッセージが表示されない場合は，リセット・ボタンを押したり，電源を入れ直したり，スケッチを書き込むときに図 8-1 のようなエラーが表示されていないかなどを確認します．

このメッセージが表示されている状態で，子機（XBee Wall Router もしくは XBee Sensor）のコミッショニング・ボタンを押してすぐに離します．ペアリングが成功し，情報取得が成功すると，写真 9-2 のように親機 Arduino の液晶ディスプレイに照度と温度が表示されます．ペアリングに失敗した場合は，数秒ほど待ってからもう一度，子機のコミッショニング・ボタンを押下します．それでも成功しない場合は，子機のコミッショニング・ボタンを素早く 4 回連続で押下して，ネットワーク情報を初期化してから，再度，ペアリングを行います．

それでは，サンプル 41 のスケッチ「example41_wall.ino」の説明を行います．

XBee ZB の管理・制御はサンプル 21 と同じですが，Arduino 用に main 関数を setup 関数と loop 関数に分割します．

① 子機（Digi International 社純正 XBee Wall Router）の AD ポート 1 と AD ポート 2 をアナログ入力に設定します．この処理は，⑦の XBee Wall Router のコミッショニング・ボタン通知を受けたときに実行します．

② Arduino の起動ときに実行する「setup」関数内で，親機 Xbee ZB モジュールの初期化とジョイン許可設定を行います．

③ setup 関数の実行後に実行する「loop」関数が繰り返し実行されます．

④ 受信結果 xbee_result に含まれる照度値を変数 value に代入し，液晶ディスプレイに表示します．

⑤「lcd.print」を用いて変数 value の値を液晶ディスプレイに表示します．第 2 引き数の 1 は，小数点以下の表示桁数です．この場合，1/10 の位まで表示します．

⑥ 受信結果 xbee_result に含まれる温度値を変数 value に代入し，液晶ディスプレイに表示します．

⑦ XBee Wall Router のコミッショニング・ボタン通知を受けたときに，親機（Arduino）と子機（XBee Wall Router）の両方をジョイン非許可に設定します．また，①の子機の XBee ZB モジュールの設定を行います．

第2節 Example 42：Digi International社純正XBee Sensorで照度と温度を測定する

Example 42

Digi International社純正XBee Sensorで照度と温度を測定する

実験用サンプル	通信方式：XBee ZB	開発環境：Arduino IDE

Digi International社純正のXBee XBee Sensorの照度と温度を親機Arduinoから読み取る実験用サンプルです．子機は省電力なZigBee End Deviceとして動作します．

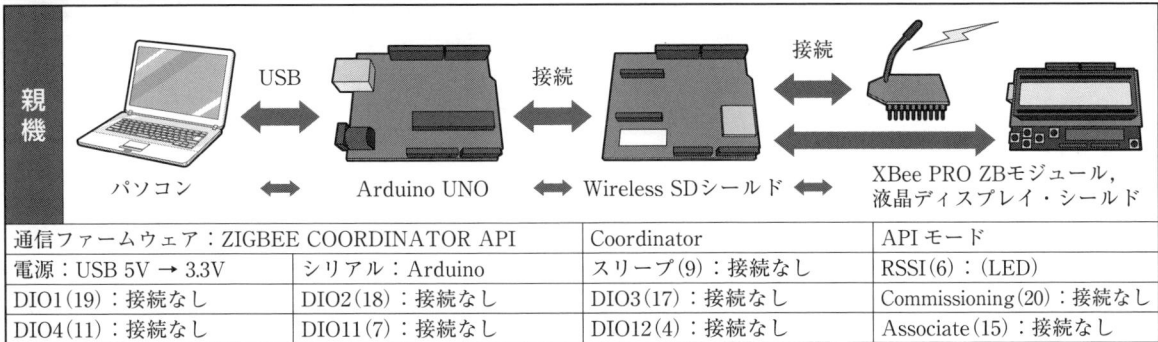

親機

パソコン ⇔ USB ⇔ Arduino UNO ⇔ 接続 ⇔ Wireless SDシールド ⇔ 接続 ⇔ XBee PRO ZBモジュール，液晶ディスプレイ・シールド

通信ファームウェア：ZIGBEE COORDINATOR API		Coordinator	APIモード
電源：USB 5V → 3.3V	シリアル：Arduino	スリープ(9)：接続なし	RSSI(6)：(LED)
DIO1(19)：接続なし	DIO2(18)：接続なし	DIO3(17)：接続なし	Commissioning(20)：接続なし
DIO4(11)：接続なし	DIO11(7)：接続なし	DIO12(4)：接続なし	Associate(15)：接続なし
その他：XBee PRO ZBモジュールはXBee ZBモジュールでも動作します(ただし，通信可能範囲が狭くなる)．			

子機

Digi International社純正 XBee Sensor

通信ファームウェア：ZIGBEE END DEVICE AT		End Device	Transparentモード
電源：乾電池3本 4.5V	シリアル：接続なし	スリープ(9)：接続なし	RSSI(6)：接続なし
AD1(19)：照度センサ	AD2(18)：温度センサ	AD3(17)：接続なし	Commissioning(20)：SW
DIO4(11)：接続なし	DIO11(7)：接続なし	DIO12(4)：接続なし	Associate(15)：LED
その他：照度センサ，温度センサの値は目安です．			

必要なハードウェア	
・Windowsが動作するパソコン(USBポートを搭載したもの)	1台
・Arduino UNOマイコン・ボード	1台
・Arduino Wireless SDシールド	1台
・キャラクタ液晶ディスプレイ・シールド(DF ROBOTまたはAdafruit製)	1台
・Digi International社 XBee PRO ZBモジュール	1個
・Digi International社 XBee Sensor	1台
・USBケーブルなど	

　子機となるDigi International社純正のXBee Sensorの照度と温度をArduino側の親機XBeeで読み取る実験用サンプル・スケッチです．XBee Sensorを省電力なZigBee End Deviceとして動作させることで，乾電池による長期間駆動が可能です．

　親機となるArduinoのハードウェアは，これまでと同じです．スケッチ42の「example42_sens」をArduino UNOに書き込んで実行すると，Arduinoの液晶ディスプレイに，**写真9-3**のようなメッセージが表示されます．

　この状態でXBee Sensorのコミッション・ボタンを押下して，すぐに離してペアリングを行います．ペアリングに成功すると，**写真9-4**のように親機Arduinoの液晶ディスプレイに照度と温度が表示されます．

　動作中のXBee SensorのアソシエートLED表示をよく見ると，約3秒に1回だけLEDが点滅している

サンプル・スケッチ 42　example42_sens

```
/****************************************************************
Digi純正XBee Sensorで照度と温度を測定する
****************************************************************/
#include <xbee.h>
#include <LiquidCrystal.h>
LiquidCrystal lcd(8, 9, 4, 5, 6, 7);

void setup() {
    lcd.begin(16, 2);                      // LCDのサイズを16文字×2桁に設定
    lcd.clear();                           // 画面消去
    lcd.print("Example 42 Sens.");         // 文字を表示
    xbee_init( 0 );                        // XBee用COMポートの初期化
    lcd.setCursor(0, 1);                   // LCDのカーソル位置を2行目の先頭に
    xbee_atnj( 0xFF );                     // 子機XBeeデバイスを常に参加受け入れ
    lcd.print("Waiting for XBee");         // 待ち受け中の表示
}

void loop() {
    byte i;
    byte dev[8];                           // XBee子機デバイスのアドレス
    float value;                           // 受信データの代入用
    XBEE_RESULT xbee_result;               // 受信データ(詳細)
    xbee_rx_call( &xbee_result );          // データを受信
    switch( xbee_result.MODE ){            // 受信したデータの内容に応じて
        case MODE_GPIN:                    // 子機XBeeの自動送信の受信
            // 照度測定結果をvalueに代入して表示する
            value = xbee_sensor_result( &xbee_result, LIGHT);
            lcd.clear();
            lcd.print(value, 1);
            lcd.print(" Lux");
            // 温度測定結果をvalueに代入して表示する
            value = xbee_sensor_result( &xbee_result, TEMP);
            lcd.setCursor(0, 1);
            lcd.print(value, 1);
            lcd.print(" degC");
            break;
        case MODE_IDNT:    ←―――――①      // 新しいデバイスを発見
            lcd.clear();
            lcd.print("Found New Device");
            xbee_atnj(0);          ←―②    // 子機XBeeデバイスの参加拒否設定
            for(i=0;i<8;i++) dev[i]=xbee_result.FROM[i]; ←― // アドレスをdevにコピー
            /* XBee子機のGPIOを設定 */                    ③
            xbee_gpio_config( dev, 1 , AIN);   // XBee子機のポート1をアナログ入力へ
            xbee_gpio_config( dev, 2 , AIN);   // XBee子機のポート2をアナログ入力へ
            /* XBee子機をスリープに設定 */
            xbee_end_device(dev, 3, 3, 0);  ←― // 起動間隔3秒, 測定間隔3秒, SLEEP端子無効
            break;                        ④
    }
}
```

のがわかります．常に点滅している場合は，30秒ほど経過すると，3秒に1回の点滅の省電力動作モードに切り替わります．通信エラーが発生した場合や子機XBee Sensor 内の XBee ZB モジュールが「ZIGBEE END DEVICE AT」になっていない場合は，省電力動作モードに移行しない場合があります．

アソシエート LED が3秒に1回点滅する省電力動作期間のうち，LED が消灯している期間は XBee Sensor 内の XBee ZB モジュールがスリープ状態になっていて，ほとんど電力を消費しないため，乾電池による長期間動作が可能です．

それでは，サンプル・42 の「example42_sens.ino」の省電力設定部分について説明します．

① 子機のコミッショニング・ボタンが押され，通知

写真 9-3　サンプル 42 の起動表示

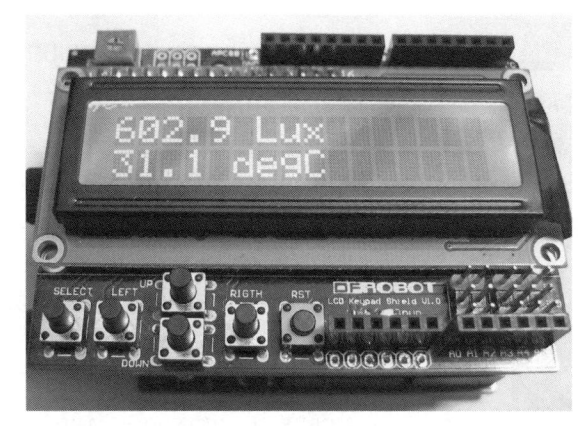

写真 9-4　サンプル 42 の実行例

　を受信したときに本行以下を実行します．
② 親機 Arduino 側の XBee PRO ZB モジュールをジョイン非許可状態に設定し，子機からの ZigBee ネットワークへの参加を禁止します．「xbee_atnj」の引き数を 0 にすると親機 XBee のジョイン設定が非許可になります．
③ コミッショニング・ボタンを押した子機の IEEE アドレス 8 バイトを配列変数 dev にコピーします．
④「xbee_end_device」命令を使って，子機を省電力動作モードに設定します．対象の子機は，初め

の引き数 dev で指定します．第 2 引き数は子機 XBee ZB の動作間隔，第 3 引き数は測定間隔（自動送信間隔）を指定します．第 3 引き数を 0 にすると子機からの自動送信は行わないので，xbee_force などを使用して親機からの取得指示が必要になります（ここでは 3 秒ごとの自動送信のために「3」を指定）．第 4 引き数は，子機 XBee ZB モジュールの SLEEP 入力端子（XBee 9 番ピン）の使用の要否を指定します．ここでは使用しないので，0 を指定します．

第3節 Example 43：Digi International社純正 XBee Smart Plugで消費電流を測定する

Example 43
Digi International社純正 XBee Smart Plugで消費電流を測定する
実験用サンプル　　　　通信方式：XBee ZB　　　　開発環境：Arduino IDE

Digi International社純正のXBee Smart Plugに接続した家電の消費電流を親機Arduinoから読み取る実験用サンプルです．

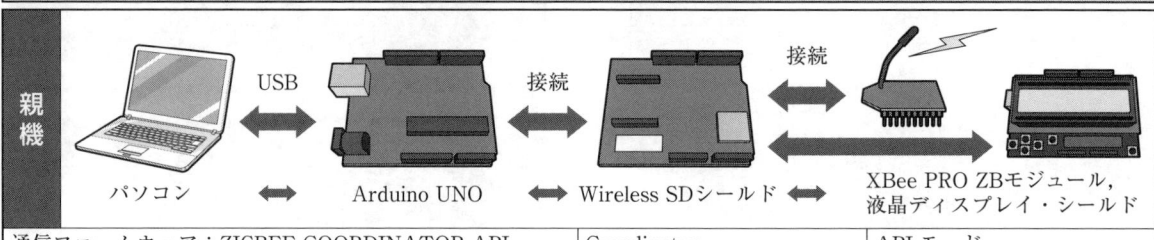

親機：パソコン ⇔ USB ⇔ Arduino UNO ⇔ 接続 ⇔ Wireless SDシールド ⇔ 接続 ⇔ XBee PRO ZBモジュール，液晶ディスプレイ・シールド

通信ファームウェア：ZIGBEE COORDINATOR API		Coordinator	APIモード
電源：USB 5V → 3.3V	シリアル：Arduino	スリープ(9)：接続なし	RSSI(6)：(LED)
DIO1(19)：接続なし	DIO2(18)：接続なし	DIO3(17)：接続なし	Commissioning(20)：接続なし
DIO4(11)：接続なし	DIO11(7)：接続なし	DIO12(4)：接続なし	Associate(15)：接続なし
その他：XBee PRO ZBモジュールはXBee ZBモジュールでも動作します（ただし，通信可能範囲が狭くなる）．			

子機：Digi International社純正 XBee Smart Plug ⇔ AC接続 ⇔ 家電(AC 100V ※600W以下)

通信ファームウェア：ZIGBEE ROUTER AT		Router	Transparentモード
電源：ACコンセント	シリアル：接続なし	スリープ(9)：接続なし	RSSI(6)：接続なし
AD1(19)：照度センサ	AD2(18)：温度センサ	AD3(17)：電流センサ	Commissioning(20)：SW
DIO4(11)：接続なし	DIO11(7)：接続なし	DIO12(4)：接続なし	Associate(15)：LED
その他：照度センサ，温度センサの値は目安です．家電の消費電力は600W以下のものに限ります．			

必要なハードウェア	
・Windowsが動作するパソコン(USBポートを搭載したもの)	1台
・Arduino UNO マイコン・ボード	1台
・Arduino Wireless SD シールド	1台
・キャラクタ液晶ディスプレイ・シールド(DF ROBOT または Adafruit製)	1台
・Digi International社 XBee PRO ZB モジュール	1個
・Digi International社 XBee XBee Smart Plug	1台
・家電(AC100V，600W以下，使用中にAC断が可能なもの)	1台
・USBケーブルなど	

　子機となるDigi International社純正のXBee Smart Plugで，消費電流を測定し，Arduino側の親機XBeeで読み取る実験用サンプル・スケッチです．XBee Smart Plugの安全性については，サンプル23に記したとおり，多くの注意事項があるので十分に注意してください．

　親機Arduino側のハードウェアとファームウェアは，これまでと同じです．スケッチは，「example43_plug」を使用します．

　起動してしばらくすると，**写真9-5**のように「Waiting for XBee」のメッセージが表示されるので，XBee Smart Plugのコミッショニング・ボタンを押下してすぐに離し，ペアリングを実行します．

　ペアリングが成功すると，**写真9-6**のようにXBee Smart Plugが測定した消費電力，照度，温度が親機Arduinoの液晶ディスプレイに表示されます．これら

サンプル・スケッチ 43　example43_plug

```
/*******************************************************************
Digi純正XBee Smart Plugで消費電流を測定する
*******************************************************************/
#include <xbee.h>
#include <LiquidCrystal.h>

#define FORCE_INTERVAL   250                    // データ要求間隔(およそ10msの倍数)
#define TEMP_OFFSET      7.12                   // XBee Smart Plug内部温度上昇

LiquidCrystal lcd(8, 9, 4, 5, 6, 7);
byte dev[8];                                    // XBee子機のアドレス保存用
byte trig=0xFF;                                 // データ要求するタイミング調整用

void set_ports(byte *dev){   ←────────① 
    xbee_gpio_config( dev, 1 , AIN );           // XBee子機のポート1をアナログ入力AINへ
    xbee_gpio_config( dev, 2 , AIN );           // XBee子機のポート2をアナログ入力AINへ
    xbee_gpio_config( dev, 3 , AIN );           // XBee子機のポート3をアナログ入力AINへ
    xbee_gpio_config( dev, 4 , DOUT_H );        // XBee子機のポート3をディジタル出力へ
}

void setup() {   ←────────②
    lcd.begin(16, 2);                           // LCDのサイズを16文字×2桁に設定
    lcd.clear();                                // 画面消去
    lcd.print("Example 43 Plug ");              // 文字を表示
    xbee_init( 0 );                             // XBee用COMポートの初期化
    xbee_atnj( 0xFF );                          // 親機に子機のジョイン許可を設定
    lcd.setCursor(0, 1);                        // LCDのカーソル位置を2行目の先頭に
    lcd.print("Waiting for XBee");              // 待ち受け中の表示
}

void loop() {   ←────────③
    byte i;
    float value;                                // 受信データの代入用
    XBEE_RESULT xbee_result;                    // 受信データ(詳細)

    /* データ送信 */
    if( trig == 0){
        xbee_force( dev );                      // 子機へデータ要求を送信
        trig = FORCE_INTERVAL;
    }
    if( trig != 0xFF ) trig--;                  // 変数trigが0xFF以外のときに値を1減算

    /* データ受信(待ち受けて受信する) */
    xbee_rx_call( &xbee_result );               // データを受信
    switch( xbee_result.MODE ){                 // 受信したデータの内容に応じて
        case MODE_RESP:   ←────────④           // xbee_forceに対する応答のとき
            // 電力測定結果をvalueに代入してprintfで表示する
            value = xbee_sensor_result( &xbee_result,WATT);
            lcd.clear();
            lcd.print(value, 1);
            lcd.print(" W ");
            // 照度測定結果をvalueに代入して表示する
            value = xbee_sensor_result( &xbee_result, LIGHT);
            lcd.print(value, 1);
            lcd.print(" Lux");
            // 温度測定結果をvalueに代入して表示する
            lcd.setCursor(0, 1);
            value = xbee_sensor_result( &xbee_result, TEMP);
            value -= TEMP_OFFSET;
            lcd.print(value, 1);
            lcd.print(" degC");
            break;
        case MODE_IDNT:   ←────────⑤           // 新しいデバイスを発見
            lcd.print("Found New Device");
```

サンプル・スケッチ 43　example43_plug（つづき）

```
        for(i=0;i<8;i++) dev[i]=xbee_result.FROM[i];    // アドレスをdevにコピー
        xbee_atnj(0);                                    // 親機XBeeに子機の受け入れ拒否
        xbee_ratnj(dev,0);                               // 子機に対して孫機の受け入れを拒否
        set_ports( dev );                                // 子機のGPIOポートの設定
        trig = 0;                                        // 子機へデータ要求を開始
        break;
    }
}
```

写真 9-5　サンプル 43 の起動表示

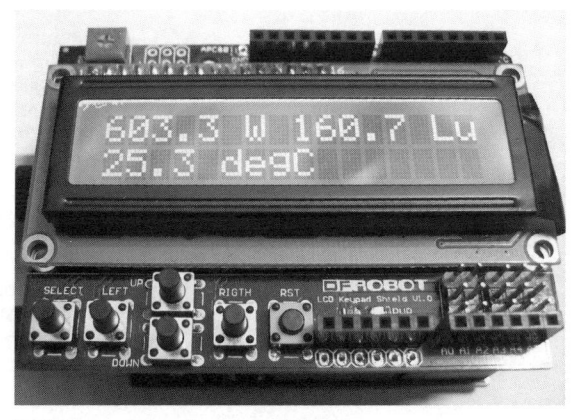

写真 9-6　サンプル 43 の実行例

Column…9-1　XBee Smart Plug の安全性を高める可能性について

　もし，電気工事や電気製品に関する安全性を高めるための知識を十分に持っている方であれば，XBee Smart Plug を分解して安全性を高める改造を行うことができるかもしれません．ただし，一般的には改造を行うことでかえってリスクが増大してしまい危険です．以下の情報は関連知識を十分に持った方への参考情報です．

　Digi International 社による設計変更で，XBee Smart Plug は AC 極性をビニール線で反転させている複雑な電線の引き回しとなっています．2P プラグの家電以外に使用しないなど，極性が反転することを認識したうえで元の回路に戻すことで内部発熱の増大や，それによるショート等のリスクを低減できる可能性があります．また発熱しても溶けにくいはんだを使用することで（適切なはんだ付けが行えれば）発熱によるはんだの溶解のリスクが低減できるでしょう．

　AC プラグや AC 配線，基板上の AC 配線も発熱します．こういった発熱部やリレーなどの発熱部品，バリスタや大型のコンデンサなどが接近するプラスチック製のキャビ側にポリイミド・テープを貼ることで筐体が発火するリスクを低減できる可能性もあります．さらに，AC 配線の金属が露出している部分についてもポリイミド・テープや熱収縮チューブ，ビニール・テープなどで絶縁することで，発熱によって電線や部品が外れたときのショート事故のリスクを低減することができるでしょう．

　なお，こういった改造を行うには，前述のとおり，電気工事や電気製品に関する安全性について十分な知識を保有している必要があります．出版社および筆者はいかなる事故についても一切の補償を行いません．

の測定値は，サンプル 23 と同様に簡易測定による参考値なので，正しい測定結果ではありません．

Arduino を使って XBee Smart Plug を動かしてみると，ますます Smart Plug を実用的に使ってみたくなると思います．しかし，電気用品安全法による規制に適合していない本製品をこのまま使用するのは，大変危険です．日本のような木造建築であったり，内装に木材やビニール製のクロス貼りが多用されていたりする燃えやすい住宅では，電気製品の安全性を軽視すると命に係わる危険をともないます．

サンプル 43 のスケッチ「example43_plug」の XBee ZB の管理・制御部分は，サンプル 42 と同じです．液晶ディスプレイへ表示する部分も，これまでどおりです．

① この関数「set_ports」は，子機のアナログ入力 AD ポートの設定を行います．子機のコミッショニング・ボタンからの通知を受信すると，⑤の処理部から呼び出されます．

② Arduino が起動したときに実行される「setup」関数で，液晶ディスプレイと XBee ZB の初期化を行います．

③ 繰り返し実行部「loop」関数では，子機へ定期的に状態取得指示を送信する処理と，受信処理を行います．

④ 状態取得指示に対する子機からの応答を受信したときの処理です．応答値に含まれる測定結果の表示を行います．

⑤ 子機のコミッショニング・ボタンからの通知を受信したときの処理です．子機の IEEE アドレスを配列変数 dev に保存し，子機の設定関数①の set_ports を呼び出します．

第4節　Example 44：自作ブレッドボード・センサで照度測定を行う

Example 44	自作ブレッドボード・センサで照度測定を行う		
	実験用サンプル	通信方式：XBee ZB	開発環境：Arduino IDE

子機 XBee 搭載照度センサで検出した照度を，親機 Arduino からリモート取得します．子機は省電力な ZigBee End Device として動作します．

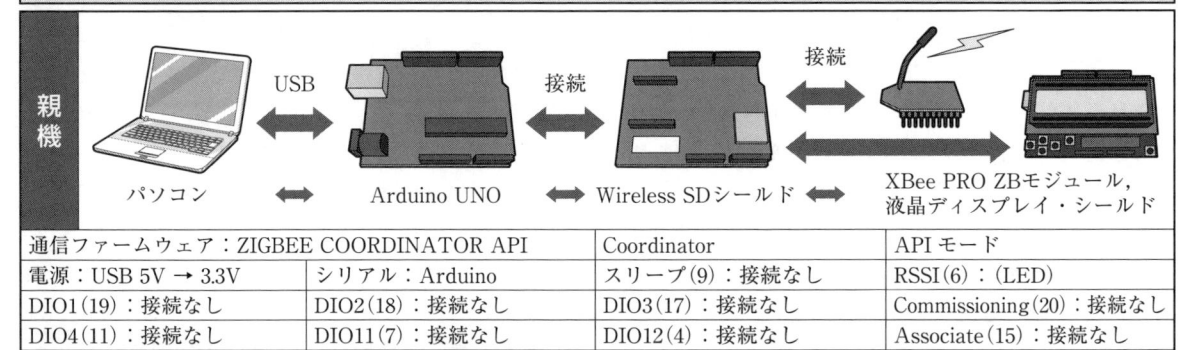

親機　パソコン ⇔USB⇔ Arduino UNO ⇔接続⇔ Wireless SD シールド ⇔接続⇔ XBee PRO ZB モジュール，液晶ディスプレイ・シールド

通信ファームウェア：ZIGBEE COORDINATOR API		Coordinator	API モード
電源：USB 5V → 3.3V	シリアル：Arduino	スリープ(9)：接続なし	RSSI(6)：(LED)
DIO1(19)：接続なし	DIO2(18)：接続なし	DIO3(17)：接続なし	Commissioning(20)：接続なし
DIO4(11)：接続なし	DIO11(7)：接続なし	DIO12(4)：接続なし	Associate(15)：接続なし
その他：XBee PRO ZB モジュールは XBee ZB モジュールでも動作します（ただし，通信可能範囲が狭くなる）．			

子機　XBee ZB モジュール ⇔接続⇔ ピッチ変換 ⇔接続⇔ ブレッドボード ⇔接続⇔ 照度センサ

通信ファームウェア：ZIGBEE END DEVICE AT		End Device	Transparent モード
電源：乾電池 2 本 3V	シリアル：接続なし	スリープ(9)：接続なし	RSSI(6)：(LED)
AD1(19)：照度センサ	DIO2(18)：接続なし	DIO3(17)：接続なし	Commissioning(20)：SW
DIO4(11)：接続なし	DIO11(7)：接続なし	DIO12(4)：接続なし	Associate(15)：LED
その他：照度センサの電源に ON/SLEEP(13) を使用します．			

必要なハードウェア
- Windows が動作するパソコン（USB ポートを搭載したもの）　　1 台
- Arduino UNO マイコン・ボード　　1 台
- Arduino Wireless SD シールド　　1 台
- キャラクタ液晶ディスプレイ・シールド（DF ROBOT または Adafruit 製）　　1 台
- Digi International 社 XBee PRO ZB モジュール　　1 個
- Digi International 社 XBee ZB モジュール　　1 個
- XBee ピッチ変換基板　　1 式
- ブレッドボード　　1 個
- 照度センサ NJL7502L 1 個，抵抗 1kΩ 2 個，高輝度 LED 1 個，コンデンサ 0.1μF 1 個，スイッチ 1 個，単 3×2 直列電池ボックス 1 個，単 3 電池 2 個，ブレッドボード・ワイヤ適量，USB ケーブルなど

　サンプル 24 で製作したブレッドボードを使った子機 XBee 搭載センサを用いて，子機 XBee の AD ポートに接続した照度センサや温度センサの値を Arduino 側の親機 XBee で読み取ります．

　親機 Arduino のハードウェアは，これまでのサンプルと同様に製作し，サンプル 44 のスケッチ「example44_mysns_f」を書き込みます．子機は，サンプル 24 と同じです．

　親機 Arduino を起動すると，**写真 9-7** のようなメッセージが表示されるので，子機のペアリングを行います．ペアリングが完了すると，**写真 9-8** のように子機センサで測定した照度値を親機 Arduino の液晶ディ

サンプル・スケッチ44　example44_mysns_f.ino

```
/*******************************************************************************
自作ブレッドボードセンサで照度測定を行う
*******************************************************************************/
#include <xbee.h>
#include <LiquidCrystal.h>
#define FORCE_INTERVAL   250                    // データ要求間隔（およそ10msの倍数）

LiquidCrystal lcd(8, 9, 4, 5, 6, 7);
byte dev[8];                                    // XBee子機のアドレス保存用
byte trig=0xFF;                                 // データ要求するタイミング調整用

void set_ports(byte *dev){                      ── ①
    xbee_gpio_config( dev, 1 , AIN );           // XBee子機のポート1をアナログ入力へ
    xbee_end_device( dev, 1, 0, 0);             ── ②  // 起動間隔1秒，自動測定無効
}

void setup() {                                  ── ③
    lcd.begin(16, 2);                           // LCDのサイズを16文字×2桁に設定
    lcd.clear();                                // 画面消去
    lcd.print("Example 44 SensF");              // 文字を表示
    xbee_init( 0 );                             // XBee用COMポートの初期化
    xbee_atnj( 0xFF );                          // 親機に子機のジョイン許可を設定
    lcd.setCursor(0, 1);                        // LCDのカーソル位置を2行目の先頭に
    lcd.print("Waiting for XBee");               // 待ち受け中の表示
}

void loop() {                                   ── ④
    byte i;
    float value;                                // 受信データの代入用
    XBEE_RESULT xbee_result;                    // 受信データ(詳細)

    /* データ送信 */
    if( trig == 0){
        xbee_force( dev );                      // 子機へデータ要求を送信
        trig = FORCE_INTERVAL;
    }
    if( trig != 0xFF ) trig--;                  // 変数trigが0xFF以外のときに値を1減算

    /* データ受信（待ち受けて受信する） */
    xbee_rx_call( &xbee_result );               // データを受信
    switch( xbee_result.MODE ){                 // 受信したデータの内容に応じて
        case MODE_RESP:                         ── ⑤  // xbee_forceに対する応答のとき
            // 照度測定結果をvalueに代入してprintfで表示する
            value = (float)xbee_result.ADCIN[1] * 3.55;
            lcd.clear();
            lcd.print(value, 1);
            lcd.print(" Lux");
            break;
        case MODE_IDNT:                         ── ⑥  // 新しいデバイスを発見
            lcd.clear();
            lcd.print("Found New Device");
            for(i=0;i<8;i++) dev[i]=xbee_result.FROM[i];    // アドレスをdevにコピー
            xbee_atnj(0);                       // 親機XBeeに子機の受け入れ拒否
            xbee_ratnj(dev,0);                  // 子機に対して孫機の受け入れを拒否
            set_ports( dev );                   // 子機のGPIOポートの設定
            trig = 0;                           // 子機へデータ要求を開始
            break;
    }
}
```

スプレイに表示します．

子機XBee搭載センサは，1秒間隔で動作とスリープを繰り返す省電力動作を行います．動作間隔を長くするほど省電力になりますが，親機からの取得指示に

写真 9-7　サンプル 44 の起動表示

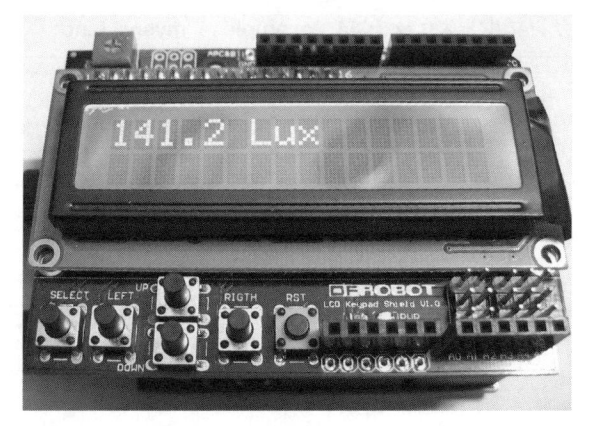

写真 9-8　サンプル 44 の実行例

応答するまでの時間が長くなります．このサンプル 44 では，サンプル 24 と同様に親機 Arduino が親機 XBee PRO ZB モジュールに定期的に取得指示を命じます．ところが，実際に親機 XBee PRO ZB モジュールが子機に送信を行うのは，子機 XBee ZB モジュールが動作しているときだけです．

サンプル 44 のスケッチ「example44_mysns_f.ino」の XBee ZB の管理・制御は，パソコン用のサンプル 24 とほとんど同じですが，省電力のための起動とスリープの繰り返し周期を 1 秒にした点が異なります．

① 子機 XBee ZB 搭載センサの設定を行う「set_ports」関数です．後述する loop 関数から呼び出されます．

② 子機 XBee ZB モジュールの省電力設定を行う「xbee_end_device」関数を用いて，1 秒間隔で起動とスリープの繰り返す設定を行います．

③ 「setup」関数で液晶ディスプレイと XBee ZB の初期化を行い，親機 XBee PRO ZB モジュールを常にジョイン許可状態に設定します．

④ 「loop」関数では，子機へ定期的に状態取得指示を送信する処理と，受信処理を行います．

⑤ 状態取得指示に対する子機からの応答を受信したときの処理です．応答値に含まれる子機 XBee ZB 搭載センサの照度測定結果の表示を行います．

⑥ 子機のコミッショニング・ボタンからの通知を受信したときの処理です．子機の IEEE アドレスを配列変数 dev に保存し，子機の設定関数①の set_ports を呼び出します．

第5節 Example 45：自作ブレッドボード・センサの測定値を自動送信する

Example 45	自作ブレッドボード・センサの測定値を自動送信する			
	実験用サンプル		通信方式：XBee ZB	開発環境：Arduino IDE

子機XBee搭載照度センサの測定値を一定間隔で自動的に親機XBeeに送信し，受け取った結果をArduinoに表示します．

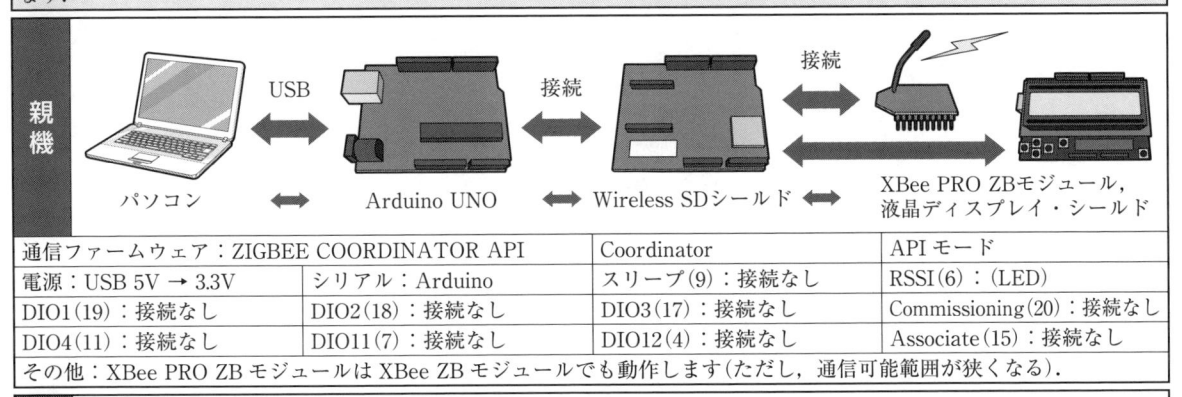

親機：パソコン ⇔ USB ⇔ Arduino UNO ⇔ 接続 ⇔ Wireless SDシールド ⇔ 接続 ⇔ XBee PRO ZBモジュール，液晶ディスプレイ・シールド

通信ファームウェア：ZIGBEE COORDINATOR API		Coordinator	APIモード
電源：USB 5V → 3.3V	シリアル：Arduino	スリープ(9)：接続なし	RSSI(6)：(LED)
DIO1(19)：接続なし	DIO2(18)：接続なし	DIO3(17)：接続なし	Commissioning(20)：接続なし
DIO4(11)：接続なし	DIO11(7)：接続なし	DIO12(4)：接続なし	Associate(15)：接続なし
その他：XBee PRO ZBモジュールはXBee ZBモジュールでも動作します(ただし，通信可能範囲が狭くなる)．			

子機：XBee ZBモジュール ⇔ 接続 ⇔ ピッチ変換 ⇔ 接続 ⇔ ブレッドボード ⇔ 接続 ⇔ 照度センサ

通信ファームウェア：ZIGBEE END DEVICE AT		End Device	Transparentモード
電源：乾電池2本 3V	シリアル：接続なし	スリープ(9)：接続なし	RSSI(6)：(LED)
AD1(19)：照度センサ	DIO2(18)：接続なし	DIO3(17)：接続なし	Commissioning(20)：SW
DIO4(11)：接続なし	DIO11(7)：接続なし	DIO12(4)：接続なし	Associate(15)：LED
その他：照度センサの電源にON/SLEEP(13)を使用します．			

必要なハードウェア
- Windowsが動作するパソコン(USBポートを搭載したもの)　　　　1台
- Arduino UNOマイコン・ボード　　　　1台
- Arduino Wireless SDシールド　　　　1台
- キャラクタ液晶ディスプレイ・シールド(DF ROBOTまたはAdafruit製)　　　　1台
- Digi International社 XBee PRO ZBモジュール　　　　1個
- Digi International社 XBee ZBモジュール　　　　1個
- XBeeピッチ変換基板　　　　1式
- ブレッドボード　　　　1個
- 照度センサ NJL7502L 1個，抵抗1kΩ 2個，高輝度LED 1個，コンデンサ0.1μF 1個，スイッチ1個，単3×2直列電池ボックス1個，単3電池2個，ブレッドボード・ワイヤ適量，USBケーブルなど

　前節で製作した子機XBeeのセンサから自動的に一定間隔でセンサの測定値を送信し，親機XBeeで読み取るサンプルです．ハードウェアは，サンプル44と同じものを使っています．サンプル45のスケッチ「example45_mysns_r」をArduinoに書き込んで動かします．

　動かし方や振る舞いは，サンプル44とほとんど同じです．しかし，サンプル44では親機Arduinoから取得指示を送信して，その応答結果を表示しているのに対して，このサンプル45では，子機XBee ZBモジュールが3秒間隔で自動送信を行います．

　サンプル45の起動時のようすと測定時のようすを，

サンプル・スケッチ45　example45_mysns_r.ino

```
/******************************************************************
自作ブレッドボードセンサの測定値を自動送信する
*******************************************************************/
#include <xbee.h>
#include <LiquidCrystal.h>
#define FORCE_INTERVAL   250                    // データ要求間隔（およそ10msの倍数）

LiquidCrystal lcd(8, 9, 4, 5, 6, 7);
byte dev[8];                                    // XBee子機のアドレス保存用

void setup() {  ←──────────────── ①
    lcd.begin(16, 2);                           // LCDのサイズを16文字×2桁に設定
    lcd.clear();                                // 画面消去
    lcd.print("Example 45 SensR");              // 文字を表示
    xbee_init( 0 );                             // XBee用COMポートの初期化
    lcd.setCursor(0, 1);                        // LCDのカーソル位置を2行目の先頭に
    xbee_atnj( 0xFF );                          // 子機XBeeデバイスを常に参加受け入れ
    lcd.print("Waiting for XBee");              // 待ち受け中の表示
}

void loop() {  ←──────────────── ②
    byte i;
    float value;                                // 受信データの代入用
    XBEE_RESULT xbee_result;                    // 受信データ(詳細)

    /* データ受信(待ち受けて受信する) */
    xbee_rx_call( &xbee_result );               // データを受信
    switch( xbee_result.MODE ){                 // 受信したデータの内容に応じて
        case MODE_GPIN:  ←──────── ③           // 子機XBeeの自動送信の受信
            // 照度測定結果をvalueに代入してprintfで表示する
            value = (float)xbee_result.ADCIN[1] * 3.55;  ←──── ④
            lcd.clear();
            lcd.print(value, 1);
            lcd.print(" Lux");
            break;
        case MODE_IDNT:  ←──────── ⑤           // 新しいデバイスを発見
            lcd.clear();
            lcd.print("Found New Device");
            for(i=0;i<8;i++) dev[i]=xbee_result.FROM[i];  // アドレスをdevにコピー
            xbee_ratnj(dev,0);                  // 子機に対して孫機の受け入れを拒否
            xbee_gpio_config( dev, 1 , AIN );   // XBee子機のポート1をアナログ入力へ
            xbee_end_device( dev, 3, 3, 0);     // 起動間隔3秒, 自動測定3秒, S端子無効
            break;
                            ⑥
    }
}
```

それぞれ**写真9-9**と**写真9-10**に示します．

新日本無線の照度センサ NJL7502L を 1kΩ の負荷抵抗とともに使用した場合，測定値は約 3.6[Lux]毎に変化します．また計算上，約 3600[Lux]までの測定が可能です．

表9-1のように，より広範囲の照度を測定したい場合は抵抗値を小さくし，狭い範囲で細かく測定したい場合は抵抗値を大きくします．

抵抗値を変更した場合は，アナログ入力値（A-D変換値）から照度への変換式も変更する必要がありま
す．負荷抵抗を 3.3kΩ にすると，アナログ入力電圧は 3.3 倍（100Lux につき 108.9mV）になります．したがって，照度 value への換算式は，以下のようになります．

$$\begin{aligned} \text{value} &= \text{xbee\_result.ADCIN}[1] \div 1023 \\ &\quad \times 1200[mV] \div 108.9[mV] \times 100[Lux] \\ &= \text{xbee\_result.ADCIN}[1] \times 1.077[Lux] \end{aligned}$$

サンプル45のスケッチ「example45_mysns_r.ino」は，パソコン用のサンプル25の Arduino 版です．動作もほとんど同じです．

写真 9-9　サンプル 45 の起動表示

写真 9-10　サンプル 45 の実行例

表 9-1　照度センサ NJL7502L の負荷抵抗の値と XBee での測定範囲

負荷抵抗	分解能（ADC）	最大値	変換式（ソースコード）
330Ω	10.77Lux/step	12000Lux	value = (float)xbee_result.ADCIN[1]×10.77;
1kΩ	3.555Lux/step	3600Lux	value = (float)xbee_result.ADCIN[1]×3.555;
3.3kΩ	1.077Lux/step	1200Lux	value = (float)xbee_result.ADCIN[1]×1.077;

① 「setup」関数で液晶ディスプレイと XBee ZB の初期化を行い，親機 XBee PRO ZB モジュールを常にジョイン許可状態に設定します．
② 「loop」関数では，子機からの受信処理を行います．
③ 子機の測定結果「MODE_GPIN」を受信したときの処理です．
④ 受信データに含まれる子機 XBee ZB のアナログ入力値 xbee_result.ADCIN[1] を照度に変換します．
⑤ 子機のコミッショニング・ボタンからの通知を受信したときの処理です．子機の IEEE アドレスを配列変数 dev に保存し，子機の設定を行います．
⑥ 「xbee_end_device」関数を使用して，子機 XBee ZB モジュールの省電力設定を行います．ここでは，3 秒間隔でスリープと通信動作を繰り返し，同じ 3 秒間隔，すなわち通信動作時に XBee ZB の各ポートの状態を自動送信するように設定します．

第6節 Example 46：取得した情報をSDメモリ・カードに保存するロガーの製作

Example 46
取得した情報をファイルに保存するロガーの製作
実験用サンプル　　　　　　　　　通信方式：XBee ZB　　　　　　開発環境：Arduino IDE

子機XBee搭載照度センサの測定値を一定間隔で自動的に親機XBeeに送信し、受け取った結果を時刻情報とともに親機Arduinoのmicro SDメモリ・カードに保存します．データ・ロガーのもっとも基本的なサンプルです．

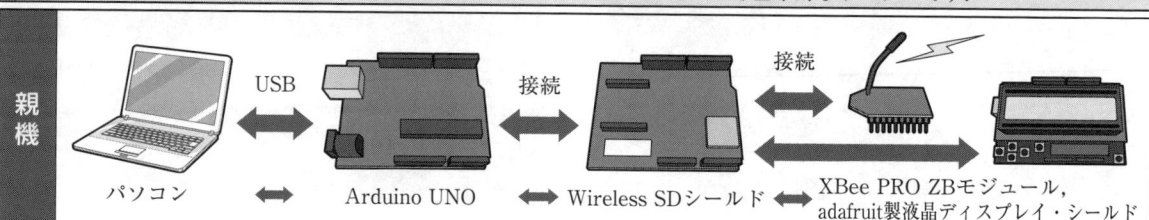

親機：パソコン ⇔ (USB) Arduino UNO ⇔ (接続) Wireless SDシールド ⇔ (接続) XBee PRO ZBモジュール，adafruit製液晶ディスプレイ・シールド

通信ファームウェア：ZIGBEE COORDINATOR API		Coordinator	APIモード
電源：USB 5V → 3.3V	シリアル：Arduino	スリープ(9)：接続なし	RSSI(6)：(LED)
DIO1(19)：接続なし	DIO2(18)：接続なし	DIO3(17)：接続なし	Commissioning(20)：接続なし
DIO4(11)：接続なし	DIO11(7)：接続なし	DIO12(4)：接続なし	Associate(15)：接続なし
その他：XBee PRO ZBモジュールはXBee ZBモジュールでも動作します(ただし，通信可能範囲が狭くなる)．			

子機：XBee ZBモジュール ⇔ (接続) ピッチ変換 ⇔ (接続) ブレッドボード ⇔ (接続) 照度センサ

通信ファームウェア：ZIGBEE END DEVICE AT		End Device	Transparentモード
電源：乾電池2本 3V	シリアル：接続なし	スリープ(9)：接続なし	RSSI(6)：(LED)
AD1(19)：照度センサ	DIO2(18)：接続なし	DIO3(17)：接続なし	Commissioning(20)：SW
DIO4(11)：接続なし	DIO11(7)：接続なし	DIO12(4)：接続なし	Associate(15)：LED
その他：照度センサの電源にON/SLEEP(13)を使用します．			

必要なハードウェア
- Windowsが動作するパソコン(USBポートを搭載したもの)　　　　　　1台
- Arduino UNOマイコン・ボード　　　　　　　　　　　　　　　　　　1台
- Arduino Wireless SDシールド　　　　　　　　　　　　　　　　　　1台
- キャラクタ液晶ディスプレイ・シールド(Adafruit製)　　　　　　　　1台
- Digi International社 XBee PRO ZBモジュール　　　　　　　　　　　1個
- Digi International社 XBee ZBモジュール　　　　　　　　　　　　　1個
- XBeeピッチ変換基板　　　　　　　　　　　　　　　　　　　　　　1式
- ブレッドボード　　　　　　　　　　　　　　　　　　　　　　　　1個
- 照度センサ NJL7502L 1個，抵抗1kΩ 2個，高輝度LED 1個，コンデンサ0.1μF 1個，スイッチ1個，単3×2直列電池ボックス1個，単3電池2個，ブレッドボード・ワイヤ適量，micro SDメモリ・カード，USBケーブルなど

　Arduino側の親機XBeeから子機XBee搭載の照度センサ値を読み取ったデータをSDメモリ・カードに保存する実験用サンプル・スケッチです．パソコン用サンプル26のArduino版という位置付けですが，XBee ZBの管理・制御部分は，処理を簡略化しています．Arduino用SDメモリ・カード・ライブラリを使用すると，Arduinoの多くのリソースを消費してしまうので，できるだけソースコードを短くするようにしました．

　また，液晶ディスプレイ・シールドは，Adafruit製LCD Shield Kitを使用します．DF ROBOT製のLCD Keypadシールドは，Arduino Wireless SDシールド

サンプル・スケッチ 46　example46_log.ino

```
/****************************************************************
取得した情報をファイルに保存するロガーの製作
※DF ROBOT製の液晶ディスプレイがSDメモリ・カードの信号と干渉するのでAdafruit製の液晶ディスプレイを使用しています．
****************************************************************/
#include <xbee.h>
#include <Wire.h>
#include <Adafruit_MCP23017.h>
#include <Adafruit_RGBLCDShield.h>
#include <SD.h>

#define PIN_SDCS     4    ←――――――――――①    // SDのチップ・セレクトCS(SS)のポート番号

Adafruit_RGBLCDShield lcd = Adafruit_RGBLCDShield();
File file;                                  // SDファイルの定義
byte dev[8];                                // XBee子機デバイスのアドレス

void setup() {   ←―――――――――――②
    lcd.begin(16, 2);                       // LCDのサイズを16文字×2桁に設定
    lcd.print("Example 46 LOG  ");          // 文字を表示
    while(SD.begin(PIN_SDCS)==false){  ←――③    // SDメモリ・カードの開始
        delay(5000);                        // 失敗時は5秒ごとに繰り返し実施
    }
    xbee_init( 0 );                         // XBee用COMポートの初期化
    lcd.setCursor(0, 1);                    // LCDのカーソル位置を2行目の先頭に
    lcd.print("Waiting for XBee");          // 待ち受け中の表示
    while(xbee_atnj( 30 )==0x00);  ←――――④    // 子機XBeeデバイスのペアリング
    lcd.clear();
    lcd.print("Found a Device");
    xbee_from(dev);
    xbee_gpio_config( dev, 1 , AIN );       // XBee子機のポート1をアナログ入力へ
    xbee_end_device( dev, 3, 3, 0);  ←――――⑤    // 起動間隔3秒，自動測定3秒，S端子無効
}

void loop() {   ←―――――――――――⑥
    byte i;

    float value;                            // 受信データの代入用
    XBEE_RESULT xbee_result;                // 受信データ(詳細)

    unsigned long time=millis()/1000;       // 時間[秒]の取得(約50日まで)

    xbee_rx_call( &xbee_result );           // データを受信
    if( xbee_result.MODE == MODE_GPIN){     // 受信したデータの内容に応じて
        value = (float)xbee_result.ADCIN[1] * 3.55;
        lcd.clear();
        lcd.print( time );
        lcd.setCursor(0, 1);
        lcd.print( value, 1 );       ⑦      // LCDのカーソル位置を2行目の先頭に
        lcd.print( " Lux" );

        file=SD.open("TEST.CSV", FILE_WRITE);  // 書き込みファイルのオープン
        if(file == true){                   // オープンが成功した場合
            file.print( time );
            file.print( ", " );
                                      ⑧
            file.println( value, 1 );       // value値を書き込み
            file.close();                   // ファイルクローズ
        }else{
            lcd.clear();
            lcd.print("fopen Failed");
        }
    }
}
```

写真 9-11　サンプル 46 の起動表示

写真 9-12　サンプル 46 の実行例

のSDメモリ・カード用のチップ・セレクト（ディジタル4番ピン）と干渉するので使用することができません．

ハードウェアは，サンプル44やサンプル45と同じです．子機には，ブレッドボードで製作した照度センサを使用します．

ソフトウェアは，このサンプル46のスケッチ「example46_log」を親機Arduino UNOマイコン・ボードに書き込みます．また，Arduino Wireless SDシールドにmicro SDメモリ・カードを挿入しておきます．もし，micro SDメモリ・カードが読めなかった場合は，Arduino UNOマイコン・ボード上のLED「L」が5秒ごとに点滅します．micro SDとXBee PRO ZBモジュールへのアクセスに成功すると，**写真 9-11** のように「Waiting for XBee」のメッセージが表示されるので，これまでのサンプルと同様にペアリングを行います．

ペアリングに成功すると，約3秒ごとに経過時間［秒］と照度を液晶ディスプレイに表示するとともに，micro SDメモリ・カードへそれらを書き込みます．書き込み後に，micro SD内のファイル「TEST.CSV」をエクセルで開くと，**図 9-1** のようにA列に経過時間［秒］とB列に照度が約3秒ごとに保存されていることがわかります．

① Arduino Wireless SDシールド上のmicro SDメモリ・カード用CS（チップ・セレクト）端子のポート

図 9-1　micro SDメモリ・カードに保存されたログ

番号です．

② 「setup」関数内でSDライブラリ，XBee ZBの初期化，ペアリングを行います．

③ 「SD.begin」を使用してmicro SDを使用する準備を行います．対応したmicro SDメモリ・カードが挿入されていない場合は，戻り値に「false」が得られるので，5秒待ってから「SD.begin」が成功するまで繰り返し実行します．

④ 「xbee_atnj」を使用して，子機とのペアリングを行います．成功するまで繰り返し実行します．

⑤ 「xbee_end_device」を使用して，子機XBee ZB搭載センサを省電力モードに設定します．また，

自動送信の間隔を3秒に設定します．
⑥「loop」関数内で受信処理を行います．受信した照度値を液晶ディスプレイに表示し，micro SD メモリ・カードに書き込みます．
⑦ Arduino を起動してからの経過時間 time［秒］と子機 XBee 搭載センサの照度値 value［Lux］の表示を行います．
⑧ 経過時間と照度値を micro SD に書き込みます．

なお，冒頭に記したとおり，Arduino 用 SD メモリ・カード・ライブラリは Arduino のリソースを多く消費するため，本スケッチに機能を追加していくと動作しなくなる場合があります．そういった場合は，液晶ディスプレイに表示を行わないようにするなどの対策が必要になります．また，今後の Arduino IDE のバージョンアップで動作しなくなることも考えられるので，そういった場合は Arduino IDE 1.0.5 か 1.0.6 を使用します．

これらの対策でも動作しない場合は，XBee 用ライブラリを「LITE」モードにすることで RAM の節約を行います．スケッチ冒頭の「#include <xbee.h>」の部分を「#include <xbee_lite.h>」に変更すると，LITE モードで動作するようになります．ただし，送信用メモリや受信用メモリが小さくなるので，例えば UART シリアルで1回に送信できる文字数が減るなどの制約があります．

第7節　Example 47：暗くなったら Smart Plug の家電の電源を OFF にする

Example 47　暗くなったら Smart Plug の家電の電源を OFF にする

実験用サンプル		通信方式：XBee ZB	開発環境：Arduino IDE

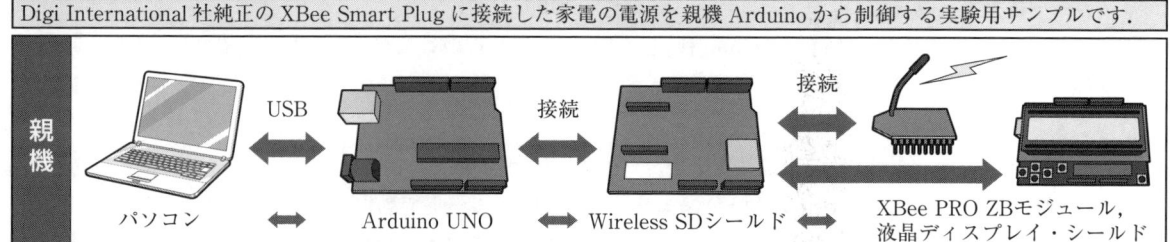

Digi International 社純正の XBee Smart Plug に接続した家電の電源を親機 Arduino から制御する実験用サンプルです．

親機：パソコン ⇔ USB ⇔ Arduino UNO ⇔ 接続 ⇔ Wireless SD シールド ⇔ 接続 ⇔ XBee PRO ZB モジュール，液晶ディスプレイ・シールド

通信ファームウェア：ZIGBEE COORDINATOR API		Coordinator	API モード
電源：USB 5V → 3.3V	シリアル：Arduino	スリープ(9)：接続なし	RSSI(6)：(LED)
DIO1(19)：接続なし	DIO2(18)：接続なし	DIO3(17)：接続なし	Commissioning(20)：接続なし
DIO4(11)：接続なし	DIO11(7)：接続なし	DIO12(4)：接続なし	Associate(15)：接続なし
その他：XBee PRO ZB モジュールは XBee ZB モジュールでも動作します（ただし，通信可能範囲が狭くなる）．			

子機：Digi International 社純正 XBee Smart Plug ⇔ AC接続 ⇔ 家電（AC 100V ※600W 以下）

通信ファームウェア：ZIGBEE ROUTER AT		Router	Transparent モード
電源：AC コンセント	シリアル：接続なし	スリープ(9)：接続なし	RSSI(6)：接続なし
AD1(19)：照度センサ	AD2(18)：温度センサ	AD3(17)：電流センサ	Commissioning(20)：SW
DIO4(11)：接続なし	DIO11(7)：接続なし	DIO12(4)：接続なし	Associate(15)：LED
その他：接続可能な家電は，使用中に AC プラグを抜いたり挿したりしても問題のないものに限ります．			

必要なハードウェア
- Windows が動作するパソコン（USB ポートを搭載したもの）　1台
- Arduino UNO マイコン・ボード　1台
- Arduino Wireless SD シールド　1台
- キャラクタ液晶ディスプレイ・シールド（DF ROBOT または Adafruit 製）　1台
- Digi International 社 XBee PRO ZB モジュール　1個
- Digi International 社 XBee XBee Smart Plug　1台
- 家電（AC100V，600W 以下，使用中に AC 断が可能なもの）　1台
- USB ケーブルなど

　子機となる Digi International 社純正の XBee Smart Plug の照度センサの値を読み取り，部屋が暗くなると XBee Smart Plug に接続された家電の電源を OFF にします．部屋の電気を消したときに，オーディオを自動で OFF にするといった実験が可能です．

　親機 Arduino のハードウェアは，これまでと同様です．サンプル 47 のスケッチは，「example47_plg_ctrl」を使用します．このスケッチでは，キャラクタ液晶ディスプレイ・シールドに DF ROBOT の LCD Keypad シールドを使用します．Adafruit 製の LCD Shield Kit を使用する場合は，**表 6-2** にしたがって，スケッチを変更します．

　サンプル 47 の起動時の表示を**写真 9-13** に，ペアリングの実行例を**写真 9-14** に示します．液晶ディスプレイの右上の「ON」表示は XBee Smart Plug の AC アウトレットの状態を示します．

サンプル・スケッチ47　example47_plg_ctrl.ino

```
/****************************************************************
暗くなったらSmart Plugの家電の電源をOFFにする
****************************************************************/
#include <xbee.h>
#include <LiquidCrystal.h>
#define FORCE_INTERVAL  250                 // データ要求間隔(およそ10msの倍数)

LiquidCrystal lcd(8, 9, 4, 5, 6, 7);
byte dev[8];                                // XBee子機のアドレス保存用
byte trig=0xFF;                             // データ要求するタイミング調整用

void set_ports(byte *dev){
    xbee_gpio_config( dev, 1 , AIN );       // XBee子機のポート1をアナログ入力AINへ
    xbee_gpio_config( dev, 2 , AIN );       // XBee子機のポート2をアナログ入力AINへ
    xbee_gpio_config( dev, 3 , AIN );       // XBee子機のポート3をアナログ入力AINへ
    xbee_gpio_config( dev, 4 , DOUT_H );    // XBee子機のポート3をディジタル出力へ
}

void setup() {
    lcd.begin(16, 2);                       // LCDのサイズを16文字×2桁に設定
    lcd.clear();                            // 画面消去
    lcd.print("Example 47 PlugC");          // 文字を表示
    xbee_init( 0 );                         // XBee用COMポートの初期化
    lcd.setCursor(0, 1);                    // LCDのカーソル位置を2行目の先頭に
    lcd.print("Waiting for XBee");          // 待ち受け中の表示
    xbee_atnj( 0xFF );                      // 親機に子機のジョイン許可を設定
}

void loop() {
    byte i;
    float value;                            // 受信データの代入用
    XBEE_RESULT xbee_result;                // 受信データ(詳細)

    if( trig == 0 ){
        xbee_force( dev );                  // 子機へデータ要求を送信
        trig = FORCE_INTERVAL;
    }
    if( trig != 0xFF ) trig--;              // 変数trigが0xFF以外のときに値を1減算

    xbee_rx_call( &xbee_result );           // データを受信
    switch( xbee_result.MODE ){             // 受信したデータの内容に応じて
        case MODE_RESP:                     // xbee_forceに対する応答のとき
            value = xbee_sensor_result( &xbee_result, LIGHT );   ◀——①
            lcd.clear();
            lcd.print(value, 1);
            lcd.print(" Lux");
            if( value < 10 ){                              // 照度が10Lux以下のとき
                xbee_gpo(dev , 4 , 0);      ◀——②          // 子機XBeeのポート4をLに設定
            }

            value = xbee_sensor_result( &xbee_result,WATT );   ◀——③
            lcd.setCursor(0, 1);                           // LCDのカーソル位置を2行目の先頭に
            lcd.print(value, 1);            ◀——④
            lcd.print(" Watts");
            lcd.setCursor(13, 0);                ⑤
            if( xbee_gpi( dev , 4 ) == 0 ){                // ポート4の状態を読みとり,
                lcd.print("OFF");                          // 0のときはOFFと表示する
            }else{
                lcd.print("ON");                           // 1のときはONと表示する
            }
            break;
        case MODE_IDNT:                                    // 新しいデバイスを発見
```

サンプル・スケッチ 47　example47_plg_ctrl.ino（つづき）

```
            lcd.clear();
            lcd.print("Found New Device");
            for(i=0;i<8;i++) dev[i]=xbee_result.FROM[i];    // アドレスをdevにコピー
            xbee_atnj(0);                                    // 親機XBeeに子機の受け入れ拒否
            xbee_ratnj(dev,0);                               // 子機に対して孫機の受け入れを拒否
            set_ports( dev );                                // 子機のGPIOポートの設定
            trig = 0;                                        // 子機へデータ要求を開始
            break;
        }
}
```

写真 9-13　サンプル 47 の起動表示

写真 9-14　サンプル 47 の実行例

　サンプル 47 のスケッチ「example47_plg_ctrl.ino」の XBee ZB の管理・制御部分は，サンプル 27 と同じです．ここでは，XBee Smart Plug から IO データを受信したときの処理について説明します．

① 「xbee_sensor_result」を用いて，照度の受信結果を変数 value に代入します．
② 変数 value が 10[Lux]未満のときに，XBee Smart Plug のディジタル DOI ポート 4 を 0（L レベル）に設定します．これにより，XBee Smart Plug の AC アウトレット出力が OFF になります．AC アウトレットを ON に戻すには，XBee Smart Plug のコミッショニング・ボタンを押して，親機 Arduino へ「MODE_IDNT」を通知します．
③ 再び「xbee_sensor_result」を用いて，家電の消費電力の受信結果を変数 value に代入します．
④ キャラクタ液晶ディスプレイの 2 行目に XBee Smart Plug が測定した消費電力を表示します．
⑤ 「xbee_gpi」を使用して，XBee Smart Plug のディジタル DOI ポート 4 の状態を確認し，0 であれば「OFF」を，それ以外であれば「ON」を表示します．ここでは，xbee_gpi 命令を使って（状態を取得して）確認します．既に「xbee_rx_call」で受信した値を使用する場合は，xbee_gpi の代わりに「xbee_result.GPI.PORT.D4」を使用します．

第8節　Example 48：玄関が明るくなったらリビングの家電をONにする

Example 48

玄関が明るくなったらリビングの家電をONにする		
実験用サンプル	通信方式：XBee ZB	開発環境：Arduino IDE

親機Arduinoに搭載したセンサで照度を測定し，明るくなったらDigi International社純正のXBee Smart Plugに接続された家電の電源をONにします．

親機：パソコン ⇔USB⇔ Arduino UNO ⇔接続⇔ Wireless SDシールド ⇔接続⇔ XBee PRO ZB，液晶ディスプレイ，照度センサ

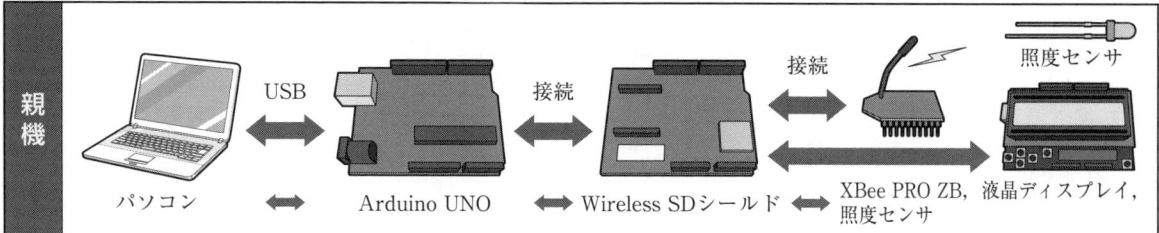

通信ファームウェア：ZIGBEE COORDINATOR API	Coordinator	APIモード
電源：USB 5V → 3.3V	シリアル：Arduino	スリープ(9)：接続なし	RSSI(6)：(LED)
DIO1(19)：接続なし	DIO2(18)：接続なし	DIO3(17)：接続なし	Commissioning(20)：接続なし
DIO4(11)：接続なし	DIO11(7)：接続なし	DIO12(4)：接続なし	Associate(15)：接続なし
その他：XBee PRO ZBモジュールはXBee ZBモジュールでも動作します（ただし，通信可能範囲が狭くなる）．			

子機：Digi International社純正 XBee Smart Plug ⇔AC接続⇔ 家電（AC 100V ※600W以下）

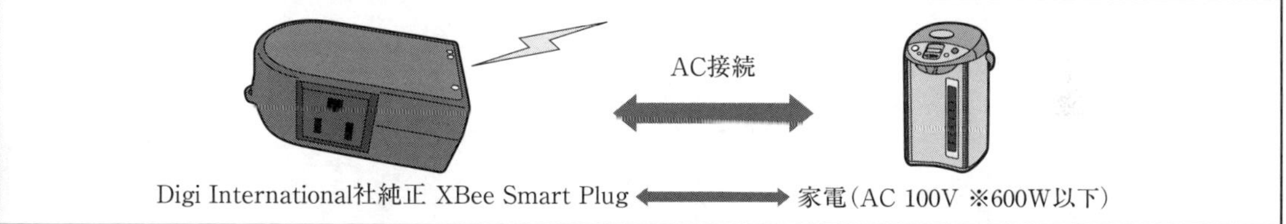

通信ファームウェア：ZIGBEE ROUTER AT	Router	Transparentモード
その他：接続可能な家電は，使用中にACプラグを抜いたり挿したりしても問題のないものに限ります．		

必要なハードウェア
- Windowsが動作するパソコン(USBポートを搭載したもの)　　　　1台
- Arduino UNOマイコン・ボード　　　　1台
- Arduino Wireless SDシールド　　　　1台
- キャラクタ液晶ディスプレイ・シールド(DF ROBOTまたはAdafruit製)　1台
- Digi International社 XBee XBee Smart Plug　　　　1台
- Digi International社 XBee PRO ZBモジュール　　　　1個
- 家電(AC100V，600W以下，使用中にAC断が可能なもの)　　　　1台
- 照度センサNJL7502L 1個，抵抗1kΩ 1個，ブレッドボード1個，ブレッドボード・ワイヤ適量，USBケーブルなど

　親機のArduinoに接続した光センサで照度を測定し，子機のXBee Smart Plugに接続した家電の電源をONにします．帰宅時に玄関の電気をつけると，自動でリビングの照明を点灯するといった実験が可能です．パソコン版のサンプルでは3台のXBeeを用いていましたが，Arduinoを使うことで2台のXBeeで同じ機能が実現でき，より実用的な実験となります．

　ハードウェアは，これまでの親機Arduinoに**写真9-15**のような照度センサNJL7502Lを接続します．照度センサNJL7502Lのコレクタ(C)側をArduinoの+5Vに，エミッタ(E)側を負荷抵抗1kΩとArduinoのAnalog 1ポートに接続します．負荷抵抗の反対側は，ArduinoのGNDに接続します．

　負荷抵抗は，1kΩを使用します．Arduino UNO(5V動作)でアナログ値を読み取った場合は，以下のように換算します．照度の範囲を変更する場合は，**表9-2**のようになります．

$$\text{value} = \text{analogRead}(1) \div 1023 \times 5000 [\text{mV}]$$
$$\div 33 [\text{mV}] \times 100 [\text{Lux}]$$
$$= \text{analogRead}(1) \times 14.81 [\text{Lux}]$$

サンプル・スケッチ 48　example48_plg_sns.ino

```
/*******************************************************************************
玄関が明るくなったらリビングの家電をONにする
*******************************************************************************/
#include <xbee.h>
#include <LiquidCrystal.h>
#define FORCE_INTERVAL   250                    // データ要求間隔（およそ10msの倍数）
#define PIN_SENSOR        1          ◀────①     // 照度センサの入力をAnalog 1ピンに設定

LiquidCrystal lcd(8, 9, 4, 5, 6, 7);
byte trig=0xFF;                                 // データ要求するタイミング調整用

void setup() {
    analogReference(DEFAULT);    ◀────②         // アナログ入力の基準電圧を電源(5V)に
    lcd.begin(16, 2);                           // LCDのサイズを16文字×2桁に設定
    lcd.clear();                                // 画面消去
    lcd.print("Example 48 Plug ");              // 文字を表示
    xbee_init( 0 );                             // XBee用COMポートの初期化
    lcd.setCursor(0, 1);                        // LCDのカーソル位置を2行目の先頭に
    lcd.print("Waiting for XBee");              // 待ち受け中の表示
    xbee_atnj(0xFF);                            // 常にジョイン許可に設定
}

void loop() {
    byte i;
    float value;                                // 照度値，受信データの代入用
    byte dev[8];                                // XBee子機(Smart Plug)のアドレス
    XBEE_RESULT xbee_result;                    // 受信データ(詳細)

    if( trig == 0 ){                      ③
        value=(float)analogRead(PIN_SENSOR)*14.81; // Arduinoのアナログ・ポートから入力
        lcd.setCursor(0, 0);                    // 画面消去
        lcd.print("SENS:");
        lcd.print(value,0);
        lcd.print(" Lux    ");
        if( value > 10 ){    ◀────④             // 照度が10Lux以下のとき
            xbee_gpo(dev , 4 , 1);              // 純正Smart Plugのポート4をHに設定
        }else{
            xbee_gpo(dev , 4 , 0);              // 純正Smart Plugのポート4をLに設定
        }
        xbee_force( dev );                      // Smart Plugへデータ要求を送信
        trig = FORCE_INTERVAL;
    }
    if( trig != 0xFF ) trig--;                  // 変数trigが0xFF以外のときに値を1減算

    xbee_rx_call( &xbee_result );               // データを受信
    switch( xbee_result.MODE ){                 // 受信したデータの内容に応じて
        case MODE_RESP:                         // xbee_forceに対する応答のとき
            value = xbee_sensor_result( &xbee_result,WATT );
            lcd.setCursor(0, 1);                // LCDのカーソル位置を2行目の先頭に
            lcd.print("PLUG:");
            lcd.print(value,0);
            lcd.print(" W ");
            if( xbee_gpi(dev ,4)==0 ){          // ポート4の状態を読みとり，
                lcd.print("OFF  ");             // 0のときはOFFと表示する
            }else{
                lcd.print("ON   ");             // 1のときはONと表示する
            }
            break;
        case MODE_IDNT:                         // 新しいデバイスを発見
            lcd.clear();
            lcd.print("Found a Plug");          // XBee子機(純正Smart Plug)の発見表示
            for(i=0;i<8;i++) dev[i]=xbee_result.FROM[i];   // アドレスをdevにコピー
            xbee_atnj(0);                       // 親機XBeeに子機の受け入れ拒否
            xbee_ratnj(dev,0);                  // 子機に対して孫機の受け入れを拒否
```

```
            xbee_gpio_config(dev, 1 , AIN );       // XBee子機のポート1をアナログ入力AINへ
            xbee_gpio_config(dev, 2 , AIN );       // XBee子機のポート2をアナログ入力AINへ
            xbee_gpio_config(dev, 3 , AIN );       // XBee子機のポート3をアナログ入力AINへ
            xbee_gpio_config(dev, 4 , DOUT_H);     // XBee子機のポート3をディジタル出力へ
            trig = 0;                              // 子機へデータ要求を開始
            break;
    }
}
```

表 9-2　照度センサ NJL7502L の負荷抵抗の値と Arduino での測定範囲

負荷抵抗	分解能（ADC）	最大値	変換式（ソースコード）
330Ω	44.88Lux/step	45913Lux	value = (float)analogRead(1)×44.88;
1kΩ	14.81Lux/step	15151Lux	value = (float)analogRead(1)×14.81;
3.3kΩ	4.488Lux/step	4591Lux	value = (float)analogRead(1)×4.488;

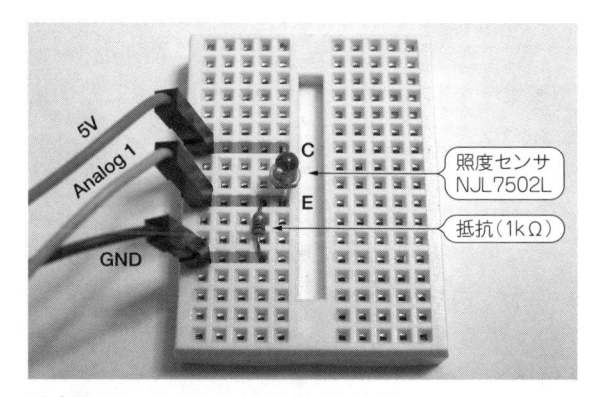

写真 9-15　Arduino 用の照度センサ

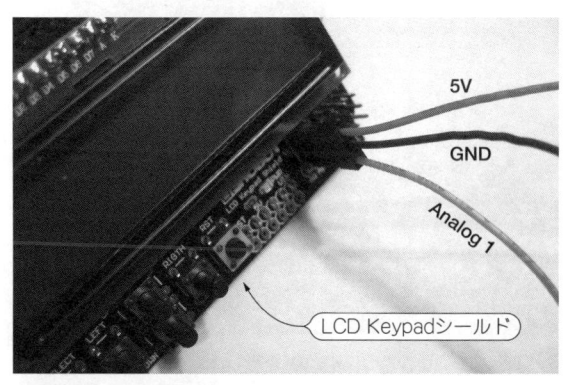

写真 9-16　DF ROBOT LCD Keypad シールド用の照度センサ接続方法

写真 9-17　Adafruit LCD Shield Kit 用の照度センサ接続方法

　照度センサの Arduino 側の接続端子は，DF ROBOT 製 LCD Keypad シールドと Adafruit 製 LCD Shield Kit とで異なります．DF ROBOT 製のほうは，**写真 9-16** のように電源＋5V，GND，Analog 1 ポートの三つが縦に並んでおり，シールド側がピン・ヘッダ（オス）となっているので，メスのブレッドボード用ジャンパ線で引き出します．一方の Adafruit 製のほうは接続用の端子がないので，シールドのはんだ付け製作時に Arduino シールド用ピン・ソケット（ピンの長いタイプ）を使用し，**写真 9-17** のように電源＋5V，GND，Analog 1 ポートを引き出します．

　親機 Arduino 用のサンプル 48 のスケッチ「example48_plg_sns」を Arduino に書き込んで起動すると，**写真 9-18** のようなメッセージが表示されるので，子機 XBee Smart Plug のコミッショニング・ボタンを押してペアリングを行うと，**写真 9-19** のように Arduino 照度センサの照度[Lux]と XBee Smart Plug の消費電力[W]が表示されます．この状態で照

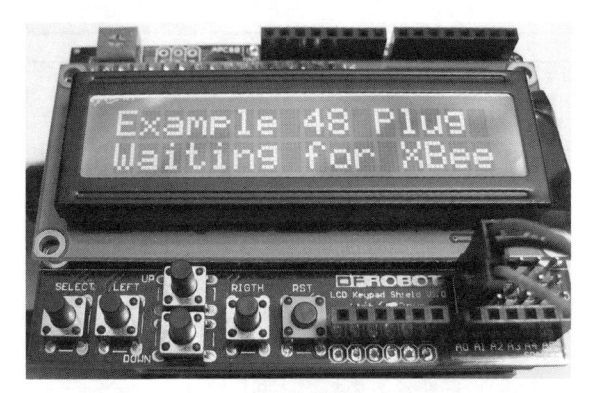

写真 9-18　サンプル 48 の起動表示

写真 9-19　サンプル 48 の実行例（明るいとき）

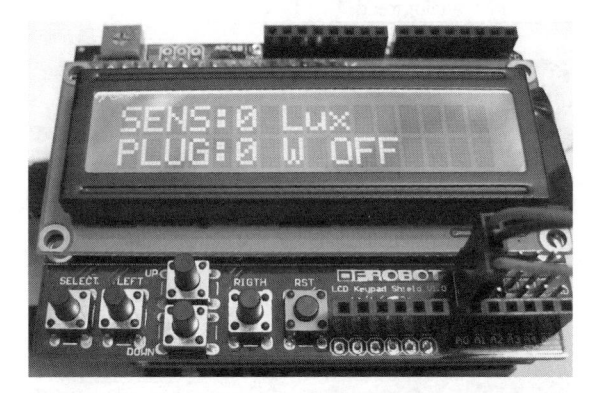

写真 9-20　サンプル 48 の実行例（暗くなると）

度センサを手で覆って暗くすると，XBee Smart Plug の AC アウトレットが OFF になり，**写真 9-20** のように消費電力が 0［W］になります．

　XBee Smart Plug に接続可能な家電は，およそ 600W 以下でかつ，AC プラグの抜き差しで電源の OFF/ON が可能な家電に限ります．

　それでは，サンプル 48 のスケッチ「example48_plg_sns.ino」の説明を行います．サンプル 28 やサンプル 47 に似ていますが，照度センサが Arduino に接続されている点に違いがあります．

① 「define」文を用いて「PIN_SENSOR」に Arduino のアナログ・ポート番号を定義します．ここでは，Analog 1 に照度センサを接続するので 1 を定義します．

② 「analogReference」は，アナログ入力時の基準電圧の設定を行う命令です．基準電圧は A-D 変換したときの最大値（1023）が得られるときの電圧のことです．引き数の「DEFAULT」は，Arduino の電源電圧を示すので，5V を入力したときに最大値 1023 が得られます．

③ 「analogRead」は，アナログ入力値を読み取る命令です．戻り値に，0 ～ 1023 のアナログ電圧に応じた値が得られます．例えば，電源電圧の半分の 2.5V であれば，511 ～ 512 あたりの値が得られます．ここでは，14.81 を乗算して照度に換算した値を変数 value に代入します．

④ 変数 value の値が 10 よりも大きい（照度が 10［Lux］よりも大きい）場合は，XBee Smart Plug の AC アウトレット出力を ON にし，10 以下の場合は OFF に制御します．

　基準電圧を設定する analogReference 命令の引き数に「INTERNAL」を指定すると基準電圧は 1.1V となり，「EXTERNAL」を指定すると AREF 入力ピンの電圧を基準電圧にします．電源電圧は動作環境によって変動しやすいので，センサなどを接続する場合は INTERNAL を使用することで測定精度を向上できます．ただし，アナログ入力ポートに 1.1V 以上の電圧が入ると誤作動や故障の原因になるので，保護回路などが必要になる場合があります．

　なお，ここでは子機を 1 台にしましたが，パソコン版のサンプル 28 と同様に，子機を 2 台にすることも可能です．スケッチは，ライブラリ内の「example48_plg_sns2」を参照してください．

第9節　Example 49：自作ブレッドボードを使ったリモート・ブザーの駆動

Example 49

自作ブレッドボードを使ったリモート・ブザーの駆動
実験用サンプル　　通信方式：XBee ZB　　開発環境：Arduino IDE

子機 XBee ZB 搭載リモート・ブザーを親機 Arduino から鳴らす実験を行います．子機 XBee ZB モジュールは乾電池で長期間の動作が可能な ZigBee End Device として動作させます．

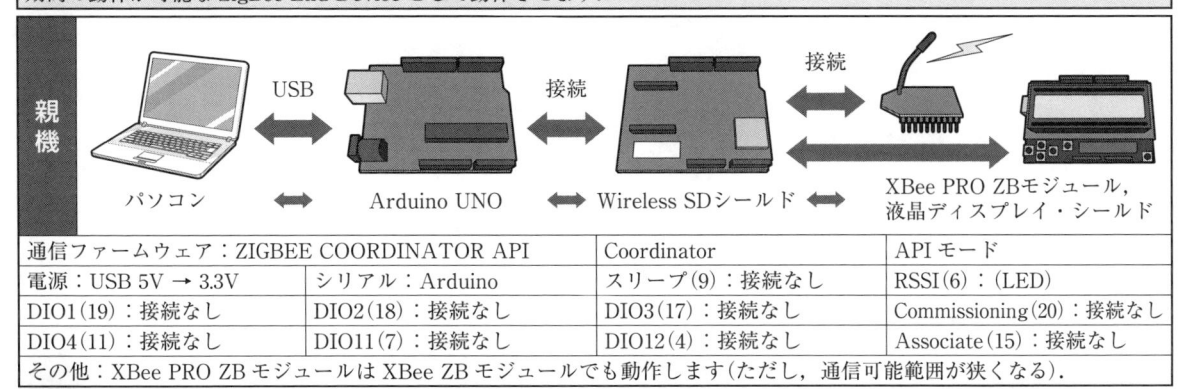

親機： パソコン ⇔ USB ⇔ Arduino UNO ⇔ 接続 ⇔ Wireless SD シールド ⇔ 接続 ⇔ XBee PRO ZB モジュール，液晶ディスプレイ・シールド

通信ファームウェア：ZIGBEE COORDINATOR API		Coordinator	APIモード
電源：USB 5V → 3.3V	シリアル：Arduino	スリープ(9)：接続なし	RSSI(6)：(LED)
DIO1(19)：接続なし	DIO2(18)：接続なし	DIO3(17)：接続なし	Commissioning(20)：接続なし
DIO4(11)：接続なし	DIO11(7)：接続なし	DIO12(4)：接続なし	Associate(15)：接続なし
その他：XBee PRO ZB モジュールは XBee ZB モジュールでも動作します（ただし，通信可能範囲が狭くなる）．			

子機： XBee ZB モジュール ⇔ 接続 ⇔ ピッチ変換 ⇔ 接続 ⇔ ブレッドボード ⇔ 接続 ⇔ 電子ブザー

通信ファームウェア：END DEVICE AT		End Device	Transparent モード
電源：乾電池2本 3V	シリアル：接続なし	スリープ(9)：接続なし	RSSI(6)：(LED)
AD1(19)：接続なし	DIO2(18)：接続なし	DIO3(17)：接続なし	Commissioning(20)：SW
DIO4(11)：電子ブザー	DIO11(7)：接続なし	DIO12(4)：接続なし	Associate(15)：LED
その他：End Device 時はブザー音が鳴らない／止まらない場合があります．			

必要なハードウェア
- Windows が動作するパソコン（USB ポートを搭載したもの）　　　　　　　　　1台
- Arduino UNO マイコン・ボード　　　　　　　　　　　　　　　　　　　　　1台
- Arduino Wireless SD シールド　　　　　　　　　　　　　　　　　　　　　　1台
- キャラクタ液晶ディスプレイ・シールド（DF ROBOT または Adafruit 製）　　　1台
- Digi International 社 XBee PRO ZB モジュール　　　　　　　　　　　　　　1個
- Digi International 社 XBee ZB モジュール　　　　　　　　　　　　　　　　1個
- XBee ピッチ変換基板　　　　　　　　　　　　　　　　　　　　　　　　　　1式
- ブレッドボード　　　　　　　　　　　　　　　　　　　　　　　　　　　　　1個
- 電子ブザー PKB24SPCH3601 1個，抵抗 1kΩ 1個，LED 1個，コンデンサ 0.1μF 1個，スイッチ 1個，単3×2直列電池ボックス 1個，単3電池 2個，ブレッドボード・ワイヤ適量，USB ケーブルなど

　Arduino 側の親機 XBee から，リモートで子機 XBee のブザーを鳴らす実験を行います．子機 XBee に搭載したブザーは，省電力動作が可能な End Device を用います．

　このサンプル 49 では，Arduino のプッシュ・スイッチに応じた回数だけブザーを鳴らします．食事の用意ができたときに，子供部屋に設置した子機のブザーを鳴らしたり，Arduino にセンサを取り付けて，別の部屋で警報を鳴らしたりといった応用が考えられます．

　親機 Arduino のハードウェアは，これまでと同様です．スケッチは，「example49_bell.」を使用します．子機 XBee ZB 搭載ブザーは，サンプル 29 と同様です．

サンプル・スケッチ 49　example49_bell.ino

```
/****************************************************************************
自作ブレッドボードを使ったリモート・ブザー
****************************************************************************/
#include <xbee.h>
#include <LiquidCrystalDFR.h>

LiquidCrystal lcd(8, 9, 4, 5, 6, 7);
byte dev[8];                               // XBee子機のアドレス保存用

void bell(byte c){                ← ①
    byte i;
    for(i=0;i<c;i++){
        xbee_gpo( dev , 4 , 1 );           // 子機devのポート4を1に設定(送信)
        xbee_gpo( dev , 4 , 0 );           // 子機devのポート4を0に設定(送信)
    }
    xbee_gpo( dev , 4 , 0 );               // 子機devのポート4を0に設定(送信)
    delay(3000);                  ← ②
    xbee_gpo( dev , 4 , 0 );      ← ③      // 子機devのポート4を0に設定(送信)
}

void setup() {                    ← ④
    lcd.begin(16, 2);                      // LCDのサイズを16文字×2桁に設定
    lcd.clear();                           // 画面消去
    lcd.print("Example 49 Bell ");         // 文字を表示
    xbee_init( 0 );                        // XBee用COMポートの初期化
    lcd.setCursor(0, 1);                   // LCDのカーソル位置を2行目の先頭に
    lcd.print("Waiting for XBee");         // 待ち受け中の表示
    lcd.setCursor(0, 1);                   // LCDのカーソル位置を2行目の先頭に
    while( xbee_atnj(30)==0x00 );          // 子機XBeeデバイスのペアリング
    lcd.print("Found a Device  ");         // XBee子機デバイスの発見表示
    xbee_from( dev );                      // 見つけた子機のアドレスを変数devへ
    bell( 3 );                             // ブザーを3回ならす
    xbee_end_device( dev, 3, 0, 0);  ← ⑤  // 起動間隔3秒, 自動測定無効, S端子無効
}

void loop() {                     ← ⑥
    lcd.setCursor(0, 1);
    switch( lcd.readButtons() ){           // 押されたボタンに対して
        case BUTTON_DOWN:
            lcd.print("DOWN         ");    // 下ボタンのときにDOWNと表示
            bell( 1 );                     // ブザーを1回, 鳴らす
            break;
        case BUTTON_LEFT:
            lcd.print("LEFT         ");    // 左ボタンのときにLEFTと表示
            bell( 2 );                     // ブザーを2回, 鳴らす
            break;
        case BUTTON_RIGHT:
            lcd.print("RIGHT        ");    // 右ボタンのときにRIGHTと表示
            bell( 3 );                     // ブザーを3回, 鳴らす
            break;
        case BUTTON_UP:
            lcd.print("UP           ");    // 上ボタンのときにUPと表示
            bell( 4 );                     // ブザーを4回, 鳴らす
            break;
        default:
            lcd.print("Hit any Key  ");    // その他のときに表示
    }
}
```

ただし, 今回は子機の XBee ZB モジュールのファームウェアに「ZIGBEE END DEVICE AT」を使用し, 省電力で動作させます.

プログラムを起動すると, **写真 9-21** のようなメッ

写真 9-21　サンプル 49 の起動表示

写真 9-22　サンプル 49 の実行例

セージが表示されます．ペアリングが完了すると，**写真 9-22** のように「Hit Any Key」のメッセージが表示されます．この状態で Arduino 親機の液晶ディスプレイ・シールド上の 4 方向のプッシュ・スイッチのいずれか一つを押下するとブザーが鳴ります．押した方向によって，音が鳴る回数が変わります．約 3 秒後に再び「Hit Any Key」のメッセージを表示し，次のボタンを待ち受けます．

それでは，サンプル 49 のスケッチ「example49_bell.ino」の説明を行います．ブザーを鳴らすための XBee ZB の制御部分は，サンプル 29 と同じです．キー入力の処理は，サンプル 33 と同じです．

① 「bell」は引き数 c の回数だけ音を鳴らす関数です．「xbee_gpo」を用いて，ブザーを接続した XBee ZB の GPIO（DIO）ポート 4 を ON や OFF にしてブザーを鳴らします．

② 3 秒間待ちます．XBee ZB モジュールのスリープ中に複数のパケットを送信してしまうことを防ぎます（XBee ZB モジュールの動作間隔が 3 秒なので待ち時間も 3 秒に設定）．

③ 通信エラーなどで，XBee ZB 搭載ブザーが鳴りっぱなしになってしまった場合を想定し，ブザー OFF を行います．

④ 「setup」関数内で XBee ZB の初期化と子機とのペアリング処理を行います．

⑤ ペアリング後に，子機を省電力モードに設定します（子機 XBee ZB モジュールは約 30 秒後に省電力モードになり，約 3 秒ごとにしか動作しなくなる）．

⑥ 「loop」関数内で液晶ディスプレイ・シールド上のキー・パッド（プッシュ・スイッチ）の待ち受けを行います．押されたボタンに応じて，①の bell 関数を呼び出します．なお，このサンプルでは XBee ZB のパケットは待ち受けません．

第10節　Example 50：XBee スイッチから玄関呼鈴を鳴らす

Example 50

XBee スイッチから玄関呼鈴を鳴らす		
実験用サンプル	通信方式：XBee ZB	開発環境：Arduino IDE

子機 XBee 搭載スイッチを押したときに親機 Arduino の圧電スピーカからブザーを鳴らす実験を行います．子機 XBee ZB モジュールは乾電池で長期間の動作が可能な ZigBee End Device として動作させます．

親機

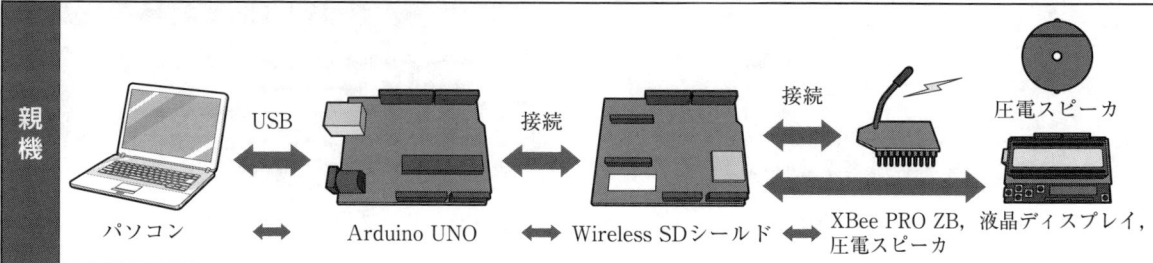

パソコン ⇔ USB ⇔ Arduino UNO ⇔ 接続 ⇔ Wireless SD シールド ⇔ 接続 ⇔ XBee PRO ZB，液晶ディスプレイ，圧電スピーカ

通信ファームウェア：ZIGBEE COORDINATOR API		Coordinator	API モード
電源：USB 5V → 3.3V	シリアル：Arduino	スリープ(9)：接続なし	RSSI(6)：(LED)
DIO1(19)：接続なし	DIO2(18)：接続なし	DIO3(17)：接続なし	Commissioning(20)：接続なし
DIO4(11)：接続なし	DIO11(7)：接続なし	DIO12(4)：接続なし	Associate(15)：接続なし
その他：XBee PRO ZB モジュールは XBee ZB モジュールでも動作します（ただし，通信可能範囲が狭くなる）．			

子機

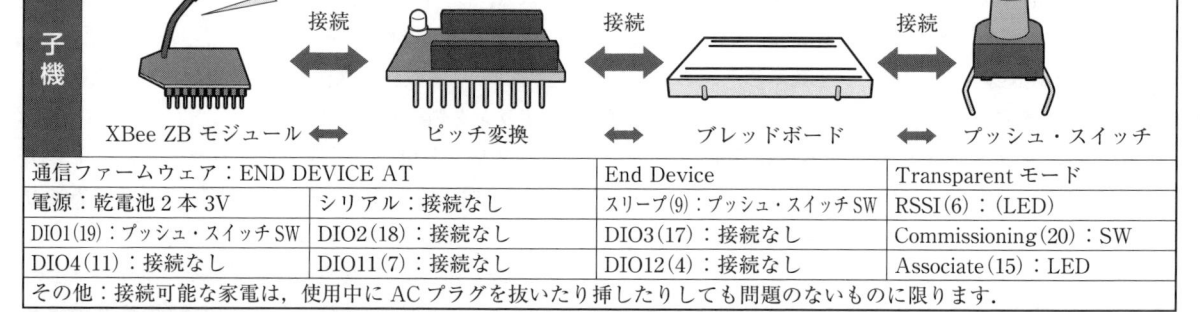

XBee ZB モジュール ⇔ 接続 ⇔ ピッチ変換 ⇔ 接続 ⇔ ブレッドボード ⇔ 接続 ⇔ プッシュ・スイッチ

通信ファームウェア：END DEVICE AT		End Device	Transparent モード
電源：乾電池 2 本 3V	シリアル：接続なし	スリープ(9)：プッシュ・スイッチ SW	RSSI(6)：(LED)
DIO1(19)：プッシュ・スイッチ SW	DIO2(18)：接続なし	DIO3(17)：接続なし	Commissioning(20)：SW
DIO4(11)：接続なし	DIO11(7)：接続なし	DIO12(4)：接続なし	Associate(15)：LED
その他：接続可能な家電は，使用中に AC プラグを抜いたり挿したりしても問題のないものに限ります．			

必要なハードウェア
- Windows が動作するパソコン（USB ポートを搭載したもの）　1 台
- Arduino UNO マイコン・ボード　1 台
- Arduino Wireless SD シールド　1 台
- キャラクタ液晶ディスプレイ・シールド（DF ROBOT または Adafruit 製）　1 台
- Digi International 社 XBee PRO ZB モジュール　1 個
- Digi International 社 XBee ZB モジュール　1 個
- XBee ピッチ変換基板　1 式
- ブレッドボード　1 個
- 圧電スピーカ SPT-08 1 個，プッシュ・スイッチ SW 2 個，抵抗 1kΩ 1 個，高輝度 LED 1 個，セラミック・コンデンサ 0.1μF 1 個，単 3×2 直列電池ボックス 1 個，単 3 電池 2 本，ブレッドボード・ワイヤ適量，USB ケーブルなど

　子機 XBee のスイッチが押されると，Arduino に接続した圧電スピーカからブザー音が鳴ります．ここで使用する圧電スピーカは，サンプル 29 で用いた圧電ブザーとは異なる部品です．パソコン版のサンプル 30 では 3 台の XBee 機器を用いましたが，このサンプルでは，2 台の XBee 機器で同じ機能が実現できるので，より実用的な実験となります．

　親機 Arduino の Digital 2 ポートに圧電スピーカを接続します．DF ROBOT 社の LCD Keypad シールド（**写真 9-23**）の場合は，シールド右上の 9 ピンのピン・ヘッダ（オス）の 5 番ピン Digital 2 番ピンと右下のピン・ヘッダの中央行の GND ピンに圧電スピーカ

サンプル・スケッチ 50　example50_bell_sw_r.ino

```
/****************************************************************************
XBeeスイッチとXBeeブザーで玄関呼鈴を製作する
****************************************************************************/
#include <xbee.h>
#include <LiquidCrystal.h>
#include "pitches.h"                           ①
#define   PIN_BUZZER  2                        ②          // Digital 2にスピーカを接続

LiquidCrystal lcd(8, 9, 4, 5, 6, 7);
byte dev[8];                                              // XBee子機(スイッチ)デバイスのアドレス

void setup() {                                 ③
    lcd.begin(16, 2);                                     // LCDのサイズを16文字×2桁に設定
    lcd.clear();                                          // 画面消去
    lcd.print("Example 50 Bell ");                        // 文字を表示
    xbee_init( 0 );                                       // XBee用COMポートの初期化
    lcd.setCursor(0, 1);
    lcd.print("Waiting for SW  ");
    while( xbee_atnj(30)==0 );                            // デバイスの参加受け入れ
    xbee_from( dev );                                     // 見つけた子機のアドレスを変数devへ
    xbee_gpio_init( dev );                                // 子機のDIOにIO設定を行う
    xbee_end_device(dev, 20, 0, 1);                       // 起動間隔20秒，自動測定OFF，SLEEP端子有効
    lcd.setCursor(0, 1);
    lcd.print("Press Switch    ");
}

void loop() {                                  ④
    XBEE_RESULT xbee_result;

    xbee_rx_call( &xbee_result );                         // データを受信
    if( xbee_result.MODE==MODE_GPIN ){                    // 子機XBeeからのIOデータ受信
        lcd.setCursor(0, 1);
        if(xbee_result.GPI.PORT.D1 == 0){                 // ポート1が押された
            lcd.print("Ringing         ");
            tone(PIN_BUZZER,NOTE_AS7,500);                // ブザーに音階A#7を出力
        }else{                                  ⑤
            lcd.print("Press Switch    ");
            tone(PIN_BUZZER,NOTE_FS6,750);                // ブザーに音階F#6を出力
        }
    }
}
```

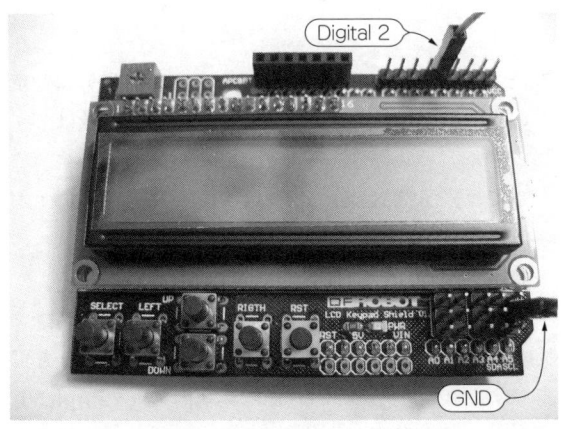

写真 9-23　DF ROBOT LCD Keypad シールド用のスピーカ接続方法

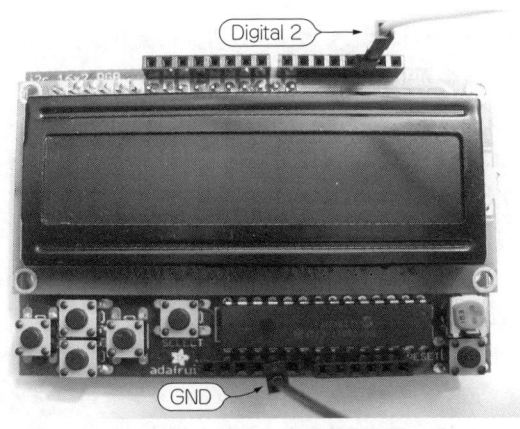

写真 9-24　Adafruit LCD Shield Kit 用のスピーカ接続方法

写真 9-25　サンプル 50 の起動表示

写真 9-26　サンプル 50 の実行例

を接続します．また，Adafruit 社の LCD Shield Kit（写真 9-24）の場合は，シールドのはんだ付け製作時に Arduino シールド用ピン・ソケット（ピンの長いタイプ）を使用して，Arduino 本体の Digital 2 番ピンと GND に圧電スピーカを接続します．

　本来，圧電スピーカを Arduino マイコン・ボードに直結するのは良くありません．圧電スピーカに衝撃が加わると負電圧や大きな電圧が発生してマイコン・ボードを壊してしまう可能性があるからです．したがって，実験中に圧電スピーカに衝撃が加わらないように十分に注意します．また，実験が終われば，速やかに圧電スピーカを取り外します．実用的に使用する場合は，圧電スピーカと直列に 100Ω 程度の保護抵抗を入れ，圧電スピーカの両端に負電圧防止用の保護ダイオードを並列に入れます．ダイオードの方向は，通常時の電位に対して電流が逆方向に流れるように（アノード側が GND になるように）します．

　子機 XBee ZB 搭載スイッチは，サンプル 30 で製作したものを使用します．ファームウェアもサンプル 30 と同様に省電力に対応した「ZIGBEE END DEVICE AT」を用います．

　サンプル 50 のスケッチ「example50_bell_sw_r」を Arduino UNO マイコン・ボードに書き込み，実行してしばらくすると，**写真 9-25** のように表示されるので，XBee ZB 搭載スイッチのコミッショニング・ボタンを使ってペアリングを実施します．

　「Hit Any Key」のメッセージが表示されたら，子機 XBee ZB 搭載スイッチの GPIO ディジタル GPIO（DIO）ポート 1（XBee 19 番ピン）に接続したスイッチを押下します．押下中に A# の音階が出力されスイッチを放すと F# の音に変わります．

　それでは，実験用サンプル 50 のスケッチ「example50_bell_sw_r.ino」の説明に移ります．

① 本スケッチと同じフォルダ内にある「pitches.h」を include します．この pitches.h の内容は，音階「NOTE_○○」と周波数との関係を「define」文で定義したものです．
② スピーカを接続するディジタル・ポート番号を定義します．
③「setup」関数内で XBee ZB の初期化，ペアリング，子機 XBee ZB スイッチの設定を行います．
④「loop」関数内で子機からの受信を繰り返し実行します．
⑤「tone」は，Arduino のディジタル出力ピンに一定の周波数の信号を出力する命令です．引き数はディジタル・ピン番号，周波数，出力継続時間です．ここでは，子機 XBee ZB の GPIO（DIO）ポート 1 が 0（L レベル）となったことを受信したときに A# の音階を 500[ms] の長さで出力します．

　なお，ここでは子機を 1 台にしましたが，パソコン版のサンプル 30 と同様に子機を 2 台にすることも可能です．スケッチは，ライブラリ内の「example50_bell_sw_r2」を参照してください．

[第10章]

XBee ZBの
ATコマンド仕様

　本章では，Digi International社XBeeのATコマンド，リモートATコマンドのうち，よく使用する主要なコマンドに関して説明します．

第 1 節　ヘイズ AT コマンドと XBee ZB 用 AT コマンド

　XBee ZB 用の AT コマンドの説明に先立って，本来の AT コマンドについて触れておきます．元々，AT コマンドは，米 Hayes 社が電話回線用のアナログ・モデムとパソコンとの通信制御に使用していた技術です．ここでは，区別のためにヘイズ AT コマンドとします．

　アナログ・モデムとパソコンとは，1 本のシリアル（RS-232C）で接続します．そして，パソコンからアナログ・モデムへ「ATDTxxxx」のようなダイヤル・コマンドをシリアル送信すると，モデムは電話回線を開いて自動でダイヤルを行います．このときのシリアル線は，モデムを制御する AT コマンドの転送に使われます．

　ダイヤル後，電話先のモデムが応答するとオンライン状態となり，「CONNECT」というリザルト文字を応答します．以降，電話先のホスト・コンピュータやパソコンとのシリアル通信ができるようになります．このオンライン状態のときのシリアル線は，ほかのコンピュータとの通信のためのデータ転送に使われます．あたかも直接シリアルで接続している（モデムが存在しない）かのような振る舞いを行うのです．

　このオンライン状態のときに，「+」を 3 回連続で押下して「+++」と送信すると AT コマンド・モードに移行し，再び，ヘイズ AT コマンドを受け付けるようになります．さらに，「ATH」コマンドを使用すると回線を切断します．

　ヘイズ AT コマンドの特長は，すべてのコマンドが「AT」で始まることと，オンライン・モードとコマンド・モードを行き来することで，1 対のシリアル接続で制御と通信の両方を取り扱うことが可能になることです．

　XBee ZB では，このヘイズ AT コマンドに似た Digi International 社独自の XBee 専用の AT コマンドが採用されています．ヘイズ AT コマンドの上の二つの特長を継承しています．

　XBee ZB では，ダイヤルを開始するヘイズ AT コマンドの「ATD」に対して，「ATDH」と「ATDL」で宛て先の IEEE アドレスを設定する点も類似します．大きく異なるのは，ヘイズ AT コマンドの基本コマンドが AT から始まる 3 文字のコマンドを基にしているのに対して，XBee の AT コマンドは，AT から始まる 4 文字が固定であることでしょう．

表 10-1　ヘイズ AT コマンドと XBee ZB 用 AT コマンド

コマンド	ヘイズ AT コマンド	XBee ZB 用 AT コマンド
回線接続	ATDTxxxx	ATDLxxxx
AT コマンド・モード移行	+++（改行なし）	+++（改行なし）
オンライン・モード移行	ATO	ATCN

第 2 節　XBee ZB における AT コマンドの使い方

　XBee ZB モジュールにおける AT コマンドの使用方法について整理します．XBee ZB で AT コマンドを使う手段は，**表 10-2** のような方法があります．

1. X-CTU の Modem Configuration 機能

　X-CTU の「Modem Configuration」機能は，パソコンで X-CTU を起動し，「PC Settings」タブ内で XBee ZB のシリアル COM ポートを選択し，「Modem Configuration」タブに切り替えて，「Read」ボタンをクリックすると使用できるようになります．エクスプローラに似た領域に表示される XBee ZB の各種設定項目を変更することができます．

　例えば，宛て先アドレスの下 4 バイトを設定する「ATDL」コマンドの場合，X-CTU では「AT」を省いた

表 10-2 XBee ZB 用 AT コマンドの利用方法

コマンド入力方法	ファームウェア	備考
X-CTU の Modem Configration	API/AT 両対応	エクスプローラ表示部で設定変更が可能
X-CTU の Terminal	AT のみ	+++(改行なし)で AT コマンド・モードに移行
プログラムからのコマンド実行	API のみ	命令 xbee_at("ATxx")で呼び出し
xbee_test ツールからの実行	API のみ	Cygwin 上で xbee_test を実行

設定項目「DL」の値を変更します．GUI で設定できるという点と，設定値が一覧できるという点で，AT コマンドを入力するよりも手軽に使える利点があります．

Modem Configuration 機能を使用する際の XBee ZB のファームウェアは，末尾が「API」のものでも「AT」のものでもかまいません．一方，設定以外のコマンドの中には準備されていないものがあります．例えば，コミッショニング・ボタンによる通知を送信する「ATCB」は実行できません．

2. X-CTU の Terminal 機能

AT/Transparent モードのファームウェア(末尾が「AT」で終わる AT ファームウェア)を書き込んだ XBee ZB モジュールは，X-CTU の「Terminal」機能から AT コマンドを使用することができます．X-CTU の「PC Settings」タブ内で XBee ZB のシリアル COM ポートを選択し，「Terminal」タブに切り替え，キーボードから「+」を 3 回連続で入力すると「OK」を応答し AT コマンド・モードになります．ただし，速やかに AT コマンドを入力しないと Transparent モードに戻ってしまいます．また，使用できるのは，ローカルの AT コマンドだけで，リモート AT コマンドは使用できません．

3. プログラムからコマンド実行

プログラムから XBee ZB で AT コマンドを実行するには，xbee_at 命令を使用します．例えば，コミッショニング・ボタンを押下する「ATCB01」を実行するには，

```
xbee_at("ATCB01");
```

のように記述します．また，パソコンとつながっている親機 XBee ZB から，子機 XBee ZB にリモート AT コマンドを送信する xbee_rat 命令を使用することで，親機から子機を制御したり，親機が子機のデータを受け取ったりすることもできます．リモート AT コマンドは，XBee ZB のワイヤレス制御にかかせない手法です．

4. xbee_test ツールからの実行

Cygwin 上で xbee_test ツールを実行することで，ローカルの AT コマンドとリモート AT コマンドを利用することができます．パソコンに接続した親機 XBee ZB モジュールの単体の振る舞いを確認するには，X-CTU で十分です．しかし，X-CTU の場合は，親機 XBee ZB モジュールからリモート AT コマンドを使って子機 XBee ZB モジュールに AT コマンドを送信することができません．こういった場合に xbee_test ツールを使用することで，子機 XBee ZB に AT コマンドを送るワイヤレス通信の動作を確認することができます．インストール方法と使い方は，第 3 章第 12 節を参照してください．

第 3 節　ネットワーク設定のための AT コマンド

XBee ZB モジュールを用いて ZigBee ネットワークを構築するための主要な AT コマンドについて説明します．

① **ATNJ - Node Join Time**

ネットワークのジョイン許可・不許可を設定する AT コマンドです．ジョイン許可が設定されると，ほ

かのRouterやEnd Deviceを同一のZigBeeネットワークへ参加させることが可能です．入力範囲は，0x00〜0xFFです．0x00でジョイン不許可に設定し，1〜254のでジョイン許可時間[秒]を，0xFFで常にジョイン許可を設定します．

プログラム時は，「xbee_at("ATNJFF");」もしくは「xbee_atnj(0xFF);」のように設定します．

② ATDH - Destination Address High

パケット送信の宛て先のアドレスの上位32ビット（4バイト）を設定するATコマンドです．下位32ビットを設定する「ATDL」とともに使用します．

個別のXBee ZBの宛て先を設定する場合，XBee ZBモジュールのアドレスの上位4バイトは00 13 A2 00なので，「xbee_at("ATDH0013A200");」を設定します．

同じネットワークの全機器に送信する場合や，Coordinatorに送信するときは上位4バイトに「xbee_at("ATDH00000000");」を設定します．

③ ATDL - Destination Address Low

パケットを送信する宛て先のアドレスの下位32ビット（4バイト）を設定するコマンドです．個別のXBeeのアドレスは，XBeeモジュールの裏面に書かれています．

そして，全機器に送信する場合は，「xbee_at("ATDL0000FFFF");」を設定し，Coordinatorに送信する場合は，下位4バイトに「xbee_at("ATDL00000000");」を設定します．

④ ATAI - Association Indication

応答値0x00で，ZigBeeネットワークへの参加状態を示します．ZigBee Coordinatorの場合は，ネットワークの開始状態を示します．プログラム時は「xbee_atai();」の戻り値から応答値が得られます．

⑤ ATNC - Number of Children

管理可能なEnd Deviceの残数を得るためのコマンドです．CoordinatorはEnd Deviceを10台まで管理することができ，Routerは12台まで管理することができます．

⑥ ATDD - Device Type identifier

デバイス・タイプを得るためのコマンドです．応答値は4バイトで，XBeeモジュールの場合は00 03 00 00です．プログラムでは，命令「xbee_ping(アドレス);」で最下位1バイト（下記の下線部）を取得できます．

XBee モジュール	00 03 00 <u>00</u>
XBee Wall Router	00 03 00 <u>08</u>
XBee Sensor /L/T	00 03 00 <u>0E</u>
XBee Smart /L/T/H	00 03 00 <u>0D</u>
XBee Smart Plug	00 03 00 <u>0F</u>

⑦ ATNR - Network Reset

ZigBeeネットワークに関する設定情報をリセットします．「xbee_at("ATNR00");」のように引き数に0x00を与えると，コマンドを受けたXBee ZBモジュールのネットワーク設定情報をリセットし，現在のZigBeeネットワークから解除されます．引き数に0x01を指定すると，同じZigBeeネットワーク内の全XBee ZBモジュールのネットワーク設定情報がリセットされます．

⑧ ATND - Network Discover

同じZigBeeネットワーク上のXBee ZBモジュールを検索します．

第4節　IOコマンドの設定および制御方法

XBee ZBモジュールのGPIO(DIO)ポート，およびADポートの設定に関する主要なATコマンドについて説明します．

① ATIS - Force Sample

XBee ZBモジュールのGPIO(DIO)ポート，およびADポートのうち，入力に設定されている各ポートから入力状態値(IOデータ)を取得します．プログラムでは，「xbee_force(アドレス);」で実行可能です．

② ATIR - IO Sample Rate

0以外の値(0〜0xFFFF[ms])に設定することで，

XBee ZB モジュールの GPIO(DIO) ポート，および AD ポートのうち，入力に設定されている各ポートの入力状態値（IO データ）を自動送信します．

③ **ATIC - IO Digital Change Detection**

引き数（0x00 ～ 0xFF）に応じた XBee ZB の GPIO(DIO) ポートが変化したときに，IO データを自動送信します．プログラムでは，「xbee_gpio_init」を用いることで，GPIO(DIO) ポート 1 ～ 3 の入力変化の通知を自動送信します．

④ **ATDx - ADx/DIOx Configuration** ※x=0 ～ 5 の DIO/AIN ポート番号を示す．

GPIO(DIO) ポートおよび AD ポートの設定を行います．プログラムでは，「xbee_gpio_config」関数で用途を設定したり，「xbee_gpo」関数でディジタル出力値を変更したりすることができます．

> 0x00：使用しない（DIO ポート 1 ～ 5）
> 0x01：コミッショニング・ボタン（DIO 0），
> アソシエート LED（DIO 5）
> 0x02：アナログ入力に設定（AD ポート 0 ～ 3）
> 0x03：ディジタル入力に設定（DIO ポート 0 ～ 5）
> 0x04：ディジタル出力に設定し，
> 　　　L レベルを出力（DIO ポート 0 ～ 5）
> 0x05：ディジタル出力に設定し，
> 　　　H レベルを出力（DIO ポート 0 ～ 5）

⑤ **ATPx - AD1x/DIO1x Configuration** ※x=1 ～ 3 の DIO ポート番号 11 ～ 13 を示す．

GPIO(DIO) ポート 11 ～ 13 の設定を行います．ATDx で設定可能な値のうち，0x00 および 0x03 ～ 05 の値を設定することができます．

⑥ **ATP0 - PWM0 Configuration**

RSSI PWM ポートの設定を行います．0x01 で RSSI 出力，0x00 および 0x03 ～ 0x05 のときは ATDx と同じです．

第 5 節　XBee スリープ機能（省電力モード）の設定方法

XBee のスリープ機能で使用する主要な AT コマンドについて説明します．設定の対象となる XBee ZB モジュールは，省電力子機の End Device です．ただし，ATSP による SP 値については，当該子機 End Device の親機となる Coordinator または Router にも設定が必要です．サンプル 22 では，親機から「xbee_end_device」関数で，特定の子機を省電力モードに設定することができます．

① **ATSM - Sleep Mode**

省電力モードで動作する ZigBee End Device のスリープ・モードの設定です．

> 0x00：スリープしない
> 0x01：Pin Hibernate = SLEEP_RQ（XBee 9 番ピン）を H レベルでスリープ
> 0x04：Cyclic Sleep = 一定間隔でスリープと起動を繰り返す
> 0x05：Cyclic Sleep + Pin Hibernate

② **ATSP - Sleep Period**

スリープ状態に移ってから，スリープ状態を継続して起動（スリープ復帰）するまでの時間を設定します．引き数は，0x0020 ～ 0x0AF0 で単位は 10 ミリ秒（ms）です．0x0AF0 のときに 28 秒を示します．ZigBee End Device だけでなく，Coordinator や Router にも設定する必要があります．End Device は，設定値をスリープ動作に使用し，Coordinator や Router はスリープ中の子機宛のパケットをデータ保持する期間の設定に使用します．複数の End Device がある場合は，最大値を Coordinator や Router に設定します．

③ **ATST - Time Before Sleep**

Cyclic Sleep モード時の XBee ZB モジュール（ZigBee End Device）の最小起動継続期間を設定します．設定された最小起動期間の期間中は，送受信データがなくてもスリープせずに起動を継続します．設定範囲は，0x0001 ～ 0xFFFE で，単位はミリ秒（ms）です．初期値の 0x1388 が 5 秒を示します．500ms（0x01F4）あたりにすると，消費電力がとても小さく

なります．ただし，500ms 未満に設定すると，以降は X-CTU で設定変更をしにくくなるのでご注意ください．

④ **ATWH - Wake Host**

XBee ZB モジュール(ZigBee End Device)の最大ホスト待ち期間を設定します．ATST は，起動期限の後方の延長を行うのに対し，ATWH は XBee モジュールの UART からの信号入力待ちを行う前方の最大待ち時間の設定です．設定範囲は，0x0001 〜 0xFFFF で単位はミリ秒(ms)です．

⑤ **ATSI - Sleep Immediately**

省電力モードで動作する ZigBee End Device の場合に，即スリープに移行します．

第6節　RF 部の設定を変更するための AT コマンド

XBee ZB モジュールの RF 部の設定に関する主要な AT コマンドについて説明します．通常は，初期値のままでかまいません．しかし，より消費電力を減らしたい場合や，電源回路の許容電流が小さくて動作が不安定になる場合などに変更を行います．

① **ATPL - Power Level**

送信出力を下げたいときに設定を行います．0〜4 の範囲で数字が低いほど出力が下がります．出力を下げることで電波の到達範囲を狭めたり，バッテリの持ち時間を長くしたりすることができます．また，送信時のピーク消費電流を減らすことができるので，電源回路の許容電流が少ないときにも有効です．プログラムでは，「xbee_at("ATPL00");」の記述で送信出力を最低に設定することができます．

② **ATPM - Power Mode**

ブースト・モードの設定です．初期値1がブースト ON で，0 にするとブースト OFF になります．ブースト OFF にすることで，消費電力を減らすことができます．また，場合によっては強い妨害電波環境下での通信特性を改善することができます．しかし，通常の環境では送信出力が下がり，受信性能も劣化します．

第7節　UART シリアル設定を変更するための AT コマンド

XBee ZB モジュールの UART シリアル端子に関する主要な AT コマンドについて説明します．親機 XBee ZB は，初期値のボー・レート 9600baud，データ長 8bit，パリティなし，ストップ・ビット 1 ビット，フロー制御なしの設定で使用します．しかし，子機は，XBee ZB の UART シリアル端子に接続する IC やデバイスの仕様に合わせて設定する必要がある場合があります．

なお，XBee ZB モジュールの UART シリアル端子の設定なので，親機と子機で異なる値を設定しても，親子間のワイヤレス通信を行うことができます．

① **ATBD - Interface Data Rate**

UART シリアル通信のボー・レートを 0〜7 の値で設定します．初期値は 3 で，9600baud です．0 = 1200，1 = 2400，2 = 4800，5 = 38400，7 = 115200 です．UART シリアルの接続先と同じ値に設定します．

② **ATNB - Serial Parity**

UART シリアル通信の信号誤りを検出するパリティを設定します．初期値は 0 で，パリティなしです．1 = 偶数パリティ，2 = 奇数パリティ，3 = マーク・パリティです．UART シリアルの接続先と同じ値に設定します．

③ **ATSB - Stop Bits**

UART シリアル通信のバイト毎の終端を示すビット長を設定します．初期値は 0 で，1 ビットです．1 を設定すると 2 ビットになります．UART シリアルの接続先と同じ値に設定します．

④ **ATD7 - DIO7 Configuration**

UARTシリアル通信のCTSフロー制御を行う場合，1に設定します．初期値は1です．CTSの出力は，XBee ZBモジュールの12番ピンです．XBee ZBのUARTシリアル入力DIN（3番ピン）が受信できない状態のときに，12番ピンよりHighが出力されます．接続先のRTS端子に入力することで，XBee ZBの受信可能なときまでUARTシリアル送信を保留します．

⑤ ATD6 - DIO6 Configuration

UARTシリアル通信のRTSフロー制御を行う場合に，1に設定します．初期値は0です．1に設定すると，XBee ZBモジュールの16番ピンのRTS入力が有効になり，16番ピンにLowが入力されているときのみ，DOUT（2番ピン）からのUARTシリアル出力を行います（Highの間はXBee ZBからのUARTシリアル送信を保留する）．

第8節　設定・処理実行用ATコマンド

XBee ZBモジュールの設定，処理に必要なATコマンドについて説明します．

① ATWR - Write Parameter

設定情報をXBee ZBの電源を切ったり，リセットを行ったりしても消えない不揮発メモリに書き込みます．

② ATFR - Software Reset

実行してから2秒後にXBee ZBをリセットします．不揮発メモリに書き込まれていない設定情報は，元の値に戻ります．

③ ATAC - Apply Changes

AT/Transparentモードでは，ATコマンド設定後にすぐに実行されないコマンドがあります．ATACは，そのようなコマンドを即実行するためのコマンドです．

また，APIモードには即実行するFrame Type 0x08と即実行しない0x09とがあり，0x09を使用した場合は実行時にATACコマンドを送信します．

④ ATCN - Exit Command Mode.

AT/Transparentモードのファームウェアを書き込んだXBee ZBモジュールで，UARTシリアルより「+++」を入力してATコマンド・モードに入った状態でATCNを入力すると，ATコマンド・モードからTransparentモードに移行します．

⑤ ATCB - Commissioning Pushbutton

XBee ZBのコミッショニング・ボタンを押したときと同じ働きをするコマンドです．引き数は押下回数です．プログラムでは，「xbee_atcb(押下回数);」で実行します．

[第11章]

準標準 XBee-Arduinoライブラリを試用する

　実用的なシステムを構築する際に，ライブラリを選定することも重要です．ここまではXBee ZBの管理や制御に，独自のXBeeライブラリを使用してきましたが，ここではArduinoで準標準的な位置付けで開発が進められているAndrew RappのXBeeライブラリを紹介します．本書では，区別するために準標準ライブラリと呼びます．

　一度，本章の準標準ライブラリに目を通し，各ライブラリの長所や短所を見比べたうえで選定すれば良いでしょう．

第1節 Example 51：XBee の LED を点滅させる(準標準ライブラリ)

Example 51

XBee の LED を点滅させる(準標準ライブラリ)		
準標準ライブラリ試用	通信方式：XBee ZB	開発環境：Arduino IDE

Arduino マイコン・ボードに接続した親機 XBee の LED を点滅させるサンプルです．Arduino Wireless SD シールドに搭載されている RSSI 表示用 LED を，準標準ライブラリを使用して点滅させます．

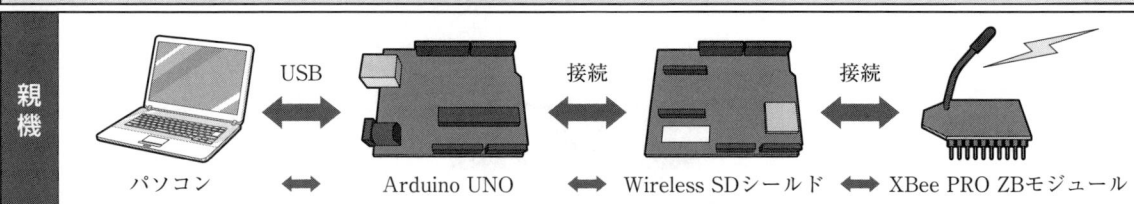

親機：パソコン ⇔ USB ⇔ Arduino UNO ⇔ 接続 ⇔ Wireless SD シールド ⇔ 接続 ⇔ XBee PRO ZB モジュール

通信ファームウェア：ZIGBEE COORDINATOR API		Coordinator	API モード
電源：USB 5V → 3.3V	シリアル：Arduino	スリープ(9)：接続なし	RSSI(6)：LED
DIO1(19)：接続なし	DIO2(18)：接続なし	DIO3(17)：接続なし	Commissioning(20)：接続なし
DIO4(11)：接続なし	DIO11(7)：接続なし	DIO12(4)：接続なし	Associate(15)：接続なし
その他：Arduino マイコン・ボードに接続した親機 XBee ZB のみ(子機 XBee なし)の構成です．			

必要なハードウェア
- Windows が動作するパソコン(USB ポートを搭載したもの)　　1台
- Arduino UNO マイコン・ボード　　1台
- Arduino Wireless SD シールド　　1台
- Digi International 社 XBee (PRO) ZB モジュール　　1個
- USB ケーブルなど

　これまでに本書で説明してきた XBee ライブラリと Andrew Rapp の XBee ライブラリ(以下，準標準ライブラリ)との比較表を，表 11-1 に示します．本書のライブラリは多機能な反面，標準化に対しては考慮していません．一方，準標準ライブラリは Arduino 標準ライブラリ化を目指して開発されている点に違いがあり，Arduino 以外のプラットフォームへの展開も進んでいます．

　練習・実験といった用途であれば，本書のライブラリのほうが扱いやすいでしょう．しかし，今後，XBee ZB を使ったシステムを市販したり実用化したりするような場合は，これら二つのライブラリを比較・検討して選択するのが良いと思います．

　準標準ライブラリのインストール方法は，第6章第2節を参照してください．パソコンのユーザ名が「xbee」の場合は，例えば以下のフォルダにインストールされています．

　　C:¥Users¥xbee¥Documents¥Arduino¥
　　libraries¥XBee_AndrewRapp

　Arduino IDE にサンプルを読み込む方法もこれまでどおりですが，「開く」ボタンの次に選択するライブラリ名が「XBee_AndrewRapp」に変わります．

　　「開く」→「XBee_AndrewRapp」→「cqpub」→
　　「example51_rssi」

　Arduino への書き込み方法は，これまでのライブラリと同じです．また，準標準ライブラリだとスケッチが複雑になりますが，これまでに紹介したパソコン用や Arduino 用とほぼ同じ動作を行うサンプル・スケッチを作成しましたので，比較すればわかりやすいと思います．

　親機 Arduino に搭載する XBee PRO ZB モジュールのファームウェアは，これまでのサンプルと同様に「ZIGBEE COORDINATOR」を使用します．ただし，あらかじめ X-CTU を使用して「Serial Interfacing」の AP 値を2に設定しておく必要があります．

　このサンプル 51 は，サンプル 36 の準標準ライブラリ版です．Arduino UNO マイコン・ボードに装着した Arduino Wireless SD シールドの RSSI 表示 LED

サンプル・スケッチ 51　example51_rssi.ino

```
/****************************************************************
XBeeのLEDを点滅させてみる：Arduinoに接続した親機XBeeのRSSI LEDを点滅
*****************************************************************/
#include <XBee.h>
XBee xbee = XBee();                              ← ①

void setup() {
    Serial.begin(9600);                          ← ②          // XBee用シリアルの開始
    xbee.begin(Serial);                          ← ③          // XBeeの開始
    delay(5000);                                              // XBeeの起動待ち
}

void loop() {

    /* xbee_at("ATP005"); に相当する処理 */
    uint8_t at_p0[] = {'P','0'};                              // 使用するATコマンドATP0
    uint8_t val_p005[] = {0x05};                 ← ④          // その値＝0x05
    AtCommandRequest atRequest;                  ← ⑤          // ATコマンドOBJ定義
    atRequest.setCommand(at_p0);                 ← ⑥          // ATコマンドの設定
    atRequest.setCommandValue(val_p005);                      // 引き数のポインタ渡し
    atRequest.setCommandValueLength(sizeof(val_p005));        // 引き数のバイト数の設定
    xbee.send(atRequest);                        ← ⑧  ⑦      // ATコマンド送信
    delay(1000);

    /* xbee_at("ATP004"); に相当する処理 */
    uint8_t val_p004[] = {0x04};                              // その値＝0x04
    atRequest.setCommandValue(val_p004);
    atRequest.setCommandValueLength(sizeof(val_p004));
    xbee.send(atRequest);
    delay(1000);
}
```

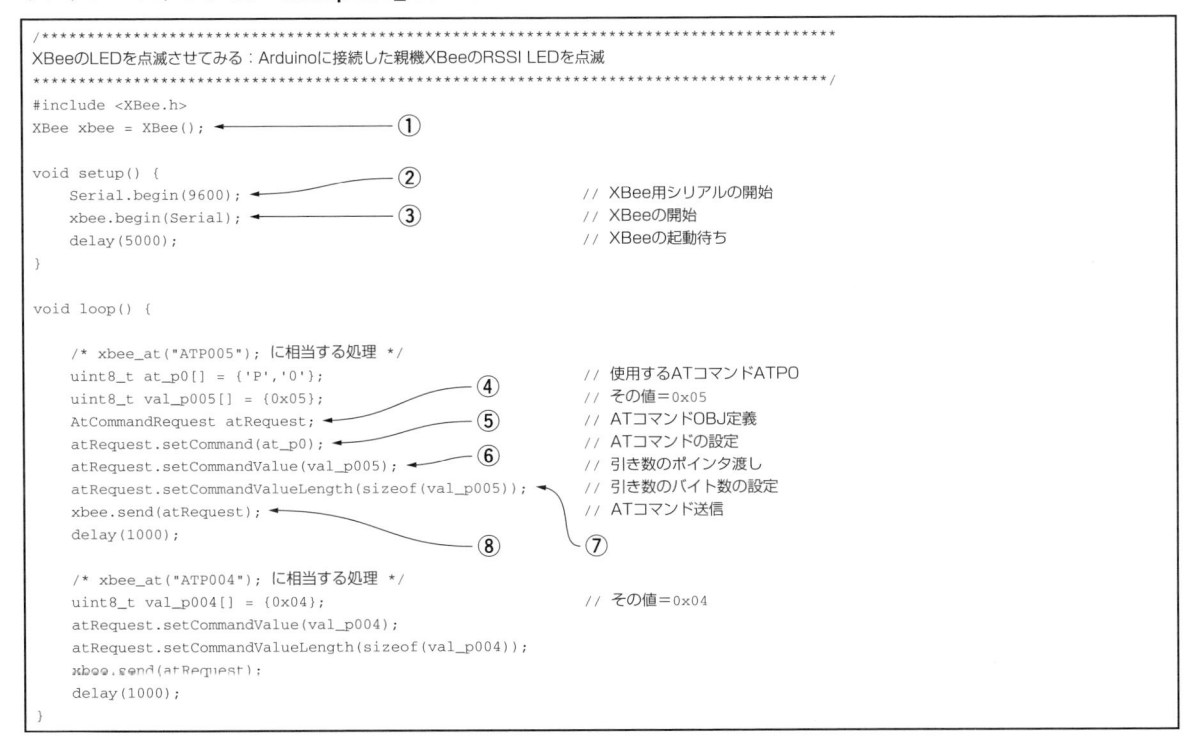

表 11-1　Arduino 用 XBee ライブラリの比較

	本書の XBee ライブラリ	準標準 XBee ライブラリ
著者	国野 亘（本書の著者）	Andrew Rapp
ダウンロードフォルダ名※	XBee_Coord	XBee_AndrewRapp
ヘッダファイル名	xbee.h（すべて小文字）	XBee.h（X と B が大文字）
ソースコードのサイズ	約 103KB	37KB
Arduino 標準化	－	△（2013 年 8 月現在）
ライブラリの利用ユーザ	国内のみ	欧米を含む各国
アプリケーションの製作性	○	－
ライブラリ機能の豊富さ	○	－
アプリケーションの汎用性	△	○
アプリケーションの構造化	－	○
クロスプラットフォーム化	△	○
ライセンス	ライセンス・フリー（詳細別記）	GNU GPL Ver3 以降

※ 第 6 章 第 2 節の方法でダウンロードした場合

を XBee PRO ZB モジュールから点滅させます.

それでは，サンプル 51 のスケッチ「example51_rssi.ino」の説明に入ります.

① 準標準 XBee ライブラリ内の XBee クラスの変数（インスタンス）xbee を定義します.

②「Serial.begin」は，Arduino のシリアルを開始する命令です．引き数には，シリアル通信のボー・レートを設定し，Arduino のシリアル通信を開始します.

③ 定義した xbee のメンバ関数，begin を呼び出し，

②で開いた通信ポートを親機 XBee PRO ZB モジュールとの通信用に設定します．
④ AtCommandRequest クラスの変数(インスタンス) atRequest を定義します．(ローカル)AT コマンドを XBee ZB に指示するための準備作業です．
⑤ 定義した変数 atRequest のメンバ関数 setCommand を使用して，AT コマンド名を設定します．ここでは，「ATP0」の「P0」を設定します．
⑥ 同メンバ関数 setCommandValue を使用して，AT コマンドの引き数の値を設定します．ここでは 0x05 を設定します．
⑦ 同メンバ関数 setCommandValueLength を使用して，③の引き数の値の長さ(バイト数)を設定します．ここでは，1バイトを設定します．
⑧ 定義した atRequest (⑤～⑥で設定した内容を含む)を親機 XBee PRO ZB モジュールにシリアル送信します．以上の④～⑧で「xbee_at("ATP005")」に相当する処理を，準標準ライブラリを用いて実行します．

なお，ここで使用している準標準 XBee ライブラリ(Ver 0.4)は，2013 年 4 月に下記からダウンロードしたものです．筆者は準標準 XBee ライブラリの製作には関与していないので，今後のバージョンアップ等のサポートは行いません．

    http://code.google.com/p/xbee-arduino/

第2節　Example 52：LED をリモート制御する(準標準ライブラリ)

Example 52

LED をリモート制御する(準標準ライブラリ)		
準標準ライブラリ試用	通信方式：XBee ZB	開発環境：Arduino IDE

Arduino マイコン・ボードに接続した親機 XBee から子機 XBee モジュールの GPIO(DIO) ポートを，準標準ライブラリを使用してリモート制御するサンプルです．

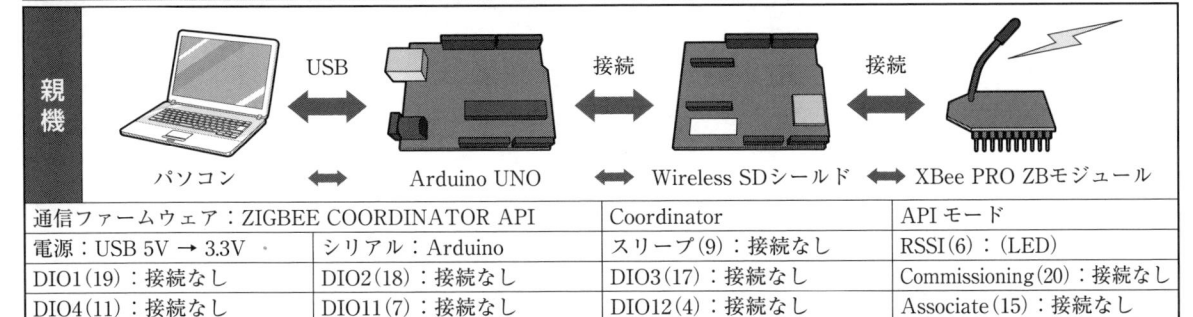

親機

パソコン ⇔(USB)⇔ Arduino UNO ⇔(接続)⇔ Wireless SD シールド ⇔(接続)⇔ XBee PRO ZB モジュール

通信ファームウェア：ZIGBEE COORDINATOR API		Coordinator	API モード
電源：USB 5V → 3.3V	シリアル：Arduino	スリープ(9)：接続なし	RSSI(6)：(LED)
DIO1(19)：接続なし	DIO2(18)：接続なし	DIO3(17)：接続なし	Commissioning(20)：接続なし
DIO4(11)：接続なし	DIO11(7)：接続なし	DIO12(4)：接続なし	Associate(15)：接続なし
その他：XBee PRO ZB モジュールは XBee ZB モジュールでも動作します(ただし，通信可能範囲が狭くなる)．			

子機

XBee ZB モジュール ⇔(接続)⇔ ピッチ変換 ⇔(接続)⇔ ブレッドボード ⇔(接続)⇔ LED，抵抗

通信ファームウェア：ZIGBEE ROUTER AT		Router	Transparent モード
電源：乾電池2本 3V	シリアル：接続なし	スリープ(9)：接続なし	RSSI(6)：(LED)
DIO1(19)：接続なし	DIO2(18)：接続なし	DIO3(17)：接続なし	Commissioning(20)：SW
DIO4(11)：LED	DIO11(7)：接続なし	DIO12(4)：接続なし	Associate(15)：LED
その他：Digi International 社純正の開発ボード XBIB-U-DEV でも動作します(LED の論理は反転する)．			

必要なハードウェア

- Windows が動作するパソコン(USB ポートを搭載したもの)　1台
- Arduino UNO マイコン・ボード　1台
- Arduino Wireless SD シールド　1台
- Digi International 社 XBee PRO ZB モジュール　1個
- Digi International 社 XBee ZB モジュール　1個
- XBee ピッチ変換基板　1式
- ブレッドボード　1個
- 高輝度 LED 2個，抵抗 1kΩ 2個，セラミック・コンデンサ 0.1μF 1個，プッシュ・スイッチ1個，単3×2直列電池ボックス1個，単3電池2個，ブレッドボード・ワイヤ適量，USB ケーブルなど

　このサンプル 52 は，サンプル 37 の準標準ライブラリ版です．ブレッドボード上に LED を搭載した子機のハードウェアは，サンプル 2 の**写真 4-2** と同じです．また，子機 XBee ZB モジュールのファームウェアは，「ZIGBEE ROUTER AT」を使用します．

　親機のハードウェアは，サンプル 51 と同じです．X-CTU から「Serial Interfacing」の AP 値を 2 に設定しておくのを忘れないようにします．

　親機 Arduino UNO マイコン・ボードに書き込むソフトウェアは，「example52_led」です．マイコン・ボードに書き込む前に，お手持ちの子機 XBee ZB モジュールの IEEE アドレスをスケッチに記述しておく必要があります．

　それでは，このサンプル 52 のスケッチ「example52_

サンプル・スケッチ 52　example52_led.ino

```
/*******************************************************************
LEDをリモート制御する：リモート子機のDIO4(XBee pin 11)のLEDを点滅.
*******************************************************************/
#include <XBee.h>
XBee xbee = XBee();

// お手持ちのXBeeモジュール子機のIEEEアドレスに変更する↓
XBeeAddress64 dev = XBeeAddress64(0x0013a200, 0x4030C16F);    ← ①

void setup() {
    Serial.begin(9600);                         // XBee用シリアルの開始
    xbee.begin(Serial);                         // XBeeの開始
    delay(5000);                                // XBeeの起動待ち
}

void loop() {
    /* xbee_gpo(dev, 4, 1); に相当する処理 */
    uint8_t at_d4[] = {'D','4'};                // 使用するATコマンドATD4
    uint8_t val_d405[] = {0x05};                // その値＝0x05
    RemoteAtCommandRequest remoteAtRequest;  ← ②   // リモートATコマンドOBJ定義
    remoteAtRequest                             // 宛て先，ATコマンドの設定，引き数，引き数長を設定
        =RemoteAtCommandRequest(dev,at_d4,val_d405,sizeof(val_d405));  ← ③
    xbee.send(remoteAtRequest);  ←              // リモートATコマンド送信
    delay(1000);                      ④

    /* xbee_gpo(dev, 4, 0); に相当する処理 */
    uint8_t val_d404[] = {0x04};                // その値＝0x04
    remoteAtRequest.setCommandValue(val_d404);
    remoteAtRequest.setCommandValueLength(sizeof(val_d404));
    xbee.send(remoteAtRequest);
    delay(1000);
}
```

led.ino」の説明を行います．

① この記述は，使用する子機 XBee ZB モジュールの IEEE アドレス（64 ビット）にあわせて修正する必要があります．上位 32 ビット（4 バイト）と下位 32 ビットに分けて記述します．

② RemoteAtCommandRequest クラスの変数（インスタンス）remoteAtRequest を定義します．リモート AT コマンドを XBee ZB に指示するための準備作業です．

③ 定義した変数 remoteAtRequest に，リモート AT コマンドを設定します．ここでは，リモート宛て先 dev，AT コマンド「ATD4」，AT コマンドの引き数の値「0x05」，引き数の値のサイズ 1 バイトを設定します．

④ 前項③で設定した変数 remoteAtRequest を，親機 XBee PRO ZB モジュールにシリアル送信します．ここではリモート AT コマンドなので，親機 XBee PRO ZB モジュールは，宛て先 dev の子機 XBee ZB モジュールに，AT コマンドをワイヤレス送信します．

以上の②～④で，「xbee_gpo(dev, 4, 1)」に相当する処理を，準標準ライブラリを用いて実行します．

第3節 Example 53：スイッチ変化通知をリモート受信する(準標準ライブラリ)

Example 53

スイッチ変化通知をリモート受信する(準標準ライブラリ)		
準標準ライブラリ試用	通信方式：XBee ZB	開発環境：Arduino IDE

Arduinoマイコン・ボードに接続した親機XBeeから子機XBeeモジュールのGPIO(DIO)ポートの状態を，準標準ライブラリを使用してリモート受信するサンプルです．

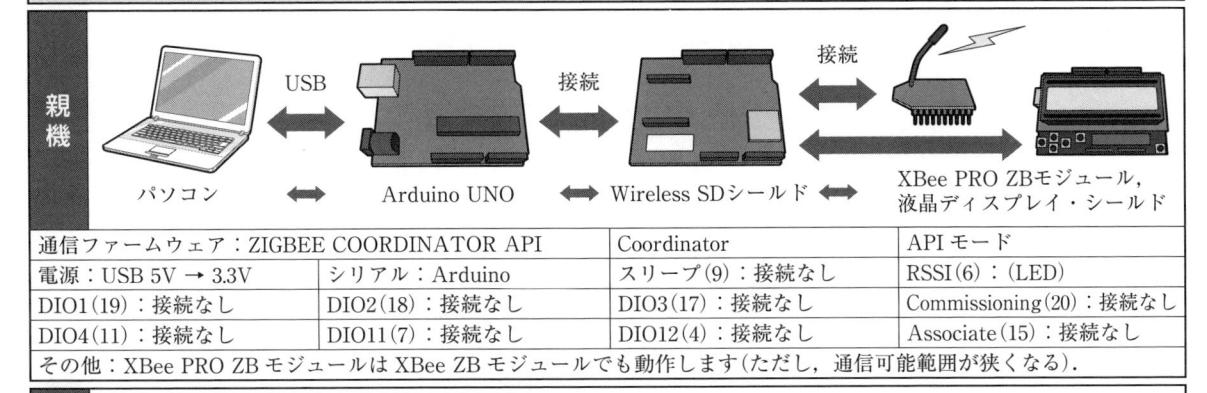

親機

パソコン ⇔ USB ⇔ Arduino UNO ⇔ 接続 ⇔ Wireless SDシールド ⇔ 接続 ⇔ XBee PRO ZBモジュール，液晶ディスプレイ・シールド

通信ファームウェア：ZIGBEE COORDINATOR API		Coordinator	APIモード
電源：USB 5V → 3.3V	シリアル：Arduino	スリープ(9)：接続なし	RSSI(6)：(LED)
DIO1(19)：接続なし	DIO2(18)：接続なし	DIO3(17)：接続なし	Commissioning(20)：接続なし
DIO4(11)：接続なし	DIO11(7)：接続なし	DIO12(4)：接続なし	Associate(15)：接続なし
その他：XBee PRO ZBモジュールはXBee ZBモジュールでも動作します(ただし，通信可能範囲が狭くなる).			

子機

XBee ZBモジュール ⇔ 接続 ⇔ ピッチ変換 ⇔ 接続 ⇔ ブレッドボード ⇔ 接続 ⇔ プッシュ・スイッチ

通信ファームウェア：ZIGBEE ROUTER AT		Router	Transparentモード
電源：乾電池2本 3V	シリアル：接続なし	スリープ(9)：接続なし	RSSI(6)：(LED)
DIO1(19)：プッシュ・スイッチSW	DIO2(18)：接続なし	DIO3(17)：接続なし	Commissioning(20)：SW
DIO4(11)：接続なし	DIO11(7)：接続なし	DIO12(4)：接続なし	Associate(15)：LED
その他：Digi International社純正の開発ボードXBIB-U-DEVでも動作します．			

必要なハードウェア
- Windowsが動作するパソコン(USBポートを搭載したもの)　　　　　　　　　1台
- Arduino UNOマイコン・ボード　　　　　　　　　　　　　　　　　　　　1台
- Arduino Wireless SDシールド　　　　　　　　　　　　　　　　　　　　1台
- キャラクタ液晶ディスプレイ・シールド(DF ROBOTまたはAdafruit製)　　　1台
- Digi International社 XBee PRO ZBモジュール　　　　　　　　　　　　　1個
- Digi International社 XBee ZBモジュール　　　　　　　　　　　　　　　1個
- XBeeピッチ変換基板　　　　　　　　　　　　　　　　　　　　　　　　1式
- ブレッドボード　　　　　　　　　　　　　　　　　　　　　　　　　　1個
- プッシュ・スイッチSW 2個，高輝度LED 1個，抵抗1kΩ 1個，セラミック・コンデンサ0.1μF 1個，単3×2直列電池ボックス1個，単3電池2個，ブレッドボード・ワイヤ適量，USBケーブルなど

　このサンプル53は，サンプル38の準標準ライブラリ版です．子機のハードウェアは，サンプル5の**写真4-3**と同じです．親機のハードウェアはキャラクタ液晶ディスプレイ・モジュールを実装した3段重ね(**写真6-6**)です．親機XBee PRO ZBモジュールのAP値は，2に設定しておきます．

　親機Arduino UNOマイコン・ボードに書き込むソフトウェアは，「example53_sw_r」です．実行例はサンプル38と同じです．
　それでは，このサンプル53のスケッチ「example53_sw_r.ino」をご覧ください．サンプル38と同じ処理ですが，記述量が増えているのがわかります．増加分の

サンプル・スケッチ 53　example53_sw_r.ino

```
/*******************************************************************************
子機XBeeのスイッチ変化通知を受信する
*******************************************************************************/
#include <XBee.h>
XBee xbee = XBee();
#include <LiquidCrystal.h>
LiquidCrystal lcd(8, 9, 4, 5, 6, 7);

XBeeAddress64 dev;

void setup() {
    lcd.begin(16, 2);                              // LCDのサイズを16文字×2桁に設定
    lcd.clear();                                   // 画面消去
    lcd.print("Example 53 SW_R ");                 // 文字を表示
    Serial.begin(9600);
    xbee.begin(Serial);
    delay(5000);

    lcd.setCursor(0, 1);                           // LCDのカーソル位置を2行目の先頭に
    lcd.print("Waiting for XBee");                 // 待ち受け中の表示
    lcd.setCursor(0, 1);                           // LCDのカーソル位置を2行目の先頭に

    /* xbee_atnj(30)に相当する処理(デバイスの参加受け入れを開始) */
    AtCommandRequest atRequest;                    // ATコマンドOBJ定義
    uint8_t at_nj[] = {'N','J'};                   // 使用するATコマンドATNJ
    uint8_t val_nj[] = {0x1E};                     // その値=0x1E=30秒
    atRequest.setCommand(at_nj);                   // ATコマンドの設定
    atRequest.setCommandValue(val_nj);             // 引き数のポインタ渡し
    atRequest.setCommandValueLength(sizeof(val_nj)); // 引き数のバイト数の設定
    xbee.send(atRequest);                          // ATコマンド送信
    delay(100);
    ZBRxResponse zbRxResponse = ZBRxResponse();  ← ①  // XBee応答用OBJ定義
    RemoteAtCommandRequest remoteAtRequest;        // リモートATコマンドOBJ定義
    int time;
    for(time=0;time<30;time++){
        xbee.readPacket();              ← ②       // データを受信
        if (xbee.getResponse().isAvailable()
            && xbee.getResponse().getApiId()==ZB_IO_NODE_IDENTIFIER_RESPONSE){ ← ③
            /* xbee_from( dev )に相当する処理(見つけた子機のアドレスを変数devへ) */
            xbee.getResponse().getZBRxResponse(zbRxResponse);  ← ④
            dev = XBeeAddress64(zbRxResponse.getRemoteAddress64().getMsb(),
                   zbRxResponse.getRemoteAddress64().getLsb());  ← ⑤
            lcd.print("Found a Device ");
            delay(100);
            val_nj[0] = 0x05;                      // ATNJ値を05に変更
            /* ratnj(dev,5)に相当する処理(子機に対して孫機の受け入れ不許可) */
            remoteAtRequest=RemoteAtCommandRequest(dev,at_nj,val_nj,sizeof(val_nj));
            xbee.send(remoteAtRequest);            // リモートATコマンド送信
            delay(100);
            /* xbee_gpio_init( dev )に相当する処理(子機の初期設定) */
            uint8_t at_dx[] = {'D','x'};           // 使用するATコマンドATDn
            uint8_t val_dx[] = {0x03};             // その値=0x03
            for( uint8_t port = (uint8_t)'1' ; port <= (uint8_t)'3' ; port++ ){
                at_dx[1] = port;
                remoteAtRequest=RemoteAtCommandRequest(dev,at_dx,val_dx,sizeof(val_dx));
                xbee.send(remoteAtRequest);        // リモートATコマンド送信
                delay(100);
            }
            uint8_t at_ic[] = {'I','C'};           // 使用するATコマンドATIC
            uint8_t val_ic[] = {0x00,0x0E};        // その値=0x00, 0x0E
            remoteAtRequest=RemoteAtCommandRequest(dev,at_ic,val_ic,sizeof(val_ic));
            xbee.send(remoteAtRequest);            // リモートATコマンド送信
            /* xbee_atnj(30)に相当する処理の続き(ジョイン拒否の設定) */
            atRequest.setCommand(at_nj);           // ATコマンドの設定
```

```
            atRequest.setCommandValue(val_nj);              // 引き数のポインタ渡し
            atRequest.setCommandValueLength(sizeof(val_nj));// 引き数のバイト数
            xbee.send(atRequest);                           // ATコマンド送信
            delay(100);
            break;
        }
        delay(1000);
    }
    if(time==30) lcd.print("no Devices      ");             // 子機が見つからなかった
}
void loop() {
    ZBRxIoSampleResponse ioSample = ZBRxIoSampleResponse();  ←―――――― ⑥

    /* xbee_rx_call( &xbee_result )に相当する処理*/
    xbee.readPacket();                              ←―― ⑦        // XBeeパケットを受信
    if (xbee.getResponse().isAvailable()) {                     // 受信データがあるとき
        /* if( xbee_result.MODE == MODE_GPIN)に相当する処理 */
        if( xbee.getResponse().getApiId() == ZB_IO_SAMPLE_RESPONSE){  ←―― ⑧
            xbee.getResponse().getZBRxIoSampleResponse(ioSample);      ←―― ⑨
            if (ioSample.containsDigital()) {   ←―― ⑩
                lcd.clear();                                // 画面消去
                lcd.print("D1:");
                lcd.print(ioSample.isDigitalOn(1));  ←―― ⑪  // 子機XBeeのポート1の状態を表示する
                lcd.print(" D2:");
                lcd.print(ioSample.isDigitalOn(2));         // 子機XBeeのポート2の状態を表示する
                lcd.print(" D3:");
                lcd.print(ioSample.isDigitalOn(3));         // 子機XBeeのポート3の状態を表示する
            }
        }
    }
}
```

多くは，機能記述が明瞭化されているためであり，初めてスケッチを読む人であっても誤解を与えない利点があります．一方で，ペアリングの処理が複雑になったり，動きの全容がつかみにくかったりといった欠点があります．

① XBee ZB からの受信用変数 zbRxResponse を定義します．
② XBee ZB からパケットを受信します．
③ 子機 XBee ZB のコミッショニング・ボタンからの通知かどうかを確認します．
④ 受信パケットのデータを，①で定義した zbRxResponse へ代入します．
⑤ 子機 XBee ZB のアドレスを④から取得して，変数 dev に代入します．
⑥ IO データ受信用変数 ioSample を定義します．
⑦ XBee ZB からパケットを受信します．
⑧ 受信パケットが IO データかどうかを確認します．
⑨ IO データを⑥で定義した ioSample へ代入します．
⑩ ioSample にディジタル IO データが含まれているかどうかを確認します．
⑪ ディジタル GPIO（DIO）ポート 1 の状態を表示します．

第4節 Example 54：スイッチ状態をリモートで取得する(準標準ライブラリ)

Example 54	スイッチ状態をリモートで取得する(準標準ライブラリ)		
	準標準ライブラリ試用	通信方式：XBee ZB	開発環境：Arduino IDE

ArduinoマイコンボードにArduino接続した親機XBeeから子機XBeeモジュールのGPIO(DIO)ポートの状態を，準標準ライブラリを使用してスイッチ状態を取得する指示を一定の周期で送信し，その応答を待ち受けます．

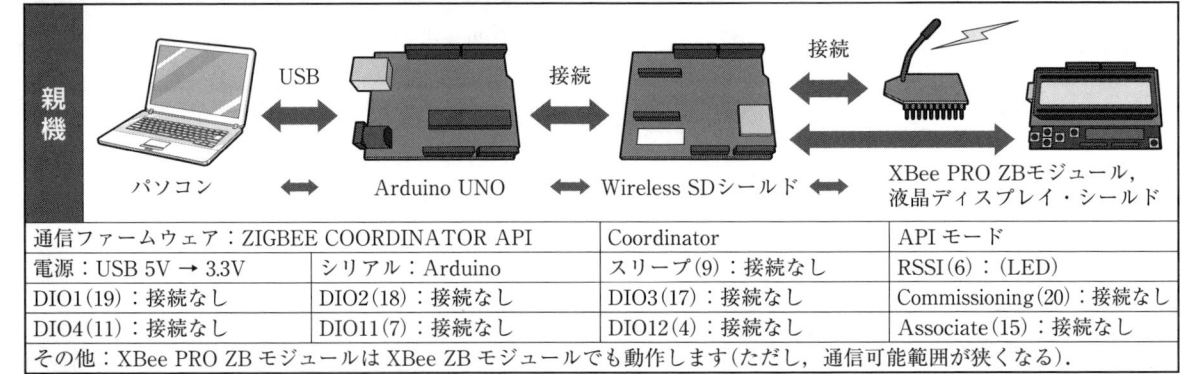

親機

パソコン ⇔ USB ⇔ Arduino UNO ⇔ 接続 ⇔ Wireless SDシールド ⇔ 接続 ⇔ XBee PRO ZBモジュール，液晶ディスプレイ・シールド

通信ファームウェア：ZIGBEE COORDINATOR API		Coordinator	APIモード
電源：USB 5V → 3.3V	シリアル：Arduino	スリープ(9)：接続なし	RSSI(6)：(LED)
DIO1(19)：接続なし	DIO2(18)：接続なし	DIO3(17)：接続なし	Commissioning(20)：接続なし
DIO4(11)：接続なし	DIO11(7)：接続なし	DIO12(4)：接続なし	Associate(15)：接続なし
その他：XBee PRO ZBモジュールはXBee ZBモジュールでも動作します(ただし，通信可能範囲が狭くなる)．			

子機

XBee ZBモジュール ⇔ 接続 ⇔ ピッチ変換 ⇔ 接続 ⇔ ブレッドボード ⇔ 接続 ⇔ プッシュ・スイッチ

通信ファームウェア：ZIGBEE ROUTER AT		Router	Transparentモード
電源：乾電池2本 3V	シリアル：接続なし	スリープ(9)：接続なし	RSSI(6)：(LED)
DIO1(19)：プッシュ・スイッチSW	DIO2(18)：接続なし	DIO3(17)：接続なし	Commissioning(20)：SW
DIO4(11)：接続なし	DIO11(7)：接続なし	DIO12(4)：接続なし	Associate(15)：LED
その他：Digi International社純正の開発ボードXBIB-U-DEVでも動作します．			

必要なハードウェア	
• Windowsが動作するパソコン(USBポートを搭載したもの)	1台
• Arduino UNOマイコン・ボード	1台
• Arduino Wireless SDシールド	1台
• キャラクタ液晶ディスプレイ・シールド(DF ROBOTまたはAdafruit製)	1台
• Digi International社 XBee PRO ZBモジュール	1個
• Digi International社 XBee ZBモジュール	1個
• XBeeピッチ変換基板	1式
• ブレッドボード	1個
• プッシュ・スイッチSW 2個，高輝度LED 1個，抵抗1kΩ 1個，セラミック・コンデンサ0.1μF 1個，単3×2直列電池ボックス1個，単3電池2個，ブレッドボード・ワイヤ適量，USBケーブルなど	

　このサンプル54は，サンプル39の準標準ライブラリ版です．子機XBeeのプッシュ・スイッチの状態を，一定の時間間隔(およそ2～3秒)で親機から子機へ取得指示を送信し，子機が応答することによって取得します．

　親機Arduino UNOマイコン・ボードに書き込むソフトウェアは，「example54_sw_f」です．スケッチが長くなりすぎるので，ペアリング処理を省略した代わりに，お手持ちの子機XBee ZBモジュールのIEEEアドレスをスケッチに記述する必要があります．

　それでは，このサンプル54のスケッチ「example54_sw_f.ino」をご覧ください．ペアリングの処理を省い

サンプル・スケッチ 54　example54_sw_f

```c
/***************************************************************
子機XBeeのスイッチ状態をリモートで取得する
***************************************************************/
#include <XBee.h>
#include <LiquidCrystal.h>
#define FORCE_INTERVAL   250                       // データ要求間隔(10msの倍数)

XBee xbee = XBee();
LiquidCrystal lcd(8, 9, 4, 5, 6, 7);
unsigned long time_next;    ◄─────────①          // 次回の測定時間

// お手持ちのXBeeモジュール子機のIEEEアドレスに変更する↓
XBeeAddress64 dev = XBeeAddress64(0x0013a200, 0x4030C16F);  ◄─────────②

void setup() {
    lcd.begin(16, 2);                              // LCDのサイズを16文字×2桁に設定
    lcd.clear();                                   // 画面消去
    lcd.print("Example 54 SW_F ");                 // 文字を表示
    Serial.begin(9600);
    xbee.begin(Serial);
    delay(5000);                                   // XBeeの起動待ち

    /* xbee_atnj(30)に相当する処理は省略(example53_sw_rを参照) */

    RemoteAtCommandRequest remoteAtRequest;        // リモートATコマンドOBJの定義

    /* xbee_gpio_config(dev,1～3,DIN)に相当する処理(子機の初期設定) */
    uint8_t at_dx[] = {'D','x'};                   // 使用するATコマンドATDn
    uint8_t val_dx[] = {0x03};                     // その値＝0x03
    for( uint8_t port = (uint8_t)'1' ; port <= (uint8_t)'3' ; port++ ){
        at_dx[1] = port;
        remoteAtRequest=RemoteAtCommandRequest(dev,at_dx,val_dx,sizeof(val_dx));
        xbee.send(remoteAtRequest);
        delay(100);
    }
    time_next = millis() + 10*FORCE_INTERVAL;
    if( time_next < 10*FORCE_INTERVAL ){
        while( millis() > FORCE_INTERVAL );
        time_next += 10*FORCE_INTERVAL;
    }
}


void loop() {
    RemoteAtCommandResponse remoteAtResponse = RemoteAtCommandResponse();  ◄─────────③

    if( millis() > time_next){  ◄─────────④
        /* xbee_force( dev )に相当する処理(子機へデータ要求を送信) */
        RemoteAtCommandRequest remoteAtRequest;    // リモートATコマンドOBJの定義
        uint8_t at_is[] = {'I','S'};               // 使用するATコマンドATIS
        remoteAtRequest=RemoteAtCommandRequest(dev,at_is);
        xbee.send(remoteAtRequest);
        time_next += 10*FORCE_INTERVAL;
        delay(100);
    }

    xbee.readPacket();                             // XBeeパケットを受信
    if (xbee.getResponse().isAvailable()) {        // 受信データがあるとき  ─────⑤
        if( xbee.getResponse().getApiId() == REMOTE_AT_COMMAND_RESPONSE){  ◄────
            xbee.getResponse().getRemoteAtCommandResponse(remoteAtResponse);  ◄─── ⑥
            if(remoteAtResponse.getValueLength() >= 6 ){  ◄───────⑦
                byte val = remoteAtResponse.getValue()[2];  ◄────── ⑧
                val &= remoteAtResponse.getValue()[5];  ◄────────── ⑨
                lcd.clear();                       // 画面消去
```

第4節　Example 54：スイッチ状態をリモートで取得する(準標準ライブラリ)

サンプル・スケッチ54 example54_sw_f（つづき）

```
            lcd.print("D1:");
            lcd.print(val>>1&0x01);        ← ⑩        // 子機XBeeのポート1の状態を表示する
            lcd.print(" D2:");
            lcd.print(val>>2&0x01);                    // 子機XBeeのポート2の状態を表示する
            lcd.print(" D3:");
            lcd.print(val>>3&0x01);                    // 子機XBeeのポート3の状態を表示する
        }
      }
   }
}
```

たため，前のサンプル53よりも短くなりました．

① 次回に子機へ取得指示を行う時刻の変数 time_next を定義します．

② お手持ちの子機XBee ZBモジュールのIEEEアドレスを記述します．

③ リモートATコマンドの応答用変数 remoteAtResponse を定義します．

④ 現在の時刻が取得指示の時刻を過ぎているときに取得指示を送信します．

⑤ 受信パケットがリモートATコマンドの応答かどうかを確認します．

⑥ 応答データを，③で定義した応答用変数 remoteAtResponse に代入します．

⑦ IOデータの有無を確認します．

⑧ 変数 val に IOデータのマスクを代入します．

⑨ 前項⑧で代入したマスクとGPIOの入力データで論理積をとります．これらの処理で変数 val に DIO0～DIO7の8ビット分のデータが代入されます．

⑩ 変数 val の中から DIO1 の値を取り出して表示します．

第5節 Example 55：UARTからのシリアル情報を受信する（準標準ライブラリ）

Example 55	UARTからのシリアル情報を受信する（準標準ライブラリ）		
	準標準ライブラリ試用	通信方式：XBee ZB	開発環境：Arduino IDE

子機XBee ZBモジュールのUARTから親機XBee ZBにシリアル情報を送信します．準標準ライブラリを使用した親機で受信したテキスト文字をキャラクタ液晶ディスプレイに表示します．

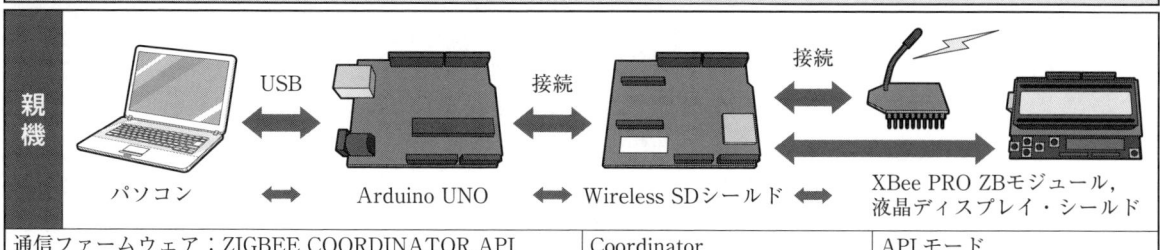

親機

パソコン ⇔ USB ⇔ Arduino UNO ⇔ 接続 ⇔ Wireless SDシールド ⇔ 接続 ⇔ XBee PRO ZBモジュール，液晶ディスプレイ・シールド

通信ファームウェア：ZIGBEE COORDINATOR API		Coordinator	APIモード
電源：USB 5V → 3.3V	シリアル：Arduino	スリープ(9)：接続なし	RSSI(6)：(LED)
DIO1(19)：接続なし	DIO2(18)：接続なし	DIO3(17)：接続なし	Commissioning(20)：接続なし
DIO4(11)：接続なし	DIO11(7)：接続なし	DIO12(4)：接続なし	Associate(15)：接続なし
その他：XBee PRO ZBモジュールはXBee ZBモジュールでも動作します（ただし，通信可能範囲が狭くなる）．			

子機

XBee ZBモジュール ⇔ 接続 ⇔ XBee USBエクスプローラ ⇔ USB ⇔ パソコン（X-CTU）

通信ファームウェア：ZIGBEE ROUTER AT		Router	Transparentモード
電源：USB 5V → 3.3V	シリアル：パソコン(USB)	スリープ(9)：接続なし	RSSI(6)：(LED)
AD1(19)：接続なし	DIO2(18)：接続なし	DIO3(17)：接続なし	Commissioning(20)：(SW)
DIO4(11)：接続なし	DIO11(7)：接続なし	DIO12(4)：接続なし	Associate(15)：(LED)
その他：			

必要なハードウェア
- Windowsが動作するパソコン（USBポートを搭載したもの）　　1台
- Arduino UNO マイコン・ボード　　1台
- Arduino Wireless SD シールド　　1台
- キャラクタ液晶ディスプレイ・シールド（DF ROBOTまたはAdafruit製）　　1台
- 各社 XBee USB エクスプローラ　　1個
- Digi International社 XBee PRO ZBモジュール　　1個
- Digi International社 XBee ZBモジュール　　1個
- USBケーブルなど

　このサンプル55は，サンプル40の準標準ライブラリ版です．子機XBee ZBモジュールのUARTに入力したシリアル・データを，親機XBee PRO ZBモジュールで受信して，Arduino UNOに接続したキャラクタ液晶ディスプレイに表示します．

　ハードウェアの構成は，サンプル40と同じですが，親機XBee PRO ZBモジュールのAP値は，2に設定しておく必要があります．また，スケッチは，「example55_uart」をArduino UNOに書き込みます．実行例は，サンプル40のページを参照してください．

　このサンプル55のスケッチ「example55_uart.ino」も，サンプル40に比べると長くなります．ここでは，UARTシリアルの受信部と送信部について簡単に説明します．

サンプル・スケッチ 55　example55_uart.ino

```c
/*******************************************************************************
子機XBeeのUARTからのシリアル情報を受信する
*******************************************************************************/
#include <XBee.h>
#include <LiquidCrystal.h>

XBee xbee = XBee();
LiquidCrystal lcd(8, 9, 4, 5, 6, 7);

XBeeAddress64 dev = XBeeAddress64(0x00000000, 0x0000FFFF);

void setup() {
    lcd.begin(16, 2);                           // LCDのサイズを16文字×2桁に設定
    lcd.clear();                                // 画面消去
    lcd.print("Example 55 UART ");              // 文字を表示
    Serial.begin(9600);
    xbee.begin(Serial);
    delay(5000);                                // XBeeの起動待ち
    lcd.setCursor(0, 1);                        // LCDのカーソル位置を2行目の先頭に
    lcd.print("Waiting for XBee");              // 待ち受け中の表示
}

void loop() {
    ZBRxResponse zbRxResponse = ZBRxResponse();                 // ←――①

    xbee.readPacket();                                          // パケットを受信
    if (xbee.getResponse().isAvailable()) {                     // 受信データがあるとき
        switch( xbee.getResponse().getApiId() ){                // 受信したデータの内容に応じて
            case ZB_RX_RESPONSE:                                // 子機XBeeからデータを受信したとき
                xbee.getResponse().getZBRxResponse(zbRxResponse);
                lcd.clear();                                    // 画面消去           ――②
                for(int i=0;i<16;i++){
                    if(zbRxResponse.getData()[i]==0x00 ||
                        i >= zbRxResponse.getDataLength() )break;                ――③
                    lcd.print( (char)zbRxResponse.getData()[i]);// 受信結果表示
                }
                break;
            case ZB_IO_NODE_IDENTIFIER_RESPONSE:                // 子機がコミッション・ボタンを押したとき
                lcd.clear();                                    // 画面消去
                lcd.print("Found a New Dev.");

                /* atnj(5)を実行(子機XBeeデバイスの参加拒否に設定) */
                uint8_t at_nj[] = {'N','J'};                    // ATコマンドATNJ
                uint8_t val_nj[] = {0x05};                      // その値＝0x05
                AtCommandRequest atRequest;                     // ATコマンドOBJ定義
                atRequest.setCommand(at_nj);                    // ATコマンドの設定
                atRequest.setCommandValue(val_nj);              // 引き数のポインタ渡し
                atRequest.setCommandValueLength(sizeof(val_nj));// 引き数のバイト数
                xbee.send(atRequest);                           // ATコマンド送信
                delay(100);

                /* 子機XBeeのアドレスを取得してdevへ登録 */
                xbee.getResponse().getZBRxResponse(zbRxResponse);
                dev = XBeeAddress64(zbRxResponse.getRemoteAddress64().getMsb(),
                        zbRxResponse.getRemoteAddress64().getLsb());

                /* ratnj(dev,0)を実行(子機に対して孫機の受け入れ不許可) */
                RemoteAtCommandRequest remoteAtRequest;         // リモートATコマンドOBJ定義
                remoteAtRequest=RemoteAtCommandRequest(dev,at_nj,val_nj,sizeof(val_nj));
                xbee.send(remoteAtRequest);                     // リモートATコマンド送信
                delay(100);
                uint8_t text[] = {'H', 'e', 'l', 'l', 'o', '\n'};
                ZBTxRequest zbTxRequest = ZBTxRequest(dev, text, 6);        ――④
                xbee.send(zbTxRequest);          ――⑤           // 子機に文字を送信
                break;
        }
    }
}
```

表 11-2　各 XBee ライブラリのサンプル番号の対応表

プログラム	本書の XBee ライブラリ			準標準 XBee ライブラリ		
	サンプル番号	スケッチ行数	容量（バイト）	サンプル番号	スケッチ行数	容量（バイト）
LED の点滅	36	17	4438	51	33	2734
LED のリモート制御	37	20	4024	52	35	3022
スイッチ変化通知の受信	38	40	9428	53	96	7384
スイッチ状態の取得	39	57	9470	54	74	6260
シリアル情報の受信	40	45	8916	55	71	6250

① XBee ZB からの受信用変数 zbRxResponse を定義します．
② 受信パケットのデータを①で定義した zbRxResponse へ代入します．
③ 受信データを表示します．
④ XBee ZB への送信用変数 zbTxRequest を宛て先 dev，データ text，文字数 6 文字を指定して定義します．
⑤ 前項④で定義した zbTxRequest を送信します．

準標準 XBee ライブラリの説明は以上です．**表 11-2** に，各 XBee ライブラリを使用したときのサンプル番号の対応表を示します．参考のために，スケッチの行数とコンパイル後の容量（Arduino IDE 1.0.5 使用時）も示しています．準標準 XBee ライブラリのほうがスケッチは大きくなりますが，コンパイル後の容量が減る傾向があることがわかります．なお，容量はライブラリや IDE のバージョンによって変化するので目安と考えてください．

[第12章]

Arduinoを使った XBee ZB ネットワークの設計

　Arduinoを使うことで，より複雑な機能を持ったXBeeネットワークを簡単に構築することが可能になります．ここでは，XBeeネットワーク上のどこに，どのようなArduinoを用いるのか，どの通信モードが適切なのかなどを説明します．

第1節　親機と子機の両方にArduinoを使ったシリアル通信

親機(Coordinator)と子機(RouterまたはEnd Device)との両方のXBeeモジュールを，AT/Transparentモードのファームウェアを使用し，それぞれに接続したArduinoがシリアルで通信を行う場合のシステムの特長について説明します．

このシステムは，第3章第6節のXBee ZBモジュールの通信テストで，パソコンを用いて実施した通信方法のArduino版です．有線シリアル通信で設計したものを，そのままワイヤレスに置き換えられる特長があります．したがって，1対1の通信で親子の両方にArduinoマイコンを持つ場合に用いるとよいでしょう．

しかし，子機が2台以上に増えると，子機を特定するための情報を付与するなどの処理が必要になります．少なくとも，親機となるCoordinatorはAPIモードのファームウェアを使用したほうがよいでしょう．また，シリアルの通信速度も遅いので，より高速な通信を行いたい場合はBluetoothを用いたほうがよいでしょう．

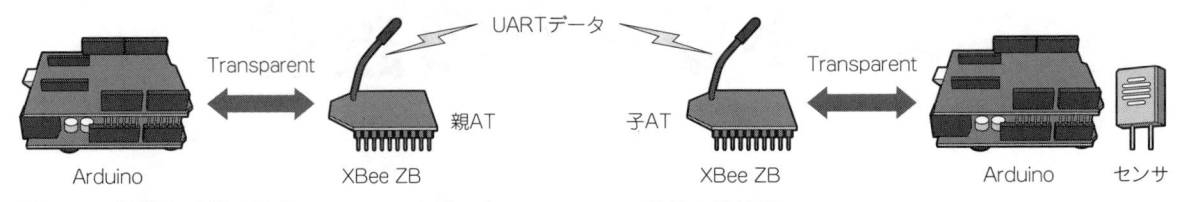

図12-1　親機と子機の両方にArduinoを使ったTransparent通信の接続図

第2節　親機のみにArduinoを使ったXBee API通信

XBeeの使用方法としてもっとも一般的なのが，親機(Coordinator)のXBeeモジュールをAPIモードに設定して，子機(End Device)XBeeモジュールのGPIOやADCを制御したり読み取ったりするシステムです．子機側にマイコンが不要なので，低価格な子機センサを製作することが可能です．これまでのほとんどのサンプルをこのようにしているので，説明は省略します．

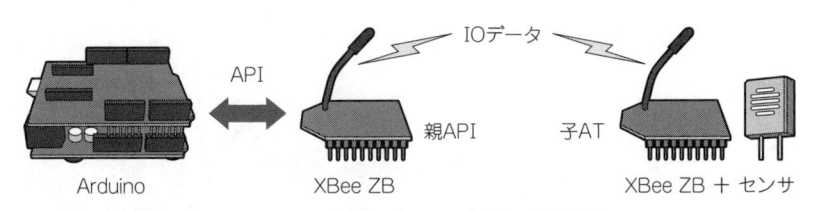

図12-2　親機のみにArduinoを使ったAPI通信の接続図

第3節　親機と子機の両方にArduinoを使ったXBee API通信

センサによっては，センサ値を得るためにセンサの制御を行う必要があるものがあります．制御のきめ細かさにもよりますが，子機のXBeeモジュールのGPIOやADCだけではセンサ値を得るのが難しい場合，子

機にマイコンが必要になります．

　あるいは，ネットワークの規模が大きくなると子機が，子機の子にあたる孫機を管理する必要が出てきます．ここでは，Arduino を接続した子機を Router として動作させて，複数の孫機(End Device)を管理・制御しつつ，複数の孫機から得られた情報から，得られた計算結果を親機(Coordinator)に送信するシステムが必要になります．

　子機に Arduino マイコンを接続した場合，子機で演算処理を行うことができるので，例えば照度センサで読み取った照度に応じた電圧レベルを照度値に変換してから，シリアル信号にテキストの数字で送信することが可能です．より複雑な換算処理や補正処理などを，子機 Arduino 側に任せることもできます．

　しかし，子機側の消費電力が Arduino の分だけ増大します．子機をバッテリ駆動にする場合は，Arduino を省電力動作させる必要があります．その一例として，Seeed Studio 社の Seeduino Stalker を使用した例を後述するサンプル 62 で説明します．

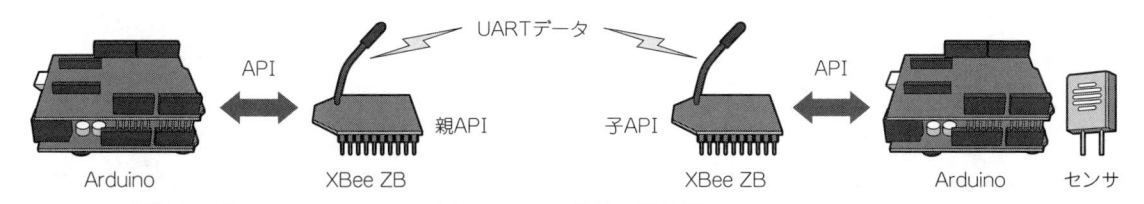

図 12-3　親機と子機の両方に Arduino を使った API 通信の接続図

第 4 節　子機のみに Arduino を使った XBee API 通信

　これは少し特殊な例ですが，親機 Coordinator にはマイコンを接続せず，Router の子機が親機 Coordinator の管理情報を制御することも可能です．この場合の親機の主要機能は，ZigBee ネットワークを開始するためだけのものになります．または，普段は AC アダプタで動作させておいて，必要なときだけ USB 経由でパソコンに接続して設定を変更するといった使い方になるでしょう．

　この使い方の最大の特長は，親機 Coordinator を動作させたままの状態で子機 Router のプログラムを書き換えたり，ハードウェアの改造ができたりする点です．特に，同じ親機の ZigBee ネットワークに複数の子機 Router で用途の異なる制御プログラムが動作している場合，親機を止めることなく制御プログラムや子機 Router のハードウェアを変更することが可能です．この一例をサンプル 64 の中継器の部分で説明します．

　ネットワークの規模が大きくなると，さまざまな不具合が出てくるので，制御プログラムを親機 Coordinator ではなく，子機 Router で動作させるような方法があることを知っておくとよいでしょう．ちなみに，この移行作業は難しくはありません．

　また，親機 Coordinator に何の機能もないのはもっ

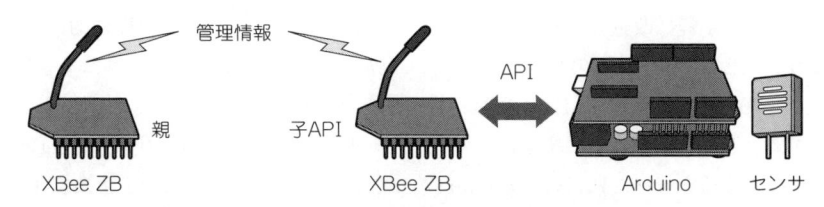

図 12-4　子機のみに Arduino を使った API 通信の接続図

たいないので，いずれはサンプル 61 のロガーやサンプル 65 の IP ゲートウェイ，RTC(リアルタイム・クロック)を搭載した時刻管理などの機能を搭載することになるでしょう．

第 5 節　Arduino マイコン・ボードの選び方

　XBee に適した Arduino の種類や購入方法として，純正 Arduino，XBee 用ソケットを搭載した Arduino 互換機，3.3V 動作の Arduino などについて説明します．

　本書で紹介している XBee ライブラリは，マイコンに ATmega328 を搭載した Arduino マイコン・ボードおよび互換機で動作します．ATmega168 は，フラッシュ・メモリ，ワーク・メモリともに ATmega328 の半分しかないので，練習用サンプル 36 ～ 40 くらいしか動かないでしょう．

　Arduino 純正のマイコン・ボードであれば，Arduino UNO, Arduino Ethernet, Arduino BT(Rev 3 以降), Arduino Nano(3.0 以降), Arduino Mini(Rev 5 以降), Arduino Duemilanove の ATmega328 搭載版などで動作します．また，マイコンに ATmega32u4 を搭載した Arduino Leonardo などでも動作します(コラム「Arduino Leonardo で使用する方法について」を参照)．

　もちろん純正の Arduino UNO や Leonardo だけでなく，互換のマイコン・ボードでも動作します．例えば，秋月電子通商で販売されている AE-ATmega に ATmega328 と 16MHz の水晶クロックなどを実装すれば，自作 PC ならぬ自作マイコン・ボードを作ることができます．

　ただし製作には，はんだ付け作業やマイコンへのブート・ローダの書き込み作業が必要です．こういった手間を考えれば，純正 Arduino UNO を買ったほうが早いかもしれません．はんだ付けの練習用としてや，自作を楽しみたい人，手軽に改造を行うといった用途に向いています．AE-ATmega 以外にも，純正 Arduino と互換性のあるマイコン・ボードは完成品，半完成品などさまざまな形態で売られています．

　さらに，純正にはない特長をもった独自の Arduino 互換マイコン・ボードも売られています．例えば，XBee 用ソケット搭載した Arduino や，3.3V で動作する Arduino などです．XBee 用ソケットのメリットはわかりやすいと思うので説明は省略します．

　3.3V で動作する Arduino 互換マイコン・ボードの利点は，自作のシールド拡張基板を製作するときに，3.3V で動作する部品が使えることです．XBee モジュールや SD メモリ・カード，センサなど，さまざまな部品の動作電圧が 3.3V なのに対して，純正の Arduino の動作電圧は 5V です．純正の Arduino と動作電圧が 3.3V の部品と接続するには，信号の電圧レベルを相互に変換する必要があります．そこで 3.3V で動作する Arduino 互換機を使えば，自作シールドに信号電圧の変換回路を追加する手間が省けます．

　3.3V で動作する Arduino 互換マイコン・ボードの一例としては，米 Sparkfan 社の Arduino Pro，および Arduino Pro Mini のシリーズの 3.3V 版です．互換機にも関わらず，名称が「Arduino Pro」として認められている点で，ほぼ純正ともいえる Arduino 機です．USB シリアル IC を別基板に分離することで，組み込み用(Pro 仕様の)マイコン・ボードという位置付けであり，シールドも市販シールドを使うのではないユーザをターゲットにしているのだと思います．

　Seeeduino Stalker は，XBee 用ソケットや RTC(リアルタイム・クロック)，太陽電池からリチウム・ポリマ電池への充電回路，microSD メモリ・カード・スロットなどの機能を満載した 3.3V で動作する Arduino 互換マイコン・ボードです．RTC を搭載しているので，Arduino を周期的にスリープさせたり起動させたりすることが簡単にできます．サンプル 62 に，ガイガー・カウンタでの使用例を記載します．

　また，DF ROBOT 社より，XBee ソケットを搭載した Arduino Leonardo 互換機も登場しています．Arduino Leonardo は，リセットに関する手間がかか

写真12-1　秋月電子通商で販売されているAE-ATmegaの製作例

写真12-2　機能満載のArduino互換機Seeduino Stalker

るものの，シリアルをXBeeが独占できるメリットやスケッチの転送が高速であるメリットがあります．少し残念なのは，micro USB端子がXBeeモジュールの直下にあり，RPSMAコネクタ・タイプのXBeeモジュールを取り付けた状態で，micro USBケーブルが挿せないことや，同じDF ROBOT製のLCD Keypadシールドを接続すると，DCジャック部がシールドに接触して，取り付けが若干斜めになってしまうなどの不具合があります．

　以上の中からArduinoマイコン・ボードを選択するポイントは，やはり目的や用途に合わせて選択することです．開発用であれば，純正Arduino UNOがもっとも適しているでしょう．また，実用段階ではArduino PROやXBeeソケットを搭載したArduino互換機が便利でしょう．

　小型機器への組み込み用には，より小型のArduino Miniマイコン・ボードが候補の一つです．またUSB内蔵のArduino Microや，ストロベリー・リナックス

写真12-3　XBeeソケットを搭載したArduino Leonardo互換機

社が販売しているDa Vinci 32Uのように，ブレッドボードで使用するArduinoマイコン・ボードがあります．Micro，Da VinciともにArduino Leonardoと同じマイコンATmega32u4を使用しているのでスケッチの書き込み時の手間が省けます．Da Vinciの由来はLeonardo Da Vinciなのでしょう．

第6節　XBee ZBによるZigBeeネットワークの設計方法

　親機や子機のそれぞれに対して，Arduinoを使う場合と使わない場合との違い，ZigBeeデバイス・タイプをRouterにする場合とEnd Deviceにする場合の違いについて説明します．

　親機・子機を問わず，Arduinoを使用するかどうかは消費電力と親機，もしくは子機の機能によって判断

します．親機にArduinoを使用した場合は，パソコンに比べて消費電力が少なくて済みます．親機は24時間動かしっぱなしになるので，消費電力が気になる場合は，Arduinoなどのマイコンを利用するのがよいでしょう．ただし，パフォーマンスや機能はパソコンに比べると劣ります（表12-1）．

表12-1 親機のプラットフォーム選択に関するチェック項目

チェック項目	パソコン + XBee	Arduino + XBee
消費電力	気にしない	省電力化が必要
XBeeデバイス管理機能	10台以上が管理可能	数台〜最大10台程度
データ・ログ機能	データベース保存可能	テキスト保存程度, 小容量
IPネットワーク機能	アクセスや処理が大きい	少ない

表12-2 子機のプラットホーム選択に関するチェック項目

チェック項目	Arduino + XBee	XBee単体
消費電力	ACアダプタが必要	乾電池駆動が可能
エナジー・ハーベスト	高容量発電・充電が必要	小型発電・充電回路で動作
センサ・デバイスの省電力制御	複雑な条件処理が可能	単純なON/OFF処理のみ
データ変換, 換算, 補正機能	子機で実施可能	親機での実施が必要
ディジタル出力タイプや制御を必要とするセンサ・デバイス	使用可能	遅延が許容できる場合のみ
XBee Router(中継)機能	データ変換して中継可能	パケット中継のみ可能
データ保持機能	保持可能	親機での保持が必要
子機(End Device)管理機能	複雑な管理が可能	単純な管理が可能
液晶ディスプレイ・モジュールへの出力機能	利用可能	極めて限定的
サウンド出力機能	音階データの利用が可能	ON/OFFのみが可能
アナログ出力機能	PWM出力が可能	ON/OFFのみが可能

表12-3 子機のZigBeeデバイス・タイプ選択に関するチェック項目

チェック項目	ZigBee Router	ZigBee End Device
消費電力	ACアダプタが必要	乾電池駆動が可能
子機のプラットフォーム	Arduino(スリープ機能なし)	XBee ZB単体
パケットの中継機能	中継可能	中継できない
パケットの遅延	ほとんどなし	スリープ周期に依存
通信距離	家中(XBee PROを使用)	同一部屋, 隣接部屋間

一方, 子機にパソコンを使うことは少ないと思います. したがって, 子機の消費電力の比較は, Arduinoを使用する場合とXBee単体との比較を行います(**表12-2**).

およその目安は, 乾電池駆動が必要かどうかで判断すればよいでしょう. 多くの場合, ArduinoはACアダプタで動かすことになり, XBee単体で動かす場合は乾電池で動かすことが多いでしょう. ただし, 演算能力を持ったArduinoと親機からの指示だけで動作するXBee単体とでは機能面で差が出ます. 屋外などでACアダプタは使えないのに演算能力が必要な場合は, 前述のSeeeduino StalkerのようにArduinoを太陽電池＋バッテリで動かすのも一つの方法です.

ZigBeeのデバイス・タイプについても選択を迷う

ことがあるでしょう. 各ZigBeeのデバイス・タイプの違いについては, 第2章第6節を参照してください. ZigBee Routerには, スリープ機能がないので, 乾電池駆動が困難です. ZigBee End Deviceにはスリープ機能がありますが, パケットの中継ができないほか, データの受信に時間がかかることがあります.

子機にACアダプタを使用することが決まっている場合は, End Deviceにする意味があまりないので, ZigBee Routerとして使用します(**表12-3**). 子機にArduinoマイコン・ボードを使用している場合も, ZigBee Routerです. ただし, Seeeduino Stalkerのように, Arduinoを低消費電力動作させているような場合は, ZigBee End Deviceにします.

以上のように, プラットフォームやZigBeeのデバ

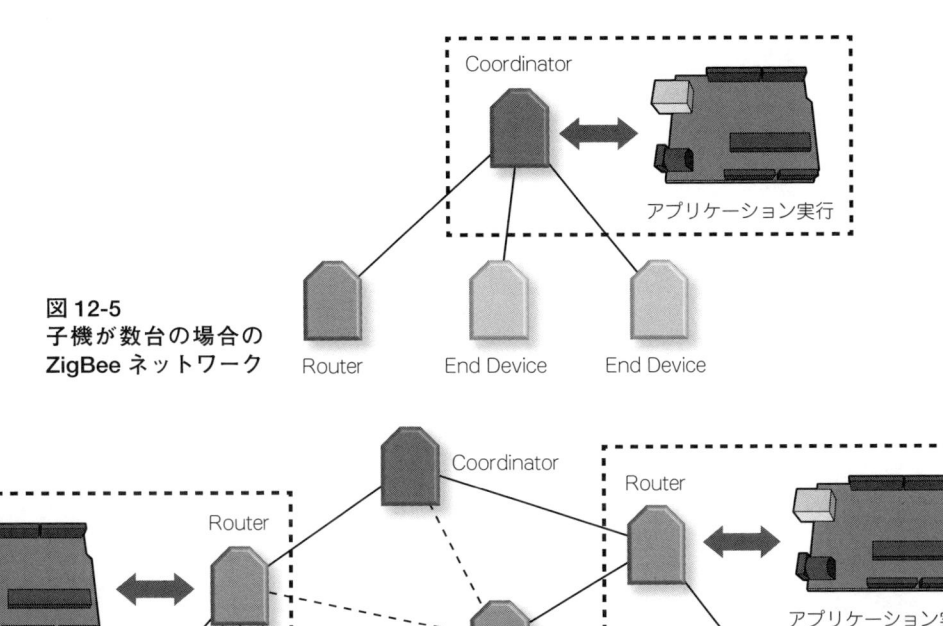

図12-5
子機が数台の場合の
ZigBeeネットワーク

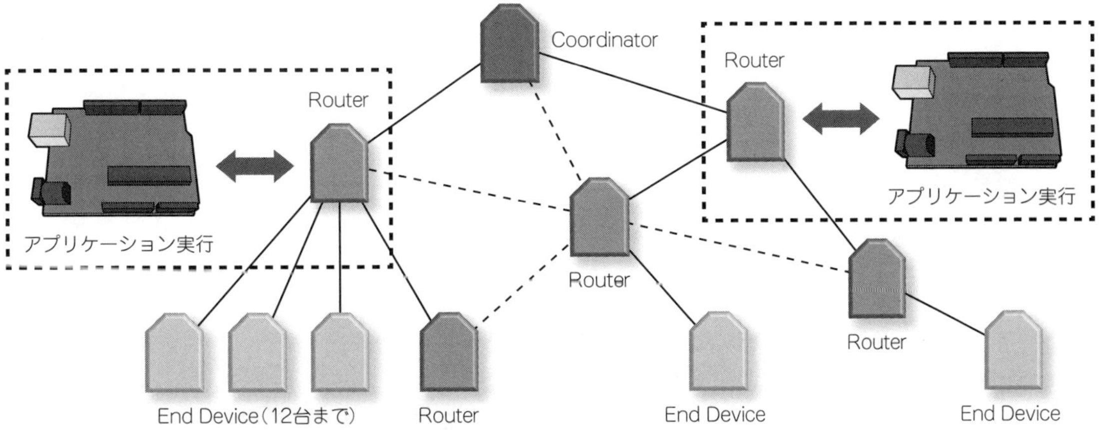

図12-6　子機が多い場合や複数のシステムが混在する場合のZigBeeネットワーク

イス・タイプは，概ね消費電力に応じて選択します．また，乾電池で駆動させることが求められる場合は，消費電力を下げるための工夫をします．センサ・デバイスの消費電力が多いのであれば，センサの電源を制御して低消費電力化を図ります．

このようにして，ZigBeeのデバイス・タイプが決まったら，ZigBeeのネットワーク設計の大半は完了したようなものです．子機が数台しかなく，単一のシステムの場合は，親機のZigBee Coordinatorを搭載したデバイスでアプリケーションを実行し，RouterやEnd DeviceはCoordinatorの直接の支配下に接続するのがよいでしょう(図12-5)．

しかし，子機の数が多い場合や，異なる役割を持つ複数のシステムが共存するような場合は，各システムにZigBee Routerを配備するのがよいでしょう．

ZigBee Coordinatorと各ZigBee Routerは，通信状況に応じて自動的に経路が選ばれます．しかし，ZigBee End Deviceは，Coordinatorまたは各Routerの中の1台に登録され，その区間の経路が固定になります．遅延を考慮すると，システムの親となるRouterにEnd Deviceを登録するほうが良いのですが，同じネットワークIDのZigBeeネットワーク上であれば，通信距離の近い別のシステムのRouterを選んだ方が安定するしょう．ただし，別システムのRouterにEnd Deviceを登録した場合は，その別システムのRouterを止めると，当該End Deviceが動かなくなります．

なお，Routerが中継することのできる段数(ホップ数)は，約8ホップまでの制限があります．あまりにも規模の大きなシステムの場合は注意が必要です．

[第13章]

Arduinoを
XBee ZB子機に用いた
実験・実用
サンプル・プログラム（5例）

　前章で説明したように，Arduinoは親機としてだけではなく子機に用いることも可能です．ここでは，子機のXBeeにArduinoを接続した，実用的なサンプル・プログラムを紹介します．紙面の都合上，一部のスケッチについては主要部分しか掲載していないものがあります．完全なスケッチは，筆者のサイトからダウンロードすることができます．

第1節　Example 56：子機の実験のためのモニタ端末の製作

Example 56

子機の実験のためのモニタ端末の製作

子機用サンプル	通信方式：XBee ZB	開発環境：Arduino IDE

親機から送られてきたテキスト文字を受信すると，受信文字をキャラクタ液晶ディスプレイに表示する子機 XBee PRO ZB 搭載モニタ端末を製作します．子機 XBee PRO ZB モジュールに Arduino を接続するサンプルです．

親機

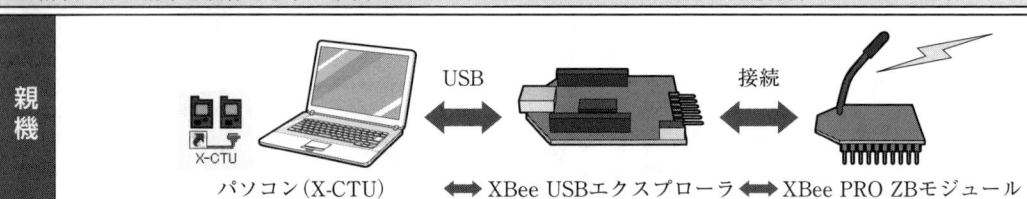

パソコン(X-CTU) ⇔ XBee USBエクスプローラ ⇔ XBee PRO ZBモジュール

通信ファームウェア：ZIGBEE COORDINATOR AT		Coordinator	Transparent モード
電源：USB 5V → 3.3V	シリアル：パソコン(USB)	スリープ(9)：接続なし	RSSI(6)：(LED)
AD1(19)：接続なし	DIO2(18)：接続なし	DIO3(17)：接続なし	Commissioning(20)：(SW)
DIO4(11)：接続なし	DIO11(7)：接続なし	DIO12(4)：接続なし	Associate(15)：(LED)
その他：XBee PRO ZB モジュールは XBee ZB モジュールでも動作します(ただし，通信可能範囲が狭くなる)．			

子機

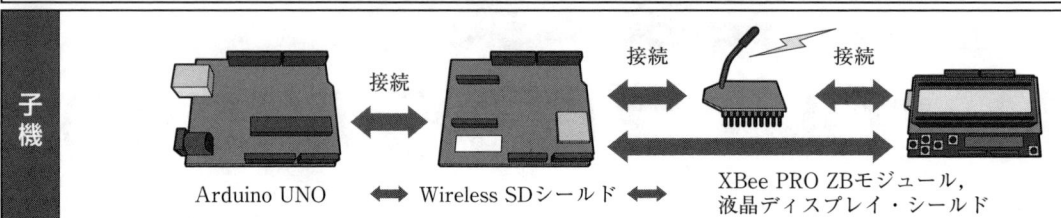

Arduino UNO ⇔ Wireless SDシールド ⇔ XBee PRO ZBモジュール, 液晶ディスプレイ・シールド

通信ファームウェア：ZIGBEE ROUTER API		Router	API モード
電源：USB 5V → 3.3V	シリアル：Arduino	スリープ(9)：接続なし	RSSI(6)：(LED)
DIO1(19)：接続なし	DIO2(18)：接続なし	DIO3(17)：接続なし	Commissioning(20)：接続なし
DIO4(11)：接続なし	DIO11(7)：接続なし	DIO12(4)：接続なし	Associate(15)：接続なし
その他：XBee PRO ZB モジュールは XBee ZB モジュールでも動作します(ただし，通信可能範囲が狭くなる)．			

必要なハードウェア
- Windows が動作するパソコン(USB ポートを搭載したもの)　1台
- Arduino UNO マイコン・ボード　1台
- Arduino Wireless SD シールド　1台
- キャラクタ液晶ディスプレイ・シールド(DF ROBOT または Adafruit 製)　1台
- 各社 XBee USB エクスプローラ　1個
- Digi International 社 XBee PRO ZB モジュール　2個
- USB ケーブルなど

　本章では，子機 XBee ZB モジュールに Arduino UNO マイコン・ボードを接続した「子機 XBee PRO ZB 搭載モニタ端末」の実験・実用例について，子機側の製作・プログラム方法を中心に説明します．実用時は，親機と子機の両方に Arduino を使用することも多いと思いますが，親機側のプログラムについては，これまでのサンプルを参考に製作することができると思うので，ここでは X-CTU の Terminal で代用します．

　子機モニタのハードウェアは，サンプル 38 などで使用している親機 Arduino のハードウェアと同じで，Arduino UNO マイコン・ボード，Arduino Wireless SD シールド，XBee PRO ZB モジュール，キャラクタ液晶ディスプレイ・シールドで構成します．ただし，子機 XBee PRO ZB モジュールに書き込むファームウェアは，これまでと異なり，「ZIGBEE ROUTER API」を使用します．

サンプル・スケッチ56　example56_lcd.ino

```
/************************************************************************
受信したテキスト文字をキャラクタ液晶ディスプレイに表示するXBee子機の実験用サンプルです．
*************************************************************************/
#include <xbee.h>
#include <LiquidCrystal.h>
LiquidCrystal lcd(8, 9, 4, 5, 6, 7);

void setup(){
    lcd.begin(16, 2);                                       // LCDの初期化
    lcd.clear(); lcd.print("Example 56 LCD");
    xbee_init( 0x00 );                                      // XBeeの初期化
    xbee_atcb( 4 );                    ←――――――――①         // ネットワーク初期化
    xbee_atnj(0);                                           // 孫機からのジョインを拒否
    lcd.setCursor(0, 1);                                    // 液晶ディスプレイの2行目に移動
    lcd.print("Commissioning");                             // 文字を表示
    while( xbee_atai() > 0x01 ){       ←――――――――②         // ネットワーク参加状況を確認
        delay(3000);
        xbee_atcb(1);                  ←――――――――③         // ネットワーク参加ボタンを押下
    }
    lcd.clear();
}

void loop(){
    byte i;
    char s[34];                                             // 表示する文字列用の変数
    byte len = 0;                                           // 表示する文字の長さ
    XBEE_RESULT xbee_result;                                // 受信データ用

                                                    ④
    for(i=0;i<34;i++) s[i]='\0';       ←――――――――           // 変数sを初期化
    byte data = xbee_rx_call( &xbee_result );   ⑤
    if( xbee_result.MODE == MODE_UART){←――――――――           // UARTシリアル・データを受信
                                                    ⑥
        for(i=0;i<data;i++){                                // 受信したテキストをsに代入
            if(isprint((char)xbee_result.DATA[i])){         // 受信文字が表示可能のとき
                s[len] = (char)xbee_result.DATA[i];         // 表示用の変数に代入
                len++;                                      // 文字数のインクリメント
                if( len == 16) len=17;                      // 2行目はs[17]～
            }
            if( len >= 33 ) break;                          // 32文字目でループを抜ける
        }
        lcd.clear();
        lcd.print( s );                ←――――――――⑦         // 受信したテキストを表示
        lcd.setCursor(0,1);
        lcd.print( &s[17] );                                // 受信したテキストs[17]～
    } else if( xbee_result.MODE ){                          // その他の受信時
        lcd.clear();
        lcd.print( "MODE="); lcd.print(xbee_result.MODE,  HEX);
        lcd.print(" STAT="); lcd.print(xbee_result.STATUS,HEX);
        lcd.setCursor(0,1);
        for(i=0;i<8;i++){                                   // 送信元のアドレスを表示
            lcd.print(xbee_result.FROM[i]>>4, HEX);  ⎫
            lcd.print(xbee_result.FROM[i]%16, HEX);  ⎬――⑧
        }                                            ⎭
    }
}
```

親機側には，複数の選択肢があります．親機用のXBee PRO ZBモジュールをXBee USBエクスプローラ経由でパソコンに接続し，X-CTUのTerminalとともに使用する場合は，ファームウェア「ZIGBEE COORDINATOR AT」を書き込みます．

一方，親機にもArduinoを使用したり，パソコンからXBee用テスト・ツールxbee_testや，自作プログラムを使用したりする場合は，これまでと同様に「ZIGBEE COORDINATOR API」を書き込みます．ただし，本章の説明では，X-CTUのTerminalを使用

するので，まずは親機 XBee PRO ZB モジュールをパソコンに XBee USB エクスプローラ経由で接続し，「ZIGBEE COORDINATOR AT」のファームウェアで実験を行ってください．

次に，子機の Arduino UNO マイコン・ボードにサンプル 56 のスケッチ「example56_lcd」を書き込みます．書き込み時は，これまでと同様に Arduino UNO マイコン・ボードをパソコンに接続し，Arduino Wireless SD シールド上のシリアル切り替えスイッチを「USB」に切り替えます．書き込みが終われば，スイッチを「MICRO」に戻します．

セットアップが完了したら，親機と子機とのペアリングを行います．子機 XBee PRO ZB 搭載モニタ端末が起動すると，Arduino は，子機 XBee PRO ZB モジュールの ZigBee ネットワーク設定を初期化し，「Commissioning」の文字を表示し，3 秒ごとにコミッショニング・ボタンを自動で押下し続けます．

この状態で，親機の操作を行います．X-CTU の Terminal から「+++」を入力し，1 秒を待ってから，続けて「ATNJFF」「改行」を入力して親機 XBee PRO ZB モジュールをジョイン許可状態にすると，子機 XBee PRO ZB 搭載モニタ端末が親機と同じ ZigBee ネットワークに参加できるようになります．

このようにして，ZigBee ネットワークへの参加が完了すると，子機 XBee PRO ZB 搭載モニタ端末の液晶ディスプレイの文字が消去され，子機は親機からのテキスト・メッセージの待ち受け状態となります．

親機の X-CTU の Terminal からテキスト文字の送信を行うには，「Assemble Packet」ボタンで開く Send Packet ウィンドウ(図 13-1)を使用します．ウィンドウ内にテキスト文字を入力して「Send Data」ボタンをクリックすると，子機 XBee PRO ZB 搭載モニタ端末の液晶ディスプレイにテキスト文字が表示されます．

液晶ディスプレイに表示されない場合は，親機のパケットの送信先が誤っている可能性があります．親機にコミッション・ボタンがある場合は，そのコミッショニング・ボタンを連続 4 回したり，あるいは AT コマンド「ATCB04」を使用したりして，ネットワーク設定を初期化すると，送信宛て先が表 3-4 のブロードキャスト・アドレスに設定されます．もしくは，X-CTU の Terminal から「+++」を入力し，1 秒を待ってから，続けて「ATDH0」「改行」と「ATDLFFFF」「改行」を入力して，宛て先をブロードキャスト・アドレスに設定します．ブロードキャスト・アドレスではなく，子機の IEEE アドレスを設定しても動作します．

それでは，サンプル 56 のスケッチ「example56_lcd.ino」の説明に移ります．これまでの XBee ZB 用のサンプル・プログラムは，ほぼすべてが親機で動作するものでした．親機と子機とのペアリング時は，親機 XBee PRO ZB モジュールをジョイン許可状態に設定し，子機 XBee ZB からコミッショニング・ボタンによる通知を行いました．つまり，ペアリングを行うには，親機のスケッチに少なくともジョイン許可状態の設定を行う機能が必要で，子機のスケッチにはコミッショニング・ボタンによる通知を行う機能が必要です．

サンプル 20 で，子機でも動作するサンプルを少しだけ紹介しており，そこでコミッショニング・ボタンを押下するのと同等の働きを行う「xbee_atcb」関数について触れました．このサンプル 56 においても，xbee_atcb 関数を使用して，子機のコミッショニング・ボタンをスケッチから制御してペアリングを行います．

① 「xbee_atcb」関数の引き数を 4 に設定し，コミッショニング・ボタンを 4 回連続で押下して，子機 Arduino に接続した XBee PRO ZB モジュールの ZigBee ネットワーク設定を初期化します．過去に，ほかの ZigBee ネットワークに接続していた場合を

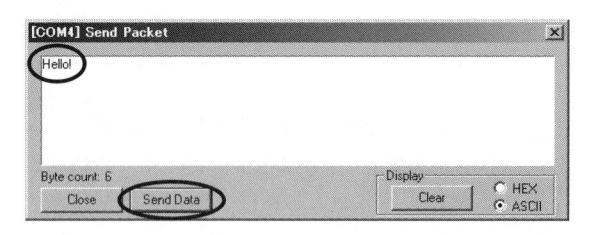

図 13-1　サンプル 56 の親機側の実行例(X-CTU の Terminal)

写真 13-1　サンプル 56 の起動表示

写真 13-2　サンプル 56 の実行例

想定しています．
② 「xbee_atai」は，子機 Arduino に接続した XBee PRO ZB モジュールの ZigBee ネットワーク参加状態を確認する命令です．戻り値が 0x00 の場合は，正常に参加している状態を示します．ただし，正常時に 0x01 を返すことがあるので，ここでは 0x01 よりも大きな値のときに，次の文③を繰り返し実行します．
③ 「xbee_atcb」関数を使用して，コミッショニング・ボタンによる通知を行います．
④ 「xbee_rx_call」関数を使用して，Arduino に接続した XBee PRO ZB モジュールのデータ受信を行います．UART シリアルのデータを受信したときに，受信 UART シリアル信号のデータ長が戻り値に得られるので，変数 data に代入します．
⑤ 受信データが UART シリアル情報であるときに，以降の文を実行します．
⑥ 「xbee_rx_call」関数の実行時，「xbee_result.DATA」に UART シリアル情報(テキスト文字)が代入されます．ここでは，「isprint」関数を使用して表示可能な文字であることを確認し，以降の処理では表示可能な文字のみを文字列変数 s に代入します．
⑦ 文字列変数 s に代入された文字列を，Arduino マイコン・ボードに接続した液晶ディスプレイ・シールドに表示します．
⑧ 「xbee_result.FROM」に代入した UART シリアルの送信者を表示します．「>>4」は 4 ビット・シフトを行うので 16 進数の上位 1 桁を，「%16」は 16 で除算したときの余り，すなわち 16 進数の下位 1 桁を表示します．

ここでは，1 バイトを 2 桁の 16 進数で表示します．ところが，0x00 〜 0x0F のような 1 桁で表わされるときを考慮し，このようなビット演算を用いました．今となっては，ビット演算の使い道が限定されてきているので，ここでは 16 進数の表示のためにビット演算を行っていると解釈すれば十分です．

第2節　Example 57：子機の実験のためのリモート・ブザーの製作

Example 57	子機の実験のためのリモート・ブザーの製作		
	子機用サンプル	通信方式：XBee ZB	開発環境：Arduino IDE

親機から送られてきたコマンドを受信すると，圧電スピーカから音を鳴らすリモート・ブザーを製作します．子機 XBee PRO ZB モジュールに Arduino を接続するサンプルです．

親機

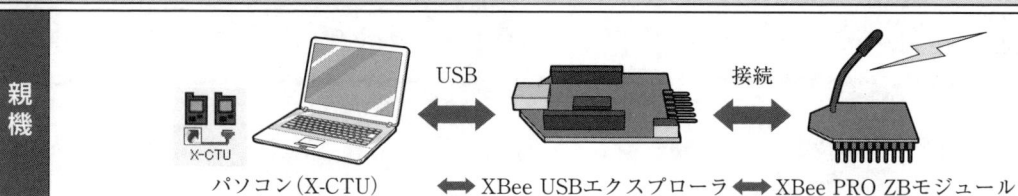

パソコン(X-CTU) ⇔ XBee USBエクスプローラ ⇔ XBee PRO ZBモジュール

通信ファームウェア：ZIGBEE COORDINATOR AT		Coordinator	Transparent モード
電源：USB 5V → 3.3V	シリアル：パソコン(USB)	スリープ(9)：接続なし	RSSI(6)：(LED)
AD1(19)：接続なし	DIO2(18)：接続なし	DIO3(17)：接続なし	Commissioning(20)：(SW)
DIO4(11)：接続なし	DIO11(7)：接続なし	DIO12(4)：接続なし	Associate(15)：(LED)
その他：XBee PRO ZB モジュールは XBee ZB モジュールでも動作します(ただし，通信可能範囲が狭くなる)．			

子機

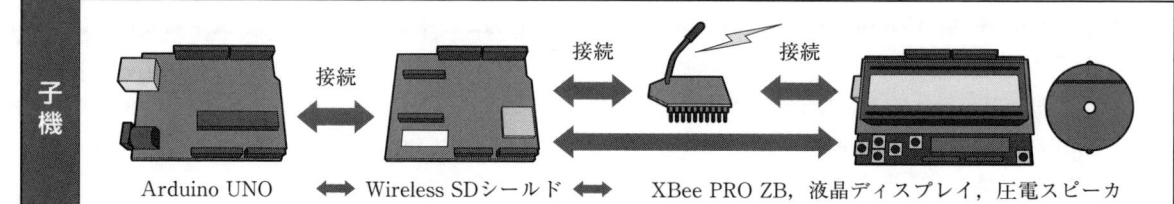

Arduino UNO ⇔ Wireless SDシールド ⇔ XBee PRO ZB，液晶ディスプレイ，圧電スピーカ

通信ファームウェア：ZIGBEE ROUTER API		Router	APIモード
電源：USB 5V → 3.3V	シリアル：Arduino	スリープ(9)：接続なし	RSSI(6)：(LED)
DIO1(19)：接続なし	DIO2(18)：接続なし	DIO3(17)：接続なし	Commissioning(20)：接続なし
DIO4(11)：接続なし	DIO11(7)：接続なし	DIO12(4)：接続なし	Associate(15)：接続なし
その他：XBee PRO ZB モジュールは XBee ZB モジュールでも動作します(ただし，通信可能範囲が狭くなる)．			

必要なハードウェア
- Windows が動作するパソコン(USB ポートを搭載したもの)　　　　1台
- Arduino UNO マイコン・ボード　　　　1台
- Arduino Wireless SD シールド　　　　1台
- キャラクタ液晶ディスプレイ・シールド(DF ROBOT または Adafruit 製)　　　　1台
- 各社 XBee USB エクスプローラ　　　　1個
- Digi International 社 XBee PRO ZB モジュール　　　　2個
- 圧電スピーカ SPT-08 1個，ブレッドボード・ワイヤ適量，USB ケーブルなど

　このサンプル 57 の子機のハードは，サンプル 50 の親機と同じように製作します．Arduino UNO マイコン・ボードのポート Digital 2 に圧電スピーカを接続し，子機 XBee ZB 搭載ブザーとします．ただし，XBee PRO ZB モジュールのファームウェアは「ZIGBEE ROUTER API」を，Arduino UNO 用のスケッチは，「example57_bell」を使用します．

　親機のハードウェア，およびソフトウェアは，サンプル 56 と同じです．また，親機と子機とのペアリング方法も同じです．

　子機を起動し(**写真 13-3**)，ペアリングが完了したら，親機パソコンから X-CTU の Terminal の「Assemble Packet」機能を使用して，子機 XBee ZB 搭載ブザーに 16 進数でデータ「1B 42 03」を送信します．16 進数データを送信するには，**図 13-2** のようにウィンドウ右下の「HEX」を選択してからデータを入力し，「Send

サンプル・スケッチ57　example57_bell.ino

```
/****************************************************************
受信したシリアル信号からの指示でベルを鳴らすXBee子機の実験用サンプルです．
*****************************************************************/

#include <xbee.h>
#include <LiquidCrystal.h>
#include "pitches.h"
#define      PIN_BUZZER     2                       // Digital 2にスピーカを接続

LiquidCrystal lcd(8, 9, 4, 5, 6, 7);
byte buzzer=0x00;                                   // ブザー状態
char s[34]="Example 57 Bell";              ①       // 表示する文字列用の変数

void setup(){
    lcd.begin(16, 2);                               // LCDの初期化
    lcd.clear(); lcd.print(s); s[17]='\0';          // タイトル表示
    xbee_init( 0x00 );                              // XBeeの初期化
    xbee_atcb( 4 );                                 // ネットワーク初期化
    xbee_atnj(0);                                   // 孫機に対するジョイン拒否
    lcd.setCursor(0, 1);                            // 液晶ディスプレイの2行目に移動
    lcd.print("Commissioning");                     // 文字を表示
    while( xbee_atai() > 0x01 ){                    // ネットワーク参加状況を確認
        delay(3000);                       ②
        xbee_atcb(1);                               // ネットワーク参加ボタンを押下
    }
    lcd.clear();
}

void loop(){
    byte i;
    byte len=0;                                     // 表示する文字の長さ
    XBEE_RESULT xbee_result;                        // 受信データ用

    byte data = xbee_rx_call( &xbee_result );       // UARTシリアル・データを受信
    if( xbee_result.MODE == MODE_UART){
        if(xbee_result.DATA[0] == 0x1B){   ③       // ESCコードが先頭だったとき
            if(xbee_result.DATA[1]==(byte)'B'){ ④  // コマンドが「B」のとき
                buzzer = xbee_result.DATA[2];       // ブザー値を設定
                lcd.clear(); lcd.print("Ringing"); ⑤
            }
        }else{                                      // ESCコードではないとき
            for(i=0;i<34;i++) s[i]='\0';            // 変数sを初期化
            for(i=0;i<data;i++){                    // 受信したテキストをsに代入
                if(isprint((char)xbee_result.DATA[i])){  // 受信文字が表示可能のとき
                    s[len] = (char)xbee_result.DATA[i];  // 表示用の変数に代入
                    len++;                          // 文字数のインクリメント
                    if( len == 16) len=17;          // 2行目はs[17]～
                }
                if( len >= 33 ) break;              // 32文字目でループを抜ける
            }
        }
    } else if( xbee_result.MODE ){                  // その他の受信時
        lcd.clear();
        lcd.print( "MODE="); lcd.print(xbee_result.MODE,  HEX);
        lcd.print(" STAT="); lcd.print(xbee_result.STATUS,HEX);
        lcd.setCursor(0,1);
        for(i=0;i<8;i++){                           // 送信元のアドレスを表示
            lcd.print(xbee_result.FROM[i]>>4, HEX);
            lcd.print(xbee_result.FROM[i]%16, HEX);
        }
    }
    if(buzzer){
        tone(PIN_BUZZER,NOTE_A7,100);               // ブザーに音階A7を出力
        delay(200);                        ⑥
    }
}
```

サンプル・スケッチ 57　example57_bell.ino（つづき）

```
        buzzer--;
        if(buzzer==0) len=0xFF;          // ブザーの終了
    }
    if(len){
        lcd.clear();                      // 表示する文字が存在するとき
        lcd.print( s );                   // 受信したテキストを表示
        lcd.setCursor(0,1);
        lcd.print( &s[17] );              // 受信したテキストs[17]〜
    }
}
```

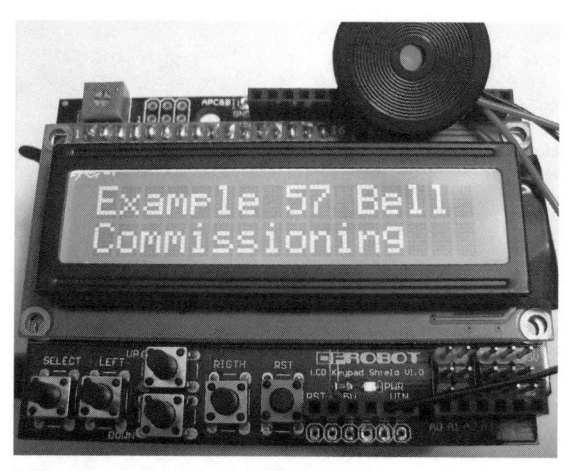

⑦

写真 13-3　サンプル 57 の起動表示

写真 13-4　サンプル 57 の実行例

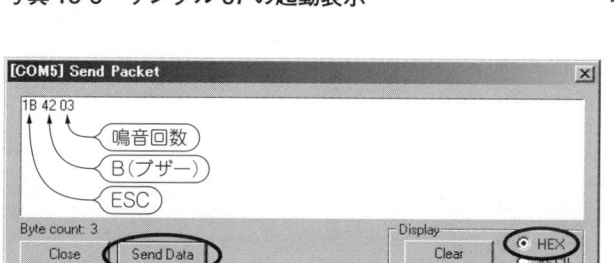

図 13-2　X-CTU の Terminal の「Assemble Packet」機能で 16 進数を入力する

表 13-1　サンプル 57 用のエスケープ・コマンド仕様（ブザー）

位　　置	1バイト目	2バイト目	3バイト目
文字，内容	ESC	B	鳴音回数
コード（例）	1B	42	03

Data」ボタンをクリックします．

　データを受け取った子機は，**写真 13-4** のように「Ringing」を表示するとともに，スピーカから音を 3 回発振します．

　入力した 16 進数データは，**表 13-1** のように定義したこのサンプルの独自コマンドです．例えば，データを「1B 42 01」に変更すると発振回数が 1 回に，「1B 42 05」にすると 5 回に変わります．このサンプルでは，始めの 1 バイト「1B」（エスケープ・コード）を使用して，テキスト文字データとコマンドを切り換え，2 バイト目の「42」（「B」のアスキー文字コード）はブザーを，3 バイト目の「03」は鳴音回数を示します．また，UART シリアル信号のパケットの先頭に「1B」がない場合はテキスト文字と判断し，Arduino の液晶ディスプレイに受信したテキスト文字を表示します．

　次に，サンプル 57 のスケッチ「example57_bell.ino」

について説明します．
① 変数 buzzer と文字列変数 s を定義します．loop 関数の外で定義することで，変数に代入された値を繰り返し処理の間で保持することができます．変数 buzzer は，0 のときにブザーが無効，1 以上のときに鳴音回数を示します．
② 本子機のコミッショニング・ボタンを 3 秒ごとに押下する処理です．
③ UART シリアル信号のパケットの先頭が「1B」(エスケープ・コード)であるかどうかを確認します．
④ UART シリアル信号の 2 バイト目が「B」，すなわちアスキー・コード「42」であることを確認します．
⑤ ブザーの鳴音回数を示す変数 buzzer に UART シリアル信号の 3 バイト目の値を代入します．
⑥ 変数 buzzer に数字が入っている (0 ではない) ときにスピーカから音を鳴らし，変数 buzzer の値を 1 だけ減算します．
⑦ 文字列変数 s の内容を表示します．変数 len は loop 関数の最初で 0 に初期化されるので，この状態のままでは表示しません．テキスト文字を受信したとき，しくはブザーが鳴り終わったときに変数 len に 1 以上の値が代入され，if 内の条件を満たし，表示を実行します．

第3節　Example 58：ワイヤレス湿度センサ子機の製作

Example 58
ワイヤレス湿度センサ子機の製作

子機用サンプル	通信方式：XBee ZB	開発環境：Arduino IDE

Arduinoを使って湿度センサの読み取りと湿度値の算出を行い，その結果を親機に送信するサンプルです．値を読み取るのに制御が必要なセンサをXBee PRO ZBモジュールでワイヤレス化することができます．

親機

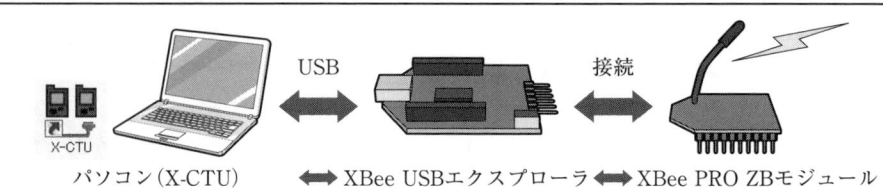

パソコン(X-CTU) ⇔ XBee USBエクスプローラ ⇔ XBee PRO ZBモジュール

通信ファームウェア：ZIGBEE COORDINATOR AT		Coordinator	Transparent モード
電源：USB 5V → 3.3V	シリアル：パソコン(USB)	スリープ(9)：接続なし	RSSI(6)：(LED)
AD1(19)：接続なし	DIO2(18)：接続なし	DIO3(17)：接続なし	Commissioning(20)：(SW)
DIO4(11)：接続なし	DIO11(7)：接続なし	DIO12(4)：接続なし	Associate(15)：(LED)
その他：XBee PRO ZBモジュールはXBee ZBモジュールでも動作します(ただし，通信可能範囲が狭くなる)．			

子機

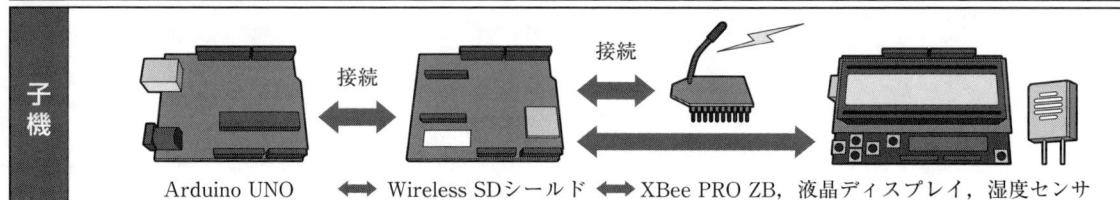

Arduino UNO ⇔ Wireless SDシールド ⇔ XBee PRO ZB，液晶ディスプレイ，湿度センサ

通信ファームウェア：ZIGBEE ROUTER API		Router	APIモード
電源：USB 5V → 3.3V	シリアル：Arduino	スリープ(9)：接続なし	RSSI(6)：(LED)
DIO1(19)：接続なし	DIO2(18)：接続なし	DIO3(17)：接続なし	Commissioning(20)：接続なし
DIO4(11)：接続なし	DIO11(7)：接続なし	DIO12(4)：接続なし	Associate(15)：接続なし
その他：XBee PRO ZBモジュールはXBee ZBモジュールでも動作します(ただし，通信可能範囲が狭くなる)．			

必要なハードウェア
- Windowsが動作するパソコン(USBポートを搭載したもの)　　　1台
- Arduino UNO マイコン・ボード　　　1台
- Arduino Wireless SD シールド　　　1台
- キャラクタ液晶ディスプレイ・シールド(DF ROBOT または Adafruit 製)　1台
- 各社 XBee USB エクスプローラ　　　1個
- Digi International社 XBee PRO ZB モジュール　　　2個
- 湿度センサ General Electric HS-15P 1個，ブレッドボード 1個，フィルム・コンデンサ 0.022μF 1個，ブレッドボード・ワイヤ 適量，USB ケーブルなど

このサンプル58では，GE社の湿度センサHS-15Pを用いて，湿度の測定結果を送信する子機を製作します．親機のハードウェアおよびソフトウェアは，サンプル56，サンプル57と同じです．親機にサンプル61を使ってもよいでしょう．

子機のハードウェアは，ブレッドボード上に，**写真13-5**のような湿度センサの回路を実装し，Arduino UNO マイコン・ボードに接続して製作します．湿度センサHS-15Pの二つの端子は，それぞれArduino UNOのアナログ入力ポートAnalog 3とAnalog 5に接続します．また，Analog 3とGNDの間に0.022μFのフィルム・コンデンサを挿入します．

なお，湿度センサHS-15Pの二つの端子に直流電圧がかかるとセンサが壊れてしまいます．必ず電源を切った状態で製作し，Analog 5のブレッドボード・ワイヤは，スケッチの書き込みも含めて，すべての作

サンプル・スケッチ58　example58_hum.ino（本サンプルはArduino UNOに搭載されているATmega328専用のため，Arduino Leonardo等では動作しません）

```
/****************************************************************
湿度を測定してXBee親機に送信するXBee子機の実験用サンプルです．
****************************************************************/
#include <xbee.h>
#include <LiquidCrystal.h>

#define FORCE_INTERVAL  250             // データ送信間隔（およそ10msの倍数）
#define TEMP_OFFSET     0.0    ①        // Arduino内部温度上昇の補正用

LiquidCrystal lcd(8, 9, 4, 5, 6, 7);
byte dev[]={0,0,0,0,0,0,0,0};  ②        // XBee親機アドレス（すべてゼロ）
byte trig=0;                             // 測定待ち用

void setup(){
    HS15Init();          ③
    lcd.begin(16, 2);                    // LCDの初期化
    lcd.clear(); lcd.print("Example 58 Hum");
    xbee_init( 0x00 );                   // XBeeの初期化
    xbee_atcb( 4 );                      // ネットワーク初期化
    xbee_atnj(0);                        // 孫機に対するジョイン拒否
    lcd.setCursor(0, 1);                 // 液晶ディスプレイの2行目に移動
    lcd.print("Commissioning");          // 文字を表示
    while( xbee_atai() > 0x01 ){         // ネットワーク参加状況を確認
        delay(3000);         ④
        xbee_atcb(1);                    // ネットワーク参加ボタンを押下
    }
    lcd.clear();
}

void loop(){
    byte i;
    char s[17];                          // シリアル・データ保存用
    XBEE_RESULT xbee_result;             // 受信データ用

    if( trig == 0){
        float hum;                       // 湿度値用の変数
        float temp=getTemp()-TEMP_OFFSET;  ⑤
        hum = HS15Read( temp );    ⑥    // 湿度の読み取り
        lcd.clear();
        lcd.print("TEMP=");
        lcd.print(temp,0);
        lcd.print("C ");                 // 温度表示
        lcd.setCursor(0,1);
        lcd.print("HUM=");
        lcd.print(hum,0);
        lcd.print("% ");                 // 湿度表示             ⑦
        sprintf(s,"%02d,%02d\r",(int)temp,(int)hum);  // 送信データ作成
        xbee_uart(dev,s);                // データを送信
        trig = FORCE_INTERVAL;    ⑧
    }
    trig--;            ⑨                // 自動送信しない場合はこの行を削除

    xbee_rx_call( &xbee_result );
    if( xbee_result.MODE == MODE_UART ){  ⑩  // シリアル・データを受信したとき
        if(xbee_result.DATA[0] == 0x1B){  // ESCコードが先頭だったとき
            for(i=0;i<16;i++){
                dev[i]=xbee_result.FROM[i];  // 送信元をdevに保存
            }
            trig=0;                      // 次回のloopで測定して送信
        }
    }
}
```

業が完了してから接続します．

湿度センサのArduino側の接続端子は，DF ROBOT製LCD KeypadシールドとAdafruit製LCD Shield Kitとで異なり，DF ROBOT製のほうは，**写真13-6**

第3節　Example 58：ワイヤレス湿度センサ子機の製作

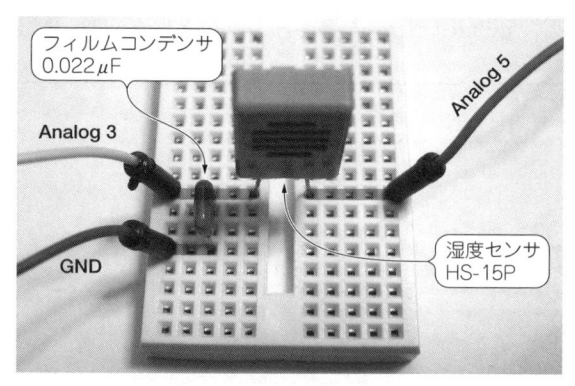

写真 13-5 湿度センサ回路の製作例

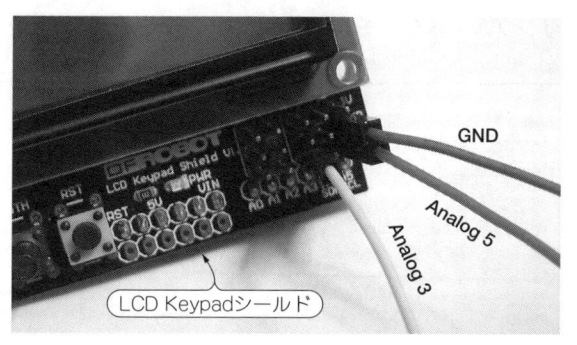

写真 13-6 DF ROBOT LCD Keypad シールド用の湿度センサ接続方法

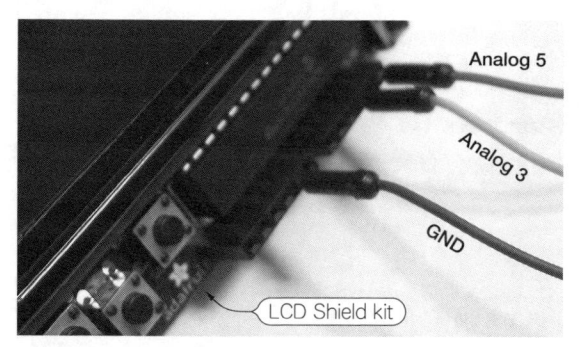

写真 13-7 Adafruit LCD Shield Kit 用の湿度センサ接続方法

のようにシールド右下のアナログ入力ポート部に接続します．縦に3列，横に5ピンの15ピンがあり，最上列は電源+5V，中央列はGND，最下列がアナログ入力ポートです．

アナログ・ポートは，左から右に向かってAnalog 1～5の順で5つ並んでいます．ここでは，GNDとAnalog 3，Analog 5ポートの3端子を使用します．

Adafruit製LCD Shield Kitは，接続用の端子がないので，シールドのはんだ付け時にArduinoシールド用ピン・ソケット(ピンの長いタイプ)を使用し，**写真13-7**のようにGND，Analog 3，Analog 5ポートを引き出します．

本子機のArduino UNOマイコン・ボードに書き込むスケッチは，「example58_hum」です．このスケッチには，メインとなる「example58_hum.ino」のほかに，Arduinoマイコン内部の温度を測定する「getTemp.ino」，湿度センサの制御と読み取り，湿度値への換算を行う「hs15.ino」の三つのスケッチが含まれています．

湿度センサHS-15Pから湿度値を得るには，温度値が必要です．温度値はArduinoマイコン内部の温度センサから得ます．しかし，Arduinoの動作中はマイコンの動作による発熱や電源回路などの発熱によって実際の気温よりも高い値が得られます．

これを補正するには，「example58_hum.ino」内の「#define TEMP_OFFSET」を0にした状態で30分以上動作させた状態で得られた値から，別の正確な温度計の測定値を減算した値をTEMP_OFFSETに設定します．

① #define TEMP_OFFSET 0.0（一度0に設定）
② #define TEMP_OFFSET 2.5（取得値と実温度との差を設定）

また，湿度も同様に正確な湿度計による補正が必要ですが，補正をしなくても一般的な家庭用の湿度計と同じくらいの精度(±5%RH)が得られるようなので，ここでは省略します．

このサンプル58の実行方法，ペアリング方法は，サンプル56やサンプル57と同じです．実行すると，**写真13-8**のような表示となり，ペアリング完了後は，**写真13-9**のように温度と湿度を表示し，親機へ温度と湿度を送信します．親機側のX-CTUで受信した結果の一例を**図13-3**に示します．

それでは，このサンプル58のスケッチ「example58_hum.ino」の説明に移ります．

写真13-8 サンプル58の起動表示

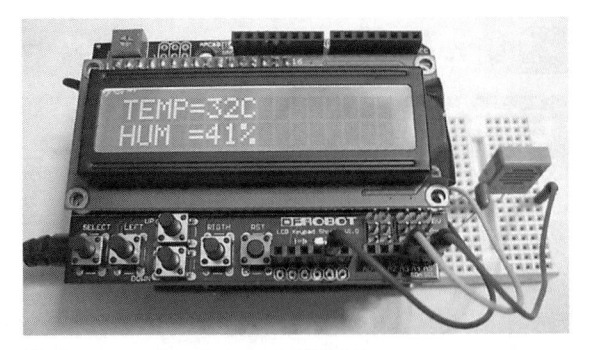

写真13-9 サンプル58の実行例

① 温度補正値を定義します．例えば，TEMP_OFFSET が0.0のときに表示温度が32℃で，気温が30.5℃ であった場合，Arduinoの発熱によって1.5℃の温度差が発生していることがわかるので，「#define TEMP_OFFSET 1.5」に変更します．

② 測定結果の送信先devを定義します．ここでは，すべて0とすることで親機(Coordinator)のアドレスを設定します．また，⑩でほかのXBee ZBモジュールからのデータ取得要求(エスケープ「0x1B」文字)を受けると，送信先devを別のアドレスに変更します．

③ 「HS15Init」は，湿度センサの初期化を行う命令です．本関数はスケッチ「hs15.ino」で定義されています．

④ 本子機のコミッショニング・ボタンを3秒ごとに押下する処理です．

⑤ 「getTemp」は，Arduino内蔵温度センサの温度値を取得する命令です．戻り値に温度値が得られます．本関数は，スケッチ「getTemp.ino」で定義されています．前述①のTEMP_OFFSETで補正した値を変数tempに代入します．

⑥ 「HS15Read」は，湿度センサの湿度値を読み取る命令です．引き数は，温度変数tempの値を渡します．戻り値は湿度値が得られ，変数humに代入します．本関数は，スケッチ「hs15.ino」で定義されています．

⑦ 「sprintf」は，文字列変数に指定フォーマットの文字列を代入する命令です．第1引き数は文字列

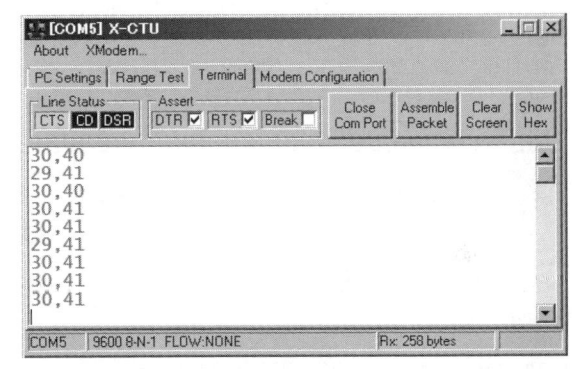

図13-3 サンプル58の実行例(X-CTUで温度と湿度を受信したようす)

変数，第2引き数はフォーマット，第3以降は文字列に挿入する変数です．フォーマットを指定する指定子(「%で始まるもの」)は，一般的なANSI規格に似たものが使用できますが，Arduinoでは多くの制約があります．

⑧ 送信先devに，温度および湿度データを送信します．

⑨ データ送信の間隔をあけるための変数trigの減算です．0になると湿度を測定して送信します．この行を削除すると自動送信を実行しなくなります．

⑩ 親機からUARTシリアル・データを受信したときの処理です．受信したパケットの先頭文字がエスケープ「0x1B」文字のときに，送信元のIEEEアドレスを送信先devに代入し，変数trigを0に設定します．次回のloop処理で，湿度の測定とデータ送信を行います．

第3節 Example 58：ワイヤレス湿度センサ子機の製作

第4節 Example 59：ワイヤレス・ガス・センサ&警報器の製作

Example 59

ワイヤレス・ガス・センサ&警報器の製作
子機用サンプル ／ 通信方式：XBee ZB ／ 開発環境：Arduino IDE

XBee PRO ZB を搭載した Arduino を使ってガス・センサの読み取りと湿度値の算出を行い，その結果を親機に送信するサンプルです．ガス漏れを検出した子機の圧電スピーカから異常音を鳴らし続けます．

親機

パソコン(X-CTU) ⇔ XBee USB エクスプローラ ⇔ XBee PRO ZB モジュール

通信ファームウェア：ZIGBEE COORDINATOR AT		Coordinator	Transparent モード
電源：USB 5V → 3.3V	シリアル：パソコン(USB)	スリープ(9)：接続なし	RSSI(6)：(LED)
AD1(19)：接続なし	DIO2(18)：接続なし	DIO3(17)：接続なし	Commissioning(20)：(SW)
DIO4(11)：接続なし	DIO11(7)：接続なし	DIO12(4)：接続なし	Associate(15)：(LED)
その他：XBee PRO ZB モジュールは XBee ZB モジュールでも動作します（ただし，通信可能範囲が狭くなる）．			

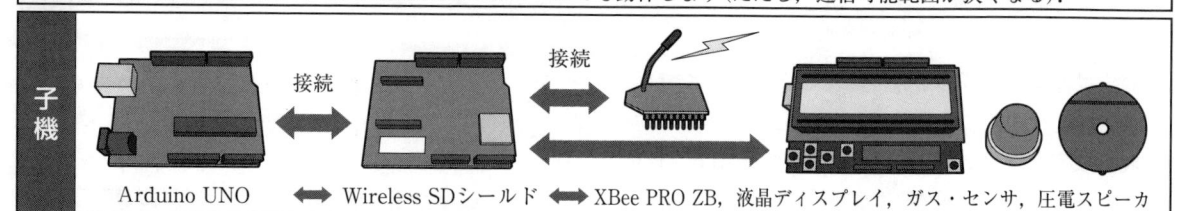

子機

Arduino UNO ⇔ Wireless SD シールド ⇔ XBee PRO ZB，液晶ディスプレイ，ガス・センサ，圧電スピーカ

通信ファームウェア：ZIGBEE ROUTER API		Router	API モード
電源：USB 5V → 3.3V	シリアル：Arduino	スリープ(9)：接続なし	RSSI(6)：(LED)
DIO1(19)：接続なし	DIO2(18)：接続なし	DIO3(17)：接続なし	Commissioning(20)：接続なし
DIO4(11)：接続なし	DIO11(7)：接続なし	DIO12(4)：接続なし	Associate(15)：接続なし
その他：XBee PRO ZB モジュールは XBee ZB モジュールでも動作します（ただし，通信可能範囲が狭くなる）．			

必要なハードウェア
- Windows が動作するパソコン(USB ポートを搭載したもの)　　　　　　1 台
- Arduino UNO マイコン・ボード　　　　　　1 台
- Arduino Wireless SD シールド　　　　　　1 台
- キャラクタ液晶ディスプレイ・シールド(DF ROBOT または Adafruit 製)　　1 台
- 各社 XBee USB エクスプローラ　　　　　　1 個
- Digi International 社 XBee PRO ZB モジュール　　　　　　2 個
- ブレッドボード 1 個，Sparkfan 製ガス・センサ MQ-4 と専用基板 1 組，ピン・ヘッダ 2 ピン 2 組，抵抗 22kΩ 1 個，圧電スピーカ SPT-08 1 個，ブレッドボード・ワイヤ 適量，USB ケーブルなど

注　意

ここでは，あくまでワイヤレス通信を応用するケースとして状況を想定しています．実際にはガス漏れ検知などは，専門の業者の認定を受けたものを使うべきです．

万が一，警報が鳴らないなどによって命に関わる事故が発生しても，出版社および筆者は一切の責任を負いません．

子機に Arduino を用いる別の例として，ガス漏れセンサに応用する場合を考えてみましょう．

例えば，複数の子機 XBee PRO ZB 搭載ガス漏れセンサがあった場合，どのセンサが異常なのかを素早く見つけるには，子機自身が警報音を鳴らす必要があります．また，ワイヤレス通信に異常があっても，ガス漏れが発生している現場で確実にガス漏れを警告する

サンプル・スケッチ 59　example59_gas.ino

```
/************************************************************************
ガス・センサの測定値をXBee親機に送信するXBee子機の実験用サンプルです．
*************************************************************************/
#include <xbee.h>
#include <LiquidCrystal.h>
#include "pitches.h"

#define         PIN_BUZZER       2                      // Digital 2にスピーカを接続
#define         PIN_CH4          1          ①           // Analog 1にメタン・ガス・センサ
#define         CH4_Ro          10          ②           // メタン1000ppm時のセンサ抵抗値[kΩ]

LiquidCrystal lcd(8, 9, 4, 5, 6, 7);
byte buzzer=0x00;                                       // ブザー状態
byte dev[]={0,0,0,0,0,0,0,0};                           // XBee親機アドレス(すべてゼロ)
byte trig=0;                                            // 測定待ち用
int val;                                                // CH4ガスの読み取り値
float ch4;                                              // CH4ガスの測定値

void setup(){
    lcd.begin(16, 2);                                   // LCDのサイズを16文字×2桁に設定
    lcd.clear();                                        // 画面消去
    lcd.print("Example 59 Gas");                        // 文字を表示
    xbee_init( 0x00 );                                  // XBee用COMポートの初期化
    xbee_atcb(4);                                       // ネットワーク初期化
    xbee_atnj(0);                                       // 孫機に対するジョイン拒否
    lcd.setCursor(0, 1);                                // 液晶ディスプレイの2行目に移動
    lcd.print("Commissioning");                         // 文字を表示
    while( xbee_atai() > 0x01 ){                        // ネットワーク参加状況を確認
        for(int i=0;i<6;i++){
            tone(PIN_BUZZER,NOTE_A7,50);       ③       // ペアリング中を表す音を鳴らす
            delay(500);
        }
        xbee_atcb(1);                                   // ネットワーク参加ボタンを押下
    }
    lcd.clear();
}

void loop(){
    byte i,j;
    char s[40];                                         // 送信用の文字列
    XBEE_RESULT xbee_result;                            // 受信データ(詳細)用の変数の定義

    if( trig == 0){
        val = analogRead(PIN_CH4);          ④          // メタン・ガス・センサ読み取り
        ch4 = pow(10,3.0-2.7*log10(22*(1023/(float)val-1)/CH4_Ro));  ⑤
        lcd.clear();                                    // 液晶ディスプレイの画面消去
        lcd.print("CH4 = ");                            // 液晶ディスプレイに文字を表示
        if( ch4 < 10 ) lcd.print( ch4 , 2);    ⑥       // 変数ch4の値を表示
        else lcd.print( ch4 , 0);
        lcd.print("ppm");                               // 変数ch4の値を表示
        sprintf(s, "%05d\r", (int)ch4 );       ⑦       // XBee送信用データ作成
        xbee_uart(dev,s);                      ⑧       // データを送信
        if(ch4 > 1000) buzzer=1;
        else if (ch4 > 100) tone(PIN_BUZZER,NOTE_A7,100);
    }
    trig--;                                             // 自動送信しない場合はこの行を削除

    xbee_rx_call( &xbee_result );
    if( xbee_result.MODE == MODE_UART ){                // シリアル・データを受信したとき
        if(xbee_result.DATA[0] == 0x1B){                // ESCコードが先頭だったとき
            for(i=0;i<16;i++)dev[i]=xbee_result.FROM[i]; // 送信元をdevに保存
            if(xbee_result.DATA[1]=='B'){               // コマンドが'B'のとき
                buzzer=1;                               // 警報音を鳴らす
                if(xbee_result.DATA[2]==0x00){          // 値が0x00のとき        ⑨
```

サンプル・スケッチ 59　example59_gas.ino（つづき）

```
                buzzer=0;              // 警報音を止める
            }
        }
        trig=0;                        // 次回のloopで測定して送信
    }
}
/* ブザー */
if( buzzer ){                          // buzzerが0ではないときに音を鳴らす
    if(buzzer==1){
        tone(PIN_BUZZER,NOTE_B7,200);
        lcd.setCursor(0, 1);
        lcd.print("Gas is Leaking! ");
    }else if(buzzer==31){
        tone(PIN_BUZZER,NOTE_G7,200);
        lcd.setCursor(0, 1);
        lcd.print("                ");
    }else if(buzzer>60) buzzer=0;
    buzzer++;
}
}
```
⑩

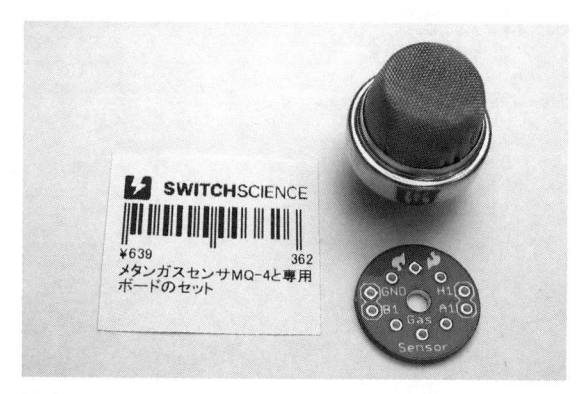

写真 13-10　使用するガス・センサ MQ-4

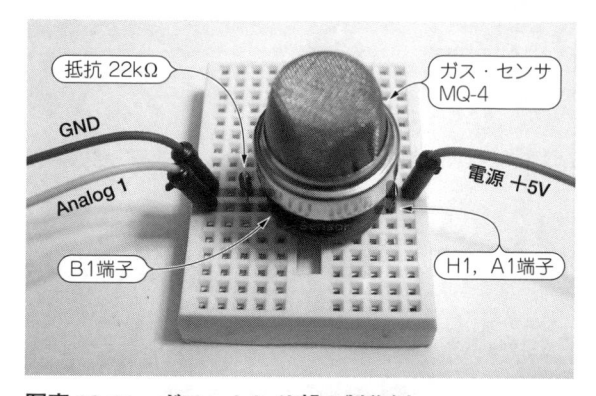

写真 13-11　ガス・センサ部の製作例

必要があります．そこで Arduino マイコンでガス漏れの警報音を鳴らす子機 XBee PRO ZB 搭載ガス・センサが考えられます．

今回使用するガス・センサは，スイッチサイエンス社から Sparkfan 製の専用ボードとセットで販売されているメタン・ガス・センサ MQ-4 です（**写真 13-10**）．都市ガスに含まれるメタン・ガスや LPG 液化石油ガスを検出することができます．

ガス・センサ専用ボードの裏面（印刷のない面）の H1，A1 端子と B1，GND 端子にピン・ヘッダを実装し，表面（Gas Sensor の文字が印刷されている面）ではんだ付けします．その後で，センサを専用ボードの表面に実装し，裏面ではんだ付けします．

子機 Arduino とガス・センサとの接続は，サンプル 48 の**写真 9-16** または**写真 9-17** と同じ電源 +5V，GND，アナログ入力ポート Analog 1 を使用します．これら 3 線を，ガス・センサを実装したブレッドボード（**写真 13-11**）に接続します．

ガス・センサ専用ボードに印刷されている H1 端子と A1 端子との 2 端子を Arduino の電源 +5V 端子へ，GND を Arduino の GND へ，B1 をアナログ入力ポート Analog 1 へ接続し，Analog 1 と GND との間に 22kΩ の抵抗を挿入します．

子機の Arduino UNO マイコン・ボードと圧電ス

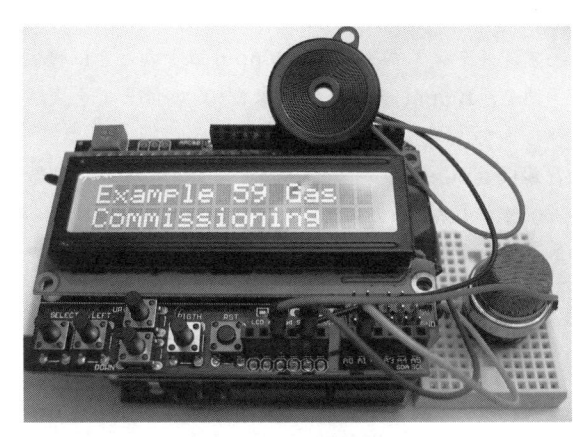

写真 13-12　サンプル 59 の起動表示

写真 13-13　サンプル 59 の実行例

表 13-2　サンプル 59 用のエスケープ・コマンド仕様（ブザー）

位　置	1 バイト目	2 バイト目	3 バイト目
文字，内容	ESC	B	ON(1)/OFF(0)
コード（例）	1B	42	00

ピーカとの接続方法は，サンプル 50 の親機と同じなので説明を省略します．ただし，子機 XBee PRO ZB モジュールのファームウェアは「ZIGBEE ROUTER API」を，スケッチは「example59_gas」を書き込みます．

電源を投入すると，ガス・センサ内のヒータ（約 750mW～最大 900mW）が動作して，熱と臭いを放ちます．また，電源を入れてからしばらくは，値が変動します．正確な測定には，24 時間以上の加熱が必要です．動作確認方法は，息を吹きかけてみたり，ガス警報器用の点検用ガスなどを使用したりします．点検用ガスは，火気厳禁なので取り扱い説明書にしたがって十分に注意してください．

サンプルの動かし方，ペアリング方法は，本章のこれまでのサンプルと同様です．子機 XBee PRO ZB 搭載ガス・センサが，ZigBee ネットワークに接続するまで 3 秒ごとに自動でコミッショニング・ボタンの押下を行い続けます（写真 13-12）．

ペアリングが完了すると，メタン・ガスの濃度を液晶ディスプレイに表示しつつ，親機に測定結果の整数部を送信します．親機への送信は 5 桁のテキスト文字

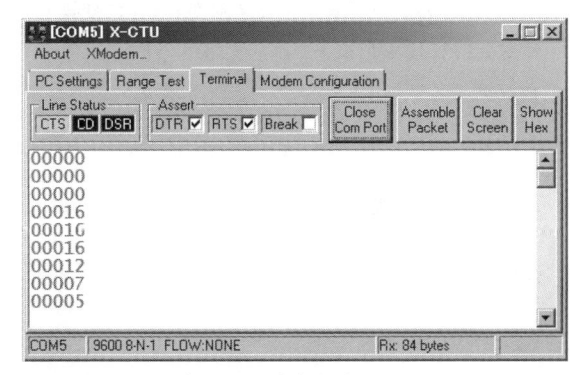

図 13-4　サンプル 59 の実行例（X-CTU でメタン・ガス濃度を受信したようす）

で，例えば 10ppm であれば「00010」，1ppm 以下の場合は「00000」となります．100ppm を超えるとブザーが「ピッ」と鳴り，1000ppm を超えると警報音が鳴り続けます．

警報音は，Arduino マイコン・ボードをリセットする，もしくは親機のパソコン上の X-CTU から「1B 42 00」（表 13-2）の信号を受信するまで鳴り止みません．

それでは，このサンプル 59 のスケッチ「example59_gas.ino」の動作について説明します．スケッチ内の XBee PRO ZB の管理や制御を行う部分は，サンプル 58 に似ています．異なるのは，湿度センサがガス・センサになったこと，センサ値を読み取ったり換算したりする処理を loop 関数内に記述したこと，ブザーを鳴らす処理を追加したことなどです．

① メタン・ガス（CH4）のセンサを接続する Arduino

のアナログ入力ポート番号を定義します．
② ガス・センサの個体偏差を補正する定数です．メタン1000ppm時に，センサの抵抗値が何kΩを示すかを入力します．通常は不明だと思うので，ガス・センサの仕様書に記載の10kΩとします．
③ 本子機のコミッショニング・ボタンを3秒ごとに押下する処理です．液晶ディスプレイなしでの動作と，警報ブザーの動作確認を想定し，本処理中にスピーカから音が出ます．
④ 「analogRead」を用いてArduinoのアナログ入力ポートの値を取得し，変数valに代入します．
⑤ 変数valの値をメタン・ガス濃度ppmに変換し，変数ch4に代入します．
⑥ 液晶ディスプレイに，メタン・ガス濃度を表示します．メタン・ガス濃度が10ppm以上のときは整数値を，10ppm未満のときは1/100の位までを表示します．
⑦ 親機XBeeへデータを送信するための文字列変数sに，メタン・ガス濃度の整数値を代入します．
⑧ 文字列変数sのデータを送信します．
⑨ 本子機が「1B 42 00」を受信すると変数buzzerに0を代入し，ブザーを止める処理です．3バイト目が「1B 42 01」のように0x00以外のときは，ブザーが鳴るように変数buzzerへ1を代入します．
⑩ 変数buzzerの値が0以外のときにブザーを鳴らします．本「loop」関数内で処理が繰り返させるたびに変数buzzerの値が増加し，値に応じて音階を変更します．

第5節 Example 60：ワイヤレス赤外線リモコン送信機の製作

Example 60

ワイヤレス赤外線リモコン送信機の製作		
子機用サンプル	通信方式：XBee ZB	開発環境：Arduino IDE

XBee PRO ZB を搭載した Arduino を使って赤外線リモコン信号を送信します．別の部屋にあるテレビやエアコンといった家電機器を制御することが可能です．

親機

パソコン(X-CTU) ⇔ XBee USBエクスプローラ ⇔ XBee PRO ZBモジュール

通信ファームウェア：ZIGBEE COORDINATOR AT	Coordinator		Transparent モード
電源：USB 5V → 3.3V	シリアル：パソコン(USB)	スリープ(9)：接続なし	RSSI(6)：(LED)
AD1(19)：接続なし	DIO2(18)：接続なし	DIO3(17)：接続なし	Commissioning(20)：(SW)
DIO4(11)：接続なし	DIO11(7)：接続なし	DIO12(4)：接続なし	Associate(15)：(LED)
その他：XBee PRO ZB モジュールは XBee ZB モジュールでも動作します(ただし，通信可能範囲が狭くなる)．			

子機

Arduino UNO ⇔ Wireless SDシールド ⇔ XBee PRO ZB，液晶ディスプレイ，赤外線LED

通信ファームウェア：ZIGBEE ROUTER API	Router		APIモード
電源：USB 5V → 3.3V	シリアル：Arduino	スリープ(9)：接続なし	RSSI(6)：(LED)
DIO1(19)：接続なし	DIO2(18)：接続なし	DIO3(17)：接続なし	Commissioning(20)：接続なし
DIO4(11)：接続なし	DIO11(7)：接続なし	DIO12(4)：接続なし	Associate(15)：接続なし
その他：XBee PRO ZB モジュールは XBee ZB モジュールでも動作します(ただし，通信可能範囲が狭くなる)．			

必要なハードウェア
- Windows が動作するパソコン(USB ポートを搭載したもの)　　　　1台
- Arduino UNO マイコン・ボード　　　　1台
- Arduino Wireless SD シールド　　　　1台
- キャラクタ液晶ディスプレイ・シールド(DF ROBOT または Adafruit 製)　　1台
- 各社 XBee USB エクスプローラ　　　　1個
- Digi International 社 XBee PRO ZB モジュール　　　　2個
- ブレッドボード 1個，赤外線 LED 1個，抵抗 100Ω 1個，ブレッドボード・ワイヤ 適量，USB ケーブルなど

　ここでは，テレビやエアコン，シーリング・ライトなど，赤外線リモコンでコントロールできる家電に赤外線リモコン信号を送信することができる子機 XBee PRO ZB 搭載のリモコン送信機を製作します．

　赤外線もワイヤレスではありますが，隣の部屋からは信号が届きません．このリモコン送信機は，親機 XBee PRO ZB モジュールから電波で送られてきたリモコン制御コードを子機 XBee PRO ZB モジュールで受信し，Arduino マイコン・ボードで赤外線リモコン信号に変換して送信します．

　子機 XBee PRO ZB モジュールのファームウェアは，「ZIGBEE ROUTER API」を，スケッチは「example60_ir」を書き込みます．スケッチの書き込みは，赤外線 LED 部を接続する前に書いておくとよいでしょう．ほかのスケッチなどによって，ディジタル出力 Digital 2 から H レベルが出力されていると，赤

サンプル・スケッチ 60　example60_ir.ino

```
/********************************************************************
受信したシリアル信号からの指示でベルを鳴らすXBee子機の実験用サンプルです．
********************************************************************/
#include <xbee.h>
#include <LiquidCrystal.h>
#define AEHA     0
#define NEC      1
#define SIRC     2

LiquidCrystal lcd(8, 9, 4, 5, 6, 7);

void setup(){
    ir_init();
    lcd.begin(16, 2);                           // LCDの初期化
    lcd.clear(); lcd.print("Example 60 IR");
    xbee_init( 0x00 );                          // XBeeの初期化
    xbee_atcb( 4 );                             // ネットワーク初期化
    xbee_atnj(0);                               // 孫機に対するジョイン拒否
    lcd.setCursor(0, 1);                        // 液晶ディスプレイの2行目に移動
    lcd.print("Commissioning");                 // 文字を表示
    while( xbee_atai() > 0x01 ){                // ネットワーク参加状況を確認
        delay(3000);
        xbee_atcb(1);                           // ネットワーク参加ボタンを押下
    }
    lcd.clear();
}

void loop(){
    byte i;
    byte len=0;                                 // 信号長
    byte type = AEHA;                           // 赤外線方式
    XBEE_RESULT xbee_result;                    // 受信データ用

    byte data = xbee_rx_call( &xbee_result );
    if( xbee_result.MODE == MODE_UART){         // シリアル・データを受信
        if(xbee_result.DATA[0] == 0x1B){        // ESCコードが先頭だったとき
            if( xbee_result.DATA[1]==(byte)'I' &&      ①
                xbee_result.DATA[2]==(byte)'R'){       // コマンドが「IR」のとき
                type = xbee_result.DATA[3];     ②
                len = xbee_result.DATA[4];      ③
                if( len+4 <= data){
                    lcd.clear();
                    lcd.print("IR ");
                    switch(type){
                        case NEC:   lcd.print("NEC "); break;
                        case SIRC:  lcd.print("SIRC "); break;
                        case AEHA:
                        default:    lcd.print("AEHA "); break;
                    }
                    lcd.print("len="); lcd.print(len);
                    lcd.setCursor(0, 1);
                    for(i=0;i<len;i++){
                        lcd.print(xbee_result.DATA[i+5]>>4,HEX);
                        lcd.print(xbee_result.DATA[i+5]%16,HEX);    ④
                    }
                    ir_send( &xbee_result.DATA[5] , len , type );   ⑤
                }else{
                    lcd.clear(); lcd.print("IR ERROR");
                }
            }
        }
    }
}
```

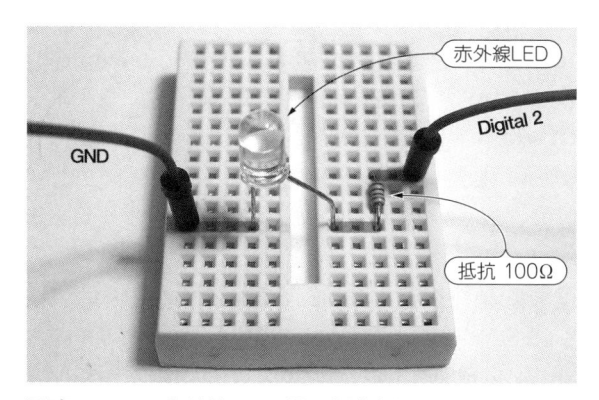

写真 13-14　赤外線 LED 部の製作例

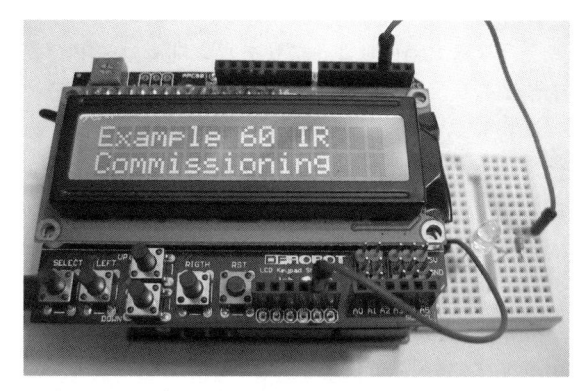

写真 13-15　サンプル 60 の起動表示

表 13-3　サンプル 60 用のエスケープ・コマンド仕様（リモコン送信）

位　置	1バイト目	2バイト目	3バイト目	4バイト目	5バイト目	6バイト目〜
文字，内容	ESC	I	R	種類	サイズ	リモコン・コード
コード(例)	1B	49	52	00	06	AA 5A 8F 12 15 E1

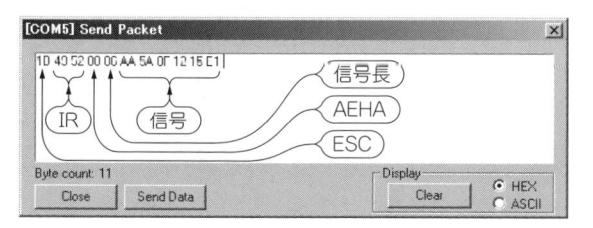

図 13-5　サンプル 60 の実行例（X-CTU から赤外線リモコン用コード入力を行う）

写真 13-16　サンプル 60 の実行例

外線 LED に電流が流れ続けてしまうからです．

　赤外線 LED 部は，**写真 13-14** のようにブレッドボード上に赤外線 LED と負荷抵抗 100Ω を直列に接続して製作します．赤外線 LED は，リード線の長いほうがアノードで，短いほうがカソードです．リード線の短いカソード側を Arduino マイコン・ボードの GND に，アノード側は抵抗を経由してディジタル出力ポート Digital 2 へ接続します．Arduino 側の接続図は，**写真 9-23** もしくは，**写真 9-24** を参照してください．

　負荷抵抗が 100Ω の場合，赤外線 LED によっては 20mA よりも多くの電流が流れてしまう場合があります．赤外線 LED 用の負荷抵抗を Arduino の許容電流 20mA 以下になるように抵抗値を変更して調整します．ディジタル出力 Digital 2 から H レベルが連続で出力されると，LED や Arduino が壊れる場合があるので，注意してください．

　なお，100Ω の負荷抵抗や 20mA 程度の電流では，赤外線リモコン信号が近距離にしか届きません．より長距離の送信を行いたい場合は，電流を増幅する回路が必要です．

　サンプルを起動し（**写真 13-15**），これまでと同様に親機とのペアリングを完了してから，親機を接続したパソコン上の X-CTU から**図 13-5** のように，UART シリアルでエスケープ・コマンドとともにリモコン制御コードを送信します．子機が正しくコードを受信す

第 5 節　Example 60：ワイヤレス赤外線リモコン送信機の製作

ると，**写真13-16**のようにリモコン制御コードが表示されます．

　本子機へ送信するエスケープ・コマンド仕様を，**表13-3**のように定義しました．2バイト目と3バイト目の「IR」はリモコン制御コードを意味し，4バイト目はリモコン・コードの種類(0＝AEHA，1＝NEC，2＝SIRC)，5バイト目はリモコン・コードのサイズ，6バイト目以降がリモコン・コードです．

　国内の家電製品で使用されている赤外線リモコン信号の多くは，AEHA(家電製品協会)方式を採用していますが，オーディオ機器などではNEC方式，ソニーは独自のSIRC方式を採用しています．また，リモコン・コードの先頭には，家電メーカーと機器の種類を識別するためのカスタマ・コードが含まれています．

　AEHA方式は先頭20ビットを，NEC方式は先頭16ビットをそれぞれ家電製品協会とルネサス社が管理・配布することで，異なるメーカー間で同じリモコン・コードが使われないようにしています．一例として，**表13-3**のコード例に含まれる「AA 5A 8x」はシャープ製のテレビを示しており，6バイト全体でシャープのテレビの音量を下げる信号になります．

　それでは，サンプル60のスケッチ「example60_ir.ino」について説明します．

① 親機から本子機への受信データ1バイト目 `xbee_result.DATA[0]` がエスケープ・コード(0x1B)で，2〜3バイト目の文字が「IR」であることを確認します．

② 前記条件を満たすとき，受信データ4バイト目，`xbee_result.DATA[3]` の値を，赤外線リモコンの信号種別を示す変数 `type` に代入します．

③ 受信データ5バイト目，`xbee_result.DATA[4]` の値を，赤外線リモコンの信号のデータ長を示す変数 `len` に代入します．

④ 受信した赤外線リモコン・コードの表示を行います．

⑤ 「ir_send」は，スケッチ「ir_send.ino」内で定義される赤外線リモコン信号を発光する命令です．第1引き数は，リモコン・コードの配列変数，第2引き数は，データ長，第3引き数が，赤外線リモコン信号種別です．

　第1引き数は，データ配列の6バイト目を先頭データの位置として渡します．

[第14章]

Arduinoを使った
XBee ZBネットワークの
応用例

　本章では，Arduino を使った XBee ZB の応用例を紹介します．なお，ページの都合上，スケッチの主要部分しか掲載していないものがあります．完全なスケッチは，筆者のサイトからダウンロードすることができます．

第1節　Example 61：XBee ZB センサ・ネットワーク用ロガー親機

Example 61	XBee ZB センサ・ネットワーク用ロガー親機		
	応用サンプル	通信方式：XBee ZB	開発環境：Arduino IDE

子機 XBee 搭載照度センサの測定値を一定間隔で自動的に親機 XBee に送信し，受け取った結果を時刻情報とともに親機 Arduino の micro SD メモリ・カードに保存します．データ・ロガーのもっとも基本的なサンプルです．

親機

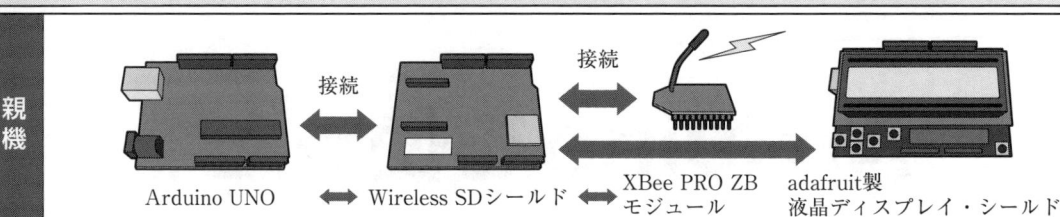

Arduino UNO ⇔ Wireless SD シールド ⇔ XBee PRO ZB モジュール ⇔ adafruit 製 液晶ディスプレイ・シールド

通信ファームウェア：ZIGBEE COORDINATOR API		Coordinator	API モード
電源：USB 5V → 3.3V	シリアル：Arduino	スリープ(9)：接続なし	RSSI(6)：(LED)
DIO1(19)：接続なし	DIO2(18)：接続なし	DIO3(17)：接続なし	Commissioning(20)：接続なし
DIO4(11)：接続なし	DIO11(7)：接続なし	DIO12(4)：接続なし	Associate(15)：接続なし
その他：XBee PRO ZB モジュールは XBee ZB モジュールでも動作します（ただし，通信可能範囲が狭くなる）．			

子機（例）

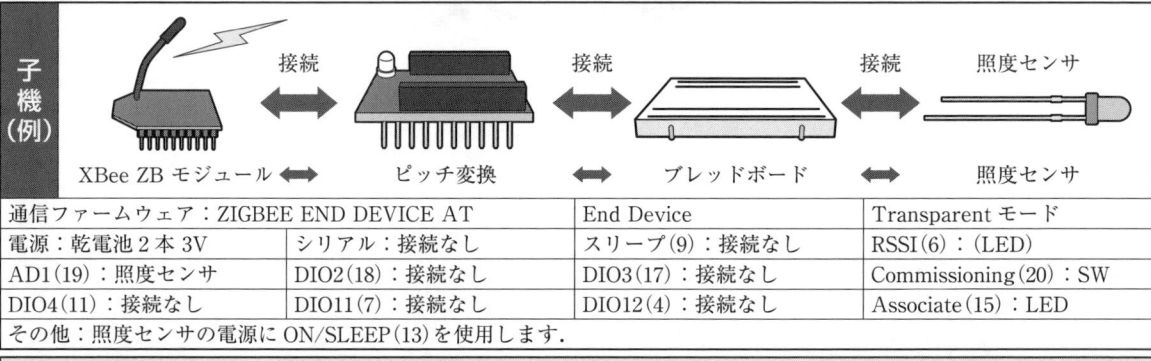

XBee ZB モジュール ⇔ ピッチ変換 ⇔ ブレッドボード ⇔ 照度センサ

通信ファームウェア：ZIGBEE END DEVICE AT		End Device	Transparent モード
電源：乾電池 2 本 3V	シリアル：接続なし	スリープ(9)：接続なし	RSSI(6)：(LED)
AD1(19)：照度センサ	DIO2(18)：接続なし	DIO3(17)：接続なし	Commissioning(20)：SW
DIO4(11)：接続なし	DIO11(7)：接続なし	DIO12(4)：接続なし	Associate(15)：LED
その他：照度センサの電源に ON/SLEEP(13) を使用します．			

必要なハードウェア
- Windows が動作するパソコン（開発用）　　　　　　　　　　1 台
- Arduino UNO マイコン・ボード　　　　　　　　　　　　　1 台
- Arduino Wireless SD シールド　　　　　　　　　　　　　1 台
- キャラクタ液晶ディスプレイ・シールド（Adafruit 製）　　　1 台
- Digi International 社 XBee PRO ZB モジュール　　　　　　1 個
- Digi International 社 XBee ZB モジュール　　　　　　　　1 式
- ブレッドボード　　　　　　　　　　　　　　　　　　　　1 個
- 照度センサ NJL7502L 1 個，抵抗 1kΩ 2 個，高輝度 LED 1 個，コンデンサ 0.1μF 1 個，スイッチ 1 個，単 3×2 直列電池ボックス 1 個，単 3 電池 2 個，ブレッドボード・ワイヤ適量，micro SD メモリ・カード，USB ケーブルなど

このサンプル 61 は，サンプル 46 の応用です．複数の子機 XBee 搭載センサで測定したデータを，Arduino 親機の SD メモリ・カードに保存する XBee ZB センサ・ネットワーク用ロガーの親機を製作します．子機が ZigBee End Device の場合は，乾電池で駆動できるスリープ機能を使用します．

親機のハードウェアはサンプル 38 と同様ですが，サンプル 46 と同様に DF ROBOT 製の液晶ディスプレイ・シールドでは動作しません．液晶ディスプレイ・シールドには Adafruit 製の Adafruit LCD Shield Kit を使用します．

親機の XBee PRO ZB モジュール用ファームウェアは，「ZIGBEE COORDINATOR API」を使用します．前章で子機として使用していた場合は，ファームウェ

サンプル・スケッチ61　example61_log.ino

```
/****************************************************************************
取得した情報をファイルに保存するロガーの製作
*****************************************************************************/
#include <xbee.h>
#include <Wire.h>
#include <Adafruit_MCP23017.h>
#include <Adafruit_RGBLCDShield.h>
#include <SD.h>
#define PIN_SDCS    4                                    // SDのチップ・セレクトCSポート番号
Adafruit_RGBLCDShield lcd = Adafruit_RGBLCDShield();
File file;                                               // SDファイルの定義

void setup() {
    lcd.begin(16, 2);                                    // LCDのサイズを16文字×2桁に設定
    lcd.print("Example 61 LOG  ");                       // 文字を表示
    while(SD.begin(PIN_SDCS)==false){             ─┐     // SDメモリ・カードの開始
        delay(5000);                               │①   // 失敗時は5秒ごとに繰り返し実施
    }                                              │
    xbee_init( 0 );                                │     // XBee用COMポートの初期化
    xbee_atnj(0);                                 ─┘    // 親機XBeeに子機の受け入れを拒否
}

void loop() {
    byte i,data;
    char s[17];
    float value;                                  ─┐②   // 受信データの代入用
    XBEE_RESULT xbee_result;                       │     // 受信データ（詳細）
    char    filename[]="01234567.CSV";             │     // 書き込みファイル名
    unsigned long time=millis()/1000;             ─┘    // 時間[秒]の取得（約50日まで）

    if( lcd.readButtons()==BUTTON_DOWN ){         ─┐     // 液晶ディスプレイ・シールドの下ボタンを押したとき
        lcd.clear();                               │     // 液晶ディスプレイの文字を消去
        lcd.print("Waiting for XBee");             │③   // コミッショニング・ボタン押下待ち
        xbee_atnj(15);                             │     // デバイスの参加受け入れを開始
        lcd.clear();                              ─┘
    }

    data=xbee_rx_call( &xbee_result );            ─┐④   // データを受信
    if( xbee_result.MODE == 0x00 ) return;        ─┘    // データがないときは終了

    for(i=0;i<4;i++){                                    // 送信元アドレスをファイル名に設定
        filename[i*2]   =(char)(((xbee_result.FROM[i+4])>>4)+'0');  ┐
        filename[i*2+1]=(char)(((xbee_result.FROM[i+4])%16)+'0');   │
    }                                                                │⑤
    for(i=0;i<8;i++){                                                │
        if( filename[i] > '9') filename[i] += (char)('A'-'0'-10);   ┘
    }
    lcd.clear();
    lcd.print( time );                                   // 時刻（起動からの経過時間）を表示
    lcd.setCursor(8, 0);                                 // LCDカーソル位置を1行目右側へ
    lcd.print( filename );                               // ファイル名（送信元アドレス）を表示
    lcd.setCursor(0,1);
    file=SD.open(filename,FILE_WRITE);                   // 書き込みファイルのオープン
    file.print(time);                                    // 時刻の出力
    if(file == true){                                    // オープンが成功した場合
        switch( xbee_result.MODE ){
            case MODE_GPIN:                              // IOデータを受信した場合，
                for(i=1;i<=3;i++){                       //   入力値をSDへ保存，液晶ディスプレイへ表示
                    file.print(", ");                                        ┐
                    if(xbee_result.ADCIN[i]==0xFFFF){                        │
                        file.print((xbee_result.GPI.BYTE[0]>>i)&0x01,BIN);   │
                        lcd.print( (xbee_result.GPI.BYTE[0]>>i)&0x01,BIN);   │⑥
                    }else{                                                   │
                        file.print(xbee_result.ADCIN[i],DEC);                │
```

第1節　Example 61：XBee ZB センサ・ネットワーク用ロガー親機　293

サンプル・スケッチ 61　example61_log.ino（つづき）

```
                    lcd.print(xbee_result.ADCIN[i],DEC);
                }
                lcd.print(" ");
            }
            break;
        case MODE_UART:         ←――――――⑦     // UARTシリアル・データを受信した場合
            for(i=0;i<=16;i++) s[i]='¥0';              // 文字列変数sの初期化
            if(data > 16) data=16;                     // 文字の扱いは16文字まで
            for(i=0;i<data;i++){                       // 受信データを文字列変数sへ代入
                if(isprint((char)xbee_result.DATA[i])){
                    s[i] = (char)xbee_result.DATA[i];
                }else s[i] = ' ';
            }
            lcd.print( s );                            // 受信した文字列を表示
            file.print( s );                           // 受信した文字列をSDへ保存
            break;
        case MODE_IDNT:         ←――――――⑧     // コミッショニング・ボタン通知のとき
            xbee_ratd_myaddress(xbee_result.FROM);     // 親機アドレスを子機に設定
            xbee_end_device(xbee_result.FROM,10,10,0); // 自動測定10秒, S端子無効
            lcd.print("Found");                        // XBee子機の発見表示
            break;
        }
        file.println( "" );                            // SDへ改行を保存
        file.close();                                  // ファイル・クローズ
    }else{
        lcd.print("fopen Failed");
    }
}
```

アを書き換えて元に戻す必要があります．そして，Arduino 用スケッチ「example61_log」を Arduino UNO マイコン・ボードへ書き込みます．

本 XBee ZB センサ・ネットワーク用ロガー親機は，子機 XBee ZB に搭載するさまざまなワイヤレス・センサに対応した汎用のロガーです．これまでに紹介した純正の XBee ZB 機器や，サンプル 24 で製作した照度センサなどのアナログ値などを，SD メモリ・カードに保存することができます．ただし，あらかじめ子機 XBee ZB モジュールの GPIO ポート 1～3（ディジタル DIO1～DIO3 入力ポートや，アナログ AD1～AD3 入力ポート）の IO 設定を子機 XBee ZB モジュールに保存しておく必要があります．このサンプルでは，アナログ，ディジタルを問わずポート 1～3 の入力情報の履歴を保存します．

GPIO ポート設定方法は，第 10 章第 2 節に示したとおり，X-CTU の「Modem Configuration」機能や Cygwin 上で動作する xbee_test ツールなど，4 種類の方法があります．Modem Configuration 機能以外で行った場合は，AT コマンドの「ATWR」で設定値を保存しておく必要があります．ここでは，X-CTU の Modem Configuration 機能で設定する方法について簡単に解説します．

まず，設定する子機 XBee ZB モジュールを XBee USB エクスプローラなどでパソコンへ接続し，X-CTU の PC Settings で XBee USB エクスプローラのシリアル COM ポート番号を選択してから，タブ「Modem Configuration」に切り替えます．ウィンドウ内のエクスプローラ風のエリア内の「I/O Settings」内の D1～D3 の値を，それぞれの XBee ZB モジュールの入力に合わせて変更します．サンプル 24 で製作した照度センサであれば，アナログ入力 AD1 ポート（XBee DIO1 ポート 19 番ピン）に照度センサを接続しているので，**図 14-1** のように D1 を「2 - ADC」に変更し，「Write」ボタンで書き込みます．

なお，AT コマンドであれば，「ATD102」を実行後に「ATWR」を，親機のプログラムから子機（アドレス配列変数 dev）に設定する場合であれば，「xbee_gpio_config」関数を使用して，

```
xbee_gpio_config(dev,1,AIN);
```

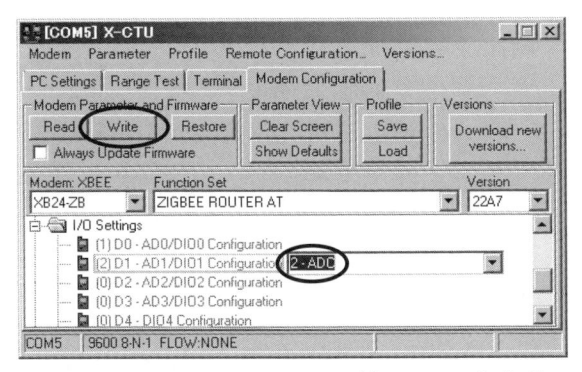

図14-1　X-CTUでXBee ZBモジュールの入力ポート設定を行う

写真14-1　サンプル61の起動表示

写真14-2　サンプル61の実行例

のように記述して設定します．

　今回のサンプル61のスケッチに，XBee ZBモジュールのGPIOポート入力設定を記述しなかったのは，さまざまな子機センサに対応するためです．またGPIOポートの設定は，製作した回路で決まってくるので，本来は今回のようにXBee ZBモジュールにあらかじめ設定しておくのが役割分担として正しい方法です．

　子機にArduinoを使用した子機センサについては，各ポートをディジタル入力やアナログ入力にしない状態（DISABLEDなど）を設定しておく必要があります．もっとも簡単な方法は，XBee ZBモジュールのコミッショニング・ボタンを4回連続で押下することです．もしくは，X-CTUのModem Configuration機能を使用して，「Show Defaults」をクリックしてから「Write」をクリックする方法などがあります．

　親機と子機の製作が完了したら，micro SDメモリ・カードをArduino Wireless SDシールドに挿入した状態で起動します．なるべく新品のmicro SDメモリ・カードを使用します．もしくはFAT16もしくはFAT32形式で初期化したmicro SDメモリ・カードを使用してください．

　親機のロガーは，**写真14-1**のような表示後にSDメモリ・カードやXBee PRO ZBモジュールとの通信の確認を開始します．問題がなければ，約4秒後に液晶ディスプレイの右上に「00000000」が表示され，子機

からのデータを待ち受けます．

　子機とのペアリングを行うには，親機の液晶ディスプレイ・シールド上の「↓（下）」ボタンを押下します．「Waiting for XBee」の表示に切り替わるので，子機のコミッショニング・ボタンを1回だけ押下してすぐに離します．「Waiting for XBee」が消えない場合は，もう一度，子機のコミッショニング・ボタンを操作します．

　子機センサが照度センサの場合は，さらにもう一度，子機のコミッショニング・ボタンを1回だけ押下してすぐに放すと，子機XBee ZBモジュールにセンサ値を自動送信する設定を行います．

　すべてが正しく動作すれば，**写真14-2**のような表示に変わり，子機からデータを受信するたびに更新されます．

第1節　Example 61：XBee ZBセンサ・ネットワーク用ロガー親機　295

この画面の左上（写真で269と表示されている部分）は，データを受信した時刻です．この時刻はArduinoが起動してからの経過秒数を表示します．約50日（約4294967秒）までカウントし，その後0に戻ります．右上の数字は，子機XBee ZB モジュールのIEEEアドレス下8桁（4バイト）です．

液晶ディスプレイ画面の下の行は，受信データです．XBee ZB モジュールのGPIOポート1～3の3ポートの読み取り値を示します．左からポート1, 2, 3の順に，アナログ入力であれば0～1023までの値を，ディジタル入力であれば0～1までの値を表示します．また，UARTシリアル・データであれば，テキスト文字を表示します．

これら液晶ディスプレイに表示されたデータは，SDメモリ・カードへ送信元のアドレスごとのファイルに保存されます．

液晶ディスプレイの右上に「00000000」が表示されたまま動作しない場合は，親機と子機とのペアリングに失敗している，もしくは子機からのデータが受けられない状態であると想定できます．このような場合は，子機のコミッショニング・ボタンを1回だけ押して，すぐに離したときに親機の液晶ディスプレイに「Found」のメッセージが出るかどうかを確認してください．

メッセージが出ない場合は，子機XBee ZB モジュールが既に親機とは異なるZigBeeネットワークに参加している可能性があります．また，ペアリングが正しく行われているのに「00000000」表示のままなのは，子機からの自動送信が設定されていない，宛て先が親機以外になっている，DIN入力もしくはAD入力になっている，GPIOポートが一つもない（ただし，UARTシリアルからデータを送信する場合は，DINやADに設定してはならない）などの原因が考えられます．

どちらの場合も対策方法は同じです．一度，子機XBee ZB モジュールのコミッショニング・ボタンを4回連続で押下してネットワーク情報をリセットし，子機のGPIOポートを再設定してから親機の液晶ディスプレイ・シールドの「下ボタン」を押下してペアリングを行います．

ペアリング後，再度，子機のコミッショニング・ボタンを1回だけ押してすぐに放すと，「Found」のメッセージが表示されるとともに，子機XBee ZB モジュールに自動送信の設定を行います．

受信の度に「fopen Failed」の表示が出る場合は，micro SD メモリ・カードへアクセスするためのSDライブラリが利用できない状態です．XBeeライブラリ，SDライブラリの両方ともがメモリを多く使用するので，メモリを確保できずにエラーが発生します．Arduino IDEのバージョンが筆者の使用しているVer 1.0.5以外の場合は，Ver 1.0.6を使用してください．新しくても古くても，メモリ超過で動作しない場合があります．

それでは，このサンプル61のスケッチ「example61_log.ino」の説明を行います．使用する関数は，すべてこれまでのサンプルで使用してきたものです．また，SDメモリ・カードへの書き込み部は，サンプル34とサンプル46を参照すれば理解できると思います．したがって，ここではブロックごとの役割の説明に止めます．

① 「setup」関数内で液晶ディスプレイ，SDライブラリ，XBeeライブラリの順に初期化を行います．
② 使用する変数の定義です．
③ 液晶ディスプレイ・シールド上の「下ボタン」を押したときに，子機XBee ZBからのジョインを許可状態します．
④ 親機XBee PRO ZBで受信したデータを読み込みます．受信がない場合は，「loop」関数の先頭に戻って処理を繰り返します．
⑤ 送信元のIEEEアドレスの下8桁（4バイト）をファイル名にします．
⑥ IOデータを受信した場合の処理です．受信したデータがアナログ値の場合はアナログ値を，そうでない場合はディジタル値としてデータを液晶ディスプレイに表示し，SDメモリ・カードへ保存します．
⑦ UARTシリアル・データを受信した場合の処理で

す．16文字までに制限し，表示可能な文字を液晶ディスプレイとSDメモリ・カードへ出力します．表示できない文字コードは「スペース」に置き換えます．

⑧ コミッショニング・ボタンによる通知を受け取った場合の処理です．送信元の子機XBee ZBモジュールのファームウェアがZigBee End Deviceの場合に，省電力状態に設定します．子機がZigBee Routerの場合は，自動測定のみを設定します．

なお，本スケッチは，汎用的なロガーとして使用可能であり，今後も筆者のサイトでソフトウェアを修正する可能性があります．Arduino IDEのバージョンアップにも，なるべく対応していくつもりです．しかし，その場合は，メモリの制約に対応するため，本書のスケッチや動作仕様を変更する場合があります．

第2節 Example 62：XBee ZB 搭載ガイガー・カウンタによる放射線量の測定

Example 62

XBee ZB 搭載ガイガー・カウンタによる放射線量の測定		
応用サンプル	通信方式：XBee ZB	開発環境：Arduino IDE

太陽電池搭載の低消費電力動作が可能な Arduino 互換機と組み込み版ポケット・ガイガーを使った XBee ZB モジュール搭載のワイヤレス放射線センサを製作します．

親機

パソコン（X-CTU） ⇔ XBee USBエクスプローラ ⇔ XBee PRO ZBモジュール

通信ファームウェア：ZIGBEE COORDINATOR AT		Coordinator	Transparent モード
電源：USB 5V → 3.3V	シリアル：パソコン（USB）	スリープ（9）：接続なし	RSSI（6）：（LED）
DIO1（19）：接続なし	DIO2（18）：接続なし	DIO3（17）：接続なし	Commissioning（20）：（SW）
DIO4（11）：接続なし	DIO11（7）：接続なし	DIO12（4）：接続なし	Associate（15）：（LED）
その他：XBee PRO ZB モジュールは XBee ZB モジュールでも動作します（ただし，通信可能範囲が狭くなる）．			

子機

Seeeduino Stalker ⇔ XBee ZB，ポケット・ガイガー Type 5

通信ファームウェア：ZIGBEE END DEVICE API		End Device	API モード
電源：バッテリ → 3.3V	シリアル：Arduino	スリープ（9）：Arduino Analog 3	RSSI（6）：（LED）
DIO1（19）：接続なし	DIO2（18）：接続なし	DIO3（17）：接続なし	Commissioning（20）：接続なし
DIO4（11）：接続なし	DIO11（7）：接続なし	DIO12（4）：接続なし	Associate（15）：接続なし
その他：Seeeduino Stalker は seeed studuio 製 Arduino 互換機です．ここでは v2.3 を使用します．			

必要なハードウェア
- Windows が動作するパソコン（USB ポートを搭載したもの）　　　1 台
- Seeeduino Stalker v2.3 Waterproof Solar Kit　　　1 式
  （XBee USB エクスプローラ，太陽電池，リチウム・ポリマバッテリ，防水ケースなどが付属）
- Digi International 社 XBee PRO ZB モジュール　　　1 個
- Digi International 社 XBee ZB モジュール　　　1 個
- RADIATION WATCH 組込版ポケット・ガイガー Type 5　　　1 個
- 16 ホール・ユニバーサル基板 3 枚（一列に連結），ピン・ヘッダ 1×13 ピン 1 個，ピン・ソケット 1×10 1 個，MOS FET IRLML6402 1 個，抵抗 1kΩ 1 個，ブレッドボード・ワイヤ 1 本，ビニール線 適量，USB ケーブルなど

　ここでは，子機 XBee ZB 搭載のガイガー・カウンタ（放射線量センサ子機）を製作します．子機を屋外に設置することで，屋外の放射線量を屋内で確認することができるようになります．子機に Arduino 互換機である seeed studuio 製 Seeeduino Stalker v2.3 Waterproof Solar Kit を使用することで，太陽電池とリチウム・ポリマ電池を使って持続的な低消費電力動作を行うことができます．ただし，永続動作や測定精度などの信頼性については一切の補償はないので，人命や健康障害に関わるような用途には使用できません．

　子機のハードウェアの製作例を，**写真 14-3** に示します．中央の部品は RADIATION WATCH 製の組み込み版ポケット・ガイガー Type 5 です．同社のサイト，もしくはマルツ電波のネット通販サイトなどで購入することができます．写真の左側は太陽電池，右側は Arduino 互換機 Seeeduino Stalker v2.3 です．基板

サンプル・スケッチ 62　example62_geiger.ino

```
/****************************************************************
組み込み版ポケット・ガイガーを使ったワイヤレス放射線センサを製作します．
*****************************************************************/
#include <xbee.h>
#include <Wire.h>                                                    ①
#include <DS3231.h>
#define     PIN_LED             13              // LED(SDのCLKと共通)
#define     PIN_XB_SLEEP        17              // Analag 3 XBeeのスリープ端子
#define     PIN_BATTERY         7               // バッテリ電圧入力(アナログ)
#define     TIME_MEAS           120             // 2分 測定時間(秒)       ②
#define     SLEEP_DURATION      900             // 15分 休止間隔(秒)
DS3231 RTC;                                     // RTCオブジェクトの定義

byte dev[]={0x00,0x00,0x00,0x00,0x00,0x00,0x00,0x00}; // オール0はCoordinator
char s[40];                                     // 送信用の文字列
char sb[10];                                    // 文字列生成用のバッファ
                        ③
void xbee_wake(){
    digitalWrite(PIN_XB_SLEEP, HIGH);           // XBeeのスリープ設定
    delay(10);
    digitalWrite(PIN_XB_SLEEP, LOW);            // XBeeのスリープ解除
    delay(10);
}
                        ④
void xbee_setup(){
    xbee_at("ATST03E8");                        // Time before Sleepを1秒に設定
    xbee_at("ATSP012C");                        // 受信間隔を3秒に設定
    xbee_at("ATSM05");                          // Cyclic Sleep + PIN wakeモードに設定
}

void setup(){
    analogReference(INTERNAL);                  // ADCに内部の基準電圧を使用する
    pinMode(PIN_LED, OUTPUT);                   // LED(SDのCLKと共通)
    pinMode(PIN_XB_SLEEP, OUTPUT);              // XBeeのスリープ端子
    geiger_init();                              // ポケット・ガイガーの設定
    Wire.begin();           ⑤
    RTC.begin();
    xbee_wake();                                // XBee ZBモジュールのスリープ(一時)解除
    xbee_init( 0x00 );                          // XBee用COMポートの初期化
    xbee_setup();
    powMan_ei();            ⑥
}

void loop(){
    int i,j=0;
    float temp;                                 // 温度
    float battery;                              // 電池電圧
    float num;                                  // カウント数の保存用
    float uSv;                                  // 放射線量uSv値の保存用
    DateTime now;                               // 現在時刻

    xbee_wake();                                // XBeeのスリープを解除する
    while( xbee_ping(dev) == 0xFF ){            // ping応答を確認
        while( xbee_atai() > 0x01 ){            // ネットワーク参加状況を確認
            for(i=0;i<60;i++){
                digitalWrite(PIN_LED,i%2);      // LEDの高速点滅
                delay(30);
            }                                   ⑦
            xbee_wake();
            xbee_atcb(1);                       // ネットワーク参加ボタンを押下
            j++; if(j>10){ j=0; xbee_atcb(4); } // ネットワーク初期化
        }
        xbee_setup();                           // XBeeの省電力設定
        delay(1000) ;
        powMan_ei();
    }
```

サンプル・スケッチ 62　example62_geiger.ino（つづき）

```
        xbee_from(dev);                                     // ping応答のあったアドレスを保存
        xbee_atd(dev);                    ────⑧            // 宛て先アドレスを設定
        geiger_on();                                        // ポケット・ガイガーの電源をONにする

        /* 測定 */                          ⑨
        geiger_time_reset();          ←─
        while( geiger_time() <= TIME_MEAS ){                // 測定時間がTIME_MEAS内のときに繰り返し
            num=geiger_count_6sec();          ────⑩        // ガイガー・カウント(測定に6秒を要する)
            uSv=geiger_uSv_6sec();             ────⑪        // 放射線量の値を取得
            RTC.convertTemperature();                       // 現在の温度値をレジスタに保存
            temp = RTC.getTemperature();                    // RTCから温度の測定結果を読み込み
            battery = ((float)analogRead(PIN_BATTERY)-500)/160+3.2; // バッテリ電圧を取得
            now = RTC.now();                                // 現在の時刻を読み込む
            sprintf(s,"%02d%02d%02d",now.hour(),now.minute(),now.second());
            if( num < 1000 ) sprintf( sb ,",%03d", (int)num );
            else sprintf( sb ,",XXX" );
            strcat( s, sb );
            if( uSv < 10 ) sprintf( sb ,",%03d", (int)(uSv*100) );
            else sprintf( sb ,",XXX" );
            strcat( s, sb );                                                    ⑫
            sprintf( sb ,",%03d", (int)(battery*100) );
            strcat( s, sb );
            sprintf( sb ,",%03d\r", (int)(temp*10) );
            strcat( s, sb );
            xbee_wake();                                    // XBee ZBモジュールのスリープ(一時)解除
            xbee_uart( dev , s );           ────⑬          // 測定結果(文字列)の送信
            delay(100);                                     // 送信完了待ち
            if( battery < 3.6 ) break;                      // 電池電圧3.6V未満だとループを抜ける
        }
        digitalWrite(PIN_XB_SLEEP, LOW);                    // XBeeのスリープ解除
        digitalWrite(PIN_LED, LOW);                         // LED消灯
        geiger_off();                                       // ポケット・ガイガーの電源をOFFにする
        powMan_sleep();           ←────⑭                  // スリープへ移行
}
```

写真 14-3 XBee ZB 搭載のガイガー・カウンタの製作例

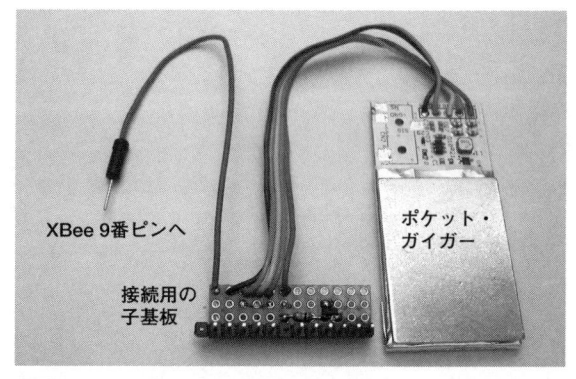

写真 14-4 ポケット・ガイガーを Seeeduino Stalker に接続するのに必要な子基板

上に XBee ZB モジュールとポケット・ガイガーとの接続用の小基板を実装しています．バッテリは基板の裏側に搭載しています．

　Seeeduino Stalker とポケット・ガイガーを接続するための子基板の製作例を，**写真 14-4** に示します．子基板の製作には，表面実装部品のはんだ付けが必要です．子基板に実装する部品は安価なものが多いので，はんだ付けに慣れていない人は部材を多めに買っておき，失敗したら新しい部品で作り直すと良いでしょう．

　子基板の役割は，ポケット・ガイガーの電源スイッ

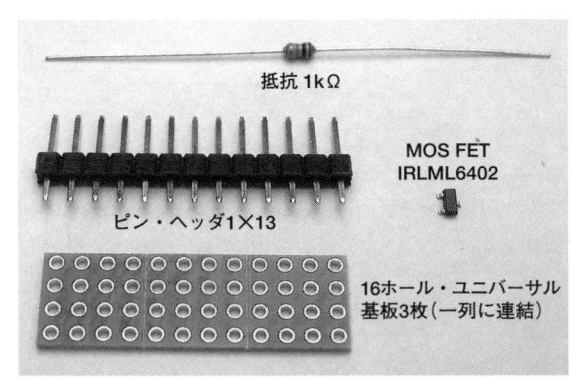

写真14-5 ポケット・ガイガーとの接続用の子基板を製作するための部品

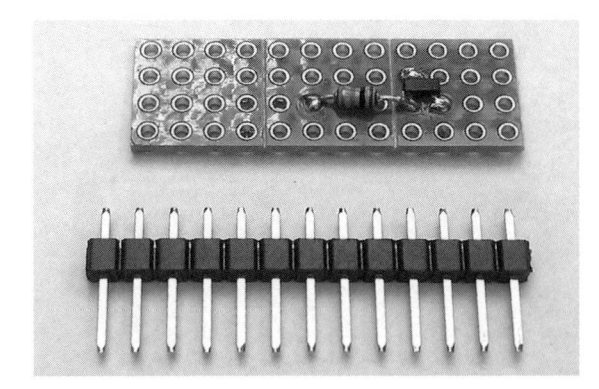

写真14-6 ポケット・ガイガーとの接続用の子基板へFETと抵抗をはんだ付けしたようす

チ回路とポケット・ガイガーへの配線の引き出しです．ポケット・ガイガーの電源は，MOS FET（IRLML6402）のドレイン端子から供給されます．そして，スイッチ動作は，このMOS FETのゲート端子に抵抗1kΩ経由で接続されたArduinoのAnalog 0ポートからの制御によって行われます．

ただし，ここでは部品点数を少なくするために，必要な部品を割り切って省略しています．本Arduinoは3.3V動作であり，ポケット・ガイガー用の電源はリチウム・ポリマ電池の最大4.2Vであることを考えると，MOS FETのV_{GS}に0.9Vもの電位差が発生してしまって，常時ON状態やリーク状態になってしまう懸念があります．この点が気になる場合は，ゲート入力の抵抗1kΩをダイオード1N4148等に置き換えるか，もしくは直列に接続します．ダイオードはマーキングのないアノード側をMOS FET側になるように接続することで，MOS FETのV_{GS}の電位差を縮めることができます．さらにゲートがオープンになることに不安な場合は，ゲートとソース間に100kΩの抵抗を追加しても良いでしょう．

子基板の部品面のようすは，**写真14-6**のようになります．また，基板の裏面の配線は，**写真14-7**のようになります．右上の6か所のリード線をハンダ付けする5か所は，ポケット・ガイガーへの接続用の端子です．ポケット・ガイガーの基板上に書かれている端子名と同じ順序，端子名で（写真の基板パターン面か

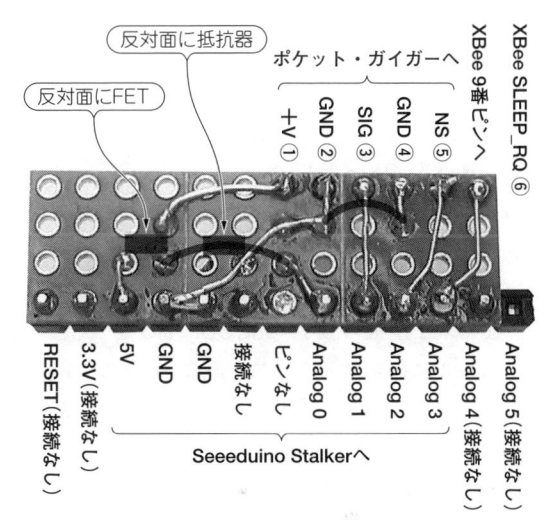

写真14-7 ポケット・ガイガーとの接続用の子基板の配線

ら見て）左側から接続端子①電源+V，②GND，③放射線パルスSIG，④GND，⑤ノイズ検出信号NSです．一番右の1か所が，XBeeに接続するための接続用端子⑥SLEEP_RQです．XBee ZBモジュールの9番ピンに接続します．

子基板の配線をするうえで注意しなければならない点は，両面スルーホール基板であることです．例えば，接続端子②と④のGNDを部品面でジャンパ配線するときに，③のSIG信号とショートしないように注意が必要です．また，抵抗器の配線面もGNDが交差するので，抵抗器の両端の端子がGNDに接触しないよ

第2節　Example 62：XBee ZB搭載ガイガー・カウンタによる放射線量の測定

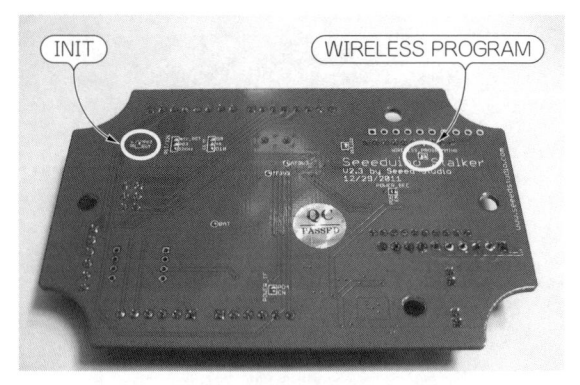

写真 14-8　Seeeduino Stalker のジャンパ変更

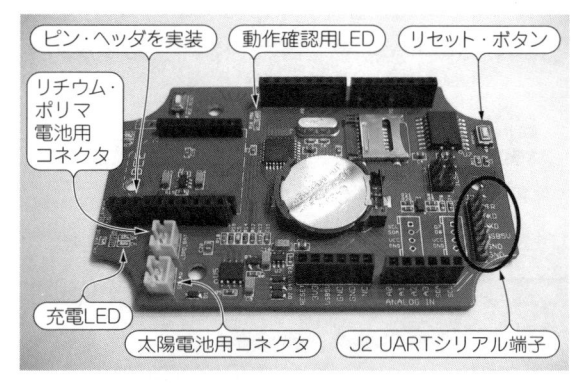

写真 14-9　Seeeduino Stalker の USB シリアル変換アダプタ接続用端子（J2）

うに注意が必要です．

　次に，Arduino 互換機 Seeeduino Stalker のジャンパを変更する方法について説明します．ジャンパは，Seeeduino Stalker 基板の裏面にあり，**写真 14-8** の「INIT」の基板上のパターン・パッドに，はんだを盛ってショートに，「WIRELESS PROGRAM」のパッドをカッター・ナイフなどで切断してオープンに変更します．また，子基板の端子⑥ SLEEP_RQ を XBee ZB モジュールに接続するために，**写真 14-9** の XBee ソケットの近くにピン・ソケット（1×10）をはんだ付けします．

　次に，このサンプル 62 のスケッチ「example62_geiger」を Seeeduino Stalker へ書き込みます．ただし，Seeeduino Stalker には USB 端子がないので，USB シリアル変換アダプタ（3.3V 動作）を，**写真 14-9** の右下にある J2 端子へ接続し，USB シリアル変換アダプタのドライバをインストール後に，パソコンで Arduino IDE を起動し，「ツール」メニューの「シリアル・ポート」から USB シリアル変換アダプタの COM ポート番号を選択し，さらに「ツール」メニューの「マイコン・ボード」から「Arduino Pro or Pro mini（8MHz，3.3V）with ATmega 328」を選択し，その後にスケッチを書き込む必要があります．

　以上で子機の各パーツの準備が完了しましたので，次に組み立て方法について説明します．

　XBee ZB モジュールとポケット・ガイガー接続用の子基板を Seeeduino Stalker へ接続し，コイン型リチウム電池を基板中央のフォルダに装着して，動作確認を行います．電源は，J2 の USB5V から 5V を供給する，もしくは Waterproof Solar Kit に付属する太陽電池を「SOLAR」端子に接続し，リチウム・ポリマ電池を Seeeduino Stalker の「LIPO_BAT」端子へ接続し，明るい場所で充電します．充電中は，LED「CH」が点灯します．

　付属のリチウム・ポリマ電池を，Seeeduino Stalker 以外の回路で充電したり，ほかのリチウム・イオン電池やリチウム・ポリマ電池を Seeeduino Stalker で充電したりすることは極めて危険です．また，電池の温度が 45℃ を超える場所での充電も危険です．炎天下などに放置すると，急速に内部温度が上昇することがあります．温度を 40℃ 以下に保てるように，設置する場所には十分に注意してください，また，実験後は涼しい場所で保管してください．

　万が一，内部温度が 45℃ を超えてしまった場合は，爆発する危険性が高まっています．爆発に対して十分な安全を確保したうえで，速やかに燃えるものが周囲にない涼しい場所に Seeeduino Stalker を退避します．温度が下がってからも 30 分以上は近づかないように注意します．

　さらに，Waterproof Solar Kit に付属するケースは，密閉構造となっており，爆発したときに破損した筐体が飛び散る恐れがあるので，バッテリ装着部の近くを

ドリルで開口し，ビニール・テープなどで防水しておくと良いでしょう．いかなる事故についても，出版社および筆者は責任を負いません．

また，気温の低い屋外へ持ち出すと，筐体内部に水滴が生じる恐れがあります．この水滴は電気を通さないので直ぐにショートする恐れはありませんが，内部の導電物が溶け出してショートしたり内部の金属部品が錆びてしまう場合があります．シリカゲルなどの乾燥剤とともに密閉することで，内部の水滴の発生を低減することができます．

製作した子機 XBee ZB 搭載ガイガー・カウンタが起動すると，Seeeduino Stalker 基板上の動作確認用 LED が高速に点滅します．点滅が始まらない場合は，基板上のリセット・ボタンを押下します．子機が親機 XBee ZB を発見すると低速点滅に変わり，放射線量の測定を行います．ポケット・ガイガーがノイズを検出すると，動作確認用 LED は点灯に変わり，測定（放射線パルスの加算）が行われません．

筆者のポケット・ガイガーでは動作させたままで組み立てるときに振動が続いてしまった場合や，起動直後に電圧が不足してしまった場合などに，ノイズ検出信号が出っぱなし（信号がロックアップ状態）になることがあります．動作確認用 LED の点灯状態が継続するようになってしまった場合は，本体を1度だけ手で軽く衝撃を与えてノイズ検出信号を意図的に変化させたり，一度，電源を切って UART シリアル接続端子の USB5V 端子から 5V を供給したりすることで復活します．

測定中は，6秒ごとに途中の測定結果を親機へ送信し約120秒で測定が完了します．測定が終わるとスリープ・モードに移行し，動作確認用 LED が消灯します．以降，測定とスリープを15分毎に繰り返します．ただし，動作確認用 LED が点灯したままの状態になった場合は，スリープには入らずに，同じ測定結果を出力し続けます．

図 14-2 に親機での受信例を示します．左から時刻，放射線パルス数，放射線量，電池電圧，温度を示しています．時刻は，2桁ずつ時分秒の6桁表示です．放

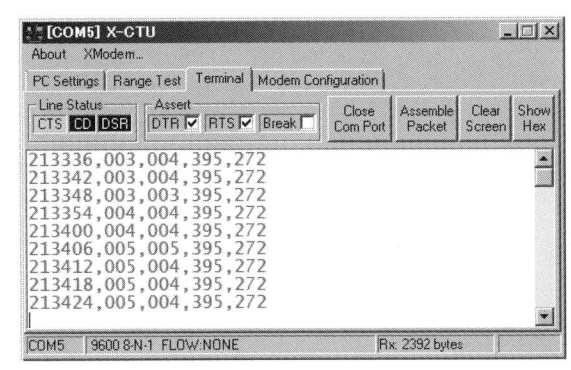

図 14-2　サンプル 62 の実行例（X-CTU で放射線量の測定値を受信したようす）

射線量の単位は $1/100\mu$Sv で，21 時 34 分 24 秒の測定結果は 0.04μSv です．電池電圧の単位は 1/100V で 3.95V，温度は 1/10℃ で 27.2℃ を示します．なお，電池電圧や温度表示は参考値です．信頼のある値ではありません．

このサンプル 62 のスケッチ「example62_geiger.ino」の動作概要を説明します．本スケッチは，別ファイル「geiger.ino」と「powMan.ino」とともに動作します．「geiger.ino」はポケット・ガイガーの制御用関数を，「powMan.ino」は Seeeduino Stalker の省電力制御を行う関数をまとめたスケッチです．

① Seeeduino Stalker の RTC を使用するためのライブラリをインクルードします．

②「define」文で測定を継続する時間 TIME_MEAS と，測定とスリープを繰り返す間隔 SLEEP_DURATION を定義します．ここでは測定時間 120 秒，繰り返し周期を 900 秒（15分）としています．

③ 本子機に搭載する XBee ZB モジュールをスリープから復帰させるための命令「xbee_wake」を定義します．Seeeduino Stalker の Analog 3 番ポートを制御し，XBee ZB モジュールの SLEEP_RQ（XBee 9 番ピン）へ出力します．

④ 本子機に搭載する XBee ZB モジュールのスリープに関する設定を行う命令「xbee_setup」を定義します．この関数は，「ATST」「ATSP」「ATSM」の三つの AT コマンドを実行します．それぞれの AT コマン

ドについては，第10章第5節を参照してください．

⑤「`geiger_init`」は，別ファイル geiger.ino で定義されるポケット・ガイガーの初期化関数です．

⑥「`powMan_ei`」は，別ファイル powMan.ino で定義されるスリープ復帰用の割り込み設定を行う関数です．本値を設定してから `SLEEP_DURATION` で定義した時間後に割り込みが発生して，Arduino マイコンが起動します．スリープの直前ではなく，処理の直前に設定することで，処理時間の変化に関わらず，同じ周期で Arduino マイコンを起動させることができます．

⑦本子機 XBee ZB が親機とペアリングを行うための処理部です．本子機のネットワーク設定を初期化後，ZigBee ネットワークに参加し，親機に対する `xbee_ping` の応答が得られるまで，LED を高速に点滅させながら繰り返し処理を行います．

⑧「`xbee_atd`」は，本 End Device からのデータ送信先アドレスとして引き数の変数 dev（親機 Coordinator のアドレス）を設定する命令です．

⑨「`geiger_time_reset`」は，geiger.ino で定義されるガイガー・カウンタのカウント値（cpm 値）をリセットする命令です．初回起動時やスリープからの復帰時にリセットします．

⑩「`geiger_count_6sec`」は，geiger.ino で定義されるガイガー・カウンタの放射線パルスのカウントを 6 秒だけ実施する関数です．本関数の実行中の 6 秒間は，ほかの処理ができなくなります．処理完了後に，放射線パルスのカウント値を戻り値として出力します．

⑪「`geiger_uSv_6sec`」は，カウント値を放射線量 [μSv]（マイクロ・シーベルト）に変換する関数です．これらの関数は，繰り返し実行することで過去のカウント総数，平均の放射線量を得ることができます．

⑫測定結果出力用の文字列変数 s へ時刻，放射線パルス数，放射線量，電池電圧，温度をテキストで代入します．

⑬「`xbee_uart`」を使用して，親機に測定結果を送信します．

⑭「`powMan_sleep`」は，powMan.ino で定義される Arduino マイコンをスリープに設定するための命令です．ここで，一旦，Arduino マイコンの電源が切れますが，⑥の `powMan_ei` を実行してから `SLEEP_DURATION` 時間（15 分）毎に起動し，起動するたびに loop 関数内の処理を実行します．

Seeeduino Stalker に搭載されているリアルタイム・クロック（RTC）は，リチウム・ポリマ電池を外して Arduino マイコンの電源を切った状態であっても，基板上のコイン型リチウム電池で動作を維持します．しかし，購入時やコイン型リチウム電池の残量がなくなると，日時がリセットされてしまいます．このような場合は，Seeeduino Stalker に時刻設定用のスケッチを書き込んで設定します．

Arduino IDE の「libraries」フォルダ内に「DS3231」がインストールされているので，Arduino IDE の「開く」ボタンから「DS3231」→「adjust」を選択して，時刻設定用のサンプル・スケッチを開きます．スケッチ内に

`DateTime dt(2011, 11, 10, 15, 18, 0, 5);`

のような記述があります．括弧内の左から順に，西暦年，月，日，時，分，秒，曜日を示すので，設定したい日時に変更して Seeeduino Stalker に書き込みます．曜日は，日曜が 0，月曜が 1 と続き，土曜は 6 です．この時刻設定用サンプル・スケッチ「adjust」では，カレンダは，日曜始まりとして定義していますが，月曜始まりにしたい場合は，weekDay の定義を変更します（本書のサンプルでは曜日は使用しないので，設定しなくてもかまわない）．

時刻設定用スケッチ「adjust」は，実行するたびにスケッチ内に記述した日時に設定するので，一度，実行したあとは，速やかに本章サンプル 62 のスケッチ「example62_geiger」を書き込みます．正しい時刻が設定されているかどうかは，サンプル 62 を動かしてパソコンの X-CTU 上に表示される UART シリアル受信データを確認してください．

第3節 Example 63：XBee ZB 搭載ガイガー用警報ベル親機の製作

Example 63

	XBee ZB 搭載ガイガー用警報ベル親機の製作		
	応用サンプル	通信方式：XBee ZB	開発環境：Arduino IDE

屋外に設置した XBee ZB モジュール搭載のワイヤレス放射線センサの測定値を屋内で受信する警報ベル親機を製作します．

親機：Arduino UNO ⇔ Wireless SD シールド ⇔ XBee PRO ZB モジュール ⇔ adafruit 製 液晶ディスプレイ・シールド ／ 圧電スピーカ

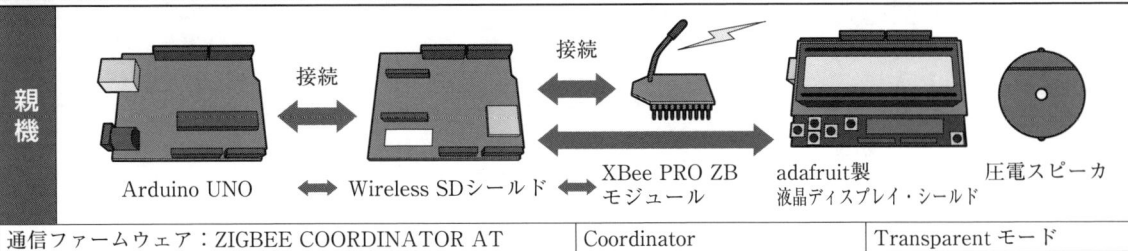

通信ファームウェア：ZIGBEE COORDINATOR AT		Coordinator	Transparent モード
電源：USB 5V → 3.3V	シリアル：パソコン（USB）	スリープ（9）：接続なし	RSSI（6）：（LED）
AD1（19）：接続なし	DIO2（18）：接続なし	DIO3（17）：接続なし	Commissioning（20）：（SW）
DIO4（11）：接続なし	DIO11（7）：接続なし	DIO12（4）：接続なし	Associate（15）：（LED）
その他：XBee PRO ZB モジュールは XBee ZB モジュールでも動作します（ただし，通信可能範囲が狭くなる）．			

子機：Seeeduino Stalker ⇔ XBee ZB，ポケット・ガイガー Type 5

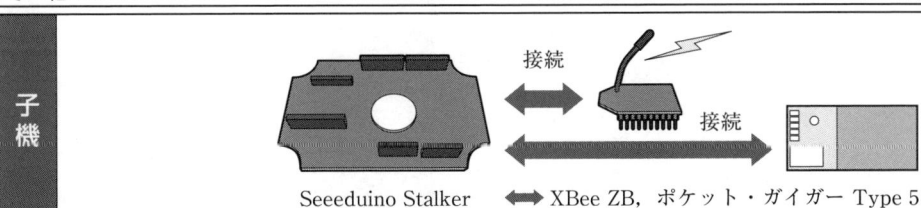

通信ファームウェア：ZIGBEE END DEVICE API		End Device	API モード
電源：バッテリ → 3.3V	シリアル：Arduino	スリープ（9）：Arduino Analog 3	RSSI（6）：（LED）
DIO1（19）：接続なし	DIO2（18）：接続なし	DIO3（17）：接続なし	Commissioning（20）：接続なし
DIO4（11）：接続なし	DIO11（7）：接続なし	DIO12（4）：接続なし	Associate（15）：接続なし
その他：Seeeduino Stalker は seeed studuio 製 Arduino 互換機です．ここでは v2.3 を使用します．			

必要なハードウェア
- Windows が動作するパソコン（USB ポートを搭載したもの） 1台
- Arduino UNO マイコン・ボード 1台
- Arduino Wireless SD シールド 1台
- キャラクタ液晶ディスプレイ・シールド（Adafruit 製） 1台
- Seeeduino Stalker v2.3 Waterproof Solar Kit 1式
  （XBee USB エクスプローラ，太陽電池，リチウム・ポリマバッテリ，防水ケースなどが付属）
- Digi International 社 XBee PRO ZB モジュール 1個
- Digi International 社 XBee ZB モジュール 1個
- RADIATION WATCH 組込版ポケット・ガイガー Type 5 1個
- 16 ホール・ユニバーサル基板 3 枚（一列に連結），ピン・ヘッダ 1×13 ピン 1個，ピン・ソケット 1×10 1個，MOS FET IRLML6402 1個，抵抗 1kΩ 1個，ブレッドボード・ワイヤ 1本，スピーカ 1個，ビニール線，USB ケーブルなど

　このサンプル 63 は，サンプル 62 で製作した子機用の専用親機です．屋外に設置した子機 XBee ZB 搭載ガイガー・カウンタで測定した放射線量が一定値を超えたときに，本親機から警告音を鳴らします．また，通信エラーやバッテリ残量についても表示を行います．受信したデータは，時刻とともに micro SD へ保存します．

　親機のハードウェアは，サンプル 61 と同様に，Adafruit 製の Adafruit LCD Shield Kit を使用します．圧電スピーカの接続は，サンプル 50 の**写真 9-24** と同じように Arduino UNO のポート Digital 2 と GND との間に接続します．また，親機の XBee PRO ZB モ

サンプル・スケッチ 63　example63_log.ino

```
/****************************************************************
屋外に設置した子機XBee ZB搭載ガイガー・カウンタ専用の親機です。
*****************************************************************/
#include <xbee.h>
#include <Wire.h>
#include <Adafruit_MCP23017.h>
#include <Adafruit_RGBLCDShield.h>
#include <SD.h>
#include "pitches.h"
#define PIN_SDCS    4                                // SDのチップ・セレクトCSポート番号
#define PIN_BUZZER  2          ①                    // Digital 2にスピーカを接続

Adafruit_RGBLCDShield lcd = Adafruit_RGBLCDShield();
File file;                                           // SDファイルの定義
unsigned int min20;                                  // 次回の測定期限[20分単位]
byte err;                                            // エラーのカウント

void setup() {
    lcd.begin(16, 2);                                // LCDのサイズを16文字×2桁に設定
    lcd.print("Example 63 LOG  ");                   // 文字を表示
    while(SD.begin(PIN_SDCS)==false){                // SDメモリ・カードの開始
        delay(5000);                                 // 失敗時は5秒ごとに繰り返し実施
    }
    xbee_init( 0 );                                  // XBee用COMポートの初期化
    xbee_at("ATSP0AF0");        ②                   // 最大スリープ時間を本機に設定
    xbee_at("ATSN3C");
    min20 = 0;                                       // 次回の測定期限
}

void loop() {
    byte i,data;
    float value;                                     // 受信データの代入用
    XBEE_RESULT xbee_result;                         // 受信データ(詳細)
    unsigned long time=millis()/1000;                // 時間[秒]の取得(約50日まで)

    /* 子機ガイガーから20分～40分以上の受信がなければペアリングを行う */
    unsigned int time20 = (unsigned int)(time/60/20);
    if( time20 >= min20 && time20 < 3579){    ③     // 約20～40分の経過を確認
        lcd.setCursor(0,1);
        lcd.print("Waiting 4 Geiger");   ④
        if( xbee_atnj(30)==0 ) err++;                // 30秒のジョイン許可
        lcd.clear();
        min20 = time20 + 2;           ⑤             // 約20～40分後の時間[20分単位]
        if( min20 >= 3579 ) min20 = 1;               // 約50日後にmillisが0になる対策
    }
    data=xbee_rx_call( &xbee_result );               // データを受信
    if( xbee_result.MODE == 0x00 ) return;           // データがないときは終了
    if( xbee_result.MODE == MODE_UART ){             // UARTシリアル・データ
        min20 = time20 + 2;           ⑥             // 約20～40分後の時間[20分単位]
        if( min20 >= 3579 ) min20 = 1;               // 約50日後にmillisが0になる対策
        i=0;                                         // エラー検出用フラグとして使用
        if( data == 23 ) for(i=0; i<22; i++){        // データ長=23
            if(!isdigit(xbee_result.DATA[i]) && xbee_result.DATA[i] != (byte)',') break;
        }
        if( i==22 && xbee_result.DATA[22]=='\r'){  ⑦
            lcd.clear();
            lcd.print( (char)xbee_result.DATA[11] );
            lcd.print( '.' );
            lcd.print( (char)xbee_result.DATA[12] );
            lcd.print( (char)xbee_result.DATA[13] );
            lcd.print( " uSv/h" );
            lcd.setCursor(11,0);              ⑧
            lcd.print( (char)xbee_result.DATA[19] );
            lcd.print( (char)xbee_result.DATA[20] );
```

```
            lcd.print( '.' );
            lcd.print( (char)xbee_result.DATA[21] );
            lcd.print( 'C' );
            lcd.setCursor(0,1);
            lcd.print( (char)xbee_result.DATA[0] );
            lcd.print( (char)xbee_result.DATA[1] );
            lcd.print( ':' );
            lcd.print( (char)xbee_result.DATA[2] );
            lcd.print( (char)xbee_result.DATA[3] );
            lcd.print( ':' );
            lcd.print( (char)xbee_result.DATA[4] );
            lcd.print( (char)xbee_result.DATA[5] );
            lcd.setCursor(11,1);
            lcd.print( (char)xbee_result.DATA[15] );
            lcd.print( '.' );
            lcd.print( (char)xbee_result.DATA[16] );
            lcd.print( (char)xbee_result.DATA[17] );
            lcd.print( 'V' );
            file=SD.open("GEIGER.CSV",FILE_WRITE);      // 書き込みファイルのオープン
            if(file == true){                            // オープンが成功した場合
                for(i=0;i<22;i++)                                    ⑨
                    file.print((char)xbee_result.DATA[i]);  // 受信した文字列をSDへ保存
                file.println( "" );                     // SDへ改行を保存
                file.close();                           // ファイルクローズ
            }else{
                lcd.setCursor(11,1);
                lcd.print( "SD-ER" );
            }
            if( xbee_result.DATA[11] > (byte)'0' ){    // 1uSv/h以上のとき
                tone(PIN_BUZZER,NOTE_A7,100);           // ブザーに音階A7を出力
                lcd.setCursor(11,1);                                 ⑩
                lcd.print( "HIGH!" );
            }
        }else err++;         ←――――――――⑪
        lcd.setCursor(9,1);
        lcd.print( err , HEX );  ←――――⑫
    }
}
```

ジュール用ファームウェアは「ZIGBEE COORDINATOR API」を使用し，Arduino用スケッチは，「example63_log」をArduino UNOマイコン・ボードへ書き込みます．

子機は，サンプル62で製作したハードウェアとソフトウェアをそのまま使用します．したがって，Seeeduino Stalker用のスケッチは，「example62_geiger」です．

親機の電源を切った状態で子機の電源を入れる，もしくは既に子機の電源が入っていた場合は，子機のSeeeduino Stalker基板上のリセット・ボタンを押します．その次に，親機の電源を入れてしばらくすると，**写真14-10**のような子機ガイガー・カウンタの待ち受け状態になり，その後しばらくすると，ペアリングが完了して液晶ディスプレイ画面の表示が消えて，子機が測定した放射線量が親機に表示されます（**写真14-11**）．

また，測定した放射線量が$1\mu Sv/h$を超えると，圧電スピーカから「ピッ」と音が出ます．なお，本書のサンプルで測定した結果は正しいとは限りませんし，動作し続けるとも限りません．放射線量に対する安全性や危険性を判断する目的では使用できませんのでご注意ください．

写真14-11の表示項目の左上は，放射線量を示し，この例では$0.02\mu Sv/h$を示しています．液晶ディスプレイの右上には子機の基板の温度，左下が測定時刻，中央に受信エラー回数，右下に子機の電池電圧が表示されます．

写真 14-10 サンプル 63 の起動表示

写真 14-11 サンプル 63 の実行例

　また，20分以上の受信信号が得られない場合は，親機をジョイン許可状態に設定し，子機との再ペアリングを行います．

　それでは，このサンプル 63 の親機のスケッチ「example63_log.ino」について説明します．ただし，SDへ受信データを保存するロガー機能の説明についてはサンプル 61 を参照してください．

サンプル・スケッチ 63 〈example63_log.ino〉

① 圧電スピーカを接続する Arduino UNO のポート番号を定義します．
② AT コマンドの「ATSP」を使用して，本親機に子機ガイガーがスリープ中に通信が途絶える最大時間を 28 秒に設定します．本設定は，「xbee_end_device」を使って設定することも可能です．ここでは，子機ガイガーのスリープ設定を子機側の Arduino が実施しているので，親機の SP 値を単独で設定する必要があります（設定しておかないと，子機がスリープ中に親機は子機がいなくなったものと判断してしまう）．
③ 子機ガイガーから 20 〜 40 分以上の受信がなかったときに，以降の文を実行します．時刻変数 time には Arduino UNO が起動してからの経過時間が秒単位で代入されています．その time 値を 20 分単位に変換した time20 値を使用して判断します．
④ 子機ガイガー・カウンタとの再ペアリングを行います．親機を 30 秒間ジョイン許可に設定します．
⑤ 変数 min20 に，次回のデータ受信確認時刻を 20 分単位秒で代入します．
⑥ UART シリアル・データの受信があった場合に，変数 min20 を更新します．受信があるたびに更新されます．受信データが来なくなって更新がなかった場合，受信後 20 〜 40 分以上を経過したときに time 値が min20 値に到達してしまい，前項③の判断によって，④の再ペアリングを行います．
⑦ 受信したデータが正しいかどうかを判断します．受信した UART シリアル・データの文字数が 23 文字であり，22 文字目までが数字もしくは「,」カンマであること，23 文字目が復帰コード「¥r」であるときに正しいデータと判断します．
⑧ 液晶ディスプレイに受信データを表示します．
⑨ micro SD メモリ・カードへ受信データを書き込みます．
⑩ 測定した放射線量が $1\mu sV/h$ 以上のときに，スピーカから音を鳴らします．
⑪ 前述の⑦の条件に合わないときに，エラー回数を示す変数 err に 1 を加算します．
⑫ エラー回数 err を表示します．

第 4 節　Example 64：XBee ZB 搭載レベル表示機能付き測定データ中継機

Example 64	XBee ZB 搭載レベル表示機能付き測定データ中継機		
	応用サンプル	通信方式：XBee ZB	開発環境：Arduino IDE

ワイヤレス・センサの測定結果を親機へ中継する ZigBee 中継器（子機）の製作を行います．中継器のボタン操作により親機へのジョインや子機とのペアリング，情報取得指示なども行えます．

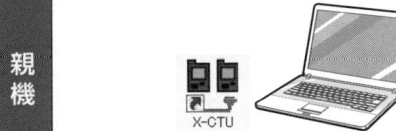

親機

パソコン(X-CTU) ⇔ XBee USBエクスプローラ ⇔ XBee PRO ZBモジュール

通信ファームウェア：ZIGBEE COORDINATOR AT		Coordinator	Transparent モード
電源：USB 5V → 3.3V	シリアル：パソコン(USB)	スリープ(9)：接続なし	RSSI(6)：(LED)
AD1(19)：接続なし	DIO2(18)：接続なし	DIO3(17)：接続なし	Commissioning(20)：(SW)
DIO4(11)：接続なし	DIO11(7)：接続なし	DIO12(4)：接続なし	Associate(15)：(LED)

中継器

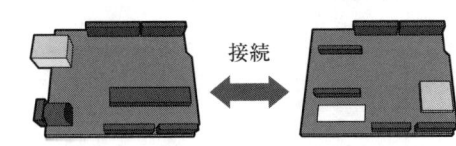

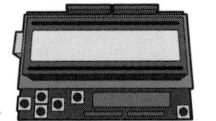

Arduino UNO ⇔ Wireless SDシールド ⇔ XBee PRO ZBモジュール ⇔ 液晶ディスプレイ・シールド

通信ファームウェア：ZIGBEE ROUTER API		Router	API モード
電源：USB 5V → 3.3V	シリアル：Arduino	スリープ(9)：接続なし	RSSI(6)：(LED)
DIO1(19)：接続なし	DIO2(18)：接続なし	DIO3(17)：接続なし	Commissioning(20)：接続なし
DIO4(11)：接続なし	DIO11(7)：接続なし	DIO12(4)：接続なし	Associate(15)：接続なし

孫機（例）

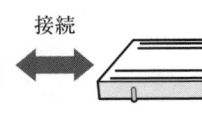

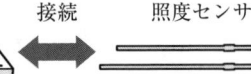

XBee ZB モジュール ⇔ ピッチ変換 ⇔ ブレッドボード ⇔ 照度センサ

通信ファームウェア：ZIGBEE END DEVICE AT		End Device	Transparent モード
電源：乾電池 2 本 3V	シリアル：接続なし	スリープ(9)：接続なし	RSSI(6)：(LED)
AD1(19)：照度センサ	DIO2(18)：接続なし	DIO3(17)：接続なし	Commissioning(20)：SW
DIO4(11)：接続なし	DIO11(7)：接続なし	DIO12(4)：接続なし	Associate(15)：LED
その他：照度センサの電源に ON/SLEEP(13) を使用します．			

必要なハードウェア

- Windows が動作するパソコン(USB ポートを搭載したもの)　　　　　1 台
- Arduino UNO マイコン・ボード　　　　　1 台
- Arduino Wireless SD シールド　　　　　1 台
- キャラクタ液晶ディスプレイ・シールド(DF ROBOT または Adafruit 製)　1 台
- 各社 XBee USB エクスプローラ　　　　　1 個
- Digi International 社 XBee PRO ZB モジュール　　　　　2 個
- Digi International 社 XBee ZB モジュール　　　　　1 個
- XBee ピッチ変換基板　　　　　1 式
- ブレッドボード　　　　　1 個
- 照度センサ NJL7502L 1 個，抵抗 1kΩ 2 個，LED 1 個，コンデンサ 0.1μF 1 個，スイッチ 1 個，単 3×2 直列電池ボックス 1 個，単 3 電池 2 本，ブレッドボード・ワイヤ適量，USB ケーブルなど

サンプル・スケッチ 64　example64_lcd.ino

```
/***********************************************************************
受信したテキストやレベルをキャラクタ液晶ディスプレイに表示します．孫機の管理と制御も行います．
***********************************************************************/
#include <xbee.h>
#include "pitches.h"                    ──①
#define ADAFRUIT         //  ← 使用する液晶ディスプレイがDF ROBOT LCD Keypad Shieldの場合は本行を削除する
#ifndef ADAFRUIT
～～～～～～～～ 省略 ～～～～～～～～
#endif
const byte coord[]= {0x00,0x00,0x00,0x00,0x00,0x00,0x00,0x00};   // 親機
byte dev_gpin[]   = {0x00,0x00,0x00,0x00,0x00,0x00,0xFF,0xFF};   // 孫機
byte dev[]        = {0x00,0x00,0x00,0x00,0x00,0x00,0xFF,0xFF};   // 汎用
byte counter;
byte menu_n = 0;
const char menu[10][11]={"Pairing ON","Force Shot","Repeat ON ","Repeat OFF",
        "Disp=Level","Disp=Char ","TxRepo ON ","TxRepo OFF","Ope PAN ID","Reset NetW"};
char s[17] = "by Wataru Kunino";
char tx[17];
boolean force_repeat = 0;                            // 測定の繰り返し 0=OFF/1=ON
boolean tx_rep = 0;                                  // 測定結果の報告 0=OFF/1=ON
boolean disp_lv_chr = 1;                             // 結果表示 0=レベル/1=数値表示
boolean dev_gpin_en = 0;                             // 孫機とのペアリング状況
unsigned char font_lv[4][8]={
～～～～～～～～ 省略 ～～～～～～～～
};
void lcd_cls( const byte line ){                     // 指定した行を消去する関数
～～～～～～～～ 省略 ～～～～～～～～
}
void lcd_print_hex(const byte in){                   // 16進数2桁(1バイト)の表示関数
～～～～～～～～ 省略 ～～～～～～～～
}
void lcd_print_level(const byte lev1, const byte lev2){  // レベル・メータ表示を行う関数
～～～～～～～～ 省略 ～～～～～～～～
}
                                         ──②
void lcd_print_results( XBEE_RESULT *xbee_result ){  // 測定結果の表示と送信
    byte i;
    byte lev1 = 0xFF, lev2 = 0xFF;
    char buf[8];
    tx[0]='\0';                                      // 送信バッファの消去
    for(i=1;i<=3;i++){
        if( xbee_result->ADCIN[i] < 1024 ){          // アナログ入力有効時
            sprintf(buf,"%d,",xbee_result->ADCIN[i]); // アナログ値を保存
        }else{
            sprintf(buf,"%1d,",((xbee_result->GPI.BYTE[0])>>i)&1 );
        }                                            // ディジタル時の保存
        strcat(tx,buf);                              // 送信バッファへ追加
    }
    tx[strlen(tx)-1]='\0';                           // 末尾のカンマを消去
    if(disp_lv_chr){                                 // レベル表示のとき
        for(i=1;i<=3;i++){
            if( xbee_result->ADCIN[i] < 1024 ){      // アナログ時のレベル設定
                if(    lev1==0xFF)lev1=(byte)((xbee_result->ADCIN[i])/100);
                else if(lev2==0xFF)lev2=(byte)((xbee_result->ADCIN[i])/100);
            }
        }
        if(lev1==0xFF){                              // ディジタル入力時のレベル設定
            lev1 = 10*(((xbee_result->GPI.BYTE[0])>>1)&1);
            lev2 = 10*(((xbee_result->GPI.BYTE[0])>>2)&1);
        }else if(lev2==0xFF){
            lev2 = 10*(((xbee_result->GPI.BYTE[0])>>1)&1);
        }
        lcd_print_level(lev1,lev2);    ───③         // レベル表示の実行
    }else{
```

```
        lcd_cls(0);
        lcd.print(tx);                              // 数値表示の実行
    }
    if(tx_rep){
        strcat(tx,"\r");
        xbee_uart(coord,tx);                        // 親機XBeeへ結果を送信
    }
}

void lcd_print_address(char *str, byte *dev ){      // アドレス表示用の関数
    byte i;
    byte start = 4;                                 // アドレスの表示開始バイト
    lcd_cls(1);                                     // 2行目を消去
    if( str[0] == '\0' ) start=0;                   // strに文字なし時は8バイト表示
    else lcd.print( str );                          // 文字あり時は文字+4バイト表示
    for(i=start;i<8;i++) lcd_print_hex(dev[i]);     // アドレスを液晶ディスプレイに表示する
}

void setup(){                          ④
    lcd.begin(16, 2);                               // LCDの初期化
    lcd.clear(); lcd.print("M2M Display    --");    // 起動時の表示
    lcd.setCursor(0,1); lcd.print(s);
    xbee_init( 0x00 );                              // XBeeの初期化
    xbee_atnj(0);                                   // ジョイン拒否
    for(byte i=0;i<4;i++) lcd.createChar(i,&(font_lv[i][0]));   // レベル・フォントの代入
    switch( xbee_atvr() ){                          // XBeeのZigBee種別を取得
        case ZB_TYPE_COORD:  sprintf(s,"ZigB COORDINATOR"); break;
        case ZB_TYPE_ROUTER: sprintf(s,"ZigBee Router   "); break;
    }
}

void loop(){                           ⑤
    byte i;
    byte data, buttons;                             // XBee, LCD Padからの入力用
    XBEE_RESULT xbee_result;                        // 受信データ用
    buttons = lcd.readButtons();                    // Keypadからの入力
    if( counter >= 200 ){              ⑥           // 約2秒ごとの処理
        lcd.setCursor(14,0);
        lcd_print_hex(xbee_atai());                 // XBeeの状態表示(右上に常時)
        lcd.setCursor(0,1);
        lcd.print(s);                               // 液晶ディスプレイへのメッセージ表示(常時)
        if(force_repeat) xbee_force(dev_gpin);      // 孫機へデータ取得指示の送信
        counter = 0;                                // 本処理用のカウンタのリセット
    }
    counter++;
    if( buttons != 0 ){                ⑦
        counter = 0;
        lcd_cls(1);                                 // 文字表示行の消去
        switch( buttons ){                          // ボタンに応じて
            case BUTTON_UP:                         // 上ボタンが押されたとき
                lcd.print("Commisioning");
                xbee_atcb(1);                       // 親機へのジョイン開始
                delay(3000);
                if( xbee_ping( coord ) != 0xFF){    // PINGの確認
                    xbee_from( dev );               // PING応答元のアドレスを取得
                    lcd_print_address("COORD. =",dev);
                }else lcd.print("Fail");
                break;
            case BUTTON_DOWN:                       // 下ボタンが押されたとき
                lcd.print("Enabled Net Join");
                xbee_atcb(2);                       // 孫機のジョイン許可
                break;
            case BUTTON_RIGHT:                      // 左ボタンでメニュー番号を+1
```

サンプル・スケッチ64　example64_lcd.ino（つづき）

```
                    if( menu_n < 9 ) menu_n++; else menu_n = 0;
                    lcd.print( menu[menu_n] );
                    break;
                case BUTTON_LEFT:                           // 左ボタンでメニュー番号を-1
                    if( menu_n > 0 ) menu_n--; else menu_n = 9;
                    lcd.print( menu[menu_n] );
                    break;
                case BUTTON_SELECT:                         // セレクトボタンでメニュー実行
                    lcd.print( menu[menu_n] ); lcd.print("> DONE");
                    switch( menu_n ){
                        case 0: xbee_atcb(2);               // "Pairing ON" 孫機とペアリング
                            dev_gpin_en=0;
                            break;
                        case 1: xbee_force( dev_gpin );     // "Force Shot" データ要求
                            break;
                        case 2: force_repeat=1;             // "Repeat ON" データ連続要求
                            break;
                        case 3: force_repeat=0;             // "Repeat OFF" 連続要求の停止
                            break;
                        case 4: disp_lv_chr=1;              // "Disp=Level" メータ表示
                            break;
                        case 5: disp_lv_chr=0;              // "Disp=Char" 数値表示
                            break;
                        case 6: tx_rep=1;                   // "TxRepo ON" 結果情報の送信
                            break;
                        case 7: tx_rep=0;                   // "TxRepo OFF" 情報送信の停止
                            break;
                        case 8: xbee_atop( dev );    ←⑧    // "Ope PAN ID" PAN ID取得
                            lcd_print_address("",dev);
                            break;
                        case 9: xbee_atcb(4);               // "Reset NetW" ZBネット・リセット
                            delay(1000);
                            setup();
                            break;
                    }
                    break;
            }
        while( lcd.readButtons() ) delay(100);              // キー押下の開放待ち
        delay(500);
    }
    data = xbee_rx_call( &xbee_result );   ←⑨
    if( xbee_result.MODE ){
        counter = 0;
        switch( xbee_result.MODE ){                         // 受信したデータの内容に応じて
            case MODE_UART:                                 // シリアル・データを受信
                lcd_cls(1);                                 // 文字表示行の消去
                if( xbee_result.DATA[0] == 0x1B ){          // ESCコードが先頭だったとき
                    switch( xbee_result.DATA[1] ){
                        case (byte)'L':   ←⑩
                            for(i=0;i<2;i++)                // 11よりも大きい場合は0に変更
                                if(xbee_result.DATA[i+2]>11)xbee_result.DATA[i+2]=0;
                            lcd_print_level(xbee_result.DATA[2],xbee_result.DATA[3]);
                            break;
                        default:
                            sprintf(s,"ESC(0x%02X)=0x%02X",
                                xbee_result.DATA[1],xbee_result.DATA[2]);
                            break;
                    }
                }else{                                      // テキスト文字データを表示
                    for(i=0;i<=16;i++) s[i]=' ';            // 文字列変数sの初期化
                    if(data > 16) data=16;                  // 文字の扱いは16文字まで
                    for(i=0;i<data;i++){                    // 受信データを文字列変数sへ代入
                        if(isprint((char)xbee_result.DATA[i]))
                            s[i]=(char)xbee_result.DATA[i];
```

```
                }
            }
            counter = 255;
            break;
        case MODE_GPIN:                                 // 孫機のGPIOからのデータを受信
            lcd_print_results(&xbee_result);
            lcd_print_address("Rx GPIN ",xbee_result.FROM);
            counter = 0;
            break;
        case MODE_RESP:                                 // リモートATコマンド応答を受信
            lcd_print_results(&xbee_result);
            lcd_print_address("Rx RESP ",xbee_result.FROM);
            counter = 0;
            break;
        case MODE_IDNT:                                 // 孫機デバイスを発見
            if(dev_gpin_en) lcd_print_address("Rx IDNT ",dev_gpin);
            else{
                dev_gpin_en=1;
                for(i=0;i<8;i++) dev_gpin[i]=xbee_result.FROM[i];
                xbee_ratd_myaddress(dev_gpin);          // 親機アドレスを子機に設定
                lcd_print_address("Child   =",dev_gpin);
            }
            counter = 0;
            break;
        default:                                        // その他のパケット受信時
            lcd_cls(1);         lcd.print("MODE=");lcd_print_hex(xbee_result.MODE);
            lcd.setCursor(8,1);lcd.print("STAT=");lcd_print_hex(xbee_result.STATUS);
            counter = 0;
            break;
        }
    }
}
```

　孫機XBee搭載センサが測定した情報を，親機へ中継する中継器を製作します．センサ・ネットワークが大きくなってくると，一つの親機だけでは管理しにくくなります．例えば，一部の機器を変更するだけでも，すべての機器を停止しなければならないようなことが発生してしまいます．

　こういった場合，部屋ごとや機能ごと，実験ごとなど，複数の小さなシステムの集まりにすることで利便性を向上させることができます．

　例えば，親機となるCoordinatorは，ZigBeeネットワークの開始だけを行うようにすれば，親機のソフト変更のためにネットワークを停止する必要がなくなります．ただし，さすがにそれだけでは親機の機能を活用しきれずに，もったいないので，収集した情報を永続的に記録するロガー機能などは含まれることになるでしょう．

　一方，これまで親機が担っていたセンサ情報の収集や収集した情報を元に機器を制御する機器が必要になります．その一例が，ここで製作する中継器です．中継器は親機の実子にあたる子機として動作するので，センサ子機は中継器の子機，すなわち親機にとっての孫機になります．ZigBee End Deviceとして動作する場合は，その親がだれなのかを特定する必要があるので，親機の孫機，かつ中継器の子機であることを意識してネットワーク構築を行います．

　このサンプル64では，親機パソコン，中継器Arduino，孫機センサの三つのXBee ZB機器を用います．

　親機の実際の応用時は，Arduinoなどで製作するかもしれませんが，これまでのサンプルから容易に製作できると思うので，パソコン上のX-CTUのTerminal機能を使用します．したがって，親機のハードウェア，ソフトウェア，ファームウェアは，第13章のサンプルと同様です．

　孫機ワイヤレス・センサは，これまでに紹介したDigi International社純正のXBee ZB機器やサンプル

写真14-12 サンプル64の起動表示

表14-1 サンプル64用のボタン操作

ボタン	機　能
↑（上）	親機へコミッショニング・ボタンの通知を行います
↓（下）	中継器をジョイン許可状態に設定します
←左右→	液晶ディスプレイの2行目に表示されるメニューを切り換えます
選択	選んだメニューを実行します

24子機センサなどを使用します．ただし，あらかじめ子機XBee ZBモジュールのGPIOポート1～3(ディジタルDIO1～DIO3ポートや，アナログAD1～AD3ポート)の設定を子機XBee ZBモジュールに保存しておく必要があります(設定方法は，サンプル61の図14-1を参照)．

中継器は，Arduino UNOにArduino Wireless SDシールド，XBee PRO ZBモジュール，キャラクタ液晶ディスプレイを組み合わせて製作します．XBee PRO ZBモジュールには，「ZIGBEE ROUTER API」のファームウェアを書き込み，Arduino UNOには，このサンプル64のスケッチ「example64_lcd」を書き込みます．液晶ディスプレイ・シールドにDF ROBOT LCD Keypad Shieldを使用する場合は，スケッチの始めのほうの「#define ADAFRUIT」を削除してから，Arduino UNOに書き込んでください．

これらの機器によるシステムを動かす手順を説明します．まず，親機パソコンのXBee ZB PROモジュールから動かします．少なくとも，孫機センサの電源は切っておきます．親機のジョイン設定を常時許可にしておくと，孫機が親機に登録されてしまうので，まずは親機のジョイン許可を変更します．X-CTUのTerminalから「+++」を入力し，1秒を待ってから，続けて「ATNJ1E」「改行」を入力すると，ジョイン許可設定を30秒間に限定することができます．

親機のジョイン許可の設定を変更したら，すぐに中継器Arduinoを起動します．中継器が起動してしばらくすると，写真14-12のように「ZigBee Router」の文字が表示されます．液晶ディスプレイ画面の右上の「00」は，ZigBeeネットワークへの参加済みであることを示しています．「by Wataru Kunino」が表示されたままの場合は，XBee PRO ZBモジュールのファームウェアが適切であるかどうかや，Arduino Wireless SDシールドのシリアル切り替えが「Micro」側になっているかどうかなどを確認してください．

この状態で，中継器Arduinoの液晶ディスプレイ・シールドの「↑（上）」ボタンを押すと，コミッショニング・ボタンの1回押しと同じ通知信号が親機に送られます．正しく通信ができると，親機XBee PRO ZBモジュールのIEEEアドレスの下4バイト(8桁)が液晶ディスプレイに表示されます．親機パソコンに接続したXBee PRO ZBモジュールのアドレスと，表示されたアドレスが異なっていた場合は，中継器の「←（左）」ボタンを押し，液晶ディスプレイに「Reset NetW」が表示された状態で「選択（SELECT）」ボタンを押下し，親機のジョイン許可からやり直します．ボタン操作方法は，表14-1を参照してください．

中継器の左右のボタンは，メニューの選択用です．左右ボタンで実行したいメニューを見つけてから，「選択」ボタンで決定します．メニュー項目の一覧表は，表14-2を参照してください．なお，DF ROBOT製の液晶ディスプレイ・シールドは，その構造上，キーを誤認識する場合があります．なるべくていねいに，確実にボタンを押すようにすると，誤認識する確率が低下します．

次に孫機センサを起動します．そして中継器の「↓（下）」ボタンを押して，中継器をジョイン許可状態に設定してから，孫機のコミッショニング・ボタンを1

表 14-2　サンプル 64 用のメニュー項目一覧

メニュー	機能
Pairing ON	子機からのペアリングを許可します（30秒間）．
Force Shot	子機センサの GPIO ポートの状態取得指示を送信します
Repeat ON	状態取得指示を繰り返し送信し続けます
Repeat OFF	状態取得指示の繰り返し送信を停止します
Disp=Level	子機センサ値の表示方法を「レベル・メータ」にします
Disp=Char	子機センサ値の表示方法を「数値データ」にします
TxRepo ON	子機センサの測定結果を親機に中継する設定にします
TxRepo OFF	子機センサの測定結果を親機へ中継しない設定にします
Ope PAN ID	親機が決めたネットワーク ID を表示します
Reset NetW	中継器のネットワーク設定を初期化します

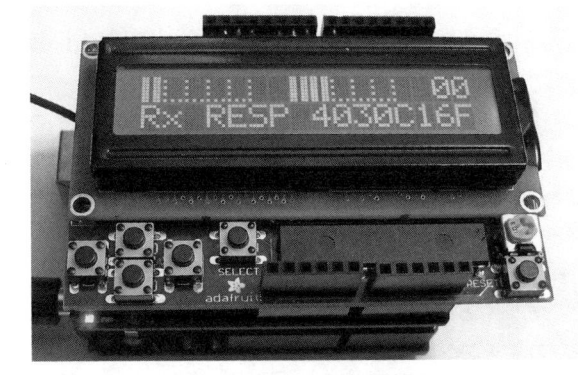

写真 14-13　サンプル 64 の実行例（孫機センサから測定値を受信したとき）

写真 14-14　サンプル 64 の実行例（普段の状態）

回だけ押下して，すぐにボタンを開放します．このとき中継器に，「Child = アドレス」が表示されれば，ペアリング成功です．ペアリングが完了した状態で，孫機のコミッショニング・ボタンを 1 回だけ押下すると「Rx IDNT」が表示されます．ペアリングをやりなおしたい場合は，中継器のメニューから「Pairing ON」を選択します．

孫機センサの GPIO から測定結果を得るには，中継器のメニューから「Force Shot」を選択します．あるいは，「Repeat ON」を選択すると，取得指示を繰り返し実行します．データが得られるたびにデータの種別と送信者の IEEE アドレスの下 4 バイトが表示されます（写真 14-13）．

液晶ディスプレイ画面の上行には，レベル・メータ式のグラフが表示されます．前述のとおり，右上の「00」は中継器のネットワーク接続状態を示します．XBee ZB の AT コマンド「ATAI」で得られる値を常時表示しています．下行は，UART シリアル情報を受信した文字を表示するほか，受信時やメニュー表示などが約 2 秒間だけ表示されます．写真 14-14 に，このサンプル 64 の普段の表示例を示します．

このサンプル 64 の中継器のスケッチ「example64_lcd.ino」の簡単な説明を行います．スケッチは大きいように感じられますが，表示やボタン操作などの処理が多いだけです．じっくりと見て行けば，難しくはありません．

① 一つのスケッチで，DF ROBOT と Adafruit の液晶ディスプレイに対応するための定義です．使用する液晶ディスプレイが DF ROBOT LCD Keypad Shield の場合は，本行を削除します．

② 関数「`lcd_print_results`」を定義します．本関数は，受信した測定結果データをレベル・メータ風の表示，もしくは数値表示を行うためのデータ変換処理や，親機への送信を行う処理部です．関数定義を含めると，全体の半分くらいの行数を占めています．

③「`lcd_print_level`」は，液晶ディスプレイにレベル・メータ風のバー・グラフ表示を行う本ソース内で定義された関数です．引き数はレベル・メータのレベル値で0～11の12段階の表示が可能です．ただし，0はバーなし，11は値が超過したときの表示用です．

④起動時に実行する「`setup`」関数です．液晶ディスプレイとXBeeの初期化と，バー・グラフ表示用のフォントの転送処理を行います．

⑤繰り返し処理を行う「`loop`」関数です．ボタン操作，XBee ZBの受信処理などを継続的に繰り返し処理します．

⑥約2秒ごとに実行する処理部です．ボタン操作や受信時の一時表示の文字を，普段の表示文字に置き換える処理を行います．また，定期的に孫機のGPIOポート状態取得指示を送信する処理も実施します．

⑦液晶ディスプレイ・シールドのボタン操作に関する処理です．ボタンごとの処理が記述されています．

⑧「`xbee_atop`」は，属しているZigBeeネットワーク番号を取得する関数です．ネットワーク番号は，変数`dev`に代入されます．変数`dev`は，IEEEアドレス格納用に定義しましたが，ここではメモリ節約のために，一時的に異なる用途で使用しています．

⑨XBee PRO ZBモジュールの受信に関する処理です．受信データの種別に応じた処理がスケッチの末尾まで記述されています．

⑩前項⑧の一部に，UARTシリアル情報の先頭にエスケープ・コードが含まれていた場合の処理があります．本中継器のレベル・メータ式の二つのバー・グラフの値を，**表14-3**のように定義した仕様に合わせたコマンドをほかのXBee ZB機器から制御することができます．

表14-3 サンプル64用のエスケープ・コマンド仕様
（レベル・メータ）

位　置	1バイト目	2バイト目	3バイト目	4バイト目
文字，内容	ESC	L	レベル1	レベル2
コード(例)	1B	4C	10	5

第5節　Example 65：XBee ZB で収集した情報を IP ネットワークへ提供する

Example 65

	XBee ZB で収集した情報を IP ネットワークへ提供する		
応用サンプル		通信方式：XBee ZB	開発環境：Arduino IDE

ワイヤレス・センサの測定結果を IP ネットワークへ中継する片方向の ZigBee → IP（HTTP）ゲートウェイを製作します．パソコンやタブレット端末のブラウザを使って各種のセンサ値の履歴情報を閲覧できます．

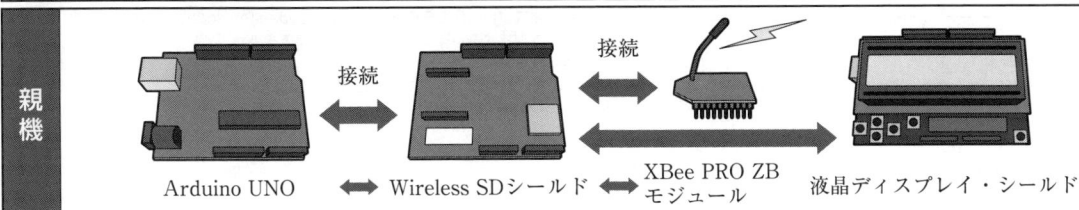

親機：Arduino UNO ⇔ Wireless SD シールド ⇔ XBee PRO ZB モジュール ⇔ 液晶ディスプレイ・シールド

通信ファームウェア：ZIGBEE COORDINATOR API		Coordinator	API モード
電源：AC アダプタ 8V 程度	シリアル：Arduino	スリープ(9)：接続なし	RSSI(6)：(LED)
DIO1(19)：接続なし	DIO2(18)：接続なし	DIO3(17)：接続なし	Commissioning(20)：接続なし
DIO4(11)：接続なし	DIO11(7)：接続なし	DIO12(4)：接続なし	Associate(15)：接続なし

孫機（例）：XBee ZB モジュール ⇔ ピッチ変換 ⇔ ブレッドボード ⇔ 照度センサ

通信ファームウェア：ZIGBEE END DEVICE AT		End Device	Transparent モード
電源：乾電池 2 本 3V	シリアル：接続なし	スリープ(9)：接続なし	RSSI(6)：(LED)
AD1(19)：照度センサ	DIO2(18)：接続なし	DIO3(17)：接続なし	Commissioning(20)：SW
DIO4(11)：接続なし	DIO11(7)：接続なし	DIO12(4)：接続なし	Associate(15)：LED
その他：照度センサの電源に ON/SLEEP(13) を使用します．			

必要なハードウェア
- Windows が動作するパソコン（開発用，情報閲覧用）　　　1 台
- Arduino Ethernet マイコン・ボード　　　1 台
- Arduino 用 USB シリアル変換アダプタ　　　1 台
- Arduino Wireless SD シールド　　　1 台
- キャラクタ液晶ディスプレイ・シールド（DF ROBOT※ または Adafruit 製）　　　1 台
  ※ ただし，DF ROBOT 製の場合はバック・ライトがちらつく場合があります．
- Digi International 社 XBee PRO ZB モジュール　　　1 個
- Digi International 社 XBee ZB モジュール　　　1 個
- XBee ピッチ変換基板　　　1 式
- ブレッドボード　　　1 個
- 照度センサ NJL7502L 1 個，抵抗 1kΩ 2 個，高輝度 LED 1 個，コンデンサ 0.1μF 1 個，スイッチ 1 個，単 3×2 直列電池ボックス 1 個，単 3 電池 2 個，ブレッドボード・ワイヤ適量，USB ケーブルなど

　収集した情報や制御状態を，HTML 化してパソコンやタブレット端末などの Web ブラウザで閲覧する例について説明します．

　ここでは，Arduino Ethernet マイコン・ボードを親機に使用し，XBee ZB の情報を Ethernet 側へ中継します．Arduino Ethernet マイコン・ボードとパソコンとの接続方法やスケッチの書き込み方法，MAC アドレスや IP アドレス設定方法については，サンプル 35 の説明を参照してください．

　親機のハードウェアは，Arduino Ethernet マイコン・ボードに Arduino Wireless SD シールドを取り付け，XBee PRO ZB モジュール，キャラクタ液晶ディ

サンプル・スケッチ 65　example65_xml.ino

```
/*******************************************************************
XBeeセンサから受信した内容をHTTPを使って表示します(XML版).
*******************************************************************/
#include <xbee.h>
#include <SPI.h>
#include <Ethernet.h>

#define ADAFRUIT              ①            // ← 液晶ディスプレイが DF ROBOT LCD Keypad Shieldの場合は本行を削除
#define DEVICE_N     2     ②              // ← データを保持するXBee ZBデバイスの最大数
#define DAT_HIST_N   5                     // ← 履歴データの最大数
byte mac[]={0x90,0xA2,0xDA,0x00,0x00,0x00};   ③   // ← ArduinoのMACアドレス(裏面に記載)を転記
IPAddress ip(192,168,0,101);                       // ← IPアドレスを設定

#ifndef ADAFRUIT
～～～～～～～～ 省略 ～～～～～～～～
#endif

EthernetServer server(80);
EthernetClient client;
byte dev[DEVICE_N][8];                     // デバイスのIEEEアドレス保持用
byte dev_en[DEVICE_N];                     // 過去データの代入位置
byte dev_n = 0;                            // 登録済みデバイスの数
char dat[DEVICE_N][DAT_HIST_N][17];        // データ保持用
unsigned long dat_time[DEVICE_N][DAT_HIST_N];  // データの取得時刻の保持用

void lcd_cls( const byte line ){           // 指定した行を消去する関数
    lcd.setCursor(0,line);
    for(byte i=0;i<16;i++)lcd.print(" ");
    lcd.setCursor(0,line);
}

void lcd_print_hex(const byte in){         // 16進数2桁(1バイト)の表示関数
    lcd.print( in>>4 , HEX );
    lcd.print( in%16 , HEX );
}

byte xbee_address_lockup(byte *adr){       // dev内で一致するアドレスを探す
～～～～～～～～ 省略 ～～～～～～～～
}

void lcd_print_address(char *str, byte *dev ){  // アドレス表示用の関数
    byte i;
    byte start = 4;                        // アドレスの表示開始バイト
    lcd_cls(1);                            // 2行目を消去
    if( str[0] == '¥0' ) start=0;          // strに文字なし時は8バイト表示
    else lcd.print( str );                 // 文字あり時は文字+4バイト表示
    for(i=start;i<8;i++) lcd_print_hex(dev[i]);  // アドレスを液晶ディスプレイに表示する
}

void setup(){
    lcd.begin(16, 2);
    lcd.print("Gateway ZB to IP");         // 文字を表示
    xbee_init( 0x00 );                     // XBee用COMポートの初期化
    xbee_atnj(0);                          // ジョイン拒否に設定
    Ethernet.begin(mac, ip);
    server.begin();
    lcd.setCursor(0,1);
    lcd.print(Ethernet.localIP());
}

void loop(){
    byte i,j,id;
    char c;
    byte data;
```

```
    char s[17];
    char buf[8];
    XBEE_RESULT xbee_result;                        // 受信データ用の構造体
    unsigned long time=millis()/1000;               // 時間[秒]の取得(約50日まで)

    /* HTTPサーバ機能 */  ◄─────────────── ④
    client = server.available();
    if(client.available()){
        if(client.connected()){
            client.println("HTTP/1.1 200 OK");
            client.println("Content-Type: text/xml; charset=¥"UTF-8¥"");
            client.println("Connnection: close");
            client.println();
            client.println("<?xml version=¥"1.0¥" encoding=¥"UTF-8¥"?>");
            client.println("<xbee>");
~~~~~~~~~~ 省略 ~~~~~~~~~~
            client.println("</xbee>");
        }
        client.stop();
    }

    /* ボタン操作処理 */  ◄─────────────── ⑤
    if( lcd.readButtons()==BUTTON_DOWN ){           // 液晶ディスプレイShieldの下ボタンを押下時
        lcd_cls(0);                                 // 液晶ディスプレイの文字を消去
        lcd.print("Waiting for XBee");              // コミッショニング・ボタン待ち
        xbee_atnj(0xFF);                            // デバイスの参加受け入れを開始
    }

    /* XBeeデータ受信処理 */
    data=xbee_rx_call( &xbee_result );
    if( xbee_result.MODE == 0x00 ||                 ┐
        xbee_result.MODE == MODE_RES ||             ├ ⑥  // データがないときまたは
        xbee_result.MODE == MODE_MODM ) return;     ┘     // ATコマンド応答時または
                                                          // モデム状態通知時は先頭へ戻る
    id=xbee_address_lockup(xbee_result.FROM);  ◄─── ⑦     // 受信したアドレスの照合
    lcd_cls(0);
    if(id == 0xFF){  ◄─────────────── ⑧                   // 履歴にないアドレスを受信
        if(dev_n < DEVICE_N){
            for(i=0;i<8;i++) dev[dev_n][i]=xbee_result.FROM[i];
            dev_en[dev_n]=0;
            id=dev_n;
            dev_n++;
        }else{
            lcd.print("Unknown Devices");
            return;
        }
    }
    switch( xbee_result.MODE ){  ◄─────────────── ⑨
        case MODE_GPIN:                             // IOデータを受信した場合,
            s[0]='¥0';                              // 文字列変数sの初期化
            for(i=1;i<=3;i++){                      // 入力値をSDへ保存, 液晶ディスプレイへ表示
                if(xbee_result.ADCIN[i] >= 1024){
                    sprintf(buf,"%01d,",(xbee_result.GPI.BYTE[0]>>i)&0x01);
                }else{
                    sprintf(buf,"%04d,",xbee_result.ADCIN[i]);
                }
                strcat(s,buf);
            }
            s[strlen(s)-1]='¥0';                    // 末尾のコンマを消去
            lcd.print(s);
            lcd_print_address("Rx GPIN ",xbee_result.FROM);
            break;
        case MODE_UART:                             // UARTシリアルを受信した場合
            for(i=0;i<=16;i++) s[i]='¥0';           // 文字列変数sの初期化
            if(data > 16) data=16;                  // 文字の扱いは16文字まで
```

サンプル・スケッチ 65　example65_xml.ino（つづき）

```
            for(i=0;i<data;i++){                           // 受信データを文字列変数sへ代入
                if(isprint((char)xbee_result.DATA[i])){
                    s[i] = (char)xbee_result.DATA[i];
                }else s[i] = ' ';
            }
            lcd.print(s);
            lcd_print_address("Rx UART ",xbee_result.FROM);
            break;
        case MODE_IDNT:                                    // コミッショニング・ボタン通知時
            xbee_end_device(xbee_result.FROM,10,10,0);     // 自動測定10秒, S端子無効
            xbee_atnj(0);                                  // ジョイン拒否に設定
            lcd.print("Found a Dev No.");                  // XBee子機の発見表示
            lcd.print(id,HEX);                             // 子機の管理番号の表示
            lcd_print_address("Rx IDNT ",xbee_result.FROM);
            break;
    }
    if( xbee_result.MODE == MODE_GPIN || xbee_result.MODE == MODE_UART ){   ← ⑩
        strcpy(dat[id][dev_en[id]],s);                     // 文字列のコピー
        dat_time[id][dev_en[id]]=time;                     // 時刻のコピー
        dev_en[id]++;
        if(dev_en[id] >= DAT_HIST_N) dev_en[id]=0;
    }
}
```

表 14-4　このサンプル 65 の親機の消費電力の一例

DC 入力電圧	消費電流（例）	消費電力（例）
7.0V	178mA	1240mW
8.0V	179mA	1430mW
9.0V	168mA	1510mW
12.0V	141mA	1690mW

スプレイ・シールドを接続して製作します．Arduino Ethernet の LAN インターフェースに Arduino の Digital 10 番ポートを使用します．同じポートを DF ROBOT 製キャラクタ液晶 LCD Keypad シールドの液晶ディスプレイ・バックライト制御に使用しているので，Arduino Ethernet との通信の度に，微かにバックライトが点滅する場合があります．

親機の消費電力は 1.5W ほどになるので，Arduino Ethernet マイコン・ボードの DC ジャックに AC アダプタ（内径 2.1mm 標準 DC プラグ品）が必要です．ただし，電圧 7V で 約 1.2W，9V で 1.5W，12V で 1.8W と，電圧が高くなるほど消費電力が高くなり発熱も激しくなります．したがって，電圧 9V 以下，電流 200mA 以上の AC アダプタを使用します．なお，AC アダプタの接続は，イーサネット・ケーブルを接続してから行います．

ワイヤレス・センサ子機は，さまざまな子機 XBee ZB 搭載ワイヤレス・センサに対応しています．あらかじめ，XBee ZB モジュール GPIO ポート 1～3 のうち，センサを接続したポートをアナログ入力またはディジタル入力に設定しておく必要があります．設定方法は，サンプル 61 の図 14-1 を参照してください．

このサンプルには，HTML 版（図 14-3）と XML 版（図 14-4）とがあります．どちらもスケッチの主要動作は変わりませんが，出力部の記述が異なります．HTML 版はパソコン，タブレット端末など，さまざまなブラウザにわかりやすく表示することができます．しかし，スケッチが長くなる欠点や，データを 2 次加工しにくい欠点があります．XML 版は，パソコンのインターネットエクスプローラで開くことができるものの，人にはわかりにくい表示ですが，記述の解析が容易なので 2 次加工してデータベースに保存したり，ほかのシステムで使用したりする場合に使用します．

このサンプル 65 の動かし方について説明します．スケッチ「example65_html」または「example65_xml」のスケッチの始めのほうに，MAC アドレスと IP アドレスを記述してから Arduino Ethernet マイコン・ボードに書き込み，この親機 Arduino を起動すると，

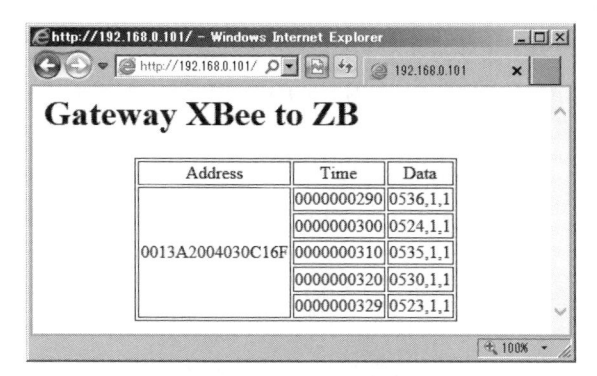

図14-3　サンプル65のブラウザ表示例（HTML表示）

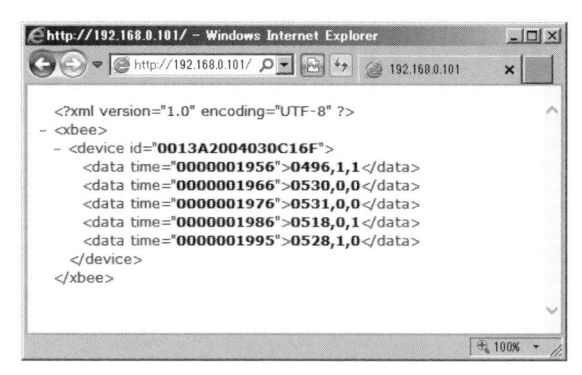

図14-4　サンプル65のブラウザ表示例（XML表示）

写真14-15　サンプル41の起動表示

写真14-16　サンプル41の実行例

写真14-15のような画面になります．しばらくしても下行にIPアドレスが表示されない場合は，ハードウェアやファームウェアに誤りがないかどうかを確認します．

次に，子機ワイヤレス・センサとのペアリングを行うために，液晶ディスプレイ・シールド上の「↓（下）」ボタンを押下します．「Waiting for XBee」の表示が出るので，子機のコミッショニング・ボタンを1回だけ押下してすぐに放します．この状態で，子機から10秒ごとにポート1～3のアナログ入力もしくはディジタル入力の取得値が送られてきて，写真14-16の液晶ディスプレイの上行のように表示されます．下行は，受信したデータの種別と送信元のIEEEアドレスの下4バイト（8桁）です．

このサンプルでは，子機2台まで履歴5個までをArduino Ethernetで保持する仕様としています．子機を3台にしたい場合は，スケッチの始めのほうの「#define DEVICE_N 2」の部分を「#define DEVICE_N 3」に変更します．履歴の保持数については，「#define DAT_HIST_N 5」の数字を変更します．ただし，実行メモリが不足して動作が不安定になる場合があるので，必要最小限度に止めます．

それでは，サンプル65のスケッチ「example65_xml.ino」について簡単に説明します．HTTPサーバの部分は，サンプル35の説明を参照してください．

① DF ROBOT LCD Keypad Shieldを使用する場合は，本行を削除します．
② 保持する測定結果データ数の定義を行います．
③ Arduino EthernetのMACアドレスとIPアドレスの定義を行います．
④ 保持している測定結果データを，HTTPで提供するHTTPサーバ機能の処理部です．図14-3や図14-4

の情報を組み立てて，「client.print」命令で送信します．

⑤ ボタン操作の処理部です．「↓(下)」ボタンが押下されると，本親機に子機からのジョインを常時許可する設定にします．

⑥ 受信したデータの種類を確認し，受信データなし，ローカル AT コマンドの応答，モデム状態の受信時は(情報を保持しないので)loop 関数の先頭に戻ります．

⑦ 送信元の子機の IEEE アドレスがペアリング済みのものであるかどうかを配列変数 dev 内に登録されている IEEE アドレスと照合して確認を行い，ペアリング済みの場合は，変数 ID に管理番号を代入します．

⑧ 未ペアリングの子機からの受信であった場合に，新しい管理番号を割り当て，配列変数 dev に新しい子機の IEEE アドレスを保存します．

⑨ 受信したデータの種類が IO データのときはポート 1～3 の値を文字列変数 s に保持し，UART シリアルのときは表示可能な文字を文字列変数 s に保持します．コミッショニング・ボタンからの通知のときは，子機に対して自動送信を設定します．

⑩ 前項⑨で保持した文字列変数 s の測定データを，管理番号毎に用意した履歴データ用の配列変数 dat へ保持します．受信時刻も dat_time に保持します．

ZigBee に準拠した XBee ZB モジュールを使用したサンプルの紹介は以上です．これまでのサンプルを理解することで，さまざまな子機を製作したり，XBee SmartPlug や赤外線を使って家電を制御したり，センサ情報をサンプル 61 のようなロガーでデータを集めたり，IP ネットワークへ提供したり，といった応用ができるようになったと思います．

それらの実現には，ZigBee ネットワークとパソコンやタブレット側の IP ネットワークとの接続が課題になってくるでしょう．サンプル 65 は，その解決方法の一つの基本例です．センサや機器への組み込み，乾電池駆動などが手軽な ZigBee ネットワークとデータ処理や活用に優れた IP ネットワークをうまく相互補完しあえるように設計していくと良いでしょう．

[第15章]

XBee ZB用
XBee管理ライブラリ関数
リファレンス・マニュアル

　本章は，XBee ZBライブラリ関数のリファレンス・マニュアルです．全関数について簡単に説明するので，XBee ZBを使ったプログラムを作成するときの手引きとして使用してください．

● **`void xbee_init( const byte com_port );`**
- 本ライブラリが動作するパソコンまたは Arduino に接続されている XBee の初期化.
- 入力：byte com_port = 0. パソコン版は，シリアル・ポート(COM)番号1〜10 を入力できる.
- 使い方の参考情報＝サンプル1

● **`byte xbee_atnj( const byte timeout );`**
- 制限時間 timeout[秒]で設定した間，ネットワークへの子機のジョインを許可する．子機のコミッショニング・ボタンが押され，本機が IDNT 信号を受けるまで関数内で処理をロックする．
- 入力：timeout = 時間（6〜254 秒）．0x00 でジョイン拒否，0XFF の場合は常時参加可能．
- 出力：byte 戻り値 = 0x00 タイムアウト．成功時は MODE_IDNT（0x95）が代入される．
- 使い方の参考情報＝サンプル2

● **`byte xbee_ratnj( const byte *address, const byte timeout );`**
- ジョイン許可状態をリモート XBee（子機）の Router に対して設定し，子機が孫機をネットワークにジョインすることを許可する．
- 入力：byte *address = 宛て先（子機）アドレス．
- 入力：timeout = 時間（1〜254 秒）．0x00 でジョイン拒否，0XFF の場合は常時参加可能．
- 出力：byte 戻り値 = 0xFF 成功．0x00 で失敗．
- 使い方の参考情報＝サンプル11

● **`byte xbee_atee_on( const char *key );`**
- 暗号化通信を有効にする（コーディネータ，ルータ共用）．
- 入力：const char *key = セキュリティ共通キー 16 文字まで．
- 出力：byte 戻り値 = 0x00 暗号化 ON を書き込み成功．0x01 既に設定済み，0xFF で失敗．
- 使い方の参考情報＝サンプル19

● **`byte xbee_atee_off( void );`**
- 暗号化通信を無効にする（コーディネータ，ルータ共用）．
- 出力：byte 戻り値 = 0x00 暗号化 OFF を書き込み成功．0x01 既に設定済み，0xFF で失敗．
- 使い方の参考情報＝サンプル19

● **`void xbee_from( byte *address );`**
- 受信したときの送信元アドレスを読み込む関数．ただし，xbee_rx_call で受信した場合の送信元アドレスは「xbee_result.FROM」で読むこと（xbee_rx_call は受信キャッシュを参照している場合があり，そのときは xbee_from ではアドレスを得られない）．
- 応答：byte *address = 送信元（子機）アドレス．
- 使い方の参考情報＝サンプル11

● **`byte xbee_ratd_myaddress ( const byte *address );`**
- 指定したアドレスの XBee 子機に本機のアドレスを宛て先として設定する．
- 入力：byte *address = 宛て先設定を行う XBee デバイスのアドレス．
- 出力：byte 戻り値 = XBee デバイス名（xbee_ping の戻り値を参照）．0xFF はエラー．
- 使い方の参考情報＝サンプル17

● **`byte xbee_ping( const byte *address );`**
- リモート XBee（子機）の存在を確認する関数．
- 入力：byte *address = 宛て先（子機）アドレス
- 出力：byte 戻り値 = XBee デバイス名（下記を参

照).0xFF はエラー.
- DEV_TYPE_XBEE 0x00 // XBee モジュール
- DEV_TYPE_RS232 0x05 // RS-232C アダプタ
- DEV_TYPE_SENS 0x07 // Sensor（1wire 専用）
- DEV_TYPE_WALL 0x08 // Wall Router
- DEV_TYPE_PLUG 0x0F // SmartPlug
- 使い方の参考情報＝サンプル 22

● `int xbee_gpio_config( const byte *address, const byte port, const enum xbee_port_type type );`
- リモート XBee(子機)デバイスの GPIO を設定する関数.
- 入力：byte *address = 宛て先(子機)アドレス.
- 入力：byte port = 子機 GPIO のポート番号.0xFF でポート 1 - 3 を同時指定.
- 入力：enum xbee_port_type{ DISABLE=0, VENDER=1, AIN=2, DIN=3, DOUT_L=4, DOUT_H=5 };.
- 出力：byte 戻り値 = XBee デバイス名(xbee_ping の戻り値を参照).0xFF はエラー.
- 使い方の参考情報＝サンプル 7

● `byte xbee_gpio_init( const byte *address );`
- リモート XBee(子機)デバイスの GPIO(ポート 1 ～ 3)を入力に設定する関数.
- 入力：byte *address = 宛て先(子機)アドレス.
- 出力：byte 戻り値 = XBee デバイス名(xbee_ping の戻り値を参照).0xFF はエラー.
- 使い方の参考情報＝サンプル 6

● `byte xbee_gpo( const byte *address, const byte port, const byte out );`
- リモート XBee(子機)デバイスの GPIO へ出力する関数.
- 入力：byte *address = 宛て先(子機)アドレス.
- 入力：byte port = 子機の GPIO ポート番号(1 ～ 4, 11 ～ 12).
- 入力：byte out = 0 で L レベル(0V)出力.1 で H レベル(3.3V)出力.
- 出力：byte 戻り値 = 送信パケット番号 PACKET_ID.0x00 は失敗.
- 使い方の参考情報＝サンプル 3

● `byte xbee_gpi( const byte *address, const byte port )`
- リモート XBee(子機)デバイスの GPIO の値を取得する関数.
- 入力：byte *address = 宛て先(子機)アドレス.
- 入力：byte port = 子機の GPIO ポート番号(1 ～ 4, 11 ～ 12).
- 出力：byte 戻り値 = GPIO の値.ただし,0xFF は通信の失敗.
- 使い方の参考情報＝サンプル 5

● `unsigned int xbee_adc( const byte *address, const byte port )`
- リモート XBee(子機)デバイスの ADC(アナログ)の値を取得する関数.
- 入力：byte *address = 宛て先(子機)アドレス
- 入力：byte port = 子機の AD ポート番号(1 ～ 3).
- 出力：unsigned int 戻り値 = ADC の値.ただし,0xFFFF は通信の失敗.
- 使い方の参考情報＝サンプル 8

● `byte xbee_force( const byte *address );`
- リモート XBee(子機)デバイスへ測定指示の要求を送信するコマンド.
  xbee_force で測定指示を子機 XBee へ要求して, xbee_rx_call で受け取る.
- 入力：byte *address = 宛て先(子機)アドレス.
- 出力：byte 戻り値 = 送信パケット番号 PACKET_

表 15-1　xbee_rx_call 関数の応答値 xbee_result の内容

構造体	内容	一例
(byte) MODE;	受信モード（Frame Type）	MODE_GPIN, MODE_UART, MODE_RESP
(byte) FROM[8];	送信元アドレス	{0x00,0x13,0xA2,0x00,0x00,0x11,0x22,0x33}
(byte) STATUS;	応答結果	0:OK 1:ERROR/AT 結果/UART 状態
(byte) GPI.BYTE[2];	GPIO 入力データ	全ポートの 2 バイト情報 {0x00,0x00}～
(byte) GPI.PORT.Dxx:1	GPIO 入力データ	ポート毎の 1 ビット・データ 0x00 または 0x01
(unsigned int) ADCIN[4];	ADC 入力データ	0～1023 の A-D 変換データ．エラーは 0xFFFF
(byte) DATA[];	UART 入力データ	関数の戻り値に文字数が入る

ID. 0x00 は失敗．
- 応答：別関数 xbee_rx_call() で応答値を受信する（引き数 xbee_result.MODE に「MODE_RESP」が設定される）．
- 使い方の参考情報＝サンプル 7

● **byte xbee_batt_force(const byte *address);**
- リモート XBee（子機）デバイスの電池電圧の確認要求を送信するコマンド．xbee_batt_force で測定指示を子機 XBee へ要求し，別関数 xbee_rx_call で受け取る．
- 入力：byte *address ＝ 宛て先（子機）アドレス．
- 出力：byte 戻り値 ＝ 送信パケット番号 PACKET_ID. 0x00 は失敗．
- 応答：別関数 xbee_rx_call で応答値を受信する（引き数 xbee_result.MODE に「MODE_BATT (0xE1)」が設定される）．
電圧値は xbee_result.ADCIN[0] に約 2100～3600[mV]の範囲で代入される．
- 使い方の参考情報＝サンプル 10

● **byte xbee_rx_call(XBEE_RESULT *xbee_result);**
- リモート XBee（子機）デバイスからの受信データを得るための関数．
- 入力：構造体変数 XBEE_RESULT *xbee_result
- 出力：構造体変数 XBEE_RESULT *xbee_result
- 出力：byte 戻り値 ＝ 受信結果（MODE_RESP, GPIN 時は GPI.BYTE[0], UART 時は文字数）

- 使用方法（概略）
  - 受信したデータの種類は xbee_result.MODE で判断する．
  - 送信元アドレスは xbee_result.FROM から得る．
  - 受信データは xbee_result.GPI, ADCIN, DATA から取得する．
    - xbee_result.GPI.BYTE[0] と [1] は GPI 入力値をバイトデータで得る．
      BYTE[0] の構成はビット列 D7 D6 D5 D4 D3 D2 D1 D0
      BYTE[1] の構成はビット列 NA NA NA D12 D11 D10 NA NA
      無効なポートや NA には「0」が入る．
    - xbee_result.GPI.PORT.D1 ～ D7, D10 ～ D12 は指定ポートの入力値（0 か 1）
    - xbee_result.ADCIN[1] ～ [3] は ADC の入力ポート AD1 ～ 3 に相当する．
    - xbee_result.DATA はバイト列データ．長さは xbee_rx_call の戻り値で得る
- 使い方の参考情報＝サンプル 6

● **float xbee_sensor_result (XBEE_RESULT *xbee_result, const enum xbee_sensor_type type);**
- リモート XBee（子機）デバイスからの受信データ．
- xbee_rx_call で取得した xbee_sensor データを値に変換する関数．
- 入力：byte *xbee_result．
- 入力：enum xbee_sensor_type{LIGHT,TEMP,H

表15-2 受信モード(Frame Type)xbee_result.MODE の内容

MODE	byte	内容
MODE_GPIN	0x92	GPI ADCIN を受信(XBee 子機が自発的に送信した場合)
MODE_UART	0x90	UART シリアルを DATA[ ]に受信
MODE_IDNT	0x95	Node Identify を受信(コミッショニング・ボタン 1 回押し)
MODE_RES	0x88	ローカル AT コマンド xbee_at 等の結果を受信
MODE_RESP	0x97	リモート AT コマンド xbee_rat や xbee_force 等の結果を受信
MODE_MODM	0x8A	Modem Status を受信
MODE_TXST	0x8B	UART Transmit Status を受信
MODE_BATT	0xE1	(独自)バッテリ・ステータス RAT%V の応答時

表15-3 応答結果 xbee_result.STATUS の内容

STATUS	byte	内容
MODE=MODE_RES,MODE_RESP,MODE_BATT のとき		
STATUS_OK	0x00	AT コマンドの結果が OK
STATUS_ERR	0x01	AT コマンドの結果が ERROR
STATUS_ERR_AT	0x02	指定された AT コマンドに誤りがある
STATUS_ERR_PARM	0x03	指定されたパラメータに誤りがある
STATUS_ERR_AIR	0x04	リモート AT コマンドの送信の失敗(相手が応答しない)
MODE=MODE_MODM のとき		
MODM_RESET	0x01	ローカルの XBee がリセットした
MODM_WATCHDOG	0x02	ローカルの XBee が Watch dog リセットした
MODM_JOINED	0x03	(Router または End Device)ネットワークに参加した
MODM_LEFT	0x04	ネットワークから離脱した
MODM_STARTED	0x06	(coordinator) Coordinator を開始した
MODE=MODE_GPIN,MODE_UART,MODE_IDNT のとき		
定義なし	0x01	Packet Acknowleded
定義なし	0x02	Broadcast packet
定義なし	0x20	Encrypted with APS
定義なし	0x40	from End Device

UMIDITY,WATT,BATT|; ※BATT は指定不可
ただし，Arduino 用は #define で定義された
const byte type 値を入力
type 値 LIGHT=1,TEMP=2,HUMIDITY=3,WATT=4,BATT=5
- 出力：float 戻り値 = 変換結果 LIGHT[lux],TEMP[℃],HUMIDITY[%],WATT[W]
- 使い方の参考情報＝サンプル 21

● **byte xbee_at(const char *in);**
- 本ライブラリが動作している XBee(親機)自身の AT コマンドを実行する関数．
- 入力：char *in = 入力する AT コマンド　例：

ATDL0000FFFF 最大文字数は XB_AT_SIZE-1
- 出力：byte 戻り値 = AT コマンドの結果．0xFF で送信失敗もしくはデータ異常
  STATUS_OK / STATUS_ERR / STATUS_ERR_AT / STATUS_ERR_PARM / STATUS_ERR_AIR
- 使い方の参考情報＝サンプル 1

● **byte xbee_rat(const byte *address, const char *in);**
- リモート XBee(子機)へ AT コマンドを送信する関数．
- 入力：byte *address = 宛て先(子機)アドレス

- 入力：char *in = 入力する AT コマンド　例：ATDL0000FFFF 最大文字数は XB_AT_SIZE-1
- 出力：byte 戻り値 = AT コマンドの結果．0xFF で送信失敗もしくはデータ異常 STATUS_OK / STATUS_ERR / STATUS_ERR_AT / STATUS_ERR_PARM / STATUS_ERR_AIR
- 使い方の参考情報＝サンプル 2

● byte xbee_rat_force(const byte *address, const char *in);

- リモート XBee（子機）へ AT コマンドを送信する関数．応答値を xbee_rx_call で得る．
- 入力：byte *address = 宛て先（子機）アドレス
- 入力：char *in = 入力する AT コマンド　例：ATDL0000FFFF 最大文字数は XB_AT_SIZE-1
- 出力：byte 戻り値 = 送信パケット番号 PACKET_ID．0x00 は失敗．
- 応答：xbee_rx_call の引き数 XBEE_RESULT．MODE に「MODE_BATT(0xE1)」が設定される．本書では，同じ機能を実現できる xbee_rat を使っています．xbee_rat_force は，より ZigBee ネットワーク負荷や処理などを軽減するために追加した命令です．xbee_rat は応答を待ちますが，xbee_rat_force は応答を待たず，次々に発行できるので，多数の xbee にコマンドを送るような場合に使用します．

● byte xbee_uart(const byte *address, const char *in);

- リモート XBee（子機）へテキスト文字を送信する関数．
- 入力：byte *address = 宛て先（子機）アドレス
- 入力：char *in = 入力するテキスト文字．最大文字数は API_TXSIZE-1
- 出力：byte 戻り値 = 送信パケット番号 PACKET_ID．0x00 は失敗．

- 使い方の参考情報＝サンプル 16

● byte xbee_atcb(byte cb);

- XBee のコミッション制御（ネットワーク参加指示）．
- 入力：コミッション・ボタンの押下数（1: ジョイン開始，2: ジョイン許可，4: ネット初期化）
- 出力：戻り値 = 0x00 指示成功．0xFF はエラー．
- 使い方の参考情報＝サンプル 20

● unsigned short xbee_atop (byte *pan_id);

- PAN ID を求めるコマンド（書き込めない）．
- 応答：byte pan_id[8] = PAN_ID 64bit (8bytes)
- 出力：unsigned short 戻り値 = PAN_ID 16bit
- 使い方の参考情報＝サンプル 64

● byte xbee_atai(void);

- XBee モジュールの状態を確認するコマンド．
- 出力：byte 戻り値 0x00 と 0x01 = 成功．0x2X = エラー，0xAX = 暗号エラー
   0x21 - Scan found no PANs
   0x23 - Valid Coordinator or Routers found, but they are not allowing joining
   0x27 - Node Joining attempt failed
   0xAB - Attempted to join a device that did not respond
   0xFF - Scanning for a ZigBee network (routers and end devices)
- 使い方の参考情報＝サンプル 20

● byte xbee_atvr(void);

- XBee のデバイス・タイプを取得するコマンド．
- 出力：戻り値 = define 値 ZB_TYPE_COORD，ZB_TYPE_ROUTER，ZB_TYPE_ENDDEV
- 使い方の参考情報＝サンプル 20

● xbee_end_device(const byte

```
*address, byte sp, byte ir,
const byte pin );
```
- XBee 子機（エンド・デバイス）をスリープ・モードに設定するコマンド．
- 入力：byte *address = 宛て先（子機）アドレス
- 入力：byte sp = 1～28: スリープ間隔（秒）
- 入力：byte ir = 0: 自動送信切，1～65: 自動送信間隔（秒）
- 入力：byte pin = 0: 通常のスリープ，1:SLEEP_RQ 端子を有効に設定
- 出力：戻り値 = 0x00 指示成功，その他 = エラー理由
- 使い方の参考情報 = サンプル 22

● `byte xbee_atd( const byte *address );`
- 宛て先アドレスを本機に設定するコマンド．

宛て先は各関数で指定可能なので通常は使用しない．

本機が End Device のときに，本機の登録親機のアドレスを本機に設定する．
- 入力：byte *address = 宛て先アドレス
- 出力：戻り値 = 1: 成功 0: 失敗
- 使い方の参考情報 = サンプル 62

● `byte xbee_ratd( const byte *dev_address, const byte *set_address );`
- 宛て先アドレスをリモート子機に設定するコマンド．
- 入力：byte *dev_address = 子機のアドレス
- 入力：byte *set_address = 設定するアドレス
- 出力：戻り値 = 1: 成功 0: 失敗

[第16章]

1台から接続できる XBee Wi-Fiを 設定してみよう

　前章までに紹介したXBee ZigBeeネットワークの最大の課題は，IP（インターネット・プロトコル）を使っていないことです．一方，XBee Wi-Fiは，IPネットワークに接続可能なワイヤレス通信モジュールです．パソコンやArduinoからだけでなく，クラウドやスマートフォン上のアプリケーションからXBee Wi-Fiを直に制御することも可能です．

第1節　XBee Wi-Fi モジュールの特長

　XBee Wi-Fi モジュール（S6 または S6B）は，XBee PRO ZB モジュールとほぼ同じ大きさ，類似したインターフェースと使い勝手のまま，無線 LAN 規格である IEEE 802.11 に対応したワイヤレス通信モジュールです．

　インターネットの標準プロトコルを搭載しており，XBee Wi-Fi 単体で IP ネットワークに参加することができるので，宅内のパソコンやタブレット端末から直に XBee Wi-Fi モジュールへアクセスすることが可能になります．XBee ZB の場合は，親機となる XBee PRO ZB モジュールが必要でしたが，XBee Wi-Fi モジュールを用いれば親機に XBee モジュールが不要になり，1個の XBee Wi-Fi モジュールから実験を行うことができます（図 16-1）．

　ただし，少なくとも無線 LAN アクセス・ポイントが必要です．また，実験用ネットワークにインターネット接続は必ずしも必要ではありませんが，ご家庭のパソコンは接続されている場合が多いので，インターネット接続しているものとして説明します．

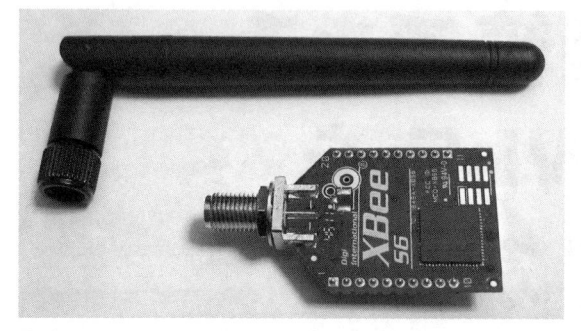

写真 16-1　XBee Wi-Fi モジュール（RPSMA アンテナ・タイプ）の一例

（a）XBee ZB を使用た場合

（b）XBee Wi-Fi を使用した場合

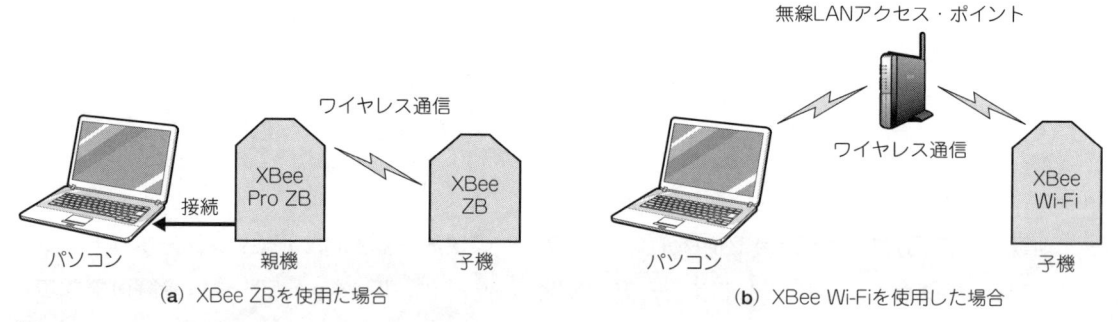

図 16-1　XBee ZB と XBee Wi-Fi との子機へのワイヤレス通信方法の違い

第2節　XBee Wi-Fi モジュールの無線 LAN 設定方法

　XBee Wi-Fi の無線 LAN 設定を行うには，X-CTU が必要です．パソコン上の X-CTU と XBee Wi-Fi との接続には，市販の XBee USB エクスプローラを使用します．

　ところが，XBee Wi-Fi の消費電力は XBee ZB に比べて大きいので，XBee USB エクスプローラの中には XBee Wi-Fi に対応していないものがあります．数回に一度，電源が入らないなど不安定な動作に陥るような場合は，Digi International 社純正の XBee Wi-Fi 用の開発ボードを用いたり，XBee Wi-Fi 対応の XBee USB エクスプローラを用いたり，電源供給に AC アダプタを使用したりすることで改善できると思います．

　X-CTU を起動し，XBee Wi-Fi が接続されたシリアル COM ポートを選択してから「Modem Configuration」タブに移り，「Read」ボタンを押すと，図 16-2 のような画面が表示されます．この画面で「Active Scan」を

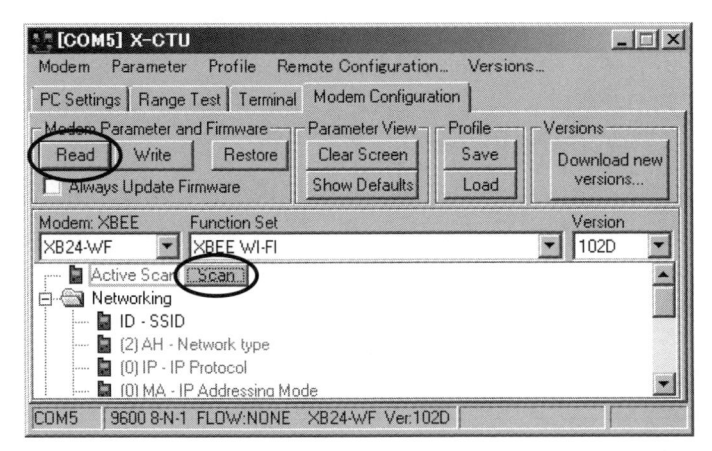

図16-2 XBee Wi-Fiから無線LANアクセス・ポイントを探す

図16-3 X-CTUの無線LANアクセス・ポイントの検索結果画面

選択し，「Scan」をクリックすると無線LANアクセス・ポイントのスキャンが始まります．

スキャン結果が図16-3のように表示されるので，アクセスしたい無線LANアクセス・ポイント名(SSID)を選択し，「Security Key」の欄に無線LANアクセス・ポイントのセキュリティ・キーを入力します．アクセス・ポイント名(SSID)とセキュリティ・キーは，無線LANアクセス・ポイント本体にシールなどで貼られていることが多いですが，不明な場合は，お手持ちの無線LANアクセス・ポイントの取り扱い説明書をご覧ください．

セキュリティ・キーを入力後に，「Select AP」ボタンをクリックして10秒ほどが経過すると，アクセス・ポイントへの接続が完了します．

アクセス・ポイントへの接続が成功したかどうかを確認する方法について説明します．X-CTUの「Modem Configuration」画面で「Read」をクリックして接続情報を取得します．X-CTU内のエクスプローラ風の画面内の「Networking」フォルダの先頭に「ID-SSID」の項目があり，そこに接続した無線アクセス・ポイントの名前が正しく入っているかどうかを確認します．また，「Addressing」フォルダ内の「MY-Module IP Address(以下，MY値)」にIPアドレスが割り当てられているかどうかを確認します．アドレスが割り当てられていない場合は「0.0.0.0」のように表示されるの

で，X-CTUの「Restore」でXBee Wi-Fiの初期設定に戻してからやりなおしてみてください．

それでもIPアドレスが割り当てられない場合は，ネットワーク側のDHCPサーバ(IPアドレスを自動設定する機能)の設定が無効になっている可能性があるので，設定を有効にする，もしくは手動でIPアドレスを割り当てます．

一般的にDHCPサーバは，インターネット・モデム，またはONU(光回線終端装置)，無線LANアクセス・ポイントなどのブロードバンド・ルータ機能として動作させます．ブロードバンド・ルータ機能がモデムやONUに含まれている場合は，モデムやONUのDHCPサーバ機能を有効にします．そうでない場合は，無線LANアクセス・ポイントのDHCPサーバ機能を有効にします．いずれも，ネットワーク機器にインターネット・エクスプローラなどでアクセスして設定します．

正しくDHCPサーバが動作すれば，XBee W-FiにIPアドレスやIPアドレス・マスク，ゲートウェイ・アドレスの自動設定が行われます．自動設定後は，X-CTUエクスプローラ画面の「Networking」フォルダ内の「MA-IP Addressing Mode(以下，MA値)」を，「1-Static」に変更してアドレスを固定します．IPアドレスを固定に設定する理由は，XBee ZBモジュールを制御する際にIPアドレスが変化すると，どのモジュー

```
Microsoft Windows [Version 6.1.7601]
Copyright (c) 2009 Microsoft Corporation.  All rights reserved.

C:¥User¥xbee> ping 192.168.0.101   ←─────── 入力

192.168.0.101 にpingを送信しています 32バイトのデータ:
192.168.0.101 からの応答：バイト数=32 時間=4ms TTL=64
192.168.0.101 からの応答：バイト数=32 時間=2ms TTL=64
192.168.0.101 からの応答：バイト数=32 時間=1ms TTL=64
192.168.0.101 からの応答：バイト数=32 時間=1ms TTL=64

192.168.0.101 のping 統計：
    パケット数: 送信=4, 受信=4, 損失=0(0%の損失),
ラウンド トリップの概算時間(ミリ秒)：
    最小=1ms, 最大=4ms, 平均=2ms

C:¥User¥xbee>
```

図 16-4　XBee Wi-Fi モジュールからの Ping 応答例

ルであるかを特定しにくくなるからです．

　MA 値を変更したら，「Write」ボタンをクリックし，一度，XBee Wi-Fi モジュールへ書き込み，再度，「Read」ボタンで設定を読み込みます．設定された IP アドレス（MY 値）は，前回と異なる場合があります．必ず，IP アドレス（MY 値）を再確認し，メモに残しておきます．

　以上は，実験的な一時利用の場合の IP アドレスの設定方法です．長期間にわたって使用する場合は，DHCP で割り当てられる IP アドレスの範囲外かつ未使用で有効なアドレス範囲内に設定します．その DHCP のアドレス範囲は，DHCP サーバ側に設定されています．例えば，「192.168.0.2」から「15」個のように設定されています．この場合，XBee Wi-Fi モジュールの IP アドレス（MY 値）に，「192.168.0.17」〜「192.168.0.254」の範囲内で，ほかの機器と重複しない値を設定します（ただし，IP ネットワーク・マスク MK 値が「255.255.255.0」以外の場合は範囲が異なる）．

　以上で，XBee Wi-Fi モジュールの IP ネットワーク設定は完了です．設定が完了したら，同じ LAN に接続されたパソコンの「コマンド・プロンプト」（Windows の「スタート・メニュー」→「すべてのプログラム」→「アクセサリ」内のアプリケーション）から，

　　C:¥User¥xbee> ping 192.168.0.101

のように入力して，XBee Wi-Fi モジュールとの通信が可能であるかどうかを確認します．「ping」の後の数字は，X-CTU で確認した MY 値（XBee Wi-Fi モジュールの IP アドレス）を入力します．

　なお，DHCP で自動割り当てされた IP アドレスを固定すると，他の Wi-Fi 機器を無線 LAN に追加で接続するときにアドレスが重複する懸念があります．他の機器を追加する前に，本 XBee Wi-Fi モジュールの電源を入れた状態にしておくと，重複を防ぐことができます．もし，たまたま同じ IP アドレスが割り当てられてしまった場合は，パソコンに「ネットワーク上の別のシステムと競合する IP アドレスがあります」などのメッセージが表示されます．このような場合は，IP アドレスの設定をやりなおします．

第 3 節　XBee Wi-Fi モジュールの通信テスト（UDP による UART 信号）

　IP アドレスを設定できたら，XBee Wi-Fi モジュールのワイヤレス通信のテストを行います．使用する XBee Wi-Fi モジュールの数は 1 個です．しかし，少し手間がかかるので，IP ネットワークについて詳しい方であれば，本節を飛ばしてサンプル 66 〜 70 を使用して，XBee Wi-Fi モジュールの動作確認を行ってもかまわないでしょう．IP ネットワークに関してあまり詳しくない方だと，本節の説明だけでも理解する

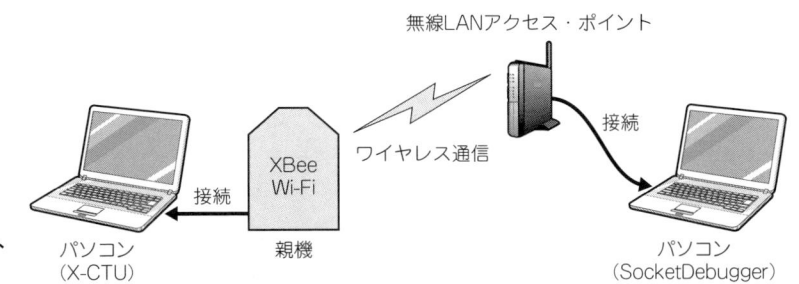

図 16-5
XBee Wi-Fi モジュールの通信テスト用の接続図（PC は一つでも良い）

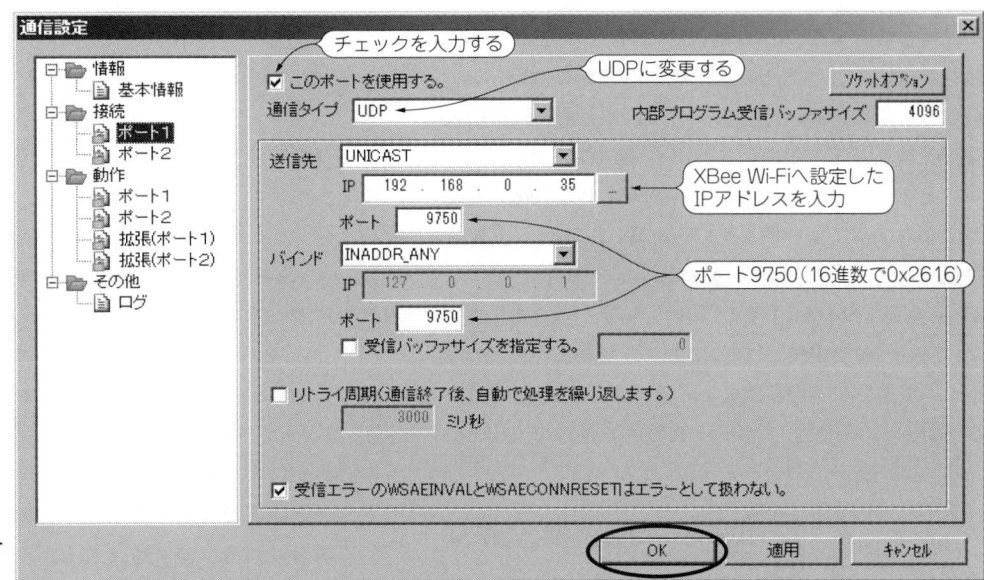

図 16-6
SocketDebugger Free の設定例

図 16-7
XBee Wi-Fi の送信テスト（SocketDebuggerFree で UDP パケットを受信）

のに時間がかかるかもしれませんが，自分でプログラムを作り始めるには必要な知識なので，理解を深めるためにも通信テストを行ってみてください．

図 16-5 に，XBee Wi-Fi モジュールの通信テスト用の接続図を示します．2台のパソコンが示されていますが，同じパソコン上で両方のソフトを動かすことが可能なので，パソコンの台数は1台でもかまいません．

親機となるパソコンから XBee Wi-Fi モジュールへテキスト・データを送受信するためにフリー・ソフト「SocketDebuggerFree」を「http://sdg.ex-group.

jp/」からダウンロードして使用します.

　SocketDebuggerFreeを起動しようとしたときに，「ファイヤ・ウォールでブロックされています」といったメッセージが表示された場合は，「アクセスを許可する」を選択して起動します.

　ソフトが起動したら，「設定」メニューから「通信設定」を選択し，「接続」「ポート1」の画面を開き，図16-6のように設定して，「OK」ボタンを押します.

　受信を開始するには，「通信」メニューの「Port 1 処理開始」を選択します．この状態で，X-CTUの「Terminal」からテキスト文字を入力すると，SocketDebuggerFree側に受信した文字が表示されます（図16-7）．

　以上で，XBee Wi-Fiの送信のテストを実施したことになります．X-CTUとXBee Wi-Fiとはシリアル接続でつながっており，X-CTUで入力した文字はXBee Wi-FiのUARTシリアル入力端子（XBee 3番ピン）を経由し，XBee Wi-Fiによって無線LANへのワイヤレス送信が実行されます．送信は，UDPと呼ばれるプロトコルを使ってポート9750（16進数で0x2616）

に向けてパケットが送られます．そして，当該ポートを受信中のSocketDebuggerFreeがパケットを受け取って入力文字を表示します．表示されない場合は，X-CTUのModem Configurationのエクスプローラ画面内の「DL - Destination IP Address」にパソコンのIPアドレスを設定してから，再度，Terminalに戻って送信してみてください.

　XBee Wi-Fiの受信のテストを行うには，パソコンからXBee Wi-Fiに向けて送信する必要があります．SocketDebuggerFreeの右側の「送信データエディタ」に，「TXT」と書かれた「テキスト入力ボタン」があるのでクリックし，テキスト文字を入力し，左上の「エディタに反映」ボタンをクリックします．その後，「通信」メニューの「Port 1 データ送信」を選択すると，XBee Wi-Fi経由で送られたテキスト文字がX-CTUに表示されます.

　XBee Wi-Fiモジュールが通信できない場合は，再度，パソコンからコマンド・プロンプトを使ってXBee Wi-FiへPINGを送信してみてください．PINGの応答がない場合は，XBee Wi-Fiモジュールのネットワーク設定をやりなおします．PINGが適切に応答する場合は，パソコンや無線LANアクセス・ポイントなどのネットワーク設定やセキュリティ対策で拒絶する設定となっていることが多いです．ご使用中のセキュリティソフト，ネットワーク機器の設定などを見直してください.

図 16-8 SocketDebuggerFreeでテキスト文字を入力

図 16-9
XBee Wi-Fiの受信テスト
（SocketDebuggerFreeでUDPパケットを送信）

第4節　ブレッドボードにXBee Wi-Fiモジュールを接続する方法

　XBee Wi-Fiモジュールには，電圧3.3Vの安定した電源が必要です．また，消費電流が300mA程度になっても電源電圧を維持しなければなりません．このため，XBee ZBで動作する電源であっても，XBee Wi-Fiモジュールの場合に動作しないことがあります．したがって，電圧が変動する乾電池を直接接続しても動作可能なXBee ZBモジュールに対し，XBee Wi-Fiモジュールではストロベリー・リナックス製のDC-DC電源回路つきXBeeピッチ変換基板「モバイルパワーXBee変換モジュールMB-X」(**写真16-2**)に搭載されているようなDC-DCコンバータが必要です．

　このDC-DC電源回路付きXBeeピッチ変換基板は，XBee用ピン・ソケットを搭載し，DC-DC電源回路と2.54mmピッチ変換機能を搭載しています．2.54mmピッチのピン・ヘッダを裏側に実装して，表側ではんだ付けすることでブレッドボードに実装して使用することができます．

　なお，本DC-DC電源回路つきXBeeピッチ変換基板は，XBeeモジュールや通常のXBeeピッチ変換基板とはピン数が異なります．XBeeの20ピンにDC-DC電源入力用2ピンが加わり，計22ピンとなります．XBee Wi-Fiの1～10番ピンは，変換基板の2～11番ピンに，XBeeの11～20番ピンは13～22番ピンに接続されます．

　同社のDC-DC電源回路つきXBeeピッチ変換基板を使用するには，以下の三つのジャンパをはんだ付けしてショートに変更します(**写真16-3**)．

① DC-DC電源を有効に設定するジャンパです．ショートにします．
② 基板上のLED(ON)を有効に設定するジャンパです．ショートにします．
③ DC-DC電源の動作モードの設定ジャンパです．大電流が必要な場合は「1」をショートしますが，「0」でも入力2VあたりからXBee Wi-Fiが動作しましたので，「0」をショートしておいても問題ないでしょう．

　XBee Wi-Fiの通信動作確認や製作したDC-DC電源回路付きXBeeピッチ変換基板の動作確認は，次章(第17章)のXBee Wi-Fi実験用サンプルで行います．

写真16-2　ストロベリー・リナックス製 モバイルパワーXBee変換モジュールMB-X

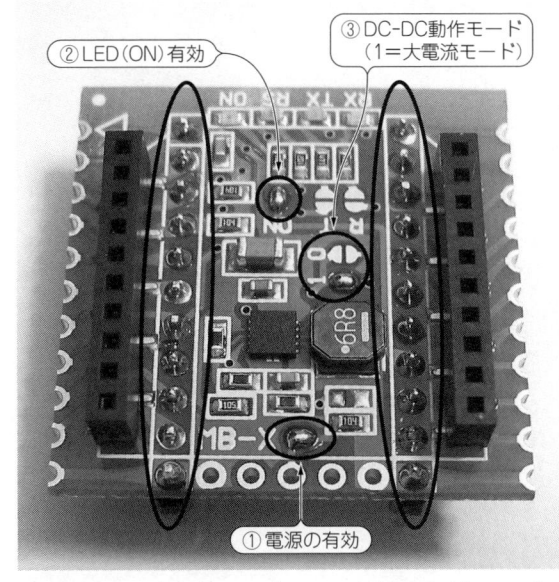

写真16-3　ピン・ヘッダのはんだ付けとジャンパのはんだ付けの一例

[第17章]

パソコンを親機にした XBee Wi-Fi 実験用サンプル・プログラム（5例）

　パソコンから XBee Wi-Fi を制御する実験用サンプルです．実験で使用する XBee Wi-Fi モジュールは子機側だけです．親機となるパソコンからワイヤレス通信で LED を制御したりボタンの状態を読み取ったり，テキスト文字の送受信を行います．サンプルの内容は，XBee ZB の練習用サンプルを基にしました．

第1節 Example 66：XBee Wi-Fi の LED を制御する①リモート AT コマンド

Example 66

XBee Wi-Fi の LED を制御する①リモート AT コマンド		
実験用サンプル	通信方式：XBee Wi-Fi	開発環境：Cygwin

親機パソコンから子機 XBee Wi-Fi モジュールの GPIO（DIO）ポートをリモート AT コマンドで制御するサンプルです．

親機：パソコン ⇔（無線LANまたは有線LAN）⇔ 無線LANアクセス・ポイント
Windows 上で動作する Cygwin が必要です． / 無線 LAN アクセス・ポイントに無線または有線で接続

子機：XBee Wi-Fiモジュール ⇔ DC-DC付きピッチ変換 ⇔ ブレッドボード ⇔ LED

通信ファームウェア：XBEE WI-FI		MA = 1(Static IP)	Transparent モード
電源：乾電池2本 3V	シリアル：接続なし	スリープ(9)：接続なし	DIO10(6)：LED(RSSI)
DIO1(19)：(プッシュ・スイッチ)	DIO2(18)：接続なし	DIO3(17)：接続なし	DIO0(20)：接続なし
DIO4(11)：LED	DIO11(7)：接続なし	DIO12(4)：接続なし	Associate(15)：接続なし
その他：最新の Digi International 社純正の開発ボード XBIB-U-DEV (TH/SMT Hybrid) でも動作します．			

必要なハードウェア
- Windows が動作するパソコン　　　　　　　　　1台
- 無線 LAN アクセス・ポイント　　　　　　　　　1台
- Digi International 社 XBee Wi-Fi モジュール　　1個
- DC-DC 電源回路付き XBee ピッチ変換基板(MB-X)　1式
- ブレッドボード　　　　　　　　　　　　　　　1個
- 高輝度 LED 1個，抵抗 1kΩ 1個，セラミック・コンデンサ 0.1μF 1個，（プッシュ・スイッチ 1個※），2.54mm ピッチピン・ヘッダ(11 ピン) 2個，単3×2直列電池ボックス 1個，単3電池2本，LAN ケーブル 1本，ブレッドボード・ワイヤ適量，USB ケーブルなど

※ このサンプルではプッシュ・スイッチを使いません．

　ここでは，親機パソコンから子機 XBee Wi-Fi モジュールの GPIO（DIO）ポートをリモート AT コマンドで制御して，LED を点滅させるサンプルを紹介します．XBee ZB のサンプル2の Wi-Fi 版にあたります．今回は，DC-DC 電源回路つき XBee ピッチ変換基板上の RSSI の LED（RSSI）も同時に点滅させます．

　使用する開発環境や開発用ツールは，XBee ZB と同じです．まず，パソコン用の開発環境を第3章第10節と11節を参考にしてインストールします．

　ハードウェアは，このサンプル66からサンプル69まで，共通で使用する LED とプッシュ・スイッチを搭載した XBee Wi-Fi 搭載センサをブレッドボード上に製作したものを使用します（**写真 17-1**）．

　XBee ZB 版と大きく異なる点は，XBee Wi-Fi にはコミッショニング・ボタンがない点です．ネットワークへの参加は，あらかじめ X-CTU を使用して無線 LAN 設定を行っておき，そのときに XBee Wi-Fi に設定された IP アドレスをプログラム側で使用することで機器を特定します．したがって，製作する前に第16章第2節にしたがって，XBee Wi-Fi モジュールの無線 LAN 設定を実施しておく必要があります．また，使用する XBee Wi-Fi モジュールの IP アドレスを控えておきます．

　本子機の製作方法について説明します．まず，**写真**

ソースコード 66　example66_rssi.c

```
/****************************************************************
XBee Wi-FiのRSSI LEDとDIO4に接続したLEDを点滅
****************************************************************/
#include "../libs/xbee_wifi.c"          // XBeeライブラリのインポート
#include "../libs/kbhit.c"

// お手持ちのXBeeモジュールのIPアドレスに変更する(区切りはカンマ)
byte dev[] = {192,168,0,135};   ← ①

int main(void){
    xbee_init( 0 );   ← ②
    printf("Example 66 RSSI (Any key to Exit)¥n");
    while( xbee_ping(dev)==00 ){   ← ③      // 繰り返し処理
        xbee_rat(dev,"ATP005");   ← ④       // リモートATコマンドATP0(DIO10設定)=05(出力'H')
        xbee_rat(dev,"ATD405");              // リモートATコマンドATD4(DIO 4設定)=05(出力'H')
        delay( 1000 );   ← ⑤                // 約1000ms(1秒間)の待ち
        xbee_rat(dev,"ATP004");              // リモートATコマンドATP0(DIO10設定)=04(出力'L')
        xbee_rat(dev,"ATD404");              // リモートATコマンドATD4(DIO 4設定)=04(出力'L')
        delay( 1000 );                       // 約1000ms(1秒間)の待ち
        if( kbhit() ) break;                 // キーが押されていたときにwhileループを抜ける
    }
    printf("¥ndone¥n");
    return(0);
}
```

17-2のように，周辺回路からブレッドボード上に実装します．先にモジュールを実装してしまうと，ほかの部品を実装しにくいからです．

XBeeピッチ変換基板の11番ピン（ピッチ変換基板の左下）をブレッドボード左側の青の縦線（電源「－」ライン）に接続し，12番ピン（右下）をブレッドボード右側の赤の縦線（電源「＋」ライン）に接続します．これらのピンの間に，コンデンサ0.1μFを実装します．DC-DC電源回路付XBeeピッチ変換基板が，ちょうどコンデンサに覆いかぶさるように実装されることを想定し，コンデンサが変換基板に接触しないようにリード線を折り曲げて奥に倒しておきます．

XBee Wi-Fiの19番ピン（DIO1）は，XBeeピッチ変換基板では21番ピンとなっています．この21番ピン（DIO1）に，プッシュ・スイッチを接続します．また，プッシュ・スイッチの対角の端子を電源の青線（「－」ライン）に接続します．同様に，XBee Wi-Fiの11番ピン（DIO4）は，XBeeピッチ変換基板では13番ピンです．この13番ピン（DIO4）に，高輝度LEDのリード線の長い方を写真の右側になるように接続します．また，左側には抵抗を経由して電源の青線（「－」

写真17-1　LEDとプッシュ・スイッチを搭載したXBee Wi-Fi用の子機の製作例

ライン）に接続します．なお，乾電池はXBee Wi-Fiの実装が完了してから接続します．

ハードウェアが完成したら，パソコン側のこのサン

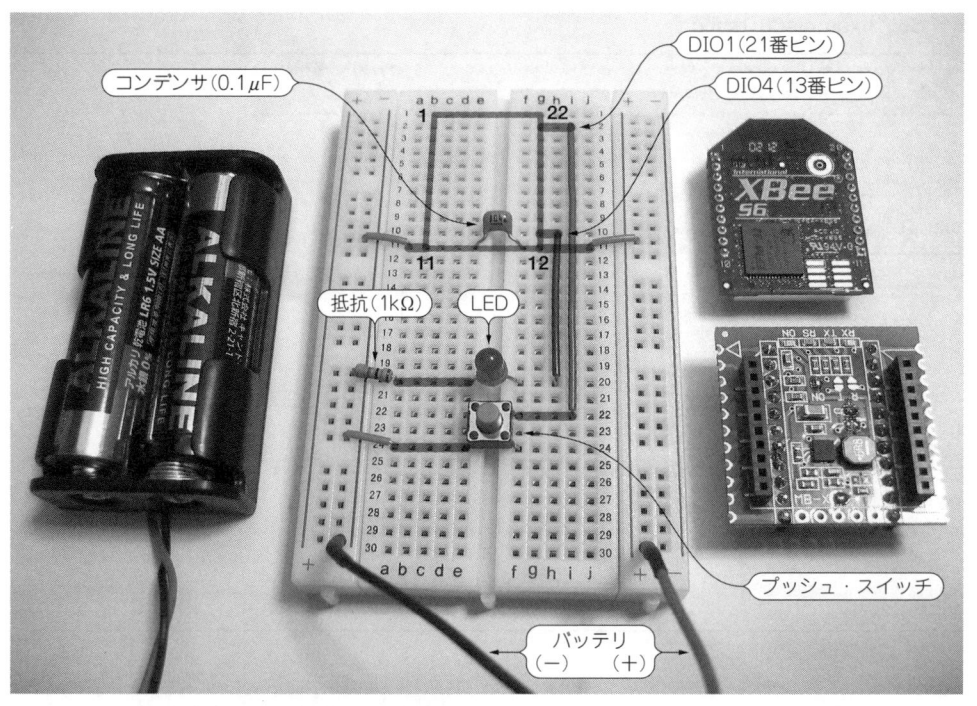

写真17-2　XBee Wi-Fiの子機用の周辺回路をブレッドボード上に実装するようす

プルのプログラム「example66_rssi.c」の冒頭（①）のIPアドレスの定義部をメモ帳などのテキスト・エディタを使って，先ほど控えたXBee Wi-FiモジュールのIPアドレスに変更します．

```
byte dev[] = {192,168,0,135};  ← お手持ちのモ
                                 ジュールのIPアドレスへ
```

変更後に，Cygwin上で「cd」コマンドを使って「cqpub」フォルダに移動してから，

```
$ gcc example66_rssi.c
```

と入力してコンパイルを行い，実行するには

```
$ ./a    もしくは    $ ./a.exe
```

と入力します．場合によっては，図17-1のように「ファイヤ・ウォールでブロックされています」といったメッセージが表示されますが，「アクセスを許可する」ボタンをクリックしてソフトを実行します．ただし，アクセス許可を行うまでに時間が経ってしまうとプログラムが終了してしまうので，その場合は再度，実行します．

ブレッドボードで製作した子機の電源が入っていなかったり，XBee Wi-Fiモジュールとの通信ができなかったり，省電力モードで応答がなかったりした場合は，プログラムを実行しても数秒で終了してしまいます．こういった場合は，コマンド・プロンプトからPINGを使ってXBee Wi-FiモジュールがIPネットワークに接続されていることを確認したり，XBee Wi-Fiモジュールの電源を入れ直して，10秒ほど待ってから再実行したりする必要があります．

XBee Wi-Fiモジュールとの通信に成功すると，プログラムの実行後にあまり時間を待つことなく，ブレッドボード上のLEDとXBeeピッチ変換基板上のRSと書かれたLEDが点滅します．パソコンのキーボードの何れかの文字キーや「Enter」キーなどを押すと終了します．なお，「any key」とは，古くからのパソコン用語で「何れかのキー」を意味します．一般的に「Shift」や「Ctrl」キーなどは含みません．

それでは，このサンプル66のソースコード

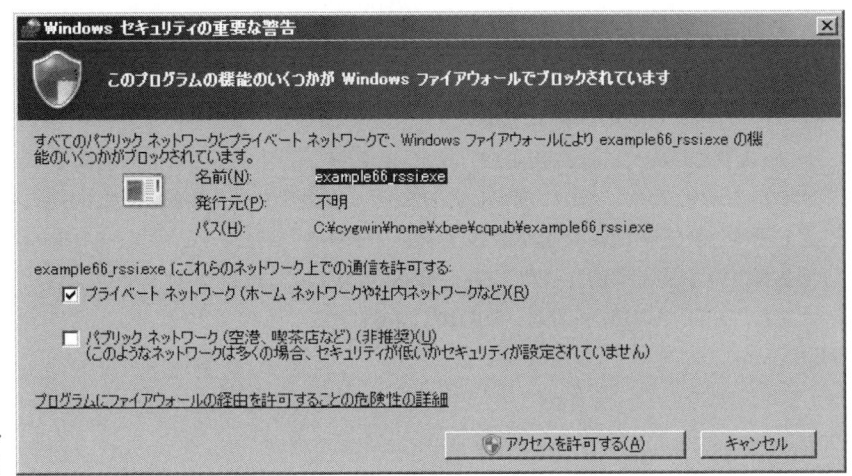

図 17-1
警告表示「ファイヤ・ウォールでブロックされています」の例

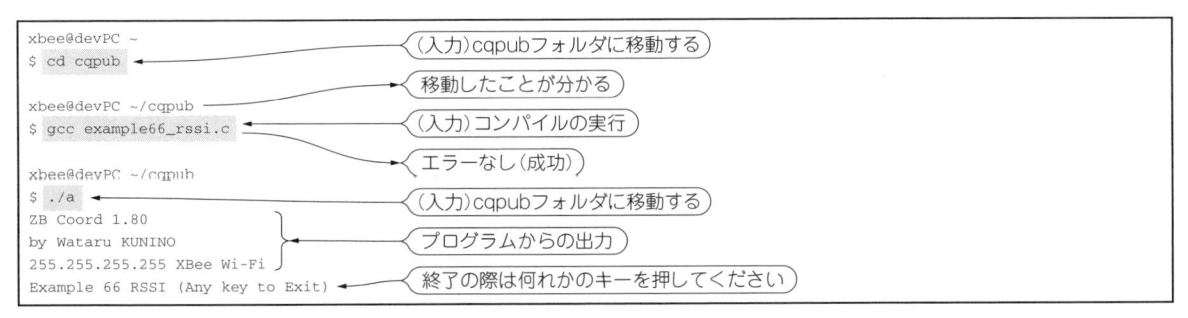

```
xbee@devPC ~
$ cd cqpub          ←（入力）cqpubフォルダに移動する
xbee@devPC ~/cqpub  ←移動したことが分かる
$ gcc example66_rssi.c  ←（入力）コンパイルの実行
                    ←エラーなし（成功）
xbee@devPC ~/cqpub
$ ./a               ←（入力）cqpubフォルダに移動する
ZB Coord 1.80
by Wataru KUNINO   ←プログラムからの出力
255.255.255.255 XBee Wi-Fi
Example 66 RSSI (Any key to Exit)  ←終了の際は何れかのキーを押してください
```

図 17-2　サンプル 66 の実行例

「example66_rssi.c」の説明を行います．

① 変数 dev にお手持ちの XBee Wi-Fi モジュールの IP アドレスを代入します．ここでは，アドレスの区切りに「ピリオド(.)」ではなく「カンマ(,)」を使用してください．

②「xbee_init」は，XBee Wi-Fi に接続するための LAN ポートを初期化して XBee Wi-Fi への接続の準備を行う命令です．

③「xbee_ping」は，引き数の変数 dev に代入された IP アドレスの XBee Wi-Fi 機器名（コード）を取得する命令です．XBee Wi-Fi モジュールの機器名コードは，00 09 00 00 です．xbee_ping 関数では，下2ケタの 0x00 を得ることができます．また，XBee Wi-Fi モジュールが動作していない場合は 0xFF を得ます．

写真 17-3　XBee Wi-Fi 搭載 LED & スイッチの製作例

④「xbee_rat」は，リモートATコマンドを送信する命令です．ATコマンドを変数devに代入したIPアドレスのXBee Wi-Fiに送信します．ATコマンド「ATP005」は，RSSI用LEDの出力ポートDIO10をディジタル出力に設定してHレベルを出力します．DC-DC電源回路つきXBeeピッチ変換基板上の「RS」と印刷されたLEDがRSSI用です．ただし，XBee Wi-Fi S6では，DIO10にRSSIのレベル出力機能はありません(S6Bは，RSSI出力可能)．

⑤ATコマンド「ATD4」は，ポートDIO4(11番ピン)に対する制御です．「ATD4」に続く引き数が「05」の場合に，XBee Wi-FiモジュールはHレベルを出力し，ブレッドボード上に実装した高輝度LEDが点灯します．

第2節　Example 67：XBee Wi-FiのLEDを制御する②ライブラリ関数使用

Example 67

XBee Wi-FiのLEDを制御する②ライブラリ関数使用		
実験用サンプル	通信方式：XBee Wi-Fi	開発環境：Cygwin

親機パソコンから子機 XBee Wi-Fi モジュールの GPIO(DIO) ポートをライブラリ関数 xbee_gpo で制御するサンプルです．

親機

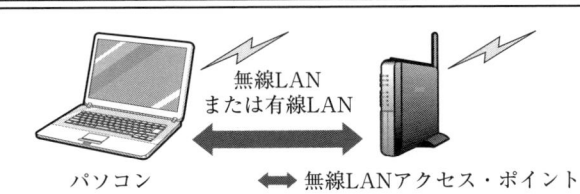

Windows 上で動作する Cygwin が必要です．　　無線 LAN アクセス・ポイントに無線または有線で接続

子機

XBee Wi-Fi モジュール ⇔ DC-DC 付きピッチ変換 ⇔ ブレッドボード ⇔ LED

通信ファームウェア：XBEE WI-FI		MA = 1(Static IP)	Transparent モード
電源：乾電池 2 本 3V	シリアル：接続なし	スリープ(9)：接続なし	DIO10(6)：LED(RSSI)
DIO1(19)：(プッシュ・スイッチ)	DIO2(18)：接続なし	DIO3(17)：接続なし	DIO0(20)：(LED)
DIO4(11)：LED	DIO11(7)：(LED)	DIO12(4)：(LED)	Associate(15)：接続なし
その他：最新の Digi International 社純正の開発ボード XBIB-U-DEV(TH/SMT Hybrid) でも動作します．			

必要なハードウェア
- Windows が動作するパソコン　　　　　　　　　　　1 台
- 無線 LAN アクセス・ポイント　　　　　　　　　　1 台
- Digi International 社 XBee Wi-Fi モジュール　　　　1 個
- DC-DC 電源回路付き XBee ピッチ変換基板(MB-X)　　1 式
- ブレッドボード　　　　　　　　　　　　　　　　　1 個
- 高輝度 LED 1 個，抵抗 1kΩ 1 個，セラミック・コンデンサ 0.1μF 1 個，（プッシュ・スイッチ 1 個※），2.54mm ピッチピン・ヘッダ(11 ピン) 2 個，単 3×2 直列電池ボックス 1 個，単 3 電池 2 個，LAN ケーブル 1 本，ブレッドボード・ワイヤ適量，USB ケーブルなど

※ このサンプルではプッシュ・スイッチを使いません．

　ここでは，親機パソコンから子機 XBeeWi-Fi モジュールの GPIO(DIO) ポートを XBee ライブラリの関数 xbee_gpo を使って，XBeeWi-Fi モジュールの GPIO ポート番号とディジタル出力値をキーボードから入力して，LED 等を制御するサンプルを紹介します．

　ハードウェアは，サンプル 66 と同じです．例えば，サンプル 27 で紹介した自作スマート・リレーの XBee PRO ZB モジュールを XBee Wi-Fi モジュールに置き換えた Wi-Fi 版スマート・リレーの動作確認用など，子機の試作時のツールとしても利用できます．

　ソフトウェアは，ソースリスト「example67_led.c」を使用します．コンパイルする前に，ソースリストの初めの方に記述されている IP アドレスを，お手持ちの XBee Wi-Fi モジュールの IP アドレスに変更する必要があります．コンパイル方法や実行方法は，サンプル 66 と同じです．実行結果を図 17-3 に示します．

　プログラムを実行すると，「Port=」の表示が現れます．サンプル 66 で製作した子機の LED や自作スマート・プラグを制御するには「4」を入力します．指定可能な GPIO(DIO) ポートは 1～4 と 10～12 ですが，ポート 1～3 は入力に使用する場合が多いので，4, 10, 11, 12 のいずれかを使用します．また，「Port=」で「q」を入力するとプログラムが終了します．

　「Value =」に対しては，XBee Wi-Fi のディジタル

ソースコード 67　example67_led.c

```c
/****************************************************************
XBee Wi-FiのLEDをリモート制御する②ライブラリ関数xbee_gpoで簡単制御
****************************************************************/
#include "../libs/xbee_wifi.c"          // XBeeライブラリのインポート

// お手持ちのXBeeモジュールのIPアドレスに変更する(区切りはカンマ)
byte dev[] = {192,168,0,135};           ← ①

int main(void){
    char s[3];                          // 入力用(2文字まで)
    byte port=4;                        // リモート機のポート番号(初期値=4)   ← ②
    byte value=1;                       // リモート機への設定値(初期値=1)

    xbee_init( 0 );                     // XBeeの初期化
    printf("Example 67 LED ('q' to Exit)¥n");
    while( xbee_ping(dev)==00 ){        // 繰り返し処理
        xbee_gpo(dev,port,value);  ← ③ // リモート機ポート(port)に制御値(value)を設定
        printf("Port =");               // ポート番号入力のための表示
        gets( s );                 ← ④ // キーボードからの入力
        if( s[0] == 'q' ) break;   ← ⑤ // [q]が入力されたときにwhileを抜ける
        port = atoi( s );               // 入力文字を数字に変換してportに代入
        printf("Value =");              // 値の入力のための表示
        gets( s );                      // キーボードからの入力
        value = atoi( s );              // 入力文字を数字に変換してvalueに代入
    }
    printf("done¥n");
    return(0);
}
```

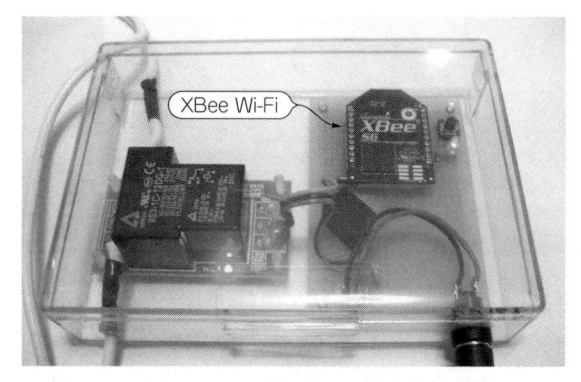

写真 17-4　XBee Wi-Fi 搭載スマートリレーの製作例

出力値として，0か1のどちらかを入力します．0でLEDが消灯し，1で点灯します．また，Digi International 社純正の開発ボード XBIB-U-DEV であれば，三つのLED(ポート4, 11, 12)を制御することができます．ただし，LEDの論理は反転し，ディジタル出力値0のときに点灯して1で消灯します．もちろん，ブレッドボード上でポート4, 10, 11, 12にLEDと抵抗を接続して，四つのLEDを制御することも可能です．

このサンプル 67 のソースコード「example67_led.c」は，サンプル 4 の XBee Wi-Fi 版です．今回は，あらかじめポート 4 に制御値 1 を代入し，キーボードからの入力に先立って XBee Wi-Fi モジュールへ送信する順序にしました．また，「q」が入力されると，ループを抜けて終了する機能を追加しました．

① ここに，お手持ちの XBee Wi-Fi モジュールに設定した IP アドレスを入力します．

② 変数 port と value を定義し，初期値を代入します(ポート 4 に制御値 1)．

③ 「xbee_gpo」を用いて，XBee Wi-Fi モジュールの GPIO(DIO)ポートを制御します．第 1 引き数の配列変数 dev は，XBee Wi-Fi モジュールの IP アドレス，第 2 引き数の変数 port が GPIO(DIO)ポート番号，第 3 引き数の変数 value が制御値で 0 が L レベル，1 が H レベルを示します．

④ キーボードからの入力用の命令です．「Enter」が押

```
xbee@devPC ~/cqpub
$ gcc example67_led.c    ←(入力)コンパイルの実行
                         ←エラーなし(成功)
xbee@devPC ~/cqpub
$ ./a                    ←(入力)プログラムの実行
ZB Coord 1.80
by Wataru KUNINO         ←プログラムからの出力
255.255.255.255 XBee Wi-Fi
Example 67 LED ('q' to Exit)
Port  =4                 ←(入力)XBee Wi-FiのGPIOポート番号を入力
Value =1                 ←(入力)ディジタル出力値を入力
Port  =q                 ←(入力)「q」で終了
done
```

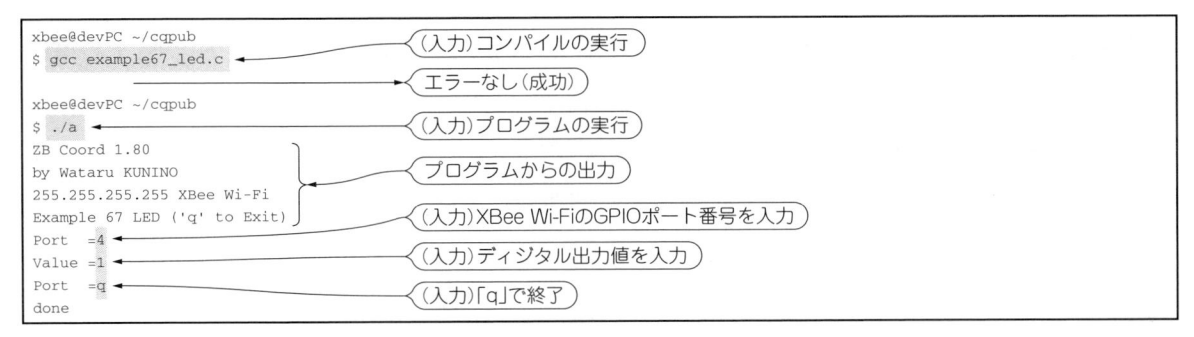

図 17-3　サンプル 67 の実行例

されるまで入力待ちになります．プログラム内で文字列変数 s を 2 文字までで定義しているので，2 文字以上は入れないようにします（プログラムが停止したり誤作動したりする場合がある）．

⑤ 文字列変数 s の 1 文字目に「q」の文字があった場合に，while ループを抜ける「break」処理を行います．

第3節　Example 68: XBee Wi-Fi のスイッチ変化通知をリモート受信する

Example 68

XBee Wi-Fi のスイッチ変化通知をリモート受信する		
実験用サンプル	通信方式：XBee Wi-Fi	開発環境：Cygwin

親機パソコンから子機 XBee Wi-Fi モジュールの GPIO(DIO) ポートの状態をリモート受信するサンプルです．ここではスイッチが押されたときに XBee 子機が状態を自動送信する変化通知を使用します．

親機	パソコン ⇔ 無線LAN または有線LAN ⇔ 無線LANアクセス・ポイント
	Windows 上で動作する Cygwin が必要です． 　無線 LAN アクセス・ポイントに無線または有線で接続

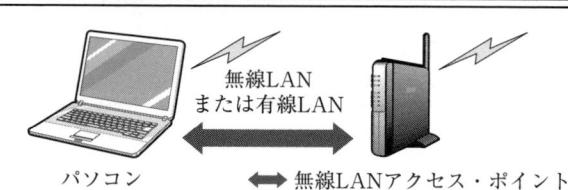

子機	XBee Wi-Fi モジュール ⇔ DC-DC付きピッチ変換 ⇔ ブレッドボード ⇔ LED, プッシュ・スイッチ

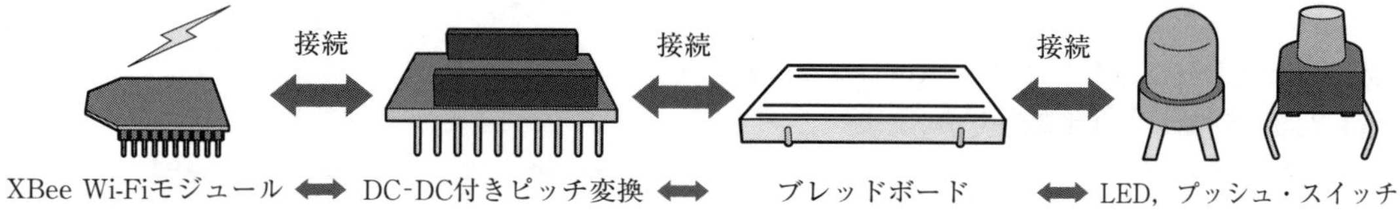

通信ファームウェア：XBEE WI-FI		MA = 1(Static IP)	Transparent モード
電源：乾電池2本 3V	シリアル：接続なし	スリープ(9)：接続なし	DIO10(6)：LED(RSSI)
DIO1(19)：プッシュ・スイッチ SW	DIO2(18)：接続なし	DIO3(17)：接続なし	DIO0(20)：接続なし
DIO4(11)：LED	DIO11(7)：接続なし	DIO12(4)：接続なし	Associate(15)：接続なし
その他：最新の Digi International 社純正の開発ボード XBIB-U-DEV (TH/SMT Hybrid) でも動作します．			

必要なハードウェア
- Windows が動作するパソコン　　　　　　　　　　1台
- 無線 LAN アクセス・ポイント　　　　　　　　　　1台
- Digi International 社 XBee Wi-Fi モジュール　　　1個
- DC-DC 電源回路付き XBee ピッチ変換基板(MB-X)　1式
- ブレッドボード　　　　　　　　　　　　　　　　1個
- 高輝度 LED 1個，抵抗 1kΩ 1個，セラミック・コンデンサ 0.1μF 1個，プッシュ・スイッチ 1個，2.54mm ピッチピン・ヘッダ(11ピン) 2個，単3×2直列電池ボックス 1個，単3電池 2個，LAN ケーブル 1本，ブレッドボード・ワイヤ適量，USB ケーブルなど

　このサンプル 68 は，サンプル 6 の XBee Wi-Fi 版です．XBee Wi-Fi モジュールの GPIO(DIO) ポートの状態が変化したときに，親機となるパソコンに GPIO ポートの入力状態(IO データ)を自動で通知します．ボタンを押したり離したりする瞬間にデータを送信するので，ボタンが押されたことを即座に親機に伝えることができます．

　ハードウェアは，サンプル 66 やサンプル 67 と共通です．これまでのサンプルを製作するときにプッシュ・スイッチを省略していた場合は，**写真 17-2** に従ってスイッチ実装します．

　コンパイルするソースリストは，「example68_sw_r.c」です．ソースリストの IP アドレス①を，お手持ちの XBee Wi-Fi モジュールの IP アドレスへ変更してから，コンパイルを行い，プログラムを実行します．ファイヤ・ウォールのメッセージが表示された場合は，「アクセスを許可する」ボタンをクリックしてソフトを再実行します．

　プログラムの実行後は，プッシュ・スイッチを押したり離したりするたびに，「Value =」に続いてスイッチの状態が表示されます．また，「q」を押すとプログラムが終了します．

ソースコード 68　example68_sw_r.c

```
/*******************************************************************
XBee Wi-Fiのスイッチ変化通知を受信する

                                        Copyright (c) 2013 Wataru KUNINO
*******************************************************************/
#include "../libs/xbee_wifi.c"              // XBeeライブラリのインポート
#include "../libs/kbhit.c"

// お手持ちのXBeeモジュールのIPアドレスに変更してください(区切りはカンマ)
byte dev_gpio[] = {192,168,0,135};          ← ①   // 子機XBee
byte dev_my[]   = {192,168,0,255};          ← ②   // 親機パソコン

int main(void){
    byte value;                             // 受信値
    XBEE_RESULT xbee_result;                // 受信データ(詳細)

    xbee_init( 0 );                         // XBeeの初期化
    printf("Example 68 SW_R (Any key to Exit)\n");
    if( xbee_ping(dev_gpio)==00 ){          ← ③
        xbee_myaddress(dev_my);             ← ④   // 自分のアドレスを設定する
        xbee_gpio_init(dev_gpio);           ← ⑤   // デバイスdev_gpioにIO設定を行う
        while(1){
            xbee_rx_call( &xbee_result );           // データを受信
            if( xbee_result.MODE == MODE_GPIN){     // 子機XBeeのDIO入力
                value = xbee_result.GPI.PORT.D1;    // D1ポートの値を変数valueに代入
                printf("Value =%d\n",value);        // 変数valueの値を表示
            }
            if( kbhit() ) break;                    // PCのキー押下時にwhileを抜ける
        }
    }
    printf("\ndone\n");
    return(0);
}
```

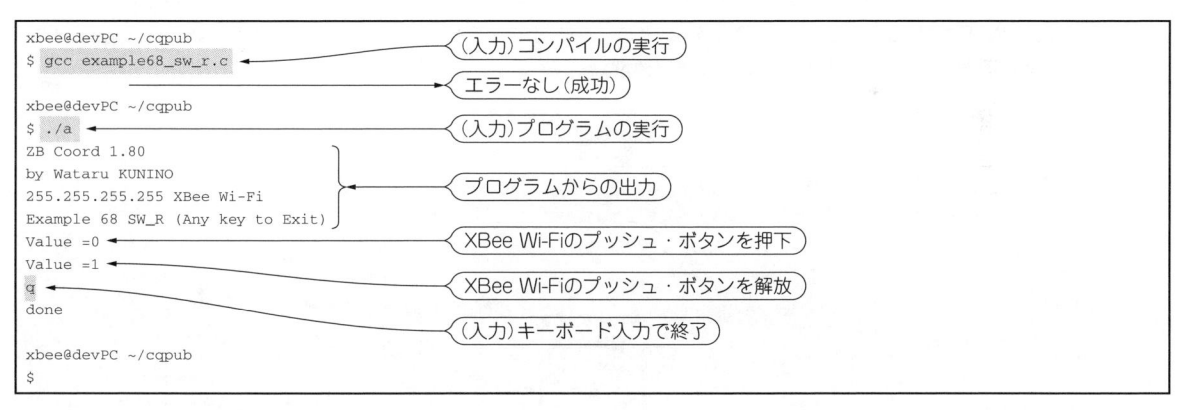

```
xbee@devPC ~/cqpub                          ←（入力）コンパイルの実行
$ gcc example68_sw_r.c
                                            ←エラーなし（成功）
xbee@devPC ~/cqpub
$ ./a                                       ←（入力）プログラムの実行
ZB Coord 1.80
by Wataru KUNINO
255.255.255.255 XBee Wi-Fi                  ←プログラムからの出力
Example 68 SW_R (Any key to Exit)
Value =0                                    ←XBee Wi-Fiのプッシュ・ボタンを押下
Value =1                                    ←XBee Wi-Fiのプッシュ・ボタンを解放
q
done                                        ←（入力）キーボード入力で終了

xbee@devPC ~/cqpub
$
```

図 17-4　サンプル 68 の実行例

　それでは，サンプル 68 のソースリスト「example68_sw_r.c」について説明します．これまでのサンプルと異なり，XBee Wi-Fi モジュールの IP アドレスだけでなく，親機パソコンの IP アドレスの入力が必要です．このアドレスは，XBee Wi-Fi モジュールが情報を送信するときの宛て先アドレスとして，XBee Wi-Fi モジュールに設定されます．

① XBee Wi-Fi モジュールの IP アドレスを定義します．持っている XBee Wi-Fi モジュールの IP アドレスをここに記入します．

② パソコンのIPアドレスを定義します．もしくは，本例のようにブロードキャスト・アドレスを使用することで，XBee Wi-Fi モジュールは同じネットワーク上の全IP通信機器にデータを送信します．

③「xbee_ping」を使用して，XBee Wi-Fi モジュールが存在しているかどうかを確認します．存在しない場合は，プログラムを終了します．

④「xbee_myaddress」は，親機パソコンのアドレスを XBee ライブラリに設定する働きを行います．ただし，XBee ZB で使用した場合は，シリアル接続された親機 XBee ZB モジュールの IEEE アドレスを取得する関数となります．

⑤ XBee Wi-Fi モジュールの GPIO を初期化し，DIO ポート1〜3の状態変化を親機パソコンに自動送信できるように設定します．

Column…17-1　XBee Wi-Fi の API モード

XBee ZB と同様に，XBee Wi-Fi のシリアル接続用のインターフェースにも，API モードと Transparent モードの二つがあります．しかし，XBee Wi-Fi では XBee 間で IP による通信が行われていることから，本書では IP 通信上の XBee IP Service を使用して XBee-Wi-Fi モジュールへアクセスしています．このため，API モードを使うことはあまりないと思います．

ZigBee 通信では，通常は親機となるパソコンやマイコン（Arduino）に XBee PRO ZB モジュールを接続する必要がありました．

しかし，XBee Wi-Fi では，すべて IP ネットワーク上の通信になるので，親機は直接 IP 通信を行うことで，XBee Wi-Fi と相互に通信を行うことができます．パソコンであれば内蔵の無線 LAN や有線 LAN を使用し，Arduino であれば Arduino Ethernet で接続すれば良いのです．

XBee ZB から XBee Wi-Fi へ移行するような場合は，XBee ZB に類似した API モードが役に立ちますが，消費電力の違いやスリープ・モードの動作の違いから，XBee ZB モジュールを XBee Wi-Fi モジュールに置き換えて使用できるケースは限られています．

XBee Wi-Fi の API モードは，リモート AT コマンドや X-CTU の Modem Configuration から「AP - API Enable」を「1 - API Enabled」に変更するだけで設定することができます．ただし，本書の XBee ライブラリは，今のところ XBee Wi-Fi 上での API モードには対応していません．

図17-A
XBee ZB を使った代表的な ZigBee 通信の例（Arduino は直接 ZigBee に接続されていない）

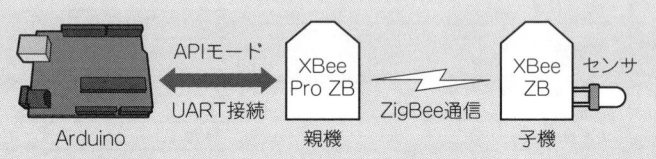

図17-B
XBee Wi-Fi を使った代表的な IP 通信の例（Arduino は直接 IP に接続されている）

第 4 節　Example 69：スイッチ状態を取得指示と変化通知の両方で取得する

Example 69

スイッチ状態を取得指示と変化通知の両方で取得する		
実験用サンプル	通信方式：XBee Wi-Fi	開発環境：Cygwin

親機パソコンから子機 XBee Wi-Fi モジュールの GPIO（DIO）ポートの状態をリモート受信するサンプルです．スイッチ状態を取得する指示を一定の周期で送信しつつ，スイッチの状態変化通知でも受信します．

親機	パソコン ⇔ 無線LANまたは有線LAN ⇔ 無線LANアクセス・ポイント
	Windows 上で動作する Cygwin が必要です．	無線 LAN アクセス・ポイントに無線または有線で接続

子機	XBee Wi-Fi モジュール ⇔ 接続 ⇔ DC-DC付きピッチ変換 ⇔ 接続 ⇔ ブレッドボード ⇔ 接続 ⇔ LED, プッシュ・スイッチ

通信ファームウェア：XBEE WI-FI		MA = 1(Static IP)	Transparent モード
電源：乾電池 2 本 3V	シリアル：接続なし	スリープ(9)：接続なし	DIO10(6)：LED(RSSI)
DIO1(19)：プッシュ・スイッチ SW	DIO2(18)：接続なし	DIO3(17)：接続なし	DIO0(20)：接続なし
DIO4(11)：LED	DIO11(7)：接続なし	DIO12(4)：接続なし	Associate(15)：接続なし
その他：最新の Digi International 社純正の開発ボード XBIB-U-DEV（TH/SMT Hybrid）でも動作します．			

必要なハードウェア
- Windows が動作するパソコン　　　　　　　　　　1 台
- 無線 LAN アクセス・ポイント　　　　　　　　　　1 台
- Digi International 社 XBee Wi-Fi モジュール　　　1 個
- DC - DC 電源回路付き XBee ピッチ変換基板（MB-X）　1 式
- ブレッドボード　　　　　　　　　　　　　　　　1 個
- 高輝度 LED 1 個，抵抗 1kΩ 1 個，セラミック・コンデンサ 0.1μF 1 個，プッシュ・スイッチ 1 個，2.54mm ピッチピン・ヘッダ（11 ピン）2 個，単 3×2 直列電池ボックス 1 個，単 3 電池 2 個，LAN ケーブル 1 本，ブレッドボード・ワイヤ適量，USB ケーブルなど

　このサンプル 69 は，取得指示によってディジタル入力ポートの状態を取得するサンプル 7 の XBee Wi-Fi 版です．さらに，サンプル 68 の状態変化通知を組み合わせることで，スイッチの変化時と定期的なスイッチ状態値の両方を取得できるようにしました．

　ハードウェアの製作，サンプルのコンパイル方法，実行方法はこれまでと同じなので，説明を省略します．

　このサンプルでは，XBee Wi-Fi モジュールを省電力に設定しているので，プログラムを実行しても数秒で終了してしまう場合があります．そのような場合は，XBee Wi-Fi モジュールの電源を入れ直して，10秒ほど待ってからプログラムを再実行してください．それでも動作しない場合は，XBee Wi-Fi モジュールが IP ネットワークに接続されていないと考えられるので，前章に従って再接続します．

　図 17-5に実行結果を示します．実行すると，スイッチ状態 Value 値が表示されます．一見するとサンプル 68 に似ていますが，サンプル 68 の表示に加えて，定期的なスイッチ状態の取得結果が繰り返し表示されます．

　それでは，サンプル 69 のソースコード「example69_sw_f」の説明を行います．サンプル 68 とサンプル 7

ソースコード69　example69_sw_f

```c
/***************************************************************
XBee Wi-Fiのスイッチ状態をリモートで取得しつつスイッチ変化通知でも取得する

                                        Copyright (c) 2013 Wataru KUNINO
***************************************************************/

#include "../libs/xbee_wifi.c"                  // XBeeライブラリのインポート
#include "../libs/kbhit.c"
#define FORCE_INTERVAL  200                     // データ要求間隔(およそ30msの倍数)

// お手持ちのXBeeモジュールのIPアドレスに変更してください(区切りはカンマ)
byte dev_gpio[] = {192,168,0,135};              // 子機XBee
byte dev_my[]   = {192,168,0,255};              // 親機パソコン

int main(void){
    byte trig=0;
    byte value;                                 // 受信値
    XBEE_RESULT xbee_result;                    // 受信データ(詳細)

    xbee_init( 0 );                             // XBeeの初期化
    printf("Example 69 SW_F (Any key to Exit)\n");
    if( xbee_ping(dev_gpio)==00 ){
        xbee_myaddress(dev_my);                 // 自分のアドレスを設定する
        xbee_gpio_init(dev_gpio);               // デバイスdev_gpioにIO設定を行う
        xbee_end_device(dev_gpio,28,0,0);  ←―①// デバイスdev_gpioを省電力に設定
        while(1){
            /* 取得要求の送信 */
            if( trig == 0 ){  ←――――――②
                xbee_force( dev_gpio );  ←――③// 子機へデータ要求を送信
                trig = FORCE_INTERVAL;
            }
            trig--;

            /* データ受信(待ち受けて受信する) */
            xbee_rx_call( &xbee_result );       ←――④
            if( xbee_result.MODE == MODE_RESP ||     // データを受信
                xbee_result.MODE == MODE_GPIN){      // xbee_forceに対する応答
                value = xbee_result.GPI.PORT.D1;     // もしくは子機XBeeのDIO入力のとき
                printf("Value =%d\n",value);    ⑤   // D1ポートの値を変数valueに代入
                xbee_gpo(dev_gpio,4,value);  ←―⑥   // 変数valueの値を表示
            }                                        // 子機XBeeのDIOポート4へ出力
            if( kbhit() ) break;                // PCのキー押下時にwhileを抜ける
        }
        xbee_end_device(dev_gpio,0,0,0);  ←―⑦  // デバイスdev_gpioの省電力を解除
    }
    printf("\ndone\n");
    return(0);
}
```

を合成したようなソースコードになっています．

① 「xbee_end_device」を使用して，XBee Wi-Fi モジュールを省電力設定にします．ただし，XBee ZBとは，方式の違いで省電力動作が異なります．例えば，通信のない状態で一定の時間が過ぎると深いスリープ状態に入ってしまい，XBee Wi-Fi モジュールとの通信が行えなくなる場合があります．なお，執筆時点でxbee_end_device命令による省電力が可能なのは，XBee Wi-Fiのファームウェア Ver.102の場合のみです．Ver.200以降は，通常のモードで動作します．

② 変数trig値が0のときに，次項③を実行します．0以外のときは，③を実行せずにtrig値を一つだけ減らします．

③ 「xbee_force」を使用して，XBee Wi-Fiへ状態取得指示を送信します．

```
xbee@devPC ~/cqpub
$ gcc example69_sw_f.c     ◀──(入力)コンパイルの実行
                           ◀──エラーなし(成功)
xbee@devPC ~/cqpub
$ ./a                      ◀──(入力)プログラムの実行
ZB Coord 1.80          ┐
by Wataru KUNINO       │
255.255.255.255 XBee Wi-Fi ├── プログラムからの出力
Example 69 SW_F (Any key to Exit) ┘
Value =1                   ◀── 現在のプッシュ・ボタン状態(解放)
Value =1
Value =0                   ◀── XBee Wi-Fiのプッシュ・ボタンを押下
Value =1                   ◀── XBee Wi-Fiのプッシュ・ボタンをすぐに解放
Value =1
Value =0                   ◀── XBee Wi-Fiのプッシュ・ボタンを押下
Value =0                   ◀── 押下したまま、しばらく維持
Value =1                   ◀── XBee Wi-Fiのプッシュ・ボタンを解放
Value =1
q                          ◀── (入力)キーボード入力で終了
done
```

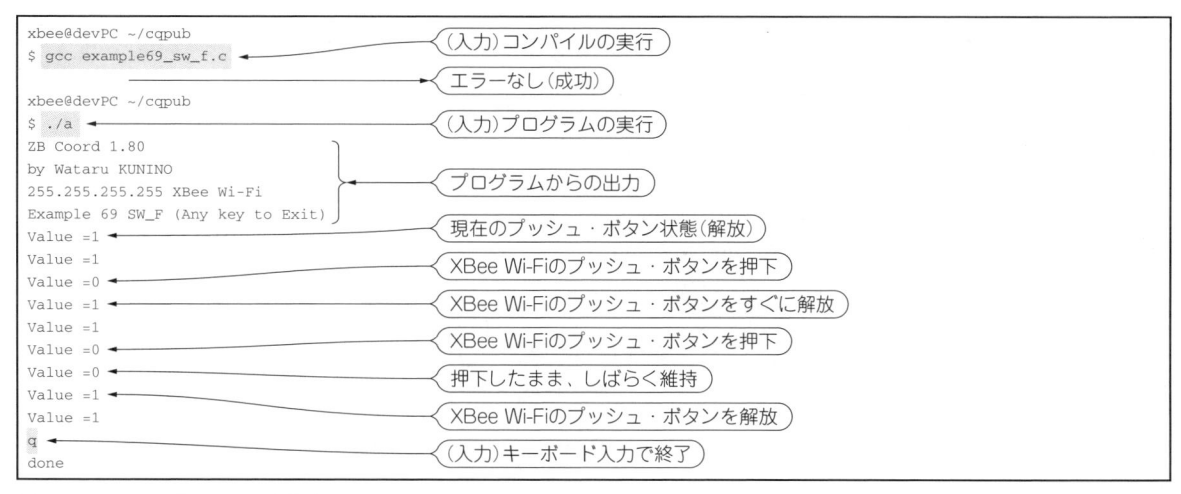

図17-5 サンプル69の実行例

④ xbee_force(③)に対する応答MODE_RESP，もしくは状態変化通知MODE_GPINを受け取ったときに，次項⑤の処理に移ります．

⑤ 構造体変数xbee_resultに格納されたGPIO(DIO)ポート1の受信データを，変数valueに代入します．XBee Wi-Fiモジュールのポート1には，プッシュ・スイッチが接続されているので，このスイッチの状態がvalueに代入されます．

⑥ 「xbee_gpo」関数を使用して，XBee Wi-FiモジュールのGPIO(DIO)ポート4へ出力します．ポート4には高輝度LEDが接続されているので，スイッチの状態に合わせてLEDが点灯または消灯します．

⑦ 「xbee_end_device」の第2引き数に，0を代入することで省電力モードを停止します．省電力の解除は，プログラム終了前に必ず実施しなければなりません．通信のない状態が続くと深いスリープ状態に入ってしまい，次回の起動時に動作しなくなります(XBee Wi-Fiモジュールの電源を入れ直すか，リセットすると復帰する)．

ここで余談ですが，Digi International社のAPI(XBee ZBとXBee Wi-Fi)では，MODE_RESPとMODE_GPINとで，受信データのフォーマットが異なっています．本書のXBeeライブラリでは，異なるフォーマットの受信データを同じ構造体変数xbee_resultに格納することで，その後の処理をわかりやすく記述できるように工夫しています．したがって，これら両方の結果を「xbee_result.GPI」のような一つの記述で取り出せるのは，ならではの特長です．

一方，スリープ機能に関しては，XBee ZBとXBee Wi-Fiとで仕様が異なります．XBee ZBでは，子機のコミッショニング・ボタンを押下するとスリープを解除して同じZigBeeネットワーク上の全デバイスに通知を行う仕組みがあり，それを受け取った親機はコミッショニング・ボタン押下と同時に，スリープから復帰した子機へ各種設定をリモートで行うことができました．しかし，XBee Wi-Fiモジュールには，コミッショニング・ボタン機能がないので，同じ方法を用いることができませんでした．

第 5 節　Example 70：XBee Wi-Fi の UART シリアル情報を送受信する

Example 70

XBee Wi-Fi の UART シリアル情報を送受信する		
実験用サンプル	通信方式：XBee Wi-Fi	開発環境：Cygwin

親機パソコンから子機 XBee Wi-Fi モジュールとの UART シリアルの送受信を行うサンプルです．親機の Cygwin コンソールからテキストの送信と受信したテキストの表示を行います．

親機	パソコン ⇔ 無線LANまたは有線LAN ⇔ 無線LANアクセス・ポイント
	Windows 上で動作する Cygwin が必要です． 無線 LAN アクセス・ポイントに無線または有線で接続

子機	X-CTU パソコン ⇔ USB ⇔ XBee USBエクスプローラ ⇔ 接続 ⇔ XBee Wi-Fiモジュール

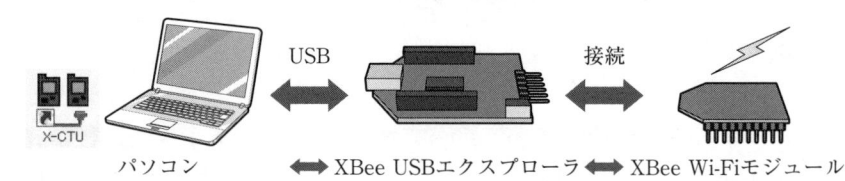

通信ファームウェア：XBEE WI-FI		MA = 1(Static IP)	Transparent モード
電源：USB 給電	シリアル：パソコン(USB)	スリープ(9)：接続なし	DIO10(6)：(LED)
DIO1(19)：接続なし	DIO2(18)：接続なし	DIO3(17)：接続なし	DIO0(20)：(SW)
DIO4(11)：接続なし	DIO11(7)：接続なし	DIO12(4)：接続なし	Associate(15)：(LED)
その他：XBIB-U-DEV(TH/SMT Hybrid)や Arduino と Wireless シールドとの組み合わせでも動作します．			

必要なハードウェア	
・Windows が動作するパソコン	1～2 台
・無線 LAN アクセス・ポイント	1 台
・Digi International 社 XBee Wi-Fi モジュール	1 個
・XBee USB エクスプローラ	1 式
・USB ケーブルなど	

　サンプル 70 は，パソコンの親機と XBee Wi-Fi モジュールの UART との間で，UART シリアル通信を行うサンプルです．サンプル 18 の XBee Wi-Fi 版です．

　親機のハードウェアはこれまでと同じですが，子機のハードウェアは XBee Wi-Fi モジュールを XBee USB エクスプローラ経由でパソコンに接続して製作します．

　親機パソコンのソフトウェアは，ソースコード「example70_uart.c」を Cygwin 上でコンパイルして実行します．コンパイル前に，XBee Wi-Fi モジュールの IP アドレスをソースコードに記述するのを忘れないでください．

　子機パソコンのソフトウェアは，X-CTU ソフトウェアの Terminal 機能を使用します．同じパソコン上に親機と子機のソフトウェアを動かしても構いません．この場合，親機は Cygwin，子機は X-CTU と考えれば良いでしょう．

　親機，子機それぞれの実行例を，**図 17-6** と **図 17-7** に示します．両方のソフトウェアを起動し，親機の「TX->」に続いてパソコンのキーボードからテキスト文字を入力して「Enter」を押下すると，テキスト文字が送信されます．それを受け取った XBee-Wi-Fi モジュールは，テキスト文字データをモジュールの UART シリアル端子から出力し，パソコンの X-CTU の Terminal 画面へ出力します．

　また，X-CTU の Terminal 画面の「Assemble Packet」

ソースコード 70　example70_uart.c

```c
/********************************************************************
XBee Wi-Fiを使ったUARTシリアル送受信
********************************************************************/

#include "../libs/xbee_wifi.c"              // XBeeライブラリのインポート
#include "../libs/kbhit.c"
#include <ctype.h>

// お手持ちのXBeeモジュールのIPアドレスに変更してください(区切りはカンマ)
byte dev[]    = {192,168,0,135};   ← ①    // 子機XBee
byte dev_my[] = {192,168,0,255};   ← ②    // 親機パソコン
int main(void){
    char c;                                 // 文字入力用
    char s[32];                             // 送信データ用
    byte len=0;                             // 文字長
    XBEE_RESULT xbee_result;                // 受信データ(詳細)

    xbee_init( 0 );                         // XBee用COMポートの初期化
    printf("Example 70 UART (ESC key to Exit)\n");
    s[0]='\0';                              // 文字列の初期化
    printf("TX-> ");                        // 待ち受け中の表示
    if( xbee_ping(dev)==00 ){
        xbee_myaddress(dev_my);      ← ③   // PCのアドレスを設定する
        xbee_ratd_myaddress(dev);    ← ④   // 子機にPCのアドレスを設定する
        xbee_rat(dev,"ATAP00");      ← ⑤   // XBee APIを解除(UARTモードに設定)
        while(1){

            /* データ送信 */
            if( kbhit() ){
                c=getchar();                // キーボードからの文字入力
                if( c == 0x1B ){            // ESCキー押下時に
                    printf("E");            // ESC E(改行)を実行
                    break;           ← ⑥   // whileを抜ける
                }
                if( isprint( (int)c ) ){    // 表示可能な文字が入力されたとき
                    s[len]=c;               // 文字列変数sに入力文字を代入する
                    len++;           ← ⑦   // 文字長を一つ増やす
                    s[len]='\0';            // 文字列の終了を表す\0を代入する
                }
                if( c == '\n' || len >= 31 ){  // 改行もしくは文字長が31文字のとき
                    xbee_uart( dev , s );   ← ⑧  // 変数sの文字を送信
                    xbee_uart( dev,"\r");   // 子機に改行を送信
                    len=0;                  // 文字長を0にリセットする
                    s[0]='\0';              // 文字列の初期化
                    printf("TX-> ");        // 待ち受け中の表示
                }
            }

            /* データ受信(待ち受けて受信する) */
            xbee_rx_call( &xbee_result );   ← ⑨  // XBee Wi-Fiからのデータを受信
            if( xbee_result.MODE == MODE_UART){   // UARTシリアル・データを受信したとき
                printf("\n");               // 待ち受け中文字「TX」の行を改行
                printf("RX<- ");            // 受信を識別するための表示
                printf("%s\n", xbee_result.DATA );  // 受信結果(テキスト)を表示
                printf("TX-> %s",s );       // 文字入力欄と入力中の文字の表示
            }                        ⑩
        }
    }
    printf("done\n");
    return(0);
}
```

を使用して，XBee Wi-Fi モジュールからテキスト文字を送信することもできます．**図 17-7** の結果例では，送信したテキスト文字が再び表示されています．これは，ネットワークの全端末に向けたブロードキャスト送信を行った場合の例であり，ブロードキャスト送信のパケットを，XBee Wi-Fi モジュール自身が受信し

第 5 節　Example 70：XBee Wi-Fi の UART シリアル情報を送受信する　**355**

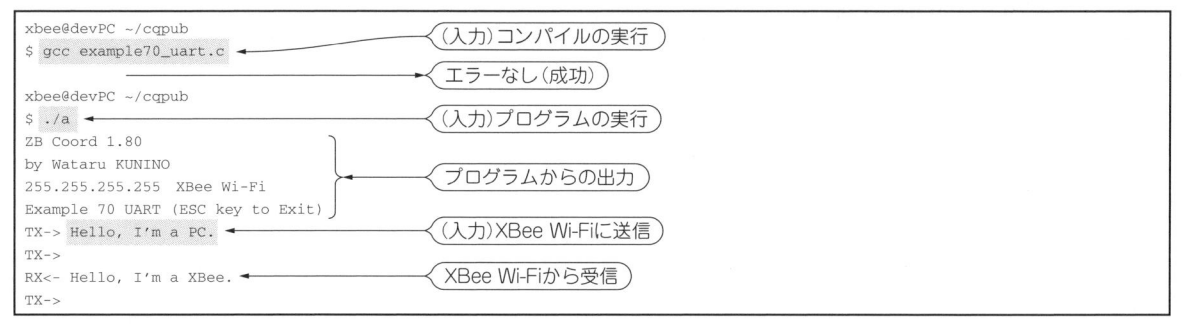

```
xbee@devPC ~/cqpub
$ gcc example70_uart.c     ←（入力）コンパイルの実行
                           ←エラーなし（成功）
xbee@devPC ~/cqpub
$ ./a                      ←（入力）プログラムの実行
ZB Coord 1.80          ┐
by Wataru KUNINO       │
255.255.255.255 XBee Wi-Fi  ├ プログラムからの出力
Example 70 UART (ESC key to Exit) ┘
TX-> Hello, I'm a PC.      ←（入力）XBee Wi-Fiに送信
TX->
RX<- Hello, I'm a XBee.    ← XBee Wi-Fiから受信
TX->
```

図 17-6　サンプル 70 の実行例（親機 Cygwin 側）

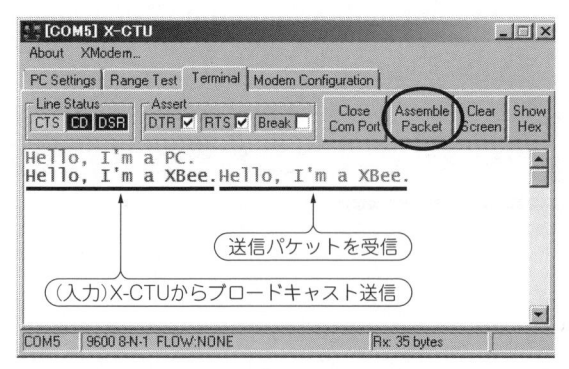

図 17-7　サンプル 70 の実行例（子機 X-CTU 側）

たためです．ソースコードの初めのほうに記述した配列変数 dev_my にパソコン本体のアドレスを設定しておけば，指定の端末に向けたユニキャスト送信となり，結果例のようなオウム返しはなくなります．また，ルータの設定によっては，ユニキャストでないとパケットが届かない場合もあります．

それでは，サンプル 70 のソースコード「example70_uart.c」を紹介します．内容は，サンプル 18 とほぼ同じですが，起動後のペアリング処理が不要（ソースコードに IP アドレスを記述する方法）であったり，キーボードから「Esc」キーが押されると，終了する機能を付加したりしています．

① 自分が持っている XBee Wi-Fi モジュールの IP アドレスをここに記入します．
② パソコンの IP アドレスを定義します．ブロードキャスト・アドレス，またはパソコンの個別の IP アドレスを記入します．ブロードキャスト・アドレスを使用すると，XBee Wi-Fi モジュールが送信したテキスト文字を自己受信します．
③ 「xbee_myaddress」を用いて，親機パソコンのアドレスを XBee ライブラリに設定します．
④ 「xbee_ratd_myaddress」は，子機 XBee Wi-Fi モジュールが送信する際の宛て先を本親機の IP アドレスに設定する命令です．全項③で設定した本親機のアドレスが，子機 XBee Wi-Fi モジュール内の宛て先設定（DL 値 - Destination Address）に設定されます．
⑤ XBee Wi-Fi モジュールを，Transparent モードに設定します．Transparent モードは，UART シリアル・データを XBee Wi-Fi モジュールの UART 端子に入出力するモードです．
⑥ キーボードから「Esc」キーが押下されたときに，while による繰り返し処理を抜けます．「Esc」キーが押下されたときに，Cygwin のコンソールはエスケープ・コード待ち状態になっているので，プログラムから「E」を出力することで「ESC」＋「E」のエスケープ・シーケンスを実行します．
⑦ キーボードから入力された文字を，文字列変数 s に追記します．
⑧ キーボードから改行が入力されたときに，「xbee_uart」関数を使用して，文字列変数 s のテキスト文字列を送信します．
⑨ 「xbee_rx_call」を用いて，XBee Wi-Fi モジュールからの受信待ちを行います．
⑩ 受信データが UART シリアル・データのときに，UART シリアル・データを表示します．

[第18章]

Arduinoを親機にした XBee Wi-Fi 実験用サンプル・プログラム（5例）

　Arduino Ethernet から XBee Wi-Fi を制御する実験用サンプル・プログラムです．前章と同様，実験で使用する XBee Wi-Fi モジュールは子機側だけです．親機となる Arduino Ethernet から無線 LAN アクセス・ポイントを経由し，ワイヤレスで LED を制御したりボタンの状態や照度の値を読み取ったり，テキスト文字の受信を行います．

第1節 Example 71：親機 Arduino から XBee Wi-Fi の LED を点滅させる

Example 71

	親機 Arduino から XBee Wi-Fi の LED を点滅させる		
	実験用サンプル	通信方式：XBee Wi-Fi	開発環境：Arduino IDE

親機 Arduino Ethernet から子機 XBee Wi-Fi モジュールの GPIO(DIO) ポートをリモート AT コマンドで制御するサンプルです。

親機	Arduino Ethernet ⇔ 液晶ディスプレイ・シールド ⇔ 無線LANアクセス・ポイント（有線LAN）
	Arduino に AC アダプタが必要です。／無線 LAN アクセス・ポイントに有線 LAN で接続します。

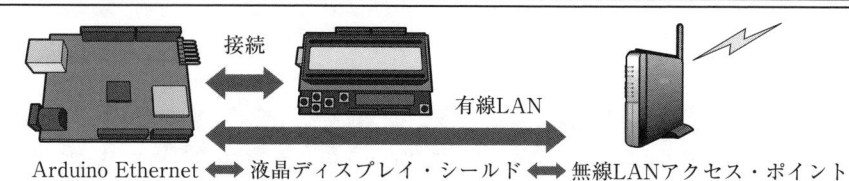

子機	XBee Wi-Fi モジュール ⇔ DC-DC付きピッチ変換 ⇔ ブレッドボード ⇔ LED

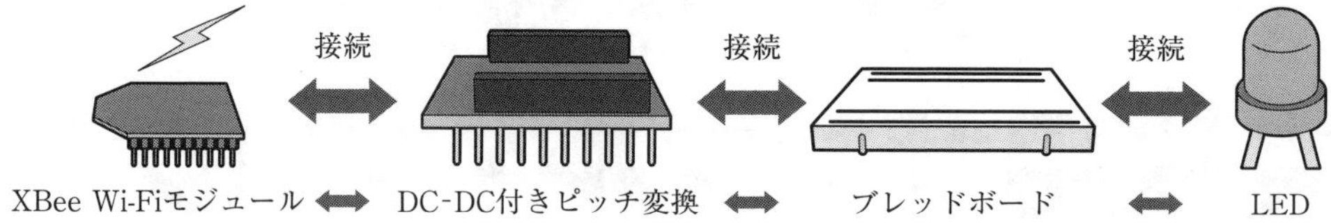

通信ファームウェア：XBEE WI-FI		MA = 1(Static IP)	Transparent モード
電源：乾電池2本 3V	シリアル：接続なし	スリープ(9)：接続なし	DIO10(6)：LED(RS)
DIO1(19)：(プッシュ・スイッチ SW)	DIO2(18)：接続なし	DIO3(17)：接続なし	DIO0(20)：接続なし
DIO4(11)：LED	DIO11(7)：接続なし	DIO12(4)：接続なし	Associate(15)：接続なし
その他：最新の Digi International 社純正の開発ボード XBIB-U-DEV (TH/SMT Hybrid) でも動作します。			

必要なハードウェア
- Windows が動作するパソコン(開発用)　　　　　　　　　　　1台
- Arduino Ethernet マイコン・ボード　　　　　　　　　　　1台
- Arduino 用 USB シリアル変換アダプタ(開発用)　　　　　　1台
- Arduino 用 AC アダプタ　　　　　　　　　　　　　　　　1個
- キャラクタ液晶ディスプレイ・シールド(Adafruit 製)　　　　1台
- Arduino シールド用ピン・ソケット(ピンの長いタイプ)　　　1式(4個1組)
- 無線 LAN アクセス・ポイント　　　　　　　　　　　　　　1台
- Digi International 社 XBee Wi-Fi モジュール　　　　　　　1個
- DC-DC 電源回路付き XBee ピッチ変換基板(MB-X)　　　　　1式
- ブレッドボード　　　　　　　　　　　　　　　　　　　　1個
- 高輝度 LED 1 個，抵抗 1kΩ 1 個，セラミック・コンデンサ 0.1μF 1 個，(プッシュ・スイッチ 1 個)，2.54mm ピッチ・ピン・ヘッダ(11 ピン) 2 個，単 3×2 直列電池ボックス 1 個，単 3 電池 2 個，LAN ケーブル 1 本，ブレッドボード・ワイヤ適量，USB ケーブルなど

　このサンプル 71 は，サンプル 66 の Arduino 版です。親機となる Arduino Ethernet から XBee Wi-Fi モジュールの GPIO(DIO) ポートを制御し，LED を点滅させます。

　親機ハードウェアは，Arduino Ethernet マイコン・ボードと，Adafruit 製の液晶ディスプレイ・シールド (Adafruit LCD Shield Kit) を使用します。ソース・コードの冒頭を書き換えることで，DF ROBOT 製の液晶ディスプレイ・シールドにも使用できますが，液晶ディスプレイのバック・ライト制御のポートと Ethernet 用 SPI 通信の SS 信号ポートが同じ Arduino ポートに接続されてしまうので，通信の度にバック・ライトが点滅してしまいます。

　また，Arduino Ethernet マイコン・ボードに液晶ディスプレイ・シールドを取り付けようとすると，LAN コネクタの高さが邪魔になって適切に接続することができません。そこで，ピンの長い Arduino 用ピン・ソケット(**写真 18-1**)を使って，液晶ディスプ

スケッチ71　example71_rssi.ino

```
/************************************************************************
XBee Wi-FiのRSSI LEDとDIO4に接続したLEDを点滅
*************************************************************************/
#include <SPI.h>
#include <Ethernet.h>                                          ──①
#include <EthernetUdp.h>
#include <xbee_wifi.h>
#include <Wire.h>
#include <Adafruit_MCP23017.h>                                 ──②
#include <Adafruit_RGBLCDShield.h>
Adafruit_RGBLCDShield lcd = Adafruit_RGBLCDShield();

// お手持ちのArduino EthernetのMACアドレスに変更する(区切りはカンマ)
byte mac[] = {0x90,0xA2,0xDA,0x00,0x00,0x00};      ──③

// お手持ちのXBeeモジュールのIPアドレスに変更する(区切りはカンマ)
byte dev[] = {192,168,0,135};                      ──④

byte dev_my[4];                          // 親機ArduinoのIPアドレス代入用

void setup(){
    lcd.begin(16, 2);
    lcd.print("Example 71 RSSI ");       // タイトル文字を表示
    xbee_init( 0x00 );                   // XBee用Ethenet UDPポートの初期化
    xbee_myaddress(dev_my);       ──⑤   // 自分のアドレスを取得する
    lcd.setCursor(0,1);
    for(byte i=0;i<4;i++){
        lcd.print(dev_my[i]);     ──⑥   // 自分のアドレスを表示する
        if(i<3)lcd.print('.');
    }
}

void loop(){
    lcd.setCursor(0,0);
    if( xbee_ping(dev)==00 ){     ──⑦
        xbee_rat(dev,"ATP005");          // リモートATコマンドATP0(DIO10設定)＝05(出力'H')
        xbee_rat(dev,"ATD405");   ──⑧   // リモートATコマンドATD4(DIO 4設定)＝05(出力'H')
        lcd.print("Output High    ");
        delay( 2000 );                   // 約1000ms(1秒間)の待ち
        xbee_rat(dev,"ATP004");          // リモートATコマンドATP0(DIO10設定)＝04(出力'L')
        xbee_rat(dev,"ATD404");          // リモートATコマンドATD4(DIO 4設定)＝04(出力'L')
        lcd.setCursor(0,0);
        lcd.print("Output Low     ");
    }else{
        lcd.print("No Response    ");
    }
    delay( 2000 );                       // 約1000ms(1秒間)の待ち
}
```

レイ・シールドのピンを延長して接続します(**写真18-2**).

一方，子機のハードウェアは，サンプル66～サンプル69で使用したものと同じLEDとプッシュ・スイッチを搭載したXBee Wi-Fi用の子機を使用します．あらかじめ，子機のIPアドレスを固定にしておくのも同じです．

このサンプル71のスケッチの場所は，これまでの「XBee_Coord」フォルダとは異なり，「XBee_WiFi」フォルダになります．Arduino IDEの「開く」ボタン(上矢印のアイコンボタン)から，

　「開く」→「XBee_WiFi」→「cqpub」→
　「example71_rssi」

の手順でスケッチを開きます．そして，スケッチ冒頭のMACアドレスと，IPアドレスの定義部を変更します．

写真 18-1　Arduino 用ピン・ソケット（ピンの長いタイプ）の一例

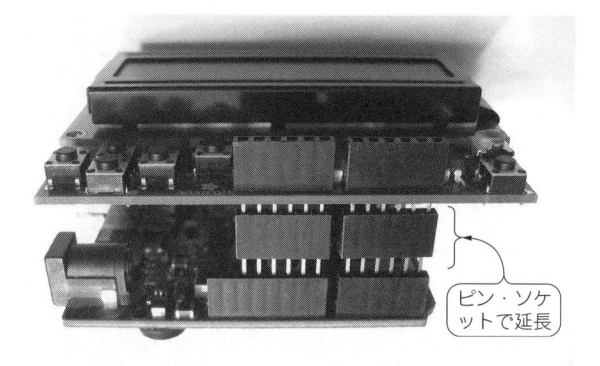

写真 18-2　液晶ディスプレイ・シールドを装着するためにピン・ソケットを延長したようす

写真 18-3　サンプル 71 の起動表示

写真 18-4　サンプル 71 の実行例

```
byte mac[ ] = {0x90,0xA2,0xDA,0x00,0x00,0x00};
```
　← MAC アドレスを変更

```
byte dev[ ] = {192,168,0,135};
```
← IP アドレスを変更

「mac」は，Arduino Ethernet マイコン・ボードの基板の裏側に書かれている MAC アドレスに変更し，「dev」は，事前に設定した XBee Wi-Fi モジュールの IP アドレスに変更します．これらの変更後のスケッチを Arduino Ethernet に書き込みます．

スケッチの書き込み後に，XBee Wi-Fi モジュールを搭載した子機の電源を入れて，XBee Wi-Fi が起動してから LAN ケーブルを Arduino Ethernet と無線 LAN アクセス・ポイントとの間で接続し，Arduino Ethernet へ AC アダプタを接続すると，**写真 18-3** のようなタイトルと Arduino Ethernet の IP アドレスが表示されます．

IP アドレスが表示されない場合は，リセット・ボタンを押して再起動してみます．それでも表示されない場合は，子機 XBee Wi-Fi の再起動を試します．ほかにも，LAN ケーブルが適切に接続されているかどうかや，子機 XBee Wi-Fi モジュールの現在の IP アドレスとスケッチの dev に代入した IP アドレスとの間に相違がないことを確認します．

子機 XBee Wi-Fi モジュールの IP アドレスが固定になっていないと，IP アドレスが変わってしまう場合があります．したがって，XBee Wi-Fi の IP アドレスを割り当てたとき（第 16 章第 2 節）と同じように設定してください．なお，本親機の IP アドレスは，固定にしていません．

起動後に，XBee Wi-Fi モジュールとの通信に成功

すると，**写真18-4**のような実行画面に移ります．「Output」の表示が「High」と「Low」を約2秒ごとに切り替わり，その変化に連動してXBee Wi-Fiを搭載した子機のLEDが点滅します．ほぼ同時に，DC-DC電源回路付きXBeeピッチ変換基板上のRSSIのLED（RS）も点滅します．

それでは，このサンプル71のスケッチ「example71_rssi.ino」の説明を行います．リモートATコマンドを送信する部分などは，サンプル66と同じなので説明を省略します．

① XBee Wi-Fi用ライブラリに必要なinclude処理です．
② Adafruit LCD Shield Kit用ライブラリに必要なinclude処理です．
③ ここにArduino EthernetのMACアドレスを記述します．
④ ここにXBee Wi-FiモジュールのIPアドレスを記述します．アドレスの区切りに「ピリオド(.)」ではなく「カンマ(,)」を使用してください．
⑤ Arduino EthernetのIPアドレスを取得し，配列変数`dev_my`に代入します．
⑥ 配列変数`dev_my`の内容，すなわち本機のIPアドレスを表示します．
⑦ 「`xbee_ping`」を用いて，XBee Wi-Fiモジュールが動作しているかどうかを確認します．動作した場合は，次項⑧の処理に移ります．動作していない場合は，「No Response」と表示します．
⑧ 「`xbee_rat`」を用いて，リモートATコマンドをXBee Wi-Fiモジュールへ送信します．

第2節　Example 72：ArduinoでXBee Wi-Fiのスイッチ状態を受信する

Example 72

ArduinoでXBee Wi-Fiのスイッチ状態を受信する		
実験用サンプル	通信方式：XBee Wi-Fi	開発環境：Arduino IDE

親機Arduino Ethernetから子機XBee Wi-FiモジュールのGPIO(DIO)ポートの状態をリモート受信するサンプルです．ここではスイッチが押されたときにXBee子機が状態を自動送信する変化通知を使用します．

親機

Arduino Ethernet ⇔ 液晶ディスプレイ・シールド ⇔ 無線LANアクセス・ポイント

ArduinoにACアダプタが必要です．　　　無線LANアクセス・ポイントに有線LANで接続します．

子機

XBee Wi-Fiモジュール ⇔ DC-DC付きピッチ変換 ⇔ ブレッドボード ⇔ LED，プッシュ・スイッチ

通信ファームウェア：XBEE WI-FI		MA = 1(Static IP)	Transparentモード
電源：乾電池2本 3V	シリアル：接続なし	スリープ(9)：接続なし	DIO10(6)：LED(RS)
DIO1(19)：プッシュ・スイッチSW	DIO2(18)：(プッシュ・スイッチ)	DIO3(17)：(プッシュ・スイッチ)	DIO0(20)：接続なし
DIO4(11)：LED	DIO11(7)：接続なし	DIO12(4)：接続なし	Associate(15)：接続なし
その他：最新のDigi International社純正の開発ボードXBIB-U-DEV(TH/SMT Hybrid)でも動作します．			

必要なハードウェア
- Windowsが動作するパソコン(開発用)　　　　　　　　1台
- Arduino Ethernetマイコン・ボード　　　　　　　　　1台
- Arduino用USBシリアル変換アダプタ(開発用)　　　　1台
- Arduino用ACアダプタ　　　　　　　　　　　　　　　1個
- キャラクタ液晶ディスプレイ・シールド(Adafruit製)　1台
- Arduinoシールド用ピン・ソケット(ピンの長いタイプ)　1式(4個1組)
- 無線LANアクセス・ポイント　　　　　　　　　　　　1台
- Digi International社XBee Wi-Fiモジュール　　　　　1個
- DC-DC電源回路付きXBeeピッチ変換基板(MB-X)　　1式
- ブレッドボード　　　　　　　　　　　　　　　　　　1個
- 高輝度LED 1個，抵抗1kΩ 1個，セラミック・コンデンサ0.1μF 1個，プッシュ・スイッチ1～3個，2.54mmピッチ・ピン・ヘッダ(11ピン)2個，単3×2直列電池ボックス1個，単3電池2個，LANケーブル1本，ブレッドボード・ワイヤ適量，USBケーブルなど

　このサンプル72では，XBee Wi-FiモジュールのGPIO(DIO)ポートの状態変化通知をArduino Ethernetマイコン・ボードで受信し，その結果をキャラクタ液晶ディスプレイに表示します．子機のハードウェアは，サンプル66～サンプル69と，サンプル71で使用したものと同じで，親機は，サンプル68をパソコンからArduino版へ移行したものです．親機Arduinoのハードウェアは，前節のサンプル71と同じです．スケッチは「example72_sw_r」を使用し，スケッチ冒頭のArduinoのMACアドレスとXBee Wi-FiモジュールのIPアドレスを書き換えてからArduinoに書き込みます．

　Arduino Ethernetは，起動してからLAN接続に成功すると「Ping…」の表示になり，その後にXBee Wi-Fiモジュールとの通信に成功すると，**写真18-5**のような表示となって，子機のスイッチ状態変化を待ち受けます．通信に失敗した場合は，「Ping…」の表示のままIPアドレス表示に移りません．親機Arduino Ethernet

スケッチ72　example72_sw_r.ino

```
/*******************************************************************************
XBee Wi-Fiのスイッチ変化通知を受信する
*******************************************************************************/
#include <SPI.h>
#include <Ethernet.h>
#include <EthernetUdp.h>
#include <xbee_wifi.h>
#include <Wire.h>
#include <Adafruit_MCP23017.h>
#include <Adafruit_RGBLCDShield.h>
Adafruit_RGBLCDShield lcd = Adafruit_RGBLCDShield();

// お手持ちのArduino EthernetのMACアドレスに変更する(区切りはカンマ)
byte mac[] = {0x90,0xA2,0xDA,0x00,0x00,0x00};

// お手持ちのXBeeモジュールのIPアドレスに変更する(区切りはカンマ)
byte dev[] = {192,168,0,135};
byte dev_my[4];                                     // 親機ArduinoのIPアドレス代入用

void setup(){
    lcd.begin(16, 2);
    lcd.print("Example 72 SW_R ");                  // タイトル文字を表示
    xbee_init( 0x00 );                              // XBee用Ethenet UDPポートの初期化
    xbee_myaddress(dev_my);         ← ①            // 自分のアドレスを取得する
    lcd.setCursor(0,1);
    lcd.print("ping...");
    while( xbee_ping(dev) ) delay(3000);  ← ②      // XBee Wi-Fiから応答があるまで待機
    xbee_gpio_init(dev);                            // デバイスdevにIO設定を行う
    lcd.setCursor(0,1);             ← ③
    for(byte i=0;i<4;i++){
        lcd.print(dev_my[i]);       ← ④            // 自分のアドレスを表示する
        if(i<3)lcd.print('.');
    }
}

void loop(){
    byte value;                                     // 受信値
    XBEE_RESULT xbee_result;                        // 受信データ(詳細)

    xbee_rx_call( &xbee_result );   ← ⑤            // データを受信
    if( xbee_result.MODE == MODE_GPIN){             // 子機XBeeのDIO入力
        value = xbee_result.GPI.PORT.D1;  ← ⑥      // D1ポートの値を変数valueに代入
        lcd.setCursor(0,0);   lcd.print("Value = ");
        lcd.print(value, BIN);  ← ⑦                // 変数valueの値を表示
        lcd.print(", ");
        lcd.print(xbee_result.GPI.PORT.D2, BIN);    // DIOポート2の値を表示
        lcd.print(", ");
        lcd.print(xbee_result.GPI.PORT.D3, BIN);    // DIOポート3の値を表示
        xbee_gpo(dev,4,value);  ← ⑧                // 子機XBeeのDIOポート4へ出力
    }
}
```

マイコン・ボードのリセットや子機の電源の再起動を行ったり，子機のIPアドレスを確認したりして，通信の不具合を直します．

　子機のプッシュ・スイッチを押下すると，写真18-6のように「Value」表示に替わります．表示に変化がない場合は，一度，Arduino Ethernetマイコン・ボードのリセット・ボタンを押して，親機を再起動することで，親機Arduinoから子機XBee Wi-Fiモジュールへのリモート設定が再設定され，正しく動作するようになる場合があります．

　今回のサンプル72では，XBee Wi-FiモジュールのGPIO(DIO)ポート1〜3の三つの入力状態を表示しま

写真 18-5　サンプル 72 の起動表示

写真 18-6　サンプル 72 の実行例

す．ポート 2(XBee 18 番ピン)とポート 3(XBee 19 番ピン)にプッシュ・スイッチを接続する，もしくは純正の開発ボードのプッシュ・スイッチを使用することで，スイッチ状態を受信することができるようになります．

　子機に搭載した LED は，ポート 1 のプッシュ・スイッチに応じて点灯または消灯します．制御は親機 Arduino から行うので，親機との通信ができない場合は LED に変化がありません．

　XBee Wi-Fi モジュールが各 DIO ポートの状態変化を検出すると，自動で IO データを送信するため，親機 Arduino の表示は，スイッチの操作に対して機敏に反応します．しかし，途中で XBee Wi-Fi モジュールの電源を切ってしまうと，その後に電源を入れ直してもスイッチ操作に反応しなくなります．これは XBee Wi-Fi モジュールの自動送信設定が電源オフとともに消えてしまうからです．再度，Arduino Ethernet をリセットして再設定すると，動作するようになります．また，実用的な運用を行う場合は，X-CTU で値を XBee Wi-Fi モジュールに書き込んでおくか，プログラムでの設定後に AT コマンド「ATWR」を実行して，設定を電源を切っても消えない不揮発メモリへ保存しておく必要があります．

　このサンプル 72 のスケッチ「example72_sw_r.ino」は，サンプル 71 とサンプル 68 を合わせたような記述

になっています．ここでは，主要な動作について説明します．

① 本 Arduino Ethernet の IP アドレスを配列変数 dev_my に代入します．
②「xbee_ping」を用いて，配列変数 dev に代入された IP アドレスの XBee Wi-Fi モジュールとの通信状態を確認します．XBee Wi-Fi モジュールからの応答がなかった場合は，3 秒間隔で XBee Wi-Fi モジュールからの応答が得られるまで，xbee_ping による確認を繰り返します．
③ IP アドレス変数 dev に，XBee Wi-Fi モジュールへ GPIO(DIO) の変化検出時の自動送信設定を行います．
④ 前項①の配列変数 dev_my に代入された IP アドレスを，液晶ディスプレイに表示します．
⑤「xbee_rx_call」を用いて，Arduino Ethernet は XBee IP Service のパケット受信を行います．
⑥ 受信したパケットの種別が MODE_GPIN(IO データ)であった場合に，変数 value に XBee Wi-Fi モジュールの GPIO(DIO)1 番ポートの状態を代入します．
⑦ 変数 value の値を表示します．
⑧ 変数 value の値を XBee Wi-Fi モジュールの GPIO(DIO)4 番ポートへ出力します．

第3節 Example 73：スイッチ状態を取得指示と変化通知の両方で取得する

Example 73
スイッチ状態を取得指示と変化通知の両方で取得する
実験用サンプル　　通信方式：XBee Wi-Fi　　開発環境：Arduino IDE

親機 Arduino Ethernet から XBee Wi-Fi モジュールの GPIO（DIO）ポートの状態を受信するサンプルです．スイッチ状態を取得する指示を一定の周期で送信しつつ，スイッチの状態変化通知でも受信します．

親機：Arduino Ethernet ⇔ 液晶ディスプレイ・シールド ⇔ 無線LANアクセス・ポイント（有線LAN接続）
- Arduino に AC アダプタが必要です．
- 無線 LAN アクセス・ポイントに有線 LAN で接続します．

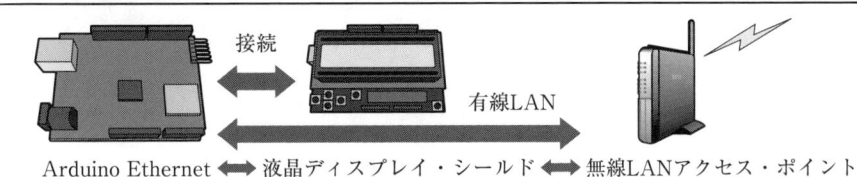

子機：XBee Wi-Fi モジュール ⇔ DC-DC付きピッチ変換 ⇔ ブレッドボード ⇔ LED，プッシュ・スイッチ

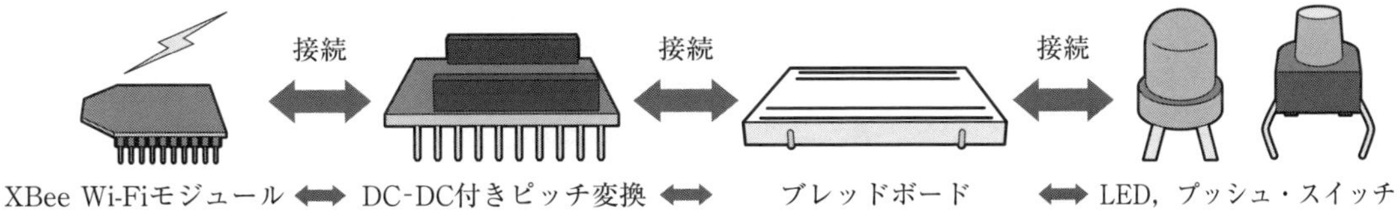

通信ファームウェア：XBEE WI-FI		MA = 1（Static IP）	Transparent モード
電源：乾電池2本 3V	シリアル：接続なし	スリープ(9)：接続なし	DIO10(6)：LED(RS)
DIO1(19)：プッシュ・スイッチ SW	DIO2(18)：接続なし	DIO3(17)：接続なし	DIO0(20)：接続なし
DIO4(11)：LED	DIO11(7)：接続なし	DIO12(4)：接続なし	Associate(15)：接続なし
その他：最新の Digi International 社純正の開発ボード XBIB-U-DEV（TH/SMT Hybrid）でも動作します．			

必要なハードウェア
- Windows が動作するパソコン（開発用）　　　　　　1台
- Arduino Ethernet マイコン・ボード　　　　　　　　1台
- Arduino 用 USB シリアル変換アダプタ（開発用）　　1台
- Arduino 用 AC アダプタ　　　　　　　　　　　　　1個
- キャラクタ液晶ディスプレイ・シールド（Adafruit 製）1台
- Arduino シールド用ピン・ソケット（ピンの長いタイプ）1式（4個1組）
- 無線 LAN アクセス・ポイント　　　　　　　　　　1台
- Digi International 社 XBee Wi-Fi モジュール　　　　1個
- DC-DC 電源回路付き XBee ピッチ変換基板（MB-X）1式
- ブレッドボード　　　　　　　　　　　　　　　　1個
- 高輝度 LED 1個，抵抗1kΩ 1個，セラミック・コンデンサ0.1μF 1個，プッシュ・スイッチ1個，2.54mm ピッチ・ピン・ヘッダ（11ピン）2個，単3×2直列電池ボックス1個，単3電池2個，LAN ケーブル1本，ブレッドボード・ワイヤ適量，USB ケーブルなど

このサンプル 73 は，取得指示によってディジタル入力ポートの状態を取得するサンプル 69 の親機を，Arduino に移行したサンプルです．状態取得と状態変化通知を組み合わせることで，スイッチの変化時と定期的なスイッチ状態値の両方を取得することができます．子機のハードウェアは，サンプル 66～サンプル 69 と，サンプル 71，サンプル 72 で使用したものと同じです．

ハードウェアの製作，サンプルのコンパイル方法，実行方法は，これまでと同じです．スケッチ冒頭の Arduino の MAC アドレスと XBee Wi-Fi モジュールの IP アドレスを，それぞれお手持ちの機器のアドレスに書き換えてから Arduino に書き込みます．

サンプル 69 では，子機 XBee Wi-Fi モジュールを省電力動作させましたが，このサンプルでは通常動作としています．「xbee_end_device」を追加すれば省電力動作が可能ですが，次のサンプル 74 のような省電力モードを解除するための処理の追加も必要です．

スケッチ73　example73_sw_f.ino

```
/****************************************************************************
XBee Wi-Fiのスイッチ状態をリモートで取得しつつスイッチ変化通知でも取得する
*****************************************************************************/

#include <SPI.h>
#include <Ethernet.h>
#include <EthernetUdp.h>
#include <xbee_wifi.h>
#include <Wire.h>
#include <Adafruit_MCP23017.h>
#include <Adafruit_RGBLCDShield.h>
Adafruit_RGBLCDShield lcd = Adafruit_RGBLCDShield();

// お手持ちのArduino EthernetのMACアドレスに変更する(区切りはカンマ)
byte mac[] = {0x90,0xA2,0xDA,0x00,0x00,0x00};

// お手持ちのXBeeモジュールのIPアドレスに変更する(区切りはカンマ)
byte dev[] = {192,168,0,135};
byte dev_my[4];                                 // 親機ArduinoのIPアドレス代入用
unsigned long trig;                             // 取得タイミング保持用

#define FORCE_INTERVAL   1                      // データ要求間隔(秒)
void setup(){
    lcd.begin(16, 2);
    lcd.print("Example 73 SW_F ");              // タイトル文字を表示
    xbee_init( 0x00 );                          // XBee用Ethenet UDPポートの初期化
    xbee_myaddress(dev_my);                     // 自分のアドレスを取得する
    lcd.setCursor(0,1);
    lcd.print("ping...");
    while( xbee_ping(dev) ) delay(3000);        // XBee Wi-Fiから応答があるまで待機
    xbee_gpio_init(dev);                        // デバイスdevにIO設定を行う
    lcd.clear();
    lcd.setCursor(0,1);
    for(byte i=0;i<4;i++){
        lcd.print(dev_my[i]);                   // 自分のアドレスを表示する
        if(i<3)lcd.print('.');
    }
    trig=0;
}

void loop(){
    byte value;                                 // 受信値
    XBEE_RESULT xbee_result;                    // 受信データ(詳細)
    unsigned long time=millis()/1000;    ←①    // 時間[秒]の取得(約50日まで)

    if( time >= trig && time > FORCE_INTERVAL){ ←② // 変数trigまで時刻が進んだとき
        xbee_force(dev);                   ←③  // 状態取得指示を送信
        trig = time + FORCE_INTERVAL;      ←④  // 次回の変数trigを設定
    }
    if( time <= FORCE_INTERVAL ) trig = time + FORCE_INTERVAL;
    xbee_rx_call( &xbee_result );          ←⑤  // データを受信
    if( xbee_result.MODE == MODE_RESP ||        // xbee_forceに対する応答
        xbee_result.MODE == MODE_GPIN){         // もしくは子機XBeeのDIO入力のとき
        value = xbee_result.GPI.PORT.D1;        // D1ポートの値を変数valueに代入
        lcd.setCursor(0,0);
        lcd.print("Val=");                 ←⑥
        lcd.print(value, BIN);                  // 変数valueの値を表示
        lcd.print(" Time=");
        lcd.print( time, DEC);                  // 変数timeの値を表示
        xbee_gpo(dev,4,value);                  // 子機XBeeのDIOポート4へ出力
    }
}
```

写真 18-7　サンプル 73 の起動表示

写真 18-8　サンプル 73 の実行例

　このサンプル 73 のスケッチ「example73_sw_f.ino」について説明します．
① 変数 time に，時刻（Arduino が起動してからの秒数）を代入します．
② 変数 trig と時刻を比較し，trig の値を上回っていたら以下の③と④の処理を行います．time 値は，時間の経過とともに上昇する一方，trig 値は，time 値が同値に至るまで一定です．なお第 2 条件は，約 50 日後に Arduino のタイマ（millis 関数）がリセットされて，0 になったときの備えです．
③ 配列変数 dev に代入された IP アドレスの XBee Wi-Fi モジュールに対し，IO データの取得指示を送信します．
④ 変数 trig の値を，FORCE_INTERVAL で定義した秒数だけ増加します．
⑤ XBee wi-Fi モジュールからのパケットを受信します．
⑥ 受信したパケットの種類が取得指示の応答（MODE_RESP），もしくはモジュールが自動送信した IO データであった場合に，同モジュールの GPIO（DIO）ポート 1 の状態を表示し，同じ値をポート 4 に送信して設定します．

第4節　Example 74：照度センサのアナログ値を XBee Wi-Fi で取得する

Example 74

照度センサのアナログ値を XBee Wi-Fi で取得する			
実験用サンプル		通信方式：XBee Wi-Fi	開発環境：Arduino IDE

親機 Arduino Ethernet から XBee Wi-Fi モジュール搭載照度センサの照度値を取得するサンプルです．省電力に設定した XBeeWi-Fi モジュールへ取得指示を一定間隔で送信し，受信結果を液晶ディスプレイに表示します．

親機: Arduino Ethernet ⇔ 液晶ディスプレイ・シールド　—有線LAN—　無線LANアクセス・ポイント

Arduino に AC アダプタが必要です．　　　無線 LAN アクセス・ポイントに有線 LAN で接続します．

子機: XBee Wi-Fiモジュール ⇔ DC-DC付きピッチ変換 ⇔ ブレッドボード ⇔ 照度センサ

通信ファームウェア：XBEE WI-FI			MA = 1(Static IP)	Transparent モード
電源：乾電池2本 3V		シリアル：接続なし	スリープ(9)：接続なし	DIO10(6)：LED(RS)
AD1(19)：照度センサ		DIO2(18)：接続なし	DIO3(17)：接続なし	DIO0(20)：接続なし
DIO4(11)：接続なし		DIO11(7)：接続なし	DIO12(4)：接続なし	Associate(15)：接続なし
その他：照度センサの電源に ON/SLEEP(13) を使用します．				

必要なハードウェア
- Windows が動作するパソコン（開発用）　　　　　　　　1台
- Arduino Ethernet マイコン・ボード　　　　　　　　　1台
- Arduino 用 USB シリアル変換アダプタ（開発用）　　　1台
- Arduino 用 AC アダプタ　　　　　　　　　　　　　　1個
- キャラクタ液晶ディスプレイ・シールド（Adafruit 製）　1台
- Arduino シールド用ピン・ソケット（ピンの長いタイプ）1式（4個1組）
- 無線 LAN アクセス・ポイント　　　　　　　　　　　　1台
- Digi International 社 XBee Wi-Fi モジュール　　　　　1個
- DC-DC 電源回路付き XBee ピッチ変換基板（MB-X）　　1式
- ブレッドボード　　　　　　　　　　　　　　　　　　1個
- 照度センサ NJL7502L 1個，抵抗 1kΩ 1個，コンデンサ 0.1μF 1個，2.54mm ピン・ヘッダ（11 ピン）2個，単3×2直列電池ボックス1個，単3電池2個，LAN ケーブル1本，ブレッドボード・ワイヤ適量，USB ケーブルなど

　ここでは，実験用サンプルの中でも実用に近い照度センサの受信の実験を行います．このサンプル 74 では，XBee Wi-Fi モジュールを搭載した照度センサを製作します．親機 Arduino Ethernet は，XBee Wi-Fi モジュールを省電力動作モードへ設定し，測定指示を一定間隔で送信して，照度の測定結果をキャラクタ液晶ディスプレイに表示します．

　照度センサ子機のハードウェアの製作例を，**写真 18-9** に示します．ブレッドボード上に DC-DC 電源回路付き XBee ピッチ変換基板を実装して製作します．

　写真 18-10 にしたがって，XBee ピッチ変換基板の 11 番ピン（ピッチ変換基板の左下）をブレッドボード左側の青の縦線（電源「−」ライン）に，12 番ピン（右下）をブレッドボード右側の赤の縦線（電源「＋」ライン）に接続します．また，これらの 11 番ピンと 12 番ピンとの間にコンデンサ 0.1μF を XBee ピッチ変換基板に接触しないように，リード線を折り曲げてから実装します．

　照度センサのコレクタ(C)側を，XBee ピッチ変換

スケッチ74　example74_mysns.ino

```
/*******************************************************************************
XBee Wi-Fi搭載の照度センサから照度値を取得する
*******************************************************************************/
#include <SPI.h>
#include <Ethernet.h>
#include <EthernetUdp.h>
#include <xbee_wifi.h>
#include <Wire.h>
#include <Adafruit_MCP23017.h>
#include <Adafruit_RGBLCDShield.h>
Adafruit_RGBLCDShield lcd = Adafruit_RGBLCDShield();

// お手持ちのArduino EthernetのMACアドレスに変更する(区切りはカンマ)
byte mac[] = {0x90,0xA2,0xDA,0x00,0x00,0x00};

// お手持ちのXBeeモジュールのIPアドレスに変更する(区切りはカンマ)
byte dev[] = {192,168,0,135};
byte dev_my[4];                                         // 親機ArduinoのIPアドレス代入用
unsigned long trig;                                     // 取得タイミング保持用

#define FORCE_INTERVAL   2                              // データ要求間隔(秒)
void setup(){
    lcd.begin(16, 2);
    lcd.print("Example 74 MySns");                      // タイトル文字を表示
    xbee_init( 0x00 );                                  // XBee用Ethenet UDPポートの初期化
    xbee_myaddress(dev_my);                             // 自分のアドレスを取得する
    lcd.setCursor(0,1);
    lcd.print("ping...");
    while( xbee_ping(dev) ) delay(3000);                // XBee Wi-Fiから応答があるまで待機
    xbee_ratd_myaddress( dev );           ←――――①      // 子機に本機のアドレスを設定する
    xbee_gpio_config( dev , 1 , AIN );    ←――――②      // XBee子機のポート1をアナログ入力へ
    xbee_end_device(dev,28,0,0);          ←――――③      // XBee Wi-Fiモジュールを省電力へ
    lcd.clear();
    lcd.setCursor(0,1);
    for(byte i=0;i<4;i++){
        lcd.print(dev_my[i]);                           // 自分のアドレスを表示する
        if(i<3)lcd.print('.');
    }
    trig=0;
}

void loop(){
    float value;                                        // 受信データの代入用
    XBEE_RESULT xbee_result;                            // 受信データ(詳細)
    unsigned long time=millis()/1000;                   // 時間[秒]の取得(約50日まで)

    if( time >= trig && time > FORCE_INTERVAL){         // 変数trigまで時刻が進んだとき
        xbee_force(dev);                                // 状態取得指示を送信
        trig = time + FORCE_INTERVAL;                   // 次回の変数trigを設定
    }
    if( time <= FORCE_INTERVAL ) trig = time + FORCE_INTERVAL;
    xbee_rx_call( &xbee_result );                       // データを受信
    if( xbee_result.MODE == MODE_RESP){                 // 子機XBeeからのIOデータの受信時
        value = (float)xbee_result.ADCIN[1] * 7.4;  ←―  // 照度の測定結果をvalueに代入
        lcd.home();                                   ④
        lcd.print("Time = ");
        lcd.print(time);                                // 変数timeの値を表示
        lcd.print(" [sec]  ");
        lcd.setCursor(0,1);
        lcd.print("Illum= ");
        lcd.print(value,0);                   ←――――⑤  // 変数valueの値を表示
        lcd.print(" [lux]  ");
    }
    if( lcd.readButtons()==BUTTON_DOWN ){               // 下ボタンが押されたとき
        xbee_end_device(dev,0,0,0);                     // XBee Wi-Fiの省電力モードを解除
        lcd.clear();
        lcd.print("done");                        ⑥
        while(lcd.readButtons()!=BUTTON_UP);            // 上ボタンが押されるまで停止
        xbee_end_device(dev,28,0,0);                    // XBee Wi-Fiモジュールを省電力へ
    }
}
```

基板の 15 番ピン（XBee Wi-Fi モジュールの 13 番ピン）の SLEEP 端子に接続して，SLEEP 出力を照度センサの電源とします．また照度センサのエミッタ（E）側は，XBee ピッチ変換基板の 21 番ピン（XBee Wi-Fi の 19 番ピン）の DIO1 へ入力します．また，エミッタ端子に負荷抵抗を経由して，電源の青線（「−」ライン）に接続します．

親機 Arduino のハードウェアは，前節のサンプル 71 と同じです．スケッチは「example74_mysns」を使用し，スケッチ冒頭の Arduino の MAC アドレスと XBee Wi-Fi モジュールの IP アドレスを，それぞれお手持ちの機器のアドレスに書き換えてから Arduino に書き込みます．

親機を起動すると，**写真 18-11** のような起動表示画面となり，XBee W-Fi モジュールとの通信に成功すると，「ping…」の表示が親機 Arduino の IP アドレス表示に変わります．また，2 秒ごとに親機から子機 Wi-Fi モジュールにデータ取得指示を送信し，照度に応じた値を受信した親機は，照度値に変換してキャラクタ液晶ディスプレイに測定結果を示します．

このとき，XBee Wi-Fi モジュールを装着した XBee ピッチ変換基板の電源 LED を確認すると，高速に点滅していることがわかります．この点滅中は，XBee Wi-Fi モジュールの電源が ON と OFF を繰り返して低消費電力で動作します．条件にもよりますが，通常 500mW 程度の電力を消費するのに対し，省電力動作時は 100mW 程度となり，例えば，単 3 アルカリ電池 2 本で 2 日くらいの駆動が可能となります．

このサンプルの実験が終了したら，親機 Arduino の十字キーの「下」ボタンを押下して，省電力モードを解除してから電源を切ります．「上」ボタンを押すと，

写真 18-9 XBee Wi-Fi 搭載の照度センサ製作例

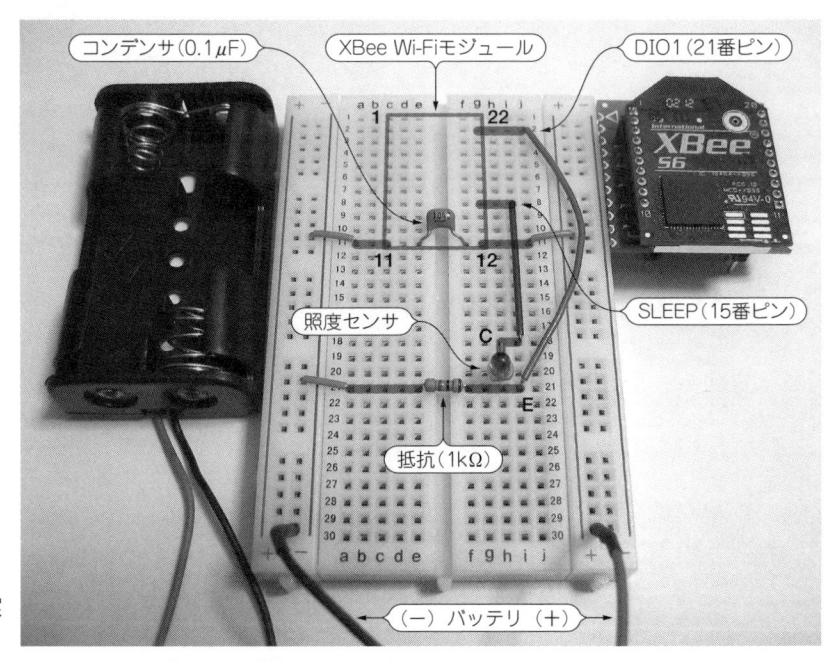

写真 18-10
XBee Wi-Fi 用の照度センサの実装のようす

写真18-11 サンプル74の起動表示

写真18-12 サンプル74の実行例

再び省電力モードに入り，測定を開始します．

　XBee ZBとXBee Wi-Fiモジュールとでは，アナログ入力AINポートのA-Dコンバータの基準電圧が異なります．XBee Wi-Fiモジュールには，基準電圧2500mV，解像度は，XBee ZBと同じ10ビットのA-Dコンバータが内蔵されているので，新日本無線の照度センサNJL7502Lを1kΩの負荷抵抗とともに使用したときの換算式は，以下のようになります．

$$\begin{aligned}\text{value} &= \text{xbee\_result.ADCIN}[1] \div 1023 \\ &\quad \times 2500[\text{mV}] \div 33[\text{mV}] \times 100[\text{lux}] \\ &= \text{xbee\_result.ADCIN}[1] \times 7.40[\text{lux}]\end{aligned}$$

　基準電圧がXBee ZBの2倍になったことで，照度の分解能が7.4luxと粗くなり，7570luxの高い照度まで測定できるようになります．XBee ZBの測定範囲に近づける一つめの方法は，負荷抵抗を2倍の2.2kΩにして入力電圧を高める方法です．この場合，100luxにつき約73mVの電圧が得られるので，換算式は以下のようになります．

$$\begin{aligned}\text{value} &= \text{xbee\_result.ADCIN}[1] \div 1023 \\ &\quad \times 2500[\text{mV}] \div 73[\text{mV}] \times 100[\text{lux}] \\ &= \text{xbee\_result.ADCIN}[1] \times 3.35[\text{lux}]\end{aligned}$$

　ほかにも，XBee Wi-FiモジュールのA-Dコンバータ用の基準電圧を1250mVに変更する方法があります．ATコマンドで「ATAV00」を設定すれば，1250mVになります．

　このサンプル74のスケッチ「example74_mysns.ino」について説明します．

　前節で紹介したサンプル73は，ディジタル入力でしたが，これをアナログ入力に変更したものです．以下，その変更ポイントについて説明します．

①「xbee_ratd_myaddress」を使用して，本機ArduinoのIPアドレスを子機XBee Wi-Fiモジュールが送信を実行する際の宛て先として設定します．

②「xbee_gpio_config」を使用して，XBee Wi-FiモジュールのGPIO(AD)ポート1(XBeeモジュール19番ピン，XBeeピッチ変換基板21番ピン)をアナログ入力に設定します．第1引き数は，設定するXBee Wi-FiモジュールのIPアドレス，第2引き数はGPIOポート，第3引き数は設定値です．AINはアナログ入力を示します．

③「xbee_end_device」を使用して省電力モードに設定します．

④照度センサの値は，「xbee_rx_call」命令で受信した構造体変数xbee_resultの要素ADCIN[1]に代入されます．本値を照度へ換算して変数valueに代入します．

⑤変数valueの値を，キャラクタ液晶ディスプレイ・シールド Adafruit LCD Shield Kitへ表示します．

⑥液晶ディスプレイ・シールドに搭載されている方向キーの「下」ボタンが押された場合の処理です．XBee Wi-Fiモジュールの省電力モードを解除し，方向キーの「上」ボタンが押されるまで処理を停止します．「上」ボタンが押されたら再び省電力モードに設定し，測定を再開します．

第5節　Example 75：XBee Wi-Fi の UART シリアル情報を受信する

Example 75

XBee Wi-Fi の UART シリアル情報を受信する		
実験用サンプル	通信方式：XBee Wi-Fi	開発環境：Arduino IDE

子機となるパソコンに接続した XBee Wi-Fi モジュールから UART シリアル送信したテキスト文字を親機の Arduino Ethernet で受信してキャラクタ液晶ディスプレイに表示するサンプルです．

親機: Arduino Ethernet ⇔ 液晶ディスプレイ・シールド ⇔ 無線LANアクセス・ポイント（有線LAN接続）

Arduino に AC アダプタが必要です．　　無線 LAN アクセス・ポイントに有線 LAN で接続します．

子機: パソコン（X-CTU）⇔ USB ⇔ XBee USBエクスプローラ ⇔ XBee Wi-Fiモジュール

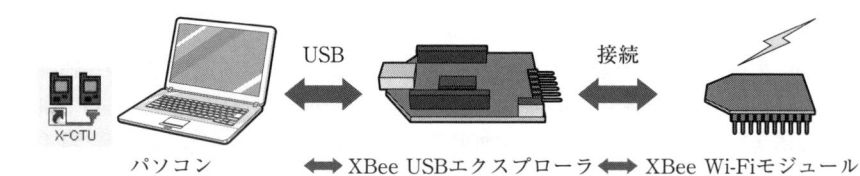

通信ファームウェア：XBEE WI-FI		MA = 1(Static IP)	Transparent モード
電源：USB 給電	シリアル：パソコン（USB）	スリープ(9)：接続なし	DIO10(6)：(LED)
DIO1(19)：接続なし	DIO2(18)：接続なし	DIO3(17)：接続なし	DIO0(20)：(SW)
DIO4(11)：接続なし	DIO11(7)：接続なし	DIO12(4)：接続なし	Associate(15)：(LED)
その他：XBIB-U-DEV（TH/SMT Hybrid）や Arduino と Wireless シールドとの組み合わせでも動作します．			

必要なハードウェア	
・Windows が動作するパソコン	1台
・Arduino Ethernet マイコン・ボード	1台
・Arduino 用 USB シリアル変換アダプタ（開発用）	1台
・Arduino 用 AC アダプタ	1個
・キャラクタ液晶ディスプレイ・シールド（Adafruit 製）	1台
・Arduino シールド用ピン・ソケット（ピンの長いタイプ）	1式（4個1組）
・無線 LAN アクセス・ポイント	1台
・Digi International 社 XBee Wi-Fi モジュール	1個
・XBee USB エクスプローラ	1式
・ブレッドボード	1個
・USB ケーブルなど	

　このサンプル 75 は，XBee Wi-Fi モジュールの UART シリアル端子に入力されたシリアルのテキスト情報を親機 Arduino Ethernet で受信して，キャラクタ液晶ディスプレイに表示するサンプルです．サンプル 40 の XBee Wi-Fi 版となります．

　親機のハードウェアは，これまでと同様です．スケッチは「example75_uart.ino」を使用し，スケッチ冒頭のアドレスに書き換えてから Arduino に書き込みます．

　子機は，パソコンに XBee USB エクスプローラを接続し，X-CTU の Terminal 機能を使って XBee Wi-Fi モジュールにシリアルで接続します．この子機は，シリアル通信インタフェース付きのセンサなどを XBee Wi-Fi モジュールに接続することを想定しました．ここでは，センサの代用としてパソコンの X-CTU を用います．もちろん，子機パソコンから送ったテキスト文字を，親機 Arduino で受信するといったアプリケーションもあるかもしれませんが，パソコンに内蔵されている無線 LAN や有線 LAN を使うほうが合理的です．

スケッチ75　example75_uart.ino

```
/****************************************************************
子機XBee Wi-FiのUARTからのシリアル情報を受信する
****************************************************************/
#include <SPI.h>
#include <Ethernet.h>
#include <EthernetUdp.h>
#include <xbee_wifi.h>
#include <Wire.h>
#include <Adafruit_MCP23017.h>
#include <Adafruit_RGBLCDShield.h>
Adafruit_RGBLCDShield lcd = Adafruit_RGBLCDShield();

// お手持ちのArduino EthernetのMACアドレスに変更する(区切りはカンマ)
byte mac[] = {0x90,0xA2,0xDA,0x00,0x00,0x00};

// お手持ちのXBeeモジュールのIPアドレスに変更する(区切りはカンマ)
byte dev[] = {192,168,0,135};
byte dev_my[4];                                    // 親機ArduinoのIPアドレス代入用

void setup() {
    lcd.begin(16, 2);                              // LCDのサイズを16文字×2桁に設定
    lcd.print("Example 75 UART ");                 // タイトル文字を表示
    xbee_init( 0 );                                // XBee用COMポートの初期化
    xbee_myaddress(dev_my);                        // 自分のアドレスを取得する
    lcd.setCursor(0,1);
    lcd.print("ping...");
    while( xbee_ping(dev) ) delay(3000);           // XBee Wi-Fiから応答があるまで待機
    xbee_ratd_myaddress(dev);                      // 子機にPCのアドレスを設定する
    xbee_rat(dev,"ATAP00");       ①                // XBee APIを解除(UARTモードに設定)
    lcd.setCursor(0,1);
    for(byte i=0;i<4;i++){
        lcd.print(dev_my[i]);                      // 自分のアドレスを表示する
        if(i<3)lcd.print('.');
    }
}

void loop() {
    byte i;
    XBEE_RESULT xbee_result;                       // 受信データ(詳細)

    xbee_rx_call( &xbee_result );                  // データを受信して変数dataに代入
    if( xbee_result.MODE == MODE_UART){    ②       // 子機XBeeからのUARTを受信時
        lcd.setCursor(0,0);
        for(i=0;i<16;i++){
                                       ③       ④
            char c = (char)xbee_result.DATA[i];
            if( isprint(c) || ((byte)c >= 0xA1 && (byte)c <= 0xFC) ){   // 表示可能文字
                lcd.write(c);                      // 受信結果(テキスト)を表示
            }else{                     ⑤
                lcd.print(' ');                    // 受信結果(空白)を表示
            }
            if( c == '\0' ) break;     ⑥
        }
        while((++i)<16) lcd.print(' ');            // 残りの表示エリアを空白で埋める
    }
}
```

Arduinoの起動後に，IPアドレスがキャラクタ液晶ディスプレイに表示されたら準備完了です(**写真18-13**)．子機パソコンのX-CTUのTerminal画面の「Assemble Packet」を使ってテキスト文字を送信すると，親機Arduinoのキャラクタ液晶ディスプレイに同じ文字が表示されます．ここでは「Hello」ではなく，「Ciao」と表示してみました(**写真18-14**)．

さらにこのサンプルでは，カタカナ表示にも対応しました．X-CTUのAssemble Packetで半角カタカナ文字を使って「コンニチワ　アーデュイーノ」と入力す

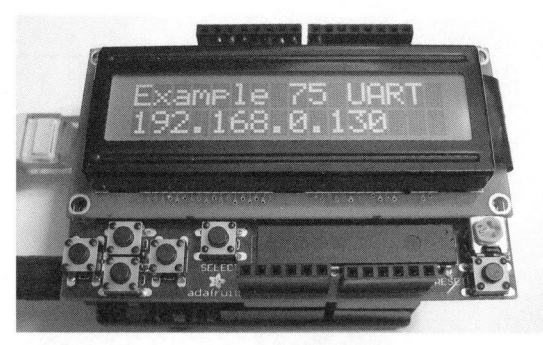

写真 18-13　サンプル 75 の起動表示

写真 18-14　サンプル 75 の実行例

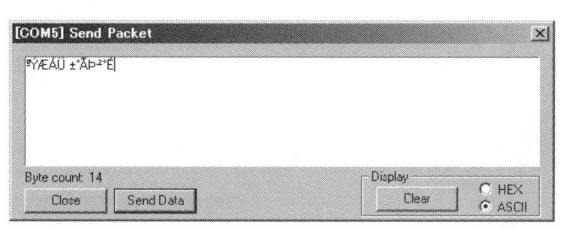

図 18-1　「コンニチワ　アーデュイーノ」を送信する場合の入力例

写真 18-15　サンプル 75 の実行例

ると，図 18-1 のように文字化けを起こしますが，Arduino 側では写真 18-15 のように正しく表示することができます．

　現在市販されている多くのキャラクタ液晶ディスプレイ用コントローラは日本製ではありません．ところが，使用しているコントローラが日本メーカーの互換品なので，カタカナ表示に対応している場合がほとんどです．ただし，Arduino の lcd.print 命令が対応していないので，1 文字分の文字コードを指定して表示する lcd.write 命令を用いる必要があります．

　このサンプル 75 のスケッチ「example75_uart.ino」は，
① 「xbee_rat」を使用して XBee Wi-Fi モジュールへ AT コマンド「ATAP00」を送信し，シリアル UART で扱う XBee API モードを無効にして，Transparent モードに設定します．
② 「xbee_rx_call」で受信した結果が MODE_UART，すなわちシリアル UART からのデータのときに，以下の処理を行います．
③ 文字変数 c に受信したシリアル UART のうち 1 文字を代入します．
④ 変数 c の値が表示可能な文字の場合に，次項⑤の処理を実行します．「isprint」命令は，通常の数字やアルファベット，記号などであることを確認します．また，0xA1 から 0xFC は，カタカナ文字の文字コードです．
⑤ 「lcd.write」は，文字などのコードをキャラクタ液晶ディスプレイに出力する命令です．Arduino では，カタカナを扱うことができませんから lcd.print によるカタカナ表示はできません．しかし，受信した文字コードをコードのままキャラクタ液晶ディスプレイに転送する lcd.write を用いることで，XBee Wi-Fi が受信した半角カタカナを表示することができます．
⑥ 文字列の終端のときに，「for」ループを抜けます．終端でない場合は，i＝0 から 15 まで（16 文字分の受信データ）について③〜⑥までの処理を繰り返します．

[第19章]

シリアル通信の ワイヤレス化に Bluetoothを使ってみよう

　本書では，電波法令で定められている技術基準に適合したMicrochip製のBluetoothモジュールRN-42XVPを用いてBluetooth通信の実験を行います．RN-42XVPには，XBeeと互換性のあるコネクタを装備しているので，これまでの実験で使用したXBee USBエクスプローラやArduino Wireless SDシールドといったハードウェアを使って手軽に実験を行うことができます．

第1節　BluetoothモジュールRN-42XVPの特長と入手方法

　執筆時点では，Bluetoothは価格や生産台数に強みがあり，普及とともにアプリケーションも充実しています．その一方で，モジュール製品の供給先が大手企業に集中してしまい，少量での入手や同じ製品を長期間にわたって入手することが難しいという課題がありました．また，電波法令で定められている技術基準に適合した製品となると，さらに入手が困難となり容易な実験ができませんでした．

　米Microchip Technology（以下Microchip）が販売するRN-42XVPは，1個から入手可能な技術基準に適合したBluetoothモジュールです．しかも，冒頭に記載したとおり，XBeeと互換性のあるコネクタを装備していることも特長の一つです．

　下記の同社のサイトから型番「RN42XVP-I/RM」を検索して購入することが可能です．

　　言語にJapaneseを選択すれば，日本語表示になります．

> Microchip 通販サイト
> http://www.microchipdirect.com/
> 型番　RN42XVP-I/RM

　キーボードやマウス，ゲーム用コントローラといったヒューマン・インターフェース・デバイス（HID）プロファイルを搭載している点は，XBeeシリーズにはない特長です．しかし，どちらかといえば，Bluetooth本来の機能であるシリアル通信を，ワイヤレスに置き換える目的に絞られています．

写真19-1　BluetoothモジュールRN-42XVP

Column…19-1　Arduino BT

　純正Arduinoとして，Bluegiga社の型式WT11i-A Class 1 Bluetoothモジュールが搭載されたArduino BTマイコン・ボードがあります．しかし，Bluetoothモジュール WT11i-A の認証は，評価ボード込みで受けられており，Arduino BT に実装されたBluetoothモジュールを日本国内で使用することができません（第1章2節参照）．このように，本書の執筆時点ではBluegiga社のBluetoothモジュールを容易に使用することができなかったため，Microchip社のRN-42XVPを選定しました．

　ところが，Bluegiga社のBluetoothモジュールにはiWRAPと呼ばれる非常に強力な通信APIが搭載されています．多くのBluetoothモジュールが単体ではシリアル通信用のSPPプロファイルと数個のプロファイルくらいしか実装されていないのに対し，Bluegiga社のBluetoothモジュール単体で多くのBluetoothのアプリケーション・プロファイルに対応しています（執筆時点で13ものプロファイルに対応）．

　さらに，同社の上位品となるDSP内蔵のWT32は，オーディオ・インターフェースをサポートしています．このWT32を使ったモジュールは，WCA-009という型式で認証（認証番号006WWC0240）を取得しているので，興味のある方はそちらを購入してみるのも良いでしょう．あるいは，今後のBluetoothモジュールの新製品では，モジュール単体で認証を取得済みとなる可能性が高いと思うので，そういった最新のBluetoothモジュールを使用してみるのも良いでしょう．

第2節 Bluetoothモジュールとパソコンを接続して通信テストを行う

ここでは，パソコンとBluetoothモジュールを接続して通信テストを行う方法について説明します．Bluetooth内蔵パソコンの場合は，内蔵のBluetooth，内蔵のソフトウェア（ドライバ，プロトコル・スタックおよびサポート・ソフト）を使用します．Bluetoohを内蔵していない場合は，市販のBluetooth USBアダプタを使用します．ここでは，プラネックスコミュニケーションズ（以下PCI）製BT-Micro4を使って説明します．

市販のBluetooth USBアダプタを使用する場合は，あらかじめドライバやBluetoothスタック，およびサポート・ソフトのインストールが必要です．ただし，通常，1台のパソコンには1個のBluetoothアダプタしか使用できません．Bluetooth内蔵パソコンや過去にBluetooth USBアダプタのドライバをインストールしたことがある場合は，新しいドライバをインストールする前に古いドライバをアンインストールし，古いBluetoothアダプタを取り外しておく必要があります．

それでは，PCI製BT-Micro4のインストールを行います．Bluetooth USBアダプタをパソコンへ接続する前に，付属のCD-ROMのセットアップを実施する必要があります．これは，ほかのBluetooth USBアダプタでも同様の場合が多いでしょう．BT-Micro4に付属しているソフトウェアは，「Motorola Bluetooth」です．本ソフトウェアのインストール後に，パソコンのUSB端子にBluetooth USBアダプタを接続します．接続すると，自動でドライバのインストールの続きが実行されます．ここでは「CSR Bluetooth Device」と表示されます．「CSR」は，PCI製BT-Micro4が使用しているBluetoothチップのメーカ名で，ほとんどのBluetoothチップがCSR製です．

ソフトウェアにはMotorola（米モトローラ社）以外にも東芝やIVT社のBlueSoleilなどがあり，同じPCI製でも製品によって異なるソフトウェアが付属します．

インストールが完了したら，タスクトレイにある青色の小判状のBluetoothアイコンをダブル・クリックします．もしくはスタート・メニューの中やスタート・メニューの「すべてのプログラム」などに「My Bluetooth」がインストールされているので，いずれかを開きます（**図19-2**）．

次に，BluetoothモジュールRN-42XVPを市販のXBee USBエクスプローラに装着し，パソコンに接続して電源の入った状態で，パソコンのMy Bluetooth画面内の「デバイスの検索」をクリックすると，同ウィンドウ内に「RNBT-XXXX」と表示されます．「XXXX」

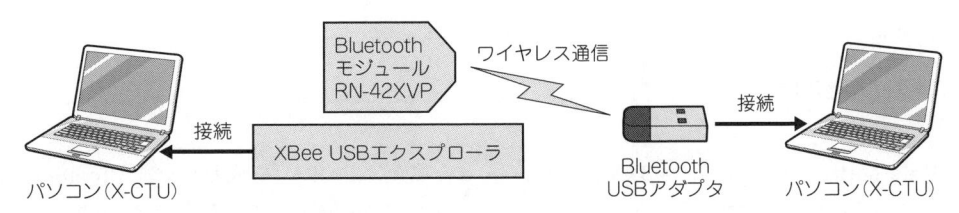

図19-1 BluetoothモジュールRN-42XVPの通信テスト用の接続図

表19-1 Bluetoothモジュールの通信テストに必要な機材の例

メーカー	品名・型番	数量	入手先（例）	参考価格
Microchip	BluetoothモジュールRN-42XVP	1個	Microchip通販サイト	$19.95
PCI	Bluetooth USBアダプタ[※1]	1個	PC機器販売店	2000円
各社	XBee USBエクスプローラ	1個	秋月電子通商など	1280円
	Windowsパソコン	1〜2台	-	-

※1 Bluetooth内蔵PCの場合は不要

写真19-2 PCI製Bluetooth USBアダプタとインストール用8cm CD

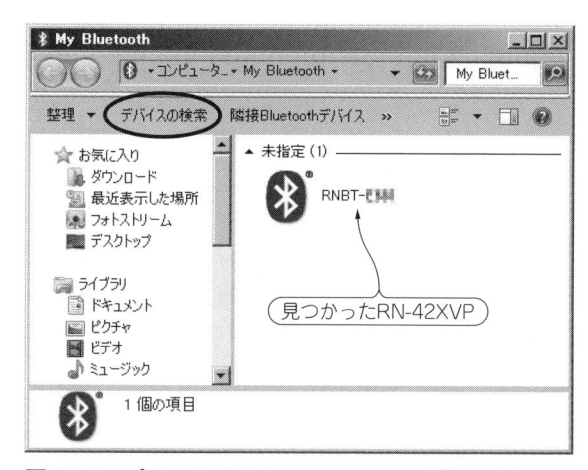

図19-2 パソコン上のMy Bluetoothで見つけたRN-42XVPの一例

図19-3 ペアリング画面の例

図19-4 シリアル・ポートのインストール画面の例

は見つけたBluetoothモジュールRN-42XVPのアドレスの下4桁（2バイト）です．ファームウェアによっては，「FireFly-XXXX」と表示される場合もあります．

このアイコンを右クリックして「ペアの確保」を選択すると，**図19-3**のようなペアリング画面が表示されるので，「OK」をクリックしてペアリングを行います．ただし，ペアリングには複数の方法があり，いつもこの画面が表示されるわけではありません．例えば，PINコード（パスワード）の問い合わせ画面が表示された場合は，「1234」を入力します（Bluetooth 2.0用PINコード方式の場合）．もしくは，6桁のペアリング・コードが表示される場合もあります（SSP Numeric Comparison方式の場合）．この場合は，「はい」を選択します．ただし，何も確認せずに「はい」を選択するのは，本来の使用方法に反しています．たまたま近くにペアリングを行おうとしている人が居たり，悪意あるペアリング実行ソフト等を実行している人が居たりした場合は，侵入を許可してしまい，パソコンのセ

キュリティを脅かします．

また，先ほどのアイコンをダブル・クリックすると，図19-4のようなシリアル・ポートのインストール画面が開くので，「インストール」をクリックします．インストールが完了すると，すぐ下にシリアルCOMポート番号が表示されます．この例ではCOM14と表示されていますが，これまでのCOMポートの使用状況によって異なる番号になります．

以上は，BluetoothモジュールがSPPと呼ばれるシリアル通信用プロファイルで動作していた場合です．もし，新品のBluetoothモジュールではない場合や，何らかの原因でHIDプロファイル（ヒューマン・インターフェース・デバイス）に変更されてしまった場合は，次節（第3節）のコマンド・モードを使用してSPPプロファイルに戻します．

通信の動作確認には，Digi International社のX-CTUのTerminal機能を使用します．ただし，X-CTUはDigi International社の製品にしか使用が許可されていません．XBee ZBもしくはXBee Wi-FiとRX-42XVPとの比較実験を行うために使用するなどXBee製品への利用であることが必要です．XBee製品以外に使用する場合は，Tera Term PROなどのターミナルソフトを使用してください．

1台のパソコンにBluetooth USBアダプタとXBee USBエクスプローラの両方を接続した場合は，Bluetooth USBアダプタが接続されたパソコン上のシリアルCOMポート番号と，XBee USBエクスプローラが接続されたシリアルCOMポート番号の二つを使い分ける必要があります．別々のパソコンであっても，ほかのシリアル機器が接続されている場合は，当該機器が接続されたCOMポート番号を認識しておく必要があります．

図19-5に，1台のパソコンにBluetooth USBアダプタと，XBee USBエクスプローラの両方を接続した場合のX-CTU起動時のPC Settings画面の一例を示します．ここでは，Bluetooth USBアダプタがCOM14に，XBee USBエクスプローラがCOM5に設定されています．

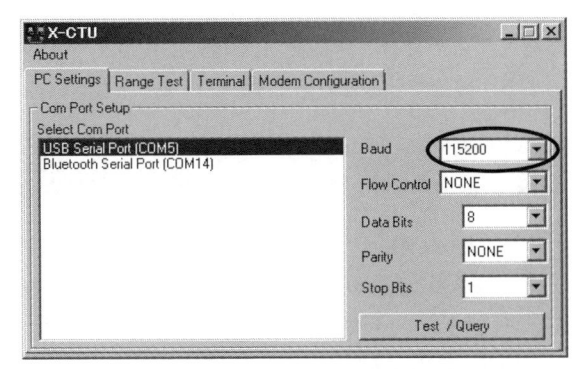

図19-5　X-CTUのPC Settingsで通信ボー・レートを変更する

ここで，XBee USBエクスプローラに接続したBluetoothモジュールRN-42XVP側の通信ボー・レートの変更が必要です．Bluetoothモジュールのボー・レートの初期値115,200bpsに合わせて，X-CTUの「Baud」欄のプルダウン・メニューから「115200」を選択します．Bluetooth USBアダプタ側は必ずしも変更する必要はありませんが，合わせておいた方がより高速に通信を行うことができます．

ボー・レートの設定が完了したらBluetoothのシリアルCOMポートを選択して，「Terminal」タブをクリックするとTerminalが起動します．また，X-CTUをもう一つ起動して，もう1台のBluetoothのCOMポートを選択して二つ目のTerminalを起動します．

パソコン側のBluetooth USBアダプタ側のCOMポートをTerminalで開くと，BluetoothモジュールRN-42XVP上のLEDが点滅から点灯に変わり，通信状態になります．また，X-CTUのTerminal画面上の「Close Com Port」ボタンをクリックすると，RN-42XVP上のLEDは点滅に戻り，待機状態になります．再接続は，同じボタン（ボタン名称は「Open Com Port」に変わる）をクリックします．

この状態で，第3章6節と同様の通信テストが行えます．二つのX-CTUのうち，片方のTerminalで文字を入力すると，Bluetooth通信が行われ，もう片方のTerminalに入力した文字が表示されます．反対方向でも同様です．

通信中は，約100mW～130mWほどの消費電力を

必要とするのに対し，待機中は40mW程度まで下がることが確認できると思います．このモードでは，単3乾電池2本で1週間も持続しませんが，XBee Wi-Fiに比べれば2倍以上の持続が可能です．

第3節　Bluetoothモジュールのコマンド・モード

　XBee ZBやXBee Wi-Fiモジュールには，ATコマンド・モードがあり，X-CTUのTerminalからモジュールをコントロールすることができました．BluetoothモジュールRN-42XVPにも似たようなコマンド・モードがあります．しかも，他のモジュールに，リモートでコマンドを送信することができます．

　XBee USBエクスプローラを接続したシリアルCOMポートのTerminalから，「$（ドルマーク）」を3回，「$$$」と続けて入力すると，BluetoothモジュールRN-42XVPがコマンド・モードへ移行します．このときに「Enter」キーを押さないように注意します．また，コマンド・モードに入ると「CMD」の応答が得られ，RN-42XVP上のLEDが高速に点滅しはじめます．

　（入力）「$」「$」「$」
　（応答）CMD

　コマンド・モード中は，前節でテストしたようなBluetoothでのシリアル通信は行えません．コマンド・モードを抜けるには，「-（マイナス）」を3回「---」と入力して「Enter」を押します．「END」の応答が得られ，通常の通信モードに戻ります（図19-6）．

　（入力）「-」「-」「-」「Enter」
　（応答）END

　以上は，XBee USBエクスプローラを接続したシリアルCOMポートから，BluetoothモジュールのUARTシリアル経由のコマンド，すなわち「ローカル・コマンド」でした．次に，パソコン側のBluetooth USBアダプタのシリアルCOMポートのBluetoothによるワイヤレス通信を経由した「リモート・コマンド」のテストを行います．

　ローカル・コマンドと，リモート・コマンドを同時に実行することはできないので，ローカル・コマンド・モードを「---」「Enter」で抜けた状態であることを確認してください．そして，Bluetooth USBアダプタのシリアルCOMポートに接続したX-CTUのTerminalから同じ操作を行ってみてください．ただし，リモート・コマンドは，Bluetoothモジュールが起動してから60秒を過ぎると接続ができなくなります．その場合は，一度，リセットを行ってからやり直します．60秒の制限を解除するには，以下の「ST,255」を実行します．

　（入力）「$」「$」「$」……コマンド・モードへ
　（応答）CMD
　（入力）「S」「T」「,」「2」「5」「5」「Enter」……モード移行制限の解除
　（応答）AOK
　（入力）「-」「-」「-」「Enter」……コマンド・モードの終了
　（応答）END

　実験を行っていると，シリアル通信用プロファイルSPPが使えなくなり，ヒューマン・インターフェース・デバイスHIDプロファイルに変わってしまう場合があります．このような場合は，XBee USBエクスプローラを接続したシリアルCOMポートのTerminal

図19-6　X-CTUのTerminalでコマンド・モードに入って抜けるようす

「$$$」を入力すると「CMD」を応答
「---」+「Enter」を入力すると「END」を応答

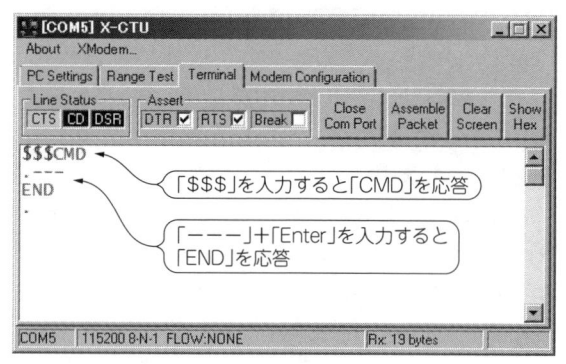

380　第19章　シリアル通信のワイヤレス化にBluetoothを使ってみよう

から以下のように入力してBluetoothモジュールRN-42XVPの再起動を行うと直ります．

（入力）「$」「$」「$」……コマンド・モードへ
（応答）CMD
（入力）「R」「,」「1」「Enter」……再起動
（応答）Reboot!

それでもHIDプロファイルの場合は，XBee USBエクスプローラを接続したシリアルCOMポートのTerminalから「$$$」を入力してコマンド・モードに移行し，「O」「Enter」を入力し，「Profile」を確認します．「SPP」となっていれば，シリアル通信用プロファイルSPPに設定されているので問題ありません．「HID」などに変わっていた場合は「S」「~（チルダ）」「,（カンマ）」「0」「Enter」を入力してプロファイルを変更し，「R」「,（カンマ）」「1」「Enter」でBluetoothモジュールを再起動します．

（入力）「$」「$」「$」……コマンド・モードへ
（応答）CMD
（入力）「O」「Enter」……拡張設定の表示
（応答）***OTHER Settings***
　　　　Profile= HID ……HIDプロファイルとなっていた

（入力）「S」「~」「,」「0」「Enter」……SPPプロファイルに設定
（応答）AOK
（入力）「R」「,」「1」「Enter」……再起動（再起動後に移行する）
（応答）Reboot!

工場出荷状態に戻すには，以下のように入力します．

（入力）「$」「$」「$」…コマンド・モードへ
（応答）CMD
（入力）「S」「F」「,」「1」「Enter」……工場出荷状態の設定に戻す
（応答）AOK
（入力）「R」「,」「1」「Enter」……再起動（再起動後に設定完了）
（応答）Reboot!

BluetoothモジュールRN-42XVPのコマンドのうち，「S」から始まるものは設定用コマンドです．「S」から始まるコマンドで設定した内容を確認したい場合は，「G」コマンドを使用します．例えば，「ST,255」で設定したST値を確認するには「GT」を使用します．

第4節　BluetoothモジュールのGPIOポートへディジタル値を出力する

BluetoothモジュールRN-42XVPは，XBeeモジュールと同じ2mmピッチの10ピン・コネクタを両端に計2列が配置されており，XBee USBエクスプローラなどの機器をそのまま使用することができます．しかし，GPIOの番号に違いがあります（**表19-2**）．

ここで，XBee 6番ピンのRSSIのLEDを点灯させてみましょう．BluetoothモジュールRN-42XVPでは，**表19-2**のとおりGPIO 6に割り当てられているので，以下の手順でLEDが点灯します．

（入力）「$」「$」「$」……コマンド・モードへ
（応答）CMD
（入力）「S」「@」「,」「4」「0」「4」「0」「Enter」
　　　　……GPIO6を出力に設定
（応答）AOK
（入力）「S」「&」「,」「4」「0」「4」「0」「Enter」
　　　　……GPIO6をHigh出力へ
（応答）AOK
（入力）「-」「-」「-」「Enter」……コマンド・モードの終了
（応答）END

本BluetoothモジュールRN-42XVPで，各GPIOポートの出力を変更するコマンドを，**表19-3**に示します．GPIOポート0〜7は出力設定をすれば，入出力可能なポートです．GPIOポート8〜11は，出力専用ポートなので出力設定は不要です．

ここからコマンドの説明のために，バイトやビット

表19-2 Bluetooth モジュール RN-42XVP と XBee モジュールとの違い

ピン	XBee	Bluetooth	ピン	XBee	Bluetooth
1	3.3V 電源	←	20	Commissioning	-
2	DOUT/TX（UART シリアル）	←	19	AD 1 / DIO 1	ADC 1
3	DIN /RX（UART シリアル）	←	18	AD 2 / DIO 2	GPIO 7 Baud
4	DIO 12	GPIO 10 Output	17	AD 3 / DIO 3	GPIO 3 Pair
5	RESET	←	16	RTS（CTS Input）	←
6	RSSI（LED）	GPIO 6 Connect	15	Associate（LED）	GPIO 5（LED）
7	DIO 11	GPIO 9 Output	14	-	-
8	-	GPIO 4 Restore	13	ON（LED）	GPIO 2（LED）
9	SLEEP_RQ（スリープ）	GPIO 11	12	CTS（RTS Output）	←
10	GND	←	11	DIO 4	GPIO 8 ※

※ コントロール不可

表19-3 Bluetooth モジュール RN-42XVP による GPIO 出力設定方法

ピン	XBee	Bluetooth	出力設定	Low 出力	High 出力
4	DIO 12	GPIO 10 Output	-	S*,0400	S*,0404
6	RSSI（LED）	GPIO 6	S@,4040	S&,4000	S&,4040
7	DIO 11	GPIO 9 Output	-	S*,0200	S*,0202
17	AD 3 / DIO 3	GPIO 3	S@,0808	S&,0800	S&,0808
18	AD 2 / DIO 2	GPIO 7	S@,8080	S&,8000	S&,8000

といった用語が登場しますが，馴染みのない方は次節に進んでください．コマンド「S@,4040」の「S@,」はGPIOの入出力を設定する命令です．「40 40」の始めの1バイトはマスク・ビット，続く1バイトが設定値です．「40 40」を2進数になおすと「01000000 01000000」となり，右の最小ビットがGPIOポート0，左の最大ビットがGPIOポート7を示しています．つまり，GPIOポート6のマスクが1(設定有効)で，GPIOポート6の設定値が1(GPIO出力)となります．マスクが0のポートに対しては，設定値が無効(変化なし)，設定値が0のときは，GPIO入力となります．

コマンド「S&,4040」の「S&,」は，GPIOポートに出力値を設定する命令です．1バイト目は，マスクで続く1バイトが設定値です．GPIOポート6のマスクのみ

が1(有効)で，設定値も1(High レベル出力)です．Low レベル出力にするには，以下のように設定ビットを0にします．

（入力）「S」「&」「,」「4」「0」「0」「0」「Enter」
……GPIO6 を Low 出力へ

これらのコマンドは，XBee USB エクスプローラに接続した UART シリアル COM ポートからの「ローカル・コマンド」だけでなく，パソコン側の Bluetooth USB アダプタを接続した COM ポートから Bluetooth のワイヤレス通信を経由した「リモート・コマンド」で実行することも可能です．しかし，本例の GPIO 6 を Slave 機に対してリモート制御すると，Master 機との接続が切断されてしまいます(Bluetooth 通信中にGPIO 6 に High → Low を入力すると通信を終了する)．

第5節 Bluetooth モジュールの GPIO ポートからディジタル値を入力する

今度は，ディジタル入力の実験です．X-CTU のTerminal から，以下のように「G&」コマンドを実行すると，応答値を得ます．

（入力）「$」「$」「$」……コマンド・モードへ
（応答）CMD
（入力）「G」「&」「Enter」……GPIO 状態を取得

表 19-4　Bluetooth モジュール RN-42XVP による GPIO 入力例

ピン	XBee	Bluetooth	コマンド	応答例(LED 点灯時) L 入力	H 入力	応答例(LED 消灯時) L 入力	H 入力
17	AD 3 / DIO 3	GPIO 3	G&	00	08	20	28
18	AD 2 / DIO 2	GPIO 7	G&	00	80	20	A0

（応答）20　……GPIO 状態を応答
（入力）「-」「-」「-」「Enter」……コマンド・モードの終了
（応答）END

　上記の例では，応答値「20」を得ましたが，状態によって値は変化します．応答値「20」は GPIO ポート 5 が High レベルで，その他のポートが Low レベルであることを意味しています．GPIO ポート 5 は通信状態を示す本 Bluetooth モジュール上の LED に接続されているポートであり，現在，高速点滅状態にあります．この LED の論理は反転しており，GPIO ポート 5 が 0 のときに点灯し，1 のときに消灯します．「G&」コマンドを実行するタイミングによって，「20」が得られたり「00」が得られたりします．

　ディジタル入力ポートとして使用できるのは，XBee 17 番ピン(GPIO 3)と XBee 18 番ピン(GPIO 7)です．

　Bluetooth モジュールが初期状態のときの応答値の例を表 19-4 に示します．

　なお，XBee ZB モジュールでは，ディジタル入力ポートは内部でプルアップされていましたが，Bluetooth モジュール RN-42XVP では，内部でプルダウンされており，入力ポートがオープンのときは応答が 0 となります．

第 6 節　Bluetooth モジュールの ADC ポートからアナログ値を入力する

　次に，アナログ入力の方法です．XBee 19 番ピンの ADC ポート 1 に入力されたアナログ電圧値を取得するには，「A」コマンドを使用します．ただし，本機能は，筆者が執筆時点で保有しているデータシートには将来対応と記載されており，「A」コマンドについては存在すら記載されていません．したがって，今後，ファームウェアの更新などによって仕様が変わる可能性があります．また，動作に致命的な問題がある恐れもあるのでご注意ください．以下は，ファームウェア Ver 6.15 の実機にて，筆者が確認した内容に基づいた記載で，本モジュールの正式な仕様ではありません．

　電圧の入力範囲は，0 ～ 1780mV です．ADC の分解能は，8 ビット，約 7mV 間の直線で電圧が得られます．ただし，範囲を少しでも超過した状態で「A」コマンドを実行すると，モジュールがリブートしてしまうので注意が必要です．

　以下に，約 1.25V を入力したときのアナログ電圧値の取得例を示します．

（入力）「$」「$」「$」……コマンド・モードへ
（応答）CMD
（入力）「A」「Enter」……アナログ入力状態を取得
（応答）ADC1=4E8, 1256mv　…アナログ入力状態を応答
（入力）「-」「-」「-」「Enter」……コマンド・モードの終了
（応答）END

　応答値は，16 進数と電圧値の両方が得られます．上の例で得られた 16 進数値の「4E8」を，10 進数に変換すると 1256 であり，ちょうど 1 値で 1mV となっているようです．ほかのコマンドと同様，Bluetooth モジュール RN-42XVP の UART シリアルからのローカル・コマンドによる取得はもちろんのこと，パソコンの Bluetooth USB アダプタからワイヤレス通信を経由したリモート・コマンドによる取得も可能でした．

　ここで，サンプル 74 で製作した照度センサの

表19-5　BluetoothモジュールRN-42XVPによるアナログ入力例

ピン	XBee	Bluetooth	コマンド	応答例
19	AD 1 / DIO 1	ADC 1	A	ADC1=402, 1026mv

写真19-3　Bluetoothモジュール搭載の照度センサ（測定値は不安定）

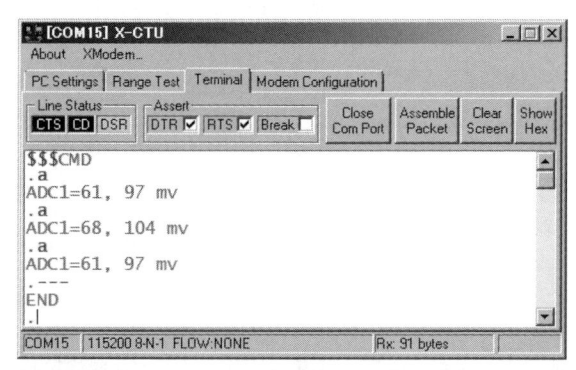

図19-7　Bluetoothモジュール搭載の照度センサの測定結果

XBeeモジュールを，BluetoothモジュールRN-42XVPに置き換えてテストしてみたところ，何らかの値が得られることが確認できました（図19-7）．しかし，XBeeシリーズに比べて値がかなり不安定になります．一つの要因は，照度センサの出力インピーダンスが高いことです．一般的にADCの入力インピーダンスは，ディジタル入力と比較して高くないので，ボルテージ・フォロア回路などを挿入して，出力インピーダンスを上げてからADCの入力ポートに入力します．とはいえ，XBeeでは問題なく動作することから考えると，ほかにも原因があるかもしれません．また，このあたりの不安定な動作が，本コマンドが非公開となっている理由かもしれません．

以上のように，BluetoothモジュールRN-42XVPはパソコンとBluetooth USBアダプタ，X-CTUのようなTerminal機能ソフトがあれば，XBee ZBやXBee Wi-Fiのようなリモート・コマンドを使用しなくても手軽に動作することができます．このため，Cygwinのようなパソコン上でのプログラムは行わずに，次章ではArduinoで動かします．全コマンド操作をパソコンのTerminalで検証することができるのでデバッグ時もCygwinでの動作確認は不要だと思います（具体的なコマンドの手順は，本章第8節で説明）．

第7節　BluetoothピコネットにおけるMaster機器とSlave機器

Bluetoothは，ケーブルをワイヤレスにするために規格化された規格です．1対1の通信が基本になっており，有線接続を無線化する用途にとても適した規格です．Bluetoothで構成されたネットワークのことをピコネット（Piconet）と呼び，一つのピコネットには1台のMaster機器と最大7台までのSlave機器が参加することができます．

Master機器はZigBeeのCoordinator，Slave機器はEnd Deviceのようなものです．親機Master機器は，ほかのすべてのSlave機器と接続することができます（図19-8）．このBluetoothネットワークの最小単位であるピコネット間をまたがって接続するスキャッタネットも存在しますが，実用としては使われていないようです．

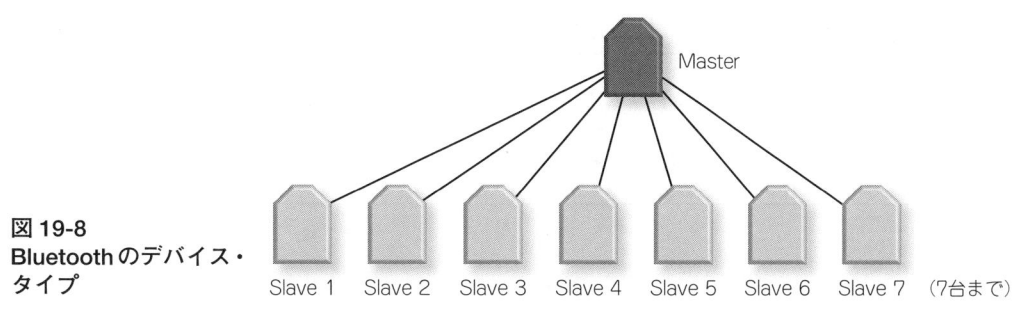

図 19-8
Bluetoothのデバイス・タイプ

前節までのパソコンのBluetooth USBアダプタと，BluetoothモジュールRN-42XVPとの接続では，通常はパソコンのBluetoothアダプタ側がMaster，Bluetoothモジュール側がSlaveとして動作しています（反対になる場合もある）．

ZigBeeと異なる点は，Slaveとして動作していた機器がMasterとして動作するRole Switch機能の存在です．Role Switchを行うには，双方の機器の許可が必要であり，また複数のSlave機器を利用するアプリケーション上でホストとなる機器がMasterでなくなってしまうと，例えば通信が中継できなくなったりしてしまうことがあります．また，1対1の通信の場合は，MasterとSlaveがどちらにあっても支障はありませんが，実装上，MasterとSlaveで機能差が存在します．例えば，RN-42XVPの場合，Master機器はリモート・コマンドを受け付けない仕様となっており，リモート・コマンドを使ってGPIOを制御したりアナログ値を取得したりといったアプリケーションでは，MasterとSlaveが入れ替わると支障をきたしてしまいます．

第8節 複数のBluetoothモジュールを使った通信テスト

本節では，2個のBluetoothモジュールRN-42XVPを使用して，通信テストを行います．パソコンのBluetooth USBアダプタは使用しないので外しておいてかまいません．

必要な機材はBluetoothモジュール，XBee USBエクスプローラ，そして子機の電源を入れて置いたり動作を確認したりするための回路です．サンプル74で使用した照度センサの基板でも良いし，Arduino UNOとArduino Wireless SDシールドとの組み合わせによるXBee USBエクスプローラでもかまいません．

子機のBluetoothモジュールRN-42XVPは，設定を工場出荷状態に戻す「SF,1」コマンドで，あらかじめ初期化しておきます．とくに，サンプル74の照度センサにBluetoothモジュールを取り付ける前には，X-CTUのTerminalを使用して以下を設定してからブレッドボードに取り付けます．

（入力）「$」「$」「$」……コマンド・モードへ
（応答）CMD
（入力）「S」「F」「,」「1」「Enter」……工場出荷時の設定に戻す
（応答）AOK
（入力）「S」「T」「,」「2」「5」「5」「Enter」……モード移行制限の解除
（応答）AOK
（入力）「R」「,」「1」「Enter」……再起動
（応答）Reboot!

「ST,255」リモート・コマンドを常時受け付けられるようにするための設定です．なお，RN-42のファームウェアがVer 6.15よりも古いバージョンだと，初期値に若干の違いがあるかもしれません．その場合は，少なくともBluetoothをSlaveに設定する「SM,0」だけは実行しておいたほうが良いでしょう．子機の設定と製作が完了したら電源を切っておきます．

表19-6 複数のBluetoothモジュールの通信テストに必要な機材の例

メーカー	品名・型番	数量	入手先(例)	参考価格
Microchip	BluetoothモジュールRN-42XVP	2個	Microchip通販サイト	$19.95
各社	XBee USBエクスプローラ	1個	秋月電子通商など	1280円
子機Slave用の回路(照度センサ,XBee USB等)		1式	—	—
Windowsパソコン		1〜2台	—	—

次に，親機となるMasterの設定を行います．親機MasterとなるBluetoothモジュールRN-42XVPをXBee USBエクスプローラ経由でパソコンに接続し，X-CTUでXBee USBエクスプローラを接続したCOMポート番号を選択し，Terminalに切り替えます．

まず，工場出荷時の設定に戻し，続けて「SM,1」コマンドを用いて本モジュールを親機Masterに設定します．また，コマンド・モードに入るためのキャラクタ文字を，初期設定の「$」から「#」に変更します．変更することで，親機に対するローカル・コマンドと子機に対するリモート・コマンドの区別をつきやすくします．さらに，ペアリング方式をBluetooth 2.0で規定された従来のPINペアリング方式に変更します．初期値はパソコンやタブレット端末で使用されているSSP(Simple Secure Pairing) Numeric Comparison方式に設定されていますが，Bluetoothモジュール間のペアリングには，従来のPINコード方式を使用します．なお，PINコードの初期値は「1234」に設定されています．設定を有効にするには，設定後に再起動が必要です．これらの処理手順を列挙すると，以下のようになります．

(入力)「$」「$」「$」……コマンド・モードへ
(応答) CMD
(入力)「S」「F」「,」「1」「Enter」……工場出荷時の設定に戻す
(応答) AOK
(入力)「S」「M」「,」「1」「Enter」……本機をMasterに設定
(応答) AOK
(入力)「S」「$」「,」「#」「Enter」……モード切替コマンド変更
(応答) AOK

(入力)「S」「A」「,」「4」「Enter」……PINペアリングに設定
(応答) AOK
(入力)「R」「,」「1」「Enter」……再起動
(応答) Reboot!

再起動が完了したら，子機の電源を入れて親機Masterから子機の検索(Inquiry Scan)を実行します．子機の検索を行うには，上記に引き続いてX-CTUのTerminalから親機をコマンド・モードにします．コマンド・モードへの移行は，「$」ではなく「#」を3回，押下します．また，検索コマンド「I」を使用します．検索コマンドを実行すると7秒の間，Bluetoothデバイスを検索し，その結果を表示します．

(入力)「#」「#」「#」……コマンド・モードへ
(応答) CMD
(入力)「I」「Enter」……デバイスの検索を実行
(応答) Inquiry,T=7,COD=0
　　　 Found 1 ……子機1台を発見
　　　 000666xxxxxx,,1F00 ……発見した子機のアドレス
　　　 Inquiry Done

子機Slaveが上記のように見つかったら，「SR,I」コマンドで子機のアドレスを親機に保存してから「C」コマンドで子機へ接続します．

(入力)「S」「R」「,」「I」「Enter」……子機のアドレスを保存
(応答) AOK
(入力)「C」「Enter」……子機へ接続
(応答) TRYING

親機Masterと子機SlaveのBluetoothモジュールのLEDが点滅から点灯に変われば接続完了です．この状態で，親機Masterから子機Slaveのコマンド・

モードに入ってリモート・コマンドを実行することができます．子機をコマンド・モードに変更する際は，「#」ではなく「$」です．リモート・コマンドで「A」コマンドを実行して，照度センサのアナログ入力を得る場合は以下のように入力します．

（入力）「$」「$」「$」……リモート・コマンド
（応答）CMD
（入力）「A」「Enter」……アナログ入力状態を取得
（応答）ADC1=14, 20 mv……結果例
（入力）「－」「－」「－」「Enter」……コマンド・モードの終了
（応答）END

通信の切断は，親機Masterのローカル・コマンドで実行します（子機のリモート・コマンドでも実行できます）．親機Masterのローカル・コマンド・モードへ移行する場合は，「#」3回を入力します．切断のコマンドは「K,」です．切断後に「KILL」が表示されます．

（入力）「#」「#」「#」……リモート・コマンド
（応答）CMD
（入力）「K」「,」「Enter」……通信の切断
（応答）KILL

以上の全処理を行った結果を，**図19-9**に示します．

子機Slaveが2個以上あり，接続中のSlaveから別のSlaveに切り替えたい場合は，一度「K,」コマンドで接続中の通信を切断してから「C」コマンドで別の子機へ接続します．執筆時点のRN-42XVP（バージョン1.65）では，複数のSlave機器への同時接続をサポートしていないためです．子機Slaveが2個以上ある場合は，接続したいSlave機器のアドレスを「C」「,」に

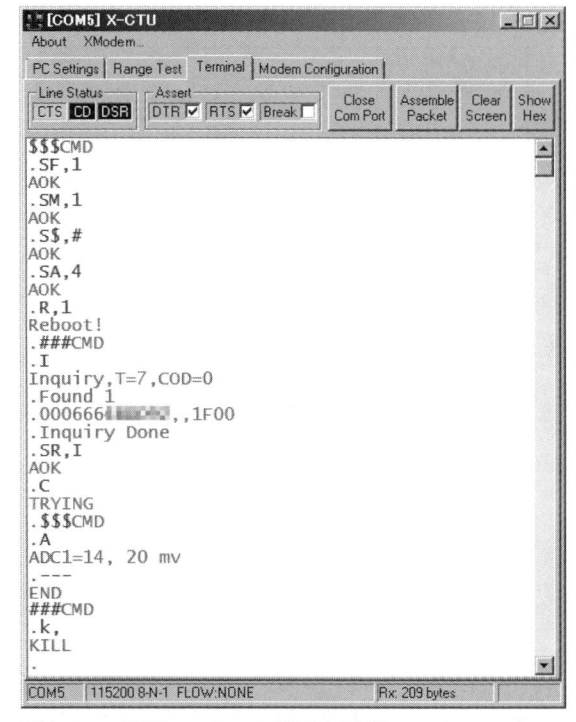

図19-9 親機Masterの設定と子機へのリモート・コマンドのテスト結果

続いて指定します．

接続コマンド「C」には，接続されたかどうかがモジュールのLEDの状態でしかわからない課題があります．プログラムなどで，接続完了を検出する必要がある場合は，接続や切断時に応答値を返す「SO,ESC%」コマンドを利用します．「SO,」の後に書かれたテキスト文字と合わせて接続時には，「ESC%CONNECT」，切断時には，「ESC%DISCONNECT」といった応答値が表示されるようになります．

第9節　BluetoothモジュールRN-42XVPのコマンド・リファレンス

BluetoothモジュールRN-42XVPでよく使用するコマンド例について**表19-7**～**表19-10**にまとめました．

BluetoothモジュールRN-42XVPの使い方や仕様に関する説明は以上です．UARTシリアル情報，GPIOの制御，アナログ入力の具体的なコマンドを使い，ま

したパソコンからだけでなく，モジュールを親機Masterとした組み込みでの利用方法も説明しました．次章ではArduino IDEを用いたプログラム方法について説明しますが，ほかの開発環境や言語でも手順は同じです．

表 19-7 基本操作コマンド・リファレンス（Bluetooth モジュール RN-42）

コマンド例	内容
$$$（改行なし）	コマンド・モードへ移行する
− − −	コマンド・モードを解除する
R,1	再起動を実行する
SF,1	工場出荷時の設定に戻す（再起動後にすべての設定が反映される）
D	基本設定の内容を表示する．本機アドレス，モード，ペアリング方式，PIN コード，宛て先など
O	その他の設定内容を表示する．プロファイル名，コマンド・モード移行文字など
Gx	Sx（x はコマンド）で設定した内容を確認する．「SM,1」を設定すると「GM」で確認できる

表 19-8 GPIO 入出力コマンド・リファレンス（Bluetooth モジュール RN-42）

コマンド例	内容
S@,4040	GPIO 6（XBee 6 番ピン RSSI 出力）を出力に設定する（表 19-3 を参照）
S&,4000	GPIO 6（XBee 6 番ピン RSSI 出力）からディジタル Low レベルを出力する（表 19-3 を参照）
S&,4040	GPIO 6（XBee 6 番ピン RSSI 出力）からディジタル High レベルを出力する（表 19-3 を参照）
S*,0200	GPIO 9（XBee 7 番ピン DIO11）からディジタル Low レベルを出力する（表 19-3 を参照）
S*,0202	GPIO 9（XBee 7 番ピン DIO11）からディジタル High レベルを出力する（表 19-3 を参照）
G&	GPIO 0～7 のディジタル入出力値を 16 進数で表示する（表 19-4 を参照）
G*	GPIO 8～11 の現在の値を 16 進数で表示する（表 19-4 を参照）
A	16 進数のアナログ入力値と電圧を表示する．本コマンドは仕様書に記載されていない

表 19-9 リモート設定用コマンド・リファレンス（Bluetooth モジュール RN-42）

コマンド例	内容
SM,1	Bluetooth の Master デバイスに設定する（初期値=0，Slave）
S$,#	コマンド・モードへの移行文字「$$$」を「###」に変更する
ST,255	コマンド・モードへ移行可能な時間制限を解除する（いつでも移行できるようにする）
SA,4	PIN ペアリング方式に変更する（初期値=1，SSP Numeric Comparison 方式）
SO,ESC%	リモートへの接続時に「ESC%CONNECT」，切断時に「ESC%DISCONNECT」のメッセージを応答

表 19-10 通信接続コマンド・リファレンス（Bluetooth モジュール RN-42）

コマンド例	内容
I	デバイスの検索を実行する
SR,I	コマンド「I」で発見したデバイスのアドレスをリモート宛て先アドレスとして保存する
SR,000666xxxxxx	モジュールに記載の 12 桁アドレス 000666xxxxxx をリモート宛て先アドレスとして保存する
C	リモート先へ接続する
C,000666xxxxxx	モジュールに記載の 12 桁アドレス 000666xxxxxx へ接続する
K,	コマンド「C」で接続した通信を切断する

[第20章]

Arduinoを使った Bluetooth 実験用サンプル・プログラム（5例）

　本章では，Arduinoを使ったBluetoothの実験用サンプル・スケッチ例を紹介します．ArduinoからBluetooth経由でLEDを制御したり，ボタンの状態や照度センサの値を読み取ったりします．また，Arduinoを子機として使用するサンプルとして，パソコン用の周辺機器として動作するHIDデバイスとテキスト文字の受信を行うSPP表示デバイスとの切り替えが可能なサンプルも作成します．

第1節　Example 76：BluetoothモジュールからXBee用LEDを点滅させる

Example 76　BluetoothモジュールからXBee用LEDを点滅させる

| 実験用サンプル | 通信方式：Bluetooth | 開発環境：Arduino IDE |

ArduinoがBluetoothモジュール RN-42XVPのGPIOを制御してRSSI LED（XBee 6ピン）を点滅させるサンプルです．（ワイヤレス通信は行いません．）

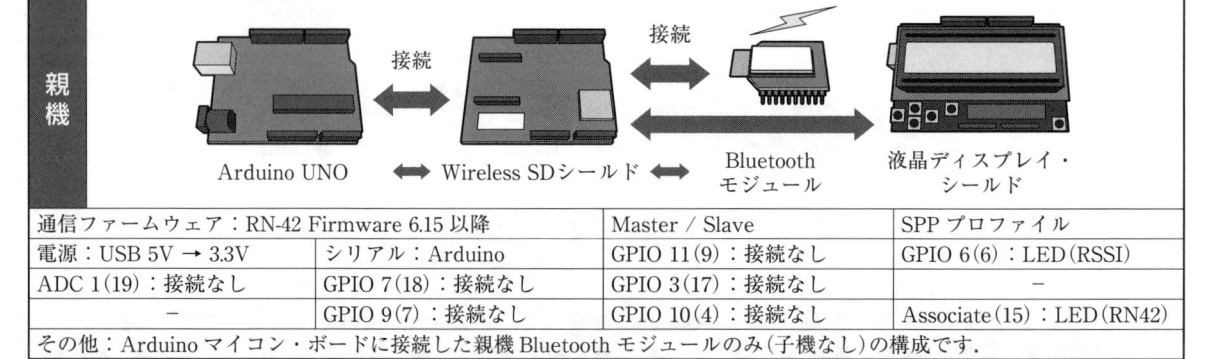

親機：Arduino UNO ⇔ Wireless SDシールド ⇔ Bluetoothモジュール → 液晶ディスプレイ・シールド

通信ファームウェア：RN-42 Firmware 6.15以降		Master / Slave	SPPプロファイル
電源：USB 5V → 3.3V	シリアル：Arduino	GPIO 11(9)：接続なし	GPIO 6(6)：LED(RSSI)
ADC 1(19)：接続なし	GPIO 7(18)：接続なし	GPIO 3(17)：接続なし	−
−	GPIO 9(7)：接続なし	GPIO 10(4)：接続なし	Associate(15)：LED(RN42)
その他：Arduinoマイコン・ボードに接続した親機Bluetoothモジュールのみ（子機なし）の構成です．			

必要なハードウェア
- Windowsが動作するパソコン（開発用）　　　　　　　　　　　　1台
- Arduino UNOマイコン・ボード　　　　　　　　　　　　　　　　1台
- Arduino用ACアダプタ　　　　　　　　　　　　　　　　　　　　1個
- キャラクタ液晶ディスプレイ・シールド（DF ROBOTまたはAdafruit製）　1台
- Microchip社Bluetoothモジュール RN-42XVP　　　　　　　　　　1個
- USBケーブルなど

　このサンプルは，Arduinoにシリアルで接続されたBluetoothモジュール RN-42XVPのGPIO 6を制御して，RSSI LED（XBee 6ピン）を点滅するプログラムです．ワイヤレス通信は行いませんが，Bluetoothモジュールとのシリアル接続が正しく動作するかどうかを確認する際に便利です．

　ハードウェアは，Arduino UNO，Arduino Wireless SDシールド，BluetoothモジュールRX-42XVP，液晶ディスプレイ・シールドで構成します．

　このサンプル76のスケッチは，「XBee_Coord」フォルダ内にあります．パソコンでArduino IDEを実行し，Arduino IDE画面上の「開く」ボタン（上矢印のアイコン・ボタン）から下記の手順でスケッチを開きます．

「開く」→「XBee_Coord」→「cqpub」→
「example76_bt_rssi」

　液晶ディスプレイ・シールドにAdafruit LCD Shield Kitを使用する場合は，スケッチの修正は不要ですが，DF ROBOT製の液晶ディスプレイ・シールド LCD Keypad Shieldを使用する場合は，スケッチ76の①の部分の書き換えが必要です（第6章参照）．また，Arduino UNOマイコン・ボードにスケッチを書き込む際に，Bluetoothモジュール RN-42XVPが接続されていると，応答して正しくスケッチを書き込めませんから，書き込み時は，XBee Wireless SDシールド，またはBluetoothモジュールを取り外しておく必要があります．

　正しくスケッチが書き込まれたら，Arduino UNOマイコン・ボードの電源を切って，シールド，Bluetoothモジュール，キャラクタ液晶ディスプレイ・シールドを接続し，電源を入れ直すとサンプル76のスケッチが動作します．

　このサンプル76を起動すると，**写真20-1**のような表示がキャラクタ液晶ディスプレイに表示され，Arduino Wirelessシールド上のRSSI LEDが1秒おきに点灯と消灯を繰り返します．5回の繰り返しの後に，**写真20-2**のような切断表示になります．続ける

スケッチ76　example76_bt_rssi.ino

```
/******************************************************************
BluetoothモジュールRN-42XVPのGPIOを制御してRSSI LED(XBee 6ピン)を点滅します。
*******************************************************************/
#include <Wire.h>
#include <Adafruit_MCP23017.h>                            ①
#include <Adafruit_RGBLCDShield.h>
Adafruit_RGBLCDShield lcd = Adafruit_RGBLCDShield();

/* シリアルの受信バッファを消去する関数 */
void bt_rx_clear(){                           ②
    while( Serial.available() ){                // 受信データが残っている場合
        Serial.read();                           // 空読み(消去)
        delay(2);
    }
}

/* コマンドの送信を行う関数 */
void bt_tx(char *cmd){                        ③
    bt_rx_clear();                              // シリアルの受信バッファを消去する
    Serial.println( cmd );                      // コマンドの送信
    Serial.flush();                             // 送信完了待ち
    bt_rx_clear();                              // シリアルの受信バッファを消去する
}

/* コマンド・モードに入るための送信を行う関数 */
void bt_tx_mode(void){                        ④
    bt_rx_clear();                              // シリアルの受信バッファを消去する
    Serial.print("###");                        // コマンド・モードに入る命令を実行
    delay(100);                                 // 応答待ち
    if( !Serial.available() ){
        Serial.print("$$$");                    // コマンド・モードに入る命令を実行
        Serial.flush();                         // 送信完了待ち
    }
    bt_rx_clear();                              // シリアルの受信バッファを消去する
}

void setup(){
    lcd.begin(16, 2);
    lcd.print("Bluetooth RSSI  ");              // タイトル文字を表示
    Serial.begin(115200);                  ⑤   // シリアル・ポートの初期化
}

void loop(){
    /* コマンド・モードへの移行処理 */
    lcd.setCursor(0,1);
    lcd.print("Command Mode");
    bt_tx_mode();                          ⑥   // コマンド・モードへの移行

    /* RSSI LEDの点滅処理 */
    bt_tx("S@,4040");                      ⑦   // GPIOポート6を出力に設定
    for(int i=0; i<5; i++ ){
        bt_tx("S&,4040");                  ⑧   // GPIOポート6へHighレベルを出力
        delay(1000);                            // 待ち時間 1秒
        bt_tx("S&,4000");                  ⑨   // GPIOポート6へLowレベルを出力
        delay(1000);                            // 待ち時間 1秒
    }

    /* コマンド・モードの解除処理 */
    bt_tx("---");                          ⑩   // コマンド・モード解除
    lcd.clear();
    lcd.print("Disconnected");
    lcd.setCursor(0,1);
    lcd.print("Hit Any Key");
    while( lcd.readButtons()==0 );              // キー入力待ち
    lcd.clear();
}
```

表 20-1　サンプル 76 で使用する GPIO ポート

ピン	ピッチ変換後	XBee	Bluetooth	入出力	接続
6	7	RSSI(LED)	GPIO 6	出力	LED(Wireless Shield 上)

写真 20-1　サンプル 76 の起動・接続表示

写真 20-2　サンプル 76 の切断表示

表 20-2　サンプル 76 で定義した Bluetooth モジュール用の関数

関数名	引き数	戻り値	説明
bt_rx_clear	なし	なし	シリアルの受信バッファを消去する
bt_tx	コマンド	なし	コマンドの送信を行う
bt_tx_mode	なし	なし	コマンド・モードに入る

場合は，液晶ディスプレイ・シールド上のリセット以外のいずれかのキーを押下します．

　このサンプル 76 のスケッチ「example76_bt_rssi.ino」の主要な動作は，以下のようになります．このサンプルでは，Bluetooth モジュールとのシリアル通信に関して三つの関数を定義し，メインとなる loop 関数内で通信の手続きを行います．

① Adafruit 液晶ディスプレイ・シールド用のライブラリのインクルード処理と定義です．RF ROBOT 製の液晶ディスプレイ・シールドの場合は，変更が必要です(表 6-2)．

② シリアルの受信バッファを消去する関数「bt_rx_clear」を定義します．受信バッファのデータがなくなるまで，「Serial.read」関数を使って受信データの空読み(変数へ代入しない読み取り)を行います．このサンプルでは，Bluetooth モジュールへのコマンドに対する応答はすべて無視します．

③ Bluetooth モジュールへコマンドを送信する関数「bt_tx」を定義します．引き数 cmd に代入されたコマンドを，「Serial.println」関数を使って Bluetooth モジュールに渡します．

④ Bluetooth モジュールをコマンド・モードに変更する関数「bt_tx_mode」を定義します．

⑤「Serial.begin」は，Bluetooth とのシリアル通信を開始するための Arduino 標準ライブラリの関数です．引き数の 115200 は，通信速度(ボー・レート)です．

⑥ 前記④で定義した bt_tx_mode 関数を使用して Bluetooth モジュールをコマンド・モードに変更します．

⑦ 前記③で定義した bt_tx 関数を使用して Bluetooth モジュールのポート 6 をディジタル出力に設定します．

⑧ bt_tx 関数を使用して Bluetooth モジュールのポー

ト6からHighレベル（およそ電源）の電圧を出力します．

⑨ Bluetoothモジュールのポート6からLowレベル（およそGND）の電圧を出力します．

⑩ コマンド・モードを解除します．解除せずに`loop`を繰り返すと，コマンド・モードに移行する「$$$」がシリアルから出力されてしまい，その次のコマンドが正しく動作しません．また，実動作において，この解除処理の前に（点滅処理中などに）リセット・ボタンを押してしまっても同様です．

このサンプルで定義したBluetoothモジュールRN-42XVP用の三つの関数を，以下にまとめます．

ここでは，ローカル・コマンドのサンプルを紹介しましたが，Bluetoothモジュール RN-42シリーズのリモート・コマンドは，シリアル出力した内容がそのままワイヤレス通信区間を経由して発行されます．したがって，ワイヤレス区間の接続手続きを実施後は，ローカル・コマンドとリモート・コマンドとの間に違いがありません．本プログラムを実行する親機と子機とがBluetoothによるワイヤレス接続状態になっていれば，親機で実行したリモート・コマンドとしてLEDの点滅は子機で実行されます．

ただし，GPIO 6はペアリング機能に割り当てられているので，本プログラムをリモート・コマンドとして子機で実行しても，RSSI LEDが点灯してすぐにBluetoothワイヤレス通信が切断されてしまいます．

第2節 Example 77：Bluetoothモジュールのペアリングと LEDの制御

Example 77

Bluetoothモジュールのペアリングと LEDの制御		
実験用サンプル	通信方式：Bluetooth	開発環境：Arduino IDE

親機 Arduino に搭載した Bluetooth モジュールから子機 Bluetooth モジュールの GPIO を制御して GPIO ポート 9 と 10 に接続した LED を点滅します．リモートで使用するための各種設定とペアリングも行います．

親機

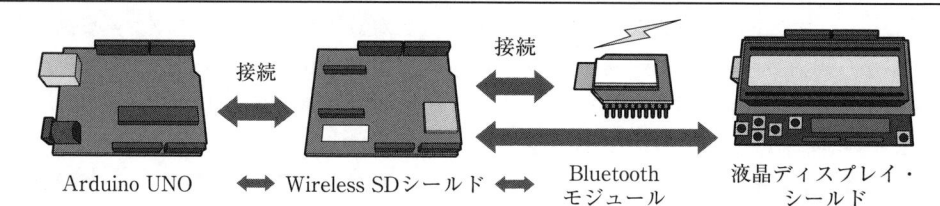

Arduino UNO ⇔ Wireless SDシールド ⇔ Bluetoothモジュール ⇔ 液晶ディスプレイ・シールド

通信ファームウェア：RN-42 Firmware 6.15 以降		Master	SPP プロファイル
電源：USB 5V → 3.3V	シリアル：Arduino	GPIO 11(9)：接続なし	GPIO 6(6)：LED(RSSI)
ADC 1(19)：接続なし	GPIO 7(18)：接続なし	GPIO 3(17)：接続なし	–
–	GPIO 9(7)：接続なし	GPIO 10(4)：接続なし	Associate(15)：LED(RN42)
その他：Arduino マイコン・ボードにスケッチを書き込む際は Wireless SD シールドを取り外します．			

子機

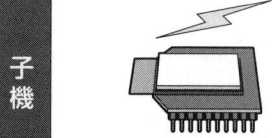

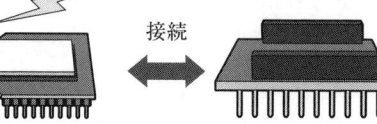

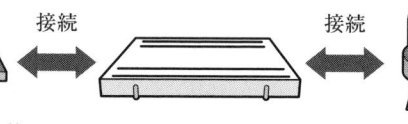

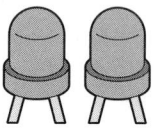

XBee Wi-Fiモジュール ⇔ DC-DC付きピッチ変換 ⇔ ブレッドボード ⇔ LED

通信ファームウェア：RN-42 Firmware 6.15 以降		Slave	SPP プロファイル
電源：乾電池2本 3V	シリアル ：接続なし	GPIO 11(9)：接続なし	GPIO 6(6)：LED(RS)
ADC 1(19)：接続なし	GPIO 7(18)：(プッシュ・スイッチ)	GPIO 3(17)：(プッシュ・スイッチ)	–
–	GPIO 9(7)：LED	GPIO 10(4)：LED	Associate(15)：LED(RN42)
その他：XBee ZB とはピンの役割などに相違があり，Digi International 社の評価ボードでは動作しない場合があります．			

必要なハードウェア
- Windows が動作するパソコン(開発用) 　　　　　　　　　　　　　1台
- Arduino UNO マイコン・ボード 　　　　　　　　　　　　　　　　1台
- Arduino 用 AC アダプタ 　　　　　　　　　　　　　　　　　　　1個
- キャラクタ液晶ディスプレイ・シールド(DF ROBOT または Adafruit 製) 1台
- Microchip 社 Bluetooth モジュール RN-42XVP 　　　　　　　　　2個
- DC-DC 電源回路付き XBee ピッチ変換基板(MB-X) 　　　　　　　1式
- ブレッドボード 　　　　　　　　　　　　　　　　　　　　　　　1個
- 高輝度 LED 2個，抵抗1kΩ 4個，セラミック・コンデンサ 0.1μF 1個，プッシュ・スイッチ 2個，2.54mm ピッチ・ピン・ヘッダ(11ピン) 2個，単3×2 直列電池ボックス 1個，単3電池 2個，ブレッドボード・ワイヤ適量，USB ケーブルなど

　Bluetooth によるワイヤレス通信を使用し，親機から子機に GPIO 制御信号を送信して LED の点灯・消灯を制御するサンプルについて説明します．

　親機のハードウェアは，サンプル76と同じです．このサンプル77とサンプル78で使用する子機は，ブレッドボードを使用して製作します．表20-3 に，製作する子機に搭載する Bluetooth モジュール RN-42XVP の GPIO ポートの使用方法を示します．ただし，ピン番号は Bluetooth モジュールの 20 ピンのピン番号です．DC-DC 電源回路付き XBee ピッチ変換基板の 22 ピンのピン番号とは異なるので注意が必要です．

　これより，子機のハードウェアの製作方法について説明します．Bluetooth モジュール RN-42XVP は，XBee ZB モジュールのように乾電池を直接接続して

スケッチ77　example77_bt_led.ino

```
/*****************************************************************
BluetoothモジュールRN-42XVPのGPIOを制御してGPIOポート9と10に接続したLEDを点滅します．
リモートで使用するための各種設定とペアリングも行います．
*****************************************************************/
#include <Wire.h>
#include <Adafruit_MCP23017.h>
#include <Adafruit_RGBLCDShield.h>
Adafruit_RGBLCDShield lcd = Adafruit_RGBLCDShield();

#define RX_MAX  17                              // 受信データ最大値
char rx_data[RX_MAX];                           // 受信データの格納用の文字列変数

/* シリアルの受信バッファを消去する関数 */
void bt_rx_clear(){                         ―①
    while( Serial.available() ){                // 受信データが残っている場合
        Serial.read();                          // 空読み(消去)
        delay(2);
    }
}

/* コマンドの受信を行う関数 */
int bt_rx(void){                            ―②
    int i,loop=50;

    for(i=0;i<(RX_MAX-1);i++) rx_data[i]='\0';  // 受信データの初期化
    i=0;                                        // 受信データの数
    while(loop>0){
        loop--;
        if( Serial.available() ){               // 何らかの応答があった場合
            for(i=0;i<(RX_MAX-1);i++){
                if( Serial.available() ){
                    rx_data[i]=Serial.read();   // 受信データを保存する
                    delay(2);
                }else{
                    break;
                }
            }
            bt_rx_clear();                      // シリアルの受信バッファを消去する
            loop=0;
        }else delay(10);                        // 応答待ち
    }
    return(i);
}

/* コマンド(cmd)の送受信を行う関数 */
int bt_cmd(char *cmd){                      ―③
    bt_rx_clear();                              // シリアルの受信バッファを消去する
    Serial.println( cmd );                      // コマンドの送信
    return(bt_rx());                            // 送信結果の受信
}

/* コマンド・モード(mode)に入るための送受信を行う関数 */
int bt_cmd_mode(char mode){                 ―④
    int i;
    char cmd[4];
    if( bt_cmd("GK") > 0 ){                     // コマンドに応答があった場合で，かつ，
        if( rx_data[0]=='1' ) bt_cmd("K,");     // ネットワーク接続されている場合は切断
        else bt_cmd("---");                     // 接続していないときはコマンド・モード解除
        delay(1000);
    }
    bt_rx_clear();                              // シリアルの受信バッファを消去する
    for(i=0;i<3;i++) cmd[i]=mode;
    cmd[3]='\0';
    Serial.print(cmd);                          // コマンド・モードに入る命令を実行
```

スケッチ77　example77_bt_led.ino（つづき）

```
        i = bt_rx();
        if( i>=5 ){                                    // 何らかの応答があった場合
            if( rx_data[i-5]=='C' && rx_data[i-4]=='M' && rx_data[i-3]=='D'){
                return(1);                             // 成功
            }
        }
        return(0);                                     // 失敗
}

/* コマンド(cmd)を期待の応答(res)が得られるまで永続的に発行し続ける関数 */
void bt_repeat_cmd(char *cmd, char *res, int SizeOfRes){   ←──────── ⑤
    int i=0,j;
    bt_rx_clear();                                     // シリアルの受信バッファを消去する
    if(SizeOfRes >= RX_MAX)SizeOfRes=RX_MAX-1;         // 文字制限の調整
    do{
        if( i==0 ) bt_cmd(cmd);                        // コマンドの発行(10秒に1回)
        if( ++i > 10 ) i=0;                            // iのインクリメント
        delay(1000);                                   // 1秒間の応答待ち
        if( bt_rx() ){                                 // 受信データを取得
            if( SizeOfRes == 0 ) i=-1;                 // SizeOfResが0のときは受信内容の確認なし
            for(j=0; j <= SizeOfRes ; j++ ){           // 内容を確認
                if( res[j] == '\0' ){                  // 期待文字がすべて一致した
                    i=-1;                              // do-whileループを抜ける
                    break;                             // 本forループを抜ける
                }
                if( res[j] != rx_data[j] || rx_data[j] == '\0') break;
            }                                          // 不一致があればforループを抜ける
            if( j == SizeOfRes ) i=-1;                 //
        }
    }while( i >= 0 );                                  // 期待の応答があるまで繰り返し
}

/* 液晶ディスプレイの指定行を消去する関数 */
void lcd_cls( int line ){                              // 指定した行を消去する関数
    lcd.setCursor(0,line);
    for(byte i=0;i<16;i++)lcd.print(" ");
    lcd.setCursor(0,line);
}

/* エラー表示用の関数 */
void bt_error(char *err){
    char s[17];
    int i;
    for(i=0;i<16;i++){
        if(rx_data[i]=='\0') break;
        if(isprint(rx_data[i])) s[i]=rx_data[i];
        else s[i]=' ';
    }
    s[i]='\0';
    if(i==0) sprintf(s,"No RX data");
    Serial.end();                                      // シリアルの終了
    Serial.begin(115200);                              // シリアルの再起動
    bt_cmd("K,");                                      // 通信の切断
    bt_cmd("---");                                     // コマンド・モードの解除
    Serial.end();                                      // シリアルの終了
    while(1){
        lcd_cls(0);
        lcd.print(err);                                // エラーメッセージ表示
        delay(1000);
        lcd_cls(0);
        lcd.print(s);                                  // 受信データ表示
        delay(1000);
        lcd_cls(0);
        lcd.print("Please RESTART");                   // 再起動依頼の表示
```

```
        delay(1000);
    }
}

void setup(){                             ←──────────── ⑥
    lcd.begin(16, 2);
    lcd.print("Bluetooth Remote");        // タイトル文字を表示
    Serial.begin(115200);                 // シリアル・ポートの初期化

    /* ローカルMaster機の設定 */
    lcd_cls(1);
    lcd.print("Config BT ");
    if( !bt_cmd_mode('#') ){              // ローカル・コマンド・モードへの移行を実行
        if( !bt_cmd_mode('$') ){          // #未設定時のコマンド・モードへの移行
            bt_error("Config FAILED");
        }
    }
    bt_cmd("SF,1");                       // 工場出荷時の設定に戻す
    bt_cmd("SM,1");                       // BluetoothのMasterデバイスに設定する
    bt_cmd("S$,#");                       // コマンド・モードへの移行文字を###に
    bt_cmd("SA,4");                       // PINペアリング方式に変更する.
    bt_cmd("SO,%");                       // 接続・切断時にメッセージを表示する
    bt_cmd("ST,255");                     // コマンド・モードの時間制限を解除する
    bt_cmd("R,1");                        // 再起動
    lcd.print("DONE");
    delay(1000);                          // 再起動待ち

    /* デバイス探索の実行 */
    if( !bt_cmd_mode('#') ){              // ローカル・コマンド・モードへの移行を実行
        bt_error("FAILED to open");
    }
    lcd_cls(1);
    lcd.print("Inquiry ");
    bt_repeat_cmd("I","Found",5);         // デバイスが見つかるまで探索を繰り返す
    lcd.print("Found");
    while( bt_rx()==0 );                  // アドレスの取得待ち

    /* ペアリングの実行 */
    lcd_cls(1);
    lcd.print("Pairing ");
    bt_cmd("SR,I");                       // 発見したデバイスのアドレスを保存
    bt_repeat_cmd("C","%CONNECT",8);      // 接続するまで接続コマンドを繰り返す
    lcd.print("DONE");
    delay(1000);                          // 接続後の待ち時間

    /* リモート機の設定 */
    lcd_cls(1);
    lcd.print("RemoteCnf ");
    if( !bt_cmd_mode('$') ){              // ローカル・コマンド・モードへの移行
        bt_error("RemoteCnf Failed");
    }
    bt_cmd("ST,255");                     // リモート・コマンド・モードの時間制限を解除する
    bt_cmd("R,1");                        // 再起動
    lcd.print("DONE");
    delay(1000);                          // 再起動待ち
}

void loop(){
    /* 接続処理 */
    lcd.clear();
    lcd.print("Calling ");
    if( !bt_cmd_mode('#') ){   ←──────── ⑦  // ローカル・コマンド・モードへの移行を実行
        bt_error("FAILED to open");
    }
```

スケッチ 77　example77_bt_led.ino（つづき）

```
    bt_repeat_cmd("C","%CONNECT",8);        // 接続するまで接続コマンドを繰り返す
    if( bt_cmd_mode('$') ){                  ⑧
        lcd.print("DONE");                   // リモート・コマンド・モードへの移行
        delay(1000);                         ⑨
    /* LEDの制御 */                          // 接続後の待ち時間
        bt_cmd("S*,0606");          ⑩       // GPIOポート9と10の出力をHighレベルに
        delay(2000);                         // 待ち時間
        bt_cmd("S*,0600");                   // GPIOポート9と10の出力をLowレベルに
        delay(2000);                         // 待ち時間
        bt_cmd("S*,0202");                   // GPIOポート9の出力をHighレベルに
        delay(2000);                         // 待ち時間
        bt_cmd("S*,0604");                   // GPIOポート9をLow，ポート10をHighに
        delay(2000);                         // 待ち時間
        bt_cmd("S*,0400");                   // GPIOポート10の出力をLowレベルに
    }
    /* 切断処理 */
    bt_cmd("K,1");              ⑪           // 通信の切断処理
    lcd.clear();
    lcd.print("Disconnected");
    lcd.setCursor(0,1);
    lcd.print("Hit Any Key");
    while( lcd.readButtons()==0 );  ⑫       // キー入力待ち
}
```

駆動することはできません．したがって，DC-DC電源付きXBeeピッチ変換基板を経由して，ブレッドボードに接続します．ここでは，XBee Wi-Fiで使用したものと同じストロベリー・リナックス製のものを使用します（第16章第4節）．制御対象となるLEDは，GPIO 10とGPIO 9に接続します．DC-DC電源付きXBeeピッチ変換基板の経由後，これらのGPIOポートは，それぞれ5番ピン，8番ピンになります．各GPIOからの配線は，LEDと抵抗を経由してブレッドボード左側の青の縦線（電源「-」ライン）に接続します．LEDには極性があり，アノード（リード線の長い方）をGPIO側になるようにします．

また，サンプル78で使用するプッシュ・スイッチも実装します．プッシュ・スイッチは，GPIO 3とGPIO 7（それぞれXBeeピッチ変換後の19番ピンと20番ピン）にスイッチの片側を接続します．スイッチの反対側は抵抗を経由してブレッドボード右側の赤の縦線（電源「+」ライン）に接続します．

また，XBee Wi-Fiで製作したときと同様に，コン

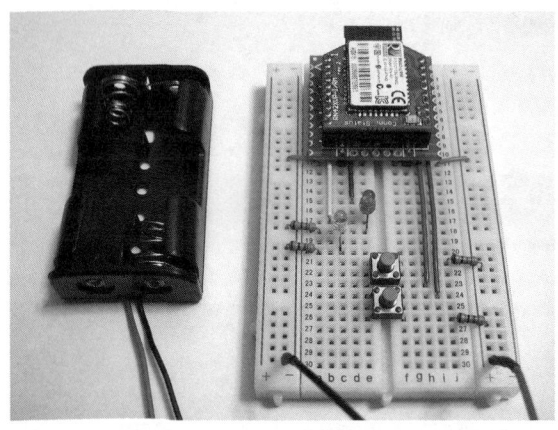

写真20-3　Bluetooth搭載スイッチ&LED子機の製作例

表20-3　サンプル77〜78で使用する子機のGPIOポート

XBeeピン	ピッチ変換後	XBee	Bluetooth	入出力	接続
4	5	DIO 12	GPIO 10 Output	出力	LED 2
7	8	DIO 11	GPIO 9 Output	出力	LED 1
17	19	AD 3 / DIO 3	GPIO 3	入力	プッシュ・スイッチ1
18	20	AD 2 / DIO 2	GPIO 7	入力	プッシュ・スイッチ2

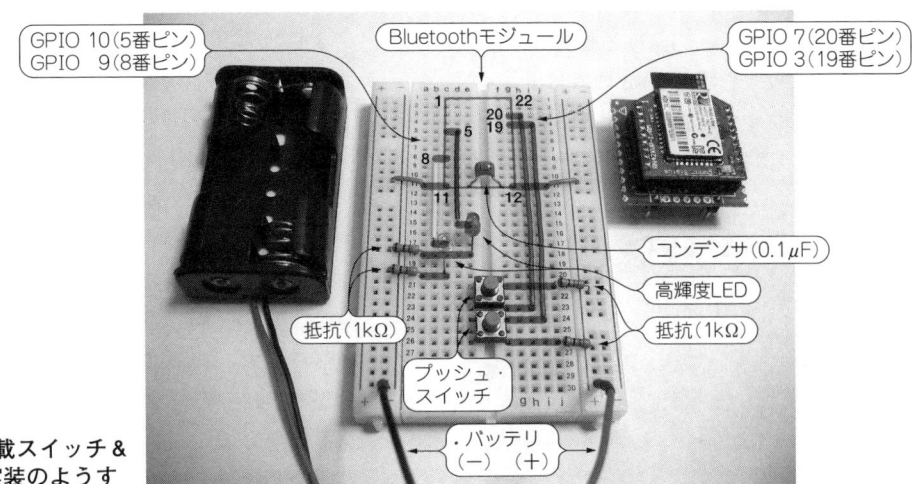

写真 20-4
Bluetooth 搭載スイッチ＆
LED 子機の実装のようす

（写真中の注釈）
- GPIO 10（5番ピン）
- GPIO 9（8番ピン）
- Bluetoothモジュール
- GPIO 7（20番ピン）
- GPIO 3（19番ピン）
- コンデンサ（0.1μF）
- 高輝度LED
- 抵抗（1kΩ）
- 抵抗（1kΩ）
- プッシュ・スイッチ
- バッテリ（−）（＋）

デンサ 0.1μF を Bluetooth モジュールの電源入力（11番ピンと12番ピン）の間に挿入します．

スケッチ「example77_bt_led」を Arduino UNO に書き込む際は，前のサンプルと同様に Arduino Wireless SD シールドを外してから書き込みを実行します．書き込み後に，シールドを戻してスケッチを動作させると，以下の順序でプログラムが動作します．なお，子機の電源は入れた状態にしておき，うまくペアリングや接続できない場合は，子機の設定を初期化します．

(a) ローカル機の設定：「Config BT」と表示し，本親機（ローカル Master 機）の設定を行います．この処理は数秒で完了します．完了しない場合は，Arduino と Bluetooth モジュールとの接続を再確認の上，Arduino をリセットして再実行します．Wireless SD シールドのシリアル切り替えスイッチが「Micro」側になっていることも確認します．

(b) デバイス探索：「Inquiry」と表示し，子機の探索を行います．完了まで 15 秒ほどかかります．完了しない場合は，子機の電源が正しく ON しているかどうかを確認の上，Arduino と子機をリセットして再実行します．それでも動作しない場合は，子機 Bluetooth モジュールの設定を初期化してやり直します．

(c) ペアリング：「Pairing」と表示し，子機とのペアリングを行います．10 秒ほどで接続できます．接続できない場合は，子機がマスタとして動作しているなど，初期状態になっていない可能性が考えられます．

(d) リモート機の設定「RemoteCnf」と表示し，子機の設定を行います．処理は数秒で完了し，子機の再起動を自動で実施します．設定に失敗する場合は，子機のコマンド・モード移行文字が「$」以外になっていることが考えられるので，子機に「S$,$」を設定してください．(a)〜(d) の処理は最長で 30 秒くらいです．

(e) 接続処理：「Calling」と表示し，子機との Bluetooth 通信による接続を試みます．この処理には少し時間がかかります．30 秒ほど待っても接続できない場合は，各 Bluetooth モジュールを初期化してやり直します．

(f) LEDの制御：LED1とLED2の点滅処理を行います．

(g) 切断処理：子機との Bluetooth 通信を切断します．

(h) キー入力待ち：液晶ディスプレイ・シールド上のキー押下を待ち受けます．キー押下後は，(e) の子機との Bluetooth 通信による接続に戻ります．2 回目からの接続については，接続が完了するまでに要する時間が 5 秒程度に短縮されます．

以上の処理のうち，起動後の(a)ローカル機の設定時の表示を**写真 20-5** に，(b)デバイス探索と(c)ペアリング中の表示を**写真 20-6** に，(e)子機への接続処

第 2 節　Example 77：Bluetooth モジュールのペアリングと LED の制御

理中の表示を**写真 20-7** に，LED の制御処理後の(h)キー押下待ちのようすを**写真 20-8** に示します．

次に，このサンプルで定義した Bluetooth モジュール RN-42XVP 用の関数を説明します．**表 20-4** は，サンプル 77 〜 サンプル 79 のスケッチで使用するために定義した Bluetooth モジュール用の関数です．

それでは，このサンプル 77 のスケッチ「example77_bt_led.ino」の内容について説明を行います．このサンプルは，**表 20-4** の関数の定義が大半を占めます．それぞれの関数について，簡単に説明し，その後に setup 関数と loop 関数について説明します．

① ここで定義する「bt_rx_clear」は，シリアルの受信バッファを消去する関数です．Blutooth モジュール RN-42 シリーズが出力するメッセージのうち，不要なものをバッファから消去しておくことで，必要な情報を受信しやすくします．受信バッファにデータの有無を Serial.available で確認し，あった場合は Serial.read で読み捨てます．

②「bt_rx」は，RN-42 シリーズが出力するコマンド

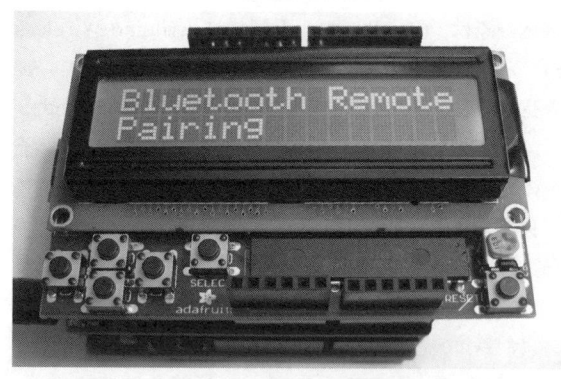

写真 20-5　サンプル 77 〜 79 の起動表示

写真 20-6　サンプル 77 〜 79 の探索表示(左)とペアリング表示(右)

写真 20-7　サンプル 77 〜 79 の子機への接続中表示

写真 20-8　サンプル 76 の制御処理後のキー押下待ち状態の表示

表20-4 サンプル77で定義したBluetoothモジュール用の関数

関数名	引き数	戻り値	説明
bt_rx_clear	なし	なし	シリアルの受信バッファを消去する
bt_rx	なし	受信データサイズ	コマンドの応答などの受信を行う
bt_cmd	コマンド	なし	コマンドの送信を行い，結果を受信する
bt_cmd_mode	「$」等	0：失敗，1：成功	引き数の記号を用いてコマンド・モードに入る
bt_repeat_cmd	コマンド，応答	なし	応答が得られるまでコマンドを繰り返す
bt_error	メッセージ	なし	終了処理を行う（エラー発生時用）

応答などを受信する関数です．Serial.readで読んだ値をグローバル文字列変数rx_dataに代入します．当該文字列変数のサイズを超える場合は，bt_rx_clearで超えた受信データを読み捨てます．

③「bt_cmd」は，BluetoothモジュールRN-42シリーズへコマンドを発行する関数です．引き数はコマンド文字列です．ほかのコマンドなどの応答値を消去するために，bt_rx_clear関数で受信バッファをクリアし，コマンドを送信し，その応答を「bt_rx」で受信します．

④「bt_cmd_mode」は，BlutoothモジュールRN-42シリーズをコマンド・モードに移行するための関数です．引き数は，「$」などのコマンド・モード移行用の特殊文字（1字）です．始めに接続中であるかどうかを確認するために「GK」コマンドを発行し，接続中であれば切断する「K,」コマンドを発行します．接続中でない場合は，コマンド・モードを解除する「---」コマンドを発行します．その後，引き数の文字変数modeに代入された特殊文字1文字を文字列変数cmdに3回繰り返し代入を行い，「$$$」のようなコマンド・モードへ移行するコマンドとして発行します．正しい応答「CMD」が得られたら，成功「1」を戻り値として返します．

⑤「bt_repeat_cmd」は，コマンドを期待の応答が得られるまで永続的に発行し続ける関数です．引き数は三つあり，第1引き数cmdはコマンドの文字列変数，第2引き数resは期待応答の文字列変数，第3引き数は第2引き数のうち応答文字との一致を確認する文字数です．文字列変数cmdのコマンドを約10秒に1回，発行しつつ，BlutoothモジュールRN-42シリーズからの応答を待ち受け，期待の応答が得られたら本関数を終了します．

⑥「setup」関数内では，処理(a)ローカル機の設定，(b)デバイス探索，(c)ペアリング，(d)リモート機の設定を順に行います．

⑦ここからの「loop」関数では，処理(e)接続処理，(f)LEDの制御，(g)切断処理，(h)キー入力待ちを繰り返し実行します．このうち，処理(e)接続処理は三つの処理に分割することができます．その1番目は，前記④の「bt_cmd_mode」を使用してローカル機へ「###」コマンドを発行して，コマンド・モードに移行する処理です．

⑧処理(e)接続処理の2番目は，前記⑤の「bt_repeat_cmd」を使用してリモート機との接続コマンド「C」を繰り返し発行します．BlutoothモジュールRN-42シリーズからの応答メッセージの先頭8文字が「%CONNECT」に一致すれば，次の⑩に進みます．

⑨処理(e)接続処理の3番目は，リモート機（子機）へ「$$$」コマンドを発行して，（リモート）コマンド・モードに移行する処理です．⑧と同様に「bt_cmd_mode」を使用しますが，モード移行用の特殊文字に「#」ではなく「$」を使用します．

⑩前記③の「bt_cmd」を使用してリモート機のGPIOを制御するコマンドを発行します．ここでは，「S*,0606」を発行し，GPIOポート9と10からHighレベルを出力します．同様の処理にてLEDを点灯したり消灯したりします．

⑪同じ「bt_cmd」を使用してリモート機の接続を切断する「K,1」コマンドを発行します．

⑫液晶ディスプレイ・シールドのキー（リセット以外）を待ち受け，キーが押下されたら⑦に戻って処理(e)〜(h)を再実行します．

第3節　Example 78：スイッチ状態を Bluetooth でリモート取得する

Example 78

スイッチ状態を Bluetooth でリモート取得する
実験用サンプル　　通信方式：Bluetooth　　開発環境：Arduino IDE

親機 Arduino に搭載した Bluetooth モジュール RN-42XVP から子機 Bluetooth モジュールの GPIO ポート 3 と 7 に接続したスイッチ状態を取得します。

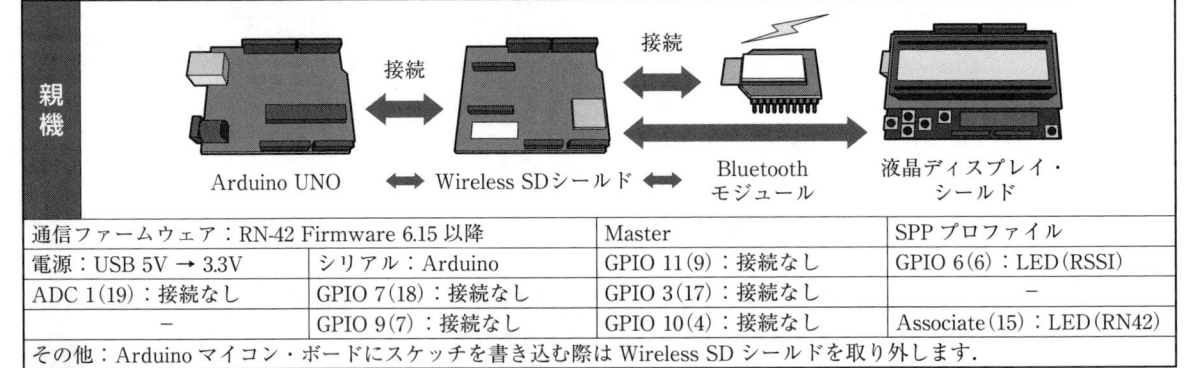

親機: Arduino UNO ⇔ Wireless SD シールド ⇔ Bluetooth モジュール ⇔ 液晶ディスプレイ・シールド

通信ファームウェア：RN-42 Firmware 6.15 以降		Master	SPP プロファイル
電源：USB 5V → 3.3V	シリアル：Arduino	GPIO 11(9)：接続なし	GPIO 6(6)：LED(RSSI)
ADC 1(19)：接続なし	GPIO 7(18)：接続なし	GPIO 3(17)：接続なし	−
	GPIO 9(7)：接続なし	GPIO 10(4)：接続なし	Associate(15)：LED(RN42)
その他：Arduino マイコン・ボードにスケッチを書き込む際は Wireless SD シールドを取り外します。			

子機: XBee Wi-Fi モジュール ⇔ DC-DC付きピッチ変換 ⇔ ブレッドボード ⇔ プッシュ・スイッチ

通信ファームウェア：RN-42 Firmware 6.15 以降		Slave	SPP プロファイル
電源：乾電池2本 3V	シリアル　：接続なし	GPIO 11(9)：接続なし	GPIO 6(6)：LED(RS)
ADC 1(19)：接続なし	GPIO 7(18)：プッシュ・スイッチ SW	GPIO 3(17)：プッシュ・スイッチ SW	−
−	GPIO 9(7)：LED	GPIO 10(4)：LED	Associate(15)：LED(RN42)
その他：XBee ZB とはピンの役割などに相違があり，Digi International 社の評価ボードでは動作しない場合があります。			

必要なハードウェア
- Windows が動作するパソコン(開発用)　　　　　　　　　　　1台
- Arduino UNO マイコン・ボード　　　　　　　　　　　　　　1台
- Arduino 用 AC アダプタ　　　　　　　　　　　　　　　　　1個
- キャラクタ液晶ディスプレイ・シールド(DF ROBOT または Adafruit 製)　1台
- Microchip 社 Bluetooth モジュール RN-42XVP　　　　　　　2個
- DC-DC 電源回路付き XBee ピッチ変換基板(MB-X)　　　　　1式
- ブレッドボード　　　　　　　　　　　　　　　　　　　　　1個
- 高輝度 LED 2個，抵抗1kΩ 4個，セラミック・コンデンサ 0.1μF 1個，プッシュ・スイッチ 2個，2.54mm ピッチ・ピン・ヘッダ(11ピン)2個，単3×2直列電池ボックス 1個，単3電池 2個，ブレッドボード・ワイヤ適量，USB ケーブルなど

　親機となる Bluetooth 搭載 Arduino から，前サンプル 77 で製作した Bluetooth 搭載スイッチ&LED 子機の GPIO ポート3と GPIO ポート7に接続したスイッチ状態を取得します．親機，子機ともにハードウェアは，前のサンプル 77 と同じです．Arduino UNO へスケッチ「example78_bt_sw」を書き込めば実験が行えます．

　実行後の探索，ペアリング，接続の手順もサンプル 77 と同じです．親機 Arduino が子機との接続を完了すると，子機の GPIO の状態を読み取って親機 Arduino に表示します(**写真20-9**)．子機のプッシュ・ボタンを離した状態(ディジタル Low レベル)では，入力値は「0」に，押下した状態(ディジタル High レベルで)でしばらく保持すると，入力値が「1」に変化します．

スケッチ78　example78_bt_sw.ino

```
/*********************************************************************
BluetoothモジュールRN-42XVPのGPIOポート3と7に接続したスイッチ状態を取得します.
*********************************************************************/
#include <Wire.h>
#include <Adafruit_MCP23017.h>
#include <Adafruit_RGBLCDShield.h>
Adafruit_RGBLCDShield lcd = Adafruit_RGBLCDShield();

#define RX_MAX   17                            // 受信データ最大値
char rx_data[RX_MAX];                          // 受信データの格納用の文字列変数

void setup(){
    bt_init();              ←――――――――――①     // bt_rn42.ino内に記述した初期化処理
}

void loop(){
    unsigned char in;                           // GPIO入力値の計算用

    /* 接続処理 */
    lcd_cls(1);
    lcd.print("Calling ");
    if( !bt_cmd_mode('#') ){  ←――――――――②     // ローカル・コマンド・モードへの移行を実行
        bt_error("FAILED to open");
    }
    bt_repeat_cmd("C","%CONNECT",8); ←―――③    // 接続するまで接続コマンドを繰り返す
    lcd.print("DONE");
    if( bt_cmd_mode('$') ){    ←――――――――④    // リモート・コマンド・モードへの移行
        /* GPIOの読み取り */
        bt_cmd("G&");           ←―――――――⑤    // GPIOポートの読み取り
        lcd_cls(0);
        lcd.print("IN3=");
                                      ⑥
        for(int i=0;i<2;i++){
            in = (unsigned char)rx_data[1-i];     // 文字コードを変数inに代入
            if( in >= '0' && in <= '9' ) in -= (unsigned char)'0';     // 数値へ変換      ⑦
            else if( in >= 'A' && in <= 'F' ) in -= (unsigned char)'A'-10;  // 数値へ変換
            else in = 0;
            in = (in>>3) & 0x01;  ←―――――⑧     // 変数inに入力値を代入. bitRead(in,3)
            lcd.print(in,BIN);
                              ⑨
            if(i==0) lcd.print(", IN7=");
        }
    }

    /* 切断処理 */
    bt_cmd("K,1");             ←―――――――⑩     // 通信の切断処理
    lcd_cls(1);
    lcd.print("Disconnected");
    delay(5000);                                // 待ち時間
}
```

　それでは，サンプル78のスケッチ「example78_bt_sw.ino」の内容について説明します．サンプル77で定義したBluetoothモジュールRN-42XVP用の関数（スケッチ77の①～⑥）を，別ファイル「bt_rn42.ino」に切り出しました．また，サンプル77のsetup関数内の処理についても「bt_init」関数として，「bt_rn42.ino」へ切り出しました．サンプル77の大半を占めていた共通部分を別ファイルにしたため，このサンプル78はとても短くなりました．

① Bluetoothモジュールの初期化，子機の探索，ペアリングの処理を行います．
② 親機の（ローカル）コマンド・モードに移行するコマンドを発行します．
③ 子機へ接続するローカル・コマンド「C」を接続完了するまで繰り返し発行します．
④ 子機への接続後にリモート・コマンド・モードに

写真20-9 サンプル78の実行例

移行します．
⑤子機へリモート・コマンド「G&」を発行してGPIOの入力値を取得します．
⑥受信した2桁の16進数文字を変数 in に代入します．変数 i＝0のときに下位桁を代入し，i＝1のときに上位桁を代入します．ここで変数 in に代入されるのは数値そのものではなく，数字の文字コードです．
⑦1桁の16進数の文字コードを0～15の数値へ変換します．
⑧「(in>>3) & 0x01」は，変数 in の第3ビットを読み取る数式です．Arduinoでは「bitRead(in,3)」と書いても同じ動作を行い，文法もわかりやすいです．引き数 in は，対象となる数値変数です．第2引き数は，対象の数値 in の第3ビット目の桁を指定します．一番右の桁を0ビット目，左に向かって1ビット目，2ビット目と数えます．変数 i＝0のときに GPIO ポート3，i＝1のときに GPIO ポート7の値を得ることができます．
⑨受信結果を表示します．
⑩通信を切断します．

このサンプル78は，RN-42XVP用の関数を別ファイル「bt_rn42.ino」にまとめたため，XBeeのスケッチと似たような記述になりました．別ファイルに分けるのは，ソフトウェアの部品化（モジュール化）や一種のライブラリ化です．繰り返し利用する記述を部品化・ライブラリ化することで，さまざまなアプリケーションを簡潔に記述できる利点があります．

XBeeライブラリに比べると，よりハードウェアに特化したライブラリであり，アプリケーションのスケッチが読みにくく，製作時に不具合やバグも発生しやすくなります．その一方で，シリアル信号を送受信する部分からアプリケーションに至るまで，ArduinoやRN-42XVPの特定ハードウェアを対象にしているので，コンパイル後のサイズが小さいという利点があります．

これまでXBeeシリーズでは3種類のライブラリを，前サンプル77ではライブラリの中身について紹介したので，通信ソフトウェアの中でライブラリの重要性やライブラリの機能の違い，そして作り方までを理解していただけたと思います．その中で筆者が感じている葛藤は，ハードウェア・リソースです．

システムが大きくなるほどソフトウェアも大きくなり，多機能なライブラリが必要になります．しかも，ライブラリによる汎用化や多機能化で，ますますソフトが大きくなります．もしシステムが2倍になったとすると，ハードウェアの能力は2倍ではなく3倍も4倍も必要になることがあるということです．実際に，XBeeシリーズで紹介したような多機能なライブラリを使ってArduino用アプリケーションを拡張していくと，ときどきメモリ不足に悩まされることがありました．

一方，このサンプル78のようなBluetooth用の少機能のライブラリを使えば，ハードウェア・リソースがとても小さくて済みます．とはいえ，余ったメモリを使って大きなアプリケーションへ拡張しようとすると，すんなりとは動かなくなり，多機能ライブラリの便利さを思い知らされます．これから数年もすればハードウェアの進化で何とかなるだろうくらいの気持ちで，のんびりとライブラリとアプリの両方を拡張していくのが意外と賢明な方法かもしれません．

第4節 Example 79：Bluetooth 照度センサの測定値をリモート取得する

Example 79	Bluetooth 照度センサの測定値をリモート取得する 実験用サンプル	通信方式：Bluetooth	開発環境：Arduino IDE

Bluetooth モジュール RN-42XVP 搭載の照度センサを製作して，親機 Arduino に搭載した Bluetooth モジュール RN-42XVP からリモートで照度値を取得します．

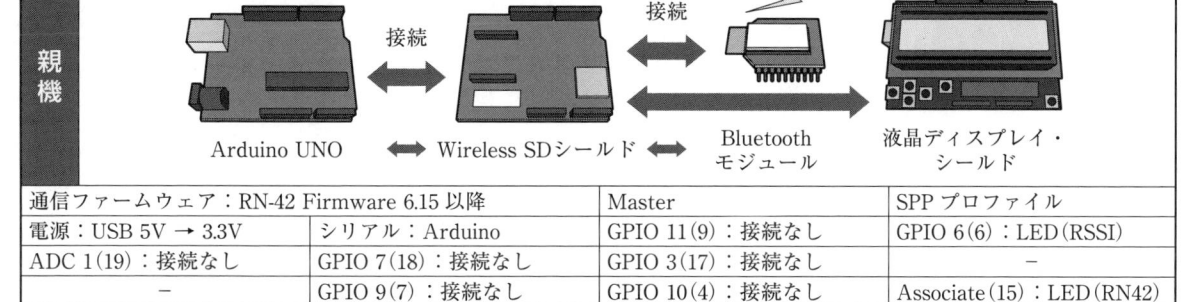

親機：Arduino UNO ⇔（接続）⇔ Wireless SD シールド ⇔（接続）⇔ Bluetooth モジュール ／ 液晶ディスプレイ・シールド

通信ファームウェア：RN-42 Firmware 6.15 以降		Master	SPP プロファイル
電源：USB 5V → 3.3V	シリアル：Arduino	GPIO 11(9)：接続なし	GPIO 6(6)：LED(RSSI)
ADC 1(19)：接続なし	GPIO 7(18)：接続なし	GPIO 3(17)：接続なし	−
−	GPIO 9(7)：接続なし	GPIO 10(4)：接続なし	Associate(15)：LED(RN42)
その他：Arduino マイコン・ボードにスケッチを書き込む際は Wireless SD シールドを取り外します．			

子機：XBee Wi-Fi モジュール ⇔（接続）⇔ DC-DC付きピッチ変換 ⇔（接続）⇔ ブレッドボード ⇔（接続）⇔ 照度センサ

通信ファームウェア：RN-42 Firmware 6.15 以降		Slave	SPP プロファイル
電源：乾電池2本 3V	シリアル　：接続なし	GPIO 11(9)：接続なし	GPIO 6(6)：LED(RS)
ADC 1(19)：照度センサ	GPIO 7(18)：接続なし	GPIO 3(17)：接続なし	−
−	GPIO 9(7)：接続なし	GPIO 10(4)：接続なし	Associate(15)：LED(RN42)
その他：XBee ZB とはピンの役割などに相違があり，Digi International 社の評価ボードでは動作しない場合があります．			

必要なハードウェア
- Windows が動作するパソコン（開発用）　　　　　　　　　1台
- Arduino UNO マイコン・ボード　　　　　　　　　　　　1台
- Arduino 用 AC アダプタ　　　　　　　　　　　　　　　1個
- キャラクタ液晶ディスプレイ・シールド（DF ROBOT または Adafruit 製）　1台
- Microchip 社 Bluetooth モジュール RN-42XVP　　　　　2個
- DC-DC 電源回路付き XBee ピッチ変換基板（MB-X）　　　1式
- ブレッドボード　　　　　　　　　　　　　　　　　　　1個
- 照度センサ NJL7502L 1個，抵抗1kΩ 2個，セラミック・コンデンサ 0.1μF 2個，2.54mm ピン・ヘッダ（11ピン）2個，単3×2 直列電池ボックス1個，単3電池2個，ブレッドボード・ワイヤ適量，USB ケーブルなど

このサンプル 79 では，Bluetooth モジュール RN-42XVP を搭載した照度センサを製作し，リモートで照度値を取得します．ただし，第18章第4節に記したように，取得に使用するコマンド「A」はデータシートに記載されていない隠しコマンドです（執筆時点）．測定結果も安定しないので，実運用として使用するには十分に検証してください．目的や用途によっては使用できなかったり，回路やソフトの追加や改良が必要となったりする場合があります．

親機のハードウェアは，これまでのサンプル 76～78 と同じです．Arduino へは，サンプル 79 のスケッチ「example79_bt_sns」を書き込みます．

子機となる照度センサのハードウェアは，ブレッドボードを用いて製作します．照度センサ NJL7502L の

スケッチ79　example79_bt_sns.ino

```
/*******************************************************************
BluetoothモジュールRN-42XVP搭載の照度センサを製作してリモートで照度値を取得します．
*******************************************************************/
#include <Wire.h>
#include <Adafruit_MCP23017.h>
#include <Adafruit_RGBLCDShield.h>
Adafruit_RGBLCDShield lcd = Adafruit_RGBLCDShield();

#define RX_MAX  17                              // 受信データ最大値
char rx_data[RX_MAX];                           // 受信データの格納用の文字列変数

void setup(){
    bt_init();                                  // bt_rn42.ino内に記述した初期化処理
}

void loop(){
    unsigned char in;                           // アナログ入力値
    int adc[3];                                 // アナログ入力値の保持用

    /* 接続処理 */
    lcd_cls(1);
    lcd.print("Calling ");
    if( !bt_cmd_mode('#') ){                    // ローカル・コマンド・モードへの移行を実行
        bt_error("FAILED to open");
    }                                                           ①
    bt_repeat_cmd("C","%CONNECT",8);            // 接続するまで接続コマンドを繰り返す
    lcd.print("DONE");
    if( bt_cmd_mode('$') ){                     // ローカル・コマンド・モードへの移行

        /* ADCの読み取り */
        for(int j=0;j<3;j++){                   // 3回の読み取りを実行
            adc[j]=0;
            bt_cmd("A");                ②      // ADC1ポートの読み取り
            for(int i=5;i<8;i++){
                if( rx_data[i]==',' ) break;    // 16進数値に続くカンマを検出したら終了
                in = (unsigned char)rx_data[i]; // 大きい桁の文字コードを変数inに代入
                if( in >= '0' && in <= '9' ) in -= (unsigned char)'0';          // 値へ
                else if( in >= 'A' && in <= 'F' ) in -= (unsigned char)'A'-10;  // 値へ      ③
                else break;
                adc[j] *= 16;                   // これまでの値を16倍する
                adc[j] += in;                   // 読み取った数値を加算
            }
        }
        /* 中央値の検索 */
        in=0;
        if( adc[1] <= adc[0] && adc[0] <= adc[2] ) in = 0;
        if( adc[1] >= adc[0] && adc[0] >= adc[2] ) in = 0;
        if( adc[0] <= adc[1] && adc[1] <= adc[2] ) in = 1;
        if( adc[0] >= adc[1] && adc[1] >= adc[2] ) in = 1;      ④
        if( adc[0] <= adc[2] && adc[2] <= adc[1] ) in = 2;
        if( adc[0] >= adc[2] && adc[2] >= adc[1] ) in = 2;
        lcd_cls(0);
        lcd.print("AD1=");
        lcd.print(adc[in],HEX);
        lcd.print(' ');
        lcd.print((float)adc[in]*3.03,0);   ⑤
        lcd.print(" Lux");
    }
    /* 切断処理 */
    bt_cmd("K,1");                      ⑥      // 通信の切断処理
    lcd_cls(1);
    lcd.print("Disconnected");
    delay(5000);                                // 待ち時間
}
```

出力は，DC-DC電源付きXBeeピッチ変換基板を経由して，RN-42XVPのADC1へ入力します（**表20-5**）．

ただし，XBee ZBの照度センサのように，エミッタ(E)出力を直接接続するのではなく，抵抗1kΩの両端とGND（電源の「－」側）との間にコンデンサを挿入して，A-Dコンバータのサンプリング動作時の電

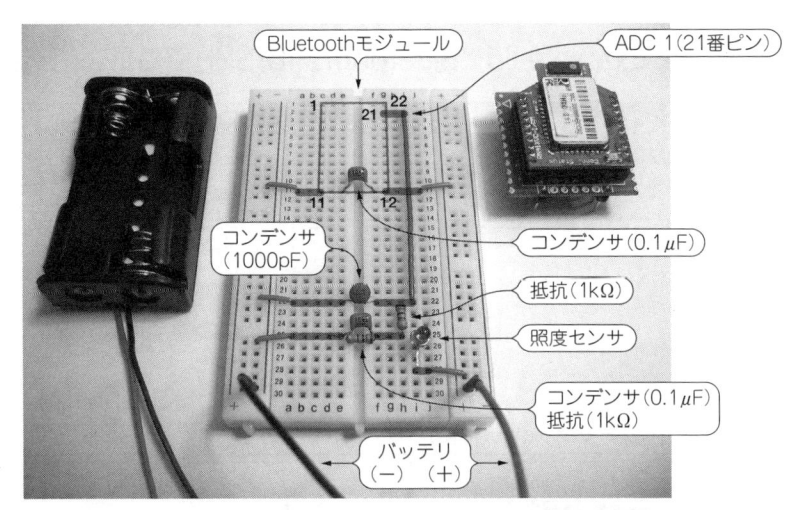

写真 20-10
Bluetooth 搭載スイッチ &
LED 子機の実装のようす

表 20-5　サンプル 79 で使用する ADC ポート

ピン	ピッチ変換後	XBee	Bluetooth	入出力	接続
19	21	DIO 1	ADC 1	入力	照度センサ

圧の変動を吸収します．**写真 20-10** の製作例では，照度センサ側に 0.1μF，RN-42 側に 1000pF のコンデンサを挿入しました．

　照度センサのコレクタ(C)端子には，ブレッドボード右側の赤の縦線(電源「＋」ライン)から電源を供給し，エミッタ(E)端子とブレッドボード左側の青の縦線(電源「－」ライン)との間に負荷抵抗 1kΩ を挿入します．つまり，この負荷抵抗は前述の 0.1μF のコンデンサと同じラインに並列接続することになります．

　サンプルの動かし方は，これまでと同様です．ペアリングが完了すると，接続，測定，表示，切断を繰り返し実行します．**写真 20-11** は測定結果の表示例で，A-D コンバータの読み取り値(16 進数)が 0x37 すなわち 55mV のときに照度 167lux を得ました．

　新日本無線の照度センサ NJL7502L を 1kΩ の負荷抵抗とともに使用したときの換算式は，以下のようになります．

$$\text{value} = \text{adc}[mV] \div 33[mV] \times 100[lux]$$
$$= \text{adc} \times 3.03[lux]$$

それでは，サンプル 79 のスケッチ「example79_bt_sns.ino」の説明に入ります．このスケッチもサンプル 78 と同様に，RN-42XVP 用の関数をまとめた「bt_

写真 20-11　サンプル 79 の実行結果の例

rn42.ino」を使用します．

① 親機から子機へ接続を行います．
② アナログ入力値を取得するコマンド「A」をリモート先の子機へ発行します．
③ 受信結果を配列変数 adc に代入します．ここでは 3 度の受信を行います．それぞれの受信結果を数値に変換して取得した順に adc[0]，adc[1]，adc[2] へ代入します．
④ 全処理③の受信結果から中央値を求めます．ここでは，受信結果が三つと少ないので全組み合わせの比較で求めます．
⑤ 求めた中央値を照度に変換して表示します．
⑥ 子機との接続を切断し，5 秒間の待機後に①からの処理を繰り返します．

第 4 節　Example 79：Bluetooth 照度センサの測定値をリモート取得する　407

第5節　Example 80：Bluetooth HID/SPP プロファイル搭載 LCD Keypad 子機

Example 80

Bluetooth HID/SPP プロファイル搭載 LCD Keypad 子機		
実験用サンプル	通信方式：Bluetooth	開発環境：Arduino IDE

パソコンの Bluetooth 周辺機器として動作する子機を製作します．Arduino の起動時に HID プロファイルによるキー・パッド子機か SPP プロファイルによる液晶ディスプレイ表示子機かを選択して，どちらかの動作を行います．

親機	（パソコン ⇔ Bluetooth USB アダプタ）		
PCI 製 Bluetooth USB アダプタ BT-Micro4		Master	HID/SPP プロファイル

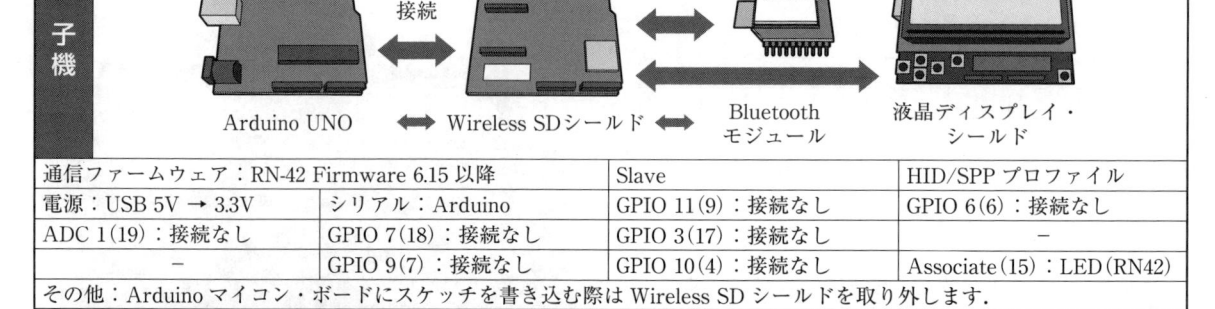

子機	（Arduino UNO ⇔ Wireless SD シールド ⇔ Bluetooth モジュール ⇔ 液晶ディスプレイ・シールド）		
通信ファームウェア：RN-42 Firmware 6.15 以降		Slave	HID/SPP プロファイル
電源：USB 5V → 3.3V	シリアル：Arduino	GPIO 11(9)：接続なし	GPIO 6(6)：接続なし
ADC 1(19)：接続なし	GPIO 7(18)：接続なし	GPIO 3(17)：接続なし	─：─
	GPIO 9(7)：接続なし	GPIO 10(4)：接続なし	Associate(15)：LED(RN42)
その他：Arduino マイコン・ボードにスケッチを書き込む際は Wireless SD シールドを取り外します．			

必要なハードウェア
- Windows が動作するパソコン（開発用） 　　　　　　　　　　　　　　　　　　　　　　　1 台
- PCI 製 Bluetooth USB アダプタ BT-Micro 4 　　　　　　　　　　　　　　　　　　　　　 1 個
- Arduino UNO マイコン・ボード 　　　　　　　　　　　　　　　　　　　　　　　　　　　1 台
- Arduino 用 AC アダプタ 　　　　　　　　　　　　　　　　　　　　　　　　　　　　　　1 個
- キャラクタ液晶ディスプレイ・シールド（DF ROBOT または Adafruit 製） 　　　　　　　　1 台
- Microchip 社 Bluetooth モジュール RN-42XVP 　　　　　　　　　　　　　　　　　　　　1 個
- USB ケーブルなど

　Bluetooth 最後のサンプルは，XBee ZB や XBee Wi-Fi にできない機能を実験してみましょう．ここでは，Bluetooth の HID（ヒューマン・インターフェース・デバイス）プロファイルを使用して，子機となる Bluetooth 搭載 Arduino のキー・パッドから親機となるパソコンのキー操作を行います．また，これまでのサンプル76～サンプル79で用いた SPP プロファイルに戻して，パソコンからシリアル通信で Arduino に送られてきたテキスト文字を表示することも可能です．これらのプロファイルの切り替えは，Arduino を起動時に表示される選択画面で行います．

　親機のハードウェアは，パソコンに Bluetooth USB アダプタを接続して構成します．子機のハードウェアは，サンプル76～サンプル79の親機と同じ構成ですが，Bluetooth モジュール RN-42XVP は，Slave として動作します．スケッチ「example80_bt_lcdkb」を実行すると，RN-42XVP は自動的に Slave に設定されます．

　ハードウェアの準備ができたら，子機となる Arduino の電源を入れて起動します．初めに Arduino は，**写真20-12** のようなプロファイル選択画面を表示します．

スケッチ80　example80_bt_lcdkb.ino

```
/****************************************************************************
BluetoothモジュールRN-42XVP搭載の照度センサを製作してリモートで照度値を取得します．
****************************************************************************/
#include <Wire.h>
#include <Adafruit_MCP23017.h>
#include <Adafruit_RGBLCDShield.h>
Adafruit_RGBLCDShield lcd = Adafruit_RGBLCDShield();

/*  DF ROBOT製液晶ディスプレイを使用する場合は上記を下記に入れ替えてください．
    #include <LiquidCrystalDFR.h>
    LiquidCrystal lcd(8, 9, 4, 5, 6, 7);
*/

#define RX_MAX   17                                 // 受信データ最大値
char rx_data[RX_MAX];                               // 受信データの格納用の文字列変数
int button=0;                                       // ボタン入力値
int cursor=0;                                       // 現在のカーソル位置（表示済み文字数）

int bt_mode_hid(){　　◀─────────────①
    lcd_cls(1);
    lcd.print("HID Mode ");
    if( !bt_cmd_mode('#') ){                        // ローカル・コマンド・モードへの移行を実行
        if( !bt_cmd_mode('$') ){                    // #未設定時のコマンド・モードへの移行
            lcd.print("FAILED");
            return(0);
        }
    }
    bt_cmd("SF,1");                                 // 工場出荷時の設定に戻す
    bt_cmd("SM,0");                                 // BluetoothのSlaveデバイスに設定する
    bt_cmd("S~,6");　　◀─────────────②            // HIDプロファイルを選択する
    bt_cmd("R,1");                                  // 再起動
    lcd.print("DONE");
    delay(1000);                                    // 再起動待ち
    return(1);
}

int bt_mode_spp(){　　◀─────────────③
    lcd_cls(1);
    lcd.print("SPP Mode ");
    if( !bt_cmd_mode('#') ){                        // ローカル・コマンド・モードへの移行を実行
        if( !bt_cmd_mode('$') ){                    // #未設定時のコマンド・モードへの移行
            lcd.print("FAILED");
            return(0);
        }
    }
    bt_cmd("SF,1");                                 // 工場出荷時の設定に戻す
    bt_cmd("SM,0");                                 // BluetoothのSlaveデバイスに設定する
    bt_cmd("S~,0");　　◀─────────────④            // HIDプロファイルを選択する
    bt_cmd("R,1");                                  // 再起動
    lcd.print("DONE");
    delay(1000);                                    // 再起動待ち
    return(1);
}

void setup(){
    lcd.begin(16, 2);
    lcd.print("Bluetooth LCD KB");                  // タイトル文字を表示
    Serial.begin(115200);                           // シリアル・ポートの初期化
    lcd.setCursor(0,1);
    lcd.print("<- LCD    Key ->");
    while( button == 0){
        button = lcd.readButtons();
        switch( button ){                           // 押されたボタンに対して
            case BUTTON_LEFT:
```

スケッチ 80　example80_bt_lcdkb.ino（つづき）

```
                bt_mode_spp();                     // SPPモードに設定
                break;
            case BUTTON_RIGHT:
                bt_mode_hid();                     // HIDモードに設定
                break;
            default:
                button=0;
                break;
        }
    }
}
void loop(){
    if( Serial.available() ){                      // シリアル受信があったとき
        char c = Serial.read();                    // cに受信値を代入
        if( cursor==0 ) lcd_cls(0);                // 表示済文字数0のときに文字を消去する
        if( cursor < 16){                          // 表示済みの文字数が15文字以内のとき
            lcd.setCursor(cursor,0);               // 液晶ディスプレイの表示位置にカーソルを移動
            if( isprint(c) ) lcd.print(c);         // 表示可能文字の場合は文字を表示
            else lcd.print(' ');                   // 表示不可能な場合は空白を表示
            cursor++;                              // 表示済み文字数を一つ増やす
        }
        if( c=='\n' || c=='\r') cursor=0;          // 改行との気に表示済み文字数を0に
    }
    button=lcd.readButtons();                      // ボタン値をbuttonへ代入
    if(button){
        lcd_cls(1);
        lcd.print("Keyboard: ");
        switch( button ){                          // 押されたボタンに対して
            case BUTTON_UP:
                lcd.print("UP    ");               // 上ボタンのときにUPと表示
                Serial.write(14);                  // コード14をシリアル送信
                break;
            case BUTTON_DOWN:
                lcd.print("DOWN  ");               // 下ボタンのときにDOWNと表示
                Serial.write(12);                  // コード12をシリアル送信
                break;
            case BUTTON_LEFT:
                lcd.print("LEFT  ");               // 左ボタンのときにLEFTと表示
                Serial.write(11);                  // コード11をシリアル送信
                break;
            case BUTTON_RIGHT:
                lcd.print("RIGHT ");               // 右ボタンのときにRIGHTと表示
                Serial.write(7);                   // コード7をシリアル送信
                break;
            case BUTTON_SELECT:
                lcd.print("SELECT");               // SELECTボタンのときにSELECTと表示
                Serial.write(13);                  // コード13をシリアル送信
                break;
        }
        while(lcd.readButtons()) delay(100);       // ボタンを放すまで待機
    }
}
```

プロファイル選択画面で左ボタンを押下して「Key →」を選択すると，Arduino は Bluetooth モジュールに HID プロファイルを設定します．液晶ディスプレイキー・パッド上の「→」ボタンを押下してから，パソコンで Bluetooth デバイスの検索を実行すると，「キーボード」のアイコンが表示されるようになるので，そのアイコンを右クリックして「ペアの確保」を実行します．数秒ほどでペアリングの確認画面（図 20-1）が表示されるので，「OK」をクリックします．その後に，前述の「キーボード」のアイコンをダブル・クリックす

写真20-12 サンプル80の起動およびプロファイル選択の表示

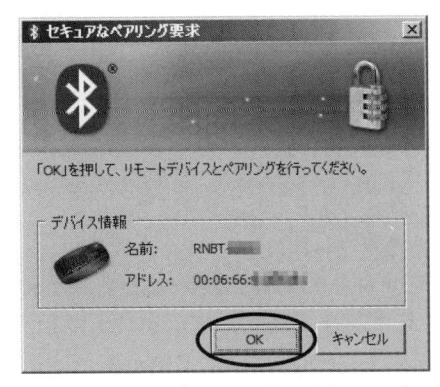

図20-1 HIDプロファイルのキー・パッドのペアリングを行う画面の例

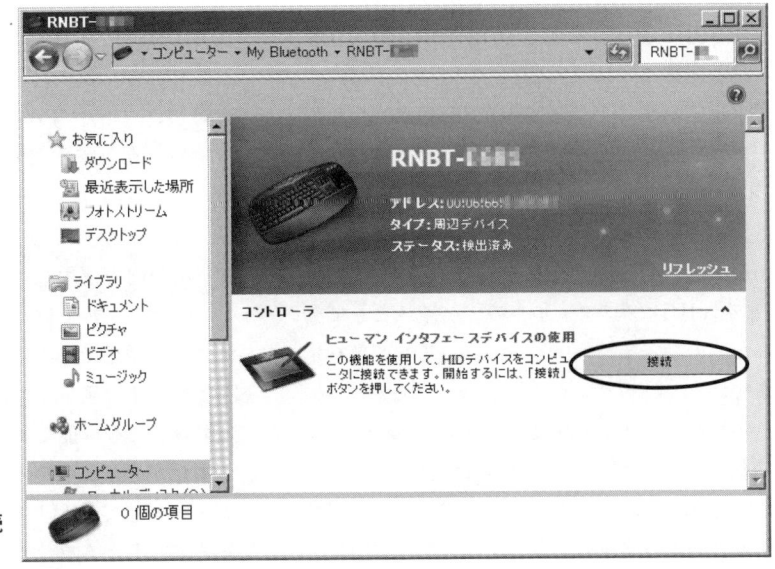

図20-2 HIDデバイスとの接続を行う画面の例

写真20-13 サンプル80のキー・パッド（HID）選択時の実行例

写真20-14 サンプル80の液晶ディスプレイ（SPP）選択時の実行例

ると，図20-2のような接続画面が表示されるので，「接続」をクリックします．しばらくするとWindows画面の右下に「Bluetooth接続済み」の表示が現れます．この状態で，子機ArduinoがWindows用のキー・パッドとして動作します．液晶ディスプレイキー・パッドに搭載されている上下左右のキーを押すと，Windows上のカーソルが移動し，選択キーを押すと改行します．なお，終了するときはWindows上のBluetoothの接続画面から「切断」を選択してからArduino側の電源を切ります．

プロファイル選択画面で右ボタンを押して「← LCD」を選択すると，SPPプロファイルを使った液晶ディスプレイ表示動作を行います．第19章第2節の親機パソコン側と同じように，X-CTUを用いて子機にテキスト文字を送信すると，子機Arduinoは受信したテキスト文字を液晶ディスプレイに表示します．

それでは，サンプル80のスケッチ「example80_bt_lcdkb.ino」の説明に移ります．

① Arduinoに搭載したBluetoothモジュールRN-42XVPを，HIDプロファイルのデバイスとして動作するための設定を行う「bt_mode_hid」関数を定義します．

② BluetoothモジュールRN-42XVPへコマンド「S~,6」を送信し，HIDプロファイルを設定します．

③ RN-42XVPをSPPプロファイルのデバイスとして動作するための設定を行う「bt_mode_spp」関数を定義します．

④ コマンド「S~,0」を送信し，SPPプロファイルを設定します．

⑤ Arduinoの起動後に液晶ディスプレイ・シールド上のキー・パッドでプロファイル選択を行う処理部です．左ボタン「BUTTON_LEFT」が押下されると③のbt_mode_spp関数を，右ボタン「BUTTON_RIGHT」だと①のbt_mode_hid関数を実行します．

⑥ 「Serial.available」関数を用いてシリアル受信の有無を確認します．

⑦ 受信があった場合に，「Serial.read」関数を用いて受信結果を変数cに代入します．

⑧ 変数cが表示可能な文字の場合に，液晶ディスプレイに表示します．

⑨ 液晶ディスプレイ・シールド上のキー・パッドの入力値を変数buttonに代入します．

⑩ 変数buttonの内容が「BUTTON_UP」であったときに，「Serial.write」関数を用いてシリアルにキーコードを出力します．

キーコードは，キーボード上のキーごとに番号を割り当てたコードです．文字コード(アスキー・コード)と似ており，例えば文字コード「A」とキーコード「A」は同じコード番号65(0x41)です．しかし，カーソル移動のような特殊文字のコードは異なります．また，キーボードのコードなので，アルファベットの小文字が含まれなかったり，数字キーに文字キー用とテンキー用の両方が用意されていたりします．

このサンプルでは，カーソル移動のキーコードをパソコンへ送信しましたが，例えばArduinoに取り付けたセンサで測定した値のキーコードをパソコンに送信することも可能です．この場合は，送信タイミングに注意が必要です．例えば，次々に測定結果をキーコードとして送信してしまうと，Arduinoが勝手にキーボードから文字を入力しているのと同じなので，通常のパソコンの操作ができなくなってしまいます．

したがって，一般的には，ユーザの操作の完了後に結果だけを送信するような設計にします．Arduino側のボタンをユーザが押したときにキーコードをまとめて送信したり，特定の赤外線リモコンの信号が適切に受信できたときにキーコードを送信したり，バーコードやRFIDタグのIDの読み取りが完了した時点で送信するなどが考えられます．

おわりに

　本書では，通信方式 ZigBee，Wi-Fi，Bluetooth のそれぞれに対応した XBee ZB モジュール，XBee Wi-Fi モジュール，RN-42XVP モジュールを使ったアプリケーションをサンプル・プログラムとともに説明しました．

　これらのサンプル・プログラムの理解が得られれば，応用した通信ソフトウェアを製作することが容易になると思います．

　例えば，研究開発向けであれば，各種センサで得られた測定値を収集するようなシステムを構築したり，家庭用であればホーム・オートメーションへの応用，さらに家庭内のさまざまな部屋や場所に仕掛けたセンサを一元管理したり，あるいは各機器が連係した動作を行ったりするようなアプリケーションが考えられます．こういった用途には，ZigBee 方式が適しているでしょう．

　センサ数が少ない場合は，通信方式に Wi-Fi を用いることで，IP ネットワークから個々の機器に直接アクセスすることができるようになります．例えば，パソコンやタブレット端末，クラウド・サーバなどとの連携性を高めることができます．

　有線シリアル通信の置き換えであれば，Bluetooth を用いることで，シリアル通信上のプロトコルをほとんど変更することなくワイヤレス化を図ることができます．ZigBee や Wi-Fi でも可能ですが，そのためのネットワーク設定の機能追加や本来機能を考慮すると，Bluetooth が適しています．

　これらのシステム構築に通信プロトコル・スタック搭載の通信モジュールを使用し，アプリケーション・ソフトウェア用の通信ソフトウェア・ライブラリと組み合わせることで，ディジタルのワイヤレス通信が簡単に行え，さまざまな分野で魅力的なものとなることでしょう．

　ZigBee 方式の XBee ZB については，筆者のインターネット・サイトでも紹介しているので，合わせてご参照してください．

```
http://www.geocities.jp/bokunimowakaru/diy/xbee/index.html
```

◆ 参考文献 ◆

　本書の作成にあたり，以下の文献を参考にいたしました．本書と合わせてお読みいただければ理解が深まると思うので紹介します．

(1) XBee ZB RF Modules 90000976_M（データシート），Digi International Inc.
(2) Massimo Banzi 著，船田功訳；Arduino をはじめよう，オライリージャパン
(3) 超お手軽無線モジュール XBee，CQ 出版社
(4) トランジスタ技術，2012 年 12 月号，CQ 出版社
(5) XBee Wi-Fi RF Module 90002124_F（データシート），Digi International Inc.
(6) Bluetooth Data Module User's Guide RN-BT-DATA-UG（データシート），Roving Networks
(7) RN42XV Bluetooth Module RN4142XV-DS（データシート），Roving Networks
(8) インターフェース 2013 年 5 月号，Bluetooth 無線初体験，CQ 出版社

索 引

【A】
Adafruit ─── 163, 175
AE-ATmega ─── 265
Andrew Rapp ─── 246
API モード(XBee ZB) ─── 19
API モード(XBee Wi-Fi) ─── 350
Arduino(Arduino UNO) ─── 162
Arduino BT ─── 376
Arduino Ethernet ─── 182
Arduino IDE ─── 164
Arduino Leonardo ─── 165
Arduino 互換機 ─── 264
Arduino シールド ─── 162
Arduino マイコン・ボード ─── 264
ATAC(AT コマンド) ─── 63, 243
ATCB(AT コマンド) ─── 38, 40, 243
ATCN(AT コマンド) ─── 39, 243
ATDH(AT コマンド) ─── 38, 240
ATDL(AT コマンド) ─── 38, 240
ATDx(AT コマンド) ─── 59, 241
ATIS(AT コマンド) ─── 81, 240
ATNJ(AT コマンド) ─── 39, 58, 84, 239
ATNR(AT コマンド) ─── 50, 240
atoi(C 言語) ─── 65
ATOP(AT コマンド) ─── 38, 49
ATPx(AT コマンド) ─── 59, 241
ATSC(AT コマンド) ─── 20
ATWR(AT コマンド) ─── 243
AT コマンド(Digi XBee) ─── 39, 238
AT コマンド(ヘイズ) ─── 239
AT モード ─── 19

【B】
Bluetooth ─── 376
break(C 言語) ─── 93
byte(C 言語) ─── 65

【C】
case(C 言語) ─── 93
cd(Cygwin) ─── 51
char(C 言語) ─── 64
COM ポート ─── 29, 168

Coordinator ─── 18, 20
Cygwin ─── 44

【D】
DCDC 付き XBee ピッチ変換基板 ─── 337
delay(Arduino 言語) ─── 56
DF ROBOT ─── 163, 175
DHCP ─── 333
digitalWrite(Arduino 言語) ─── 173

【E】
else(C 言語) ─── 86
End Device ─── 18, 22

【F】
FAT, FAT16, FAT32 ─── 179
file.print, close(Arduino 言語) ─── 180
float(C 言語) ─── 126
for(C 言語) ─── 87
FTDI USB シリアル ─── 27

【G】
gcc(Cygwin) ─── 49
gets(C 言語) ─── 65

【H】
Hayes AT コマンド ─── 238
HID(Bluetooth プロファイル) ─── 408, 381

【I】
if(C 言語) ─── 72
include(C 言語) ─── 56
IO 設定 ─── 240

【L】
LCD Shield Kit, Keypad ─── 163, 175
lcd.print, begin, clear(Arduino 言語) ─── 176
LED ─── 57
Leonardo Da Vinci ─── 165, 265
LiquidCrystal クラス(Arduino 言語)

─── 176
loop(Arduino 言語) ─── 173
ls(Cygwin) ─── 49

【M】
make(Cygwin) ─── 51
Master(Bluetooth) ─── 384
micro SD カード ─── 179
Modem Configuration(X-CTU) ─── 33, 238

【P】
PAN ID ─── 20
pinMode(Arduino 言語) ─── 137
printf(C 言語) ─── 65

【R】
RF 設定 ─── 242
RN-42XVP ─── 376
RN-42XVP コマンド・リファレンス ─── 388
Router ─── 18, 21
RPSMA コネクタ ─── 17
RSSI ─── 24

【S】
SD カード ─── 179
SD.open(Arduino 言語) ─── 180
SDHC メモリ・カード ─── 179
Seeeduino Stalker ─── 265, 298
Sensor ─── 127, 134, 207, 214
setup(Arduino 言語) ─── 173
Slave(Bluetooth) ─── 384
Smart Plug ─── 130, 210
SocketDebugger ─── 334
SPI インターフェース ─── 179
SPP(Bluetooth プロファイル) ─── 408, 381
SSID ─── 333
switch(C 言語) ─── 93

【T】
Terminal 機能(X-CTU) ─── 37, 238

414 索 引

| Transparent モード ——— 19

【U】
UART ——— 100
UART シリアル設定 ——— 242
USB 仮想シリアル（VCP）ドライバ
——— 27
USB（Arduino 接続用ドライバ）— 168

【V】
VCP Driver ——— 27

【W】
Wall Router ——— 122, 204
while（C 言語） ——— 56

【X】
XBee PRO ——— 16
XBee Sensor ——— 127, 207
XBee Smart Plug ——— 130, 210
XBee USB エクスプローラ ——— 24
XBee Wall Router ——— 122, 204
XBee Wi-Fi ——— 332
XBee ZB（ZigBee） ——— 15
XBee 関数リファレンス ——— 324
XBee ピッチ変換基板 ——— 42
xbee_adc ——— 77
xbee_at ——— 55
xbee_atai ——— 119
xbee_atcb ——— 119
xbee_atd ——— 304
xbee_atee_off ——— 112
xbee_atee_on ——— 112
xbee_atnj ——— 57
xbee_atop ——— 316
xbee_atvr ——— 119
xbee_batt_force ——— 83
xbee_end_device ——— 129
xbee_force ——— 74
xbee_from ——— 86
xbee_gpi ——— 68
xbee_gpio_config ——— 74
xbee_gpio_init ——— 71
xbee_gpo ——— 62
xbee_init ——— 55
xbee_ping ——— 128
xbee_rat ——— 57
xbee_ratd_myaddress ——— 104
xbee_ratnj ——— 86
xbee_result ——— 75, 81

xbee_result.STATUS/MODE ——— 327
xbee_rx_call ——— 75, 81
xbee_sensor_result ——— 126
xbee_uart ——— 101
XBIB-U-DEV の LED 接続 ——— 66
XBIB-U-DEV のスイッチ接続 ——— 69
X-CTU ——— 31
X-CTU リモート設定 ——— 133

【Z】
ZigBee ——— 14

【あ・ア行】
アソシエート LED ——— 24
アナログ電圧 ——— 76
暗号化 ——— 111
アンテナ・タイプ ——— 17
ウォール・ルータ ——— 122, 204
液晶ディスプレイ ——— 163, 175
エクスプローラ（XBee USB）——— 24
エンドデバイス（End Device）——— 18

【か・カ行】
ガイガー・カウンタ ——— 298
ガス・センサ ——— 282
カタカナ表示 ——— 373
キー・パッド（Arduino）——— 177
機器名（XBee ZB）——— 151
技適（技術基準適合証明）——— 10
玄関呼鈴 ——— 156, 234
コーディネータ（Coordinator）——— 18
コミッショニング・ボタン ——— 39
コンパイル（Cygwin）——— 51, 54

【さ・サ行】
シールド ——— 162
シールドのピン延長 ——— 368
ジグビー（ZigBee）——— 14
時刻 ——— 143
湿度センサ ——— 278
周波数（ZigBee）——— 20
取得指示 ——— 73
ジョイン（ZigBee）——— 21
ジョイン許可（xbee_atnj）——— 58, 84
省電力設定（XBee ZB）——— 127, 241
シリアル COM ポート番号 ——— 29
シリアル情報 ——— 100
スイッチ ——— 67
スマートリレー ——— 147
スマートプラグ ——— 130, 210

スリープ設定（XBee ZB）——— 127, 241
スレーブ（Bluetooth）——— 384
赤外線リモコン ——— 287
センサ ——— 127, 134, 207, 214

【た・タ行】
電子ブザー ——— 162
電池電圧 ——— 82
同期取得 ——— 67

【な・ナ行】
認証（工事設計認証）——— 10
ネットワーク（ZigBee）——— 20
ネットワーク設計 ——— 265
ネットワーク設定 ——— 239

【は・ハ行】
バッテリ電圧 ——— 82
ビーコン（ZigBee）——— 20
ピコネット（Bluetooth）——— 384
ピッチ変換（ピン・ピッチ変換）
——— 41, 337
ピンの長いソケット ——— 360
ファームウェア ——— 33
ファイル ——— 143
ブレッドボード ——— 41
ペアリング（XBee ZB，事前）——— 84
ペアリング（XBee ZB，途中）——— 91
ペアリング（Bluetooth）——— 378
ヘイズ AT コマンド ——— 238
変化通知データ取得 ——— 70
放射線量センサ ——— 298

【ま・マ行】
マスター（Bluetooth）——— 384
モニタ端末 ——— 270

【や・ヤ行】
呼鈴 ——— 156, 234

【ら・ラ行】
ライブラリ ——— 49
リモート AT コマンド ——— 57
リンク・バジェット ——— 12
ルータ（Router）——— 18
ローカル AT コマンド ——— 57
ロガー ——— 292

【わ・ワ行】
ワイヤレス通信モジュール ——— 10

| 著 | 者 | 略 | 歴 |

国野　亘（くにの　わたる）
ボクにもわかる地上デジタル　管理人
http://www.geocities.jp/bokunimowakaru/

関西生まれ．言葉の異なる関東や欧米などさまざまな地域で暮らすも，近年は住み良い関西圏に生息し続けている哺乳類・サル目・ヒト科・ヒト属・関西人．

本書のサポート・ページ
http://mycomputer.cqpub.co.jp/

■ 商標および免責事項について
「ZigBee」は ZigBee アライアンスの登録商標です．「Bluetooth」は Bluetooth SIG の登録商標です．「Wi-Fi」のロゴマークは Wi-Fi アライアンスの登録商標です．「XBee」は米国 Digi International Inc. の登録商標です．Arduino は Arduino team の登録商標です．付属 CD-ROM に関しては，CD-ROM 内の README.txt を参照してください．
本書で紹介した内容のご利用は自己責任でお願いします．出版社および筆者は，一切の責任を負いません．

●**本書記載の社名，製品名について** ── 本書に記載されている社名および製品名は，一般に開発メーカーの登録商標または商標です．なお，本文中では ™，®，© の各表示を明記していません．
●**本書掲載記事の利用についてのご注意** ── 本書掲載記事は著作権法により保護され，また産業財産権が確立されている場合があります．したがって，記事として掲載された技術情報をもとに製品化をするには，著作権者および産業財産権者の許可が必要です．また，掲載された技術情報を利用することにより発生した損害などに関して，CQ 出版社および著作権者ならびに産業財産権者は責任を負いかねますのでご了承ください．
●**本書付属の CD-ROM についてのご注意** ── 本書付属の CD-ROM に収録したプログラムやデータなどは著作権法により保護されています．したがって，特別の表記がない限り，本書付属の CD-ROM の貸与または改変，個人で使用する場合を除いて複写複製（コピー）はできません．また，本書付属の CD-ROM に収録したプログラムやデータなどを利用することにより発生した損害などに関して，CQ 出版社および著作権者は責任を負いかねますのでご了承ください．
●**本書に関するご質問について** ── 文章，数式などの記述上の不明点についてのご質問は，必ず往復はがきか返信用封筒を同封した封書でお願いいたします．ご質問は著者に回送し直接回答していただきますので，多少時間がかかります．また，本書の記載範囲を越えるご質問には応じられませんので，ご了承ください．
●**本書の複製等について** ── 本書のコピー，スキャン，デジタル化等の無断複製は著作権法上での例外を除き禁じられています．本書を代行業者等の第三者に依頼してスキャンやデジタル化することは，たとえ個人や家庭内の利用でも認められておりません．

JCOPY 〈㈳出版者著作権管理機構委託出版物〉
本書の全部または一部を無断で複写複製（コピー）することは，著作権法上での例外を除き，禁じられています．本書からの複製を希望される場合は，㈳出版者著作権管理機構（TEL：03-3513-6969）にご連絡ください．

本書に付属のCD-ROMは，図書館およびそれに準ずる施設において，館外貸し出しを行うことができます．

ZigBee/Wi-Fi/Bluetooth 無線用 Arduino プログラム全集　CD-ROM 付き

2014 年 5 月 1 日　初 版 発 行
2014 年 12 月 1 日　第 2 版発行

© 国野 亘 2014
（無断転載を禁じます）

著　者　　国 野 　 亘
発行人　　寺 前 裕 司
発行所　　CQ 出版株式会社
　　　　　〒 170-8461　東京都豊島区巣鴨 1-14-2
　　　　　電話　編集　03-5395-2123
　　　　　　　　販売　03-5395-2141
　　　　　振替　　　　00100-7-10665

ISBN978-4-7898-4221-1
定価はカバーに表示してあります

乱丁・落丁本はお取り替えします

編集担当者　今 一義
DTP　西澤 賢一郎
印刷・製本　三晃印刷株式会社
カバー・表紙デザイン　千村 勝紀
Printed in Japan